U0153839

五行生剋

的網路原理與代數運算

楊憲東——著

成大出版社
National Cheng Kung University Press

序言

　　我從一張無人機編隊飛行的草圖溯源二千多年前的五行生剋圖，發現了五行學說的網路科學意義，並用現代數學的語言詮釋了科學意義下的五行生剋運作原理。這本書就是我的五行生剋圖溯源之旅的全紀錄，包含去程的歷史溯源之旅（上篇）、回程的科學詮釋之旅（中篇）以及後記（下篇）。

　　木生火，火生土，土生金，金生水，水生木，木又生火；木剋土，土剋水，水剋火，火剋金，金剋木，木又剋土。這是大家耳熟能詳的五行相生、相剋循環規律，它在中國傳統文化中至少已流傳了二千多年，如今廣泛性地被應用到醫、卜、星、相、武術等各個傳統知識領域之中。令人好奇的是甚麼原因讓這樣的生剋規律可以流傳久遠而歷久不衰？難道它的背後存在著不為人知的科學內涵？

　　五行思想出身於《尚書洪範》九籌中的第一籌，曾經是西周時期的國家大法，但在近代西方科學的衝擊下，如今五行思想卻被文人遺棄到歷史的角落。從五四文人的觀點來看，五行思想與鴉片、小腳、辮子一樣，都是封建中國的殘渣，是迷信與落伍的指標。現在的學術殿堂已經很少看到五行思想的討論，它幾乎已被擺放在一個科學的理性之光照耀不到的地方。我的研究領域是航太科學，原本與傳統五行思想沾不上一點點邊，若時光回到二十年前，我絕對無法想像會為五行思想寫這樣一本科學詮釋的書。緣分就是這麼巧妙，表面上看起來毫無牽連的事情，背後卻又是千絲萬縷地糾結在一起。

　　回想起來，引領我進入五行思想研究的源頭是航太領域裡面的一個課題：無人機的編隊飛行，這個源頭看似與五行無關，但是牽引的力量隨著我的深入探索越來越強，最後引領我到了一個完全陌生的園地。現在的無人機編隊飛行已經相當普遍了，經常出現在一些重要慶典，以空中飛舞的燈光秀呈現慶典的圖騰與主題。二十年前的無人機還不普遍，但在學術上那時已經開始在研究如何讓多架無人機能夠協同一致地飛行。當時在國際

間類似的研究還有多部自駕車的同時指揮問題，多部機器人的集體運動問題等等。這些問題都有一個共同的特徵，就是許多個能夠自主運動的單元組成了一個共同的網路結構，然後透過單元彼此之間的協調與控制，呈現網路的集體運動行為。這樣的網路結構通稱為多代理人網路系統（Multi-Agent Network Systems），其中的網路代理人可以是無人機、自駕車、機器人，甚至可以是鳥類，因為無人機的編隊飛行最早就是仿效候鳥的群體飛行而來。正是這個在 1990 年代才開始發展的多代理人網路理論，牽引我回到二千多年前的五行學說，讓我揭開蒙塵已久的歷史面紗，有緣看到了五行學說的真正面貌。

多代理人網路系統所要研究的對象不是個別代理人的內部特性，它不是在研究無人機的零件組成，也不是在研究鳥類翅膀的拍動機制，而是在研究代理人與代理人之間的溝通協調機制，如何使得整個網路系統呈現預期的集體行為。所以多代理人網路系統的研究重心是在探討代理人之間的合作機制，如何影響網路共識協定的達成。隨著網路的快速發展，研究人員發現代理人之間的關係不見得全都是互相合作的，有些代理人之間存在著對抗的關係。例如社群網路的關係就不全然是正面、友好的，群體之間的互動經常會因意見的分歧而產生衝突。兩黨政治中的代議士（民眾在議會中的代理人）具體呈現了多代理人網路系統中既合作又對抗的雙邊關係。同黨的代議士彼此互相合作，不同黨的代議士彼此互相對抗，整個議會就是運作在這種合作與對抗共存的關係中。

我在研究無人機編隊飛行時也遇到了相同的問題。如果所有無人機之間都保持著合作的關係（亦即都是友機），那麼要呈現集體編隊飛行是容易的，但是如果在眾多無人機中出現了幾架敵機，在友機與敵機同時出現的時候，要保持編隊飛行就變得困難。因為敵機傾向於脫離包夾，遠離機群，而友機則傾向於融入機群。在這二種相反力量的對抗下，最後無人機是各自紛飛了呢？還是維持編隊飛行？要分析這個問題在數學上需要借助圖論（附錄 A）的工具。圖論將無人機視為多邊形上的一個頂點，頂點與頂點之間若有直線連接，代表二架無人機之間是有連通的。如果在直線上加註一個加號，代表這二架無人機是合作型的連通，是屬於友機的關係；如果在直線上加註一個減號，代表無人機是對抗型的連通，是屬於敵機的關係。

當時在我的實驗室中剛好有五架無人機，我就直接拿來分析它們之間可能的合作與對抗關係。根據圖論先將五架無人機擺在正五邊形的五個頂點之上，然後將各個頂點連接起來，並將連接線加註加號或減號，用以標示合作或對抗的關係。在連結頂點的過程中，

我發現二個頂點之間的連結線只有二種型式：不是五邊形的邊，就是五邊形的對角線，參見圖 0.1a。所以若要將所有連接線分成合作與對抗二種類型，最合理的分類方式就是連接線屬於邊長的分成一類，連接線屬於對角線的分成另一類。但是在這二類中，合作與對抗的關係又要如何標示呢？考慮到由五邊形的邊所連結的頂點必定左右相鄰，此時二個代理人為鄰居，故適合組成合作的關係；而由五邊形的對角線所連結的二個頂點，其中間必被另一個頂點隔開，此時二個代理人處於分離的狀態，故適合組成對抗的關係。這樣依循圖論的建構，最後我畫出五架無人機之間的合作與對抗關係的草圖，它的樣子就像圖 0.1a。

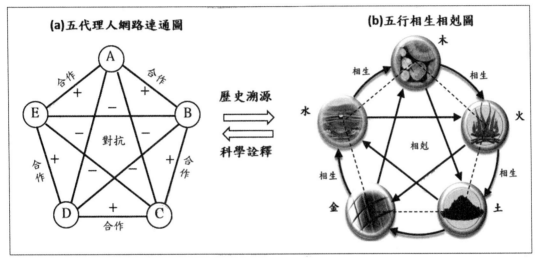

圖 0.1　由五代理人網路連通圖（a）溯源到古代的五行相生相剋圖（b）。五個代理人 A、B、C、D、E（五架無人機）分居正五邊形上的五個頂點，分別對應到木、火、土、金、水五行。正五邊形中以邊長連接的頂點具有合作的關係，對應到五行圖中的相生關係。正五邊形中以對角線連接的頂點具有對抗的關係，對應到五行圖中的相剋關係。
資料來源：作者繪製。

　　就是這張無人機編隊飛行的草圖將我牽引到二千多年前的五行生剋圖。這二張圖的高度相似性引起了我的好奇心，難道這只是單純繪圖上的巧合，還是二張圖之間果真有關係存在？首先我追查了繪製五行生剋圖的最原始根據，幾乎所有文獻均指向董仲舒在《春秋繁露》中提到的「比相生、間相勝」的五行生剋法則，這六字法則統攝了五行生剋的規律，亦即五行之中，相鄰者相生，相間隔者相剋。令人驚訝的是，這六個字所述說的規律正是我在繪製無人機編隊飛行草圖時所依據的原則：相鄰的無人機互相合作，相間隔的

無人機互相對抗。至此我確認了圖 0.1 中二個年代相隔久遠的圖，它們的繪製竟然是根據相同的原則而來。這個確認正式啟動了我對五行學說的溯源之旅，於是五架無人機按照著編隊飛行草圖起飛了，它們沿著時空軌跡逆向回到二千多年前，空拍搜索編隊飛行草圖的最古老版本：五行生剋圖。

這本書就是我的五行學說溯源之旅的全紀錄，這個溯源之旅是雙向的，有去程、有回程，也有後記。本書的「上篇：五行的本質是五代理人網路系統」是去程的紀錄，描述了五架無人機空拍搜索所看到的五行學說新面貌：五代理人網路系統。「中篇：五行生剋的量化與代數運算」是回程的紀錄，是我溯源回來體會了五行學說的新意義後，反過來用現代數學的語言（線性代數）詮釋五行生剋的運作原理。「下篇：五行代數的科學與人文應用」是溯源之旅的後記，分析了代數化五行所具有的科學意義，並探討在這個科學意義下，如何運用生剋運算分析春秋五霸與戰國七雄的局勢變化，如何整合五行學說與陰陽學說，以及如何進行五行學說的擴展。

「上篇：五行的本質是五代理人網路系統」主要在於調查五行所扮演的角色。在圖 0.1 中，五代理人網路連通圖中的代理人 A、B、C、D、E，可以有無數個分身，而無人機、自駕車、機器人只是其中的幾種分身。如果圖 0.1 中的左右二個子圖是完全等義的話，那麼五行生剋圖中的五行也應該有無數個分身，而木、火、土、金、水只是其中一種分身。換句話說，如果五行生剋圖是最古老版本的五代理人網路連通圖，那麼五行應該是扮演著代理人的角色，而非傳統所認知的分類人角色。本書的上篇從五行思想的歷史演化過程中，查證五行確實曾經扮演過代理人的角色。原來五行在物質世界的代理人是木、火、土、金、水五種元素，五行在天上星辰的代理人是木、火、土、金、水五顆行星，五行在地上的代理人是春、夏、長夏、秋、冬五個季節，五行在人體內的代理人是肝、心、脾、肺、腎五個臟器。戰國時期的陰陽家鄒衍更將五行的代理人從自然界擴大到政治界，他的「五德終始說」認為五行在人間有對應的代理朝代，而且朝代是依五行相剋的順序輪流興替著。後來的董仲舒也提出類似的觀點，從而埋下五行學說的另一條可能發展路線：五行的代理人系統理論。但是這一條發展路線在秦漢以後逐漸被五行的分類人系統理論取代了。本書的上篇揭開五行的分類人表象，還原五行的代理人原始面貌。

上篇的第一章將當代的代理人網路系統與五行的代理人網路系統放在同一個平台上進行比較，分析其相同與相異之處。五行代理人之間有相生與相剋二種交互作用，相當於

現代網路系統中的合作型與對抗型交互作用。雖然五行網路與現代網路都具備這二種交互作用，但是二種網路系統所要強調的重點不同。經由比較我發現，當代網路系統著重在同類成員之間的合作關係，以及不同類成員之間的對抗關係（例如兩黨政治中的代議士），此即孔子所說的「同而不和」；而五行網路系統則著重在不同類成員之間的協調統一，亦即孔子所說的「和而不同」。五行代理人之間同時存在著合作（相生）與對抗（相剋）的交互作用，使得五行系統可以在不改變代理人各自特性的前提之下，達到系統「和」的境界。反之，對於現代網路系統而言，屬於同一族群的代理人之間由於只存在著合作型的交互作用，產生了同族群內代理人的同化效應，然而不同族群代理人之間卻只有對抗沒有合作的作用，導致整個系統無法達到「和」的境界。簡而言之，五行網路與現代網路的主要不同在於，前者主張求「和」去「同」，而後者主張求「同」去「和」。我進一步追查五行網路「求和去同」的思想源頭，發現最早是出自西周末年史伯關於「和實生物」的看法：「夫和實生物，同則不繼，以他平他謂之和，故能豐長而物歸之；若以同裨同，盡乃棄矣，故先王以土與金、木、火、水雜，以成百物」。「和實生物」的看法不管是從科學或哲學觀點來看，都是對於五行相生相剋內涵最精闢的解說。

第二章紀錄了我對五行思想歷史演化過程的調查，結論可歸納為六個字：先代理後分類。五行在作為代理人的階段是以木、火、土、金、水（五材）為標準模板，將五材的屬性與運作套用到各個領域，找到每個領域中與五材對應的五個代表性的成員，作為五材在該領域的代理人。接著五行在作為分類人的階段進一步將具有相同五材屬性的代理人歸類到同一族群，從而形成木、火、土、金、水五大族群，此即所謂的五「行」。秦漢以後的五行思想指的就是分類後的五大族群，這時已經幾乎看不到五行代理人的影子。自此五行被中國文人當作是萬物的分類標準，若能不被列於五行之中，即是超越了世間萬物。吳承恩在《西遊記》中描述孫悟空，說牠是「跳出三界外，不在五行中」。不在三界的範圍內，也不在五行的分類之中，即是指超越了有情眾生，處於物質世界之外。不只是孫悟空，文人筆下能夠「跳出三界外，不在五行中」的，定然都是英雄豪傑。

然而當我回溯五行思想「先代理後分類」的演化歷程後，隨即理解到將五行視為萬物的分類標準其實是一場千年的大誤會，因為五行所分類的木、火、土、金、水五大族群，其成員是來自五材在各領域的代理人，而非來自萬物。五行學說是以五材為模板，先在各個領域找到了五材的代理人之後，再對所有領域的代理人進行分類，將相同五材屬

行的代理人放在同一族群之中。所以五行的分類是對五材代理人的分類，但長久以來卻被誤解為對萬物的分類。現代科學所批判的對象其實不是真正的五行學說，而是一個被誤解後的五行學說。二千年來，五行學說一直掛著萬物分類者的假面具，現代科學雖拆穿了這個假面具，然而卻沒有還原五行學說作為代理人的真實面貌。

中國不僅有象形文字也有象形關係，木、火、土、金、水五材之間的生剋關係就是中國最古老的象形關係。五行學說即是透過五材之間的象形關係，將其映射到所有領域中與五材對應的代理人，生動描繪出五行所代表的五大族群之間的相生與相剋作用。五材的象形關係是古人從生活經驗上所獲得的直覺圖像，是一種經驗法則。象形關係與象形文字一樣都歷經數千年的演化，在象形文字逐漸趨向規則化與符號化的今天，五材的象形關係卻在五行學說中被完整的保留了下來。用五材的象形關係來表達五行的生剋作用，結合了人們的日常生活經驗，這是五行能流傳千古的原因。但從另一方面來看，五材的象形關係缺乏進一步的規則化與符號化，也是五行學說未能與時俱進的主要原因。

第三章追溯了五行的二個實體代理人五材與五季（五時）如何建構出圖像式的五行生剋關係。利用實體系統表現生剋作用雖然有其便利性，但實體系統內部的生化結構也同時會限制了生剋作用的方向與強度，然而這些限制卻不是出自於五行學說的本身。例如歷代的中醫學者在臨床的診療過程中發現，人體五臟之間的作用是雙向性而非單向性，也就是生與反生同時存在。例如肝（木）會影響心（火）的運作，而反過來，心也會影響肝的運作。如果五行學說嚴格遵守五材或五季所展示的單向相生順序，將無法解釋中醫學者在五臟系統中所發現的「火反生木」現象。五材、五季與五臟都是五行的實體代理人，但是它們對於「反生」的預測卻完全不同，這一結果說明五行學說的建立不能單憑某一實體代理人的運作結果。任何實體系統都有其內在的先天限制，若藉由實體系統的運作去建立五行理論，則實體系統的內在限制就順理成章轉化成五行系統的內在限制。一個完整五行學說的建立必需獨立於任何實體系統之外，如此才能避免引入不必要的限制。當代的多代理人網路系統理論的建立正是遵循相同的原則，無人機、自駕車、機器人都是網路系統的實體代理人，但是網路理論的建立卻不能依靠這些實體代理人的運作特例，它必須將所有代理人當做是黑盒子（假設其內部特性完全未知），然後再去建立黑盒子之間的合作與對抗關係。

第四章中，我依據當代的多代理人網路系統理論建立了一個獨立於任何實體系統之外

的五行生剋理論：五代理人網路系統理論。圖像式的五行生剋只含有正生與正剋二種作用，這是導致傳統五行生剋諸多矛盾與缺陷的原因。五代理人網路系統修正了圖像式五行生剋的缺失，在正生與正剋之外，另外加入了四個新元素：正生與正剋的反作用：反生與反剋，以及正生與正剋的副作用：副生與副剋。有關五行生剋的反作用與副作用在歷代文獻中其實已微露端倪，第四章透過五代理人網路系統的架構將五行生剋的正作用、反作用與副作用全部加以整合，而形成具有三生（正生、反生、副生）與三剋（正剋、反剋、副剋）的完整五行生剋理論。當五行之中有其一過度時，如何透過五行既有的生剋機制使之恢復平衡，歷代學者對於這個問題提出了許多不同的解決方案。然而這些所謂的五行生剋過度下的補救措施，其實都是畫蛇添足，因為完整考量三生三剋的五行系統其本身即是一個閉迴路的自動化控制系統，具有內建的回饋機制，能自動進行補償的動作，不需要介入任何的人為補救措施。本書的《中篇》以客觀的數學語言驗證了五行系統所具備的自動補償功能。

「中篇：五行生剋的量化與代數運算」是五行生剋圖溯源之旅的回程紀錄。在去程的調查過程中，我已經確認了五行所扮演的代理人角色，並建立了一個獨立於任何實體系統之外的五行生剋理論：五代理人網路系統理論。在溯源之旅的回程，我將用數學的方法描述這個五代理人網路系統。首先在第五章中，我先將五行的生剋作用加以量化與符號化，得到了五行的符號與數量，接著在第六章進行五行生剋的代數運算，並以代數運算展示五行的生剋乘侮作用。傳統五行學說的缺點是缺乏定量的論述，無法表達出相生強度與相剋強度的程度差別，也無法給出相生與相剋發生的確切時機，同時對於五行生剋過度的補救措施都是基於直觀上的推定，缺乏數理邏輯上的支持。中篇對於五行生剋作用所建立的代數運算平台，可以作為一個驗證五行哲學思想的客觀平台，不管是支持或反對五行思想的論點，都可透過這個平台加以檢驗，讓數字直接說話。一個最顯著的例子就是關於相生與相剋作用互相抵消的問題。二千年來一個相當一致性的五行哲學觀點認為，相生與相剋的作用可以相抵，進而達到五行的平衡。但是令人意外的是，五行生剋代數運算的結果卻顯示生的強度若與剋的強度相等，生與剋其實無法相抵消；必須是生的強度大過剋的強度，而且二者的比值必須剛好等於黃金比例的平方時，生與剋才能完全相抵。若非借助五行的代數運算，我們實在無法得知黃金比例，$\varphi = (1 + \sqrt{5})/2 \approx 1.618$，這一神奇數字竟會出現在古老的五行思想中。第六章將會以數學證明並解釋為何黃金比例會出

現在五行的生剋作用中，當然這離不開五行與正五邊形的關係，而黃金比例正巧是正五邊形中對角線長與邊長的比值。

五行代數運算的基本元素是五行向量與五行矩陣，第七章就是要以向量與矩陣的運算呈現五行生剋乘侮的哲學推理，讓數字顯示生剋強度的不同與變化，讓數字運算客觀表達出生剋混合作用後的結果。五行代數是五個代理人的量化指標，可用以表示代理人的數量、能量、強度大小、趨勢等級、運勢強弱指標等等。五行的代數運算就是這五個代表數字之間的加減乘除計算。五行的相生與相剋會隨著時間而推移，導致五行的代表數也會隨時間而變化。五行向量就是由這五個代表數所組成的向量，而五行矩陣是新、舊五行向量之間的關係矩陣，可用以預測一段時間以後的五行向量。透過線性代數的引入，五行向量的預測結果可用五行矩陣的特徵值（eigenvalue）與特徵向量（eigenvector）加以表示。五行代數運算規則的建立代表五行思想已可完全融入現代科學的框架中，允許五行理論的學術研究與五行思想在民間五術（山，醫，命，卜，相）的相關應用，都可運用電腦運算來進行。電腦運算就是讓數據說話，讓數據呈現五行生剋推論的結果。

五行代數組成五行向量，而五行向量又由五行矩陣所決定，所以整個五行生剋代數運算的核心就在五行矩陣。五行矩陣內含有 $5 \times 5 = 25$ 個元素，代表五個代理人之間的相互影響因子，這些影響因子會隨著五行系統的不同而變化，無法用學理的方法推導得到，而必須以實測或實驗的手段決定之。第七章介紹了五行矩陣內 25 個元素所具有的物理意義，以及如何用實驗的方法來決定它們。所述的實驗方法除了適用於學術性的討論外，也可用於民間五術的實務應用。實驗結果可用以決定五行矩陣內的 25 個元素，我們可從所得到的元素中，去判斷實驗的對象是否滿足五行網路的要求，最重要的是可利用所得到的五行矩陣去進行科學性的五行預測。

「下篇：五行代數的科學與人文應用」是我的五行生剋圖溯源之旅的後記。當我完成五行網路的代數運算後，五行學說已褪下萬物分類理論的假面貌，還原成五代理人網路系統理論。在五代理人網路系統的架構下，五行學說已具備當代科學的共同語言，並可透過當代科學加以實現並檢驗之，此即下篇所關注的主題。當五行網路的代理人是人工智慧體（AI）時，它的相生關係代表了智慧體之間的合作交互作用，而它的相剋關係則代表智慧體之間的對抗交互作用。當五行的代理人是人類時，五行網路的科學實現即是當代的社群網路。五行網路的相生作用反應了人與人之間的朋友關係，而它的相剋作用反應了人

與人之間的敵對關係。第八章討論了五行網路在現代社群網路中的實現，並分析當支持意見與敵對意見共存並立時，五行網路的靜態穩定性與動態穩定性。五行社群網路的進一步擴展即為國家與國家之間的關係，它生動反映了二千多年前春秋五霸之間的合作與對抗關係。第八章運用五行網路的代數運算還原了春秋五霸的對峙局勢。戰國七雄的局勢不是五行網路可以描述，因為它屬於七代理人網路系統。本書所根據的網路原理適用於多代理人網路系統，自然也包含七代理人網路系統。第八章最後以七代理人網路系統的生剋運算分析並驗證了戰國七雄的局勢變化。

第九章是以人工智慧體當作五行網路的代理人，討論了五行網路在電子電路與無人機編隊飛行中的實現。在電子電路的實現中，五行的相生關係用一般的電阻元件即可實現，但是相剋關係的實現卻需用到稀有的負電阻元件。一般的正電阻元件的電流是隨著二端電壓的增加而增加，但是負電阻元件的電流卻是隨著電壓的增加而減少。目前科學界還未研發出全域性的負電阻元件，只存在少數的區域性負電阻元件，例如共振隧道二極體（Resonant-Tunneling Diode, RTD），它只在特定的電壓工作範圍內，才具有負電阻的特性。令人料想不到古老的五行生剋網路的電路實現會牽涉到負電阻元件的技術，而它已接近當代電子工藝的極限。

第九章的後半段討論了五行網路在無人機編隊飛行中的實現。當初我從一張無人機編隊飛行的草圖出發，追溯二千多年前的五行生剋圖，去程建立了五代理人網路系統，回程建立了五行生剋代數運算的平台，最後又回到無人機編隊飛行的起點。不過這時候我所擁有的不單是一張草圖，而是有能夠實現五行編隊飛行的硬體設備與軟體資訊。從無人機的自動控制系統來看，五行網路中的相生作用相當於負回饋控制，而相剋作用相當於正回饋控制。一般的控制系統均使用負回饋控制，如此才能縮小系統輸出與輸入指令之間的誤差，使得系統行為符合指令的要求；然而正回饋控制卻會造成反效果，它會擴大系統輸出與輸入指令之間的誤差，使得系統行為偏離指令的要求。五行編隊飛行牽涉到負回饋與正回饋的混合使用，當這二股相反的力量同時作用在無人機上時，如何確保無人機能編隊飛行，這是國際學術上未曾討論過的問題，同時也為無人機的編隊飛行研究帶來新的挑戰。

在中國傳統文化中，陰陽與五行是分不開的哲學思想，五代理人網路系統必須加入陰陽的元素才能完整反映中華文化的內涵，此即第十章所要討論的主題。從數學的觀點看，對五行賦予陰陽的屬性就是五行代數的複數化，也就是將原先定義在實數體系的五代

理人網路系統擴展到複數體系，讓五行的代表數有實部也有虛部。另一方面從中醫的觀點看，陽代表能量的氣化，是無形的，屬虛；陰代表物質的凝聚，是有形的，**屬實**。五行具有陰、陽二種屬性相當於五行的代表數具有實部與虛部之分，例如木行具有陰木與陽木兩種屬性，即是對應到木行代表數的實部與虛部。在五行的相生相剋過程中，每一行內的陰陽屬性互有消長，從而呈現類似太極圖內陰陽變化的規律。每一行的陰陽變化對應一個太極圖，因此五行彼此之間相生與相剋的全部過程就記錄在五個隨時間演化的太極圖之中。複數五行的數學建模相當於是將太極、陰陽與五行的哲學思想融合在一起，以定量化、數字化、視覺化的方式呈現出傳統文化的精隨。

在第十章中，我將中篇的代數五行加以複數化，而得到描述陰陽五行哲學思想的代數運算平台，有了這個代數平台，傳統陰陽五行學說就不單純是哲學思想了，它同時還具備了科學的分析方法與檢驗能力。例如原始五行中單純的木生火作用，在陰陽五行中卻變得複雜，因為木被分化成陽木與陰木，火被分化成陽火與陰火，此時木生火的作用變成有四種可能：陽木生陽火、陽木生陰火、陰木生陽火、陰木生陰火。同樣地，木剋土的作用在陰陽五行中也變成有四種可能：陽木剋陽土、陽木剋陰土、陰木剋陽土、陰木剋陰土。到底這四種可能的陰陽生剋作用中哪一種才正確，二千年來沒有標準答案，因為這純粹是不同哲學觀點的問題。然而在陰陽五行代數平台的運作下，我們可以經由數據的運算去判斷哪一種陰陽生剋作用才可能真正地發生。另外一個可以透過陰陽五行代數平台去分析的哲學問題是關於原始五行如何分化成陰陽五行，以及陰陽五行又如何經由陰陽合一回復到原始五行。在第十章中，我將以嚴謹的代數運算展示陰陽分化、陰陽轉換以及陰陽合一的循環過程。當完成這一章的寫作之後，我回顧這一趟意外的五行生剋圖溯源之旅，連我自己也無法意料最後竟然會衍生出這樣一個分析陰陽五行哲學的數學平台。

這一本關於五行生剋圖溯源之旅的全紀錄原本到這裡就結束了，但由於一個額外問題的考量，我又增補了下篇的最後一章〈五行網路的擴展〉。我所建立的五行代數運算平台雖然可以為傳統五行思想進行科學性的詮釋與檢驗，但從一個科學工作者來看，一個更重要的問題是，如果將傳統的五行網路放在當代的網路科學中來看，它的價值與實務應用在哪裡？經過前面幾章的分析後，我可以確定五行網路的價值在於它特有的生剋法則：「比相生，間相勝」，也就是相鄰的代理人互相合作，而相間隔的代理人互相對抗。這個生剋法則從二千多年前被提出後，直到現在仍然是獨一無二的網路運作規則。至於五行網路在

賦予代數運算能力之後，它的實務應用在哪裡？除了在既有的醫、卜、星、相、武術等傳統知識領域的應用外，如果要將五行代數運算應用到現代科學與人文領域，我們將面臨五行網路的先天限制：網路代理人的數目只能允許剛好有五個，少於五個或多於五個都不行。本書第八章在探討戰國七雄的對戰局勢分析時，即碰到了戰國七雄不屬於五行系統的問題。為了解決五行網路應用所遇到的這個瓶頸，我寫下了本書的最後一章，探討如何將五行網路擴展到 N 行網路，而且仍保有「比相生，間相勝」的獨特五行生剋規則。

若將 N 個代理人放在正 N 邊形的 N 個頂點上，則與某一代理人 A 相鄰的代理人只有它左右二個鄰居，剩下的個代理人都與 A 相間隔。因此不管 N 多少，相生關係的數目都是 2，而相剋關係的數目為 N−3。當 N 逐漸增加時，相生關係的數目維持不變都是 2，但相剋關係的數目卻越來越大，導致相剋的力量逐漸超過相生的力量，造成 N 行網路更不容易達到平衡。從 N 行網路來看，傳統的五行網路最為特別，因為對於五行網路的代理人 A 而言，其他四個代理人與 A 的關係，剛好是二個合作關係（我生與生我），二個對抗關係（我剋與剋我），這是最容易達到平衡的網路結構。第六章的討論已經證實為了達到五行網路的平衡，相生的強度比上相剋的強度必須是黃金比例的平方。有趣的是在 N 行網路中也出現類似黃金比例的角色，我稱之為廣義黃金比例。因此對於 N 行網路而言，只要相生的強度比上相剋的強度等於廣義黃金比例的平方，即可保證網路的平衡。第十一章針對四行網路到九行網路以及廣義的 N 行網路都一一做了討論，分析了它們的網路結構以及相對應的廣義黃金比例。本書前面所建立的五行網路的代數運算平台可以借助第十一章的橋樑，將之擴展為 N 行網路的代數運算平台，此有助於五行學說與當代網路科學的融合。

在本書以上共十一章的內容中，我提出了許多關於五行學說的創新論點，都是古今文獻所未曾涉略者，以下歸納出本書的十項學術貢獻與讀者分享：

1. **揭露五行學說的五代理人網路理論內涵**：確認五行學說作為一般系統理論的歷史定位。（一至三章）
2. **建立五行學說的代數運算平台**：當作驗證五行哲學思想的客觀平台，讓數據自動表達五行生剋作用的結果。（四至六章）
3. **證明五行網路的自動補償功能**：結合相生、相剋、反生、反剋、相乘、相悔各

種五行效應於單一的五行生剋運算平台，並利用此數學平台證明五行網路是最古老的自動化控制系統，具有自動補償自動恢復平衡狀態的功能。（6.4-6.5 節）

4. **開啟以線性代數研究歷史的先河**：從五行矩陣的特徵值與特徵向量分析春秋五霸的國勢消長，並以五行生剋的數據運算平台模擬驗證春秋五霸與戰國七雄的對戰局勢變化。（8.4-8.5 節）

5. **運用五行生剋運算闡明《中庸》的道理**：《中庸》所說的「中」是五行系統的平衡態；當五行系統脫離平衡態，則透過相生與相剋二種相反作用的調節，讓五行系統保持在平衡態的左右，此即《中庸》所說的「和」。（6.6 節）

6. **發現黃金比例（golden ratio）在五行生剋作用中所扮演的角色**：當相生的強度比上相剋的強度等於黃金比例時，五行網路達到平衡的狀態。（6.2 節、附錄 B）

7. **運用現代科技（電子電路及無人機編隊飛行）實現五行生剋的網路運作。**（第九章）

8. **建立陰陽五行的整合運算平台**：將陰陽與五行納入共同的數學運算平台，以客觀的數學語言描述具有陰陽屬性的五行生剋運作，並分析原始五行與陰陽五行之間的轉換關係。（第十章）

9. **廣義化五行生剋原理**：將五行生剋原理推廣至多代理人網路系統，讓五行的代理人數目不受限於五個（例如戰國七雄），提升五行學說在現代科學與人文的實務應用價值。（第十一章）

10. **賦予五行學說科學預測功能**：五行生剋運算平台可以根據當下的五行數據去預測一段時間以後的五行數據，讓五行學說在醫、卜、星、相等傳統知識領域的應用更加精確。（第七章）

　　以上是整個五行生剋圖溯源之旅的縮影回顧。我原不是五行學說的研究者，但非常珍惜這個奇特的緣分，因為一張無人機編隊飛行草圖的牽引，有緣見到五行的原始風貌，並為五行學說建立一個代數運算平台。這個溯源之旅從啟程到後記的完成總共歷時二十年，中間未曾對外討論與發表。今天透過成大出版社公開這份原創性的研究紀錄，希望對於五行學說的繼承與推動有一些微的幫助。在本書出版前夕，我將本書第六章關於五行

與黃金比例的內容投稿到英國 *Nature* 期刊的子期刊 *Scientific Reports* ，承蒙接受刊出[1]。我將這篇文章重新編輯後，放在本書的附錄 B ，當作本書的英文精簡讀本。

　　本書的上、中、下篇雖然有其內容的連貫性，但就個人的寫作情感而言，我是特別針對三個不同族群的讀者而寫。對於五行學說有興趣的一般讀者而言，希望本書的「上篇：五行的本質是五代理人網路系統」能讓大家重新認識五行學說。對於五行學說的研究學者而言，希望本書的「中篇：五行生剋的量化與代數運算」能夠提供大家一個研究五行學說的有用工具。對於五行學說的實務應用者而言，希望本書的「下篇：五行代數的科學與人文應用」能夠幫助大家有效提升五行推理與五行預測的準確度與廣度。

楊憲東

國立成功大學

航空太空工程學系

2023 年 11 月

[1]　Yang, Ciann-Dong. "Discovering Golden Ratio in the World's First Five-agent Network in Ancient China." *Scientific Reports* 13, 18581 (2023). https://doi.org/10.1038/s41598-023-46071-6。本期刊屬於開放取用（open Acess）期刊，讀者可免費自由下載存取文章。

目錄

中篇　五行生剋的量化與代數運算

下篇　五行代數的科學與人文應用

上篇 五行的本質是五代理人網路系統

● 第一章 五行的本質 ⟹ 五代理人網路系統

● 第二章 五行的歷史發展 ⟹ 先代理 ⟹ 後分類

● 第三章 五行生剋的象形關係

相生迴圈 ⟹ 木 $\xrightarrow{生}$ 火 $\xrightarrow{生}$ 土 $\xrightarrow{生}$ 金 $\xrightarrow{生}$ 水 $\xrightarrow{生}$ 木 $\xrightarrow{生}$ …

相剋迴圈 ⟹ 木 $\xrightarrow{剋}$ 土 $\xrightarrow{剋}$ 水 $\xrightarrow{剋}$ 火 $\xrightarrow{剋}$ 金 $\xrightarrow{剋}$ 木 $\xrightarrow{剋}$ …

● 第四章 完整的五行生剋作用

三生 ⟹ 正生 + 反生 + 副生

三剋 ⟹ 正剋 + 反剋 + 副剋

第一章
五行的本質：五代理人網路系統

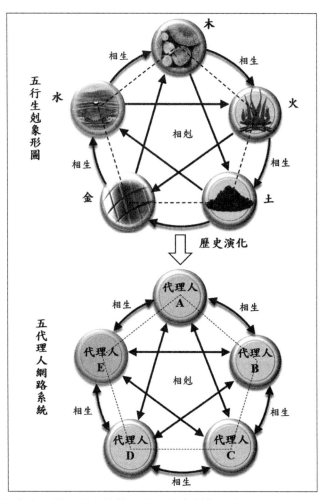

圖 1.0　五行學說的歷史發展從五種自然物質之間的生剋作用演變到五個代理人之間的生剋作用。五行所代理的角色包羅萬象，可以代理天上的五顆行星，可以代理地上的五個季節，也可以代理人體的五個臟器。依據現代科學的分類，五行學說的正確名稱應該是五代理人網路系統（five-agent network system）。
資料來源：作者繪製。

從科學觀點來看，五行學說包山包海的屬性似乎反應出其虛偽科學的表象，然而也正因為它這種無所不包的特性，揭露了它隱藏在虛偽科學表象之下，作為一般系統理論的真實面貌。五行流傳至今已然演變成一種代名詞，它的分身遍及森羅萬象，它可用來指五種材料、五個季節、五種顏色、五種臟器或五種氣味，甚至是五個朝代、五種德行。若以現代網路系統的術語來描述，五行就是五個代理人（agents），它用五個抽象的媒介物代表任意實體系統中的五個成員。五行系統就是由五個代理人所組成的網路系統[1]，而五行學說所敘述的是適用於所有五代理人系統的一般性原則。

1.1 揭開五行的假面具

在五行思想的演化過程中，五行所代表的事物並非固定不變。戰國時期《管子》、《呂氏春秋》諸書所討論的五行應用對象已是包山包海，幾乎可用以解釋當時世界的天文、地理與人事一切現象。從現存醫、卜、星、相、武術的著作中，我們可以看到二千多年來五行思想如何滲透到各個傳統知識領域之中。五行思想出身於《尚書洪範》九籌中的第一籌，在西周的國家大法中扮演關鍵的角色，秦漢以後的五行理論更發展為知識論與政治論，並成為中國歷史上的社會主流知識。但隨著歷史的變遷，在近代西方科學不斷地衝擊之下，如今五行理論卻被文人遺棄到歷史的角落，被科學貶放到理性之光照耀不到的地方，成了迷信、落伍的指標。以近代學者的眼光來看，五行理論是以一套僵硬的公式統一自然與人文世界的運作規律。近百年來幾乎所有的論點都認為五行理論的涵蓋範圍過於廣泛，又無法證真偽，其對於現實世界的解釋相當於沒有解釋。無怪乎在科學一詞成為遊行口號的五四年代，五行思想與鴉片、小腳、辮子一樣，都被視為封建中國的殘渣。尤其梁啟超[2]、顧頡剛[3]等人更認定五行思想是迷信與虛偽的大本營，要為近代中國悲慘的命運負極大的責任。

1 　所謂多代理人系統（Multi-Agent System, MAS）是指一個由多個自治運行的代理人組成的集體。在開放分散式網路環境中，代理人是一個抽象實體，它可以對自身環境、操作環境的變化自動採取因應的行動，一個系統中一般有多個智慧型代理人，這樣的系統就稱為多代理人系統。多代理人系統必須找出一種使各個代理人能夠協同工作的適當方法。依據這些理論基礎建立起來的系統均稱為多代理人系統。取材自互動百科 baike.com。

2 　出自《梁啟超全集》中的《陰陽五行說的來歷》一文，冊 6 卷 11，頁 3357-3365，北京出版社。

3 　參見顧頡剛編著的《古史辯》中的文章〈五德終始說下的政治和歷史〉，冊 5，頁 404-616，上海古籍出版社。

　　自從西漢董仲舒總結了五行的順序及生剋規律後，二千多年來五行的內涵沒有甚麼大變化，為什麼五行思想在當代的學者看來卻是迷信與落伍的指標呢？這主要是秦漢以後的五行思想逐漸演化出五行的第二重身分：分類人的角色，也就是將萬物分類為五個族群：木族、火族、土族、金足、水族的功能。五行的分類功能是建立在代理人的基礎之上。當五行對每一個系統（領域）均建立代理人之後，每一個系統都有一個與木對應的代理人，集結所有系統中與木對應的代理人即成木的族群，同理，集結所有系統中與火對應的代理人即成火的族群，依此類推。五行將萬物區分成五大族群的功能逐漸掩蓋五行的代理人本質，長久以來人們已經習慣以分類者的角色來看待五行，並以此評估五行理論的合理性。原始五行的生剋作用是發生於同一系統內的五個代理人之間，但是分類後的五行生剋作用卻是發生於由無數多個系統所組成的五大族群之間。例如以木族對火族的作用而言，木族的任何一個成員可以相生火族內的所有成員；同時木族的任何一個成員也可以相剋土族內的所有成員。五行的分類機制將相生、相剋的對象由代理人對代理人的一對一關係，無限制地擴展成一整個族群對一整個族群的關係，這正是五行思想引起科學爭議的源頭。

　　舉例而言，五行在人體內的代理人為肝、心、脾、肺、腎，稱為五臟；五行在水果領域的代理人為李、杏、棗、桃、栗，稱為五果；五行在牲畜領域的代理人為犬、羊、牛、雞、豬，稱為五畜。原本五行的生剋關係是在各自的領域內進行，但是由於五行的分類功能，生剋作用開始跨越了領域的界線。五種臟器、五種水果與五種牲畜被各自依序歸入木、火、土、金、水五大族群，而強迫被賦予了跨越族群之間的生剋關係。例如五臟中的肝被歸入木族、脾被歸入土族，五果中的棗與五畜中的牛也被歸入土族。由於木族與土族之間既有的相剋關係，從此肝不僅與同一系統的脾相剋，肝同時也與不同系統的棗子與牛相剋。二個原本不相干的代理人，因為五行的歸類動作，只因為一個被歸入木族，另一個被歸入土族，從此就產生了相剋的糾結關係。「棗子與肝相剋」與「牛肉與肝相剋」都不是基於生物學或解剖學的原理，而是五行分類的結果。這種發生於不同物種之間的五行生剋觀念長期在民間流傳，廣布醫、卜、星、相、武術各類領域，甚至被提升為民間生活常識。五四文人對五行思想的批判，所針對的即是這類未經科學驗證的五行民間流傳思想。

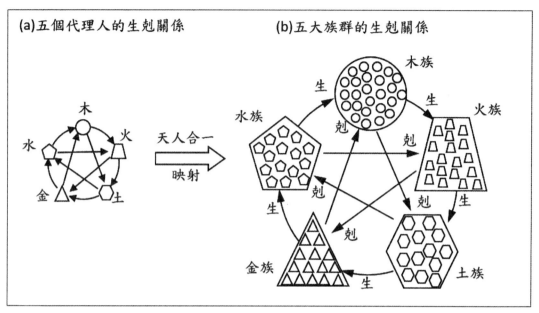

圖 1.1　透過天人合一思想的局部與整體的等義性，五個代理人之間的生剋關係被擴大到五大族群之間的生剋關係。

資料來源：作者繪製。

　　在五行思想的發展過程中，當五行的角色從代理人轉換成分類人的同時，剛好是五行思想從自然科學領域轉換到自然哲學領域的分水嶺。五行的萬物分類理論將五代理人之間的生剋關係擴展成五大族群之間的生剋關係，背後所根據的正是天人合一的傳統哲學思想。天人合一思想反映出「整體」與「局部」之間的等義性，「局部」雖是「整體」的一部分，但卻共享「整體」全部的訊息，也就是「局部」與「整體」合而為一。所以木族群中的單一成員可以共享整個木族群的整體資訊，此即「同氣相感，同類相應」的傳統說法；於是木族群的一個成員與土族群的一個成員之間的生剋作用，透過天人合一思想的擴展，被映射到整個木族群與整個土族群之間的生剋作用，如圖 1.1 所示。近代對於五行思想的研究，通常從傳統自然哲學的觀點著手，經由天人合一思想的局部到整體的映射，闡述五行對萬物的五大族群分類以及族群之間的生剋機制。不同於現有的五行研究，本書則是要回到五行思想從自然科學轉換到自然哲學的時間點之前，亦即回到五行原始的代理人角色，以五代理人網路系統理論剖析五行所蘊涵的自然科學思想。

1.2 五行的本質在於代理不在於分類

　　五行理論在秦漢以後逐漸演變成萬物的分類理論，但是當我們回到秦漢之前五行理論的蘊釀成長階段，我們所看到的五行理論是不斷地將五個單元之間相生與相剋的作用，重複套用到不同領域中的一種運作模式。這五個單元在不同領域裡面有不同的名稱，它們就是五行在不同領域裡面的代理人。五行最初的代理人可能是天上的星辰。五行的「行」字本意代表「走」或「動」，起源自先民對天文的觀察，原意可能是指「五」顆「行」星。中國先民很早就知道星座以及遠方星辰的相對位置不會變化，而行星卻會在這些星座之間週期性的移動，所以行星指的就是動星。隨著文明的進展，五行的觀念從天上的星辰落實到人間的生活，演變成人們日常面對的五種天然物質：木、火、土、金、水，稱為五材，這是五行在物質界的代理人，也是有文字紀錄以來，五行的第一個代理人身分。這個歷程反映在《史記‧曆書》對於五行的描述：「蓋黃帝考定星曆，建立五行」。五材之間的關係與順序後來被進一步對應到一年之中的五個季節：春、夏、長夏、秋、冬，即所謂的五時，這是五行在季節裡的代理人。五種氣候特徵輪流相生相剋的現象，透過天人合一思想的橋樑，進一步內化成人體內肝、心、脾、肺、腎五臟之間的相生相剋作用。五臟即是五行在人體內的代理人，代理五行在人體內進行五行之間的生剋作用。

　　除了自然界的物質與現象，五行所代理的對象甚至包含政治與朝代。戰國時期陰陽家鄒衍提出「五德終始說」認為五行在人間各有對應的代理人及代理朝代[4]。五德終始是指火、水、土、木、金各行在人間所代理的朝代是依順序輪流替換，也就是火德所對應的朝代興旺後，由水德的朝代接續（因為水剋火）；水德朝代興旺後再由土德朝代接續（因為土剋水）等等。換句話說，鄒衍認為朝代的興替遵循五行的相剋順序。鄒衍將五行思想的應用版圖從自然界擴大到政治界，然而朝代的興替是政治權力與軍事武力的運作結果，其是否能滿足五行生剋的自然定律，似乎是一個很大的疑問，但鄒衍認為政治與武力只是表徵，真正決定朝代興替的背後力量是天道，而五行所展現的生剋規律正是天道的表現。

4　中國戰國時代後期，齊國思想家鄒衍鼓吹按五行運行規律解釋王朝更替。其要點為某王朝因得天授五行中一德，「受命」於天而成為天子。而當其德衰微，無法繼續統治時，便會有具五行下一德的王朝取代之。「五德」是指五行中木、火、土、金、水所代表的五種德性。「終始」指「五德」週而復始之循環運轉。鄒衍說：「五德從所不勝，虞土、夏木、殷金、周火。」由於秦滅周，周屬火德，剋火者水，故秦屬水德，崇尚黑色。按照鄒衍的說法，五行代表的五種德性以相剋關係傳遞，後世也有人提出五行相生的說法來解釋五德終始。

　　值得注意的是在鄒衍的「五德終始說」中，五行的運作模式已從自然現象中抽離出來，首次被應用到政治系統之中，此時五行的代理人角色不再侷限於自然界的物質或現象，而且代理人之間的生剋規律不再是系統的內稟特性，而必須由外力約束形成。對於五材而言，生與剋的對象可由五材的材料性質自動決定，無須外力介入，例如水剋火、土剋水等等，都有其自然的天性；然而對於朝代而言，生與剋沒有必然的對象，朝代之間的生剋規律必須由外力約束形成。這個外力從「五德終始說」的論點來看，即是所謂的天道。鄒衍將五行的生剋規律提昇到天道的層次，認為各個朝代既是五行在人間的代理人，朝代的興替就要受到天道的約束。鄒衍的「五德終始說」雖然離不開神秘的宗教色彩，但有別於之前五材的分類系統詮釋，他將五行視為是一種代理人系統（天在人間的代理人），後來的董仲舒也提出類似的觀點，從而埋下五行理論的另一條可能發展路線：五行的代理人系統詮釋。這一條發展路線在五行思想的發展過程中被分類人系統詮釋掩蓋了二千多年，今天我們揭開五行的分類人表象，還原五行的原始面貌，發現五行系統原來正是 21 世紀的多代理人網路系統。

　　從 17 世紀開始，在中國長期被視為是萬物分類理論的五行理論，受到來自西方類似思想的嚴重挑戰。耶穌會傳教士在明末清初之際，將西方文明所認知的組成世界四大元素（地、水、風、火）傳入中國，批判中國將木、火、土、金、水五行作為組成世界基本材料的合理性。從西方四元素的觀點來看，五行中的木與金並不是基本元素，不應該納入五行，而且五行之間的生剋規律有諸多自相矛盾的地方，並不符合西方科學的邏輯推理。西方科學與五四文人對五行的嚴厲批判總算撕毀了五行理論戴了二千年的假面具：萬物的構成與分類理論。然而西方科學雖然拆了五行理論的這一假面具，卻沒有還原五行理論的真實面貌。更正確地說，20 世紀以「還原論[5]」為基礎的科學，其實並不具備完整的論述「還原」五行理論的真實面貌。

　　二千多年來，五行所扮演的角色從代理人逐漸演變成分類人，代理人是五行的原始面貌，分類人則是五行經過歲月層層化妝後的表象。秦漢以前的五行理論是屬於擴散發展的階段，五行的思想滲透到各個領域，產生了五行在各個領域的代理人，但不同領域的五

5　還原論（英語：Reductionism，又譯為還原主義、簡化論、專簡論與化約論）是一種哲學思想，認為複雜的系統、現象可以先通過將其化解為各部分之組合，然後加以理解和描述。還原論的思想在自然科學中有很大影響，例如認為化學是以物理學為基礎，生物學是以化學為基礎等等。在社會科學中，圍繞還原論的觀點還有很大爭議，例如心理學是否能夠歸結於生物學，社會學是否能歸結於心理學，政治學能否歸結於社會學等等。

行代理人仍各自獨立發展。秦漢以後的五行理論則進入跨領域的整合應用階段，整合五行在各個領域的代理人並進行分類，將不同領域中屬於同一「行」的代理人歸類為同一族群，而形成統攝五大族群的系統整合理論。其中最成功的範例是中醫的始祖經典《黃帝內經》，整合了天、地、人不同領域的五行代理人，透過跨領域代理人之間的相同族群屬性的連結關係（同氣相感），將天地間的生剋作用與人體內的生剋作用整合在一起；並比照天地自然的運作規律，解析人體的運作規律，進而形成中醫學的理論基礎。

五行理論的發展歷經了代理人與分類人二個階段，其中代理人的階段相對單純，可用科學的方法與數學的運算加以分析，是本書所要討論的主題。五行的發展進入分類人的階段後，因為融合了天人合一的傳統哲學思想，無法用單純的科學方法加以解析。儘管如此，20 世紀物理學家波姆（D. Bohm[6]）所提出的全息論（Holography）可為天人合一思想的科學詮釋打開一扇窗[7]。天人合一思想若借用朱熹的話，可簡單敘述為：「天即人，人即天。人之此生得之於天，既生此人，則天又在人矣。」用白話來說就是「人在宇宙中，宇宙在人中」，也就是人與宇宙是全息相連的有機體。朱熹的話已點出全息論的精神，亦即整個宇宙是一個有機體，宇宙內的每個事物，不管多小，都藏有整個宇宙的訊息。全息論也巧妙地表現在英國詩人威廉・布萊克的有名詩句上：「一沙一世界，一花一天堂。[8]」透過一粒沙子可以看到整個世界，在一朵花中可以看到整個天堂，這是全息論最貼切的文學詮釋[9]。同樣表達出「一沙一世界」意境的，還有佛教的名句：「須彌藏芥子，芥子納須彌」，高大的須彌山可被縮小藏入芥子微粒之中，所講的正是全息的觀念。五行理論對萬物分類所根據的核心原則是「同氣相感，同類相應」，用現代的術語來講，即是「信息相通，資訊共享」，而全息論正好提供了該核心原則所需的科學基礎。

五行理論是科學還是迷信，其實與五行理論本身無關，而是取決於每個時代科學的內涵與發展。在 20 世紀以前，我們找不到與五行理論全然匹配的科學，那時候大家說五行

6　David Bohm 是現代全息理論之父，不僅是響譽當代的美國量子物理學家，同時也是哲學家、思想家，深受愛因斯坦及印度哲學家克里希穆那提的影響。他在傳統量子力學哥本哈根學派駕馭整個量子物理學界之時，迫使科學家重新檢視他們的觀點及研究方法。其代表著作為 *The Undivided Universe.* Routledge, London, 1993。

7　楊憲東，《天人合一思想的科學基礎》，部落格文章：https://worldinsand.blogspot.com/2012/11/blog-post. html。

8　此詩是翻譯自英國詩人威廉・布萊克（William Blake）的作品《天真之歌》（*Auguries of Innocence*）裡頭的前二句：To see a world in a grain of sand, and a heaven in a wild flower.

9　楊憲東，〈一沙一世界，剎那即永恆：自然界中的隱藏維度〉，《宗教哲學季刊》，第 63 期，1-18 頁，2013。

理論是迷信，乃就事論事，無可厚非。然在 21 世紀的今天，多代理人網路系統理論的出現正好提供了五行代理人角色的科學詮釋所需要的工具，這時說五行理論是科學思想又似乎是名正言順了；至於五行的分類人角色，若沒有全息理論提供更嚴謹的理論基礎，只怕未來仍是被科學繼續批判的對象。

五行在歷史上先後扮演了代理人與分類人二種角色，這二種角色各有其運作的對象與先後順序：

● 運作對象的不同：五行的代理人角色是運作在同一系統（領域）之內，而分類人角色則是運作在不同系統之間。

● 運作順序的不同：五行先進行個別系統內代理人的功能，後續才能進行不同系統之間的分類功能。五行的第一階段工作是仿照五材的屬性，為每一個系統建立五行的代理人，並透過代理人在該系統內展現生剋乘悔的運作機制。第二階段的工作則是針對不同系統的代理人進行分類，將屬於同一五材屬性的代理人歸入同一族群，形成與五材相對應的五大代理人族群。

對於五行的分類功能，傳統的說法是五行是一種萬物分類理論，然而五行的分類對象實際上並非萬物本身，而是五行在萬物的代理人。所以萬物先要有五行的代理人之後，五行才能進行分類的動作。譬如說穀類雜糧、蔬菜、動物等等各領域內的成員種類都超過百種以上，甚至千種、萬種，五行不可能也無法針對每個領域內的每個成員做分類。實際可行的分類方法即是前述的二階段步驟，第一個步驟是先在穀類雜糧、蔬菜、動物等等領域之內，各自找到五行的代理人，亦即在每個領域內，找到最有代表性的五個成員作為五行在該領域的代表人，此即文獻上所稱的五穀、五蔬與五獸。不管領域內的成員種類有多少，五行在該領域的代理人永遠只有五個。

選定了各個領域的代理人之後，五行即可進行第二階段的分類工作，將相同屬性的代理人聚集在一起，形成一個族群。例如穀類領域中的麻，蔬菜領域中的韭，動物領域中的青龍，同屬於五材中的木，因此歸類為木族群。每個領域的代理人都是五個，分別對應五材，因此集結所有領域代理人的分類結果必定是對應到五材的五大族群。沒有五行在第一階段的代理人工作，就沒有後續五行對萬物的分類工作。所以我們說五行的本質是在代理，不在分類。以上述的穀類、蔬菜、動物三個領域為例，五行的分類工作是將穀類中的麻，蔬菜中的韭，動物中的青龍，一起歸類到木族群之中，但是為何在眾多穀類中

要選麻？眾多蔬菜中要選韭？眾多動物中要選青龍？這些篩選的工作卻不是來自五行的分類功能，而是在第一階段的代理人功能中已經完成。麻、韭、青龍同屬木，在代理人的階段已經確定，五行的分類工作只不過將麻、韭、青龍三者「集中」放在木族群罷了。可見五行的運作大部分在代理人的階段已經完成，集中歸類的階段反而只是最後的一小步驟，算是五行的附屬功能。近代科學對於五行理論的批判主要是針對五行的分類角色，卻忽略了五行作為代理人所具有的科學意義。

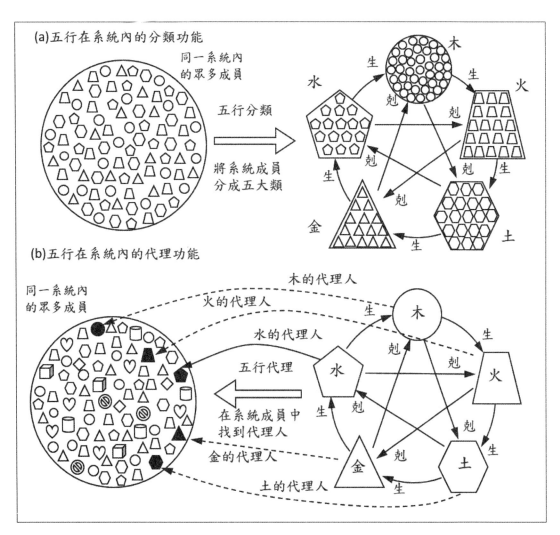

圖 1.2 （a）五行在同一系統內的分類功能：將系統眾多成員分成五大類。（b）五行在同一系統內的代理功能：在系統眾多的成員中找到五行的代理者。
資料來源：作者繪製。

　　二千多年來，五行的代理人角色總是運作在同一系統（領域）之內，而分類人角色則總是運作在不同系統之間。如果在同一系統內，進行五行的分類會發生甚麼事情呢？圖 1.2 顯示五行在同一系統內分別扮演分類人與代理人的差別，可以看到二種角色所對應的函數映射方向剛好相反。五行若扮演分類者的角色，其功能是根據成員的表象屬性，將一個系統內的所有成員區分為五大類，分別對應到五材，其對應的函數作用是從系統成員映射到五行，如圖 1.2a 所示。將五行視為同一系統內的分類者，我們必須先默認一個基本前提：每一個系統內的所有成員都恰好可以分為五大類，例如前面提到的穀類領域、蔬菜領域與動物領域等等，都必須恰好可以分為五大類，少於五類或多於五類都不行，因為如此便無法與五材取得對應。可想而知，這個基本前提對於大部分系統都是不成立的，也就是在同一系統之內進行五行的分類，有其實際上的困難。在圖 1.2a 中，不同種類的系統成員以形狀區分，可以看到總共有五種不同形狀的成員四處分散在系統之中。五行的分類者功能在圖中比擬成依據形狀分類，將相同形狀的成員集中放在一起，先形成單一形狀的子系統，最後再組合五種不同單一形狀的子系統對應到五行的運作。圖 1.2a 已隱含先前所提的基本假設：系統成員的種類只有五種，也就是形狀剛好只有五種，因此才可以進行五行的分類。

　　在另一方面，五行若扮演代理者的角色，其功能是從所有成員之中，挑選出最具特色的五個，分別代表五行，其對應的函數作用是從五行映射到系統成員，如圖 1.2b 所示。可以看到五行若扮演代理人的角色，其工作相對容易許多，只要在眾多的系統成員中找到五行的代理者，再令其代理五行在系統中的運作。特別注意在圖 1.2b 之中，系統成員的形狀允許多於五種，這是與圖 1.2a 的最大不同。因為不管系統成員有多少種類（多少形狀），五行代理人所關心的是找到能夠忠實反映五行特色的五位代理人。對比之下，五行若作為分類人，系統成員的種類必須剛好為五個。在某一系統中尋找五行的代理人並不是數學問題，哪一個成員才是最合適的代理人並沒有量化的統一標準。五個代理人的角色必須能分別反映木、火、土、金、水五種功能屬性，然而這些功能屬性的定義有其文字上的模糊性，因此有可能存在二個或二個以上的系統成員同時具有某一「行」的特性，或是有某一成員同時兼具二「行」的特性。這些因素都將導致五行在各個系統的代理人並非唯一決定。例如五行在穀類領域的代理人為五穀，但五穀到底是指哪五種穀類？歷史上曾經出現多個不同版本的定義。

　　除了函數的映射方向相反之外，五行的分類人詮釋與代理人詮釋的最大不同點在於生

剋作用的對象，前者是五個族群之間的相生與相剋，後者則是五個代理人之間的相生與相剋。如圖 1.2 所示，在五行的分類人詮釋之下，系統的所有成員被分類為五大族群，分別與五行對應。此時五行之間的生剋關係被提升到五大族群之間的生剋關係。這相當於要求木族群中的一個成員必須要和火族群中的所有成員有相生的關係，又同時要求木族群的一成員要和土族群中的所有成員有相剋的關係，導致生與剋的對象被無止境地放大。這種族群與族群之間的生剋作用不可能發生在同一系統之中，因為這必須系統內的所有成員「恰好」可以分為五大族群，而且這五大族群之間的交互作用關係「恰好」滿足五行的生剋乘悔規律。以上的學理分析說明五行的分類功能不適合在同一系統之內進行；在同一系統之內只能進行五行的代理功能。五行理論在歷史上的發展歷程驗證了此一學理觀點，我們所看到的實情是五行散入萬物，一一在每個領域（系統）中建立了代理人，最後才在不同領域之間進行代理人的五行分類工作。

　　明瞭了分類人與代理人之間的差異後，我們再回來看《五行大義》中所謂的五行分類，即可知它們其實都不是五行對萬物的分類，而是五行在不同領域中的代理人。例如考慮與五行相對應的「仁、智、信、義、禮」五德，若將五德視為是德行的五種分類，那麼我們必須先默認一個假設：「天底下的所有德行只有這五種類，其他德行都可以歸類到此五種類之一」。接著我們再一一檢視德行集合中的所有成員，並將之歸類到五德中的其中一德。此時我們將面臨一連串的歸類問題：三達德中的「勇」要歸屬於五德中的哪一德？四維中的「廉」與「恥」要各自歸屬於五德中的哪一德？八德中的「忠」、「孝」、「愛」、「和」、「平」要各自歸屬於五德中的哪一德？這些德行歸類上的困難很明顯是因為五德無法統攝所有德行，我們實在無法將「三達德」、「四維」、「八德」等等這些不同的德目硬塞到「五德」的框架之中。

　　「五德」既然無法統攝所有德行，自然就不能對所有德行進行「五德式」的分類。從另一個角度來看，如果我們將「五德」視為五行在德行中的代理人，那麼情況將簡單許多。此時的「五德」是指能與木、火、土、金、水對應的五種德行，這其中完全沒有牽涉到五德與其他德目之間的隸屬問題。同樣的道理，中醫的「五臟」不是指人體內的所有器官可以分成五種類，而是指能與木、火、土、金、水對應的五個臟器，也就是五行在臟器中的代理人；同理，所謂的「五色」與「五音」不是指色彩與音律剛好可以分成五種類，而是指能與木、火、土、金、水對應的五種色彩與五種音律，也就是五行在顏色、音律中的代理人。

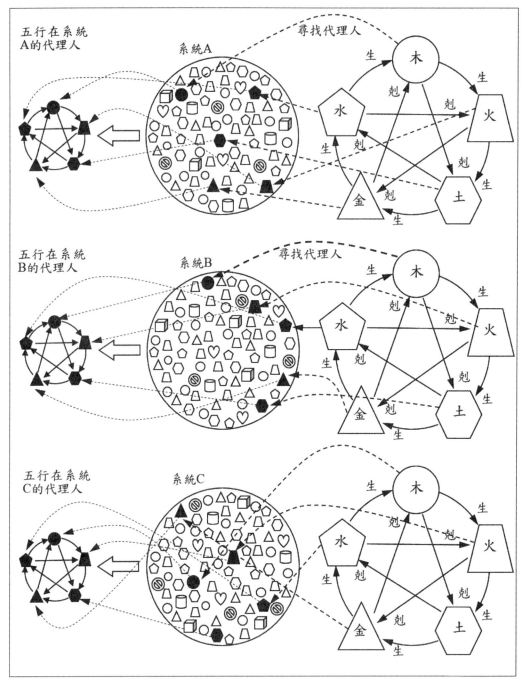

圖 1.3　五行散入萬物，在每一個系統中建立自己的代理人，並透過五個代理人之間的交互作用，展現五行的生剋乘悔機制。系統中的成員用圓形表示者代表具有木的屬性，用梯形表示者代表具有火的屬性，用六邊形表示者代表具有土的屬性，用三角形表示者代表具有金的屬性，用五邊形表示者代表具有水的屬性，注意系統成員的形狀不只這五種，但五行只挑選與五材對應的成員。
資料來源：作者繪製。

　　五行散入萬物，在每一個系統中建立自己的代理人，並透過代理人之間的交互作用，在系統中展現其生剋乘悔的機制，如圖 1.3 所示。千萬個系統，就有千萬組五行代理人，每組五行代理人都遵守相同的生剋乘悔模式。因此五行理論是千萬個系統的共同指導原則，適用於所有系統，以現代的術語來說，五行理論就是一般系統理論[10]。在五行建立代理人的階段，每個系統的五行代理人各自獨立運作，彼此互不干涉。當所有系統都建立了五行的代理人之後，五行進入其歷史發展的第二個階段，扮演起分類人的角色，參考圖 1.4。經過代理人的運作後，每個系統都已篩選出相對於木、火、土、金、水的五個代理人，接下來的分類工作其實只是將屬於相同「行」的代理人放到同一族群中。

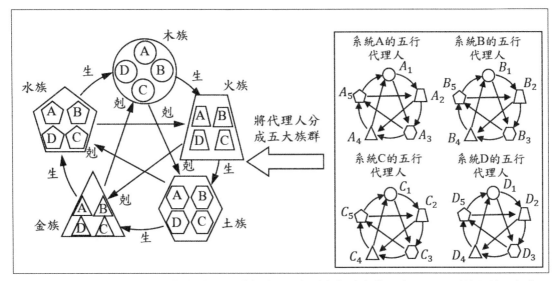

圖 1.4　右子圖顯示五行為萬物中的每一系統（每一領域）都建立代理人，同一系統內的五個代理人用不同形狀的圖案表示，分別對應到五材。右子圖總共含有 4 個系統，每個系統都有五個代理人。左子圖是五行對代理人的分類結果，屬於同一行（同一形狀）的代理人被歸類到同一族群，五大圖案代表與五行對應的五大族群。每個族群內的代理人形狀均相同，代表具有相同的五材屬性。
資料來源：作者繪製。

___

10　20 世紀 30 年代前後，奧地利理論生物學家貝塔朗菲（Ludwig Von Bertalanffy, 1901-1972）多次發表文章表達一般系統論的思想，提出生物學中有機體的概念，強調必須把有機體當作一個整體或系統來研究，才能發現不同層次上的組織原理。貝塔朗菲於 1954 年發起成立一般系統論學會，促進一般系統論的發展，並出版《行為科學》雜誌和《一般系統年鑑》。一般系統論幾乎是與控制論、資訊理論同時出現，但直到 60 至 70 年代才受到人們的重視。1968 年貝塔朗菲發表專著《一般系統論——基礎、發展和應用》，總結了一般系統論的概念，方法和應用。

　　圖 1.4 的右側顯示五行為萬物中的每一系統（每一領域）都建立代理人，同一系統內的代理人用不同形狀的圖案表示，分別對應到五材。右子圖總共含有 4 個系統，每個系統都有五個代理人。代理人用圓形表示者代表具有木的屬性，用梯形表示者代表具有火的屬性，用六邊形形表示者代表具有土的屬性，用三角形表示者代表具有金的屬性，用五邊形表示者代表具有水的屬性。A、B、C、D 四個系統的代理人是來自圖 1.3 中的代理人篩選結果，其他系統的代理人也都經歷過相同的篩選過程。左側圖是五行對於四個系統代理人的分類結果，屬於同一行（同一形狀）的代理人被歸類到同一族群，五大圖案代表與五行對應的五大族群。分類到相同族群內的代理人形狀均相同，代表同族群內的代理人具有相同的五材屬性。

1.3 五行分類的科學基礎：全息理論

　　從以上對於五行代理人與分類人角色的分析結果，我們可以整理出下面四個重點：

1. 五行的分類工作只是按照代理人的五材屬性（圖案形狀）來進行，但是代理人的五材屬性早在第一階段代理人的篩選過程中已經確定，所以代理人的族群分類其實是決定於五行的代理功能，而非五行的分類功能。
2. 五行對萬物的分類結果一定剛好是五大族群，因為五行分類的對象並不是系統中的每一個成員，而是系統的代理人，又因為每一個系統的代理人為了與五材相對應，其個數都是五個。
3. 五行的代理人工作是在個別系統內進行，而五行的分類人工作則是跨越不同的系統而進行。
4. 五行在代理人的階段，生剋乘侮的交互作用是發生在系統內的代理人之間；而五行在分類人的階段，生剋乘侮的交互作用則是發生在跨越系統的五大族群之間。

　　重點 1 與重點 2 總結了五行的本質在代理，不在分類。五行在代理人的階段已經決定了各個代理人的五行屬性，而在分類人的階段只是將相同屬性的代理人集中放在一起。重點 3 與重點 4 總結了五行的工作範圍，代理人的工作在同一系統之內，分類人的工作則跨越不同的系統。

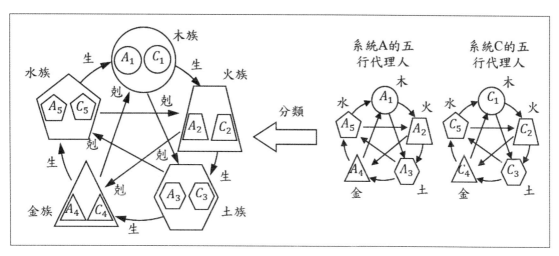

圖 1.5　以二個系統的分類為例，說明五行如何從代理人的角色轉換到分類人的角色。
資料來源：作者繪製。

　　五行理論引起科學爭議的主要部分在重點 4 中的分類人功能，也就是科學界先前還找不到適當的機制來解釋為何原先發生在五個代理人之間的生剋乘悔關係，可以自動擴展到五大族群之間的關係。五行的分類人功能透露著，似乎是只要將屬於相同五材屬性的代理人放在一起，它們就會形成一個不可分割的整體族群，使得原本屬於個別代理人的訊息變成是同一族群的訊息，而為族群內的所有代理人所共用共享，如此才有可能將代理人之間的生剋作用擴大成族群之間的生剋作用。隱藏在五行分類功能背後的假設就是局部與整體之間、成員與族群之間的不可分割性。這種假設在中國傳統文化中更接近於公設[11]的形式，它是天人合一哲學思想的自然反射，與其最接近的西方科學思想是物理學家波姆在著作《不可分割的宇宙》[12] 中所提到的全息思想。

　　圖 1.5 以 A 與 C 二個系統的分類為例，說明五行的分類功能所牽涉到的基本假設。五行在系統 A 與系統 C 的代理人分別用 A_i 與 C_i 表示，$i = 1, 2, 3, 4, 5$。在五行的代理人階段，系統 A 中的五行生剋作用發生在代理人 A_i 之間，系統 C 中的五行生剋作用發生在代理人 C_i 之間，二者完全獨立運作，互不相干。進入五行的分類人階段後，屬於相同「行」

---

[11]　公設英文稱為 Axioms，是指依據人類理性的不證自明的基本事實，經過人類長期反復實踐的考驗，不需要再加證明的基本命題。

[12]　David Bohm, *The Undivided Universe: An Ontological Interpretation of Quantum Theory*, 1995（《不可分割的宇宙》）。在這本書中波姆以全息論的觀點重新詮釋量子物理學，他認為宇宙是整體的存在，萬物都不能從整體分離出去，因為連一粒沙、一朵花都是整個宇宙的縮影，都收納了整個宇宙的訊息。

的代理人被歸類到同一族群。例如 A_1 與 C_1 同屬「木行」，被歸類到木族群，A_2 與 C_2 同屬「火行」，被歸類到火族群，依此類推，而得到如圖 1.5 左側的五大族群。根據傳統的說法，屬於木族群的代理人 A_1 與 C_1 因為「同氣相感」而融合為一整體；以現代科學術語而言，即 A_1 與 C_1 資訊相通，彼此共享訊息（全息）之意。木族群的 A_1 與火族群的 A_2 因為同屬於系統 A，本就有相生的關係，現在由於 C_1 與 A_1 資訊共享，所以 C_1 也與 A_2 產生相生的關係。在另一方面，木族群的 C_1 與火族群的 C_2 因為同屬於系統 C 本就有相生的關係，現在由於 A_1 與 C_1 資訊共享，所以 A_1 也與 C_2 產生相生的關係。合併以上二者的關係，即得到整體木族群（A_1 與 C_1）與整體火族群（A_2 與 C_2）的相生關係。依據相同的資訊共享原則，我們可以建立整體木族群（A_1 與 C_1）與整體土族群（A_3 與 C_3）之間的相剋關係，以及其他族群之間的生剋關係。

　　追究五行的分類功能，科學上還不能解釋清楚的現象是為什麼相同族群內的代理人可以訊息相通，進而形成一個不可分割的整體。科學上的全息論雖可提供該現象的學理基礎，但離「同氣相感」的科學解釋還有一段距離，因為有關全息的科學實驗目前仍僅止於微觀的量子世界，而五行的分類功能牽涉到的是巨觀世界中的全息現象。微觀世界的全息現象稱為量子糾纏（quantum entanglement），描述粒子之間非定域性（non-locality）的連結關係。例如二個電子之間存在一種與距離無關的自旋糾纏現象，使得二個電子的自旋方向可以永遠保持同向（或反向），當第一個電子的自旋方向為向上↑時，第二個電子的自旋方向一定也是向上↑；當第一個電子的自旋方向受到干擾變成向下↓時，第二個電子不管與第一個電子距離多遠，其自旋方向也在瞬間變成向下↓。這種電子之間的糾纏關係與距離無關，不會因距離遙遠而減弱彼此之間的訊息連結程度，所以稱量子糾纏是一種非定域的特性。此一與距離無關的特性不僅被地面實驗證實，也被衛星上的太空實驗[13] 所證實。一對糾纏的電子就猶如一對雙胞胎兄弟或姊妹，彼此心電感應，她們之間的訊息傳遞方式不是一般通訊的互通有無，而是訊息的共享，亦即所謂的全息。

　　然而電子或光子之間的糾纏關係或全息關係，很容易受到環境的干擾而消失，必須在溫度接近絕對零度下的環境才得以保持。當我們將微觀世界的電子逐漸擴大到原子、分子，到一般物質的巨觀世界時，周圍環境熱運動所造成的干擾早就讓全息現象消失得無影

13　全球首顆驗證量子糾纏的衛星是中國設計的墨子號量子科學實驗衛星，於 2016 年 8 月 16 日酒泉衛星發射中心，搭載中國長征二號丁運載火箭發射升空。該衛星於 2017 年 6 月 16 日成功實現，兩個量子纏結光子被分發到相距超過 1200 公里的距離後，仍可繼續保持其量子糾纏的狀態。

無蹤。五行理論對於巨觀世界代理人所要求的全息關係遠超過目前量子物理學可以達到的範圍。例如前面提到，五行的分類工作將穀類中的麻，蔬菜中的韭，動物中的青龍，一起歸類到木族群之中，認為所有木族群內的代理人具有「同氣」或「全息」的關係。以目前量子物學理的進展，實在無法從電子之間的微觀全息關係去預測或證實，巨觀世界中的「麻」與「韭」之間是否也具有全息的關係。儘管如此，二千多年前的五行思想竟隱含有現代量子科學的全息觀念，也著實令人驚訝。由於五行的分類人功能仍存有相當大的科學爭議，本書後續對於五行的科學分析將僅限於五行的代理人功能，我們將看到在隔離了分類功能之後，五行的代理功能其實自成一個完整的系統理論，甚至是一個超越時代的系統理論。

1.4 五行系統即是五代理人網路系統

　　五行理論經常被論及它的外在分類功能，但代理功能才是五行的內在本質。一個能夠還原五行真實面貌的科學理論是隨著網路科技的崛起，興盛於 21 世紀的多代理人網路系統理論。如前所述，五行的代理人角色在二千多年前的《五德終始說》中已初見端倪，鄒衍將朝代視為五行在人間的代理人，朝代之間的興替必須滿足五行的生剋規律。中醫學的始祖經典《黃帝內經[14]》實際上是將五臟視為五行在身體內的代理人，代理五行在人體內進行五行之間的生剋作用。不止五行在朝代有代理人，在身體內有代理人，《五行大義[15]》更廣羅了五行在各個領域中的各種代理人，只不過歷代文人在其中都只看到五行作為分類人的角色，而忽略了五行的代理功能。

　　五行的觀念從古到今，其涵蓋範圍可以說貫穿天地人三個層次。在天而言，五行代表五顆行星或五種季節（五時或五氣）；在地而言，五行代表自然界的五種材料；在人而言，五行代表人體中的五個臟器。如今五行的觀念已被廣泛應用在不同層面的系統，這些系統有大有小，屬性也有很大的差異。在這些系統中，五行已不再指五種特定物質，

[14] 《黃帝內經》是現存最早的中醫著作，是中醫學理論與實踐發展的基石，對後世中醫學理論的奠定有深遠的影響。此書相傳是黃帝與岐伯、雷公、伯高、俞跗、少師、鬼臾區、少俞等多位大臣討論醫學的記述，在四庫全書中為子部醫家類。《黃帝內經》，簡稱《內經》，包括《素問》和《靈樞》兩部分，共 18 卷 162 篇，成書約於戰國至秦漢時期，在東漢至隋唐時期仍繼續修訂和補充。取材自維基百科。

[15] 《五行大義》，隋蕭吉所撰，共五卷，李約瑟（Joseph Needham）指出本書是關於五行的最重要的中古時代書籍，據傳是西元 594 年蕭吉獻給隋朝皇帝的著作。該書不僅是隋以前傳統五行理論的集大成者，也是研究中國整部五行思想發展歷程的必讀之書。

而是被抽象化成系統內的五種特徵、五個階段、五個流程（步驟）、五種趨勢、或五項組成架構。這些五行的不同內涵已經演變成五行的各式各樣的不同代理人，進而組成廣義的五行系統。透過五個抽象的代理人（媒介）代替真實的實體系統，並規範五個代理人之間的相生相剋作用，於是產生了一個現代版本的五行系統：五代理人網路系統。

　　五行系統的組成要素不在於代理人所代理的實體系統，而在於代理人之間的交互作用是否具有五行的生剋乘侮特性。除了五時、五方與五材，任何五個代理人所組成的系統只要代理人之間的交互作用滿足五行的生剋乘侮規律，都可視為是五行系統的成員。縱使原先互相獨立的五個代理人，如果在它們之間賦予五行的生剋交互作用，則作用之後的系統仍可視為是五行系統。五行之所以能夠擔任不同系統的代理人，能夠涵蓋天、地、人不同層次，其根本原因在於五行將系統視為由五個黑盒子（black box）所組成的網路系統，五行的成功運作決定於每個黑盒子的輸入與輸出訊號能否滿足生剋規律，而無關於每個黑盒子的內部結構與組成（參見圖 1.6）。換句話說，五行學說實際上就是闡述五代理人網路系統的理論，它透過由五個黑盒子所組成的代理人系統，來解釋天地間一切事物的運作法則。

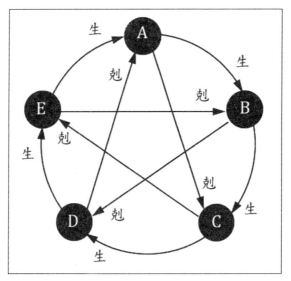

圖 1.6　由五個黑盒子組成的五代理人網路系統，其生剋乘侮的五行運作決定於每個黑盒子的輸入與輸出訊號，而無關於每個黑盒子的內部結構與組成，也就是無關於五行所代理的實體系統。
資料來源：作者繪製。

　　圖 1.6 顯示由五個黑盒子 A、B、C、D、E 所組成的五代理人網路系統，其中相鄰的黑盒子 A → B → C → D → E → A → 依序相生；而間隔一位的黑盒子 A → C → E → B → D → A →則依序相剋。五代理人網路系統決定於代理人之間的相對關係，而與每個代理人的絕對位置無關。將圖 1.6 依序沿順時針方向旋轉一格五行的位置，可以得到另外 4 個方位不同的五行運作圖，如圖 1.7 所示。我們觀察到旋轉圖 1.6 的結果完全沒有改變五個代理人之間的生剋相對關係。五行所形成的網路系統不需要指定哪一個黑盒子是木，哪一個黑盒子是火，亦即不需要指定每一個黑盒子的內部結構與功能，五個黑盒子的運作仍然完全滿足董仲舒在《春秋繁露》[16]中提到的「比相生、間相勝」的五行生剋規律。換句話說，五行的生剋運作不須指定五個代理人與五材的對應的關係，亦即五行的運作與其所代理的實體系統無關。

　　從圖 1.6 中可以看到每一個黑盒子都有二個輸入訊號與二個輸出訊號，例如以黑盒子 A 為例，其有二個輸入訊號分別來自黑盒子 E 與 D，也有二個輸出訊號分別送到黑盒子 B 與 C。來自 E 與 D 的二個輸入訊號分別具有「生 A」與「剋 A」的功能，也就是能夠對黑盒子 A 所代理的系統分別產生增生與剋制的功能；二個送到 B 與 C 的輸出訊號則分別具有「A 所生」與「A 所剋」的功能，也就是能夠對黑盒子 B 與黑盒子 C 所代理的系統分別產生增生與剋制的功能。換句話說，若對五行的其中一個代理人以「我」稱之，則「我」與其他四個代理人的關係分別為：「生我」、「剋我」、「我生」與「我剋」。任何五代理人的網路系統，不管其所代理的是何種實體系統，只要代理人之間具有這四個「我」的關係，都是屬於五行系統。如此定義的五行系統不必再區分哪一個代理人屬於木，哪一個代理人屬於火，也就是五行系統的運作可以不必再以五材實體為橋梁。五行系統相當於是由五個單元所組成的一般性系統，這五個單元可以代表任意的實體系統，只要它們之間滿足「比相生、間相勝」的關係。本研究的目即是在建立描述五行運作的一般系統理論。

---

16 《春秋繁露》是中國漢代哲學家董仲舒（西元前 192 年至西元前 104 年）所作的政治哲學著作，書名中的「繁露」代表聯貫現象，「春秋」為事情、命名等各樣的解說。《春秋繁露》推崇公羊學，發揮「春秋大一統」之旨，闡述了以陰陽五行，以天人感應為核心的哲學 - 神學理論，宣揚「性三品」的人性論、「王道之三綱可求於天」的倫理思想及赤黑白三統迴圈的歷史觀，為漢代中央集權的封建統治制度，奠定了理論基礎。

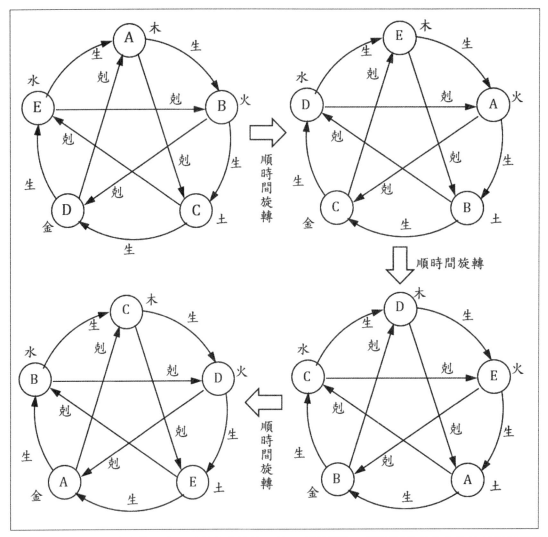

圖 1.7　依序將代理人的位置沿順時針方向旋轉一格，所得到的 4 種不同代理人方位的五行架構仍然滿足五行「比相生、間相勝」的生剋規律，這說明相生與相剋的作用與代理人的絕對位置無關。
資料來源：作者繪製。

　　圖 1.6 與圖 1.7 顯示，經過適當的旋轉後，五行的每個代理人都可以對應到木行，也都可以對應到火行，甚至可以對應到任意行，亦即五代理人與五材沒有絕對的對應關係。五行思想的源頭雖離不開五材在古老生活中所扮演的角色，但五行的運作卻可以獨立於五材之外，獨立於任何實體系統之外。我們不需要指定五個代理人所對應的五材屬性，五個代理人照樣可以執行五行的生剋乘悔運作。這種代理人五行屬性的無關性或不確定性是造成後續五行分類功能混亂的主要原因，因為少了代理人與五材的對應關係，五行

對於代理人的分類便失去了指標。例如我們將圖 1.5 中系統 A 的代理人位置以順時針方向旋轉一格，系統 B 的代理人位置則保持不變，然後再進行五行的分類，所得結果如圖 1.8 所示。可以看到原先 A_1 與 C_1 同屬木族，但旋轉後變成 A_5 與 C_1 同屬木族，其他族群的成員也都產生了變動，造成完全不同的五大族群分類結果。從這裡我們看到了五行作為分類人的困難：五行對於代理人的分類功能是根據代理人的五行屬性，但是代理人的五行屬性卻有其不確定性，連帶使得五行的分類結果也沒有標準答案。因此我們就不必奇怪於為何歷代文獻對於五行分類的結果總有不同的說法。

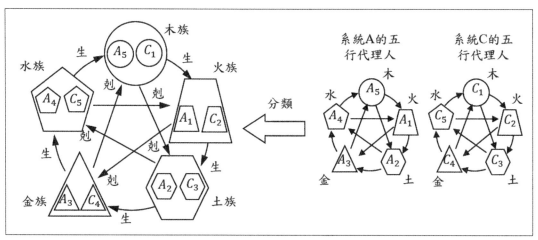

圖 1.8　相對於圖 1.5，系統 A 的代理人位置以順時針方向旋轉一格，形成不同的五行分類結果，原先 A_1 與 C_1 同屬木族，旋轉後變成 A_5 與 C_1 同屬木族，其他族群的成員也都發生了變動。此結果說明代理人五行屬性的不確定將造成五行的分類結果沒有標準答案。
資料來源：作者繪製。

1.5 建立五行思想的一般系統理論

　　一旦五行系統與五代理人網路系統之間的等義性被建立，那麼二千多年前的五行傳統思想將瞬間被跨接到 21 世紀的網路科技，五行的相生與相剋作用便有了科技時代的意義。此時五行的相生作用對應於網路代理人之間的合作型交互作用（cooperative interaction），而相剋作用對應於網路代理人之間的對抗型交互作用（antagonistic interaction）。透過現有網路系統中合作型及對抗型交互作用的定量描述，我們便可為五行的一般系統理論建立數學模型。目前網路代理人之間的交互作用絕大部分是採用合作型，

例如在 2024 年的台南燈會展示現場，五百架本土研發無人機在天空編隊飛行，排列出「TAINAN」及「400」的字樣，就是五百個代理人所組成的網路系統，透過彼此之間的合作型交互作用，達到協同飛行的效果。

　　五行的現代科技代理人可以是五架無人機、五輛自駕車或五部智慧型機器人，只要代理人的行為能夠遵守五行系統所規範的代理人之間的生剋作用。如圖 1.6 所示，五個代理人所在的位置與五材（木、火、土、金、水）的對應完全無關，代理人只須滿足五行系統的生剋規範：相鄰的代理人具有相生的關係，而相間隔的代理人具有相剋的關係。為了反映五行所要求的生剋規範，現代科技的五行代理人必須載有感測元件（sensor）、計算元件與致動元件（actuator），參考圖 1.9，其中的感測元件用以測量五行代理人的輸出訊號；計算元件是根據測量結果與五行生剋指令之間的誤差去計算驅動訊號；致動元件則接受驅動訊號產生驅動力。對於無人機而言，此驅動力控制無人機各個葉片的轉速，以調整其飛行姿態與前進速度，達成與其他無人機的協同飛行。具有感測、計算與驅動功能的代理人就是一個獨立的自動控制單元，五代理人網路系統即是透過五個獨立的自動控制單元，執行五行的相生與相剋作用，從而使得網路系統達到平衡的狀態。

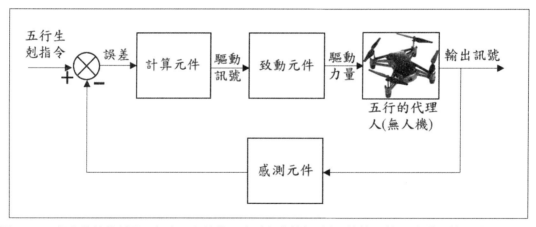

圖 1.9　一個完整的控制單元包含五行的代理人（無人機），以及計算元件、致動元件、感測元件，其功能是要執行五行的生剋指令，使得代理人（無人機）的輸出訊號與五行的生剋指令一致。
資料來源：作者繪製。

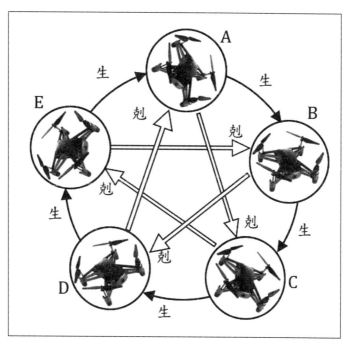

圖 1.10　五架無人機就是五個獨立的自動控制單元，能夠執行五行的生剋交互作用，而達到協同飛行的功能。
資料來源：作者繪製。

　　圖 1.10 顯示五架無人機透過五個控制單元實現五行的生剋交互作用，達到協同飛行的功能：不管飛行的路徑、姿態如何改變，五架無人機之間始終保持固定的上、下、左、右、前、後的相對距離。五架無人機即是五行系統的代理人，代理人執行五行系統所要求的生剋作用之後，其所達到的五行平衡狀態即是五架無人機協同飛行的狀態。五行系統的相生與相剋作用是合作型與對抗型交互作用的結合，而現代網路系統則大多數採用合作型的交互作用。近年來結合合作型與對抗型交互作用的混合網路系統雖在學術界也逐漸被討論，但從現有文獻來看，運作在「比相生、間相勝」古老生剋原則下的五行系統，仍然是超越時代的混合網路系統。

　　二千多年前的中國農業社會自然沒有所謂的自動控制單元，當時為了滿足五行所要求的相生與相剋規範，中國先民所使用的方法是在自然界中找尋適當的材料，藉由材料的天然本性自動呈現五行所要求的生剋關係。木、火、土、金、水就是古時五種適當的材料，至少從日常生活的使用經驗上來看，它們能近似滿足五行的生剋規範。若依順序將木、火、土、金、水排列成一個圓圈，則依據五種材料的天然性質，相鄰的材料之間約

略有相生的傾向，相間隔的材料之間約略有相剋的傾向。以五材來展示五行的生剋規範是一種有利於千年傳誦的口訣，但它經不起嚴格的科學檢驗。例如以「金能生水，水能生木」為例，其中金所生的「水」，與「水」能生木的「水」，顯然是二種不一樣的「水」。用五材展示五行的生剋規範，以科學的角度來看，是一種漏洞百出的比喻，但是回到二千多年前的生活情境裡，又有另外哪一種五行的代理人可以比五材更能生動地呈現出五行的內在生剋規範呢？

在 21 世紀的科技時代，我們已不再需要經由五材的實體來展示五行的運作道理，有太多科技版的五行代理人可以完美實現五行理論所要求的生剋規範。透過自動控制技術，任何由五個實體單元所組成的網路系統，都可用來展示五行的運作道理。因此現代五行的研究重點不在於驗證五行思想在某些特定實體系統中的表現，而在於建立對於所有實體系統均通用的五行規範，亦即在一般系統的架構上，建立五行運作的通用法則。從古至今，五行的運作都必須先架構在某一種特定的實體系統之上，才能進行，例如五材之運作是基於自然界的五種物質，五時之運作是基於一年之中的五種季節，五臟的運作是基於人體中的五種器官。五材、五時和五臟只是五行的特定代理人，然而到目前為止所有關於五行思想的討論卻也只能透過這些特定的實體代理人來傳達。與實體系統無關的五行理論即是五行的一般系統理論，亦即本書所稱的五代理人網路系統理論，它是所有五行代理人的共同規範。

五代理人網路系統將五行的代理人視為五個黑盒子，如圖 1.6 所示，五行的運作只取決每個黑盒子的輸出、入訊號，而與黑盒子所代理的實體系統無關。藉由五代理人網路系統理論，我們將為五行的運作建立數學模型，並在此數學模型的基礎之上，證明五行系統具有自動恢復平衡狀態的內在機制。前秦時期的五行思想經過西漢董仲舒的總結整理後，五行的運作已大致成形，生剋的順序與對象從此被定調成「比相生，間相勝」的簡單原則。除了五行所要遵守的正規生剋作用之外，漢代以後的文人對五行的運作曾經提出了許多的補充與擴展，這些大部分是來自傳統醫學所長期累積的醫療經驗對五行運作的回饋意見。

歷代文人對五行運作規範所作的修正與補充雖然有眾多的說法，但經過整理比較後，可歸納為兩大類（參見圖 1.11）：

● 在五行的運作中加入相生與相剋的副作用，亦即副生（有些文獻稱為泄）與副剋

（有些文獻稱為耗）的考量。副生與副剋分別是相生作用與相剋作用所要付出的代價或成本。早期的五行運作不考慮相生與相剋作用所要付出的成本，導致生可無止境的生，剋可無止境的剋，然後再企圖用無止境的「生」來平衡無止境的「剋」。這樣的五行運作違反自然界的能量守恆法則，不能忠實反映自然界的規律。

- 在五行的運作中加入相生與相剋的反向作用，亦即反生與反剋的考量。早期的五行運作認為相生與相剋是沒有條件的，也就是生者恆生，剋者恆剋。春秋末期《孫子兵法[17]·虛實篇》提到：「五行無常勝」，其中的「無常勝」即「無常剋」，亦即「有時剋，有時不剋」的意思。這是首次有文獻提到相剋作用不是恆常發生，相當於承認木剋土、土剋水等等作用之發生，有其條件之限制；當條件不滿足時，木不再剋土，土不再剋水；甚至土反過來剋木，水反過來剋土，亦即所謂的相悔或稱反剋。反剋與反生合稱反五行，歷代學者對反五行的看法相當兩極。一派認為反五行違背了五行原有的運作規範，是異端不可取；另一派則認為反五行擴展了五行原有的運作規範，更加完備五行的學理基礎。

　　經過二千多年的傳承，五行思想存在著許多類似的爭論，但孰是孰非卻始終沒有定論，究其原因就是長久以來五行思想缺乏定量的論述與分析能力。傳統五行思想從來只有定性的描述，而沒有量化的分析。例如對於五材之間的生剋作用，五行只描述相生與相剋的對象，不論及相生的強度與相剋的強度。又例如關於五行系統如何建立平衡的狀態，傳統的說法是五行之中有「生我」之行，也必有「剋我」之行，當生與剋相抵時，系統即達致平衡。但是生與剋一定可以相抵嗎？例如水可以生木，火可以剋木，但是若沒有定義「生木」的強度與「剋木」的強度，如何確認二者的效應可以互相抵銷？當生的強度與剋的強度不一樣時，五行系統還可以達致平衡嗎？縱使可以達致平衡，但「多快」可以到達平衡的狀態？這些問題都是傳統五行思想無法解答的，因為它們都牽涉到五行「量」的分析。

　　本書將五行視為由五個代理人所組成的網路系統，並透過圖論及線性代數理論，為五行的運作建立量化的數學模型。此一數學模型是所有五行系統的共同平台，它的建立與五

---

17 《孫子兵法》，即《孫子》，又稱作《武經》、《兵經》、《孫武兵法》、《吳孫子兵法》，是中國古代的兵書，作者為春秋末期的齊國人孫武（字長卿）。《孫子兵法》全書分為十三篇，成書於西元前515至前512年，是孫武贈送給吳王的見面禮。《孫子兵法》是世界上最早的兵書之一，被奉為中國兵家經典，後世的兵書大多受到它的影響，對中國的軍事學發展影響非常深遠。它也被翻譯成多種語言，在世界軍事史上具有重要的地位。

行所代理的實體系統無關,它所描述的是所有五行系統運作的共同規範。站在這個描述五行運作的數學平台之上,所有歷代學者關於五行的不同見解與補充修正,都可以經由量化的數學分析,驗證其見解的真偽與修正意見的對錯。經由量化五行的數學分析,我們可以釐清五行與現代科學相容的地方,甚至超越的地方,同時糾正一些似是而非的傳統五行思想。

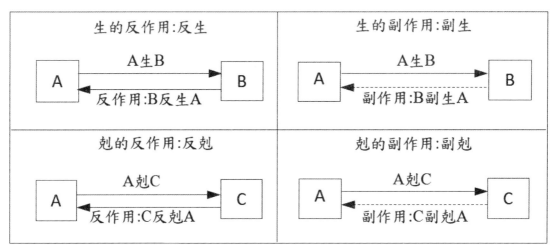

圖 1.11　生與剋的反向作用為反生與反剋,生與剋的副作用為副生與副剋。
資料來源:作者繪製。

經由數學分析我們發現,歷代學者所提關於增補五行運作的生剋副作用(副生與副剋),以及生剋反作用(反生與反剋),確實都是五行運作的基本元素,這些元素的加入有助於提升五行運作的完整性。有生即有副生,副生是生的副作用,二者同時發生不可分割;有剋即有副剋,副剋是剋的副作用,二者同時發生不可分割。在另一方面,反生是相生的反向作用,反剋是相剋的反向作用。原始五行思想只有簡單的生與剋觀念,認為生與剋的作用可以直接相抵銷而達到五行的平衡。然而詳細的數學分析發現,傳統生剋相抵的觀念是有問題的,缺少了反作用與副作用的參與,單獨的生剋機制將無法呈現預期的五行平衡功能。

1.6 五行網路的「和而不同」與現代網路的「同而不合」

透過五行的數學模型,我們可以將當代的網路系統與五行網路系統放在同一個平台上

進行比較，分辨其相同與相異之處。五行代理人之間的交互作用有相生與相剋二種，相當於現代網路系統中的合作型交互作用與對抗型交互作用。雖然五行網路與現代網路都具備這二種交互作用，但是二種網路系統所要強調的重點不同。經由比較的結果我們發現，當代網路系統著重在同類成員之間的合作關係，以及不同類成員之間的對抗關係，亦即所謂的「同而不和」，參見圖 1.12a；而五行系統則著重在不同類成員之間的協調統一，亦即所謂的「和而不同」，參見圖 1.12b。

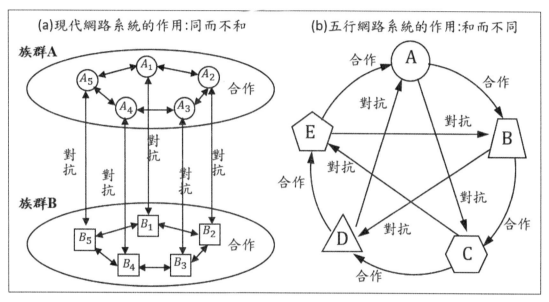

圖 1.12　區分現代網路與五行網路的不同，前者是同而不和（左圖），後者是和而不同（右圖）。
資料來源：作者繪製。

　　現代網路系統將代理人分成二個族群，例如圖 1.12a 中的 A 族群與 B 族群，相同族群內的代理人採用合作型的作用，而不同族群之間的代理人採用對抗型的交互作用[18]。A 與 B 二個族群的對抗關係反映出現代兩黨政治的實際運作機制，此時的網路代理人就是政治上的代議士。這樣的網路運作我們稱之為「同而不和」，所謂的「同」是指相同族群內的「同化」作用，所謂的「不合」是指不同族群之間的對抗作用。在圖 1.12a 中，A 族群內的代理人都用圓圈表示，而 B 族群內的代理人都用方形表示，代表相同族群內

---

[18]　在多代理人網路系統中，二個代理人之間的連線上通常有所謂的權重係數，當權重係數為正時，稱二個代理人具有合作型的交互作用；當權重係數為負時，稱二個代理人具有對抗型的交互作用。相關的討論可參閱 Claudio Altafini, "Consensus Problems on Networks with Antagonistic Interactions," *IEEE Transactions on Automatic Control* **58**, 935-946, 2013.

代理人的同化作用。族群之內互相同化，族群之外則互相競爭或對抗。像這類內部可分割為二個族群的網路，英文稱之為 bipartite networks[19]。推而廣之，還有所謂的 multi-party networks[20]，也就是網路內可分割成多個族群，相同族群內的成員互相合作，不同族群的成員則互相對抗。

在另一方面，五行網路系統的運作稱之為「和而不同」，所謂的「不同」是指五行的代理人每個都不一樣，五個代理人有五種不同的特性，無法像現代網路的代理人一樣，先同化成二個族群或多個族群後再互相競爭；所謂的「和」是指五行的每個代理人透過相生與相剋的作用與其他四個代理人同時連結在一起，形成一個不可分割的整體。如圖 1.12b 所示，五行的五個代理人各個不同，分別用五種不同的符號，五種不同的圖案加以表示。五個代理人之間採用既合作又對抗競爭的交互作用，相鄰的代理人之間採用合作（相生）的關係，不相鄰的代理人之間採用對抗（相剋）的關係，使得五個代理人形成一個不可分割的整體。

「和」是不同事物的結合，是多樣性的統一，它允許事物之間的差異性並從中加以協調，使系統得以平衡發展；「同」則是相同事物的聚集，它忽視事物之間的差異性，並試圖強制同化，讓系統變成一言堂。在孔子的眼中，「和」與「同」正是君子與小人的不同之處，他在《論語・子路》中提到：「君子和而不同，小人同而不和」。我們這裡的討論無關君子與小人之別，而是要從「和」與「同」的觀點，探討二種不同網路系統的運作模式。現代網路系統的「同而不和」著重在「同」的情況下，如何表現「不和」；五行網路系統的「和而不同」則著重在「不同」的情況下，如何表現「和」。這二種不同的網路運作邏輯導致不同的網路共識協議（consensus protocols）。利用多代理人網路系統理論，我們可以證明現代網路的「同而不和」運作模式將產生各自族群（各自黨派）共識協議，以圖 1.12a 而言，即是 A 族群與 B 族群各自產生自己族群內的共識協議，但是競爭的二個族群之間卻不存在共識協議，也就是系統無法達致平衡的狀態。在另一方面，利用五行的量化數學模型我們可以證明，在五行網路的「和而不同」運作模式之下，雖然五個代理人屬性完全不同，但透過相生與相剋的交互作用將彼此連成一個整體，最後達成五個代理人的共識協議，而且是系統內的唯一共識協議。

---

[19]　Hou, B., Chen, Y., Liu, G.-B., Sun, F.-C. and Li, H.-B., "Bipartite Opinion Forming: Towards Consensus Over Competition Networks," *Physics Letters A* **379**, 3001-3007, 2015.

[20]　Zou, W.-L. and Li, G., "Formation Behaviors of Networks with Antagonistic Interactions of Agents," *International Journal of Distributed Sensor Networks* **13**, 1-8, 2017.

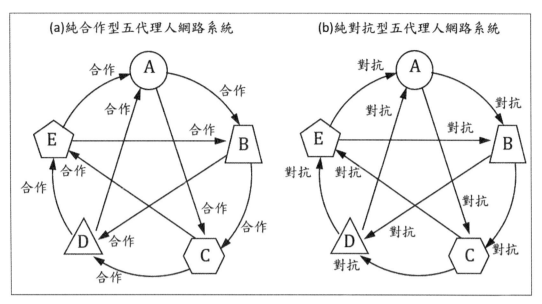

圖 1.13　（a）只有合作（相生）作用，沒有對抗（相剋）作用的五代理人網路系統。（b）只有對抗（相剋）作用，沒有合作（相生）作用的五代理人網路系統。

資料來源：作者繪製。

　　五行代理人之間同時存在著合作（相生）與對抗（相剋）的交互作用，使得五行系統可以在不改變代理人各自特性的前提之下，達到系統「和」的境界，亦即達到系統的平衡狀態。反之，對於現代網路系統而言，屬於同一族群的代理人之間由於只存在著合作型的交互作用，產生了同族群內代理人的同化效應，然而不同族群代理人之間卻只有對抗沒有合作的作用，導致整個系統無法達到「和」的境界。簡而言之，五行網路與現代網路的主要不同在於，前者主張求「和」去「同」，後者主張求「同」去「和」。目前具有對抗型交互作用的多代理人網路系統（參見圖 1.12）仍佔少數，絕大部分的多代理人網路系統內僅具有合作型的交互作用，沒有對抗型的交互作用，也就是只有「同」沒有「和」。圖 1.13a 顯示一個僅含有合作型交互作用的五代理人網路系統，其中每一個代理人與其他四個代理人都保持合作的關係。圖 1.13a 所示的系統是目前所有網路系統中最接近五行網路系統（參見圖 1.12b）的架構，在 9.3 節中我們將用數學的方法證明，純合作型網路系統其實比五行網路系統具有更快的收斂速度，也就是能用更短的時間達到系統的平衡狀態。然而純合作型網路系統是基於同化的假設，它不考慮代理人之間的差異性，也忽視了代理人差異性對系統平衡所帶來的衝擊。與純合作型網路系統對應的極端是純對抗型網路系

統，如圖 1.13b 所示，其中每一個代理人與其他四個代理人都保持對抗的關係。純對抗型網路系統雖然維持了代理人之間的差異性，但是代理人之間由於只有對抗沒有合作，缺少結合的力量，使得五個代理人無法形成穩定的網路系統。

五行網路的哲學基礎與現代網路所根據的西方哲學有不一樣的思想源頭，五行網路的「求和去同」思想源自西周末年史伯[21]關於「和實生物」的看法：「夫和實生物，同則不繼，以他平他謂之和，故能豐長而物歸之；若以同裨同，盡乃棄矣，故先王以土與金、木、火、水雜，以成百物[22]」。史伯特別提到「以他平他」才叫做「和」，「以他平他」指的是由他自治、由他自理的意思，其相反詞就是同化。「和」是把許多不同的東西結合在一起，維持它們各自的本性以及彼此之間的差異性，並使它們得到平衡，如此才能使生物豐盛而成長。亦即只有具備一定差異程度的事物結合在一起，才能稱為「和」，才能形成一個可以不斷創新的整體。過去的帝王用土和金、木、水、火相互結合而成萬物，所表現的正是「和」的精神。「和諧」才能生長繁衍，「同化」則無以為繼。把完全相同的事物拼湊在一起，或是將不同的事物結合在一起後，卻強制加以同化，這樣都不會產生新的事物。「以水濟水」無法烹煮出美味的佳餚；重複彈同一個音調，無法演奏出動聽的樂曲，述說的正是「同則不繼」的道理。

五行理論的核心思想是「和」，具體而言就是史伯所說的「和實生物」。五行理論實現「和」的具體方法是整合相生與相剋的作用，其中相剋的作用讓五行的代理人可以透過競爭與對抗，維持著彼此的差異性，而相生作用則透過合作關係將代理人結合成一個不可分割的整體，如圖 1.12b 所示。如果五行只有相生的作用而沒有相剋，如圖 1.13a 所示的系統，此時五個代理人將逐漸被同化，失去彼此的差異性，此即「同則不繼」。反之，如果五行只有相剋的作用而沒有相生，如圖 1.13b 所示的系統，此時五個代理人將因彼此對抗而逐漸疏遠，無法形成一個緊密的五行系統。因此相生與相剋的同時作用才能確保五個不

21　西周末年的王朝太史伯陽父，亦稱史伯。西周太史掌管起草文告、策命諸侯、記錄史事、編寫史書，兼管國家典籍、天文曆法等，為朝廷重臣。史伯的言論見於《國語》。史伯是以「和」的思想為指導，給鄭伯友分析王朝之弊，指出周幽王的要害是「去和而取同」。史伯用大量的事實說明，周幽王拋棄光明正大，喜好鬼鬼祟祟和邪惡的讒言；討厭賢明正直的忠臣，而親近愚頑智昏和無知鄙陋的小人。斷言不出三年周必亡。二百多年後，齊國思想家、政治家晏嬰對齊景公講的和同之別（《左傳·昭公二十年》），與史伯所言完全一致。孔子的「君子和而不同，小人同而不和」（《論語·子路》），也是同一思想的延續。

22　語出《國語·鄭語》：「夫和實生物，同則不繼。以他平他謂之和，故能豐長而物歸之；若以同裨同，盡乃棄矣。故先王以土與金木水火雜，以成百物。是以和五味以調口，更四支以衛體，和六律以聰耳，正七體以役心，平八索以成人，建九紀以立純德，合十數以訓百體。」

同的代理人在不改變各自特有的屬性下，融合成一個和諧的五行整體系統，此即「和而不同」理想的具體實現。

第二章
五行的歷史發展：先代理後分類

五行理論的演化過程：二個階段四個時期			
代理人階段		分類人階段	
代理人準備期	代理人發展期	分類人準備期	分類人發展期
五材屬性	五材演繹	五行分類	五行生剋
從生活經驗中確立木、火、土、金、水五種材料各自的屬性，並觀察它們彼此之間的交互作用。	在每個領域中找到與五材對應的五個代表性的成員，作為五材在該領域的代理人。	將不同領域中，具有相同五材屬性的代理人歸類到同一族群，形成木、火、土、金、水五大族群。	五大族群的屬性即為五材的屬性，而五材之間的生剋規律被映射成五大族群之間的生剋規律。

　　五行理論的演化過程分二個階段四個時期：代理人準備期（五材屬性）→代理人發展期（五材演繹）→分類人準備期（五行分類）→分類人發展期（五行生剋）。首先在代理人準備期中，確立了木、火、土、金、水五種材料各自的屬性及相互之間的作用。接著在五材演繹的階段中，五行所扮演的代理人角色溶入到萬物之中，並以五材的屬性為範本，建立五行在各個領域的代理人。在五行分類的階段，五行扮演分類人的角色，將不同領域中，具有相同五材屬性的代理人歸類到同一族群，從而形成木、火、土、金、水五大族群，亦即吾人所稱的五「行」。在五行的眾多代理人中，五材居於核心的位置，因為它不僅是五行在材料領域的代理人，同時也是五行對萬物分類的指標，用來決定所有領域代理人的五行屬性。五材是五行系統的標準模板，五行理論的歷史發展過程是將五材一一映射到每個領域之中，從而得到五行在每個領域中的代理人。例如將五材映射到時間中，我們得到五行在時間的代理人：五時；將五材映射到空間中，我們得到五行在空間的代理人：五方；將五材映射到人體中，我們得到五行在人體的代理人：五臟。傳統五行思

想結合五材、五時、五方與五臟這些五行代理人的運作，描述人與萬物在時空中的變化規律，構建了中國古代的自然哲學觀。

2.1 五行發展的二個階段四個時期

五行理論在中國歷史上的發展是先代理後分類，先演繹後歸納[1]。更確切而言，五行理論的發展可分成代理人與分類人二個階段，每個階段有各自的準備期與發展期，因此五行理論的建構過程共包含四個時期：

（1）代理人的準備期：五材屬性。中國先民從生活經驗中逐漸確立木、火、土、金、水五種材料各自的屬性，並觀察它們彼此之間的交互作用。

（2）代理人的發展期：五材演繹。中國先民以五材為標準模板，將五材的屬性與運作套用到各個領域，找到每個領域中與五材對應的五個代表性的成員，作為五材在該領域的代理人。

（3）分類人的準備期：五行分類。當各個領域的五材代理人確定之後，接續的工作即是將不同領域中，具有相同五材屬性的代理人歸類到同一族群，從而形成木、火、土、金、水五大族群，此即所謂的五「行」歸納。

（4）分類人的發展期：五行生剋。歸類完成的五大族群，分別具有五材的屬性，原本發生在五材之間的生剋規律，自動被映射成五大族群之間的生剋規律，形成所謂的五行生剋。

五行指的是木、火、土、金、水五大族群，但從五行理論的二階段發展來看，這五大族群的成員並不是直接取自萬物，而是取自各領域的的代理人（參考圖 2.1）。因此必然有眾多萬物不會被列於五大族群之中，亦即不被列於五行之中，因為它們不是出自於某個領域的代理人。我們不能從萬物中任選一物，然後問它是屬於五行中的哪一「行」。我們必須先審視該物是否為某一領域的代理人，如果是的話，則由該代理人的五材屬性即可判斷其所屬的「行」。反之，如果該物不是出於某領域的代理人，五行即無法對其進行

---

[1] 演繹法是指由已知的一項規律（定理）推導出另一個規律（定理），如此層層的下去，而得到一系列的規律。而歸納法是綜合比較許多不同現象的觀察結果，試圖找出單一規律，來統一解釋所觀察到的不同現象。

分類。如此看來，將五行視為是萬物的分類指標，認為世間萬物必可在五行中找到其定位，其實是一個長達二千多年的歷史誤解，直到現在這個誤解仍然是進行式。

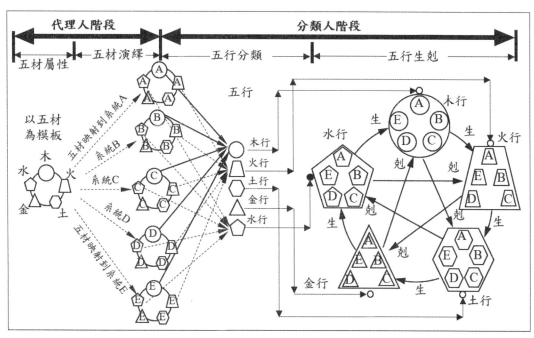

圖 2.1　五行理論的歷史發展歷經代理人與分類人二個階段四個時期，代理人階段包含五材屬性與五材演繹二個時期；分類人階段包含五行歸納與五行生剋二個時期。
資料來源：作者繪製。

今天我們若在網路上搜尋五行的定義，所看到的無非是說，古人把宇宙萬物劃分為木、火、土、金、水五大類，並稱它們為「五行」。五行的劃分包山包海，萬事萬物都在五行之中，連人也不例外。在這種五行的傳統看法之下，歷代文人若要描述某人或某物超凡脫俗，就說他是「不在五行中」。不在五行之中，就是超越了世間萬物，不被五行的相生相剋所限制，達到了極度自由的超然境界。吳承恩在《西遊記》中描述孫悟空[2]，說牠是「跳出三界外，不在五行中」。不在三界[3]的範圍內，也不在五行的分類之中，即是指超

2　《西遊記》第三回：只見那美猴王睡裡見兩人拿一張批文，上有孫悟空三字，走近身，不容分說，套上繩就把美猴王的魂靈兒索了去，跟跟蹌蹌，直帶到一座城邊。猴王漸覺酒醒，忽抬頭觀看，那城上有一鐵牌，牌上有三個大字，乃「幽冥界」。美猴王頓然醒悟道：「幽冥界乃閻王所居，何為到此？」那兩人道：「你今陽壽該終，我兩人領批，勾你來也。」猴王聽說，道：「我老孫超出三界外，不在五行中，已不伏他管轄，怎麼朦朧，又敢來勾我？」那兩個勾死人只管扯扯拉拉，定要拖他進去。

3　三界是佛教術語，指的是有情眾生所居之欲界、色界、無色界，這是一個有生、有死，輪迴不已的世界。

越了有情眾生，處於物質世界之外。不只是孫悟空，文人筆下能夠「跳出三界外，不在五行中」的，定然都是英雄豪傑[4]。

將五行當做萬物的分類理論是一長久不變的歷史氛圍，歷代文人莫不認為五行的分類範圍涵蓋整個物質世界，若能不被列於五行之中，即是超越了世間萬物。然而歷史上五行所扮演的萬物分類角色其實只是一個假面具，五行的真正面貌是萬物的代理人而非萬物的分類人。五行理論雖然也進行分類，但它的分類範圍可能小到令我們大失所望，因為它的分類對象是萬物的代理人，而非萬物本身。與萬物比起來，萬物的代理人只是其中一小部分，五行只對萬物的代理人進行分類，所以大部分的萬物都不在五行之中，只有在各個領域中具有代表性的成員，才能位居五行之列。如果吳承恩知道這一點，他大概不會用「不在五行中」這一詞句來描述孫悟空的厲害了。

我們說五行理論的本質是代理人，是因為五行理論的發展不管是在五材演繹的階段或是在五行歸納分類的階段，主角都是萬物的代理人，而非萬物本身。在五材演繹的階段，五行理論以五材為標準模板，套用到各個領域，找到每個領域中與五材對應的五個代表性的成員，作為五材在該領域的代理人，如圖 2.1 所示。因為只有選定的代理人才具有與五材對應的屬性，五行的生剋乘侮作用是發生在選定的代理人之間，而不是在任意的成員之間或任意的萬物之間。在五行歸納的階段，於不同領域中具有相同五材屬性的代理人被歸類到同一族群，因此五行歸納分類的對象也是萬物在各領域的代理人，而非萬物本身。由此可見五行理論是代理人的理論而非萬物的理論，不管在五材演繹的階段或是在五行歸納的階段，五行理論只對萬物在各個領域中的代理人負責，與萬物沒有直接關係，所以五行理論是代理人的理論，它既非萬物的構成理論，也非萬物的分類理論。

五行在各個領域的代理人是以五材為模板挑選出來的，而五材：木、火、土、金、水，則是早期中國先民日常生活的五種必備材料。換句話說，五行思想的發跡是先民親身感受到五種材料在日常生活中的重要性以及它們之間的整合運作，再將它們的運作模式與彼此間的關聯性一一推廣到每一個領域中，找出每個領域中與五材相對應的五個成員，並賦予它們與五材相似的交互作用，最後才形成五大族群之間的生剋關係。從五行思想的發跡，我們可以看到五材與希臘自然哲學的四元素說[5]有明顯的不同，後者講的是構成

---

4 《封神演義》第二六回：「妹妹既系出家，原是超出三界外，不在五行中。」

5 四元素說在古希臘傳統的民間信仰中即存在，但缺乏堅實的理論體系支持。直到 Empedocles 才首次建立四元素的哲學體系，嘗試以科學的方法解釋傳統的四元素說。Empedocles 在大約西元前 450 年發表著作《論自然》，其中使用了「根」一詞說明萬物由四種物質元素土、氣、水、火所組成。

世界的四大元素，而前者講的是日常生活中經常使用到的五種材料。根據最早文獻的紀載，「五行」的原始涵義指的就是這五種材料。《尚書・虞夏書・甘誓》中提到「有扈氏威侮五行」，其中的五行是指木、火、土、土、水五種民生日用材料，威侮五行就是輕忽五材的重要性，不知利用五種自然物質為民造福。

　　不同於源自生活需求的五種材料，希臘的四元素說則是關於組成世界的基本元素。近代學者將五行學說對等到西方的四元素說，於是五材被當成是組成世界的五大基本物質，接著便是後續對於五材作為物質基本分類的科學質疑與批判。這種批判的盲點在於誤認五行是萬物理論，誤認五行的五大族群分類是對萬物的分類。然而真實的情形是，五行是代理人理論，組成五行系統的成員是五材的代理人，所以五行的分類是針對代理人的分類，只有五材所指定的代理人才能進入五行的分類族群。五行無法對萬物進行分類，因為萬物之中絕大部分都不是五材所對應的代理人，所以都不是五行的分類對象。萬物的基本分類當然不只五種，現代科學可以依據物理、化學或生物等不同特性對萬物進行分類而得到不同數目的族群分類結果。但是五行學說所關注的分類是萬物中能與五材對應的特殊族群，這個特殊族群就是五材在各個領域中的代理人。五行只對這個特殊族群進行分類，而不是對萬物進行分類，所以才會剛好得到五種分類的結果。認清這一點，所有關於五行學說的科學質疑便瞬間煙消雲散了。

2.2 五行分類的對象是代理人

　　五行學說將萬物分為木、火、土、金、水五大族群，可以說是一個根深蒂固的傳統看法。另一個類似的說法是，萬物的屬性都可在五材之中找到對應，都可將之歸屬於五材所對應的五大族群之中。這些似是而非的觀點最後都淪為現代科學批判的對象。以現代科學來看，五行學說實在是一個很不稱職的萬物分類理論，因為現代科學所創造的物質有很多不屬於這五大族群之中，在另一方面卻也有很多物質同時屬於二個以上的五行族群。然而一直到今天，許多傳統領域卻仍然視五行學說為萬物的分類理論。在以上的論述中，五行學說的傳統看法與科學看法其實都是有問題的，而且問題來自相同的根源，亦即只看到五行學說表面的分類功能，卻忽略了五行學說的代理人本質。如前節所述，五行學說是以五材為模板，先在各個領域建立了五材的代理人之後，再對所有領域的代理人進行分類，將相同五材屬行的代理人放在同一族群之中。所以五行的分類是對五材代理

人的分類，卻長久以來被誤解為對萬物的分類。現代科學所批判的對象其實不是真正的五行學說，而是一個被誤解後的五行學說。二千多年來，五行學說一直掛著萬物分類者的假面具，現代科學雖拆穿了這個假面具，然而卻沒有還原五行學說的真實面貌。

五行學說被誤認為萬物分類者的角色，在它初次出現在歷史舞台時就已經開始了，因為有二種分類法與五行學說有相同的歷史根源，而且與五行學說同時並列發展：第一種是根據《尚書·洪範》的五材分類法所衍生的萬物分類理論，第二種是以「五」為數的分類法所衍生的五行規範，參見圖 2.2。

五行的定義最早見於《尚書·洪範》九疇中的第一疇：「五行，一曰水，二曰火，三曰木，四曰金，五曰土。水曰潤下，火曰炎上，木曰曲直，金曰從革，土爰稼穡」。《尚書·洪範》這篇文章為西周初期的文字，記載的是周武王十三年滅商後，商朝貴族箕子與周武王的對話。此處的五行很明顯指的是五類生活常用物質的概括，而且從其排列順序來看，還沒有相生或相剋的觀念。在商末周初的時代，五行已不是指單純的木、火、土、金、水五種材料，而是代表五大類不同屬性的廣泛事物。五材屬性分類法即是根據《尚書·洪範》中的五行定義，為萬物進行分類，其分類的原則為：

● 木曲直：木具有升發、生長、條達的特性，凡是與此屬性類似的事物均歸屬於木族。

● 火炎上：火具有炎熱、升騰的特性，凡是與此屬性類似的事物均歸屬於火族。

● 土稼穡：土具有生化、長養、化育的特性，凡是與此屬性類似的事物均歸屬於土族。

● 金從革：金具有清潔、收斂的特性，凡是與此屬性類似的事物均歸屬於金族。

● 水潤下：水具有寒涼、滋潤、向下的特性，凡是與此屬性類似的事物均歸屬於水族。

當「洪範九疇」逐漸演變成現代常用語彙「範疇」二字時，五行註定就無法逃脫其作為分類系統的歷史宿命。現代漢語中的「範疇」二字常被翻譯成西洋哲學中的 catelogy 一詞，說明九疇中的五行從西方世界來看，是一種分類系統，它的效果與西方知識論的「範疇」不分軒輊。五行的分類功能可能源自一種古老的原型意象，是中國先民運用最基

本的模式表達太初存有論的表現[6]。中國先民透過對於木、火、水、金、土五種自然物質的了解，觸類旁通，再經由事物之間互相聯繫的現象，發現其他物質與這五種自然物質的關聯性，而進一步將所有物質劃分為木、火、水、金、土五大族群，此即為《尚書・洪范》所記載的五行。這裡的五行不再僅是五種自然材料（五材），而是指五大屬性的事物。《尚書・洪范》中的五行純粹是分類的概念，屬於五行思想的早期演化階段。

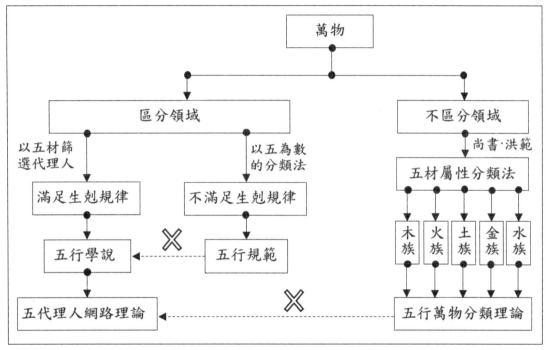

圖 2.2　歷史上與五行學說並列發展的二種分類法：以五為數的分類法與《尚書・洪範》的五材分類法。
資料來源：作者繪製。

　　參見圖 2.2 的右側，五行的萬物分類理論是依據五材的屬性為萬物進行分類。五材屬性分類法不考慮事物所在的領域，只根據事物的屬性判斷其所歸屬的木、火、土、金、水五大族群。五材屬性分類法的分類過程沒有考慮到五行系統必須是包含五個成員且彼此間有生剋交互作用的完整系統。譬如說對於某事物 A 而言，假設它具有升發、生長、條達的特性，所以五材分類法就將之歸類於木族。但從五行學說的觀點來看，屬木的 A 是不可能單獨存在的，必須還存在生 A 的 E（屬於水族），以及 A 所生的 B（屬於火族）；

6　楊儒賓，《五行原論：先秦思想的太初存有論》，聯經，2018。

同時還有剋 A 的 D（屬於金族），以及 A 所剋的 C（屬於土族）。A 與其他四個成員 B、C、D、E 構成一個不可分割的五行系統，A 成員的存在代表其他四個成員的同時存在，五行學說無法僅對 A 進行分類，卻不管其他四個成員。

五行學說與五材屬性分類法都是起源自《尚書・洪範》的分類精神，但二者卻走上不同的歷史發展之路。五材屬性分類法至今仍維持著古老農業社會的純樸分類原則，五行學說則從原始分類人的角色逐漸褪變成代理人的角色。在此褪變過程中，《尚書・洪範》的功能也產生了變化。對於褪變後的五行學說而言，《尚書・洪範》中的五材定義不再是萬物分類的指標，而是用來篩選每個領域中與五材對應五個代理人，也就是用來篩選與木、火、土、金、水五材對應的 A、B、C、D、E 五個成員。

對照前言中的表格關於五行理論的二個階段、四個時期的演化過程，《尚書・洪範》所處的時代應該屬於代理人階段的五材演繹時期。該時期的工作是以五材為標準模板，將五材的屬性與運作套用到各個領域，找到每個領域中與五材對應的五個代表性的成員，作為五材在該領域的代理人，而《尚書・洪範》所描述的，正是篩選出這五個代理人的所需遵守的原則。參考圖 2.3，若要從某一領域的眾多成員中篩選出五材的代理人，篩選的原則是：曲直者代理木，炎上者代理火，稼穡者代理土，從革者代理金，潤下者代理水。篩選出來的五位代理人在該領域代理五材的角色，並進行五材的運作。《尚書・洪範》所提供的篩選原則雖然簡單，但篩選的結果卻不見得唯一決定，因為在篩選的過程中可能會遇到以下的狀況：

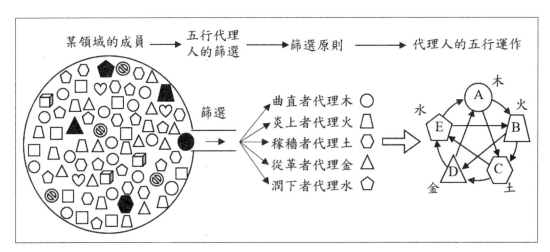

圖 2.3 《尚書・洪範》對五行的定義不是五行對萬物的分類原則，而是對五材代理人的篩選原則。
資料來源：作者繪製。

● 同時有多個成員具備某一種五材的屬性：例如當有二個成員都具備曲直的特性時，該選誰作為木的代理人？這時就必須再加入屬性強度的考量，也就是兩者之中，哪一個曲直的屬性較強。在圖 2.3 中有許多圓圈，代表有許多成員都具有曲直的特性，而圈圈的大小代表曲直的強度，所以木的代理者就是選最大的圓圈，也就是曲直程度最強的成員。

● 同一成員具備二種或二種以上的五材屬性：例如有成員 A 同時具備曲直及炎上的特性，那麼 A 應該代理木還是代理火？此時必須觀察是否有其他成員具有木或火的屬性。如果沒有其他成員具備木（火）的屬性，成員 A 即是木（火）的唯一代理人；如果有其他成員也具備木（火）的屬性，就再比較屬性的強度，決定誰當代理人。

● 沒有任何成員具備某一種五材的屬性：例如沒有任何成員具備曲直的特性，則該領域中即沒有木的代理人，五材中缺了一角，這說明該領域無法進行五行的生剋運作。

● 有成員具備五材之外的屬性：在古老的農業社會，五材的天然屬性也許可以涵蓋日常使用的材料範圍，但在現代社會裡，各種人工合成材料早已超越五材屬性的涵蓋範圍。所以在現代的各種領域中，自然有不少成員的屬性不在五材之內。例如在圖 2.3 的領域成員中，我們發現有異於五種基本形狀的成員，這些成員都不具備任何一種五材的屬性（亦即不屬於五材所對應的其中一種形狀），當然也都不能擔任五材的代理人。然而這些異狀成員的存在對於五材代理人的篩選沒有任何影響，因為從古至今，五行的運作只發生於具有五材屬性的代理人之間，至於這個世界是否存在五材之外的屬性，則與五行學說無關。

　　當我們認清了《尚書・洪範》中的五行定義不是萬物的分類原則，而是五材代理人的篩選原則，五行學說與現代科學的牴觸也就不存在。萬物的分類是一個科學問題，必須保證《尚書・洪範》中的五種屬性涵蓋宇宙萬物的所有屬性，雖然我們可以說五行分類是古老農業社會的萬物分類理論，但很明顯的，這樣的理論已經不適用當今世界了；然而五材代理人的篩選則是一個文化問題，宇宙萬物的屬性遠遠超過五種，但是五行學說所鍾情的只有五材所對應的屬性，這是一個與科學無關的歷史事實，二千年前如此，現在與未來仍是如此。將五行學說視為是一種具有五材特色的五代理人網路系統理論，是以科學

的方法包裝歷史事實，既保留了中華文化中獨有的五材代理人角色，又能夠和科學與時俱進。

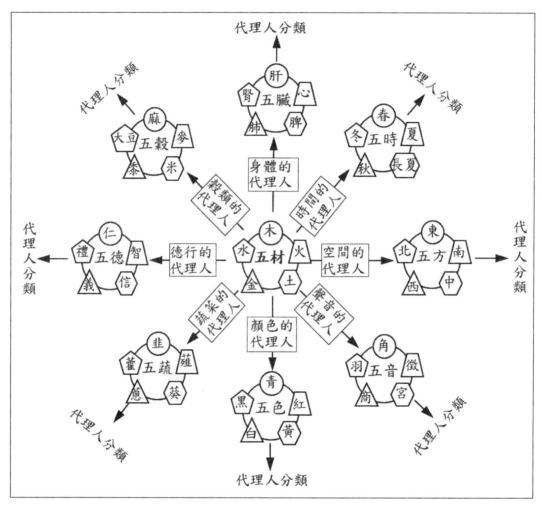

圖 2.4　五行學說是以五材的屬性為範本映射到不同領域中，從而建立了五材在不同領域中的代理人。各個領域的代理人最後都進入五行分類的階段，說明五行分類的對象是五材的代理人而非萬物。
資料來源：作者繪製。

　　五行學說依據《尚書・洪範》的篩選原則陸續為各個領域建立代理人，到秦漢以後幾乎所有生活相關的領域都已完成了五材代理人的建立。如前所述，由於篩選原則具有文字上的模糊性，代理人的選擇結果並沒有標準答案，因此歷代文獻對於各領域的代理人並沒有完全一致的說法。圖 2.4 列出部分領域的五材代理人，其中五材在身體內的代理人稱為

五臟，在德行上的代理人稱為五德，在聲音上的代理人稱五音，在穀類上的代理人稱為五穀，在蔬果上的代理人稱為五蔬、五果，在顏色上的代理人稱為五色，在味覺上的代理人稱五味，在感官上的代理人稱為五官，在情志上的代理人稱為五志等等，幾乎有萬種領域就有萬種五材的代理人。

　　當每個領域的五材代理人都選定後，五行學說進入了五行歸納分類的階段，此時各個領域中具有相同五材屬行的代理人被放在同一族群，而形成五大族群的分類。科學界經常質疑五行學說，稱萬物的屬性為何剛好可以分成五大類？為何不是四大類、六大類，甚至是一百大類？其關鍵之處就在於科學界沒有弄清楚五行的分類對象是五材的代理人，而非萬物。在圖 2.4 之中，內圈與中圈位於代理人的階段，到最外圈才進入五行的分類階段，而能夠進入分類階段的，都限於是每個領域的代理人。從圖中可以看到每個領域中的五材代理人都是五個，分別對應到木、火、土、金、水五種屬性。因此人的德行不是剛好只有五種，所謂的五德不是針對德行的五種分類，而是指能與木、火、土、金、水對應的五種德行，也就是五行在德行中的代理人；人體的器官不是剛好只有五種，所謂的五臟不是人體器官的五種分類，而是指能與木、火、土、金、水對應的五個臟器，也就是五行在臟器中的代理人；同樣的道理，顏色也絕不會只有五種，所謂的五色不是顏色的五種分類，而是指能與木、火、土、金、水對應的五種顏色，也就是五行在顏色中的代理人。

　　圖 2.5 顯示圖 2.4 中各領域代理人的分類結果，相同五材屬性的代理人被歸類到同一族群，從而形成包含五大族群的五行系統。此五大族群對應於五材的五種屬性，而原本只發生於五材之間的生剋作用現在被擴大為五大族群之間的生剋作用。

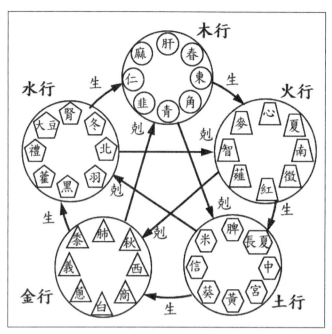

圖 2.5 此圖顯示圖 2.4 中各領域代理人的分類結果。在每個領域的五材代理人建立之後，相同五材屬性的代理人被歸類到同一族群（亦即相同形狀的代理人被分類集中），從而形成包含五大族群的五行系統。此五大族群對應於五材的五種屬性，而五材之間的生剋作用被映射到五大族群之間的生剋作用。

資料來源：作者繪製。

2.3 區分五行分類與萬物分類

　　五行學說討論的對象是五材的代理人，五行學說的內容是關於代理人的篩選與分類，以及代理人彼此之間的生剋作用。五行學說不以四材（例如希臘哲學的四元素）、不以六材為範本，而是以五材為範本篩選代理人，本就是中華文化的特色與偏好，沒有任何科學可以置喙的地方，問題出在這樣一個以五材代理人為基礎的理論，卻長久以來被誤認是萬物的分類理論，這就提供了科學可以比對與驗證的基礎。查閱主流文獻及網路知識庫對於五行學說的介紹，都說它是一個萬物分類理論：

　　五行是中國古代哲學的一種系統觀，古人把宇宙萬物根據其特徵劃分成木、火、

　　土、金、水五大類，統稱「五行」。五行並非指具體的五種單一的事物，而是對

宇宙間萬事萬物的五種不同屬性的抽象概括[7]。

這樣的萬物分類理論隱含二大基本假設：

（1）木、火、土、金、水五大分類涵蓋宇宙萬物的所有抽象屬性。
（2）屬性分類的原則是曲直者歸入木行，炎上者歸入火行，稼穡者歸入土行，從革者歸入金行，潤下者歸入水行。

其中假設（1）關係到五大分類的完備性，亦即沒有物質的屬性可以超越五大類的範圍；假設（2）關係到五大分類的獨立性，亦即五大屬性之間可以清楚區分，不互相重疊。這二大假設在以天然物質為主的古代社會也許成立，但在充斥人工合成物、人工化合物的科技時代，這二大假設變成與實際狀況格格不入：

● 五大屬性沒有完備性：完整的物質屬性分類需要以微觀化學元素為基礎，而以巨觀表象為基礎的五材分類無法達到絕對的完備性。我們發現太多科技文明的產物其屬性不在五行的簡短文字定義範圍之內。以常見的玻璃而言，其外觀屬性具有明亮、清潔、收斂的特性，五行中較接近「金」，然而它卻又完全沒有金屬的成分；從微觀化學組成來看，玻璃反而比較接近五行中的「土」，然而它又沒有土的生化、長養、化育的特性。又例如車用輪胎，它的主要成分是橡膠，而橡膠是由橡樹提煉而來，橡樹屬五行中的「木」。但是當我們要將輪胎歸類為「木」時，卻發現格格不入，因為輪胎完全沒有「木」的升發、生長、條達的特性。在五行之外，我們似乎還需要增加一行來納入像玻璃、輪胎這種人工合成的東西。隨著科技的進展，我們可能需要越來越多的「行」來為新增的物質屬性做分類。我們不能強求數千年前，針對天然物質所做的簡單屬性分類法，能夠直接套用在當今的時代上。

● 五大屬性沒有獨立性：五大屬性彼此之間並非完全獨立，使得某些物質可能同時具有多個五行的屬性，而無法為其分類。例如以石油為例，在常溫時它具有寒涼、潤下的特性，接近於五行中「水」的屬性；但在高溫時，石油具有炎熱、升騰的特性，像「火」的屬性。又例如液態水、冰、水蒸氣三者是水在不同溫度下的所呈現的三種相態，化學成分都是相同的水，但從五行的表象分類來看，它們卻分別屬

7　節錄自維基百科，條目《五行》。

於五行中的「水」(潤下)、「金」(從革)、「火」(炎上)。這再一次說明五行的分類只是基於外觀表象的考量,無法提供物質內部屬性的進一步辨識。

五大族群分類很明顯具有文字上的模糊性,由於事物只根據表象進行分類,而表象相似的事物,其內涵可能存在很大的差異。五材的歸屬不須儀器的檢測,單憑事物的表象功能及屬性來判定,亦即所謂的取象比類[8]。顯而易見五材作為萬物的分類指標是不及格的,這樣的分類法對於古時簡樸的農業社會而言也許可行,但在現今科技的時代,面對千變萬化的人工合成物、化合物,經常需要借助儀器探究到分子、原子的層級,才知其屬性為何,又如何是《尚書・洪範》中的區區幾個字可以辨別。今天我們都已知道五行學說對於萬物的分類思想純粹就是古老農業社會的產物,是不合時宜的落伍思想。但令人驚訝的是這一個被我們指責為古老、落伍的思想卻只是五行學說所戴的一副假面具,現代科學所批判的對象不是真正的五行學說,而是一個被誤解後的五行學說。

真正的五行學說是將《尚書・洪範》中所定義的五材屬性視為篩選五行代理人的指標,而非分類萬物的指標。表 2.1 從集合映射的觀點比較五材的「屬性分類」與「篩選代理人」二種角色的不同,分別說明如下:

表 2.1　比較五材的屬性分類與代理人篩選二種角色的不同

分類／代理	五材屬性的分類	五材代理人的篩選
角色功能	審視族群中的每一個體,判斷其所歸屬的五材屬性。	從族群中選出五個最具特色的個體,分別代理五材。
映射方向	從族群個體映射到五材。	從五材映射到族群個體。
配對主從	個體是主,五材是從,為每一個體進行五材屬性的配對。	五材是主,個體是從,為五材屬性進行個體的配對。
配對次數	在五材中每次選其一與某一個體配對。族群個體數有多少,就要做幾次配對。	在族群中每次選一個體與五材之一配對,故只需做 5 次配對。
映射條件	必須滿足映射的存在性與唯一性:五材要涵蓋族群,每一個體均能找到一種(且只能有一種)與之配對的五材屬性。	不一定要滿足映射的存在性與唯一性:對應某一五材屬性,可能找不到代理該五材屬性的個體。

資料來源:作者整理。

8　所謂取象比類,指運用帶有感性、形象、直觀的概念、符號表達對象世界的抽象意義,通過類比、象徵方式把握對象世界聯繫的思維方法,又稱為「意象」思維方法。具體地說,就是在思維過程中以「象」為工具,以認識、領悟、模擬客體為目的的方法。取「象」是為了歸類或比類,即根據被研究對象與已知對象在某些方面的相似或相同,推導在其他方面也有可能相似或類同(節錄自網路《華人百科》)。

● 角色功能：五材若作為萬物的分類指標，其功能是逐一審視族群中的每一個體，判斷該個體所歸屬的五材屬行，參見圖 2.6a；反之，如果五材作為篩選代理人的指標，其功能是從族群中選出五個最具特色的個體，分別代表五材，參見圖 2.6b。舉例而言，如果族群內的個體數有 100 個，則五材分類要做 100 次，分別為 100 個個體配對所對應的五材屬性。代理人的篩選則只要做 5 次選擇，每次選擇分別從 100 個個體中選成一個來代表五材的其中之一。

● 映射方向：若從映射（mapping）的觀點來看，五材屬性的分類與五材代理人的篩選是二種相反的映射關係。設族群個體所形成的集合為

$$A = \{A_1, A_2, A_3, \cdots, A_n\}$$

五材所形成的集合為

$$F = \{木, 火, 土, 金, 水\}$$

則五材屬性的分類作用是從族群個體映射到五材，亦即 $A \to F$；而五材代理人的篩選作用是從五材映射到族群個體，亦即 $F \to A$。

● 配對主從：五材屬性分類的工作是為每一個體進行五材的配對，所以個體是主，五材是從。代理人的工作是為五材進行個體的配對，所以五材是主，個體是從。

● 配對次數：五材屬性分類的工作是在五材中選一材與某一個體配對，若有 100 個個體，就要做 100 次的配對；篩選代理人的工作是在族群中選一個體與某五材之一配對，因為有五材故只要做 5 次配對，參考圖 2.6。

● 映射條件：族群個體與五材之間的映射若要成立必須滿足二個映射條件，即映射的存在條件與唯一條件。將五材分類人 $\mathcal{C}$（classifier）與五材代理人 $\mathcal{A}$（agent）的映射關係分別表示成

$$\mathcal{C} : A \to F, \qquad \mathcal{A} : F \to A$$

則五材分類人 $\mathcal{C}$ 的映射若要存在，$\mathcal{C}$ 的值域 $\mathcal{R}_{\mathcal{C}}$ 必須落在 F 之內，亦即

$$\mathcal{R}_{\mathcal{C}} \subset F \tag{2.3.1}$$

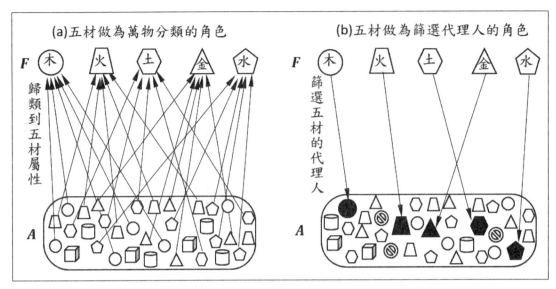

圖 2.6　比較五材的二種不同角色：（ａ）五材作為萬物分類的角色，（ｂ）五材作為篩選代理人的角色。

資料來源：作者繪製。

也就是五材所成的集合 **F** 要涵蓋族群映射後的集合 $\mathcal{R}_c$，這樣才能保證每一個體均能找到與之配對的五材屬性。映射的唯一條件則是要求對於每一個體，與之配對的五材屬性只有一種，不能有二種或二種以上的屬性同時配對到同一個體。在另一方面，如果五材篩選代理人的映射 $\mathcal{A}$ 若要存在，則 $\mathcal{A}$ 的值域 $\mathcal{R}_\mathcal{A}$ 必須落在 **A** 之內，亦即

$$\mathcal{R}_\mathcal{A} \subset A \qquad\qquad (2.3.2)$$

也就是族群所成的集合 **A** 要涵蓋五材映射後的集合 $\mathcal{R}_\mathcal{A}$，這樣才能保證五材均能找到與之配對的個體。

以上是從集合映射的關係比較五材的二種角色：五材的屬性分類角色與五材的代理人篩選角色，前一角色要普遍適用於萬物，所以必須具備分類的存在性與唯一性；後一角色係牽涉到個別領域中五材特徵的挑選，離不開文化的主觀性與特殊性。五材的五大屬性分類不滿足分類映射的存在性與唯一性可容易驗證如下：

● 五材的屬性分類不滿足（2.3.1）式的映射存在條件 $\mathcal{R}_c \subset F$：五材所成的集合 **F** 無

法涵蓋分類映射後的集合 $\mathcal{R}_c$，也就是不能保證萬物均能找到與之配對的五材屬性，亦即前面提到的五大屬性沒有完備性。例如當今許多人工合成物、化合物找不到與之配對的五材屬性，此一現象表示在圖 2.6a 中，我們可以看到正方體及圓柱的成員找不到與之配對的五材形狀。缺少完備性導致五材屬性無法為每一種物質進行分類。

● 五材的屬性分類不滿足單值映射條件：五材的分類映射是多值映射，一種物質可以被映射到多種五材屬性，亦即前面提到的五大屬性沒有獨立性。例如以汽油而言，常溫時映射到五行中的水，高溫時映射到五行中的火，所以是一種多值映射。多值映射導致物質的五材屬性無法被唯一確定，使得五材無法作為一種物質分類的客觀標準。

由於五材屬性的侷限性，要求其作為萬物分類的標準實在是緣木求魚。如今人們談論五行分類就推說它是古代農業社會的思想，以便與當代科學有所區隔，避免有附會落伍思想之嫌疑。但是這種避嫌是沒有必要的，因為在五行學說中，五材的屬性從來不是作為分類萬物之用，而是用來篩選五材在不同領域中的代理人。從篩選代理人的角度來看，五材屬性的特殊性與侷限性反而是反映了中華文化的主觀偏愛，這與科學所要求的普適性與客觀性完全無關。假設我們要從某個領域中挑選五個成員來作為該領域的五個代表，則挑選的方法與標準應該有很多，而且是見仁見智的問題。一個在中國沿用二千多年的方法則是採用如下的選擇策略：成員之中，曲直者選為木的代表，炎上者選為火的代表，稼穡者選為土的代表，從革者選為金的代表，潤下者選為水的代表。如此所選出來的五個成員即是五材在該領域的代理人，參見圖 2.6b。至於領域之中是否存在五材之外的屬性（如圖 2.6b 中的立方體成員），則不是五行學說所關心的問題。由於五種屬性的定義有其文字表達的模糊性，由這種策略挑選出來的五個代表可能不唯一，也可能不存在。換言之，篩選代理人的映射不一定要滿足映射的唯一性與存在性。舉例而言，歷代文獻對於哪五種穀物才是穀類領域的代理人，哪五種蔬菜才是蔬菜領域的代理人，以及諸多領域的代理人，都沒有統一的見解。這一現象所反映的正是五材代理人的篩選並沒有標準答案。

五行分類是五材代理人的分類結果，卻長久以來被誤解為是萬物的分類結果。五行所對應的木、火、土、金、水五大族群，其成員是來自五材在各領域的代理人，而非來自萬物。五材是五行系統篩選代理人的標準範本，五行系統的功能則是透過五材代理人之間

的生剋交互作用，自動達到穩定平衡的狀態；同時在五行系統達到穩定平衡的過程中，並沒有要求五材要涵蓋萬物的屬性。五行系統是由無數個領域的五代理人系統所組成，每個領域裡的五個代理人都是依據五材的屬性從眾多成員中篩選而來，而五行學說的內涵則是在闡述，不管五行所代理的實體系統是甚麼，不管外界環境如何施加干擾，所有的五行系統均能透過其內部代理人之間的生、剋、乘、悔作用，建立自我平衡、自我穩定的機制。這才是五行學說的真實面貌，也正是本書所要探討的主題。

2.4 區分五行學說與五行規範

　　與五行學說並列發展的第二種分類法稱為五「行」規範[9]，其中的「行」與「行業」的「行」發音相同，代表分門別類的意思。五行規範即是以五為數的分類法，反映了古人以五根手指計數的「近取諸身」的思維方式。除了五材之外，《尚書》紀載了許多由數字五形成的概念，諸如五刑、五典、五服、五祀、五邦、五方、五重、五玉、五辭、五禮、五事、五色、五過、五常、五瑞、五品、五罰、五辰、五聲、五言、五長、五教、五紀、五福、五極、五章、五采等等[10]。五行規範產生的基礎正是基於古人對「五」的崇拜，喜歡按照五類來劃分事物。在商朝時期已出現眾多的五行規範實例，而五材只是其中一個。五行規範裡面的每一個以五為單位的劃分都與一個領域相對應，例如五刑[11]是對古代刑罰的五種劃分，五禮[12]是對古代禮儀的五種劃分、五典[13]是對古代典籍的五種劃分、五服[14]是對古代喪服的五種劃分等等。

　　五材是五行規範眾多元素中最受後人重視的一個，因為金木水火土五種物質與古人的

---

[9]　陳淼和、陳怡帆，〈臟象論等非屬五行學說而是臟腑之五類規範 - 其非關診療故不能作為中醫理〉，《中醫藥研究論叢》，第 12 卷第 2 期，頁 1-23，2009。

[10]　張曉莉，〈前漢陰陽五行說探析〉，《內蒙古農業科技》，第 1 期，頁 22-24，2010。

[11]　五刑是古代的五種刑罰，最早源於有苗氏部落，有苗氏亡於夏啟後，夏啟將有苗氏推行的刵、劓、琢、黥等刑加以損益，形成了墨、劓、刖、宮、大辟五種刑罰，並使之成為主要的刑罰體系。自夏以後、商、周及春秋之際，五刑一直被作為主體刑而廣泛使用。先秦時期的五刑在漢文帝時期因為緹縈上書而被廢除，由笞、杖、徒、流、死五種刑罰取代。

[12]　古代社會生活中的五種重大事件的禮儀和制度，以祭祀之事為吉禮，喪葬之事為凶禮，軍旅之事為軍禮，賓客之事為賓禮，冠婚之事為嘉禮，合稱五禮。

[13]　少昊、顓頊、高辛、唐、虞五帝所著的五種典籍。漢・孔安國《書經序》：「伏犧、神農、黃帝之書謂之三墳，言大道也；少昊、顓頊、高辛、唐、虞之書謂之五典，言常道也。」

[14]　古代中國的喪服分為：斬衰、齊衰、大功、小功和緦麻五種等級，用不同粗細的麻布製成，稱為「五服」。五服經過演變可以化為 23 種服制，運用在 138 種人際情況，極其繁瑣。

日常生活息息相關，正如《尚書・洪範》所言：「水火者，百姓之所飲食也；金木者，百姓之所興作也；土者，萬物之所資生也，是為人用」；而五材的重要性就如《左傳・襄公二十七年》所言：「天生五材，民並用之，廢一不可」。正因為五材是上至君王，下至平民日常生活中不可缺少的生活材料，使得五材在眾多五行規範中脫穎而出。人們在日常生活中透過對五材的使用所累積的知識與經驗，為五材思想的後續發展提供了厚實的基礎。

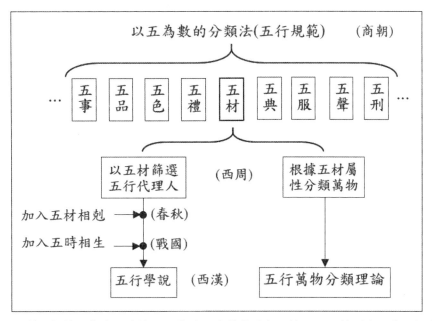

圖 2.7　五材思想的二條發展路線，一條發展出萬物分類理論，另一條則發展出五行學說。
資料來源：作者繪製。

　　在五材思想的後續二條發展路線中，一條發展出前述的萬物分類理論，另一條則發展出五行學說。圖 2.2 是從分類的方法區分五行學說、五行規範與五行萬物分類理論三者的不同點，而圖 2.7 則是由發展的時間順序來比較三者的不同。圖 2.7 顯示五行規範出現的時間遠在五行學說形成之前，表面上看起來它與五行學說似乎沒有交集；反而是五行萬物分類理論與五行學說關係較為密切，因為二者是在同一個時間點從五材分開出來演化。在另一方面，若從圖 2.2 來觀察，五行學說與五行規範所應用的對象都是針對個別領域，但是二者運作的方式不同：

● 五行學說是以五材為範本，篩選出每個領域的五行代理人，篩選結果都是以「五」為單位，代表每個領域都有五個代理人。五行的成員確立後，它們之間的交互作用

機制也陸續被建立，其中五行的相剋作用最先於春秋時期完成，五行的相生作用完成於戰國時期。最後結合相生與相剋作用成為完整五行學說的工作則由西漢的董仲舒完成，參見圖 2.7。

● 五行規範是沿襲商朝以五為數的分類法，為每個領域進行劃分，劃分結果也是以「五」為單位，代表每個領域都有五個單元，但是單元與單元之間是獨立的，無需滿足生剋規律。

可以看到五行學說與五行規範都是以「五」為單位，而差別就在於五個單元之間是否要遵守生剋規律。春秋時期雖已出現五行相剋的觀念，但五行相生與相剋的機制並未完整建立，當時五行學說與五行規範之間的界線仍有模糊地帶，然而在同一時期，商朝以來的尚五觀念則繼續蓬勃發展，許多五行規範下的產物，例如五味、五色、五音、五神、五牲、五穀、五蔬、五果等等，趁著五行學說與五行規範的區別還模糊不清時，被自動納入了五行學說的範疇，成了在它們所屬領域的五行代理人。今天我們所看到的各個領域的五行代理人，其實絕大部分都是五行規範的產物，它們在五行學說還未出現之前即已存在，完全不具備五行生剋的特質，卻扮演了五行代理人的角色。這些五行規範的產物被引入五行學說之後，經由與五材之間的對應關係，被自動賦予了五材的生剋作用。例如五行規範中的五音：角、徵、宮、商、羽，彼此之間本沒有所謂的相生或相剋的交互作用，一旦與五材建立起對應關係之後，則五材之間的生剋關係立刻被轉移到五音之間，造就了角音與徵音相生，而角音又與宮音相剋等等之奇異現象。如圖 2.7 所示，由於五行規範被誤認為五行學說，所有五行規範下的產物都在無形中被賦予了五行的生剋作用，結果是不僅五音之間可以相生相剋，五種牲畜之間、五種穀類之間、五種蔬菜之間、五種水果之間，都有了相生與相剋的作用。

當五行學說以五材為範本，在為每個領域建立五行代理人的時候，我們發現其實每個領域早在五行規範之下，已經被劃分成五種類或五單元。這樣的領域劃分在五行學說形成之前，已行之有年，而且被劃分出來的五個單元也早已變成是該領域的代表。所以當五行學說要篩選各領域的代理人時，這些在五行規範之下已建立的各領域代表也就順理成章地變成是五行在各領域的代理人。我們在圖 2.4 中所看到的各個領域的代理人其實都是五行規範的產物，它們雖然有代理人之名，卻沒有代理人之實，因為它們不具備五材之間應有的生剋交互作用。五行規範與五行學說的混淆是導致五行學說被誤認為偽科學的另一

個主要原因。

　　源自五行規範的五行代理人不具備相生與相剋的特性，無法透過它們展示五行的運作原理，我們稱之為偽代理人；然而縱使透過五行的真正代理人五材、五時與五臟，其所展示的五行生剋運作仍然會碰到許多矛盾與不合理之處。本書嘗試將五行的生剋規律從實體系統中抽離出來，施加在任意五個代理人之間，形成一般性的五代理人的網路系統，不必受限於五行所代理實體系統的內部構造與功能。長期以來五材可以說是歷史上最具代表性的五行代理人，所有其他的代理人都是直接或間接以五材為範本而建立，造成五行系統無法脫離五材的實體而獨立運作。一個建構在五材實體之上的五行理論，雖然是先民生活智慧的總結，但卻經不起現代科學的檢驗，因為它缺乏定量的數學表述，無法以客觀的數學語言與符號表達五行之間的生剋作用。

2.5 五行代理人的四階段演化

　　從科學的觀點來看五行思想的內涵，簡單的說即是透過內在的生剋規律建立系統自我平衡的機制。五行思想的適用範圍涵蓋天、地、人不同層次，滲透到自然與人文各種領域之中。但是不同的系統其運作的原理有很大的差異，縱使在 21 世紀的今天也很難有一種理論能夠涵蓋所有系統或領域。五行思想能夠被應用於不同領域的系統，成為一般性系統的理論，得力於它從實體到抽象的演化過程。五行所對應的事物歷經四個階段的演化，產生了四類的代理人，如表 2.2 所示。

表 2.2　五行代理人的四個演化階段

階段	演化特徵	代理人的區分	五行代理人與五材的關聯性
1	五行的物象化	依據具體物質	五材實體：木、火、土、金、水
2	五行的形象化	依據形象屬性	具備五材屬性：五季、五臟
3	五行的抽象化	依據主觀聯想	●直接相關：五音、五色、五方 ●透過第三者：五星、天干、地支、五味、五體、五華 ●透過第四者：五穀、五菜、五果、五畜
4	五行的無象化	依據生剋關係	具備五材屬性：我、我生、我剋、生我、剋我

資料來源：作者整理。

　　表 2.2 顯示五行代理人的四個演化階段，可以看到代理人隨著演化過程其所涵蓋的範

圍越來越廣。到達第四個演化階段時，五行所代理的的系統已無法一一列出，因為所有滿足五行生剋規律的實體系統都是五行所代理的對象，這其中包含自然界的系統以及人為建構的系統。所有這些實體系統所成的集合就是具有五行生剋內涵的五代理人網路系統。觀察表 2.2 所列代理人的演化階段，除了物象化階段的五材，以及形象化階段的五時、五臟、五化之外，其他的實體代理人都是抽象化階段的產物。然而抽象化與形象化之間有模糊的過渡區間，某些代理人雖被歸類為抽象化階段，但可能具有部分形象化代理人的色彩。形象化五行代理人的由來是根據《尚書・洪範》的篩選原則，曲直者取為木的代理人，炎上者取為火的代理人，稼穡者取為土的代理人，從革者取為金的代理人，潤下者取為水的代理人。抽象化的代理人不滿足《尚書・洪範》的篩選原則，只能透過聯想的方式建立其與五材的關係。

五行思想在其演化的過程中累積了大量的代理人，其中漢朝之前的五行代理人大部分被收錄在《皇帝內經》之中，而《五行大義》則完整收錄了隋朝之前的五行代理人。表 2.3 摘錄文獻中幾個常見領域的五行代理人，並列出它們所對應的演化階段。大自然包含天、地、人三個層次，在每個層次中都有五行的代理人。這些不同層次的代理人，它們的格局與屬性都有非常大的差異，分別屬於表 2.2 中的不同演化階段。

（A）物象化的五行代理人：

木、火、土、金、水的原始意念源自生活中常用的五類物質材料，即所謂的五材，這是商朝時期五行規範的產物之一。具體的五種物質材料是五行物象化的代理人，五材透過實體系統之間的交互作用，能夠自動演譯相生與相剋的機制，是所有其他五行代理人的範本。

（B）形象化的五行代理人：

到西周初期，木、火、土、金、水已不再單純指五材，而是依據五材屬性篩選得到的五大類代理人。篩選原則是把具有類似木屬性的事物選為木的代理人，把具有類似火屬性的事物選為火的代理人，依此類推。如此所得到的五大族群即為《尚書・洪範》所定義的五行。例如春、夏、長夏、秋、冬五個時季即是依據氣的流動性質與五材的屬性取得對應。肝、心、脾、肺、腎五臟則是依據臟器的運作特徵與五材的屬性取得對應。大自然的五季與人體的五臟二個實體系統能夠表現出五材的特徵與形象，所以是五行形象化的代理人。

表 2.3　五行在不同領域中的代理人以及其所對應的演化階段

領域別		名稱	演化階段	木行	火行	土行	金行	水行
天	季節	五季	2 形象化	春	夏	長夏	秋	冬
	星辰	五星	3 抽象化	歲星	熒星	鎮星	太白	辰星
	天干	*	3 抽象化	甲乙	丙丁	戊己	庚辛	壬癸
地	方位	五方	3 抽象化	東	南	中	西	北
	地支	*	3 抽象化	寅卯	巳午	辰戌丑未	申酉	亥子
	日夜	五時	3 抽象化	平旦	日中	日西	日入	夜半
	節日	五節	3 抽象化	新年	上巳	端午	七夕	重陽
自然界	物質	五材	1 物象化	木	火	土	金	水
	生化	五化	2 形象化	生	長	化	收	藏
	食味	五味	3 抽象化	酸	苦	甘	辛	鹹
	氣味	五臭	3 抽象化	羶	焦	香	腥	朽
	氣候	五惡	3 抽象化	風	熱	濕	燥	寒
	音律	五音	3 抽象化	角	徵	宮	商	羽
	色彩	五色	3 抽象化	青	紅	黃	白	黑
	卦象	五卦	3 抽象化	震	離	坤	兌	坎
	穀類	五穀	3 抽象化	麻	麥	米	黍	大豆
	菜類	五菜	3 抽象化	韭	薤	葵	蔥	藿
	果類	五果	3 抽象化	李	杏	棗	桃	粟
	蟲類	五蟲	3 抽象化	鱗蟲	羽蟲	裸蟲	毛蟲	介蟲
	獸類	五獸	3 抽象化	青龍	朱雀	黃龍	白虎	玄武
	牲畜	五畜	3 抽象化	犬	羊	牛	雞	彘
身	臟器	五臟	2 形象化	肝	心	脾	肺	腎
	腑器	五腑	3 抽象化	膽	小腸	胃	大腸	膀胱
	感官	五官	3 抽象化	目	舌	口	鼻	耳
	感覺	五覺	3 抽象化	色	觸	味	香	聲
	手指	五指	3 抽象化	食指	中指	大拇指	無名指	小指
	體液	五液	3 抽象化	淚	汗	涎	涕	唾
	體形	五體	3 抽象化	筋	脈	肉	皮	骨
	體聲	五聲	3 抽象化	呼	笑	歌	哭	呻
	體動	五動	3 抽象化	握	憂	噦	咳	栗
	體表	五華	3 抽象化	爪	面	唇	毛	髮
心	德行	五德	3 抽象化	仁	智	信	義	禮
	情志	五情	3 抽象化	怒	喜	思	悲	恐
	經典	五經	3 抽象化	《詩》	《禮》	《春秋》	《書》	《易》
靈	魂魄	五藏	3 抽象化	魂	神	意	魄	志
符號	全部	五位	4 無象化	我	我生	我剋	剋我	生我
	全部	五數	4 無象化	A	B	C	D	E

資料來源：作者整理。

（C）抽象化的五行代理人：

到春秋、戰國時期，木、火、土、金、水所對應的事物又被進一步擴大為抽象化的概念，抽象化的五行代理人與五材的物象、形象都沒有真實的關聯，只剩下主觀想像的聯繫。抽象化的五行代理人不是生剋作用的主體，它們需要透過某種間接的連結，才能與生剋作用的主體，五材、五季與五臟，取得對應的關係。例如青、紅、黃、白、黑五色並不具備五材的屬性，但能夠顯示出五材的表面顏色，所以五色是透過顏色的聯想，將五材加以抽象化的結果，五色所描繪的正是一幅五行的「抽象畫」。五色不是具體的物質材料，也不具備五材的屬性，與五材的對應只能透過顏色的主觀聯想。在眾多的五材代理人之中，除了少數與五材的屬性有直接的對應外，絕大部分都是抽象化的五材概念。諸如五色、五味、五音、五穀、五菜、五果等等與五材的對應都是透過某一種特殊的聯想，加以抽象化的結果。透過五材的抽象化，五行所涵蓋的範圍從有形的事物擴展到無形的概念，這允許人們在探索各種無形的趨勢、因素、勢力之間的抽象關係時，也可以套用五行學說。五行代理人抽象化的程度越高，雖然擴展了五行所涵蓋的範圍，但代理人與五材的對應關係也越薄弱，越缺少生剋作用的成分。

抽象化的五材代理人依據抽象化程度的不同，又可分為三大類：

（C1）與五材直接相關：

與五材有直接相關的抽象代理人是五色、五音與五方，其中五音（宮、商、角、徵、羽）是五材所發出的聲音，五色（青、紅、黃、白、黑）是五材實體的外在顏色，五方則是五材所在的方向。

顏色本身不具備曲直、炎上、稼穡、從革、潤下的五材屬性，也不是生剋作用的主體，但透過顏色的對應，五種顏色令人聯想到木、火、土、金、水五種材料。

五音的名稱最早出現在春秋時期的《禮記·禮運》中，而《管子·地員篇》最早採用數學運算的方法定義五音，相當於今天簡譜中的 1、2、3、5、6 五個主音。《呂氏春秋》首次將五音對應到五行，《漢書·律曆志》對此有更詳細的描述：「宮為土聲，居中央，與四方、四時相應；角為木聲，居東方，時序為春；徵為火聲，居南方，時序為夏；商為金聲，居西方，時序為秋；羽為水聲，居北方，時序為冬」。關於五材所發出的聲音，《風鑒揭要》有很傳神地描述：「木聲高唱火聲焦，和潤金聲最富饒，土語卻如深甕裡，水聲圓急韻飄飄」。如果將五材視為一主體系統，則五色呈現此系統的視覺效果（相當於影像顯示器），五音則呈現出此系統的聽覺效果（相當於擴音器）。聲音與影像都

只是五材系統的輸出訊號，不是生剋作用的本體，只能算是五行的抽象代理人。

五方（東、南、中、西、北）的概念可追溯到商朝，20世紀40年代的殷墟考古發現，殷商的祭祀官在甲骨上銘刻的方向不是四方，而是五方。殷人把一個大大的「我」字寫在四方的中央，由中央的「我」來看四面八方，可見「中」國子民的世界觀早已忠實反映在甲骨文之上。五方也不具備五材的屬性，其與五材的對應是基於取象比類的原則：日出東方，類似木向上生長的特性，所以東方屬木；南方炎熱，類似火的特性，所以南方屬火；日落於西，與金清肅、收斂的特性類似，故西方屬金；北方寒冷，與水的特性類似，故屬水；中央象徵承載、受納之力，類似土的特性，故屬土。我們可以看到五音、五色、五方這些名稱都是在五行學說確立之前即已存在，後來五行學說將其納入版圖，賦予了五行的特殊意義。

（C2）透過第三者與五材相關：

下一類的五行抽象代理人需要透過第三者的橋樑才能與五材建立對應關係，這個第三者的橋樑在自然界是五季，在人體中即是五臟。以五季為橋梁的第一個代理人是五星。所謂五星，就是古人觀測到的木、火、土、金、水五顆行星，或稱五曜。在五星還未以五材命名之前，五星有其傳統的名稱：歲星、熒星、鎮星、太白、辰星。五星並不具備《尚書・洪範》所說的五材屬性，其與五材的對應是以五季為介面。在二千多年前的中原地區，天上五顆行星在一年之中出現在天空的主要時段，大約分別落在春、夏、長夏、秋、冬五個不同的季節，而五季又分別對應到五材，於是出現在春季的那顆行星就被稱之為木星，出現在夏季的另一顆行星就被稱之為火星，依此類推。五星與五材的對應由於是以五季為橋梁，這必須等到五季與五材的關係完整建立後才有可能，而這個工作直到西漢初期才由董仲舒所完成。在有了五季與五材的對應基礎後，司馬遷在《史記・天官書》中首次提到了五星與五材的對應：「仰則觀象於天，俯則法類於地。天則有日月，地則有陰陽。天有五星，地有五行。」司馬遷將地上的五個元素配上天上的五顆行星，開啟了用五材之名稱呼天上五顆行星的慣例，建立了五行在天上星辰的代理者。五星用五材之名加以命名不是因為五星具有五材的屬性，而是因為它們在天空中出現的季節與五材的對應。

除了五星，天干、地支與五材的對應也是透過五季的連結。天干與地支都是計時的單位，時間的概念原本不含有五材的屬性，但如果將十天干、十二地支分別按順序放在一年之中，並與五季取得對應，則五季所具有的五材屬性便被移轉到十天干、十二地

支之上，而間接使得天干與地支也有了與五材的對應關係。例如將十天干倆倆結合為一組，便可與五季形成對應關係，然後再透過五季與五材的橋樑，即可得到十天干與五材的對應關係如下：甲乙→春→木、丙丁→夏→火、戊己→長夏→土、庚辛→秋→金、壬癸→冬→水。表 2.3 中諸多的抽象化五行代理人需要透過第三者甚至是第四者的連結才能與五材建立對應的關係，我們已經很難從它們身上直接看出其與五材的關聯性。抽象化的五行代理人由於本身不具備五材的屬性，代理人之間並不存在相生與相剋的作用，所以實際上是有名無實的五行代理人。

在表 2.3 中，天、地、自然各領域的五行代理人主要是透過與五季的連結關係而取得與五材的對應；在另一方面，身體內各領域的五行代理人則是透過與五臟的連結關係而取得與五材的對應。例如五體（筋、脈、肉、皮、骨）與五華（爪、面、唇、毛、髮）本身不具備五材的屬性，但是透過與五臟（肝、心、脾、肺、腎）的連結，它們與五材的關係便間接地被建立。五臟中，肝是造血的器官，血養筋，而其榮華表現在甲上，故有五臟之肝→五體之筋→五華之爪的對應關係；五臟之中，心主宰血液的輸送，血液循環於脈中，而其榮華表現在面容上，故有五臟之心→五體之脈→五華之面的對應關係。五臟之中，脾運化水谷精微，以滋養肌肉，而其榮華表現在口唇上，故有五臟之脾→五體之肉→五華之唇的對應關係；五臟之中，肺主宗氣，散精以滋養皮膚，它的榮華表現在毫毛上，故有五臟之肺→五體之皮→五華之毛的對應關係；五臟之中，腎主藏精，精生髓，髓養骨，它的榮華表現在頭髮上，故有五臟之腎→五體之骨→五華之髮的對應關係。

（C3）透過第四者與五材相關：

還有一類五行抽象代理人如五穀、五果、五畜、五菜等等，甚至需要透過第四者的橋樑才能找到與五材的對應關係，而這個第四者即是五味。關於五味，《黃帝內經•素問•宣明五氣篇》提到：「五味所入，酸入肝，辛入肺，苦入心，鹹入腎，甘入脾」，此即五味與五臟的對應關係。透過五味的橋樑，我們即可以建立五臟與五穀、五果、五畜、五菜等之對應關係。以五菜為例，五菜的定義即是從五種食味（酸、苦、甘、辛、鹹）的觀點，篩選出每種食味所對應的最具代表性的蔬菜名稱，而得到韭→酸、薤→苦、葵→甘、蔥→辛、藿→鹹的篩選結果。加入前述的五味入五臟，我們進一步得到五菜與五臟的關係：韭→酸→肝、薤→苦→心、葵→甘→脾、蔥→辛→肺、藿→鹹→腎。最後再加入五臟與五材的對應，我們得到五菜與五材的關係：韭→酸→肝→木、薤→苦→心→火、葵→甘→脾→土、蔥→辛→肺→金、藿→鹹→腎→水。因此透過五菜→五味→

五臟→五材四層的連結，我們建立了從五菜到五材的對應關係。當一個五行代理人需要透過二個或更多個中間橋樑才能建立與五材的關係時，該代理人的抽象化程度就越高，所具有的五材屬性或形象也越低。

（D）無象化的五行代理人：

　　前述的三個階段不管是物象化、形象化或抽象化，都與五材的象有所牽連，無象化的五行則去除了五材所有的象，亦即去除了所有與五材的有形、無形對應關係，只保留五行相生與相剋的作用。無象化的五行就是這裡我們所要討論的五代理人網路系統。無象化的五行思想在漢朝即已萌芽，而其特徵是對於五個代理人稱呼的無象化，也就是代理人的名稱不再用來描述代理人的物象或形象，而是用來表示代理人之間的關係。在無象化的五行之中，若將其中一個代理人稱作「我」，則其他四個代理人可分別稱作「我生」、「生我」、「我剋」、「剋我」。這四個代理人的名稱同時顯示出其與代理人「我」之間的關係。五行的無象化將木、火、土、金、水五類的物象、形象或抽象變成「我」、「我生」、「我剋」、「生我」、「剋我」五個無象的代理人。這五個代理人之間只有相生與相剋的關係，不存在與五材任何具體或抽象的對應。五行思想的演化從物象到形象，其次從形象到抽象，最後再從抽象到無象，歷經了從具體到概括、從形而下到形而上的演化過程。

　　無象化五行學說的建立獨立於任何實體系統之上，只和五行之間的生剋關係有關，而無關於五行所代表的實體系統。無象化的五行學說即是五代理人網路系統理論，其中五個代理人的角色是用來展示五行的操作型定義，也就是五行的生剋作用，而與所代理系統的實質內涵無關。這五個代理人可以用英文字母 A、B、C、D、E 表示之，以彰顯其無象化，然而英文字母雖無象，卻無法表達出代理人之間的生剋關係。中國歷史上以「我」、「我生」、「我剋」、「生我」、「剋我」來稱呼五行的代理人，這不僅表達了代理人之間的生剋關係，也兼顧了代理人的無象特徵。若以代理人「我」為核心，則其他四個代理人構成了「我」的外部環境，同時對「我」施加相生與相剋的作用。五行學說即是在探討代理人「我」如何在這樣的外部環境中，謀求生存和發展，如何適應、利用和改善外部環境，使得「我」能夠與外部環境和諧相處，相互平衡。可見五行學說的內涵與代理人「我」所在的環境系統無關，也就是五行學說是一般性的系統理論。為了證明這一點，我們必須透過客觀的數學語言，以定量分析的方式描述代理人「我」如何在周圍環境的影響之下，與其他四個代理人達成和諧平衡的狀態。

2.6 五行大義所列是五行代理人

　　五行學說在其發展過程中，逐步擴散滲透到天、地、人各個領域，建立了各個領域的五行代理人。然而長期以來五行學說卻被誤認為專門用來執行萬物的分類功能，其中隋初蕭吉所著的《五行大義》更被認為是五行分類功能的集其大成者。蕭吉大量蒐集隋代之前的文獻，表面上看起來似乎企圖建構五行對於萬物分類的論點，但實際上蕭吉所整理歸納的只是五行在各個領域的代理人。在表 2.3 中我們可以發現為了配合五行的對應，每個領域最多只能取出五個成員來參與五行的配對。每個領域中能夠與五行對應的成員都只是該領域成員中的一部分而已，因此我們無法藉由這些配對的成員來為該領域進行整體的分類。換句話說，能與五行配對的成員僅是五行在該領域的對應者，亦即所謂的代理人或代理者，五行學說從來沒有為某個領域內的所有成員進行分類，五行學說所做的只是在每個領域中挑選出五個成員出來作為它在該領域的代理人。《五行大義》所列舉的正是這些不同領域的代理人，而非五行在各個領域的分類結果。表 2.3 所列只是《五行大義》中的一小部分結果，以下針對此表內幾個常見代理人，說明其為代理人的依據。

● 五材是物質世界的代理者非分類者：將木、火、土、金、水五材視為是組成物質世界的五種基本分類，可能是五行理論的最大爭議所在，也是西方科學主要批判的地方。西方的四元素中含有空氣（風）的元素，但五行中沒有空氣或風的元素，是否代表空氣不算是基本分類之一？然而八卦所對應的八種自然現象之中，卻將風（巽掛）納入了。一旦我們將風也納入五材，則原先的五材之中，必有一個要被踢出，這又將引發新的爭議。五材作為分類者或代理者的最大不同之處在於，分類者要求完整性，亦即五材的範圍必須涵蓋整個物質世界，如此才能得到徹底的分類；代理者要求代表性，亦即五材的性質必須能完整反映所對應五行的特性，如此才能呈現正確的五行生剋規律。分類者要考慮的對象是全體物質，代理者則只對五行負責，很顯然地，分類者所要滿足的條件遠遠高於代理者的條件。五行學說所要求的是代理者的代表性，而非分類者的完整性。我們若要拿二千多年前的原始分類標準來為現今的物質世界進行分類，這完全是超出了五材的能力範圍。五行理論的本質是以五材為媒介展現生剋規律，再以五材為範本，於各個領域中篩選出五行在該領域的代理人。如果拿五材作為物質世界的分類標準，不僅偏離了五行的本質，也超

出了五材的功能。

● 五臟是器官的代理者非分類者：中醫根據木、火、土、金、水五材的性質，透過取象比類的方法，分析人體臟腑器官的五行屬性。在五材與五臟的對應中，木的特性是升發，而肝喜條達，有疏泄功能，與木具有類似的功能，所以肝屬木；火的特性是炎熱、升騰，具有此類似現象的臟器是心，故心屬火；土有生化萬物的特性，脾為生化之源，故以脾為「土」；肺氣主肅降，金有清肅收斂特性，故以肺屬「金」；腎主水，藏精，水有潤下的特性，故以腎屬「水」。依此類推。很顯然，五臟與五材的對應不是基於解剖學上的分析，而是表象學上的類比。除了五臟，人體內的各種系統都也以五為數做分類，這不是因為各個生理系統都恰好是由五個單元所組成，而是因為要與五材取得對應，必須從每個生理系統中篩選出五個單元作為代理人。例如臟器系統的五個代理人便稱為五臟，情緒系統的五個代理人稱為五情，體液系統的五個代理人稱為五液，感官系統的代理人稱為五官等等。

● 五方是方位的代理者非分類者：五方是指東、南、中、西、北五個方向，作為眾多方向中的五個，五方不是完整的方向分類指標。像《漢書》裡面提到的八方[15]，佛教裡的十方[16]，都比五方更適合作為空間方向的分類者。五方只是從眾多方向中取出五個，方便與五行對應，代理五行在方位中的角色罷了。

● 五音是音律的代理者非分類者：宮、商、角、徵、羽這五音是中國古樂的基本音階，其產生與五行有密切的關係，如《管子五行篇》所言：「黃帝以其緩急作五聲，五聲既調，然後立五行以正天時，五宮以正人位。」後來五音再加入變徵與變宮二音，成為較完整的七音階，對應到西洋音樂的七個唱音。中國古代的七音後續再被擴展為更完整的十二音律[17]。可見五音只是中國古音的一部分，將音階數目取為五，其原始用意即是要與五行取得對應，換句話說，五音是五行在音律中的代表人或代理人，或簡稱為五行音。

● 五色是顏色的代理者非分類者：青（藍）、紅、黃、白、黑五種顏色是五材（木、火、土、金、水）所對應的顏色，也是五行的代表色，又被稱為五正色。在中國

---

15 《漢書‧司馬相如傳下》：「是以六合之內，八方之外，浸潯衍溢。」顏師古 注：「四方四維謂之八方也。」亦即指東、西、南、北、東南、西南、西北、東北八個方向。

16 在古代印度以十個方向來表示所有方位，這十個方向是：前、後、左、右、前右、前左、後右、後左、上、下。在佛經中，十方代表遍及各處的所有方向與位置，即是指整個法界，整個宇宙。

17 七音的音階距離不相等，宮、商、角、徵、羽五音是全音階，變徵與變宮二音是半音階，而十二音是由十二個均等的半音階所組成，是將七音中的全音階拆成二個半音階而得到。

傳統顏色中，五正色之外的顏色被稱為間色或雜色，例如常見的綠光與紫光即被歸類為間色。組成可見光的七種顏色中，五正色只包含其中的三色：藍、紅、黃。現今的 RGB 顏色理論指出，將紅（Red）、綠（Green）、藍（Blue）三原色以不同的比例混合，可以合成出所有的顏色。五正色中由於缺少了綠色的成分，所以無法像三原色一般，被視之為組成顏色的基本結構。所以五正色既不是顏色的構成者（三原色），也不是顏色的分類者（可見光譜中的七個分類色），它的真正身分是五行的代表色，是五行在顏色領域的代理者，簡稱為五行色。

● 五德是德行的代理者非分類者：儒家的傳統德行項目眾多，有三達德[18]，有四維[19]，有八德[20]。儒家的五德是指仁、智、信、義、禮五種品行，其中的智、仁出自三達德，禮、義出自四維，信來自八德。因此五德可視為是眾多德行中的五個代表，分別對應到木、火、土、金、水這五行，是五行在德行領域中的五個代理人。

● 五穀是穀類的代理者非分類者：中國古代的糧食作物，根據《本草綱目》的記載，共有 47 種之多，其中代表性的穀物概稱五穀[21]，另外也有六穀[22]、九穀、百穀之說。作為農作物的總稱，五穀之說最具有代表性，其中的數目五不是指穀物的五大分類，而是指與五行相對應的五種代表性的穀物。

● 五菜是蔬菜的代理者非分類者：古代的五菜是指葵、韭、薤、藿、蔥。蔬菜的種類繁多，完整的分類包含根菜類、莖菜類、葉菜類、花菜類、瓜菜類、茄果類、菌藻類及雜菜類。顯然五菜只是五種特殊的菜，並非菜類的五大分類。五菜的特性根據《內經・靈樞・五味》的說法：韭酸、薤苦、葵甘、蔥辛、藿鹹。可見五菜是從五種食味（酸、苦、甘、辛、鹹）的角度，列舉出每種食味所對應的最具代表性的蔬菜名稱，而五種食味又分別對應五行。因此五菜實際上是指五行菜，是五行在蔬菜類中的代理者。

---

18 《論語・子罕篇》：「知者不惑，仁者不憂，勇者不懼。」，《中庸》引孔子之言而有三達德：「知、仁、勇三者，天下之達德也。」

19 《管子牧民篇》：「……四維不張，國乃滅亡。……何謂四維？一曰禮、二曰義、三曰廉、四曰恥。」

20 宋代即有「八德」的名目：「孝、悌、忠、信、禮、義、廉、恥」。民國初年孫中山、蔡元培等提出了「忠、孝、仁、愛、信、義、和、平」新八德，這是「中體西用」、中西道德精華的相融合。

21 關於五穀的內容，有兩種說法。根據《孟子滕文公》的說法是指稻、黍（黍米）、稷（小米）、麥、菽（大豆）。另一種是根據《大戴禮記》的記載，五穀是麻（大麻）、黍、稷、麥、菽。兩種說法的差別在於，一種有稻而無麻，另一種有麻而無稻。

22 結合兩種五穀的說法，就得出了稻、黍、稷、麥、菽、麻六種作物，此即為《呂氏春秋》所說的的六穀。

● 五畜是牲畜的代理者非分類者：五畜通常是指犬、羊、牛、雞、豬（豕），不包含
常見的馬、兔、鴨、鵝等等牲畜。五畜再加上馬，即俗稱的六畜。但牧民的五畜
與農家的五畜又不同，草原區的五畜是指牛、馬、綿羊、山羊、駱駝。《內經·
素問·五味》提到五畜的特性：犬酸、羊苦、牛甘、雞辛、豬鹹，因此《內經》
是以五味為媒介，將五畜分屬五行，以此得出五畜的五行屬性，這是中醫臨床運用
五畜肉品以補精益氣的理論基礎，即所謂的「五畜為益」。

所有跡象均顯示，《黃帝內經》與《五行大義》中所列舉的五行在各個領域的對應成
員不是五行在該領域的分類結果，而是五行在該領域的代理人。每個領域的成員數量都遠
遠超過五，五行沒有對每個成員一一進行分類，只是從中挑選出最能代表五行屬性的五個
成員，用來代理五行在該領域的運作。

2.7 無生剋之實的五行代理人

《黃帝內經》與《五行大義》中所列舉的五行在各個領域的對應成員，其實絕大部分
都是五行學說還未建立之前即已存在於當時的社會，它們的真實身分即 2.4 節所稱的五行
規範。五行規範是以五為數的古老分類法，反映了古人以五根手指計數的思維方式，而
五材即是五行規範的其中一個產物。五材與其他五行規範成員最大的不同之處在於五材的
屬性是生剋作用的源頭，其他五行規範成員則無法主動產生相生與相剋的作用機制。五行
規範裡面的成員在五行學說興起以後，順理成章地成為五行在各領域的代理人。2.5 節提
到的四種類型的五行代理人，其中的抽象化五行代理人即是五行規範的產物，它們雖然有
五行的代理人之名，卻沒有代理人之實，因為它們不具備五材的屬性，也不是生剋作用
的主體。

真正具備有生剋作用的五行代理人，在物質界是五材，在自然界是五季，在人體就
是五臟。五材、五季與五臟都是具備生剋作用的主體系統，它們具有五材的屬性能夠自
發性產生相生與相剋的作用。此三者以外的五行代理人自身沒有生剋的能力，然而透過與
五材、五季與五臟的對應關係，它們卻被賦予了生剋作用的表面形式，故稱其為有名無
實的五行代理人：

（1）依附在五材上的抽象代理人：

　　五材所對應的顏色、聲音與方位分別稱為五色、五音與五方。顏色、聲音與方位都不是製造生剋作用的主體，只因為它們與五材的對應關係，被強迫賦予了生剋的功能，參考圖 2.8。例如青、紅、黃、白、黑五色是五材的表面色彩，經由與五材的對應關係，本來沒有生剋意味的顏色概念被強制賦予了生剋的功能。五材中的「木生火」關係，先經由顏色的對應：木為青色、火為紅色，變成是「青色」生「紅色」的關係，然後再進一步擴展為「青色的事物」生「紅色的事物」的關係。於是「木生火」的關係藉由顏色的映射被放大為「青色的東西可以相生紅色的東西」的關係。再如五材中的「木剋土」的關係，先經由顏色的對應：木為青色、土為黃色，變成是「青色」剋「黃色」的關係，然後再進一步擴展為「青色的事物」剋「黃色的事物」的關係。此種經由五材與顏色的對應關係擴大相生與相剋對像的作法，顯然嚴重破壞了五行生剋的實質涵義，因為青色的事物不一定具有升發、生長、條達的木屬性，紅色的事物不一定具有炎熱、升騰的火屬性，而黃色的事物也不一定具有生化、長養、化育的土屬性。同樣的情形發生在五音與五方之上：

- 五材之間的生剋→五色之間的生剋→具有不同顏色的事物之間的生剋
- 五材之間的生剋→五音之間的生剋→發出不同聲音的事物之間的生剋
- 五材之間的生剋→五方之間的生剋→處於不同方位的事物之間的生剋

　　藉由層層映射的關係，五行的生剋作用被無限制地強加在各種事物之上，變成萬事萬物都各有所生，也各有所剋。五行散落於萬物，看似到處都有五行的代理人，但這些代理人雖有代理之名，卻無生剋之實。

（2）依附在五季上的五行代理人：

　　五季將一年劃分為五個季節，五個季節的節氣分別具有五材的屬性，隨著一年之中節氣的依序變化，五行生剋的作用也自動呈現在其中。五季是五材在時間上的映射，時間是抽象的概念，本不具備生剋的性質，卻因為五季具有五材的屬性，一年之中五個季節時段之間的生剋作用便被進一步擴展成不同時段的事物之間的生剋作用。這中間的映射過程歸納如下：

　　五材之間的生剋→五季之間的生剋→一年之中屬於不同季節時段的事物之間的生剋

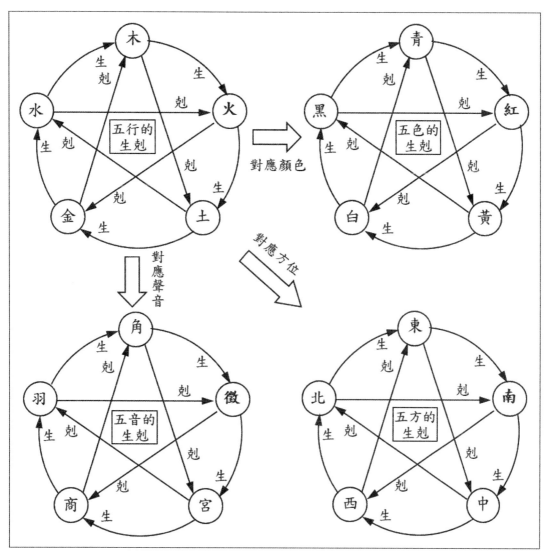

圖 2.8　五材所對應的顏色、聲音與方位分別稱為五色、五音與五方。顏色、聲音與方位都不是製造生剋作用的主體，只因為它們與五材的對應關係，自動被賦予了生剋的功能。

資料來源：作者繪製。

　　五星、天干與地支都是透過以上的映射關係而獲得生剋的作用。五星即木、火、土、金、水五顆行星，然而天上的星體是依據萬有引力而運行，星體與星體之間只有引力沒有斥力，五星之間相生與相剋的說法純粹是抽象映射的結果。在二千多年前，五星在一年之中出現在天空的主要時段，分別對應到春、夏、長夏、秋、冬五個季節，因此每顆行星便根據其所出現的主要季節而被命名，於是五星就因為時間的映射關係而被賦予

了五季的生剋特性。十天干與十二地支也有相同的情形，二者都是測量時間的單位，如果將它們各自分成五組並分配到一年之中，則十天干與十二地支與五季之間即有了對應關係，如表 2.3 所示。十天干與十二地支是抽象的時間單位，不是生剋的主體，但透過五季的橋梁，它們間接被賦予了生剋的作用。在占卜、星象、命理等等傳統領域中，不同生辰八字的人之間的相生與相剋都是各種時間單位先與五季取得對應後，再由五季間接賦予生剋的特性。

（3）依附在五臟上的五行代理人：

依附在五臟的代理人遠多於前述第一類與第二類的五行代理人，這一類的代理人本身都不具生剋的特性，而是透過與五臟的對應才間接取得。例如考慮五華與五體相對於五臟的關係，五臟是進行生剋作用的主體系統，五華（爪、面、唇、毛、髮）則是主體系統的外在顯示器，負責呈現主體系統的即時狀態，五體（筋、脈、肉、皮、骨）則是主體系統與顯示器之間的連結線路，負責將系統的內部訊號傳送到外在的顯示器。五華與五體負責五臟系統之訊號的傳送與顯示，與其他依附在五臟上的五行代理人一樣，都不具備生剋功能，只能算是五行規範的產物。

中醫理論根據「取象比類」的方法，把自然界的五行代理人與人體內的五行代理人整合於五大族群之中，將原本描述自然界的概念應用到了醫學領域，並透過五行生剋原理闡述人體臟腑間的聯繫以及與外界環境的相互關聯。然而如上所述，大部分的五行代理人是透過層層映射的關係才取得與五材、五季、五臟的對應，其本身並不具備生剋的功能。這種透過聯想和推理所建立的代理人關係只是圓滿哲理上之論述，與長期臨床實踐所得的中醫針灸診療有明顯的不同，前者屬於五行規範的範圍，而後者才是醫學範圍的「五行學說」。

《皇帝內經》中所列舉的身體內各個系統的五行代理人，絕大部分都是五行規範的產物，它們在五行學說還未出現之前即已存在，完全不具備五行生剋的特質，卻扮演了五行代理人的角色。這些五行規範的產物被引入五行學說之後，經由與五臟之間的對應關係，被自動賦予了五行的生剋作用。《皇帝內經》包含《素問》與《靈樞》（又稱《針經》）二篇，各有九卷，二者都不是一時一人的著作，其內各卷文章完成的時間點都有所不同，前後跨越了數個朝代。今本《黃帝內經》是皇甫謐[23]將《素問》與《針經九卷》相合

23　皇甫謐（215 年至 282 年），幼名靜，字士安，自號玄晏先生。安定郡朝那縣（今甘肅省靈台縣）人，後徙居新安（今河南新安縣）。三國西晉時期學者、醫學家、史學家，東漢名將皇甫嵩曾孫。他一

的結果，已非《漢書‧藝文志》所記載之《黃帝內經》。追蹤《皇帝內經》長時期所收錄的醫家論述，我們可以考察五行規範在五行學說的發展過程中所產生的影響。比較《皇帝內經》的《素問》與《靈樞》二篇，《素問》各卷文章完成的時間點遠早於《靈樞》，涵蓋先秦到西漢早期的作品。《素問》的作品受五行思想的影響較少，其內容未觸及五行生剋的論述，文章多屬五行規範，定本時間約與淳于意[24]同年代。相較之下，《靈樞》各卷對經脈之論述多來自於五行生剋與針灸臨床的相互驗證，判斷其作品應出現於五行學說成熟發展後的年代。《靈樞》的作者透過針灸發現經脈系統與各臟俯的歸屬關係，並進而依據天體之五星運轉，稱之為五象，進行經脈間之生剋補瀉。五象各有其歸屬之臟俯，五象之間的相生相剋關係反映了經脈與臟腑間的運作機制，同時體現了五行學說的核心思想。

　　《素問》的年代早於《靈樞》，其所討論的對象是五行規範，無關乎五行學說。《素問》之五行規範是擴大延伸《禮記‧月令》的說法，並將其進一步應用於人體五臟之生理，而形成五臟規範。《禮記‧月令》所論述的是人與外界的關係，所提及的五臟原本是指祭祀用的牲畜五臟，而《素問》將牲畜五臟改為人體五臟。例如《禮記‧月令》言黃色屬土象，對應祭祀動物之心臟，《素問》同言黃色屬土象，但歸屬人體之脾臟，認為脾病則面黃，稱此為五臟規範。然而實際的情況是色黃者更多為肝病患者而非脾病患者，這說明脾病則面黃並不是基於臨床上的觀察。又例如《素問‧宣明五氣篇》所提及的五味所入：「酸入肝，辛入肺，苦入心，鹹入腎，甘入脾」，也是基於《禮記‧月令》五行規範的擴大延伸，不是臨床的檢測結果，不能作為中醫理論，臟俯之規範安排不能作為辨證基礎。

　　《五行大義》將整個世界看做一個有機體，許多被現代知識視為不相干的系統，都被五行中的一行串連了起來。譬如木行與方位的東、季節的春、德行的仁、食味的酸、顏色的青、音律的角、穀類的麻、臟腑的肝、五官的目、菜類的韭、牲畜的犬等等連結起來，它們彼此之間恍若有本質上的聯繫，因而成了共屬的「木行」的家族成員。五行的任一行所包含的領域都跨越並壓垮了現代知識的分類邊界，而這正是五行被認為是偽科學的地方。

生以著述為業，後得風痹疾，猶手不釋卷。晉武帝時累征不就，自表借書，武帝賜書一車。其著作《針灸甲乙經》是中國第一部針灸學的專著。

[24] 淳于意（前205年至前150年），臨淄（今山東淄博）人，漢初著名醫學家，因其曾任太倉令（或曰太倉長），故世稱「倉公」。

2.8 五行的自然哲學思想

五行學說歷經二千多年的發展，其外貌像是萬物的分類理論，但其實質內涵已經演變成五代理人的網路系統，它的運作已經不必再依附於某些特定的實體系統之上。但是五行思想在形成的初期，離不開中國先民的生活體驗，五行理論在當時唯有透過日常實物系統的運作才得以萌芽。在五行演變成五代理人網路系統的過程中，四時[25]、五方[26]與五材[27]這三個成形於西周之前的先民思想扮演著重要的催化角色，因為它們分別建立了五行運作的三個基本元素：時間、空間與物質，其中四時建立了五行運作的時間座標，五方建立了五行運作的空間座標，而五材（木、火、土、金、水）則是在時空座標中運行的實體物質。從五行思想的演化過程來看，五行系統的生剋規律應該是中國先民長期觀察自然界中五種材料的交互作用關係後，所歸納出來的道理，然後再以五材為範本逐步應用到社會、政治與人文各個領域，而形成多樣化的五行代理人系統。

若以現代數學的角度來描述，我們用 A, B, C, D, E 分別表示五材的代理人，則五材隨時間與空間的變化，指的是 A 同時為時間座標 t 與空間座標 x、y、z 的函數，亦即 A（t, x, y, z）。其他四個代理人的變化量也有類似的表示式。在傳統五行理論中，時間非以連續性變化，而是以五個時間的間隔（五時）離散性變化；空間也非以連續性變化，而是以五個方位的間隔（五方）離散性變化。

五行理論是古代中國的自然哲學思想，它透過幾類不同代理人的整合運作，描述萬物在宇宙時空中變化的道理。根據《白虎通[28]》以及《尚書注疏》所引漢儒注解，五行分於大地有五方，與五方相對的天空有五星，再配以四時，就構成完整有序的時空。現代科

---

[25]　四時（春、夏、秋、冬）的提出始見於《尚書　堯典》，其中二分（春分、秋分）與二至（夏至、冬至）的確定，為四時的劃分提供了天文依據。四時以四為數，無法與五材產生完整的對應關係，直到《淮南子　時則訓》在夏與秋之間另立季夏，形成五時的一年劃分，如此才開創了五時與五材之間的配對關係。

[26]　五方說最早出現於殷商人遺留的甲骨文。殷商人把自己所在地域稱作「中商」，而與「東土」、「南土」、「西土」、「北土」相並列，說明那時人們已經習慣於運用東南西北中五個概念來確定空間方位。

[27]　五材說認為木土金水火是構成萬物的基本材料，如西周太史史伯所言：「故先王以土與金、木、水、火雜，以成百物。」《國語　鄭語》，這說明五材思想產生於農業、水利建設和金屬工具已有相當發展的時代。人們從與洪水鬥爭以及許許多多的日常活動中認知到，必須充分認識五材的功能屬性，並順從而利用之，才能與周遭的自然環境和平共存。

[28]　《白虎通》，古書名，又稱《白虎通義》，四卷，全書共匯集 43 條名詞解釋。東漢漢章帝建初四年（西元 79 年）朝廷召開白虎觀會議，由太常、將、大夫、博士、議郎、郎官及諸生、諸儒在白虎觀（洛陽北宮）陳述見解，意圖彌合今、古文經學的異同。漢章帝親自裁決其經義奏議，會議結論作成《白虎議奏》。再由班固寫成《白虎通義》一書，簡稱《白虎通》。《白虎通義》中的「通」是統一、通行之意，「義」指「大義」。《白虎通義》即是指由白虎觀會議所形成的通行於天下的儒家經學大義。

學的三個基本元素：時間、空間與物質，在五行哲學思想中全然具備。五行理論的時間
軸是由五行的代理人五時所展開，如圖 2.9 所示，春、夏、長夏、秋、冬五時以週期性
輪替的方式依序排列在時間軸（垂直軸）上，形成度量時間的基本單位。五行理論的空間
方位是由五行的代理人五方：東、西、南、北、中所展開，其中「中」位於空間座標的
原點上。至於現代科學的第三個基本元素：物質，傳統五行依照五材的屬性將萬物的代理
人區分成五大類，分別記做木、火、土、金、水五大族群，合稱「五行」。

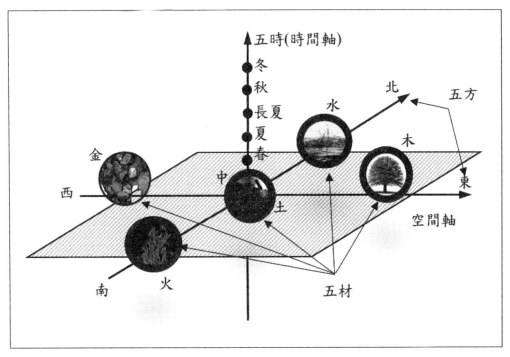

圖 2.9　五行理論闡述萬物在時間與空間中變化的道理，其中五行在萬物的代理人是五材，在時間
的代理人是五時，在空間的代理人是五方。
資料來源：作者繪製。

　　五材即是五行在物質世界的代理人，五行不可能一一考量天地萬物，而是先找出萬物
在各個領域的代理人，再根據各領域代理人的五材屬性，將萬物的代理人歸類為五大族
群類，最後仍然以五材的名義來代理這五大族群，稱之為木族、火族、土族、金族、水
族，並透過五族之間的互動來簡化並取代萬物之間的互動。五材所代理的五大族群並不
是互相獨立的，它們之間會有合作型的相生作用（相生），也會有對抗型的相剋作用（相
剋）。透過代理人機制，萬物彼此間複雜的相生與相剋關係就簡化成五個代理人之間的相

生與相剋關係。從五代理人網路系統的運作來看，五行學說將萬物的代理人分為五大族群並由五材來代理，再將五材放在由五時與五方所組成的時空座標中，在五材彼此間相生與相剋的作用下，觀察五材的消長如何隨時間而改變，參見圖 2.9。如果我們特別關注五材在人體內的代理人：五臟，那麼觀察並解釋一年四季變化之下的五臟生剋運作，即構成了中醫學的理論基礎。五材既是萬物的代理人，可用以代理天文、人文與地理，那麼觀察五材如何隨著時間與空間而變化，就可明瞭萬物在天地之間的運作道理。依此來看，中國古代的五行自然哲學思想已具備一般系統理論的雛形，被先民當作是萬物運作的共同法則。

五行理論所闡述的自然哲學總結了二千多年來中國人對萬物與宇宙時空的看法。這種看法從現代科學的觀點來審視，有不合乎科學的地方，但也有超乎科學的地方，可惜我們都只看到前者，而忽略了後者。五行不合乎科學的地方在於對萬物的分類停留在古老農業社會的標準，五行超乎科學的地方在於對萬物所建立的五代理人網路系統，以及代理人之間既合作又對抗的交互作用。簡而言之，五行的不合乎科學是其作為分類人的角色，而超乎科學的是其作為代理人的角色。五行本質上是扮演代理人的角色，但是它卻被當成分類人在使用，這是它淪落成迷信、落伍象徵的原因。

第三章
五行生剋的象形關係

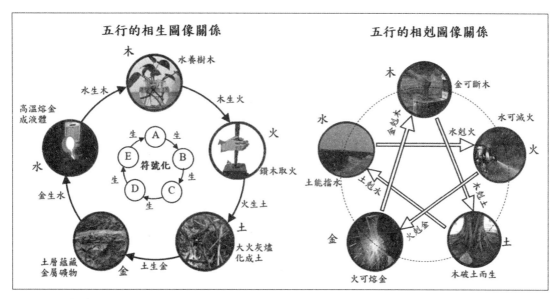

圖 3.0　五行生剋的象形關係就是要讓人們望其象就知其關係。五行學說即是透過五材之間的象形關係，生動描繪出五行之間相生與相剋的作用。
資料來源：作者繪製。

　　中國不僅有象形文字也有象形關係，五材的生剋關係就是中國最古老的象形關係。中國文字是一種象形文字，它是依照事物的形體描繪而成的文字。木、火、土、金、水五個字的字形都是由五種物質的具體形象演化而來。象形文字的最大功能就是讓人們見其字就知其義。甲骨文與金文都是接近圖畫式的象形文字，它們由側視、俯視、仰視等不同方向來描畫事物的形態而形成文字，例如川、鳥、龜等字都很好地保留了所指事物的外形。但是漢字經歷了漫長的演變過程，現今使用的漢字大多已不象形，逐漸失去古文字

的圖畫色彩，趨向規則化與符號化。古代中國的象形文字描繪了事物的形體，而古代中國的象形關係則描繪了二個事物之間的關聯性。五材之間的生剋關係就是最具代表性的古代象形關係，象形關係的最大功能是讓人們望其象就知其關係。五行學說即是透過五材之間的象形關係，生動描繪出五行之間相生與相剋的作用。

　　五材的象形關係是古人從生活經驗上所獲得的直覺圖像，是一種經驗法則。五材的象形關係雖不能精確表達出五材生剋過程中的生化機制，但卻簡單易懂。象形關係與象形文字一樣都歷經數千年的演化，在象形文字逐漸趨向規則化與符號化的今天，五材的象形關係卻在五行學說中被完整的保留了下來。用五材的象形關係來表達五行的生剋作用，使得五行學說能夠與人們的日常生活經驗相結合，這是它能流傳千古的原因。但從另一方面來看，五材的象形關係缺乏進一步的規則化與符號化，也是五行學說未能與科學與時俱進的主要原因。

3.1 五行相剋的象形關係

　　五行相剋關係的發現要早於五行相生[1]。「相剋」最早被稱為「相勝」。西周時期古人就在生活實踐中發現五行之間的相勝關係[2]。五行相勝學說在春秋戰國時期得到了廣泛地運用。史官運用五行相勝來預測國家大事。西元前 551 年發生了日食，史墨預測吳國將攻陷楚國都城郢，但因為金不能勝火，不能消滅楚國，參見《左傳・昭公三十一年》。五行的相剋關係是人們從生活中對五材的觀察而得到。《淮南子・主術訓》：「夫火熱而水滅之，金剛而火銷之，木強而斧伐之，水流而土遏之，唯造化者，物莫能勝也。」可見五行學說是以圖像的方式定義相剋作用，亦即透過五材之間的象形關係來解釋何謂相剋：

- 木剋土：取「樹根破土」的圖像表達木剋土的作用。
- 土剋水：取「土石擋水」的圖像表達土剋水的作用。
- 水剋火：取「灑水滅火」的圖像表達水剋火的作用。
- 火剋金：取「烈火熔金」的圖像表達火剋金的作用。

1　顏隆、賀娟，〈論五行學說起源、發展和演變〉，《北京中醫藥大學學報》，第 39 卷第 9 期，頁 709-716，2016。

2　五行相勝的最早記載是《逸周書・周祝》：「陳彼五行必有勝，天之所覆盡可稱。」劉向認為《逸周書》是孔子刪定《尚書》百篇之外所遺棄的部分。從該文來看，五行相勝不僅已經總結出來，而且可能在實際生活有運用了。

● 金剋木：取「金斧伐木」的圖像表達金剋木的作用。

　　先秦諸子百家都是從五材的角度來看待五行相剋，並且已經認識到五行無常剋。五行相剋是有條件的，只有在數量對等的情況下五行相剋才能成立，否則會發生相反的情形。虎溪山漢簡出土的《閻氏五勝》[3]明確指出了數量對於五行相剋的影響。在數量對等的情況下，五行相剋才能成立，但是在數量不對等的情況下，五行相剋不成立。

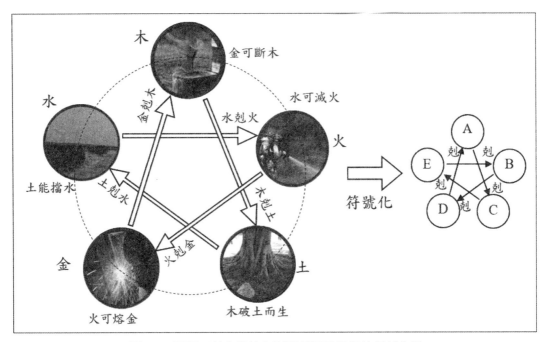

圖 3.1　透過五材之間的象形關係展示五行的相剋作用

資料來源：作者繪製。

　　若將五材按照木、火、土、金、水的順序排在一個圓上，則從圖 3.1 可以觀察到，五材的每一個元素沿著順時針的方向，與間隔一位的元素相剋。五材中的每一元素都有剋的對象與被剋的對象，例如木可剋土，但木本身又被金所剋；土可剋水，但土本身又被木所剋；水可剋火，但水本身又被土所剋；火可剋金，但火本身又被水所剋；金可剋木，但金本身又被火所剋。因此五行形成一個互相制約的相剋迴圈：木→土→水→火→金

---

[3]　《閻氏五勝》對五行相勝這一關係提出了深刻而全面的見解。「五勝：金勝木，木勝土，土勝水，水勝火，火勝金。衡平力鈞則能相勝，衡不平力（不）鈞則不能相勝。水之數勝火，萬石之積燔，一石水弗能勝；金之數勝木，一斧之力，不能辟一山之林；土之數勝水，一縈之壤，不能止一河之源；火之數勝金，一炬之火，不能赴千鈞之金；木之數勝土，一圍之木，不能任萬石之土。是故十火難一水，十木難一金，十水難一土，十金難一火，十土難一木。」

→木→土→……，如圖 3.1 所示。

　　圖 3.1 的右側子圖是以抽象的符號方式表達五行的相剋作用，相剋作用經過符號化後所得到的代數方程式必須精確地、定量地表達出相剋圖像的內在意涵。例如我們用「灑水滅火」的象形關係表達水剋火的作用，而灑水滅火的動作既抑制了「火」的量，同時也消耗了「水」的量。此時「水剋火」所對應的代數方程式則是以定量數學的方式表達出「灑水滅火」的相同趨勢變化。若以 E 表示水的代理人，以 B 表示火的代理人，並以 x_E 與 x_B 分別代表 E 與 B 的數量，則 E 剋 B 的代數方程式必須能顯示出 x_E 值與 x_B 值隨時間的變化趨勢。這種定量的分析與計算不是圖像式的象形關係所可以提供的。

3.2 五行相生的起源

　　關於何者才是五行最具代表性的涵義，歷代文人的看法不一。然而五行是由不同領域的代理人所組成，能夠展現出不同領域代理人的特色乃是五行的自然本性，實在無須爭辯何者才是五行最具代表性的涵義。從五材來看，五行展現出五種靜態屬性的分類功能；從五臟來看，五行是天人合一思想的具體實踐；而從五時（五季）來看，五行展現出五種動態的發展過程。透過五材、五時與五臟這三類不同的五行代理人，我們可以看到五行不同的特色。著名漢學家李約瑟[4]所說的：「五行的概念，倒不是一系列五種物質的概念，而是五種基本過程的概念。」就是從五時的觀點來詮釋五行。五時的代理人身分反映了五行的動態含意，代表事物的五種變化狀態。事物不會一直停留在某一狀態，而我們需要一種機制來說明事物在不同狀態之間是如何進行轉換，從而能確保整個系統的平衡。五時所對應的五種氣候狀態正好提供了五行彼此之間互相轉換的途徑。從系統動力學的觀點來看，系統從一個狀態轉換到另一個狀態，存在多種轉換途徑，有些途徑可以並存相依，產生加強效果，作用如同五行的相生；有些途徑則相互牴觸，產生破壞效果，如五行的相剋。

---

[4]　李約瑟（1900 年 12 月 9 日至 1995 年 3 月 24 日）生於英國英格蘭倫敦，生物化學家。所著《中國科學技術史》對現代中西文化交流影響深遠。李氏改變了國際社會對中國只會農業和藝術的觀感。他以受非正式漢學教育的外國學者的身分，突出中華傳統科技文化的豐富內涵並給予了充分的肯定。另外他對中國科技史的見解很獨到。他的工作亦打開了國際社會對中國科技史的研究和重視，使其成為重要的國際的學術，同時令中國學者對自己的科技史做更加深入廣泛的研究。他關於中國科技停滯的李約瑟難題（Needham's Grand Question）：「儘管中國古代對人類科技發展做出了很多重要貢獻，但為什麼科學和工業革命沒有在近代的中國發生？」也引起各界的關注和討論。

　　不同於五行相剋的圖像是源自對五種物質互動的觀察，古人是從四季的遞變、萬物的榮枯與歲月的流逝之中，解讀出了五行相生的道理，並以四時為象來闡釋五行。然而四時與五行的配對，一開始並非自然天成。四時只有春、夏、秋、冬四個元素，必須再添加一個季節才能與五行產生一對一的關係。這個新的季節在一年之中所佔據的確切時段，至今仍存在三種不同的說法。最先為四時添加新元素的是《管子‧四時》篇，它指出這個新季節位於夏秋之間，並與五行中的土對應，但沒有明確劃分出具體的時日。《淮南子‧時則訓》進一步指出這一個新季節就是一年中的季夏。農曆每一季的最後一月稱之為季月，所以季夏即是指夏季的最後一個月，即農曆的六月。董仲舒的《春秋繁露五行對》採用季夏的說法，將季夏添加到四時之中，形成五時的季節劃分，並確立了五材與五時之間的對應關係：「水為冬，金為秋，土為季夏，火為夏，木為春」。董仲舒賦予季夏等同於四季的地位，進而形成春、夏、季夏、秋、冬五季與木、火、土、金、水五材的對應。

　　「季夏」一詞在中醫始祖經典《皇帝內經》中被「長夏」所取代。例如《皇帝內經‧素問‧藏氣法時論》提到：「脾主長夏」，亦即將五臟中的脾（五材中的土）對應到五時中的長夏。《皇帝內經》所說的長夏也是在夏秋之間，但不專指六月，而是與其他四時平等並列的一時，這是根據古時候一年有 360 日的十月曆法系統。《素問‧陰陽離合論》曰：「日為陽，月為陰，大小月三百六十日成一歲。」古時的十月曆法將一年平均分成五季，每季時間相等。按一年 360 天計，則每季有 72 日。若將五時對應到二十四節氣，則長夏所對應的 72 日將包含五個節氣：夏至、小暑、大暑、立秋、處暑。長夏是五時之中與土對應的第二種季節定義，也是最常被中醫理論所採用的說法。

　　《皇帝內經》提到長夏的另一種定義。《皇帝內經‧素問‧太陰陽明論》：「脾者土也，治中央，常以四時長四藏，各十八日寄治，不得獨主于時也。」這個說法認為長夏不是集中在某一段連續的時間，而是分散在原有春、夏、秋、冬四季的每一季的最後 18 日，亦即長夏分主四季的最後 18 日。這種說法很明顯賦予長夏不同於傳統四季的地位，認為長夏滲透到四季之中，居於五季的中心位置，而傳統四季則環繞為外。如此定義的長夏稱為分散式的長夏，以與前面提到的集中式長夏有所區別。

　　季夏與集中式長夏二者的時間長度雖然不同，但它們的位置都是在夏與秋之間，地位與傳統四季完全相等，形成春→夏→季夏→秋→冬→春→……的週期性氣候輪替。如此組成的五時系統是五行系統的第二類代理人，它透過一年之中季節的連續變化，自動決定

了五行的週期性排列順序,如圖 3.2a 所示。至於長夏的另一種定義,分散式長夏則賦予長夏超越傳統四季的地位,將長夏置於五季的中心,而傳統四季環繞於外;如此定義的長夏不僅與夏、秋相鄰接,也與春、冬相鄰接,背離了傳統五行「比相生、間相勝」的原則。圖 3.2 比較了集中式長夏與分散式長夏二者的異同。可以看到二種長夏的長度都是 72 日,但前者集中置於春夏之間,後者則平均安插於傳統四季的交接處,每個交接處放置 18 日。若以一年的週期性變化來看,分散式長夏在一年之中將重複出現四次,再加上原有的四季,相當於將一年劃分成 8 個區間,其結果是無法與五行取得一對一的配對關係。反之,由集中式長夏所組成的五時系統將一年劃分成 5 個區間,可以和五行建立完整的配對關係。因此五時作為傳統五行的代理人,其中與土對應的長夏必須採用介於夏與秋之間的集中式定義。

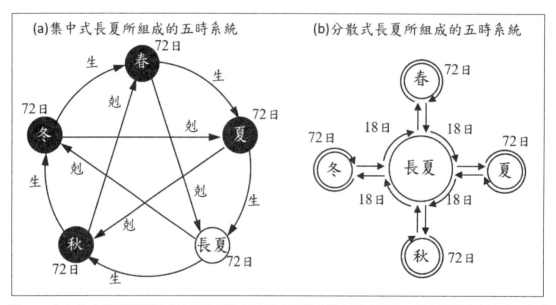

圖 3.2 (a)集中型長夏所組成的五時系統自然反映五行的排列順序以及五行之間的生剋規律;(b)分散型長夏所組成的五時系統無法展現「比相生、間相勝」的生剋規律。
資料來源:作者繪製。

五時在一年之中的輪流更替反映出大自然現象隨時間的演化,而五時與五材的對應相當於在五材的觀察記錄上加註了時間的指標,從此中國先民可以在時間的刻度上讀取五材的時間位置,可以觀察到五材的相生與相剋如何隨時間而變化。董仲舒在《春秋繁露》中提到:「天地之氣,合二為一,分為陰陽,判為四時,列為五行。」所指的正是一年的四

季變化與五行的對應。天地之氣的運行，先有陰陽二氣的生成，再由陰陽二氣的四個轉換過程：少陽→太陽→少陰→太陰，產生了四個不同季節，最後才形成五行。這說明漢朝五行學說中的木火土金水五材，已與一年中的不同季節氣候建立了具體的對應關係。

　　五時的輪轉更替賦予五行流動的本質，反映出五行的另一種風貌：五種氣機的運行。隨著春、夏、長夏、秋、冬五個季節的更替，大自然的氣機依序進行著「展放」、「上升」、「平穩」、「內收」、「潛降」五種不同的運動特性，稱之為五氣[5]，古人分別將五種氣的運動特性對應到木、火、土、金、水五個元素，展現出五行隨時間的動態變化：

- 春天展現「木」氣：春天的氣具有展放、疏泄的特性，猶如樹木的根鬚具有展放條達的特性，因此以「木」的形象來比擬春天的氣。
- 夏天展現「火」氣：夏天的氣具有上升的特性，猶如火性炎上，故以「火」的形象比擬夏天的氣。
- 長夏展現「土」氣：春天到夏天歷經木氣的展放到火氣的上升過程，為氣的陽性運動；在另一方面，秋天到冬天歷經金氣的內收到水氣的潛降過程，為氣的陰性運動。氣由陽轉陰發生在夏秋之交的長夏季節，在此期間，氣的上升展放運動和下降內收運動相均衡，故以「土」的敦厚平穩形象來比擬此種動態的穩定。
- 秋天展現「金」氣：秋天的氣具有內藏、收斂的特性，猶如金屬材質的收斂集中，故以金的形象加以比擬。
- 冬天展現「水」氣：冬天的氣下降潛藏，猶如水的就下，故以水的形象加以比擬。

　　五氣乃季節變化的產物，五季或五氣的順序完全決定了五行相生相剋的順序。可以說五氣的說法是源自季節的週期性變化，是古人長期觀察季節變化所體驗出來的自然法則。將五行賦予季節的對應，則季節的變換順序就自動決定了五行的順序，同時也決定五行相生相剋的順序。相對於許多名實不符的五行代理人，五材、五時與五氣是少數幾個能夠忠實反映五行生剋運作的實體代理人，中國先民透過這些具體事物隨時間的變化以及彼此之間的互動，逐漸建立了中國特有的五行自然哲學思想。

　　五時是將一年拆成五個離散的時段，而五材隨五時的變化所展示的即是五行的離散動力學。在後續章節中，我們將以連續性時間取代傳統五時的離散時間，如此便可以利用

5　2009- 郝萬山，關於五行的討論，北京中醫藥大學學報，第 32 卷，第 1 期，頁 8-11，2009 年。

微分方程式描述五材的相生與相剋隨時間的變化情形，允許我們以嚴格的數學方法證明五行系統具有自我穩定平衡的機制。

3.3 五行相生的象形關係

　　五行相生學說創立的時間較五行相剋晚，大約出現在戰國時期，這必須等到五時的觀念發展成熟後，才得以透過五時的輪替順序彰顯五行相生的道理。現存文獻中，《管子》最早記錄了按相生排列的五行。五行相生的觀念來源於一年之中五時的輪替，可以說相生的觀念是五行學說與時令學說融合的結果。五行的相生實際上即是五時的輪替關係，所表現的是一種在時間與空間上的先後繼承順序。《管子》中雖然蘊含五行相生的思想，但是並沒有明確提出來，《呂氏春秋》、《月令》也都沒有明確提出五行相生的概念。一直到西漢董仲舒才以五時輪替的觀念具體表達出五行相生的順序[6]，如圖 3.3 所示。

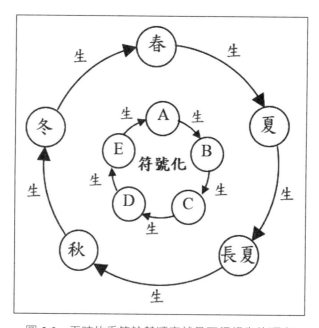

圖 3.3　五時的季節輪替順序就是五行相生的順序

資料來源：作者繪製。

6　顏隆、賀娟，〈論五行學說起源、發展和演變〉，《北京中醫藥大學學報》，第 39 卷第 9 期，頁 709-716，2016。

　　在春、夏、長夏、秋、冬五個時季一一相續的過程中，每一季的發展都是為了下一季的出現做準備，因此季節的輪替關係可看作是春生夏，夏生長夏，長夏生秋，秋生冬，冬生春的相生關係。一年之中春、夏、長夏、秋、冬五季輪替的圖像就是五行相生的最佳寫照，透過五行與五季之間的對應關係，五季的順序就已經自動決定了五行的相生順序。換言之，五行相生以季節為序，相資生、相養助。人們生養於大自然之中，歷經冬去春來、春去秋來的同時，也身處五行相生的氛圍而不自知。

　　由五時輪替的象形關係所呈現的五行相生作用主要表達出二個重點：

- 相鄰的元素有生與被生的關係：依順時針的方向，每一個元素生其前面的元素，而每一個元素又被其後面的元素所生。例如木可生火，但木本身又被水所生；火可生土，但火本身又被木所生；土可生金，但土本身又被火所生；金可生水，但金本身又被土所生；水可生木，但水本身又被金所生。

- 封閉的助生迴圈：五行形成一個互相助生的迴圈，生生而不息，沒有生的起點，也無生的終點。圖 3.3 顯示五行所代表的系統是一個自給自足的獨立系統，當沒有來自外界的輸入時，其內部五個元素將生生不息地相互轉化。

　　將以上二個重點加以符號化，其結果如圖 3.3 的內迴圈所示，其中的 A、B、C、D、E 是五行的任意代理人，滿足依序相生的條件：A 生 B，而 A 又被 E 所生；B 生 C，而 B 又被 A 所生，如此依序相生，直到 E 生 A，而 E 又被 D 所生，最後五個代理人之間形成互相助生的封閉迴圈。圖 3.3 的內迴圈是以抽象的符號方式表達五行的相生作用，而外迴圈則是以五時的象形方式表達五行的相生作用，二個迴圈所要表達的相生機制完全一致。如果將內迴圈依順時針方向旋轉一格，其結果完全不改變五個代理人之間的相生關係，這說明代理人 A、B、C、D、E 與外迴圈的五材之間的對應關係是無關緊要的。

3.4 五行相生與相剋圖像的結合

　　如前二節所介紹，五行的相剋作用與五行的相生作用是在不同的時間點，起源自不同的圖像，前者來自五種材料之間的互相制約，而後者來自五個時季間之互相輪替。參見圖 3.4 所示的方塊關係圖，五材相剋結合五時思想衍生出五時相剋的觀念；在另一方面，五時相生結合五材思想衍生出五材相生的觀念。最後五材與五時各自整合相生與相剋關係。

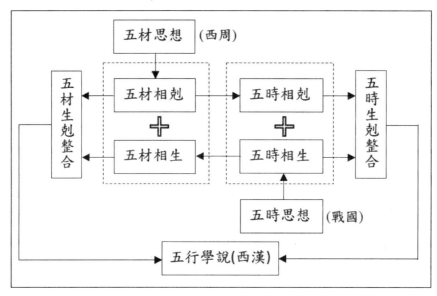

圖 3.4　五行的相生與相剋有不同的起源，前者來自五時思想，後者來自五材思想。五材的相剋結合五時的相生最終演化出完整的五行學説。
資料來源：作者繪製。

（1）五材相生與五材相剋的整合

　　五個時季的輪替催生了五行相生的觀念，如果進一步將五個時季對應到木、火、水、金、土五材，則五個時季相生的過程即變成是五材相生的過程：

- 由「春生夏」之象推演「木生火」：此象描述春季木氣的展放，為夏季火氣的上升醞釀了有利條件。

- 由「夏生長夏」之象推演「火生土」：此象描述夏的火氣上升達至飽和，上升的火氣與下降的金氣維持平衡，呈現長夏土氣的平穩狀態。

- 由「長夏生秋」之象推演「土生金」：此象描述長夏土氣的平穩，隨著秋季的到來，逐漸轉為金氣的內收。

- 由「秋生冬」之象推演「金生水」：此象描述秋季金氣的內收為冬季水氣的潛降提供了有利條件。

- 由「冬生春」之象推演「水生木」：此象描述冬季水氣潛降，生機閉藏，為來年春季木氣的疏泄與展放預先積存了能量。

　　五材相生的道理最先是經由五時的輪替所揭露，接著人們發現五材本身的屬性即可傳

達相生的意涵，無須透過五時的介面。以五材的屬性表達五材相生的關係，《白虎通》有很生動的描繪：「木生火者，木性溫暖，火伏其中，鑽灼而出，故木生火；火生土者，火熱，故能焚木，木焚而成灰，灰即土也，故火生土；土生金者，金居石，依山津潤而生，聚土成山，山必生石，故土生金；金生水者，少陰之氣潤澤，流津銷金，亦為水，所以山雲而從潤，故金生水；水生木者，因水潤而能生，故水生木也」。這是用文字所描繪出的一連串圖像，再用圖像表達出五材之間的相生關係。五材相生的象形關係如圖 3.5 所示，可簡單歸納如下：

- 木生火：取「鑽木取火」的圖像表達木生火的作用。
- 火生土：取「灰燼化土」的圖像表達火生土的作用。
- 土生金：取「土層蘊金」的圖像表達土生金的作用。
- 金生水：取「溶金化水」的圖像表達金生水的作用。
- 水生木：取「雨水滋木」的圖像表達水生火的作用。

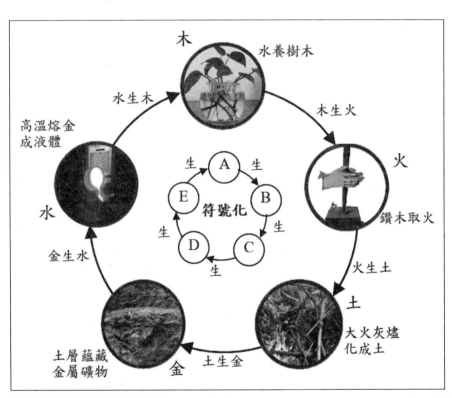

圖 3.5　透過五材之間的象形關係展示五行的相生作用，圖中的內迴圈顯示五材象形關係的符號化。
資料來源：作者繪製。

　　五材與五時都可用以表達五行相生的象形關係，其中五材的屬性凸顯了五行相生的「機制」與「對象」，而五時相生的象形關係則著重於不同屬性氣流之間的互相增長，所凸顯的是五行相生的「時機」與「順序」。

　　圖 3.5 的內迴圈表達了五行相生的符號化，去除了五行相生機制對於五材及五時的依賴。以 A、B、C、D、E 表達五行的五個代理人，則五行相生即是各代理人依順時針方向相生的過程。符號關係缺少了象形迴圈的直覺式圖畫聯想，但是符號迴圈可以透過符號的代數方程式精確地、定量地表達出象形關係的內在意涵。例如在象形迴圈中，我們用「鑽木取火」的象形關係表達木行生火行的作用，而鑽木取火的動作消耗了「木」的量，而換來「火」量的增加。在符號迴圈中，我們以符號的方式表達出「鑽木取火」的相同趨勢變化。假設以 A 代表木的代理人，以 B 代表火的代理人，並設 x_A 與 x_B 分別代表 A 與 B 的數量，則 A 生 B 的代數方程式能夠自動計算出 x_B 值的增加量，及 x_A 值的減少量。相較於相生作用的代數式所能提供的定量數學分析，圖像式的「鑽木取火」象形關係只能用以描述變化的趨勢。

　　五材的相剋作用與相生作用是不同時代的產物，而最終二者的結合才得以建立完整的五行學說。五材的相生與相剋作用可巧妙地結合在五材的環狀排列上，並透過象形關係生動呈現出生剋的運作機制。如圖 3.6 所示，當五材按順時針方向排列在環狀圈上時，則相鄰的五材之間有相生的作用，相間隔的五材之間則有相剋的作用。

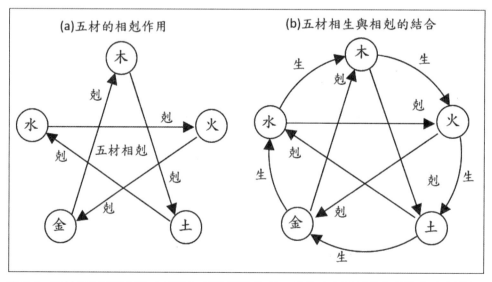

圖 3.6　五材先有相剋作用（左圖），再有相生作用，最後才有五材的生剋整合（右圖）。
資料來源：作者繪製。

（2）五時相剋與五時相生的整合

　　五材環形排列所展示的生剋象形關係雖然巧妙，但我們不必特意去安排五材的環狀排列，因為大自然本身早已用最天然的方式表達出生剋的作用。如同《周易・繫辭傳上》所說：「法象莫大乎天地，變通莫大乎四時。」生剋作用的最大圖像就在天地之間，生剋作用的最大變化就在四時之間。如圖 3.7 所示，在五個時季所排列的環圈上，大自然氣候的變化順序所反映的即是五行的相生與相剋順序，其中相鄰的季節具有相生的作用，如前節的介紹，而相間隔的季節則具有相剋的作用，說明如下：

- 春剋長夏：取自「木剋土」之象，此象描述春天木氣的展放，可以抑制長夏土氣的過度平穩。
- 長夏剋冬：取自「土剋水」之象，此象描述長夏土氣的平穩可以抑制冬天水氣的過度潛降。
- 冬剋夏：取自「水剋火」之象，此象描述冬天水氣的潛降可以抑制夏天火氣的過度上升。
- 夏剋秋：取自「火剋金」之象，此象描述夏天火氣的上升，可以抑制秋天金氣的過度內收。
- 秋剋春：取自「金剋木」之象，此象描述秋天金氣的內收，可以抑制春天木氣的過度展放。

　　這是以季節變化的圖像詮釋五材的相剋作用，著重在五種氣之間的互相制約。五時或五氣表現了五行之間的流動變化與動態平衡，這是五材的靜態屬性所無法表達的。有些學者甚至認為五材的靜態屬性無法呈現五行的生剋作用，例如清代醫家黃元御在其《四聖心源》中提到：「其相生相剋，皆以氣而不以質也，成質則不能生克矣」。黃氏認為唯有氣才能展現相生與相剋，一旦氣凝聚成為具體的材料或物質，即失去生剋的功效[7]。五氣是在五材的基礎之上再加入氣機與氣候的元素，使得五材原有的靜態屬性產生動態性的轉化過程。對於描述五行生剋的時機與順序，五時或五氣所扮演的角色確實優於五材。但如果

7　黃元御所著的《四聖心源》是在講述天地萬物都有一股氣在上下左右，以圓周運動流轉，就像太陽不停地從東而升從西而落。人的氣與天地之氣一樣，也在一升一降，周流不息。中醫即是從這股氣的升降角度，去認識人的身體和疾病。黃元御在《四聖心源・五行生剋篇》中提到：「其相生相剋，皆以氣而不以質也，成質則不能生克矣。」「相剋者，制其太過也。木性發散，斂之以金氣，則木不過散；火性升炎，伏之以水氣，則火不過炎；土性濡濕，疏之以木氣，則土不過濕；金性收斂，溫之以火氣，則金不過收；水性降潤，滲之以土氣，則水不過潤。」

是論以直覺式的圖像表達五行的生剋作用，五材的象形關係似乎又更勝一籌，可見五行的不同代理人對於生剋作用的詮釋各有其適用的時機與環境。

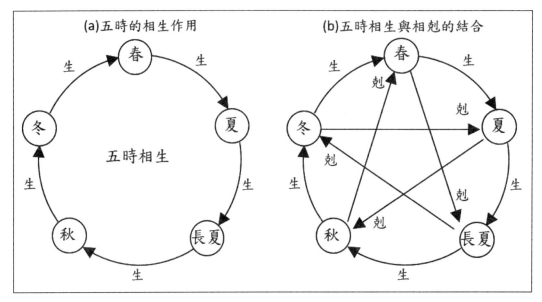

圖 3.7　五時先有相生作用（左圖），再有相剋作用，最後才有五時的生剋整合（右圖）。
資料來源：作者繪製。

　　五材與五時這二種五行的代理人是五行學說建立的過程中不可缺少的角色。五材的圖像式交互作用促成了五行相剋概念的產生，而五時的季節輪替現象自然導引出五行相生的概念。五材相剋與五時相生的進一步結合，才得以建立完整的五行生剋學說。不管是五材、五臟還是五時，它們都是扮演五行代理人的角色，用來展示五行的生剋作用。歷代文人藉由這些傳統五行代理人的不同實體性質，觀察到五行思想的不同風貌。五行的第一類代理人五材是透過物質材料的性質來展示生剋作用的「機制」與「對象」，呈現出五行的靜態性質。五行的第二類代理人五時則是透過一年之中季節的變化來傳達生剋作用的「時機」與「順序」，呈現出五行的動態性質。

　　觀察整合後的五材生剋圖（圖 3.6b）及五時生剋圖（圖 3.7b），我們發現二者的運作機制完全相同，實際上可用符號化的架構來加以說明。如果用五個抽象代理人 A、B、C、D、E 取代五材或五時，則圖 3.6b 及圖 3.7b 將化成一般性的五行生剋圖，如圖 3.8 所示。在一般性的五行生剋關係中，相鄰的代理人之間有相生的關係，其中順時針相鄰為生，反時針相鄰為為被生；相間隔的代理人之間則有相剋的關係；其中順時針相間隔為

剋，反時針相間隔為被剋。

　　以圖 3.8 中的代理人 A 為例，B 對 A 而言是順時針相鄰，故 A 生 B；E 對 A 而言是反時針相鄰，故 A 被 E 所生；C 對 A 而言是順時針相間隔，故 A 剋 C；D 對 A 而言是反時針相間隔，故 A 被 D 所剋。這樣的關係對五行的任意代理人都成立，亦即對於任意代理人而言，其與其他四個代理人的關係分別是生（順時針相鄰）、被生（反時針相鄰）、剋（順時針相間隔）、被剋（反時針相間隔）。如此建立的符號化五行生剋關係不需要指定其所代理的實體系統，五材、五時以及所有其他代理人所構成的五行生剋關係都只是這符號化五行生剋關係的特例。

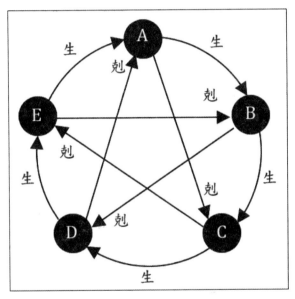

圖 3.8　與實體系統無關的符號化五行生剋關係圖，五材的生剋與五時的生剋都只是此圖的特例。
資料來源：作者繪製。

3.5 圖像式生剋作用的缺陷

　　五材與五時（或相對應的五季或五氣）都是實體系統，人們對它們在自然界中的運作已很熟悉，透過實體系統的既有運作圖像展示五行的生剋作用（參閱表 3.1），有助於五行思想與生活經驗的結合；但從另一方面來看，圖像式的表達也讓五行思想陷於五材與五時的巢臼中，無法進化為一般性的系統理論，縱使是圖 3.8 所顯示的符號化五行生剋關係也隱藏了五材與五時的先天限制。

表 3.1　以五材之間的象形關係表達五行的生剋作用

五材生剋關係			
五材相生		五材相剋	
相生對象	象形關係	相剋對象	象形關係
木生火	鑽木取火	木剋土	樹根破土
火生土	灰燼化土	土剋水	土石擋水
土生金	土層蘊金	水剋火	灑水滅火
金生水	溶金化水	火剋金	烈火熔金
水生木	雨水滋木	金剋木	金斧伐木

資料來源：作者整理。

　　每個實體系統都有其特定的內部結構與組成，這些結構組成限制了系統生剋作用的方式與範圍。例如以五材展示相生作用，材料的化學性質只允許木生火，不允許火生木，因為這將違反自然定律。但是五材不允許相生的反向反應，是不是代表五行理論就不允許呢？五材不是五行的唯一代理人，如果我們以不同的代理人代替木與火，由於代理人的內部結構變了，相生的反向反應又變成可以了。五行的各種實體代理人都只是展示了五行生剋作用的部分風貌，不同的代理人從特定的角度切入觀察五行的運作，但沒有一個實體代理人可以看到五行生剋的全貌。以下列出數種以實體系統展示生剋關係的缺陷。

（１）象形關係容易指鹿為馬：

　　象形關係注重的是觀其象而知其關係，而這個象指的是事物的表象外貌，有可能象同，但物卻不同。例如五材相生的「金生水」與「水生木」二種作用中，前者的水與後者的水很明顯是不同的「水」。「金生水」的水是指金屬固體高溫融化後，所形成的金屬流體，而「水生木」的水則是一般的水。高溫金屬流體也被視為水，就是因為只取其外象的結果。

（２）生剋作用的象形關係不是唯一確定，存在各種不同的說法[8]：

　　五材或五時所表達的生剋關係是一種象形關係，是一種生活上的經驗法則，但卻不是絕對性的物理或化學規律。五材的生剋關係存在不同的替代說法，這些替代說法甚至比傳統的生剋規律更加合理。

　　● 五材相生的傳統說法是「土生金」，但「土生木」的合理性其實不亞於「土生金」，

---

[8]　方芳、栗明、王棱霞、常存庫，五行學說內在邏輯矛盾，遼寧中醫雜誌，第 35 卷，第 7 期，頁 1018-1019，2008 年。

因為樹木從土而生，樹木的成長不能缺土。

● 水與木之間的關係是水生木，但如果反過來說是木生水，也是合乎科學的道理，因為樹木的根、莖、葉都儲存有大量的水分。而且木生水的合理性更勝於金生水，因為金所生的水並非真正的水。

● 五材之中剋木者為金，傳統的解釋是金屬可斷木。但比金剋木更有效率的是火剋木，一把火瞬間可將一片樹林吞噬，其速度遠比金屬斷木來得快。

● 五材之中剋火者為水，傳統的解釋是水可滅火。但比水剋火更有效率的是土剋火，特別是對於揮發性氣體所產生的大火，沙土比水更能滅火，水反而助長火勢。

● 木經鑽灼而燃燒稱之為「木生火」，若以相同的邏輯來思考，木經焚燒或者腐化可變成土，自然也可以說「木生土」；金石撞擊能夠生出火花，自然也可說「金生火」，其合理性不輸給「木生火」。

　　五行象形關係的唯一功能就是讓人們能夠觀其象而知其關係，這有利於五行思想的長久流傳，但是如果我們反過來用五行的象形關係去解釋為什麼「土生金」、「金生水」或者是「水剋火」，將會發現漏洞百出。因為五行的象形關係猶如象形文字一般，是單純為了表達五行思想的工具，卻不能當成是建立五行思想的基礎。

（3）實體系統限制了相生作用的可反性：

　　五行的相生作用若透過五時來呈現，則一年之中季節的變化順序即自動決定了五行的相生順序。然而季節的變化順序是單向的，也就是只能沿著春→夏→長夏→秋→冬→春→的順序，不能反向而行。因此一旦五時與五行配對，將導致五行的相生也只能沿著木→火→土→金→水→木→的正向順序，不能反向而行，也就是不允許反生或反剋的出現。若從五材的屬性來看，相生作用也同樣隱藏著順序的限制，例如以鑽木取火的圖像來解釋木生火，則木生火的順序不能反轉成火生木，因為這將違反自然定律（化學反應只能朝向熵增加的方向進行）。利用實體系統表現生剋作用雖然有其便利性，但實體系統內部的生化結構也同時會限制了生剋作用的方向與強度，然而這些限制卻不是出自於五行學說的本身。歷代的中醫學者在臨床的診療過程中發現，人體五臟之間的作用是雙向性而非單向性，也就是生與反生同時存在。例如肝（木）會影響心（火）的運作，而反過來，心也會影響肝的運作。如果我們嚴格遵守五時或五材所展示的單向相生順序，將無法解釋中醫學者在五臟系統中所發現的「火反生木」現象。

　　五材、五時與五臟都是五行的實體代理人，但是它們對於「反生」的預測卻完全不同，這一結果告訴我們，五行理論的建立不能單憑某一實體代理人的運作結果。任何實體系統都有其內在的先天限制，若藉由實體系統的運作去建立五行理論，則實體系統的內在限制就順理成章轉化成五行系統的內在限制。一個完整五行理論的建立必需獨立於任何實體系統之外，如此才能避免引入不必要的限制。不允許相生的反向反應就是源自於五材與五時實體系統的內在限制，但長久以來這一限制已經內化為五行理論本身的限制。從動力系統的性質來看，一個系統的動態平衡是正向反應速率等於反向反應速率的結果。五行的運作若只有正方向的相生與相剋，而沒有反方向的相生與相剋，將無法達到真正的五行動態平衡。後續章節中，我們將針對此點做進一步的討論。

（4）實體系統的相剋作用缺乏統一的定義：

　　對於五材中的二個相剋元素 A 與 C 而言，如何判斷是 A 剋 C，還是 C 剋 A？這個判斷準則在五行學說的歷代文獻中並無標準答案，其中《五行大義》傾向於採用定量的判斷準則，而《白虎通》則採用定性的判斷準則。《五行大義》對於剋的定義是「剋者，制罰為義，以其力強能制弱。故木剋土，土剋水，水剋火，火剋金，金剋木」，因此《五行大義》是以力量的強弱來決定剋與被剋的對象，認為五行相剋的原則是力量強者能制弱。力量的大小是一種量化指標，但由於缺乏計算量化指標的機制，《五行大義》中的五行力量強弱是固定的，導致相剋對象永遠維持著「木剋土，土剋水，水剋火，火剋金，金剋木」的順序。這個相剋順序所對應的力量強弱為

$$木 > 土 > 水 > 火 > 金 > 木$$

　　若取此不等式的第一項與最後一項，我們得到一個矛盾的結果：木 > 木。許多學者據此推論，以力量強弱決定五行相剋的方向並不合適。然則此一矛盾的產生不是源自相剋力量強弱的設定，而是來自於我們假設了一個永遠不變的相剋順序：「木剋土，土剋水，水剋火，火剋金，金剋木」。正確的相剋順序應該要由五行之間的相對力量來決定，而非反過來由假設的相剋順序去推論五行力量強弱的排列。長久以來五行理論一直缺乏一個可以計算五行力量強弱的機制，這也使得正確的相剋順序無從決定。

　　在另一方面，《白虎通》並沒有從力量的強弱來定義相剋，而是從屬性來決定相剋的方向。《白虎通》云：「木剋土者，專勝散；土剋水者，實勝虛；水剋火者，眾勝寡；火

剋金者，精勝堅；金剋木者，剛勝柔。」對於五行之間的五種相剋關係，《白虎通》分別用了五種不同的相對屬性：專與散、實與虛、眾與寡、精與堅、剛與柔，來作解釋。這些不同的屬性均源自圖像式的直覺判斷，缺乏定量的比較標準。例如《白虎通》提到木「專」而土「散」，而專能勝散，故木剋土。從形象上來看，木的性質較專實，而土鬆散，因此木能剋土。但是「專」與「散」缺乏清晰的定義，「專」與「散」也有各自程度上的差別，並非所有的土皆散，也並非所有的木皆專。又例如《白虎通》提到金「剛」而木「柔」，而剛能勝柔，故金剋木。這裡的「剛」與「柔」也是表象上的意義，但是表面上看起來柔弱的東西，實地裡卻很剛強，正如《老子》所言：「天下莫柔弱于水，而攻堅強者，莫之能勝」。柔弱反而能勝剛強，這說明「剛」與「柔」的屬性乃是相對性的概念，無法作為五行相剋的量化指標。其他諸如「實與虛」、「眾與寡」、「精與堅」的相對屬性判斷，也都面臨相同的問題。

（5）實體系統的生剋作用缺乏條件機制：

　　以五材的象形關係展示五行的生剋作用（如表 3.1 所示），會讓人誤解生者恆生，而剋者恆剋。例如「鑽木取火」與「樹根破土」的圖像是源自生活上的真實情境，這種真實情境很容易讓人誤解「木生火」與「木剋土」是不變的事實。但是木一定恆生火，木一定恆剋土嗎？早在戰國時期，墨子就堅決反對固定式的五行相剋順序，他提到「五行毋常勝，說在宜[9]」，也就是說五行的相剋與否，要看環境條件是否適宜。現存先秦諸子百家文獻記載中，都是從五材的角度來看待五行相剋，春秋、戰國時期的文人已經逐漸意識到五行相剋是有條件的，而且和雙方的相對數量有關，否則會發生相反的情形。五行無常剋的觀點後來繼續發展成五行乘侮學說。

　　另外《孫子·虛實篇》也提到「五行無常勝，四時無常位」，其中的「五行無常勝」與墨子的說法相同，「四時無常位」則進一步指出四時沒有固定的順序，亦即五行的相生順序也要看環境條件是否適宜。五行的之間的相生與相剋都是有條件的，只有條件滿足時，「木」才會生「火」；只有條件滿足時，「木」才會剋「土」。沒有條件限制的生與剋，明顯違反自然法則。例如當木的數量為零時，如果此時仍然允許木生火的作用持續進行，則火的產生變成是無中生有。圖畫式的五材生剋關係完全忽略了生剋作用發生所需要的條件，這是我們在建立五行理論的量化模型時所必須留意的地方。

9　語見《墨子》：卷十《經下》。

（6）實體系統相生迴圈與相剋迴圈的矛盾性：

　　關於相生與相剋二個迴圈之間的矛盾性，歷代已有許多學者提出。五行之中的二個相生元素，若在相剋迴圈中來看，相生關係會變成是相剋；反之，二個相剋元素，若在相生迴圈中來看，相剋關係會變成是相生。於是二個元素之間的關係是既相生又相剋，此即矛盾的地方。舉土和金的關係為例，土對金具有助長和資生的作用，亦即土生金。但從相剋迴圈來看，因為土剋水，水剋火，火又剋金，合併起來變成土剋金。逐一拆解相剋迴圈來看，一開始是因為土對水具有抑制作用，造成水的不足；而水弱則無力剋火，造成火盛；然後火盛又乘金，導致金不足。將以上幾個推論結合起來，於是得到土剋金的結果。原先土生金的關係，從相剋迴圈來看，確實變成了土剋金。歸納二個迴圈的土與金的關係，分別得到如下的結果：

$$相生迴圈：土 \xrightarrow{生} 金 \qquad\qquad (3.5.1a)$$

$$相剋迴圈：土 \xrightarrow{剋} 水 \xrightarrow{剋} 火 \xrightarrow{剋} 金 \qquad\qquad (3.5.1b)$$

　　相生迴圈說土對金有資生的效果，相剋迴圈卻說土對金有抑制的效果。一個理論卻出現二種完全相反的推論，五行理論看起來正如眾多學者所言，存在著內部的矛盾性。這種矛盾性其實遍布五行理論的每一個地方。任何二個相生的元素，在相剋迴圈看來都是相剋。反之，任何二個相剋的元素，在相生迴圈看來都是相生。再舉土與水之間的關係為例，它們在相剋與相生迴圈的關係分別如下：

$$相剋迴圈：土 \xrightarrow{剋} 水 \qquad\qquad (3.5.2a)$$

$$相生迴圈：土 \xrightarrow{生} 金 \xrightarrow{生} 水 \qquad\qquad (3.5.2b)$$

　　原本土剋水的關係從相生迴圈來看，變成了土生水。可以看到不管二個元素之間的原先關係是甚麼，我們總可以從另一個迴圈推論得到與原先關係相反的結論。

　　看似非常嚴重的五行理論的內在矛盾其實並不存在，因為之前所有的推論都來自一個錯誤的假設：固定不變的相生順序：

$$相生迴圈：木 \xrightarrow{生} 火 \xrightarrow{生} 土 \xrightarrow{生} 金 \xrightarrow{生} 水 \xrightarrow{生} 木 \xrightarrow{生} 火 \xrightarrow{生} 土 \xrightarrow{生} \cdots \qquad (3.5.3a)$$

　　與固定不變的相剋順序：

$$相剋迴圈：木 \xrightarrow{剋} 土 \xrightarrow{剋} 水 \xrightarrow{剋} 火 \xrightarrow{剋} 金 \xrightarrow{剋} 木 \xrightarrow{剋} 土 \xrightarrow{剋} 水 \xrightarrow{剋} \cdots \qquad (3.5.3b)$$

由（3.5.3）式的固定順序，我們即可以得到如（3.5.1）式與到（3.5.2）式的矛盾結果，以及所有其他可能的矛盾結果。（3.5.3）式的錯誤在於少考慮了每個中間步驟所要滿足的條件，也就是墨子所說的：「五行毋常勝，說在宜」。如果加入條件的考量，（3.5.1）式必須改寫成

$$相生迴圈：土 \xrightarrow{\text{條件 A}} 金 \qquad (3.5.4a)$$

$$相剋迴圈：土 \xrightarrow{\text{條件 B}} 水 \xrightarrow{\text{條件 C}} 火 \xrightarrow{\text{條件 D}} 金 \qquad (3.5.4b)$$

（3.5.4a）式說明只有在條件 A 成立的條件下，土才能生金；（3.5.4b）式說明只有在條件 B、條件 C 及條件 D 同時成立的條件下，土才能剋金。所以土生金與土剋金成立的條件分別為

$$土生金：土 \xrightarrow{\text{條件 A}} 金 \qquad (3.5.5a)$$

$$土剋金：土 \xrightarrow{\text{（條件 B）} \cap \text{（條件 C）} \cap \text{（條件 D）}} 金 \qquad (3.5.5b)$$

比較（3.5.1）式與（3.5.5）式，我們發現了二者的不同點。（3.5.1）式一方面告訴我們，土恆生金；一方面又告訴我們土恆剋金，也就是效應相反的二個事件同時發生，這是一個自相矛盾的結果。但是（3.5.5）式則顯示，土生金與土剋金為二個獨立事件，有各自不同的發生條件。換言之，在某些條件下，土傾向於生金；在某些條件下，土則傾向於剋金。二個事件各有其發生的條件，二者並沒有矛盾或衝突的地方。

歸納而言，所以會發生相生迴圈與相剋迴圈二者之間的矛盾，全然是因為五材的象形關係給了我們一個「生者常生，剋者常剋」的錯誤圖像。當我們建立五行理論的量化模型時，必須正視墨子的建言：「五行毋常勝，說在宜」，也就是要注意五行生剋作用不是恆等式，而是條件式，必須有適當條件的配合才會發生。

（7）圖像式的生剋作用不考慮耗損：

前面提到五材的象形關係給了我們一個「生者常生，剋者常剋」的錯誤圖像，而這個錯誤圖像的產生歸結於五材的生剋作用完全不考慮耗損。譬如以「鑽木取火」的圖像來詮釋木生火的機制，我們只看到木頭燃燒產生火的圖像，但沒有看到木頭燃燒變成炭灰的耗損。我們若考慮木生火所必須付出的消耗，木生火的作用就有了條件限制，亦即一旦木全部耗損完了，生火的作用即自動停止。傳統的五行相生迴圈：木→火→土→金→水→木→……，由於沒有考慮相生作用所需付出的代價，導致木可以無限制的生火，火可以無

限制的生土，土可以無限制的生金，金可以無限制的生水，水可以無限的生木。這樣一個封閉式的循環迴圈，竟然可以在沒有外界能量輸入的情況下，使得所有五行的量越生越多。不考慮耗損的相生作用變成可以無中生有，它只能出現在五材生剋的虛擬世界之中。

不僅是相生作用，五材的相剋作用同樣沒有考慮條件的限制，才會造成「剋者常剋」的假象。譬如以「灑水滅火」的圖像來詮釋水剋火的機制，我們只看到水滅火的圖像，卻沒看到水可滅火所需要的外在條件。若拿一桶水去滅森林大火，其結果是桶水在瞬間被蒸發，這是火滅水，而不是水滅火。這就是墨子所講的「五行毋常勝，說在宜」，亦即五行之間的相剋沒有固定的方向，要看外在的環境是否合宜。相剋作用的進行與否是有條件的，需要同時考慮到剋者與被剋者的數量（能量），才能決定是誰剋誰，是水剋火？還是火剋水？

相生與相剋作用的發生都需要付出代價，這種代價物理學上稱作副作用。例如在 A 生 B 的作用中，A 所需付出的代價就是承受來自 B 的副作用。相生作用的副作用稱為副生，它具有剋的效應；相剋作用的副作用稱為副剋，它具有生的效應，如下式所示：

$$
\overset{\text{正生}}{\underset{\text{副生}}{\rightleftarrows}}\quad \text{木} \rightleftarrows \text{火}, \qquad \text{木} \overset{\text{正剋}}{\underset{\text{副剋}}{\rightleftarrows}} \text{土} \tag{3.5.6}
$$

在木生火的過程中，火受到木的增生作用而數量增加；同一時間，木也受到火的反作用（副生），導致木的耗損，此即木生火所需付出的代價。再看木剋土的過程，土受到木的剋制而數量減少；同一時間，木也受到土的副作用，導致木的增生，此即木剋土所得到的代價。為了與反作用所產生的「副生」有所區別，我們將正向作用的生稱之為「正生」。同樣的道裡，為了與反作用所產生的「副剋」有所區別，我們將正向作用的剋稱之為「正剋」。

傳統的五行學說認為相生作用與相剋作用的互相制約，才能確保五行系統的平衡。這又是五材生剋圖像所引起的錯誤直覺。五材的相生是無中生有的生，在木生火的過程中，木可無止盡的生火，沒有耗損。如果考慮生的副作用後，我們發現木生火的副作用是火副生木，此副生的效果造成木能量的減少，而減少的部分正是透過相生的作用轉移給火，才造成火的增生效果。所以當我們考慮正生的副作用後，在木生火的過程中，能量並沒有無中生有，而是木將能量轉移給火，一旦木的能量耗盡，木生火的過程即停止。

傳統五材的相剋則是憑空消失的剋。在 A 剋 C 的過程中，無需輸入能量給 A，即可無止盡的剋 C，造成 C 能量的憑空消失。如果考慮正剋的副作用後，我們發現 A 剋 C 的

副作用是 C 副剋 A，由於 C 副剋 A 造成 A 能量的增加，此增加的部分正是透過相剋的作用由 C 轉移給 A，才造成 C 的能量耗損。所以當我們考慮正剋的副作用後，在 A 剋 C 的過程中，能量並沒有憑空消失，而是 C 透過副剋作用將能量轉移給 A。

在傳統五行的生剋圖像中，由於沒有考慮生與剋的副作用，五行的平衡純粹是透過無止境的生來抵銷無止境的剋。這種想法就如同在數學上，想要用正的無窮大去抵銷負的無窮大。其實真正能和正生作用抵銷的，是它的反作用：副生；而能和正剋作用抵銷的，是它的反作用：副剋。現代的多代理人網路系統即是透過正生與副生作用的互相牽制而達到系統的平衡，中間完全無需相剋作用的介入。在後面的章節中，我們將以代數的方法呈現正生／副生與正剋／副剋的交互作用。

五行學說透過象形關係將圖畫式的生剋作用完整保存了二千多年。不同於象形文字的演化有逐漸規律化與符號化的趨勢，五行生剋的象形關係至今仍然維持著它的古老圖像。然而象形關係所記錄的畢竟只是五行生剋的表象，若完全依賴象形關係去建立五行理論，將導致如上所述的諸多缺陷與矛盾。今天我們要重建五行學說的科學內涵，首要工作即是要將五行的象形關係加以規律化與符號化，使五行的運作不必再受限於其所代理的實體系統，進而能完整呈現五行學說的科學意義。

第四章
完整的五行生剋作用：三生與三剋

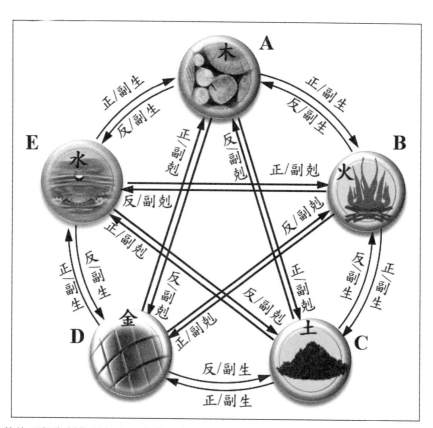

圖 4.0　完整的五行生剋作用包含三生與三剋，三生指的是正生、反生、副生；三剋指的是正剋、反剋、副剋。正生與正剋即是傳統五行的相生與相剋，反生與反剋是正生與正剋的反作用，副生與副剋則是正生與正剋的副作用。唯有同時具備生剋的正作用、反作用與副作用，五行才具備自我修復、自我平衡、自我控制與自我補償的功能。

資料來源：作者繪製。

完整的五代理人網路系統包含三種生的作用與三種剋的作用，而圖像式的五行生剋作用只含有三生三剋中的正生與正剋二種作用，這是導致傳統五行諸多缺陷的主要原因。為了圓滿五行的運作，本章加入了另外四個新元素：正生與正剋的反作用：反生與反剋，以及正生與正剋的副作用：副生與副剋。首先看生的反作用與副作用。代理人 A 與 B 之間為相生（參見上圖），可以是 A 生 B 或是 B 生 A，端看彼此相對數量（能量）的大小。如果 x_A 大於 x_B，則是 A 生 B，此即傳統五行相生的方向，故稱正生。反之，若 x_B 大於 x_A，則是 B 生 A，此與傳統五行相生的方向相反，故稱反生。不管是正生或反生，必伴隨生的副作用，此副作用稱為副生。例如若發生 A 生 B，則必有 B 副生 A 的副作用。同理若發生 B 反生 A，則必有 A 副生 B 的副作用。

其次看剋的反作用與副作用。代理人 A 與 C 之間為相剋（參見上圖），可以是 A 剋 C 或是 C 剋 A，端看彼此相對數量（能量）的大小。如果 x_A 大於 x_C，則是 A 剋 C，此即傳統五行相剋的方向，故稱正剋。反之，若 x_C 大於 x_A，則是 C 剋 A，此與傳統五行相剋的方向相反，故稱反剋。不管是正剋或反剋，必伴隨剋的副作用，此副作用稱為副剋。例如若發生 A 剋 C，則必有 C 副剋 A 的副作用。同理若發生 C 反剋 A，則必有 A 副剋 C 的副作用。

有生的作用必伴隨副生的作用，而副生具有剋的效應，此現象在傳統五行中稱為「生中有剋」；有剋的作用必伴隨副剋的作用，而副剋具有生的效應，此現象在傳統五行中稱為「剋中有生」。本章將詳細解說生剋的反作用與副作用如何由傳統五行思想的不斷修正中演化而來。本章最後提到當五行系統不平衡時，如何透過五行既有的生剋機制使之恢復平衡。對於這個問題，歷代學者提出了許多不同的解決方案。然而這些所謂的五行失衡之下的補救措施，其實都是畫蛇添足，因為完整考量三生三剋的五行系統其本身即是一個閉迴路的自動化控制系統，具有內建的回饋機制，能自動進行補償的動作，不需要介入任何的人為補救措施。本章將先從觀念上說明具有三生三剋的五行系統如何執行自動補償的動作，接著在第 5 章及第 6 章透過五行的符號化與量化，再以代數運算證實五行網路所具有的自動補償功能。

4.1 五代理人的網路系統

作為大眾傳播的工具，五材可說是五行的最佳代理人，但是代理人代理久了，反倒

變成了主人。現在說起五行，人們想到的卻是五行的代理人：金、木、水、火、土（五材）；現在提及五行的生剋原理，我們聯想到的是木生火，火剋金等等的作用。現在五材似乎變成了主人，本來是主人的五行反而變成了五材的代名詞。傳統五行思想透過五材完美的包裝，經過數千年的旅程，今天傳到我們的手中。我們是繼續將這個外包裝傳下去呢？還是暫且拆掉這個外包裝，看一看五行的真面貌呢？本書的目的就是要拿掉五材或五氣的外包裝，還原五行的真實面貌。我們將會發現傳統五行思想所要闡述的是五代理人網路系統的運作原理，而五材與五氣只是其中二種代理人，方便用來展示與傳播而已。在21世紀的這個時間點揭開五行的真實面貌，是一個非常恰當的時機，因為五行所牽涉到的主題正好接軌近年來國際學術界所熱烈討論的多代理人網路系統（Multi-agent network systems）。正確的說，五行就是一個五代理人的網路系統。

以現代科技來詮釋五行的運作也許更能釐清代理人所扮演的角色。五行系統的運作可用五代理人的網路系統加以實現，其中代理人可有許多不同的選擇。假設五代理人的角色是由五架無人飛行載具來擔任，此時五行網路系統的設計目的是要使得五架無人飛行載具達到協同飛行的狀態。透過感測元件測量飛行器之間的相對運動，我們可以適當設計回饋控制，使得飛行器之間的交互作用完全符合傳統五行所規範的生剋法則。進一步的數學分析顯示五行的生剋法則是有效的共識協議，確實可讓五架飛行器達到協同飛行的狀態。在以上的網路系統運作中，核心關鍵是五行的生剋法則如何確保五代理人達到協同一致的狀態，至於代理人的角色是由五架飛行器或五輛自駕車所扮演，則是無關緊要的問題。在這裡我們不會去問，所選擇的五架無人飛行器是否已經涵蓋所有飛行器的類型，因為這是完全不相干的問題。五架飛行器可以全部是固定翼機或全部是旋翼機，也可以是固定翼機與旋翼機的混合編隊，只要飛行器之間的交互作用滿足五行的生剋原則即可。同樣的道理，五行系統所關心的問題是五材之間的關係是否滿足五行的生剋規律，而非五材是否是組成自然界的五種物質。

五架無人機所組成的網路系統是現代版的五行代理人，五材則是古代版的五行代理人，二者的屬性雖不同，但二者所扮演的角色卻完全一樣，他們都是用來展示五行生剋作用的媒介。所以五材不是代表五種不同類型的基本物質，正猶如五架無人機不是代表五種不同類型的飛行器。五行的代理人有無窮多種類型，它們的角色都不是作為代理人的五種分類，而是作為展示五行生剋作用的媒介。參考圖4.1，五行在四個系統分別有不同的代理人，代理人雖不同，但代理人之間所要滿足的生剋規律是一樣的。

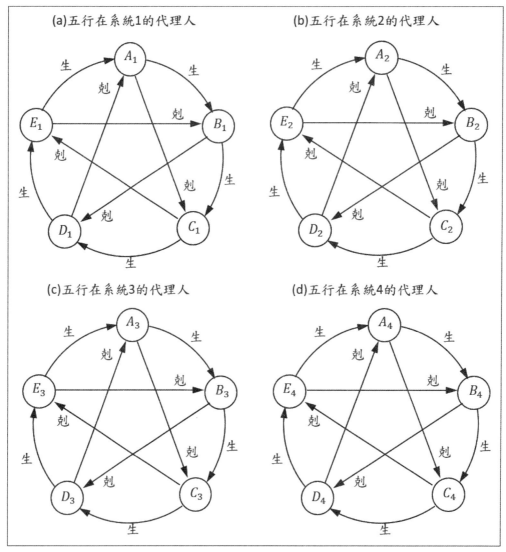

圖 4.1　五行的代理人千變萬化，但不變的是它們都滿足相同的運作規律：「鄰相生，間相剋」，亦即相鄰的代理人互相增長（圓弧箭頭連結），相間隔的代理人互相制約（直線箭頭連結）。
資料來源：作者繪製。

　　五材長期以來被誤解為組成基本物質的五種元素，就是沒有認清五材作為五行代理人的角色。五行的代理人並非是一成不變的組合，代理人之中的每一個成員都是可以被取代的。這種不是恆久性組合的代理人角色當然無法當作是物質的基本元素。產生誤解的另一個原因是長久以來五材可以說是五行的唯一代理人，以致歷史上逐漸形成五材即是五行，五行即是五材的普遍性認知。五材的代理人角色被模糊化後，金、木、水、火、土五種

物質本來是用來展示五行生剋作用的媒介，反而變成是五行的同義代名詞，其地位就像是五種不可被取代的基本元素。

　　五行的思想能夠流傳數千年，不在於五行的組成架構，也不在於「行」字的解釋，而在於五行所傳達的永續平衡的理念與機制。傳統五行思想的真正價值在於透過金、木、水、火、土五種象形物質（五個代理人）的相生相剋機制，配合生活經驗上的直覺，向我們展示了一個自給自足的系統如何達到永續平衡的狀態。五種象形物質代表組成系統的五種代理人，若其中某種代理人的量太少或過量，都將導致系統失去平衡，無法持續運作。五行思想闡述了如何讓獨立系統永續運作的二個主要機制：

● 五行相生相剋的平衡機制：透過系統中五種代理人的互相增長與互相制約，系統能自動達到平衡狀態的機制。

● 五行的過度與補救機制：當某種代理人太少或過量，導致系統失去穩定時，系統能自動補救再恢復平衡的機制。

　　第一點說明五行系統具有內在平衡的機制（五行的相生相剋），第二點說明當內在平衡機制被破壞時，五行系統具有自動補救再度恢復平衡的機制（五行的過度與補救）。這二個機制是五行所必須滿足的條件，不論五行是指五種屬性、五種反應趨勢、五種元素或是現代的五代理人網路系統，只要具備這二個機制，都具備有五行的實質功能。

　　描述五行系統運作的代理人數目一定要五個，這是因為五行系統要求對於其中一個代理人 A 而言，其他代理人對 A 的關係只能有二種（參考圖 4.2b）：一種是相鄰，另一種是相間隔（間隔一位），其中與 A 相鄰的代理人有 2 個，分別與 A 有生及被生的關係；而與 A 相間隔的代理人也有 2 個，分別與 A 有剋及被剋的關係。由於五行系統只允許這二種關係的存在，代理人的總數目只能是五個，多餘五或少於五都無法滿足所規範的生剋關係。對於四代理人系統而言，與 A 相鄰的代理人有 2 個，而與 A 相間隔的代理人只有 1 個，如圖 4.2a 所示。對於六代理人系統而言，與 A 相鄰的代理人有 2 個，而與 A 相間隔的代理人則有 3 個，如圖 4.2c 所示。當我們將代理人的數目擴展到 N 個時，與 A 相鄰的代理人仍然只有 2 個，而與 A 相間隔的代理人則有 N−3 個。唯有當 N=5 時，相鄰代理人的數目才會等於相間隔代理人的數目。

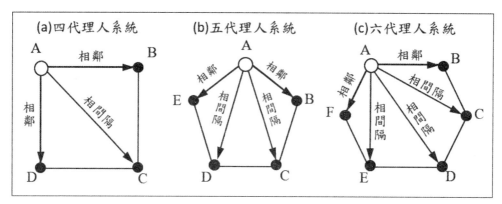

圖 4.2　不同數目的代理人所組成的網路系統

資料來源：作者繪製。

如果以董仲舒的話來講，五行的數字五是源自「比相生、間相勝」生剋規律的要求。「比相生」說的是左右相鄰的代理人有相生的作用，「間相勝」說的是相間隔的代理人之間有相剋的作用。相間隔的代理人是指二個代理人之間隔著另一個代理人。若將五個代理人放在正五邊形的五個頂點上，我們可以看到相間隔的二個代理人其實就是對角線相接的二個代理人。例如在圖 4.2b 中，C 與 A 之間，D 與 A 之間都是對角線相接，同時因為 C 與 A 之間隔著 B，D 與 A 之間隔著 E，所以 C 與 A 之間，D 與 A 之間的關係又可稱之為相間隔。所以董仲舒的意思是說，左右相鄰的代理人之間具有相生的關係，而對角線相接的代理人之間具有相剋的關係。

五行的平衡狀態是在相生與相剋互相依存、互相制約的條件下所獲得。沒有生，則沒有事物的發生與成長，沒有剋則沒有節制與穩定。只有生中有剋，剋中有生，相反相成，協調平衡，事物才能健康發展。然而生與剋同時運作所達到的平衡機制，若沒有透過數字以定量的方式來加以表達，實際上僅是一個抽象的哲學概念。古人利用金、木、水、火、土這五種生活常見元素，巧妙地將相生與相剋的平衡機制融合在日常經驗法則之中，避開了數學的使用，讓一般大眾都能輕易掌握五行的精隨。歸納起來，五材具有二個獨特的性質：

● 每一個元素都有生與被生的對象，五個元素相鄰排列剛好形成一個相生的封閉迴路循環，如圖 4.1 的圓弧箭頭。

● 每一個元素都有剋與被剋的對象，五個元素相間隔排列剛好形成一個相剋的封閉迴路循環，如圖 4.1 的直線箭頭。

● 每一個元素與其他四個元素均有關聯，其關係分別是：生、被生、剋、被剋。

一個系統必須剛好含有五個元素，才能為每個元素與其周遭元素建立：生、被生、剋、被剋四種關係。如果一個系統只有四個元素，則：生、被生、剋、被剋四個關係將缺其一，使得相生相剋無法達致平衡。反之，若系統含有六個元素，則每一個元素必須與其他五個元素建立關聯性，所以生、被生、剋、被剋四種關係中，必有一種關係被重複使用。此時平衡狀態雖仍可能達到，但不是直覺式的觀察法可以決定。

4.2 抽象化代理人的生剋作用

五代理人系統是五行的無象化，卸除了五行之前所背負的各種代理人的形象，只剩下代理人之間的關係。五代理人系統包含五個無象化的代理人，以及它們之間的四種關係。若將代理人 A 視為「我」，其他四個代理人與 A 剛好形成四種關係，同時產生對 A 的四種作用力，參見圖 4.3：

● E 是「生我」者：E 生成 A，所以 A 受到來自 E 的相生作用力。
● B 是「我生」者：A 生成 B，所以 A 受到來自 B 的相生副作用力。
● C 是「我剋」者：A 剋制 C，所以 A 受到來自 C 的相剋副作用力。
● D 是「剋我」者：D 剋制 A，所以 A 受到來自 D 的相剋作用力。

其中 B 與 E 位於 A 的左右位置（相鄰），三者形成合作型的交互作用；C 與 D 位於 A 的對角線位置（相間隔），三者形成對抗型的交互作用。圖 4.2 顯示三個不同數目的代理人系統，並以代理人 A 為中心，說明只有五代理人系統的相鄰與相間隔的關係，才能滿足五行的生剋運作規律。對於四代理人的系統而言，與 A 左右相鄰的代理人為 B 與 D，而與 A 相間隔的代理人只有 C，使得 A 在對抗型的交互作用中，只有我剋者，而無剋我者。對於六代理人的系統而言，與 A 左右相鄰的代理人為 B 與 F，而與 A 相間隔的代理人卻有三個：C、D、E，使得 A 在對抗型的交互作用中，除了我剋者及剋我者的代理人之外，多了一個沒有交互作用的代理人。可見只有五代理人的系統才能使得每一個代理人受到分別來自其他四個代理人的我生、生我、我剋、剋我的作用力。

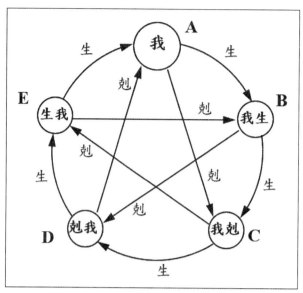

圖 4.3　五代理人系統中的無象化代理人角色分別為「我」、「我生」、「我剋」、「剋我」、「生我」
資料來源：作者繪製。

　　探討系統內部相生相剋的交互作用如何影響系統的平衡機制，以及代理人之間如何合作（相生）、如何對抗（相剋），這些本是動力學的問題，需要數學工具的介入，以定量的數學方法給定相生相剋的程度，並以之決定系統的穩定性。然而中國傳統五行哲學思想，透過金、木、水、火、土五種象形物質（五材），以人們的日常經驗賦予五個元素之間的相生相剋關係。可以說五行思想透過象形物質的譬喻，巧妙地將抽象的相生相剋關係以日常的直覺表達出來，避開了數學的使用，使得人人都能輕易懂得五行的運作，這正是五行思想得以流傳千古的原因。

　　五行系統是由二個部分所組成：代理人以及代理人之間的交互作用。從現代網路系統理論來看，這二個組成部分是互相獨立的，也就是我們可以任意選擇五個代理人來組成五行系統，然後再規範五個代理人之間所要遵守的生剋規律。然而五行的傳統代理人，金、木、水、火、土五個元素卻同時扮演了代理人以及代理人交互作用的角色。五材之間相生相剋的交互作用是依五種物質之間既有的經驗法則，而不需要額外規範；也就是五材這個代理人自動滿足了五行所要求的交互作用。一種物質若有利於另一種物質的生成則稱「相生」，若是會制約或減少另一種物質的產生則稱「相剋」。若將五行解釋成五種行動或五種趨勢，則所謂的相生是指一種行動（趨勢）的作用會強化另一種行動（趨勢）的作

用，相剋則是作用的抵銷。一個系統之中會存在不同的反應途徑或趨勢，有些會互相加強（建設性干涉），有些會互相抵銷（破壞性干涉）。能夠互相加強的二種反應趨勢即是五行之間的相生，而互相抵銷的二種反應趨勢即是五行之間的相剋。五行之間相生相剋的原理透過五材的包裝，簡單明瞭有利於大眾的傳播，但其缺點是缺乏精確的數學定義。五

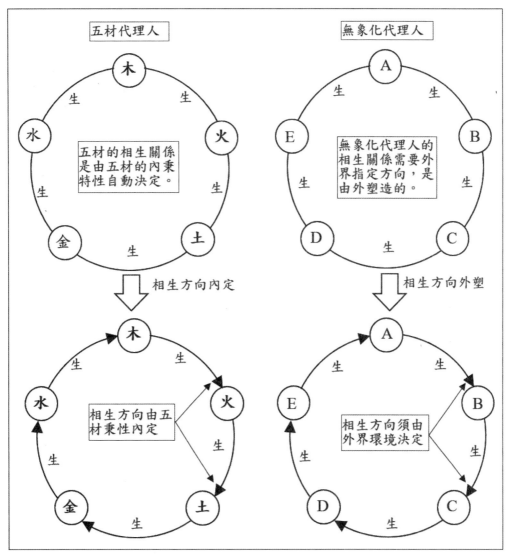

圖 4.4　五行分別以無象化代理人（以五個英文字母表示）及五材為代理人，說明五行依順時針方向相生。無象化代理人本身沒有相生的意涵，必須透過方向性的箭頭標示，才能表現出五行的相生關係，也就是相生方向是由外界指定。反之，五材的相生關係已隱含在五材的內秉特性之中，無須向量箭頭的標示。

資料來源：作者繪製。

行的運作實際上可以透過微分方程式加以定量的描述。五行的相生相剋是數學的問題，而不是抽象的模糊語言；相生的程度有多高？相剋的程度有多高？不是主觀的推論，而是必須透過數學方程式的求解之後才能知道。這是本書後續章節要解決的問題。

對於五行的相生迴圈：木→火→土→金→水→木→火→…，我們發現縱使拿掉木、火、土、金、水五材的標示，並用另一組代理人 A、B、C、D、E 加以取代，我們仍然可以建立相同的相生結構，如圖 4.4 所示。只要我們規定左右相鄰的代理人之間，以順時間方向依序相生，則五個代理人不管是用五材來標示，或是用五個英文字母來標示，其結果都是相同的。這就是五行的二個運作規律中的「鄰相生」規律。「鄰相生」的規律與五行所選的代理人無關，不管代理人如何選擇，都是左右相鄰的代理人之間才會產生相生的作用。

比較圖 4.4 的左右二個子圖，除了五行的編號不同外，表面上看起來這二個圖沒甚麼區別，然而在相生的內涵上，卻有明顯的差異。如果將右子圖的箭頭拿掉，圖中的箭頭原是表示相生的順序，現在箭頭拿掉後，相生的順序即失去了標示。此時無象化代理人將無法確定相生的順序是 A 生 B，或者是 B 生 A。反之，在五材的相生圖像中，縱使拿掉箭頭標示，相生的順序卻已隱含在五材的經驗法則中。例如木與火之間的相生關係，由經驗法則即可判斷是木生火，而非火生木。因此藉由經驗法則即可內定五材的相生關係。從圖 4.4 中二種五行代理人的比較，可以確認五材具有雙重身分：五材既是五行的代理人，同時也是五行的相生規律。換句話說，若以五材為五行的代理人，則五行之間的相生關係可由五材的特性而自動決定，無須另外指定相生順序。在另一方面，若是以英文字母為五行的代理人，則我們必須另外指定代理人之間的相生順序，透過箭頭加以表示。五材集結代理人與生剋規律於一身，便於記誦與推演，是其能流傳千年的主因。

同樣的道理，透過五材之間特有的相剋經驗法則，即可決定五行的相剋順序如圖 4.5a 所示，其中箭頭的指向代表相剋的方向，這是由五材的經驗法則自動決定。若將五材替換成五個英文字母，則圖 4.5a 變成圖 4.5b。因為英文字母之間並沒有特定的相剋關係，圖 4.5b 中的箭頭不能省略，否則就不知道是 A 剋 C，還是 C 剋 A 了。然而圖 4.5a 中的箭頭可有可無（因此箭頭的連線用虛線表示），因為五材之間的相剋關係已內定了箭頭方向。結合相生與相剋的作用，我們觀察到五材具有雙重身分，它既是五材的代理人。同時也是相生與相剋規律的制定者。

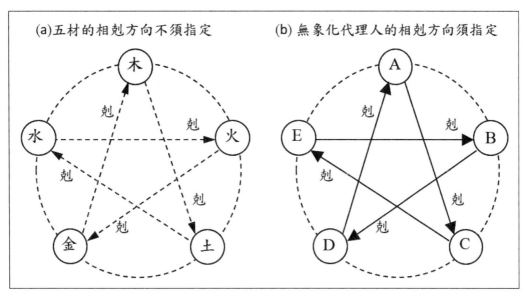

圖 4.5　五代理人依順時針方向相隔一位的代理人相剋。在（a）圖中，相剋的方向由五材的性質自動決定，箭頭方向可有可無，故以虛線表示。在（b）圖中，英文字母不含相剋的訊息，必須透過箭頭的方向才能指定相剋的關係，故箭頭以實線表示。
資料來源：作者繪製。

　　既然五行之間生與剋的對象存在其他更合理的說法，為何長久以來只有一種五行生剋順序被傳誦下來，而且數千年不變？這是因為長久流傳的五行相生與相剋順序具有一個獨一無二的特性：它們可以各自形成一個封閉迴圈：

● 相生迴圈：木→火→土→金→水→木→火→……，亦即從五行中取出任何一個（當作是我），則必有「我生者」，也必有「生我者」。

● 相剋迴圈：木→土→水→火→金→木→土→……，亦即從五行中取出任何一個（當作是我），則必有「我剋者」，也必有「剋我者」。

　　如果我們將相生迴圈中的「土生金」改成「土生木」，則新的相生順序即無法形成五材的相生封閉循環。同樣的情形，如果我們將相剋迴圈中的金剋木改成火剋木，則新的相剋順序也無法形成五材的相剋封閉循環。

　　歸納上述關於五材及五材生剋關係的討論，我們獲致如下的結論：五材只是五行的一種代理人，它們並不是組成自然物質的五種基本元素；五材之間的相生與相剋關係也不是自然界的生化定律，它們只是方便用來展示五行運作的經驗法則。由五材所建立的五行生

剋關係如圖 4.6a 所示，可以歸納出五行所要滿足的相生與相剋規律：

● 依順時針方向，左右相鄰的五行之間為相生的關係（如圓弧箭頭所標示）。

● 依順時針方向，間隔一位的五行之間為相剋的關係（如直線箭頭所標示）。

　　這個規律就是董仲舒在《春秋繁露》中所提到的「比相生、間相勝」的規律，其中「相勝」即相剋的意思，而「間相勝」即是指相間隔一位的五行之間為相剋的關係。

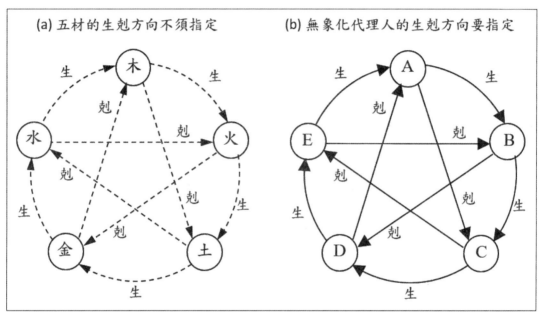

圖 4.6　（a）透過五材所建立的五行生剋關係圖，相生與相剋方向由五材的性質自動決定，箭頭方向可有可無，故以虛線表示。（b）由無象化代理人 A、B、C、D、E 所建立的五行生剋關係，必須透過箭頭指定生剋方向，故以實線表示之。二者都遵守「比相生、間相勝」的規律。
資料來源：作者繪製。

　　注意在圖 4.6a 中的五行關係其實只有二種，一種是左右相鄰的關係，另一種是相間隔的關係（亦即中間隔一位的關係）。五行之中取出任意二個，其關係不是左右相鄰，就是隔一位相鄰，不會有隔二位相鄰的情形。傳統五行思想透過五材的環形排列及五材生剋的經驗法則，以圖像式的直覺表達出「比相生、間相勝」的規律。五材是承載五行訊息的優良載體，這一載體歷經數千年的傳播沒有被破壞。而五材所承載的訊息即是「比相生、間相勝」的規律。這一規律是五行運作的核心關鍵，任何一組五行的代理人都要遵守「比相生、間相勝」的原則。今天我們將這一普遍性原則從五材載體中卸載，並將之

應用在廣義五行代理人 A、B、C、D、E 之上，如圖 4.6b 所示。五個英文字母代表由任意五個單元所組成的五行系統，單元之間的生剋作用遵循箭頭的方向而運作，其中圓弧箭頭代表相生，直線箭頭代表相剋。由於英文字母本身並沒有隱含相生或相剋的訊息，圖 4.6b 中的箭頭方向必須借用圖 4.6a 的方向，用來指定字母代理人之間的生剋關係。

　　比較圖 4.6 中的二種代理人，我們觀察到在圖 4.6a 的傳統五行中，五材兼具有代理人及生剋規律的身分；而在圖 4.6b 的廣義五行架構中，代理人的角色與生剋規律則是分開設定，也就是我們可以先選定五個操作單元來組成五行系統（例如五架飛行器或五部自駕車），然後再依據五行的生剋規律，設定五個操作單元之間所要滿足的交互作用。這種代理人與生剋規律分開設定的廣義五行系統，就是現代版的五行學說：五代理人網路系統，而五材或五氣所代理的五行系統只是廣義五行系統的一個特例。在後續的章節中，我們將針對現代版的五行學說進行討論，利用圖論及線性代數分析五行學說所具有的內在自動平衡機制。

4.3 生與剋的副作用：副生與副剋

　　如第 2 章所介紹，五行的結構乃是由五個代理人所組成的網路系統，其中五材、五氣與五臟是歷史上曾經出現過的五行代理人，如今我們可以加入更多由新一代科技所建立的五行代理人。不管是傳統版的五行代理人或是科技版的五行代理人，代理人之間必須存在著交互作用，如此才能形成一個網路系統。五行系統內的交互作用有二種形式：相生與相剋，其中的「相」字代表互相的意思，說明相生與相剋都是雙向的作用。二個代理人之間若發生相生的交互作用，則有一方會受到生的作用力，另一方則受到生的副作用，稱為副生。副生的功效與生的功效剛好相反，所以實際上副生具有剋的功效。生與副生必定同時發生，當一方受到生的作用時，相生的另一方必定受到副生的作用（等同剋的效果）。所以沒有單獨存在的生，也沒有單獨存在的副生，此即生中有副生（生中有剋）的道理。同樣的情形，二個代理人之間若發生相剋的交互作用，則當一方受到剋的作用力時，另一方則同時受到剋的副作用，稱為副剋。副剋的功效與剋的功效剛好相反，所以實際上副剋具有生的功效。剋與副剋必定同時發生，當一方受到剋的作用時，相剋的另一方必定受到副剋的作用（等同生的效果）。所以沒有單獨存在的剋，也沒有單獨存在的副剋，此即剋中有副剋（剋中有生）的道理。

　　副生與副剋是生與剋所產生的副作用，為了與正作用有所區別，我們將傳統上所謂的生與剋稱為正生與正剋。所以前面提到的「生中有剋，剋中有生」，更精確的說法應是「正生中有副生，正剋中有副剋」，其中副生具有剋的效應，而副剋具有生的效應。

　　歷代文獻對於「生中有剋，剋中有生」現象的描述，以明末醫學大家張介賓[1]的說法最為直接：「眾人知夫生之為生，而不知生中有剋；知剋之為剋，而不知剋中有生。」另外《淵海子平》[2]則是以圖像式的方法描述相生的副作用：「金能生水，水多金沉；水能生木，木盛水縮；木能生火，火多木焚；火能生土，土多火埋；土能生金，金多土變。」以五材圖像說明相生的副作用雖有其科學上的瑕疵，但也傳神地表達了關鍵點，亦即被生的一方會反過來剋制生的一方。

　　在五行系統中，當五個代理人同時運作時，每一個代理人都會受到來自其他四個代理人的作用，分別對應到生、剋、副生、副剋四種形式。為了量化生剋作用力，現在用五個英文字母 A、B、C、D、E 分別命名五行系統中的五個代理人，對於代理人 A 而言（將 A 視為「我」），其他四個代理人與 A 剛好形成四種關係：生我者、我生者、剋我者、我剋者，如圖 4.7 所示。這四種關係同時產生對 A 的生、剋、副生、副剋四種作用力；同時代理人 A 有四個向外的輸出箭頭，表示四種作用力分別作用在其他四個代理人之上。

　　生與剋都需要代價，正生所付出的代價是副生，正剋所獲得的代價是副剋。參見圖 4.8a，在「A 生 B」的作用中，由於 A 的轉化，使 B 量增加，但同時因部分的 A 轉化為 B，造成 A 量的減少，這就是 A 所要付出的代價，此即所謂的「B 副生 A」。在「A 生 B」的過程中，A 量與 B 量的變化如圖 4.8a 所示，一開始時，因 A 量大於 B 量，於是啟動了「A 生 B」的過程，而「A 生 B」使得 B 量增加，而其反作用「B 副生 A」則使得 A 量減少。於是經過「A 生 B」的反應後，A 與 B 的量有趨於相等的傾向。此一結果說明正生與副生的作用有助於降低五行之間的差異。

---

[1]　張介賓（1563 年至 1642 年），字景岳，又字會卿，別號通一子，會稽山陰（今浙江紹興）人，明末醫學大家。他對《內經》頗有研究，同時精通《易經》理論，能將易學與醫學溝通，認為「醫易同源」，是指醫理和易理都強調陰陽的變化。強調辨證求本，提出「二綱」、「六變」之說。善用熟地，強調甘溫固本，常用溫補劑，被稱為「溫補派」，亦稱他為「張熟地」。崇禎十五年卒。著有《類經》、《類經圖翼》、《類經附翼》、《質疑錄》、《景岳全書》。

[2]　《淵海子平》是八字命理學上重要的著作。原書為宋朝徐大升所著《淵海》、《淵源》。後至明代楊淙將兩書合為一冊有所增補，成為如今所流傳的《淵海子平》

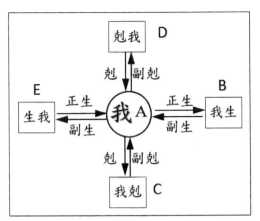

圖 4.7 無象化代理人以「我」為中心，與其他四個代理人分別形成「生我」、「剋我」、「我剋」、「我生」四種角色，並分別施予生、剋、副生、副剋四種作用力。
資料來源：作者繪製。

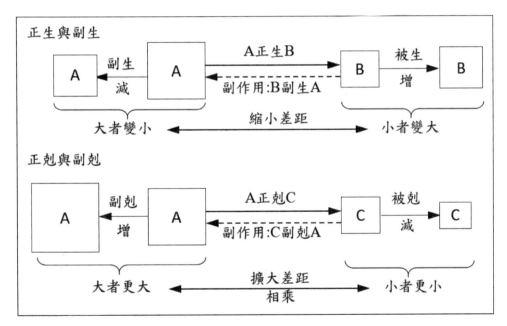

圖 4.8 （a）在「A 生 B」的作用中，由於 A 的轉化，B 的量增加；「B 副生 A」是「A 生 B」的副作用，是指 B 量的增加，同時導致 A 量的耗損（亦即因 A 轉化為 B，造成 A 量的減少）。（b）在「A 剋 C」的作用中，由於 A 的抑制，造成 C 量的減少；「C 副剋 A」是「A 剋 C」的副作用，是指 C 所減少的量為 A 所接收，造成 A 量的增加，形成類似生的效應。
資料來源：作者繪製。

在「A 剋 C」的作用中（參見圖 4.8b），由於 A 的抑制，使 C 量減少，但基於能量守恆原理，C 所損失的能量，其實是被 A 所接收，而成為 A 剋 C 的收穫（戰利品）。有

部分的五行文獻認為，當 A 剋 C 的同時，A 也受到 C 的耗損（即所謂的相耗），於是 A 與 C 二者的能量（數量）同時減少。若相剋的反作用為文獻所稱的相耗，則相剋作用將造成雙方的總能量同時減少[3]，相剋越久，總能量消失越多，此乃違反了物理與化學的能量守恆基本原理。在能量守恆的原則下，「A 剋 C」的反作用是「C 副剋 A」，就如同「A 生 B」的反作用是「B 副生 A」一般，二者都確保了作用前、後的總能量不變。如圖 4.8b 所示，一開始時，因 A 量大於 C 量，於是啟動了「A 剋 C」的過程。「A 剋 C」使得 C 量減少，而其反作用「C 副剋 A」則使得 A 量增加，其中 A 所增加的量等於 C 所減少的量。於是經過「A 剋 C」的反應後，比較大的 A 量變得更大，比較小的 C 量變得更小，拉大了二者的差距。此一結果說明正剋與副剋的作用傾向於擴大五行之間的差異，所以正剋與副剋是屬於對抗型的關係；反之，正生與副生是屬於合作型的關係。

觀察圖 4.8b 中的正剋與其副作用副剋的結合反應，我們發現若 A 正剋 C 的作用持續進行，將會造成施剋者 A 的數量越來越大，而被剋者 C 的數量越來越小（經由副剋的作用轉換給 A），此現象即傳統五行思想所稱的相乘。換句話說，正剋與其副作用副剋的結合，自動造成相乘的效應。從相乘觀念的提出，我們已隱約看到正剋的副作用：副剋的影子。

副生與副剋分別是正生與正剋的副作用，副作用與正作用可以互相制約，亦即副生可以制約正生，副剋可以制約正剋。然而在古代中國還沒有副作用的觀念，所以直接拿正剋來制約正生，認為正生與正剋的互相制約即可讓五行系統達成平衡。這樣的誤解其實一直延續到現在。可以互相制衡的作用力必須同時發生在二個物件之間，如果 A 對 B 施予正作用力，則同一時間必有 B 對 A 的副作用力，如此才能互相制衡。在此定義之下，我們發現正剋並不是正生的副作用力，因為正生與正剋不是同時發生在二個物件之間。例如對木元素而言，生木的是水元素，也就是水生木，但反過來，木所剋者並非水，而是土。因此五行中的生與剋（亦即這裡所稱的正生與正剋），並不是作用對象互相對調的作用，而是有第三個作用對象的存在。由於正生與正剋的對象不同，二者的作用實際上無法對消，不能產生制衡的效果。在第 6 章的數學分析中，我們將證明只包含正生與正剋作用的五行系統，由於缺乏了副生與副剋的制衡，並不具備自我平衡的功能。

---

[3] 根據愛因斯坦的狹義相對論，能量確實有可能憑空消失而轉換為質量，即所謂的質能互換，然而這必須在極高溫（數億度）的核子反應爐內才能達成。在一般的環境下，能量與質量仍然是各自守恆的。所以五行生剋作為日常的規律，仍離不開能量守恆的運作範圍。

　　另一個常見的誤解是關於「生中有剋，剋中有生」的現象。前面我們已經用副作用的原理解釋這個現象的起源，但傳統五行思想囿於只有正生與正剋的作用，進而演變成「正生中有正剋，正剋中有正生」的假現象。這個假現象源自固定不變的正生迴圈與正剋迴圈：

$$\text{相生迴圈：} 木 \overset{生}{\rightarrow} 火 \overset{生}{\rightarrow} 土 \overset{生}{\rightarrow} 金 \overset{生}{\rightarrow} 水 \overset{生}{\rightarrow} 木 \overset{生}{\rightarrow} 火 \overset{生}{\rightarrow} 土 \overset{生}{\rightarrow} \cdots$$

$$\text{相剋迴圈：} 木 \overset{剋}{\rightarrow} 土 \overset{剋}{\rightarrow} 水 \overset{剋}{\rightarrow} 火 \overset{剋}{\rightarrow} 金 \overset{剋}{\rightarrow} 木 \overset{剋}{\rightarrow} 土 \overset{剋}{\rightarrow} 水 \overset{剋}{\rightarrow} \cdots$$

　　這二個迴圈完全不考慮生與剋發生的必要條件，也就是不管在甚麼情況下，木一定要生火，而不允許火生木；不管在甚麼情況下，木一定要剋土，而不允許土剋木，依此類推。在如此單一生、剋方向的強制性下，我們在相剋迴圈中得到金剋木的結論，同時在相生迴圈中得到金生水，水又生木，也就是金生木的結論。結合二個迴圈，於是得到金能剋木、又能生木的結論。依據相同的邏輯推演，我們發現在相剋迴圈中任何相剋的二行，在相生迴圈中一定變成相生。於是在歷代五行文獻中，流傳著這樣的說法：「金能克木、亦可生水以養木。木能克土、亦可生火以益土。土能克水，亦可生金以資水。水能克火，亦可生木以壯火。火能克金，亦可生土以化金」。

　　對於這樣的推理結果，有二派看法。一派認為金能剋木，同時金又能生木，這顯示了五行理論的內在邏輯有自相矛盾的地方。另一派認為金能剋木又能生木，正是反映了五行理論「剋中有生，生中有剋」的宏觀特性。這二派完全相反的觀點，看似應該有其中一種是對的，但是實際上二種觀點都是有問題的。首先「金能剋木」與「金能生木」並沒有矛盾的地方，因為二者作用的對象與發生的條件都不同，並非同時發生，不能直接比較。「金能剋木」是金與木二行之間的直接關係，而「金能生木」是金透過水的介面，再與木所產生的的間接關係。在「金能剋木」的作用中，剋木者是金；而在「金能生木」的作用中，金是透過水的關係去生木，真正的生木者是水不是金。所以「金能剋木」與「金能生木」不是指金能直接剋木，金又能直接生木，二者並沒有矛盾的地方。

　　在另一方面，「金能剋木」與「金能生木」也不能直接結合而得到「剋中有生，生中有剋」的結論，因為金剋木時，金不一定可以間接生水，二者發生的條件不一樣。金剋木的條件是金 > 木，而金生木的順序是金先生水（條件是金 > 水），水再生木（條件是水 > 木），故金生木的條件是金 > 水 > 木。當金剋木的條件（金 > 木）滿足時，金生木的條件（金 > 水 > 木）卻不一定滿足，也就是金剋木時，金不一定可透過水去間接生

木，所以「剋」中不一定有「生」。以上的矛盾及誤解都可透過上述的生剋副作用及下一
節要提出的生剋反作用加以釐清。

　　圖 4.9 比較了傳統五行生剋以及加入副作用的五行生剋。加入副作用後，生與剋都
變成是雙向反應，而以雙向箭頭表示之，其中實線箭頭表示正作用，虛線箭頭表示副作
用。正生與其副作用副生同時發生，但方向相反；正剋與其副作用副剋同時發生，但方
向相反。相鄰的代理人之間用圓弧實線（正生）與圓弧虛線（副生）相連結，形成合作型
的網路，此網路有助於縮小代理人之間的差距。相間隔的代理人之間用實直線（正剋）與
虛直線（副剋）相連結，形成對抗型的網路，此網路會拉大代理人之間的差距。

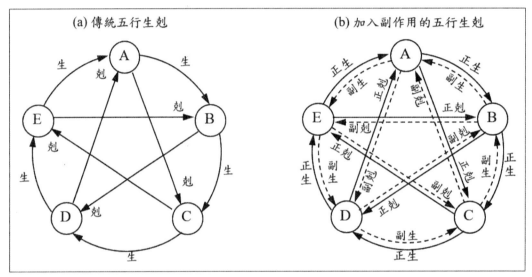

圖 4.9 （a）傳統五行生剋只含單一方向的相生迴圈（圓弧箭頭），以及單一方向的相剋迴圈（直線
箭頭）。（b）加入副作用（以虛線箭頭表示）的五行生剋，每一個代理人都受到四個輸入箭頭的作
用，分別對應到正生、正剋、副生、副剋四種作用力；同時每一個代理人都有四個向外的輸出箭
頭，將四種作用力分別作用在其他四個代理人之上。
資料來源：作者繪製。

4.4 生與剋的反作用：反生與反剋

　　從現代網路系統來看，完整的五行網路除了要加入生剋的副作用外，還要加入生剋
的反作用。所謂反作用是指作用方向相反的反應，例如 A 生 B 的反作用是指 B 生 A，
A 剋 C 的反作用是指 C 剋 A。生剋反作用的存在說明生與剋的發生需要有環境條件的配

合，當環境條件改變了，相生的方向與相剋的方向也隨之顛倒。這就是墨子所講的「五行毋常勝，說在宜」，常勝就是常剋，亦即五行沒有固定相剋的方向，端看外界環境是否合宜。傳統五行的單一方向生剋迴圈只允許固定方向的生與剋，完全不管環境條件是否允許，不僅近代學者視之為偽科學，歷朝各代都有學者提出其缺失與補救之道。

五行的反作用就是將五行生與剋的對象顛倒，所以古代稱之為五行顛倒[4]。五行顛倒最早源於道家的丹道之術，道家認為生老病死的自然規律就是順五行，而修道唯有反轉五行生剋的順序，才能返老還童，超越自然規律而得道成仙。醫家受到道家反轉五行修仙觀念的啟發，而將五行顛倒引入五臟關係之中，擴充了五臟之間的雙向生剋關係，並在臨床醫療得到進一步的驗證，為五行顛倒提供了有力的佐證。清代名醫葉天士[5]、陳士鐸[6]、陳修園[7]、程芝田[8]等人都曾在不同的病症中運用五行顛倒的療法，其中由程芝田撰寫的《醫法心傳・顛倒五行論》，出刊於光 十一年（1885 年），歸納整理了顛倒五行的理論思想。

五行的相生與相剋從字義上來看，原本就有互相之義，木可生火，火亦可反過來生木；木可剋土，土亦可反過來剋木。然而我們在傳統五行的單向生剋迴圈中，卻看不到這種互相的意涵（參見圖 4.10a）。相反方向的生與相反方向的剋，從科學的定義來看，就是生與剋的反向反應，清代的醫學文獻稱之為反生與反剋。為了有所區別，傳統定義的生與剋即稱之為正生與正剋。參見圖 4.10b，加入反作用的五行生剋具有雙向的作用，用雙向箭頭表示之，正方向即是傳統的生與剋，反方向即是反生與反剋。

---

[4]　戴永生、李德新，〈中醫倒五行探微〉，《遼寧中醫雜誌》，第 6 期，頁 1-3，1991。

[5]　葉桂（1667-1747），字天士，號香巖，別號南陽先生，晚號上津老人，江蘇吳縣人。清代名醫，四大溫病學家之一，與薛雪等齊名。其在世文稿經門生彙編而成《溫熱論》、《臨證指南醫案》、《葉氏存真》等書。

[6]　陳士鐸，字敬之，號遠公，自號大雅堂主人。浙江紹興人。約生於公元 1627 年，卒於公元 1707 年。清初著名醫學家。一生勤於著述，有十六種之多，惜大都亡佚，現存世八種。

[7]　陳修園（1753-1823），清代醫學家，名念祖，字修園，號慎修，福建長樂人。一生鑽研醫學，對研究古代醫學經典，頗有心得。見原書文辭深奧，常加以淺注，或編成歌訣，著《傷寒論淺注》、《長沙方歌括》傳世。

[8]　程芝田，歙縣人，清嘉道年間名醫。博學能文，熟讀中醫經典，尤遵崇仲景。博覽唐末以來諸名家醫著，吸取各家之長，頗能融會貫通。著《醫博》40 卷、《醫約》4 卷，惜乎遭亂而皆亡佚。浙江名醫雷逸仙受業於程氏，盡得其傳。逸仙去世後，其子少逸因覓逸仙方案遺稿，而得程氏遺著《醫法心傳》，遂請知交劉國光作序，於光緒 11 年（西元 1885 年）將該書刊行出版。全書計醫論 12 篇，包括程氏對五行、傷寒、溫疫、痢疾、痘科、損傷以及治學等方面的學術見解。

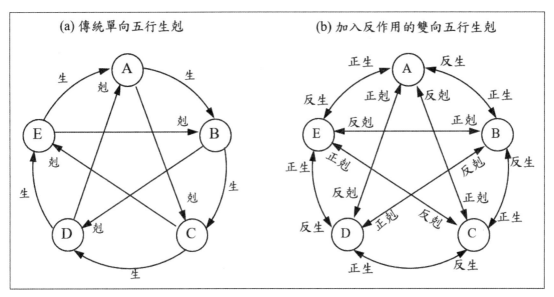

圖 4.10 （a）傳統五行的生剋是單一方向，用單向箭頭表示之。（b）加入反作用的五行生剋具有雙向的作用，用雙向箭頭表示之，正方向即是傳統的生與剋，反方向即是反生與反剋。
資料來源：作者繪製。

　　相生是一種能量的傳遞過程，所以不管是正生或是反生，都是能量（數量）大者傳給能量小者。參見圖 4.11，當 A 的量大於 B 的量時，能量的傳遞方向由 A 到 B，稱為 A 正生 B。反之，當 B 的量大於 A 的量時，能量的傳遞方向由 B 到 A，稱為 B 反生 A。當 A 的量等於 B 的量時，正生與反生都不發生，使得 A 與 B 處於平衡的狀態，彼此的數量維持相等不再變化。另外要特別注意的是，正生與反生並非同時發生，而是擇一發生。因為正生發生的時機是 A＞B，而反生發生的時機是 B＞A，可見二者發生的時機剛好相反。反生是正生的反向反應，而與反生形成對照組的是正生的副作用：副生。上一節提到，副生與正生同時發生，二者形影不離；然而反生與正生卻是擇一發生，二者水火不容。

　　相生的二方，到底是誰生誰，不是固定不變的，而是由雙方的相對能量（數量）而定，能量總是由高處流向低處，所以相生的方向不管是正生或是反生，永遠是能量高者生能量低者。例如考慮水（腎）與木（肝）之間的相生過程，中醫的觀點認為腎藏精，肝藏血，精血同源，可以相互轉化。當腎精多於肝血時，由腎精轉化為肝血，即為正常的水生木過程。反之，當腎虛時，肝血可以反轉為腎精，使腎的功能恢復正常，形成肝對腎的助長、資生作用，此即為木「反生」水的過程。因此木反生水並非異常現象，而

是能量高者流向能量低者的自然現象的呈現。五行的其他反生作用，也都是因為能量高低發生了變化，而使得生者與被生者的角色互換。對此現象，《醫法心傳·顛倒五行論》有很傳神的描述：「木能生火，火亦能生木，肝寒木腐，必須益火以暖肝，火旺才能促進肝之疏泄。火能生土，土亦能生火。心虛火衰，必須補脾以養心，脾精上奉，心神始明。土能生金，金亦能生土。脾氣衰敗，必須益氣以培土。」

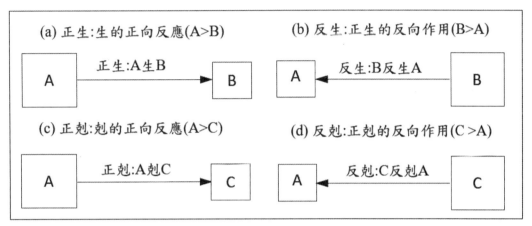

圖 4.11　生與剋不管是正向反應或是反向反應，都是能量大者朝向能量小者。當能量的大小發生變化，生剋反應的方向也要隨之改變。
資料來源：作者繪製。

　　傳統的五行生剋圖只允許一個固定不變的生剋方向，不管能量的高與低，生的方向永遠是：……；剋的方向永遠是：……。中醫透過臨床實踐，開啟了反五行的思路，完整了五行學說的內涵，使其更貼近現代科學的本質。

　　正剋的反向反應稱為反剋。反剋現象的發生也是因為相剋雙方的能量大小發生變化，而使得剋者與被剋者的角色互換。參見圖 4.11，當 A 的量大於 C 的量時，相剋的方向由 A 朝向 C，稱為 A 正剋 C。反之，當 C 的量大於 A 的量時，相剋的方向由 C 朝向 A，稱為 C 反剋 A。因此相剋的方向不是固定的，而是由相剋雙方的能量（數量）大小自動決定。當能量或數量大小發生變化時，相剋的方向要隨之改變。關於這一點，歷代文獻流傳著這樣圖像式的描述：「金能克木，木亦能克金，木堅金缺；木能克土，土亦能克木，土重木折；土能克水，水亦能克土，水多土流；水能克火，火亦能克水，火多水灼；火能克金，金亦能克火，金多火熄」。如此的描述跳脫了傳統五行的格局，使得相剋的方向不再是絕對的，而是相對的，決定於哪一方的能量或數量比較大。當相剋雙方的

數量（能量）發生相對變化時，施剋者與被剋者的角色互換，原來的被剋者變成了施剋者，此現象即傳統五行思想所稱的相悔。相悔就是反剋觀念的源頭，其實很早就出現在傳統五行思想之中。

在傳統五行生剋圖上，加入反生與反剋的作用，我們得到如圖 4.10b 的結果，其中相生關係（圓弧線）與相剋關係（直線）都用雙箭頭表示。雙箭頭雖然表示二個方向的反應都有可能發生，但是在任何時刻都只允許其中一個方向的反應發生，端看哪一方的數量（能量）比較大。因此在不同瞬間，五行的生剋方向可能都不一樣，因為五行的相對數量在不同瞬間也不同。圖 4.12 顯示在二個不同瞬間，五行生剋的方向圖。

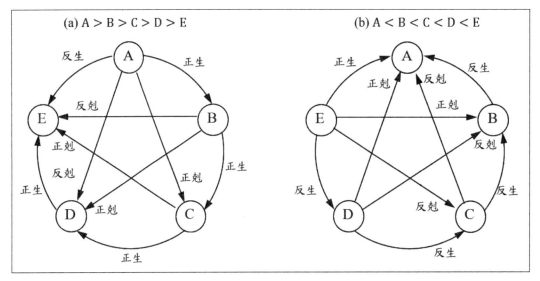

圖 4.12　在二個不同瞬間，五行生剋的方向圖，其中相生與相剋的箭頭方向是由代理人的相對數量所決定，而且永遠是數量大者指向數量小者。相生的方向若與傳統五行生的方向相反，稱為反生；相剋的方向若與傳統五行剋的方向相反，稱為反剋。
資料來源：作者繪製。

在圖 4.12 的情形（a）中，A 的數量最大，所以 A 同時生 B 與 E，且 A 同時剋 C 與 D；E 的數量最小，所以 E 同時被 A 與 D 所生，且 E 同時被 B 與 C 所剋。由於 A 生 E 的方向與傳統五行生的方向相反，故稱反生；同時 A 剋 D 的方向與 B 剋 E 的方向與傳統五行剋的方向相反，故稱反剋。情形（b）的數量大小關係與情形（a）剛好相反，E 的數量最大，所以 E 同時生 A 與 D，且 E 同時剋 B 與 C；A 的數量最小，所以 A 同時被 B 與 E 所生，且 A 同時被 C 與 D 所剋，其中生與剋的方向與傳統五行方向相反者，即

稱反生與反剋。因為在不同時刻，五個代理人數量的大小關係可能都不同，導致相生與相剋的方向會隨著時間一直在改變著，圖 4.12 只是顯示出二個特殊時刻的生剋方向圖。從以上的分析可以知道，五行所描述的五代理人網路系統實際上是一種隨時間變化的動態系統，其中不僅代理人的數量隨著時間變化，代理人之間的相生與相剋方向也隨著時間在改變。為了了解五行的生剋方向如何隨著時間變化，我們需要量化五行的操作，並從中去建立描述五行操作的數學模型，這將是下一章的目標。

　　從圖 4.12 可以知道，代理人數量的不同大小關係將對應到不同的五行生剋圖。此種對應關係衍生出一個有趣的問題，也就是傳統的五行生剋圖（參見圖 4.10a）所對應的代理人數量的大小關係是甚麼？

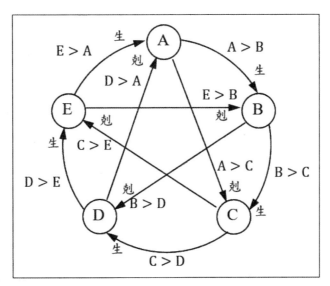

圖 4.13　傳統五行生剋方向所對應的代理人數量大小關係。傳統五行生剋方向固定不變，代表代理人的數量大小關係也不能改變。
資料來源：作者繪製。

　　圖 4.13 根據傳統五行生剋圖列出了五行代理人數量的大小關係，所根據的原則是，不管是相生還是相剋，方向永遠是數量（能量）大者朝向數量小者。我們觀察一下圖 4.13 所條列的大小關係，例如考慮 E → A（E 生 A）的作用，我們得到數量關係 E > A。在另一方面，我們從 A 出發，沿著順時間方向到達 E，可得到一系列的相生關係：A → B → C → D → E，從這系列的相生關係得到對應的數量大小關係為：A > B > C > D > E，也就是 A > E。然而前面我們已經從 E → A（E 生 A）得到 E > A 的關係，於是

我們得到一個矛盾的雙重結果：E＞A，且A＞E。這個矛盾結果說明傳統的五行生剋圖實際上是不存在的，也就是不存在一組代理人數量的大小關係，可以用來產生傳統的五行生剋方向。傳統的五行生剋圖即使存在，也只是某個瞬間的圖像。在不同的瞬間，代理人數量的大小關係不同，五行的生剋方向也跟著改變。傳統五行生剋圖是靜態的，是不隨時間改變的；不管代理人數量的大小關係怎麼變化，生與剋的方向永遠不變。反生與反剋觀念的提出，捨棄了五行原有的靜態框架，允許相生的二行有時是正生，有時是反生，呈現了動態五行生剋圖的初始風貌。

4.5 完整的五行生剋關係：三生三剋的結合

傳統五行僅含正生與正剋二種作用，為了圓滿五行的運作，在 4.3 節中我們加入了二種副作用：副生與副剋，並在 4.4 節中加入二種反向作用：反生與反剋，於是完整的五行生剋關係包含三種生：正生、反生、副生，與三種剋：正剋、反剋、副剋。圖 4.14 歸納

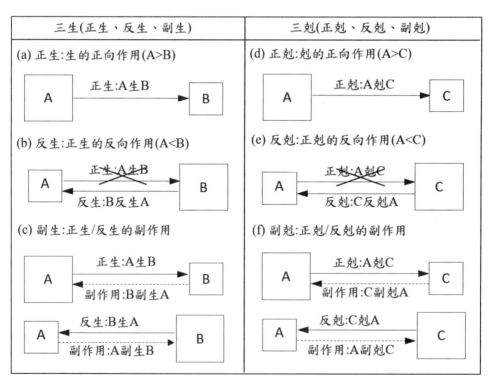

圖 4.14　三生與三剋的定義與發生時機

資料來源：作者繪製。

整理了三生三剋的定義與發生時機，其中特別在反生與反剋中打叉號，說明反生／剋發生的時機與正生／剋相反，二者不會同時發生。副剋是正／反剋的副作用，不管是發生正剋或是反剋（二者只能擇一發生），一定會有伴隨的副作用：副剋，所以副剋與正／反剋同時發生，而且作用方向相反。同樣的道理，副生是正／反生的副作用，不管是發生正生或是反生（二者只能擇一發生），一定會有伴隨的副作用：副生，所以副生與正／反生同時發生，而且作用方向相反。

表 4.1　五行網路三生三剋的運作條件與運作方向

網路關係	運作名稱	運作定義	運作條件	運作方向	效應
合作關係	正生	生的正向作用	A > B	A → B	A 增生 B
	反生	正生的反向作用	A < B	B → A	B 增生 A
	副生	正生的副作用	A > B	B → A	B 減損 A
		反生的副作用	A < B	A → B	A 減損 B
對抗關係	正剋	剋的正向作用	A > C	A → C	A 減損 C
	反剋	正剋的反向作用	A < C	C → A	C 減損 A
	副剋	正剋的副作用	A > C	C → A	C 增生 A
		反剋的副作用	A < C	A → C	A 增生 C

資料來源：作者整理。

表 4.1 比較了三生三剋的運作條件、運作方向，以及所產生的效應，並將三生三剋劃分成合作與對抗二種關係。合作關係發生在相鄰的代理人之間，包含正生、反生、副生三種作用，所以合作關係是由與相生有關聯的三種作用所組成，其效應會縮小代理人之間的差距，有助於達到五行的平衡。對抗關係發生在相間隔的代理人之間，包含正剋、反剋、副剋三種作用，所以對抗關係是由與相剋有關聯的三種作用所組成，其效應會擴大代理人之間的差距，傾向於破壞五行的平衡。

圖 4.15 顯示完整的五行生剋圖包含三生三剋，其中圓弧箭頭代表合作型關係由正／副生、反／副生所組成，直線箭頭代表對抗型關係由正／副剋、反／副剋所組成。在任意二個代理人之間都有正、反二個連結方向，而且每個連結方向都具有雙重作用，例如正／副生或反／副生，但在每一個瞬間只會發生其中一個作用。例如在 A 與 B 的相生作用中，若一個方向發生 A 正生 B 的作用，則另一個方向即發生副生的作用，反生不會發生。反之，若一個方向發生 B 反生 A 的作用，則另一個方向即發生副生的作用，正生不

會發生。相剋的雙方也有類似的情形,當一方發生正剋,另一方則發生副剋,反剋不發生;反之,當一方發生反剋,另一方則發生副剋,正剋不發生。

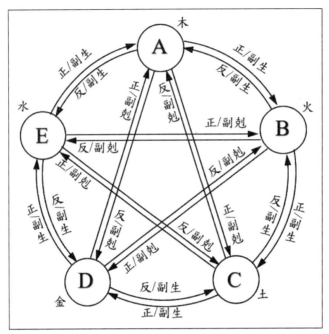

圖 4.15　完整的五行生剋圖包含三生三剋,三生是指正生、反生、副生(生的副作用),三剋是指正剋、反剋、副剋(剋的副作用)。圓弧箭頭表示合作型網路包含三生(正生、反生、副剋),直線箭頭表示對抗型網路包含三剋(正剋、反剋、副剋)。
資料來源:作者繪製。

　　相生或相剋的作用都是雙向的,端看哪一邊的數量(能量)比較大,作用方向就是從大的一邊朝向小的一邊。所以實際上無法區分哪一個方向是正向的作用,哪一個方向是反向的作用。圖 4.15 中所標示的正生及正剋方向,乃是基於歷史上的習慣,也就是將傳統五行所規定的生剋方向定義成正生與正剋的方向。所以這裡所說的正方向並沒有科學上的含意,只是將傳統方向當作一個參考的標準。

　　圖 4.15 中的每一個箭頭方向都具有雙重的作用,但在同一時刻只會有其中一個作用發生,為了說明這個現象,我們延續圖 4.12 的討論。圖 4.12 考慮了在二組不同代理人數量大小關係的情況下,五行網路的生剋運作方向,但是圖 4.12 還不完整,因為未加入生剋副作用的考量。圖 4.16 是將生剋副作用加入圖 4.12 的結果,可以看到在同一時刻下,每一個箭頭方向只具有一種作用,其中正/反生及正/反剋的作用以實線表示,副作用

（副生及副剋）以虛線表示。在不同的時刻，由於代理人的數量大小關係改變，生（剋）的方向可能變成反生（反剋）的方向。觀察圖 4.16，當數量大小關係從狀況（a）變成狀況（b）時，在代理人 A 與 B 之間的相生關係中，順時針方向的作用從正生變成副生，反時針方向的作用從副生變反生。另外觀察 A 與 C 之間的相剋關係，可以看到左邊的正剋關係改變成右邊的副剋關係，在同一時間左邊的副剋關係變成右邊的反剋關係。圖 4.16 所顯示的只是五行的三生三剋在二個不同瞬間的圖像，後續我們要探討的是五行的三生三剋隨時間變化的動態行為。

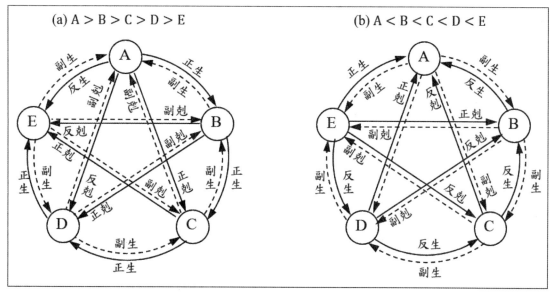

圖 4.16　在二組不同代理人數量大小關係的情況下，五行網路內三生三剋的作用方向。
資料來源：作者繪製。

　　正生或反生的副作用是副生，而正剋或反剋的副作用是副剋，因為副作用與正作用的效應剛好相反，所以有生的作用，必有其副作用：副生（具有剋的效應）；有剋的作用，必有其副作用：副剋（具有生的效應）。因此生的作用不僅發生在相鄰五行代理人之間的相生關係（正生或反生），也出現在相間隔五行代理人之間的副剋關係；剋的作用不僅發生在相間隔五行代理人之間的相剋關係（正剋或反剋），也出現在相鄰五行代理人之間的副生關係。同樣是生的效應，但相生關係中的「生」效應與副剋關係中的「生」效應卻是發生在不同的時機。相生關係中的「生」是數量多者生數量少者，副剋關係中的「生」是數量少者生數量多者。例如考慮 A 與 B 之間的相生關係，「A 生 B」的發生時機

是 $x_A > x_B$，這裡的「生」是由數量多者生數量少者。在另一方面考慮 A 與 C 之間的相剋關係，「A 剋 C」的發生時機是 $x_A > x_C$，與「A 剋 C」同時發生的是它的副作用「C 副剋 A」，副剋是由數量少者（x_C）生數量多者（x_A）。結合以上二種情形，我們發現相生關係中的「A 生 B」是數量多者生數量少者，而副剋關係中的「C 副剋 A」是數量少者生數量多者。

剋的作用也同樣會有二種不同的發生時機。相剋關係中的「剋」是數量多者剋數量少者，而副生關係所具有的「剋」效應是使得數量少者剋數量多者。例如考慮 A 與 C 之間的相剋關係，「A 剋 C」的發生時機是 $x_A > x_C$，這裡的「剋」是由數量多者（x_A）剋數量少者（x_C）。在另一方面考慮 A 與 B 之間的相生關係，「A 生 B」的發生時機是 $x_A > x_B$，與「A 生 B」同時發生的是它的副作用「B 副生 A」，這會造成 A 量的減少，具有剋的行值。而這裡的剋是由數量少者（B）剋數量多者（A）。結合以上二種情形，我們發現相剋關係中的「A 剋 C」是數量多者剋數量少者，而副生關係所具有的剋效應則是數量少者剋數量多者。

沒有單獨的生，也無單獨的剋。因此相生關係中有生的作用，其伴隨的副生則具有剋的作用；相剋關係中有剋的作用，其伴隨的副剋則具有生的作用。表 4.2 整理出相生與相剋關係中，生的作用與剋的作用的發生時機。

表 4.2　相生作用中的生與剋，以及相剋作用中的生與剋

生剋關係	生的效應發生時機	剋的效應發生時機
相生	數量多者生數量少者 （正生／反生）	數量少者剋數量多者 （副生）
相剋	數量少者生數量多者 （副剋）	數量多者剋數量少者 （正剋／反剋）

● 在相生關係中：正生／反生的作用是數量多者生數量少者，副生的作用是數量少者剋數量多者。相生關係中的正生、反生、副生都有助於拉近雙方數量的差距。因為數量多者生數量少者，這將使得數量多者降低數量，同時使得數量少者增加數量。在另一方面，數量少者剋數量多者，這將使得數量少者增加數量，同時使得數量多者降低數量。因此相生關係是透過正／反生的作用使得數量少者增加數量，同時透過副生的作用使得數量多者減少數量，這顯示相生關係中的正生、反生、副

生都傾向於使得五行代理人的數量趨於一致，有助於五行系統的收斂與平衡。

● 在相剋關係中：正剋／反剋的作用是數量多者剋數量少者，副剋的作用是數量少者生數量多者。相剋關係中的正剋、反剋、副剋都傾向於拉大雙方數量的差距。因為數量多者剋數量少者，這將使得數量多者增加數量，同時使得數量少著減少數量。在另一方面，數量少者生數量多者，這將使得數量少者減少數量，同時使得數量多著增加數量。整體來看，相剋關係是透過正／反剋的作用使得數量多者再增加數量，同時透過副剋的作用使得數量少者再減少數量，這顯示相剋關係中的正剋、反剋、副剋都傾向於拉大五行代理人之間的數量差距，造成五行系統的發散與不穩定。

4.6 五行的生剋過度與補救

五行的相生與相剋具有相反的功能，相生有助於五行之間的偕同一致，而相剋則會擴大彼此間的差異，破壞五行的平衡。當相生與相剋作用同時出現時，五行的整體運作是否能保證系統的平衡？如果五行的相生或相剋過度發展而失去平衡，五行的運作機制是否能保證系統自動恢復平衡？第一個問題是關於五行的平衡狀態是否存在，第二個問題是關於五行若失去平衡，是否能自動恢復平衡。這二個問題歷代文人都曾探討過，然而由於未能引入符號代數運算，問題的探討始終停留於文字上的定性描述，沒有進入到定量的數學分析。以下我們先回顧一下傳統文獻如何定義五行的失衡及失衡後的補救方法。

若將五行中的任一行當作是「我」，則其他四行與「我」的關係為生我者、剋我者、被我生者、被我剋者。傳統五行認為這四種關係的過度發展將破壞五行之間的平衡狀態。這裡我們將四種關係的過度發展分別稱為生者過度、剋者過度、被生者過度、被剋者過度。圖 4.17 是以 A（木）為中心說明生、剋、被生、被剋四種關係的過度發展。

生者過度：對 A（木）而言，生 A 者為 E（水），所以生者過度是指 E 的數量（能量）遠大於 A 的數量（$E \gg A$），如圖 4.17a 所示。生者過度所描述的是相生的雙方，當生者的數量遠大於被生者時，所呈現的不平衡狀態。

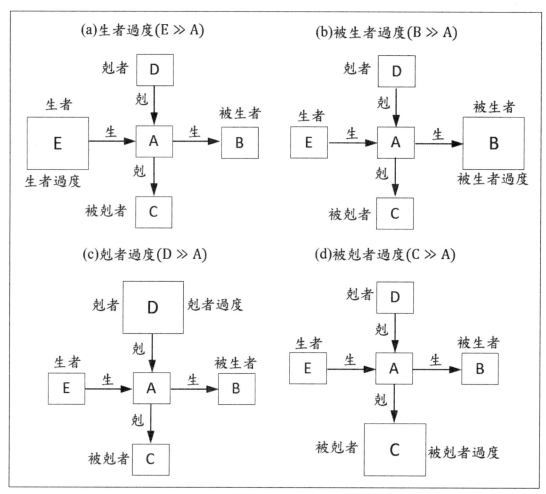

圖 4.17　以 A 為中心說明生、剋、被生、被剋四種關係的過度發展
資料來源：作者繪製。

● 被生者過度：對 A（木）而言，被 A 所生者為 B（火），所以被生者過度是指 B 的
數量（能量）遠大於 A 的數量（B≫A），如圖 4.17b 所示。被生者過度所描述的
是相生的雙方，當被生者的數量遠大於生者時，所呈現的不平衡狀態。

● 剋者過度（相乘）：對 A（木）而言，剋 A 者為 D（金），所以剋者過度是指 D 的
數量（能量）遠大於 A 的數量（D≫A），如圖 4.17c 所示。剋者過度所描述的是
相剋的雙方，當剋者的數量遠大於被剋者時，所呈現的不平衡狀態。剋者過度經常
又被稱為相乘，「乘」是以強凌弱的意思，相乘就是相剋太過，超過正常的制約程
度而引起的一種乘虛侵襲現象。上一節已經提到，相乘實際上是正剋持續作用的結

果，因為正剋會造成剋者的數量增加，而被剋者的數量減少，一旦正剋作用的時間越長，二者的差距越大，所造成的相乘效應也就越嚴重。

● 被剋者過度（相侮）：對 A（木）而言，被 A 所剋者為 C（土），所以被剋者過度是指 C 的數量（能量）遠大於 A 的數量（C≫A），如圖 4.17d 所示。被剋者過度所描述的是相剋的雙方，當被剋者的數量遠大於剋者時，所呈現的不平衡狀態。這一不平衡狀態就是前面所提到的正剋的反向作用：反剋，傳統五行文獻稱之為相侮。「侮」是欺侮的意思，指五行中的某一行太過亢盛，使得原來剋它的行不僅不能去約制它，反而被它所反剋。

以上四種過度以及相乘、相侮觀念的提出，原本是五行學說歷史演變的重要契機，因為從被生者過度可容易引伸出反生的作用；從剋者過度（相乘）可容易引伸出相剋的副作用：副剋；從被剋者過度可容易引伸出反剋（相侮）的作用。可惜相乘、相侮長久以來被視為是異常現象，它們在五行學說中一直未能進化到與相生、相剋相同的位階。直到現在，相生與相剋是五行運作的常態，而相乘與相侮則是五行運作的異常，仍然是一種根深蒂固的想法。這也是五行理論與五代理人網路理論的差異所在，前者只包含正生與正剋二種作用，後者則將相生、相剋、相乘、相侮放在相同的位階，而得到三生三剋六種作用。二者的差異同時表現在對生剋過度的補救方法之上，前者只用正生與正剋進行補救，而後者用三生（正生、反生、副生）、三剋（正剋、反剋、副剋）進行補救。以下我們將比較二種補救方法的差異，一種是傳統版的五行生剋過度補救法，另一種是科學版的五行生剋過度補救法。

關於五行系統內四種關係的過度發展，歷代學者已提出各種不同的補救方法，讓五行系統再度恢復平衡的狀態。傳統的方法是建立在五材之間的象形關係上，遵循單一方向的相生與相剋順序，進行五行生剋過度的補救。表 4.3 列出五材的生、剋、被生、被剋四種關係過度發展時，所造成的危害，以及傳統補救之法，參見宋代徐大升所著的《淵海子平》[9]。

9　《淵海子平》是八字命理學上重要的著作。原書為宋朝徐大升所著的《淵海》與《淵源》。後至明代楊淙將兩書合為一冊並有所增補，成為如今所流傳的《淵海子平》。全書分五卷，第一卷論述子平術數基本知識，第二卷論述看命方法子平諸格，三卷至五卷論六親、歌賦、詩訣。其書理論為子平原始論法，與當今流行論法差異甚大，但依然在命理學上有十分重要的地位。（維基百科）

表 4.3　五材的生、剋、被生、被剋的過度發展與傳統五行的補救之法

過度與補救		木（A）	火（B）	土（C）	金（D）	水（E）
生者過度	過度之害	木賴水生 水多木漂	火賴木生 木多火塞	土賴火生 火多土焦	金賴土生 土多金埋	水賴金生 金多水濁
	補救之法	得土制水 木賴以生	得金制木 火得以融	得水制火 土賴以潤	得木疏土 金賴以顯	得火制金 水賴以清
被生者過度	過度之害	木能生火 火多木焚	火能生土 土多火晦	土能生金 金多土虛	金能生水 水多金沉	水能生木 木盛水縮
	補救之法	用水制火 兼以生木	用木制土 兼以生火	用火制金 兼以生土	用土制水 兼以生金	用金制木 兼以生水
剋者過度	過度之害	木弱逢金 必為砍折	火弱逢水 必為熄滅	土弱逢木 必遭傾陷	金弱遇火 必見銷熔	水弱逢土 必為淤塞
	補救之法	見水泄金 以生扶木	見木泄水 以生扶火	見火泄木 以生扶土	見土泄火 以生扶金	見金泄土 以生扶水
被剋者過度	過度之害	木能剋土 土重木折	火能剋金 金多火熄	土能剋水 水多土流	金能剋木 木堅金缺	水能剋火 火炎水蒸
	補救之法	取木疏土	取火熔金	取土擋水	取金削木	取水熄火

資料來源：作者整理。

表 4.3 所列的補救措施是基於五材特有性質所做的推論，不見得適用於其他的五行代理人。在下面的分析中我們以木（A）為例，說明四種過度發展的傳統五行補救方法

● 生者過度的補救：生木者是水，所以生者過度是指生木的水過多，水多則木漂。補救的方法是取土剋制水，水量少了，木材得以生。

● 被生者過度的補救：被木所生者是火，所以被生者過度指產生的火過多，火多則木焚。補救的方法是用水剋制火，兼以生木。

● 剋者過度的補救：剋木者是金，所以剋者過度是指剋木的金太強（亦即相乘），造成木被砍折過度，補救之法是以金生水（見水泄金），用以耗損金的量，所產生的水同時可生養木。

● 被剋者過度的補救：木所剋者是土，所以被剋者過度是指土太多，木被反剋，造成土重木折，補救之法是取木疏土。

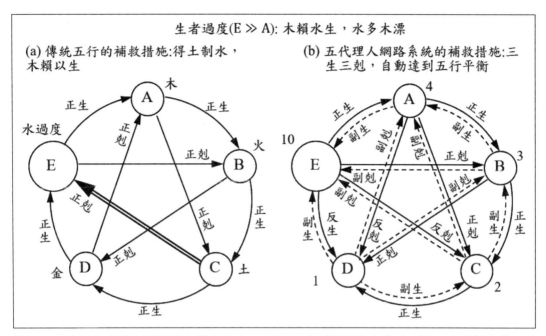

圖4.18　以木（A）為例說明生者過度時（E≫A），（a）傳統五行與（b）科學五行的補救措施。
資料來源：作者繪製。

　　圖4.18是以木（A）為例，說明生者過度時，傳統五行與科學五行（五代理人網路系統）的補救措施。生者過度對於木（A）而言，就是水（E）≫木（A）的的情形，所以在圖4.18中特別以大圓代表水（E），其他行的數量較小，故以小圓表示。傳統五行補救法只能依循單一方向的相生迴圈與單一方向的相剋迴圈。現在E的量特別大，從相剋迴圈來看，降低水（E）量的方法就是以土（C）剋水（E），如圖4.18a中的雙線箭頭所示，此即表4.3所說的得土制水，木賴以生。然而此時傳統五行補救法遇到一個邏輯上的矛盾，因為此時水（E）量是五行中的最大者，土（C）量比水（E）量小，土如何能剋水？這個矛盾就出在單一方向的相剋迴圈，它不管彼此的相對大小，相剋的方向永遠被指定為：木→土→水→火→金→木→土→水→⋯⋯。以土剋水的補救措施，當土量小於水量時，實際上是行不通的，剩下的唯一途徑就是相生迴圈。從圖4.18a可以觀察到，如果正生與正剋是唯二的補救途徑，當水（E）量又是五行中的最大者時，只有水（E）正生木（A）這條途徑可以走了。

　　科學五行的補救方法不是建立在五材特有的生活經驗上，而是要適用於所有的五行代理人，它是討論當某一個代理人的量特別多時，如何施予補救的措施，使五行恢復平衡

的狀態。有別於傳統五行的正生／正剋唯二補救途徑，科學版的五行採用三生（正生、反生、副生）、三剋（正剋、反剋、副剋）六條途徑進行補救，如圖 4.18b 所示。在此圖中，相生的二行之間可正生亦可反生，相剋的二行之間可正剋亦可反剋，完全取決於二行數量的相對大小。一旦給定五行數量的相對大小，科學版五行即能自動決定補救的動作。

例如考慮由五架無人飛行器所組成的五行系統，當飛行器 A 的位置嚴重偏離其他四架飛行器時，我們如何運用五行的生剋定律對飛行器 A 的位置進行補償（控制），使之重新加入團隊飛行。對於無人機代理人 A、B、C、D、E 而言，我們無法透過五材生剋的經驗情境去推論所要施加的補救措施，唯一可以憑藉的是五代理人的數量（亦即五架飛行器當下的相對位置），去決定五行生剋的補救方向，同時必須捨去僅適用於五材情境的推論。

在圖 4.18b 中，我們假設在某一瞬間，五行的數量分別為 A＝4，B＝3，C＝2，D＝1，E＝10，其中 E 的數量特別大是反映生者過度的情形。從此圖中可以看到，由於 E 的量最大，生與剋的方向都是由 E 朝向其他四個代理人：E 正生 A，E 反生 D，E 正剋 B，E 反剋 C。其中 E 正生 A，E 反生 D，這二個生的作用都使得 E 受到副生的反作用，而使得 E 的數量減小，而且減小的量可以透過量化公式加以求得。然而相反地，E 正剋 B，E 反剋 C，這二個剋的作用則使得 E 受到副剋的反作用，而使得 E 的數量變大。因此相生的效應與相剋的效應對 E 的數量大小產生相反的效果，前者減小 E，後者增加 E。假設經過計算後，相生與相剋的綜合效應讓 E 的值從 E＝10 減小到 E＝8，而在同一時間，E 的生剋作用對其他代理人所造成的數量改變，假設經過計算後，得到 A＝5.1，B＝2.8，C＝1.9，D＝2.2。於是到這裡我們得到了下一個時刻五個代理人的新數量，亦即 A＝5.1，B＝2.8，C＝1.9，D＝2.2，E＝8，然後再重複先前的步驟，根據這一組代理人的新數量決定五行三生、三剋的新方向，再由生剋新方向計算五代理人下一時刻的新數量。如此依據相同的步驟，不斷疊代計算每一個時刻的代理人數量。

由上面對於圖 4.18b 的運作過程的解釋，我們了解到科學五行（五代理人網路系統）對於生剋過度的補救實際上是一個動態過程，不同時刻的補救措施是根據當下的代理人的數量而隨時修改更新，中間完全無需人為的介入。當到達平衡狀態時，五行的數量趨於相等，以前面的例子而言，即是 A＝B＝C＝D＝E＝4，此時正／反生與副生的作用互相抵銷，正／反剋與副剋的作用互相抵銷，於是五代理人的數量不再變化，一直維持在平衡的狀態。如果進一步觀察，從一開始生者過度的狀態，到最後的平衡狀態，在這中間

的每一個時刻，雖然五代理人的數量都不同，但它們的總和卻都是不變的 20。這個結果說明科學五行的運作既不創造能量（數量），也不消滅能量（數量），它只是重新分配能量罷了。從一開始的生者過度的狀態：E＝10≫A＝4，經過五行的一連串生剋運作，最後將能量重新分配成 A＝B＝C＝D＝E＝4。於是透過代理人的數量化以及五行生剋的代數運算，我們能以科學的方式證實五行生剋原理自動平衡的機制。

　　在另一方面，圖 4.18a 所顯示的傳統五行的生者過度的補救措施，是基於五材屬性所作的推論。由於不允許反生，也不允許反剋，縱使土（C）的數量比水（E）少，傳統五行只能採用土（C）剋水（E）的補救法，以此來減少水的數量。然而傳統五行的補救法終究是一種靜態的圖像，未能說明以土剋水的補救措施要進行多久？是一直持續下去，還是隨後要切換成另一種補救措施？以土剋水的措施本來是要補救水過多所造成的失衡，但沒有節制的土剋水將造成另一個新的失衡。

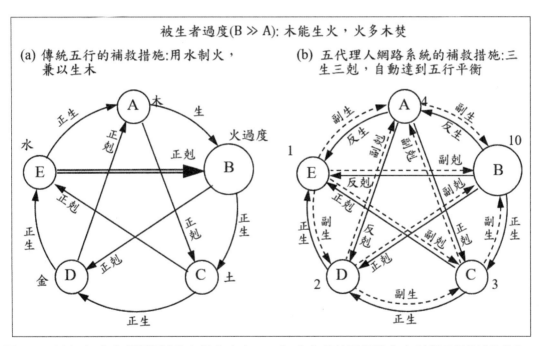

圖 4.19　以木（A）為例說明被生者過度時（B≫A），（a）傳統五行與（b）科學五行的補救措施。
資料來源：作者繪製。

　　以上是生者過度的補救情形，其次考慮被生者過度的情形。圖 4.19 是以木（A）為例，比較被生者過度時的二種補救措施。被生者過度對於木（A）而言，就是火（B）≫

木（A）的情形，表 4.3 提到被生者過度的危害：木能生火，火多木焚。在圖 4.19 中特別以大圓代表火（B）過多的情況。傳統五行補救法是透過相剋迴圈中的固定相剋順序：用水（E）剋火（B），從而降低火（B）的數量，如圖 4.19a 中的雙線箭頭所示。然而在五行中火（B）數量最大的情況下，水量實際上是不足以剋火，這是傳統五行補救法背後所隱藏的矛盾。

圖 4.19b 顯示五代理人網路系統對於被生者過度的補救措施，如同前述的生者過度情形，科學五行是根據當下五代理人的數量自動決定正生／反生、正剋／反剋的作用方向。生與剋的方向決定後，它們的反方向就是副生與副剋的方向。圖 4.19b 所給定的五代理人初始數量為 A＝4，B＝10，C＝3，D＝2，E＝1，其中 B 的數量特別大是反映被生者過度 B≫A 的情形。數量給定後，三生三剋的方向隨即決定，亦即不管是相生亦或是相剋，方向都是數量大者朝向數量小著，如圖中箭頭的標示。由於 B 的數量最大，B 對其他四個代理人都是生或剋的驅使者。B 的數量透過反生 A 與正生 C 的作用而減少，但另一方面又透過正剋 D 與反剋 E 的作用而增加。經過三生三剋的作用後，B 及其他四個代理人的新數量可由代數運算求得，然後再由這一組新的數量決定下一時刻的三生三剋方向，如此繼續不斷更新代理人的數量，直到五個代理人的數量都不再變化為止。比較圖 4.19 中的左右二圖，我們發現傳統五行所採用的以水（E）剋火（B）的人為補救措施，在科學五行中不會發生，因為在 B 的數量比 E 的數量大的情形下，只會發生火（B）反剋水（E）的情形。

其次考慮剋者過度時的補救措施，圖 4.20 是以木（A）為例，比較剋者過度時的二種補救措施。剋者過度對於木（A）而言，就是金（D）≫ 木（A）的情形，表 4.3 提到剋者過度的危害：木弱逢金，必為砍折。在圖 4.20 中特別以大圓代表金（D）過多的情況。傳統五行補救法是「見水泄金，以生扶木」，也就是以金生水，一方面可耗損金的數量，一方面所生之水可用來滋養木，如圖 4.20a 中的圓弧雙線箭頭。在此情況下，金（D）的數量最多，因此以金生水是合理的補救措施。圖 4.20b 顯示在剋者過度的情形下，科學五行的補救措施，其中三生三剋的箭頭作用方向是依據五代理人的初始數量而決定：A＝4，B＝1，C＝3，D＝10，E＝2，其中 D 的數值特別大是反映剋者過度的情形。比較圖 4.20 中的二個圖，其中左邊的傳統五行只包含以金生水一種補救措施，右邊的科學五行則包含金正生水、金反生土、金正剋木、金反剋火等四種補救措施。同時我們也注意到，左邊的傳統五行的生剋補救方向是永遠不變的，而右邊的科學五行生剋補救

方向則是依據當下的五代理人數量而隨時更新。更新的過程包含以下三步驟：

- 步驟 1：依據五行中何者過度，給定五代理人的初始數量。
- 步驟 2：由代理人的數量決定代理人之間三生三剋的作用方向。
- 步驟 3：依據生剋運算的代數公式，計算生剋作用之後，五代理人的新數量。回到步驟 2，並重複相同的運算過程，直到五代理人的數量不再變化為止。

其中步驟 3 所依據的生剋運算代數公式，將在下一章詳細說明

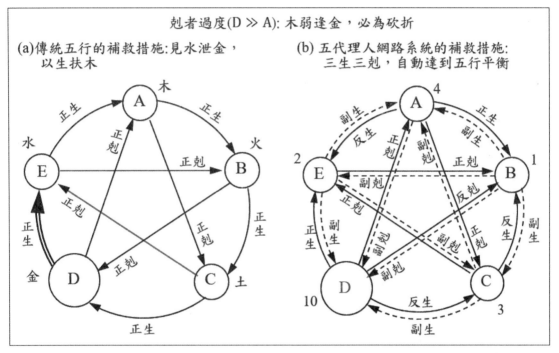

圖 4.20　以木（A）為例説明剋者過度時（D≫A），（a）傳統五行與（b）科學五行的補救措施。
資料來源：作者繪製。

最後我們考慮被剋者過度時的補救措施，圖 4.21 是以木（A）為例，比較被剋者過度時的二種補救措施。被剋者過度對於木（A）而言，就是土（C）≫ 木（A）的情形，表 4.3 提到被剋者過度的危害：木能剋土，土重木折。在圖 4.21 中特別以大圓代表土（C）過多的情況。傳統五行補救法是取木疏土，也就是採用木正剋土的補救途徑，如圖 4.21a 中的雙線箭頭所示。然而木剋土的運作在此時其實無法發生，因為在土（C）的數量遠大於木（A）的情形下，如何還有多餘的木可以用來取木疏土？反而是會發生土（C）

對木（A）的反剋作用。圖 4.21b 的科學五行顯示出在被剋者過度的情形下，所設定的五代理人初始數量：A＝4，B＝2，C＝10，D＝1，E＝3，以及代理人彼此之間的生剋關係。可以看到在土（C）的數量為最大的情形下，土（C）對木（A）的反剋作用確實發生，同一時間發生的作用還有土（C）正生金（A）、土（C）反生火（B）、土（C）正剋水（E）。在這四種作用的聯合參與下，產生了土（C）的新數量，而其他代理人的新數量也可依圖 4.21b 中的三生三剋關係而求得。然後再依據前述的三步驟，依序求出不個時刻下五代理人數量，直到代理人的數量不再隨時間變化為止。此時的穩定狀態所呈現的代理人數量即是科學五行在被剋者過度的情形下，自我補償與修復的結果。

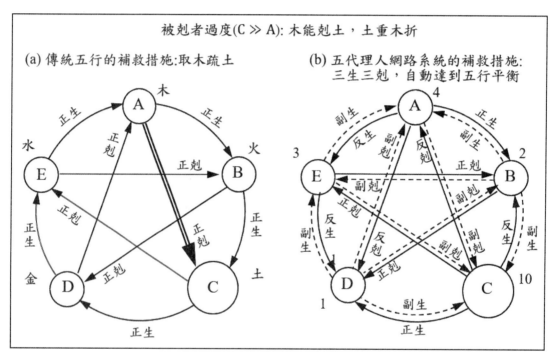

圖 4.21　以木（A）為例說明被剋者過度時（C≫A），（a）傳統五行與（b）科學五行的補救措施。資料來源：作者繪製。

歸納而言，不管是五行中的哪一行過度，傳統五行的補救措施都是由固定方向的生剋迴圈推論而來，由外而內強制加在五行的運作之上，而不管當下五行的運作環境能否執行此一補救措施。相反地，科學五行（五代理人網路系統）的補救措施則是由五行的內在機制自動完成，它是依據當下五行的數量，自動決定補救措施，亦即自動決定三生三剋的作用方向。並且當五行數量變化時，隨時調整更新三生三剋的作用方向，直到五行達到

平衡狀態為止。對於科學五行而言，所有外加的補救方法都是多餘的，因為五行系統的內在控制機制會自動將過度發展的狀態恢復到平衡的狀態。五行學說的發展長久以來未能引入量化的代數工具，分析其內在的功能，以致其既有的自動補償機制沒有被完全的描述與了解。在其內在自動補償機制的作用之下，五行系統實際上無須外力的介入，即可自動達到穩定平衡的狀態。可以這麼說，所有促使五行系統恢復平衡的外加補救措施都是畫蛇添足。

中篇　五行生剋的量化與代數運算

● 第五章　五行生剋的量化與符號化

| 代理人符號化 | ⟹ | 生剋關係符號化 | ⟹ | 生剋強度量化 |

● 第六章　五行生剋的代數運算

| 代數模型 | ⟹ | 穩定性分析 | ⟹ | 回饋機制 | ⟹ | 自動補償 |

● 第七章　五行與線性代數

| 五行向量
五行矩陣 | ⟹ | 五行特徵值
五行特徵向量 | ⟹ | 連續時間五行
離散時間五行 | ⟹ | 五行實驗
五行測量 |

第五章
五行生剋的量化與符號化

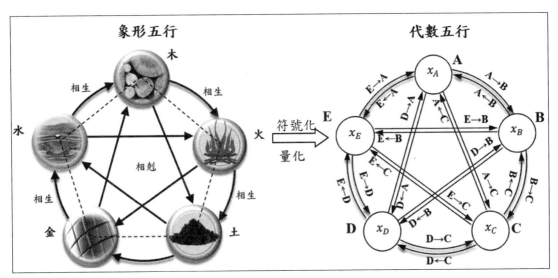

圖 5.0　代數五行是象形五行經過符號化與量化的結果。符號化指的是以五個代理人符號 A、B、C、D、E，取代木、火、土、金、水五種自然物。量化指的是將五行加以數量化，將五行的數量分別用五個代數 x_A、x_B、x_C、x_D、x_E 表示。經過符號化與量化的代數五行可以將五行的生剋乘悔規律表示成五個代數之間的加減乘除運算。

資料來源：作者繪製。

　　五材生剋的象形關係是五行學說的圖騰，簡單明瞭且便於記憶。但圖騰式的表示法有二個主要缺點：（1）無法表達五行生剋的一般性原理，（2）無法進行五行生剋的代數運算。五行系統是由五行在許多不同領域的代理人所組成的系統，而五行學說是在描述所有五行代理人的共同特性。五行系統的組成要素不在於代理人所代理的實體系統，而在於代理人之間的交互作用是否具有五行的生剋乘悔特性。為了建立一個與實體系統無關的五行學說，我們必須將五行的生剋作用加以量化與符號化。有了符號與數量，即可進行五行

生剋的代數運算。本章先介紹象形五行的符號化與量化的過程，接著第 6 章再根據所得到的代數五行，以代數運算展示五行的生剋乘侮作用。

　　本章將傳統五行圖畫式的生剋象形關係加以符號化，而得到一般性的五行架構。一般性的五行系統融合了傳統五行各種代理人的角色與功能，透過五個黑盒子所組成的五代理人網路系統，完整呈現五行生剋作用的「機制」、「對象」、「時機」與「順序」。如此做法讓我們可以去除五行運作與特定實體系統的連結，無須再去追究五行是對應到哪五種材料、哪五種季節或是哪五種實體單元。五行思想的精髓在於其所蘊含的一般系統原理，亦即那些對於所有實體系統都適用的規律。五代理人網路系統就是闡述五行思想的一般系統理論，統一規範了傳統版本以及科技版本的五行系統的運作規律。

5.1 代理人的符號化

　　從動力學的觀點來看，五行可視為是描述系統行為的五個內部狀態變數（state variables）。平衡機制要求這五個變數之間的交互作用（互相增長與制約的機制）要能確保系統的穩定性，因為穩定的系統才能自動收斂到平衡的狀態。在另一方面，當系統偏離平衡狀態時，補救機制要求變數之間的補償作用能自動促使系統回到平衡狀態。透過五種自然元素之間的交互作用，五材的相生與相剋關係可以用圖像式的直覺表示出來，無須借用任何數學或物理的工具。這樣的圖像式表達法甚至可以提供生剋過度時的補救措施。根據五材與五種自然元素的類比，以及五種自然元素之間的交互關係，可以簡潔、直觀地表達出五材之間的生剋平衡以及不平衡時的補救措施，但其缺點是缺乏定量的論述，無法表達出相生（或相剋）程度高低之間的差別。同時傳統上五行的平衡與不平衡都是基於直觀上的推定，缺乏數理邏輯上的支持。

　　本章將以動力學的方法定義生與剋，並賦予生剋數學上的涵義。在此數學架構下，我們將建立描述五行運作的五代理人網路系統的代數模型，下一章將進一步以此模型驗證生剋過度時的補救策略。

　　首先定義與傳統五材對應的五行代理人 A、B、C、D、E，其量化指標分別為

$$木 \to x_A, \qquad 火 \to x_B, \qquad 土 \to x_C, \qquad 金 \to x_D, \qquad 水 \to x_E \qquad (5.1.1)$$

這些量化指標定義在實數領域，以零為分界點，可為負值或正值，對應到五材的偏

多或偏少：

$$x_i < 0 \rightarrow 偏少, \quad x_i = 0 \rightarrow 均衡點, \quad x_i > 0 \rightarrow 偏多$$

當量化指標 $x_i > 0$，代表其所對應的某一行偏多，且 x_i 的值正的越大，其偏多的程度越高；當量化指標 $x_i < 0$，代表其所對應的某一行偏少，且 x_i 的值負的越大，其偏少的程度越高；當量化指標 $x_i = 0$，代表其所對應的五行剛好位於平衡點。中醫將人體的肝、心、脾、肺、腎對應到五行的木、火、土、金、水，利用五行之間相互調節的機制，解說人體五臟所具有的自動穩定功能。

人體是一個複雜巨系統，從中醫的角度看，五行的平衡態，就是人體的最佳健康狀態。五行的代表數 x_i 用來表達人體內物質的量相對於平衡態的左右偏離。與五臟對應的，不是靜態的五材結構，而是動態的五材變化。有五材的動態相生才不會導致某元素 x_i 的不足，有五材的動態相剋才不會造成某元素的過多。

從現代網路系統來看，量化指標 x_i 是時間的連續函數，表示成 $x_i(t)$，可視為是描述五行系統隨時間變化的五個狀態變數（state variable）。在圖 5.1 之中，對於每一個代理人，有分別來自其他四個代理人（四個箭頭）的輸入，對應到正／副生、反／副生、正／副剋、反／副剋四種關係，其中正／副生與反／副生關係屬於相生的作用，有助於減少代理人之間量的差距，促成五行系統的平衡；正／副剋與反／副剋的關係屬於相剋的作用，會增加代理人之間量的差距，破壞五行的平衡。

五行之所以能夠擔任不同系統的代理人，能夠涵蓋天、地、人不同層次，其根本原因在於五行系統是由五個黑盒子（black box）所組成的網路系統，五行系統的運作與黑盒子內部的結構無關，只和黑盒子之間的交互作用有關。圖 5.1a 顯示五代理人網路系統的一般性表示方法，其中五個廣義代理人 A、B、C、D、E 代表五個黑盒子，用以取代五材的的實體系統。廣義的五代理人系統不對代理人做任何限制，亦即允許代理人之間的作用為雙向性，並允許每一個代理人都與其他四個代理人有交互作用。以代理人 A 為例，A 受到四個輸入箭頭的作用，分別代表來自其他四個代理人對 A 的作用，標示成 B → A，C → A，D → A，E → A；同時代理人 A 也有四個向外輸出的箭頭，分別作用在其他四個代理人之上，標示成 A → B，A → C，A → D，A → E。任意二個代理人之間的作用均為雙向性，例如 A 對 B 的作用表示為 A → B，而其副作用則為 A ← B，二者同時發生。

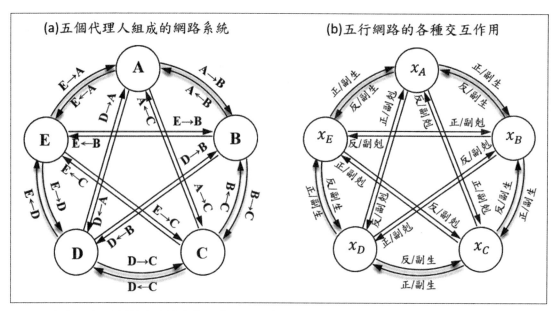

圖 5.1　（a）五行學說數學建模的第一步驟是以廣義代理人 A、B、C、D、E 取代五材的角色，其中每一個代理人都受到四個向內輸入箭頭的作用，分別來自其他四個代理人。同時每個代理人也都有四個向外輸出的箭頭，分別作用在其他四個代理人之上。（b）五行的網路系統中。每一個代理人所受到的四種作用分別為正／副生、反／副生、正／副剋、反／副剋。
資料來源：作者繪製。

5.2 生剋關係的符號化

　　比較圖 5.1a 與圖 5.1b，我們發現二者有完全的對應關係，以代理人 A 為例，圖 5.1a 的 B → A 對應圖 5.1b 的 B 反／副生 A，C → A 對應 C 反／副剋 A，D → A 對應 D 正／副剋 A，E → A 對應 E 正／副生 A。其他的代理人也有類似的對應關係，將所有代理人之間的對應關係整理後，得如表 5.1。此結果說明如果我們將圖 5.1a 中廣義代理人之間的交互作用賦予正／副生、反／副生、正／副剋、反／副剋的意義，則其結果即為圖 5.1b 所顯示的完整五行生剋架構。注意雖然每個連結方向都有雙重作用的涵義，但在同一個時間，只有其中一種作用會發生。從圖 5.1b 可以觀察到，每一個代理人都受到分別來自其他四個代理人的正／副生、反／副生、正／副剋、反／副剋四種作用力；同時每一個代理人都會產生四種反作用力分別作用在其他四個代理人之上。圖 5.2 是以代理人 A 為例，說明其所受到的四種作用力（以四個朝向 A 的箭頭代表），以及 A 施予其他四個代理人的反作用力（以四個離開 A 的箭頭代表）。

表 5.1　五行代理人之間的相互作用關係

	A	B	C	D	E
A	*	B → A B 反/副生 A	C → A C 反/副剋 A	D → A D 正/副剋 A	E → A E 正/副生 A
B	A → B A 正/副生 B	*	C → B C 反/副生 B	D → B D 反/副剋 B	E → B E 正/副剋 B
C	A → C A 正/副剋 C	B → C B 正/副生 C	*	D → C D 反/副生 C	E → C E 反/副剋 C
D	A → D A 反/副剋 D	B → D B 正/副剋 D	C → D C 正/副生 D	*	E → D E 反/副生 D
E	A → E A 反/副生 E	B → E B 反/副剋 E	C → E C 正/副剋 E	D → E D 正/副生 E	*

資料來源：作者整理。

　　表 5.1 第一橫列的 A、B、C、D、E 代表「作用端」的代理人，第一直行的 A、B、C、D、E 代表「被作用端」的代理人。例如在 B → A 的作用中，B 稱為作用端的代理人，位於表 5.1 第一橫列的第 2 個元素，A 稱為被作用端的代理人，位於表 5.1 第一直行的第 1 個元素。表中的第 2 直行表示代理人 A 對其他四個代理人 B、C、D、E 的作用，分別為 A 正/副生 B（A → B）、A 正/副剋 C（A → C）、A 反/副剋 D（A → D）、A 反/副生 E（A → E）。表中的第 3 直行表示代理人 B 對其他四個代理人的作用，依此類推。

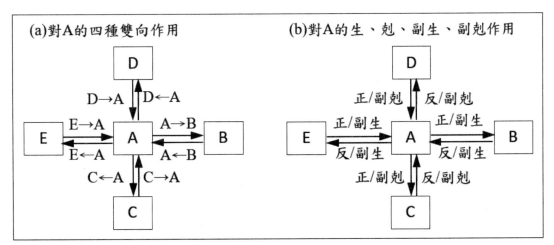

圖 5.2 （a）以代理人 A 為中心，說明其他四個代理人對 A 所產生的四種雙向作用；（b）五行系統的四種雙向作用：正/副生、反/副生、正/副剋、反/副剋（朝向 A 的箭頭），以及伴隨 A 的四種反作用（離開 A 的箭頭）。
資料來源：作者繪製。

5.3 量化生剋關係

　　五行的成功運作決定於五個代理人（五個黑盒子）的輸入與輸出訊號能否滿足生剋規律，而無關於代理人的內部結構與組成。參見圖 5.2b，輸入代理人 A 的訊號有四個（朝向 A 的箭頭），分別來自其他四個代理人的正生、正剋、副生、副剋作用；同時由代理人 A 輸出的訊號也有四個（離開 A 的箭頭），是代理人 A 對其他四個代理人的反作用。相對於傳統五行學說以圖像詮釋五行的生剋作用，這裡將以量化計算取代圖像詮釋，探討五行代理人的數量如何在生、剋、副生、副剋的四種作用下，隨著時間發生變化。亦即探討正生、正剋、副生、副剋的動態過程，並研究五行系統如何經由此動態過程達到系統的平衡。

　　第一個量化工作是定義五個代理人的量化指標，分別用 x_A、x_B、x_C、x_D、x_E 表示之。代理人的量化指標是由三生三剋六種作用所決定，因此第二個量化工作是決定這六種作用的代數運算規則。在同一個時間，六種作用中只會出現其中四種，因為正生與反生只能擇一發生，正剋與反剋也只能擇一發生。因此我們又將六種作用分類成四種組合：（1）正／副生、（2）反／副生、（3）正／副剋、（4）反／副剋，如圖 5.1b 與圖 5.2b 所示。每一種組合均包含二種作用，但同一時間只會發生其中一種作用，故四種組合產生四種作用。例如組合（1）若發生正生，則副生即不會發生，又因為正生與反生不會同時發生，所以組合（2）一定是副生，反生不會出現。從圖 5.1b 來看，相當於在代理人 A 與 B 之間，順時針方向若發生組合（1）的正生作用，反時針方向則是發生組合（2）的副生作用。反之，如果反時針方向發生組合（2）的反生作用，則順時針方向必然出現組合（1）的副生作用。

　　如前面所述，所謂的「正」與「反」並沒有科學上的意義，只是配合傳統的說法，將傳統五行相生與相剋的方向定義成正生與正剋的方向，與之相反的方向，則稱為反生與反剋。觀察圖 5.1b，我們可以發現，正生的方向其實就是順時針相生的方向，亦即 A → B → C → D → E → A →……的相生方向，此順序的代理人稱順向相鄰；反生的方向就是逆時針相生的方向，亦即 A → E → D → C → B → A →……的相生方向，此順序的代理人稱逆向相鄰。所以從科學的觀點來看，以順時針相生與逆時針相生來稱呼正生與反生，可能更為適當。同樣的情形也發生在正剋與反剋上，觀察圖 5.1b 內部的二個正五邊形，如果沿著外層的五邊形順時針繞一圈，剛好都是沿著

正剋的方向，亦即 A → C → E → B → D → A →……的相剋方向，此順序的代理人稱順向相間隔；而沿著內層的五邊形逆時針繞一圈，剛好都是沿著反剋的方向，亦即 A → D → B → E → C → A →……的相剋方向，此順序的代理人稱逆向相間隔。因此我們也可以稱順時針相剋的方向就是傳統正剋的方向，逆時針相剋的方向就是傳統反剋的方向。

根據以上的分析，我們將三生三剋六種作用分類成四種組合：（1）正／副生（順時針相生）、（2）反／副生（逆時針相生）、（3）正／副剋（順時針相剋）、（4）反／副剋（逆時針相剋），並針對每一種組合的相生速率或相剋速率進行量化工作。以下的討論是以代理人 A 為例，說明四種組合對 A 的作用（參見圖 5.2b），其中 E 對 A 產生正／副生，B 對 A 產生反／副生，C 對 A 產生反／副剋，D 對 A 產生正／副剋。

（1）正／副生（順時針相生）的速率函數 $G(x_A, x_E)$：

E → A 是順向相鄰，故代理人 E 對代理人 A 產生正生或副生的作用，其所造成的代理人 A 的數量變化率以函數 $G(x_A, x_E)$ 表示之。E 正生 A 或 E 副生 A 二者之中何者發生，取決於 A 的數量 x_A 及 E 的數量 x_E 的相對大小：

● 當 $x_E > x_A$ 時，E 正生 A：此時 E 的數量比 A 大，故 E 正生 A，造成 A 的數量增加，函數 $G(x_A, x_E)$ 的值為正，代表 x_A 增加的速度。

● 當 $x_E < x_A$ 時，E 副生 A：此時 A 的數量比 E 大，故 A 反生 E，而其副作用即是 E 副生 A，副生有剋的效應，故造成 A 數量的減少，此時函數 $G(x_A, x_E)$ 的值為負，代表 x_A 減少的速度。

正生有助於增加數量小者，而副生有助於減少數量大者，因此正／副生的結合效果相當於降低了代理人之間的數量差距。

（2）反／副生（逆時針相生）的速率函數 $\mathcal{G}(x_A, x_B)$：

B → A 是逆向相鄰，故代理人 B 對代理人 A 產生反生或副生的作用，其所造成的代理人 A 的數量變化率以函數 $\mathcal{G}(x_A, x_B)$ 表示之。B 反生 A 或 B 副生 A 二者之中何者發生，取決於 A 的數量 x_A 及 B 的數量 x_B 的相對大小：

● 當 $x_B > x_A$ 時，B 反生 A：此時 B 的數量比 A 大，故 B 反生 A，造成 A 的數量遞增，函數 $\mathcal{G}(x_A, x_B)$ 的值為正，代表 x_A 增加的速度。

● 當 $x_B < x_A$ 時，B 副生 A：此時 A 的數量比 B 大，故 A 反過來生 B，而其副作用即是 B 副生 A，副生有剋的效應，故造成 A 數量的減少，此時函數 $\mathcal{G}(x_A, x_B)$ 的值為負，代表 x_A 減少的速度。

相同於正生的效應，反生有助於增加數量小者，而副生有助於減少數量大者，因此反／副生的結合效果相當於降低了代理人之間的數量差距。

（3）正／副剋（順時針相剋）的速率函數 $F(x_A, x_D)$：

D → A 是順向相間隔，故代理人 D 對代理人 A 產生正剋或副剋的作用，其所造成的代理人 A 的數量變化率以函數 $F(x_A, x_D)$ 表示之。至於 D 正剋 A 或 D 副剋 A，二者之中何者發生，取決於 A 的數量 x_A 及 D 的數量 x_D 的相對大小：

● 當 $x_D > x_A$ 時，D 正剋 A：此時 D 的數量比 A 大，故 D 正剋 A，造成 A 的數量減少，函數 $F(x_A, x_D)$ 的值為負，代表 x_A 減少的速度。

● 當 $x_D < x_A$ 時，D 副剋 A：此時 A 的數量比 D 大，故 A 反剋 D，而其副作用即是 D 副剋 A，副剋有生的效應，故造成 A 數量的增加，此時函數 $F(x_A, x_D)$ 的值為正，代表 x_A 增加的速度。

正剋有助於減少數量小者，而副剋有助於增加數量大者，因此正／副剋的結合效果相當於擴大了代理人之間的數量差距。

（4）反／副剋（逆時針相剋）的速率函數 $\mathcal{F}(x_A, x_C)$：

C → A 是逆向相間隔，故代理人 C 對代理人 A 產生反剋或副剋的作用，其所造成的代理人 A 的數量變化率以函數 $\mathcal{F}(x_A, x_C)$ 表示之。至於 C 反剋 A 或 C 副剋 A，二者之中何者發生，取決於 A 的數量 x_A 及 C 的數量 x_C 的相對大小：

● 當 $x_C > x_A$ 時，C 反剋 A：此時 C 的數量比 A 大，故 C 反剋 A，造成 A 的數量減少，函數 $\mathcal{F}(x_A, x_C)$ 的值為負，代表 x_A 減少的速度。

● 當 $x_C < x_A$ 時，C 副剋 A：此時 A 的數量比 C 大，故 A 反過來剋 C，而其副作用即是 C 副剋 A，副剋有生的效應，故造成 A 數量的增加，此時函數 $\mathcal{F}(x_A, x_C)$ 的值為正，代表 x_A 增加的速度。

相同於正剋的效應，反剋有助於減少數量小者，而副剋有助於增加數量大者，因此反／副剋的結合效果相當於擴大了代理人之間的數量差距。

由以上的分析可以觀察到，正／反生與其副作用副生都有助於減少代理人之間的差距，所以我們稱正／反生與副生（亦即三生）為合作型的關係。相反地，正／反剋與其副作用副剋則會擴大代理人之間的差距，所以我們稱正／反剋與副剋（亦即三剋）為對抗型的關係。圖 5.1b 顯示具有合作型關係的代理人都是相鄰的，以圓弧線箭頭相連結，而具有對抗型關係的代理人都是相間隔的，以直線箭頭相連結。

表 5.2 是對表 5.1 加入數量化的相生函數 G 與 $\mathcal{G}$，以及相剋函數 F 與 $\mathcal{F}$，其中相鄰的代理人之間以函數 G 與 $\mathcal{G}$ 相結合，代表合作型的關係；相間隔的代理人之間以函數 F 與 $\mathcal{F}$ 相結合，代表對抗型的關係。合作型關係中有正／反生與副生的作用，而對抗型關係中有正／反剋與副剋的作用。特別注意，副生具有剋的效應，而副剋具有生的效應，也就是二種關係中，都分別具有生與剋的作用，但是它們發生的時機剛好相反：

- 正／反生與副剋的速率函數都為正值，都具有增生的效果，但正／反生是數量大者生數量小者，而副剋則是數量小者生數量大者。正／反生的效果使得數量小者變大，數量大者變小，縮小了二者的差距，因此正／反生屬於合作型的作用。副剋的效果則相反，它使得數量大者變更大，數量小者變更小，擴大了二者的差距，因此副剋屬於對抗型的關係。

- 正／反剋與副生的速率函數都為負值，都具有減損的效果，但正／反剋是數量大者剋數量小者，而副生則是數量小者剋數量大者。正／反剋的效果使得數量小者變更小，數量大者變更大，擴大了二者的差距，因此正／反剋屬於對抗型的關係。副生的效果則相反，它使得數量大者變小，數量小者變大，縮小了二者的差距，因此副生屬於合作型的作用。

在表 5.2 中，以 A 開頭的橫列代表對 A 的四種作用，包含 B 反／副生 A、C 反／副剋 A、D 正／副剋 A、E 正／副生 A；以 B 開頭的橫列代表對 B 的四種作用，包含 A 正／副生 B、C 反／副生 B、D 反／副剋 B、E 正／副剋 B 等等，依此類推。在另一方面，以 A 開頭的直行代表 A 對其他四個代理人的作用，包含 A 正／副生 B、A 正／副剋 C、A 反／副剋 D、A 反／副生 E 等。

表 5.2　五行代理人相互作用關係的數量化

	A	B	C	D	E
A	*	$\mathcal{G}(x_A, x_B)$ B 反／副生 A	$\mathcal{F}(x_A, x_C)$ C 反／副剋 A	$F(x_A, x_D)$ D 正／副剋 A	$G(x_A, x_E)$ E 正／副生 A
B	$G(x_B, x_A)$ A 正／副生 B	*	$\mathcal{G}(x_B, x_C)$ C 反／副生 B	$\mathcal{F}(x_B, x_D)$ D 反／副剋 B	$F(x_B, x_E)$ E 正／副剋 B
C	$F(x_C, x_A)$ A 正／副剋 C	$G(x_C, x_B)$ B 正／副生 C	*	$\mathcal{G}(x_C, x_D)$ D 反／副生 C	$\mathcal{F}(x_C, x_E)$ E 反／副剋 C
D	$\mathcal{F}(x_D, x_A)$ A 反／副剋 D	$F(x_D, x_B)$ B 正／副剋 D	$G(x_D, x_C)$ C 正／副生 D	*	$\mathcal{G}(x_D, x_E)$ E 反／副生 D
E	$\mathcal{G}(x_E, x_A)$ A 反／副生 E	$\mathcal{F}(x_E, x_B)$ B 反／副剋 E	$F(x_E, x_C)$ C 正／副剋 E	$G(x_E, x_D)$ D 正／副生 E	*

資料來源：作者整理。

5.4 建立五行網路系統的數學模型

　　五個代理人的數量在正／副生、反／副生、正／副剋、反／副剋的作用下，隨著時間發生變化，因此分別用時間函數 $x_A(t)$、$x_B(t)$、$x_C(t)$、$x_D(t)$、$x_E(t)$ 表示之。五行網路系統的數學模型就是這五個時間函數所要滿足的數學方程式。建立五行運作的數學方程式可以由表 5.2 著手，首先觀察以 A 為開頭的第一橫列。第一橫列描述代理人 A 所受到的四種作用，將這四種作用加起來即得代理人 A 的數量變化率：

A 的變化率 ＝(B 反／副生 A)+(C 反／副剋 A)+(D 正／副剋 A)+(E 正／副生 A)　（5.4.1a）

　　上式表示代理人 A 數量的變化率是四項作用的總和，其中正／反剋與副生會造成 A 數量的減少，而正／反生與副剋將使得 A 數量增加。以相同的方法對表 5.2 中以 B、C、D、E 為開頭的橫列，分別進行加總得到其他四個代理人的數量變化率：

B 的變化率 ＝(A 正／副生 B)+(C 反／副生 B)+(D 反／副剋 B)+(E 正／副剋 B)　（5.4.1b）

C 的變化率 ＝(A 正／副剋 C)+(B 正／副生 C)+(D 反／副生 C)+(E 反／副剋 C)　（5.4.1c）

D 的變化率 ＝(A 反／副剋 D)+(B 正／副剋 D)+(C 正／副生 D)+(E 反／副生 D)　（5.4.1a）

E 的變化率 ＝(A 反／副生 E)+(B 反／副剋 E)+(C 正／副剋 E)+(D 正／副生 E)　（5.4.1e）

（5.4.1）式為敘述性的方程式，說明每個代理人的數量變化率等於正／副生、正／副剋、

反／副生、反／副剋四項作用的總和。下一步驟是將敘述性的方程式轉化成數學方程式。以（5.4.1a）式為例，A 的變化率可以表示成 A 的數量 $x_A(t)$ 對時間 t 的微分，亦即

$$\text{A 的變化率} = \lim_{\Delta t \to 0} \frac{\Delta x_A}{\Delta t} = \frac{dx_A}{dt} = \dot{x}_A \qquad (5.4.2)$$

而（5.4.1a）式右邊各項所對應的函數可由表 5.2 讀取

$$\left(\text{B 反／副生 A} \right) \to \mathcal{G}(x_A, x_B), \quad \left(\text{C 反／副剋 A} \right) \to \mathcal{F}(x_A, x_C) \qquad (5.4.3a)$$

$$\left(\text{D 正／副剋 A} \right) \to F(x_A, x_D), \quad \left(\text{E 正／副生 A} \right) \to G(x_A, x_E) \qquad (5.4.3b)$$

將以上各式代入（5.4.1a）式，得到描述 x_A 變化的數學方程式

$$\dot{x}_A = \mathcal{G}(x_A, x_B) + \mathcal{F}(x_A, x_C) + F(x_A, x_D) + G(x_A, x_E) \qquad (5.4.4a)$$

以同樣的方法我們可以得到其他四個代理人的方程式

$$\dot{x}_B = G(x_B, x_A) + \mathcal{G}(x_B, x_C) + \mathcal{F}(x_B, x_D) + F(x_B, x_E) \qquad (5.4.4b)$$

$$\dot{x}_C = F(x_C, x_A) + G(x_C, x_B) + \mathcal{G}(x_C, x_D) + \mathcal{F}(x_C, x_E) \qquad (5.4.4c)$$

$$\dot{x}_D = \mathcal{F}(x_D, x_A) + F(x_D, x_B) + G(x_D, x_C) + \mathcal{G}(x_D, x_E) \qquad (5.4.4d)$$

$$\dot{x}_E = \mathcal{G}(x_E, x_A) + \mathcal{F}(x_E, x_B) + F(x_E, x_C) + G(x_E, x_D) \qquad (5.4.4e)$$

（5.4.4）式為一組聯立微分方程式，此組方程式的解答為 $(x_A(t), x_B(t), x_C(t), x_D(t), x_E(t))$，提供了五個代理人的數量在任何時刻 t 的瞬間值。

在求解（5.4.4）式之前，我們必須先指定四種作用的確切函數形式，而其基本原則是墨子所講的「五行毋常勝，說在宜」，也就是相剋與相生作用的發生有其適當的條件。透過前面定義的量化指標來看，相剋作用的發生，必須剋者的數量要大於被剋者的數量；反之，如果剋者的數量小於被剋者的數量，則發生反方向的相剋，亦即反剋。延續 5.3 節的討論，我們仍以代理人 A 為例，說明如何設定四種對 A 作用的速率函數，其中 $G(x_A, x_E)$ 是 E 對 A 的正／副生速率函數，$\mathcal{G}(x_A, x_B)$ 是 B 對 A 的反／副生速率函數，$F(x_A, x_D)$ 是 D 對 A 的正／副剋速率函數，$\mathcal{F}(x_A, x_C)$ 是 C 對 A 的反／副剋速率函數。

（1）正／副生的速率函數 $G(x_A, x_E)$：

● 當 $x_E > x_A$ 時，E 正生 A，造成 A 的數量增加，速率函數 $G(x_A, x_E)$ 的值必須為正。

● 當 $x_E < x_A$ 時，E 副生 A，造成 A 數量的減少（注意副生有剋的效應），速率函數 $G(x_A, x_E)$ 的值必須為負。

滿足以上條件的最簡單函數為線性函數

$$G(x_A, x_E) = W_{AE}(x_E - x_A), \qquad W_{AE} > 0 \qquad （5.4.5）$$

其中 W_{AE} 稱為 E 正／副生 A 的權重係數。

（2）反／副生的速率函數 $\mathcal{G}(x_A, x_B)$：

● 當 $x_B > x_A$ 時，B 反生 A，造成 A 的數量增加，速率函數 $\mathcal{G}(x_A, x_B)$ 的值必須為正。

● 當 $x_B < x_A$ 時，B 副生 A，造成 A 數量的減少，速率函數 $\mathcal{G}(x_A, x_E)$ 的值必須為負。

滿足以上條件的最簡單函數為線性函數

$$\mathcal{G}(x_A, x_B) = W_{AB}(x_B - x_A), \qquad W_{AB} > 0 \qquad （5.4.6）$$

其中 W_{AB} 稱為 B 反／副生 A 的權重係數。

（3）正／副剋的速率函數 $F(x_A, x_D)$：

● 當 $x_D > x_A$ 時，D 正剋 A，造成 A 的數量減少，速率函數 $F(x_A, x_D)$ 的值必須為負。

● 當 $x_D < x_A$ 時，D 副剋 A，造成 A 數量的增加（注意副剋有生的效應），速率函數 $F(x_A, x_D)$ 的值必須為正。

滿足以上條件的最簡單函數為線性函數

$$F(x_A, x_D) = W_{AD}(x_D - x_A), \qquad W_{AD} < 0 \qquad （5.4.7）$$

其中 W_{AD} 稱為 D 正／副剋 A 的權重係數。

（4）反／副剋的速率函數 $\mathcal{F}(x_A, x_C)$：

● 當 $x_C > x_A$ 時，C 反剋 A，造成 A 的數量減少，速率函數 $\mathcal{F}(x_A, x_C)$ 的值必須為負。

● 當 $x_C < x_A$ 時，C 副剋 A，造成 A 數量的增加，速率函數 $\mathcal{F}(x_A, x_C)$ 的值必須為正。

滿足以上條件的最簡單函數為線性函數

$$\mathcal{F}(x_A, x_C) = W_{AC}(x_C - x_A), \qquad W_{AC} < 0 \qquad （5.4.8）$$

其中 W_{AC} 稱為 C 反／副剋 A 的權重係數。

表 5.3　五行四種作用量的線性化函數關係

	A	B	C	D	E
A	*	$W_{AB}(x_B - x_A)$ B 反／副生 A	$W_{AC}(x_C - x_A)$ C 反／副剋 A	$W_{AD}(x_D - x_A)$ D 正／副剋 A	$W_{AE}(x_E - x_A)$ E 正／副生 A
B	$W_{BA}(x_A - x_B)$ A 正／副生 B	*	$W_{BC}(x_C - x_B)$ C 反／副生 B	$W_{BD}(x_D - x_B)$ D 反／副剋 B	$W_{BE}(x_E - x_B)$ E 正／副剋 B
C	$W_{CA}(x_A - x_C)$ A 正／副剋 C	$W_{CB}(x_B - x_C)$ B 正／副生 C	*	$W_{CD}(x_D - x_C)$ D 反／副生 C	$W_{CE}(x_E - x_C)$ E 反／副剋 C
D	$W_{DA}(x_A - x_D)$ A 反／副剋 D	$W_{DB}(x_B - x_D)$ B 正／副剋 D	$W_{DC}(x_C - x_D)$ C 正／副生 D	*	$W_{DE}(x_E - x_D)$ E 反／副生 D
E	$W_{EA}(x_A - x_E)$ A 反／副生 E	$W_{EB}(x_B - x_E)$ B 反／副剋 E	$W_{EC}(x_C - x_E)$ C 正／副剋 E	$W_{ED}(x_D - x_E)$ D 正／副生 E	*

資料來源：作者整理。

　　經過線性函數的取代後，表 5.2 化簡成表 5.3。表 5.3 中的每一橫列代表每個代理人所受到的四種作用量，將這四種作用量加起來，即得到每個代理人的數量變化率，結果如下：

$$\dot{x}_A = W_{AB}(x_B - x_A) + W_{AC}(x_C - x_A) + W_{AD}(x_D - x_A) + W_{AE}(x_E - x_A) \quad （5.4.9\text{a}）$$

$$\dot{x}_B = W_{BA}(x_A - x_B) + W_{BC}(x_C - x_B) + W_{BD}(x_D - x_B) + W_{BE}(x_E - x_B) \quad （5.4.9\text{b}）$$

$$\dot{x}_C = W_{CA}(x_A - x_C) + W_{CB}(x_B - x_C) + W_{CD}(x_D - x_C) + W_{CE}(x_E - x_C) \quad （5.4.9\text{c}）$$

$$\dot{x}_D = W_{DA}(x_A - x_D) + W_{DB}(x_B - x_D) + W_{DC}(x_C - x_D) + W_{DE}(x_E - x_D) \quad （5.4.9\text{d}）$$

$$\dot{x}_E = W_{EA}(x_A - x_E) + W_{EB}(x_B - x_E) + W_{EC}(x_C - x_E) + W_{ED}(x_D - x_E) \quad （5.4.9\text{e}）$$

20 個權種 W_{ij} 之中，與正／副生、反／副生相關的 $W_{ij} > 0$，此時 $j \to i$ 是相鄰的關係，例如 W_{AB}、W_{BA} 等；而與正／副剋、反／副剋相關的 $W_{ij} < 0$，此時 $j \to i$ 是相間隔的關係，例如 W_{AC}、W_{BD} 等。圖 5.3 顯示 20 個權重係數在五行生剋圖中的分布情形，其中相鄰的代理人之間為相生的關係（以圓弧線箭頭表示），相對應的權重係數 W_{ij} 為正；相間隔的代理人之間為相剋的關係（以直線箭頭表示），相對應的權重係數 W_{ij} 為負。

　　當權重 W_{ij} 設定後，（5.4.9）式即可透過線性代數分析方程式解的特性，也可透過數值方法直接求解五個代理人的數量隨時間的變化函數：$(x_A(t), x_B(t), x_C(t), x_D(t), x_E(t))$。歷代關於五行學說的所有評論都可以透過（5.4.9）式的數學分析重新加以檢驗，經由客觀

的量化數據加以釐清，不再有各說各話的情形發生。

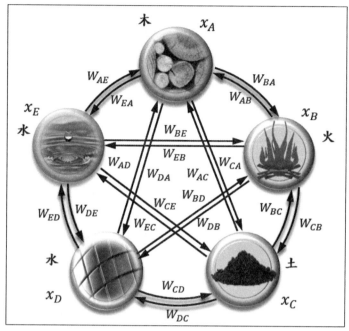

圖 5.3　20 個權重係數的分布情形，其中相鄰的代理人之間為相生的關係（正生或反生），權重係數為正，以圓弧線箭頭相連；相間隔的代理人之間為相剋的關係（正剋或反剋），權重係數為負，以直線箭頭相連。
資料來源：作者繪製。

5.5 五行學說的驗證與修正

　　五行學說是闡述五代理人網路系統的理論，本書的目的是要為五行學說建立代數運算的平台。透過這一數學平台，在後續章節中我們將驗證五行學說的正確性，並修正歷代一些似是而非的論點。以下列出幾項後續將討論的主題：

● 修正沒有限制條件的生剋作用：以五材中的水生木為例，水可以無限制的生木嗎？當水的數量遠低於木時，甚至水的量完全為零時，水仍然可以生木嗎？傳統的五行學說只提了五材中相生與相剋的對象，但卻沒有說明相生與相剋發生的條件。數學的分析可以證明，一個沒有限制條件的生剋作用可以允許無限制的生與無限制的剋，其結果是導致五行系統的發散並失去自我平衡的機制。

● 副生與副剋的必要性：傳統五行思想認為相生與相剋的互相制約是五行系統能夠取

得平衡的主要原因。數學的分析可以證明，一個只包含相生與相剋作用的五行系統無法保證系統的平衡與穩定。相生與相剋無法相互抵銷，能夠與相生作用抵銷的是它的副作用：副生，而能夠與相剋作用抵銷的是它的副作用：副剋。生剋相抵才能獲致五行的平衡，幾乎是歷代文人一致性的看法，但這一看法其實沒有學理的根據。五行數學平台的第一件工作即是要證明生剋相抵觀念的錯誤。相剋作用的目的不是用來抵銷相生作用，而是用來反映五行系統中存在屬性相反的的元素，五行學說希望二個屬性相反的元素能夠和平共存，而非互相抵銷。五行學說的內涵是「和而不同」，其中「和」是不同屬性元素的結合，是多樣性的統一，它允許事物之間的差異性並從中加以協調，使系統得以平衡發展。二個屬性相反的元素能夠和平共存的條件是甚麼？這是五行網路的數學平台所要回答的問題。

- 反生與反剋的必要性：傳統五行學說受到五時（五季）相生順序的影響，認為五行相生只能順著木（春）→火（夏）→土（長夏）→金（秋）→水（冬）的方向，五行相剋只能順著木→土→水→火→金的方向。這些觀念是造成五行學說無中生有、自相矛盾的主要原因。數學分析的結果顯示，五行的運作若只有正方向的相生與相剋，而沒有反方向的相生與相剋，將造成五行系統的「無中生有」現象（無止境的增生作用），以及「憑空消失」現象（無止境的抑制作用），無法達到五行系統的穩定平衡。當一個獨立的系統與外界沒有任何接觸時，它必須是一個能量守恆系統。然而五行數學平台的分析結果顯示，五行的運作若只有正方向的相生與相剋，則五行系統將不會是能量守恆系統，能量會在系統中憑空產生或消失。二千多年來五行學說的發展一直缺乏定量的數學分析，無法自我檢測並修正其學說的內部缺陷，縱使有少部分學者提出改革的論調，也因為缺乏客觀的分析工具與可靠的數據支持，得不到普遍性的認同。

- 過度的相生與相剋如何補救：當五行系統不平衡時，如何透過五行之間既有的生剋機制使之恢復平衡？對於這個問題，歷代學者提出了許多不同的解決方案。然而這些所謂的五行失衡之下的補救措施，其實都是畫蛇添足，因為完整考量正／反生、正／反剋、副生、副剋六種作用的五行系統本身即是一個閉迴路的自動化控制系統，具有內建的回饋機制能自動進行補償的動作，不需要介入任何的人為補救措施。我們將用所建立的五行數學平台證明，當某一行的代理人數量太大或太小時，五行系統在經過一段補償的過程之後，將又恢復五行平衡的狀態，而恢復時間的

快慢完全可由（5.4.9）式中的權重決定。我們可以藉由觀察五行系統的自動補償功能，檢測從前文人所提出的生剋失衡補救措施的正確性。如果五行系統不考慮副生與副剋作用，將變成一個開迴路系統（open-loop system），不具備自我修正與補償的功能。副生與副剋作用在五行系統之中扮演著回饋與補償的角色，從這個觀點來看，五行學說可以說是全世界最古老的自動控制理論。

5.6 與現代多代理人網路系統的比較

五行學說雖然具備自動控制的內涵，但其與現代科學的接軌一直要到 1990 年代才有可能。1990 年代興起的多代理人網路系統像是一把鑰匙，打開了塵封二千多年的五行寶盒，讓我們看到了五行學說的真面目：五代理人網路系統。在多代理人網路系統中，代理人之間的交互作用有二種，第一種稱為合作型的交互作用（cooperative interaction），也就是代理人之間具有互相合作的機制；第二種稱為對抗型的交互作用（antagonistic interaction），也就是代理人之間具有互相對抗的機制。1990 年代的多代理人網路系統都是討論合作型的交互作用，21 世紀初期才開始出現合作型與對抗型混合的網路系統。然則在二千多年前的中國，代理人之間的這二種交互作用已經是五行學說的主要運作機制，其中合作型的交互作用就是五行學說所稱的相生作用，而對抗型的交互作用就是相剋作用。相生作用與相剋作用的整合運作至少在西漢董仲舒的時代（西元前 192 年至西元前 104 年）已經發展成熟，他在《春秋繁露》[1]中提到「比相生，間相勝」的生剋原則，亦即相鄰接的二個代理人之間具有相生的作用，而相間隔的二個代理人之間具有相剋的關係。

古代中國的五行系統是世界上第一個多代理人網路系統（The World's First Multi-agent Network Systems in Ancient China），根據甲骨文的記載，其存在的年代超過三千年以上。五行之間的交互作用，首次完整地出現在董仲舒的《春秋繁露・五行相生》：「天地之氣，合而為一，分為陰陽，判為四時，列為五行。行者，行也；其行不同，故謂之五行。五行者，五官也，比相生而間相勝也，故為治，反之則亂，順之則治。」其中的「比相生而間相勝」指的就是相鄰的代理人（adjacent agents）互相合作（相生），而相間隔的代理

---

[1] 《春秋繁露》中列有《五行相生》、《五行相勝》、《五行對》、《五行順反》、《治水五行》、《治亂五行》、《五行變救》、《五行五事》、《五行之義》共九章，透過五行學說有系統且全面性地解釋了天文、地理、人事各個方面，並以「比相生，間相勝」來解釋社會歷史「治」的原因，解釋自然與人類社會之間相互映照的關係——即天人相應的思想。

人（spaced-apart agents）互相對抗（相剋）。縱使放在 21 世紀的今天來看，「比相生而間相勝」的作用機制仍然超越了當代多代理人網路系統的研究範圍。

董仲舒的「比相生，間相勝」短短六個字點出了五行的運作原理，更重要的是這六個字將五行系統的屬性由原先五材（木、火、土、金、水）或五時（春、夏、長夏、秋、冬）的特定組成，昇華為由任意五個代理人所組成的廣義網路系統，只要這個系統滿足相鄰的代理人互相合作，而相間隔的代理人互相對抗的原則，這樣的系統就可稱為是五行系統。這樣的廣義五行系統可以代表五個社群組織，五架無人車或五架無人飛行器所組成的系統。

圖 5.4 比較了現代版代理人與五行版代理人的生剋作用的不同。現代版代理人是以集合來區分相生與相剋的作用，屬於相同集合內的代理人之間具有相生的交互作用，屬於不同集合的代理人之間則具有相剋的交互作用。實際的例子就是社會科學中的兩黨政治，各黨的成員是由民眾的代理人所組成，亦即所謂的民意代表或代議士。同黨的代議士由於彼此的利益與政治理念相同，傾向於採用共同合作的運作模式，亦即相生；不同黨的代議士之間由於利益上的衝突，則傾向於採用彼此對抗的運作模式，亦即相剋。類似於兩黨政治的結構組成，由任意二個互相制衡的集合所組成的代理人網路系統即稱為二分網路系統（Bipartite Network System[2,3]）。當代網路系統著重在同類成員之間的合作關係，以及不同類成員之間的對抗關係，亦即我們在 1.6 節提到的「同而不和」，參見圖 5.4a。

2　Guo, X., Lu, J.-Q., Alsaedi, A., and Alsaadi, F. E., "Bipartite Consensus for Multi-agent Systems with Antagonistic Interactions and Communication Delays," *Physica A* **495**, 488-497, 2018.

3　Altafini, C., "Consensus Problems on Networks with Antagonistic Interactions," *IEEE Transaction on Automatic Control* **58**, 935-946, 2013.

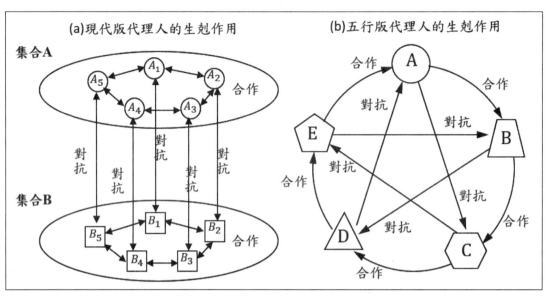

圖 5.4　（a）現代版代理人的生剋作用，相同集合內的代理人之間具有相生的交互作用，不同集合的代理人之間具有相剋的交互作用。（b）五行代理人的生剋作用，鄰接的二個代理人之間具有相生的作用及相生的副作用（副生），而間隔一位的二個代理人之間具有相剋的作用，及相剋的副作用（副剋）。

資料來源：作者繪製。

　　五行版代理人之間既相生又相剋的運作模式不同於二分網路系統的運作，如圖 5.4b 所示，可以看到五個代理人無法分成互相對立的二個集合。如果將五行所對應的五個代理人視為一個集合，則五行的相生模式與相剋模式都發生在同一集合的代理人之間；不像二分網路系統，相生模式發生在相同集合的代理人之間，而相剋模式發生在不同集合的代理人之間。換言之，五行系統著重在不同類成員之間的協調統一，亦即所謂的「和而不同」。現代網路系統的「同而不和」著重在「同」的情況下，如何表現「不和」；五行網路系統的「和而不同」則著重在「不同」的情況下，如何表現「和」。這二種不同的網路運作邏輯導致不同的網路共識協議（consensus protocols）。

　　五行代理人的生剋對象不是依據所屬的集合來決定，而是依據代理人之間的相對位置來決定。如果將五行的五個代理人放在一個正五邊形的頂點上，或是等距排在一個圓上，則相鄰接的代理人之間具有相生的作用，不相鄰的代理人之間則具有相剋的作用。此即董仲舒所講的「比相生，間相勝」的生剋原則，其中的「比」即相鄰，「間」即相間隔，「相勝」即相剋。五行特有的「比相生，間相勝」生剋原則既是古老的傳統文化

思想，又是創新的網路科技，因為在現代的多代理人網路理論中，還未有學者提出類似「比相生，間相勝」的網路運作規則。這種古老又創新的網路規則到底有何特殊的地方？它是否真如傳說所言，在外界環境的干擾下，具有自動恢復五行系統平衡的內在機制？我們的答案是肯定的。在下一章中，我們將以所建立的五行數學平台，配合圖論及線性代數的方法，證實「比相生，間相勝」的生剋原則所具有的自動恢復平衡狀態的能力。

5.7 現存的五行學說數學模型

本書在建立五行代數運算的過程中，我們發現近三十年來已有不少學者嘗試為五行學說建立數學模型，目的都是希望更精確地表達出五行生剋的原理。然而這些既有的數學模型都遇到相同的困難：數學模型無法求解，亦即無法從數學方程式中去求解得到五行生剋的結果，自然也就無從得知該數學模型是否能正確描述五行生剋的運作。少數具有解答的五行數學模型卻無法從解答中去證實五行具有的自動補償功能。整體而言，現存的五行學說數學模型未能完備的主要原因有下列幾個：

- 未能利用五行既有的代理人本質，透過當代統一的科學語言，例如多代理人網路系統理論，去為五行建立符合現代科學意義的數學模型。
- 模型的建立未能嚴格遵守「比相生，間相勝」的五行運作原則，未能以客觀的數學語言表達出相生與相剋發生的條件。
- 所建立的模型未能完整反映五行三生三剋的效應，有些模型僅考慮正生與正剋效應，有些雖然加入了反生與反剋的考量，卻又忽略了副作用（副生與副剋）的效應。

儘管如此，現存的五行數學模型的基本精神都是一致的，亦即以數學的語言描述五行的運作，並以定量的方式表達出五行生剋運算的結果，只是完整度與精確度未臻理想。現有的五行學說數學模型大部分是依據中醫五行理論建立起來的，這是用數學方法解決中醫問題的一種新的嘗試。以下針對幾種現有的五行數學模型，討論它們與五代理人網路系統的差異性。

關於五行與現代科學的對應，有學者提出〈五行學說的非線性動力學原理〉[4]，該文提到中醫學中的五行及其相互作用圖，與非線性動力學中的五元素兩輸入布林網路圖，二者之間有著幾乎完全相似的幾何形狀。在五行圖中，每一行與另一行間均有生和剋兩種關係，這與布林網路的 1 和 0 兩種輸入在本質上是一致的。依據這個相似性，該文作者建立了中醫學關於五行相互作用與五元素布林網路動力學之間的聯繫。除了五行與布林網路的對應外，另外一篇文章《陰陽五行學說的現代科學基礎研究》[5] 則將傳統五行的分類擴展到微觀的細胞層次，分別對應到蛋白質中的五種鹼基對：G、C、A、U、T。

中醫是一門長期實踐得出來的經驗醫學，是分散的、瑣碎的，其中又有許多奇難雜證及各個地方的偏方和祖傳秘方，用量化的語言表達不出來。它只能用帶有人民的主觀經驗的模糊語言進行表述。在民間的許多遊醫無法像西醫一樣通過精密的儀器進行診病，而是用「四診」診斷、辨證論治，因而模糊語言有很大的適用性。基於這樣的觀察，〈中醫現代化與數學〉[6] 這篇文章的作者認為中醫辨證中的證其實就是一個由模糊語言組成的模糊集合。在模糊集合中，症狀對證 A 的屬有程度稱為隸屬度，我們可用一個集合 [0, 1] 來表示，若隸屬度為 1，表示該症狀完全屬於證 A；若隸屬度為 0，表示該症狀完全不屬於證 A。當症狀既可在證 A 中出現，又可在證 B 中出現，則隸屬度在 0 至 1 之間。診病時先通過四診得出了各種模糊資訊，再由模糊集合的運算抽象綜合得出某一病症。不過這種模糊資訊帶有醫者的主觀性和機率的隨機性。

〈中醫數學模型〉[7] 這篇文章所提出的數學模型是現有文獻中考慮較為周全者，但由於所提出的方程式無法求解，阻礙了進一步的分析與驗證。該篇文章考慮了相生與相剋的作用，同時也考慮了生剋作用發生的條件，並用自然對數函數 $\ln x$ 來反映所需要滿足的條件，所得到的數學模型如下所示：

$$\dot{x}_1 = -\ln(x_1/x_2) - \ln(x_3/x_1) + \ln(x_1/x_4) - \ln(x_5/x_1) = \ln(x_1^2 x_2/x_3 x_4 x_5) \quad （5.7.1a）$$

$$\dot{x}_2 = -\ln(x_2/x_3) - \ln(x_4/x_2) + \ln(x_2/x_5) - \ln(x_1/x_2) = \ln(x_2^2 x_3/x_4 x_5 x_1) \quad （5.7.1b）$$

$$\dot{x}_3 = -\ln(x_3/x_4) - \ln(x_5/x_3) + \ln(x_3/x_1) - \ln(x_2/x_3) = \ln(x_3^2 x_4/x_5 x_1 x_2) \quad （5.7.1c）$$

[4]　馮前進、牛欣、王世民，〈五行學說的非線性動力學原理〉，《中國中醫基礎醫學雜誌》，第 9 卷第 7 期，頁 71-74，2003。

[5]　李益，〈陰陽五行學說的現代科學基礎研究〉，《廣州醫藥》，第 30 卷第 5 期，頁 67-68，1999。

[6]　林劍鳴，〈中醫現代化與數學〉，《數理醫藥學雜誌》，第 16 卷第 3 期，頁 256-257，2003。

[7]　于振鋒，〈中醫數學模型〉，《數理醫藥學雜》，第 20 卷第 6 期，頁 747-750，2007。

$$\dot{x}_4 = -\ln(x_4/x_5) - \ln(x_1/x_4) + \ln(x_4/x_2) - \ln(x_3/x_4) = \ln(x_4^2 x_5/x_1 x_2 x_3) \qquad （5.7.1\text{d}）$$

$$\dot{x}_5 = -\ln(x_5/x_1) - \ln(x_2/x_5) + \ln(x_5/x_3) - \ln(x_4/x_5) = \ln(x_5^2 x_1/x_2 x_3 x_4) \qquad （5.7.1\text{e}）$$

其中用符號 $x_i, i = 1, 2, \cdots, 5$，依序表示五行：金、木、土、水、火的代表數，與本書所用的符號順序不一樣。這個數學方程組的最大問題是會在 $x_i = 0$ 的地方產生奇異點（singular point）。在另一方面，自然對數函數 $\ln x$ 的定義域限制在 $x > 0$ 的區域，當五行代表數進入 $x < 0$ 的區域，此時自然對數函數 $\ln x$ 會變成是複數值，方程式的解也就進入了複數空間。如此便引發新的問題，複數 x_i 的物理意義是甚麼？這是該數學模型所要面對的問題。除了自然對數函數所引發的問題之外，該模型的另一缺失是關於相生作用發生的條件。以木（x_2）生火（x_5）而言，該文提到 x_2 生 x_5 發生的時機是要 $x_1 > x_2$，也就是 x_2 生 x_5 發生的條件與 x_2、x_5 之間的相對大小無關，反而是跟 x_1、x_2 之間的相對大小有關。所以既使是 x_2 遠小於 x_5，甚至是 x_2 接近於 0，只要 $x_1 > x_2$ 成立，x_2 便可繼續生成 x_5。這樣的結果明顯違背基本物理原則，因為 x_2 生成 x_5，會造成 x_2 數量的耗損，而當 x_2 本身的量接近於 0 時，如何能讓 x_2 持續轉換成 x_5？x_2 生 x_5 發生的條件必須與 x_2、x_5 之間的相對大小有關；就如同 x_1 剋 x_2 發生的條件必須與 x_1、x_2 之間的相對大小有關一樣。由於這些潛在的問題使得該模型只有方程式卻無法提供有意義的數學解答。

　　〈五行理論的數學模型及其微分方程組的通解〉[8] 這篇文章提出用一階聯立微分方程組描述五行的運作，是文獻中少數能求得解答的五行數學模型。該文用符號 $x_i, i = 1, 2, \cdots, 5$，依序表示五行：木、火、土、金、水的代表數，對應到肝、心、脾、肺、腎五個系統。該文作者直接將五行數學模型列出如下：

$$\dot{x}_1 = -(k_{12} + k_{13})x_1 + k_{51}x_5 + k_{41}x_4 \qquad （5.7.2\text{a}）$$

$$\dot{x}_2 = -(k_{23} + k_{24})x_2 + k_{12}x_1 + k_{52}x_5 \qquad （5.7.2\text{b}）$$

$$\dot{x}_3 = -(k_{34} + k_{35})x_3 + k_{23}x_2 + k_{13}x_1 \qquad （5.7.2\text{c}）$$

$$\dot{x}_4 = -(k_{45} + k_{41})x_4 + k_{34}x_3 + k_{24}x_2 \qquad （5.7.2\text{d}）$$

$$\dot{x}_5 = -(k_{51} + k_{52})x_5 + k_{45}x_4 + k_{35}x_3 \qquad （5.7.2\text{e}）$$

但未說明此式的建立過程。單就方程式的組成來看，作者考慮了相生與相剋的作用（方程組的後面二項），但二者的效應相反，符號應該是相生為正，相剋為負。然而所顯示的，

8　趙威、趙致鏞，〈五行理論的數學模型及其微分方程組的通解〉，《四川中醫》，第 24 卷第 11 期，頁 7-9，2006。

卻是二者皆為正。例如（5.7.2a）式的 $k_{51}x_5$ 是源自水生木，$k_{41}x_4$ 是源自金剋木，因為相剋作用會造成木（x_1）的減少，所以 $k_{41}x_4$ 的前面應該加負號才對。該文所提數學模型的主要缺陷是未能考慮生與剋發生的時機，也沒有考慮生與剋的反作用與副作用。另外該文雖討論了方程組的通解，但對係數 k_{ij} 如何影響五行的穩定性沒有任何說明，方程式的解也無法解釋五行的生剋運作。

在現有的五行數學模型中，以〈五行系統的建模與求解〉[9] 這篇文章所提的模型最接近五代理人網路系統的模型。該文使用數學方法來研究中國古代的五行學說，對五行系統演變的規律予以量化並建模如下：

$$\begin{bmatrix} \dot{x}_1 \\ \dot{x}_2 \\ \dot{x}_3 \\ \dot{x}_4 \\ \dot{x}_5 \end{bmatrix} = \begin{bmatrix} 0 & 0 & \mu_1 & 0 & -\lambda_1 \\ -\lambda_2 & 0 & 1 & \mu_2 & 0 \\ 0 & -\lambda_3 & 0 & 1 & \mu_3 \\ \mu_4 & 0 & -\lambda_4 & 0 & 1 \\ 1 & \mu_5 & 0 & -\lambda_5 & 0 \end{bmatrix} \begin{bmatrix} x_1 \\ x_2 \\ x_3 \\ x_4 \\ x_5 \end{bmatrix} = \begin{bmatrix} \mu_1 x_3 - \lambda_1 x_5 \\ \mu_2 x_4 - \lambda_2 x_1 \\ \mu_3 x_5 - \lambda_3 x_2 \\ \mu_4 x_1 - \lambda_4 x_3 \\ \mu_5 x_2 - \lambda_5 x_4 \end{bmatrix} \quad (5.7.3)$$

其中金、木、土、水、火五行的代表數分別用 $x_i, i = 1, 2, \cdots, 5$ 表示之，它們都是時間 t 的函數，即 $x_i = x_i(t)$。$\mu_i > 0$ 稱為相生係數，$\lambda_i > 0$ 稱為相剋係數。該文作者使用經典常微分方程理論對模型求解，發現（5.7.3）式的五行數學模型雖然考慮了相生與相剋的作用，但卻是不穩定的系統，於是作者又將模型修改如下：

$$\begin{bmatrix} \dot{x}_1 \\ \dot{x}_2 \\ \dot{x}_3 \\ \dot{x}_4 \\ \dot{x}_5 \end{bmatrix} = \begin{bmatrix} -\lambda & 0 & 1 & 0 & \lambda-1 \\ \lambda-1 & -\lambda & 0 & 1 & 0 \\ 0 & \lambda-1 & -\lambda & 0 & 1 \\ 1 & 0 & \lambda-1 & -\lambda & 0 \\ 0 & 1 & 0 & \lambda-1 & -\lambda \end{bmatrix} \begin{bmatrix} x_1 \\ x_2 \\ x_3 \\ x_4 \\ x_5 \end{bmatrix} = \begin{bmatrix} (x_3-x_1)-(1-\lambda)(x_5-x_1) \\ (x_4-x_2)-(1-\lambda)(x_1-x_2) \\ (x_5-x_3)-(1-\lambda)(x_2-x_3) \\ (x_1-x_4)-(1-\lambda)(x_3-x_4) \\ (x_2-x_5)-(1-\lambda)(x_4-x_5) \end{bmatrix} \quad (5.7.4)$$

這個模型在參數 λ 大於某個值時才是穩定，其他情況下為不穩定，但至少（5.7.4）式的數學結構可正確反映相生或相剋的程度與二個五行狀態之間的差成正比。與本書的五代理人網路系統模型的（5.4.9）式或是（6.1.4）試比較起來，（5.7.4）式的數學模型相當於考慮了一個特殊情形下的生剋運作，其中的相生係數取為 1，而相剋係數取為 $1-\lambda$，同時該模型忽略了生剋的副作用：副生與副剋。該文整個看起來是以一種嘗試錯誤的方法，逐步找到較能反映五行運作的數學模型，但由於缺少「比相生，間相勝」生剋原則的指導，所找到模型都是特殊性的，而非全面性的五行系統模型。

文獻中第一篇使用電腦數值軟體進行五行動態模擬的文章是〈基於控制論的中醫學四

9　郭文夷，吳嘉琪，王帥，〈五行系統的建模與求解〉，《上海第二工業大學學報》，第 25 卷第 4 期，頁 253-256，2008。

時五臟系統穩態性能模擬〉[10]，該文以中醫學四時五臟系統為研究對象，針對生理態附近的五臟相互作用，進行泰勒級數的線性展開，而得到離散時間的五行線性模型。所謂離散時間是指時間 $t = k\Delta t$，其 k 是正整數，Δt 是取樣的時間間隔，已就是說時間 t 並不是連續的，我們只有在某些特定的時刻，才能透過測量取得五行的動態資訊。該文利用數值軟體 Matlab，對五臟系統的動態穩定性，以及外部隨機擾動對五臟的影響，進行了數值模擬。結果證實機體在生理狀態的一定條件下，能夠形成較大幅度的穩態機制，並且能夠顯示五臟功能隨時間變化的性質。

　　該文採用離散的數學模型，並透過 Matlab 進行數值模擬，是至目前為止，對五行建模最完整的一篇文章。該文考慮了生剋作用，也考慮了生剋的副作用。所得到的離散模型如下：

$$X(k) = AX(k-1) + U(k) + W \tag{5.7.5}$$

其中 $X(k) = [x_1(k) \quad x_2(k) \quad x_3(k) \quad x_4(k) \quad x_5(k)]^T$ 為狀態向量，是由五行水、木、火、土、金的代表數所組成；$U(k)$ 為控制向量；W 為環境外擾。系統矩陣 A 根據生剋規律求出如下：

$$A = \begin{bmatrix} 1-c(a+b) & 0 & 0 & -b & a \\ a & 1-c(a+b) & 0 & 0 & -b \\ -b & a & 1-c(a+b) & 0 & 0 \\ 0 & -b & a & 1-c(a+b) & 0 \\ 0 & 0 & -b & a & 1-c(a+b) \end{bmatrix} \tag{5.7.6}$$

其中 a 是相生係數，b 是相剋係數，c 是生剋副作用的係數。計算的結果顯示只有在某些係數的組合下，才能保證系統的穩定性。這一數學模型與其他模型比較起來，雖然比較完整，但仍然是屬於某種特例下的考量，因為它沒有考慮到生與剋發生的條件，無法反映反生與反剋的作用。本書關於五代理人網路系統的離散數學模型將在 7.6 節討論，當中會納入五行完整的三生三剋作用，相對應的 A 矩陣稱為五行矩陣，裡面的生剋係數有 20 個，而非如上述文獻的 3 個。

　　陰陽與五行是分不開的哲學思想，文獻上第一篇為陰陽五行建立數學模型的文章是〈五行學說和天人相應的數學模型〉[11]，該文指出五行生剋圖即是對應到圖論中有名的

10　莊永龍，李梢，李衍達，〈基於控制論的中醫學四時五臟系統穩態性能模擬〉，《系統仿真學報》，第 15 卷第 7 期，頁 922-930，2003。

11　忠信、李星，〈五行學說和天人相應的數學模型〉，《寧夏大學學報（自然科學版）》，第 13 卷第 1 期，頁 44-47，1992。

Kuratowski 第一圖 K_5。該文的主要貢獻在於將五行的數學模式複數化，進而將陰陽納入五行的架構中，並提出複數形式的五行狀態變數，以及複數五行之間的生剋關係。文中的複變數 $z_i(t)$, $i = 1, 2, \cdots, 5$，分別表示複數形式的五行代表數，其中五行在該文的排列順序為金、水、木、火、土。複數 z_i 的實部 $\mathrm{Re}(z_k) = x_k$ 表示對應行的「陰」的量值，複數 z_i 的虛部 $\mathrm{Im}(z_k) = y_k$ 表示對應行的「陽」的量值。依陰陽五行學說，萬物不離陰陽，故五行之每一行均有陰與陽。該文提出複數五行的生剋關係是「陰生陰，陽生陽，陰剋陽，陽剋陰」，但是這個哲學思想在真實世界中不會發生，我們將在第十章以五代理人網路系統的數學模型證明，真正會發生的是反面的哲學思想，亦即「陰生陽，陽生陰，陽剋陽，陰剋陰」。

　　另外該文提出當「被剋者」之量值大於「剋我者」之量值時，會出現相侮的作用，亦即反剋的作用。依據該文提及的陰陽生剋規律，首先我們針對從 z_1 的實部 x_1（這裡的 z_1 代表金行，z_1 的實部即是陰性的金），建立方程式如下：

$$\dot{x}_1 = a_{51}x_5 - a_{41}(y_4 - x_1) - a_{13}(y_3 - x_1) \tag{5.7.7}$$

其中右邊第一項源自土生金（陰土生陰金），第二項源自火剋金（陽火剋陰金），第三項源自金剋木的副作用。其次看 z_1 的虛部 y_1（表示陽性的金）所要滿足的方程式：

$$\dot{y}_1 = a_{51}y_5 - a_{41}(x_4 - y_1) - a_{13}(x_3 - y_1) \tag{5.7.8}$$

將（5.7.8）乘以虛數 i 加到（5.7.7）式，得到複數 $z_1 = x_1 + iy_1$ 所要滿足的方程式

$$\dot{z}_1 = a_{51}z_5 + (a_{13} + a_{41})z_1 - ia_{13}\bar{z}_3 - ia_{41}\bar{z}_4 \tag{5.7.9a}$$

同理可以得到其他四個方程式為

$$\dot{z}_2 = a_{12}z_1 + (a_{24} + a_{52})z_2 - ia_{24}\bar{z}_4 - ia_{52}\bar{z}_5 \tag{5.7.9b}$$

$$\dot{z}_3 = a_{23}z_2 + (a_{35} + a_{13})z_3 - ia_{35}\bar{z}_5 - ia_{13}\bar{z}_1 \tag{5.7.9c}$$

$$\dot{z}_4 = a_{34}z_3 + (a_{41} + a_{24})z_4 - ia_{41}\bar{z}_1 - ia_{24}\bar{z}_2 \tag{5.7.9d}$$

$$\dot{z}_5 = a_{45}z_4 + (a_{52} + a_{35})z_5 - ia_{52}\bar{z}_2 - ia_{35}\bar{z}_3 \tag{5.7.9e}$$

該論文僅止於提出以上的數學架構，沒有進一步的求解及討論，無法自我驗證所提數學模型的正確性。該文對相剋的討論較為完整，納入剋的反向作用：反剋，同時也納入剋的副作用：副剋。但是相同的分析卻未能擴展到相生的部分，造成所提數學模型的局限

性。本書將在第十章引入五代理人網路系統的複數化，用以描述陰陽五行的整合運作。（5.7.9）式在五代理人網路系統的對應式是（10.2.7）式，這二式都是依據「陰生陰，陽生陽，陰剋陽，陽剋陰」的哲學思想推導而來。然而（10.2.7）式的解答可以證明這個哲學思想將導致不穩定的五行系統，在真實世界中實際上是不會發生的。真正會發生的是反面的哲學思想，亦即「陰生陽，陽生陰，陽剋陽，陰剋陰」，根據這個思想所得到的方程式是（10.3.6）式。

〈近年中醫五行學說的數學定量研究概述〉[12] 這篇文章回顧了近三十年來，有關五行學說的各種數學定量描述，這些定量描述包含微分方程式 [7-9]、布林網路 [4]、邏輯類比 [5]、模糊邏輯 [6]、電腦模擬 [10]，正切函數 [13]、矩陣 [14,15] 等數學方法。該文整理了近年有關五行學說量化的研究狀況，並歸納分析出以下幾點需要再精進改良的地方：

（1）缺少實證檢驗：現有的五行數學模型基本上都是在假設的參數值下，進行理論模型的數值模擬，缺少實證檢驗。

（2）缺少統一的語言與符號：以數學定量的視角來研究中醫五行學說，研究者們採用的描述方法對醫學領域學者來說生澀難懂，在數學和中醫學的交叉研究中沒有統一的語言與符號。如果能將已經證實的研究成果規範成權威體系進行推廣，用現代的語言或模式對中醫五行學說的經典模式進行表達，會更有利於數學與中醫學科交叉的發展。

（3）無法揭示五行的內在規律：目前的五行數學研究還不能用數學方法揭示五行的內在規律。用數學方法研究中醫理論的過程中，研究者必須嚴守中醫理論，因為中醫理論才是核心，數學運用只是手段。

以上三點歸納出現有五行學說數學模型的不足之處。本書所提五代理人網路系統對於五行學說的科學詮釋正足以弭補這三點不足之處：

---

[12]　李曉偉、王益民、劉霞、張硯，〈近年中醫五行學說的數學定量研究概述〉，《生物醫學工程與臨床》，第 16 卷第 4 期，頁 411-413，2012。

[13]　柳堯，〈中醫理論中的數學思維與方法初探——談正切函數在中醫五行學說中的應用〉，《雲南中醫學院學報》，第 22 卷第 4 期，頁 51-53，1999。

[14]　吳大為，樊旭，艾群，康喜強，〈五行學說思維模型的數學結構〉，《中國中醫基礎醫學雜誌》，第 14 卷第 4 期，頁 308-311，2008。

[15]　古立翠，〈中醫五行學說的數學模型與仿射型廣義 Cartan 矩陣〉，《黑龍江醫藥》，第 23 卷第 1 期，頁 77-77，2010。

（1）五代理人網路系統的數學模型可以透過實驗來建立：我們將在 7.7 節說明如何透過實驗的步驟決定數學模型中的所有生剋係數。

（2）多代理人網路系統理論提供所需要的權威體系，可作為數學和中醫學的統一語言及符號。本書的上篇已經論證五行即是五代理人網路系統，所以我們不需要再為五行系統另外建立特殊的數學模型，因為現有的多代理人網路系統理論就是五行系統最佳的數學模型。多代理人網路系統理論是世界通用的科學語言，透過這個權威體系我們可以建立數學與中醫五學學說之間的統一語言與符號。

（3）透過多代理人網路系統理論可以揭露五行的內在規律，這一點是現有的五行數學模型所做不到的。本書的下一章（第六章）即是在說明如何在多代理人網路系統理論所建立的五行代數運算平台上，以客觀的數據運算彰顯五行網路的內在規律。這包含 6.2 節的五行網路穩定性，6.3 節的五行網路的共識態與能量守恆，6.4 節的五行網路的回饋機制，以及 6.5 節的五行網路自動平衡與自動補償功能。

第六章
五行生剋的代數運算

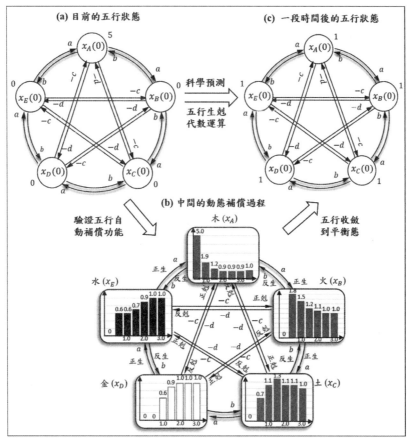

圖 6.0　代數五行是將三生與三剋的作用全部化成代數的運算，它具有二大功能：（1）驗證五行網路的自動補償的功能，（2）提供科學預測，可由目前的五行狀態，預測一段時間以後的五行狀態。圖（a）顯示目前時刻的五行代數值 $x_A(0) = 5$, $x_B(0) = x_C(0) = x_D(0) = x_E(0) = 0$，代表木行的代理人 A 過量。圖（b）依據本章所建立的五行代數方程式，展示五行自動恢復平衡的過程，（c）預測一段時間以後五行達到平衡狀態 $x_A(t) = x_B(t) = x_C(t) = x_D(t) = x_E(t) = 1$。
資料來源：作者繪製。

　　21 世紀以來，已有許多論文藉由圖論的引入，深入討論了多代理人網路系統能夠達到平衡所須滿足的條件。這些論文所使用的分析工具足以提供我們分析五行系統所需要的數學語言與技巧，並且有利於五行系統與現代科技的結合。目前多代理人網路系統的討論主要是針對合作型（相生型）代理人的網路系統，雖然近年已有少數論文提及合作（相生）與對抗（相剋）交互作用同時運作的情形，但現有文獻所討論的生剋情形與五行「鄰相生、間相剋」的情形並不相同。因此本書研究的重點是如何利用現有文獻的分析工具，分析在五行特有的生剋關係之下，證實五行網路確實具有自動補償的功能。如上一章的介紹，已有數種五行運作的數學模型被提出，但都無法顯示五行自動平衡與自動補償的功能。本章將透過完整的三生三剋作用，建立最符合五行運作的數學模型。五行思想在數千年的演化過程中，參雜了許多不同的觀點、假設與推理。但是由於缺乏科學的分析工具與定量的代數運算，這些觀點的對錯一直沒有客觀的判斷標準，不同的學派只能各說各話，沒有交集。五行代數模型的引入可以幫助我們以數字客觀分析各種觀點的合理性，修正一些似是而非的觀念，並去除自相矛盾的地方。五行代數模型的另一個重要功能是科學預測，也就是利用現有五行網路的數據，經由代數的運算，去預測一段時間以後的五行動態。

6.1 五行網路的代數模型

　　參考圖 6.1，五行系統中的每個代理人都受到來自其他四個代理人所施予的正／副生、反／副生、正／副剋、反副／剋四種作用（四個箭頭朝向某一代理人），同時每個代理人也都對其餘四個代理人分別施予四種作用（四個箭頭從某一代理人出發）。正／反生與其副作用（副剋）以圓弧箭頭表示，正／反剋與其副作用（副生）以直線箭頭表示。

　　每個代理人所受的四種作用的大小如表 5.3 所示。現在將表 5.3 重新整理，將相同屬性的作用量放在一起，得到表 6.1 的結果。

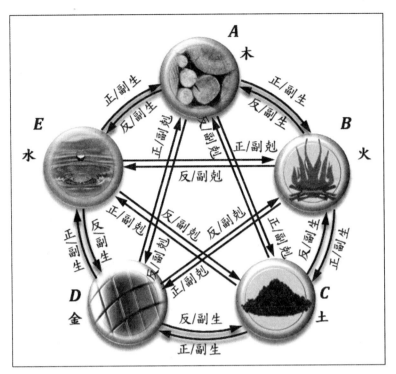

圖 6.1 五行系統中的每個代理人都受到來自其他四個代理人所施予的正／副生、反／副生、正／副剋、反／副剋四種作用，同時每個代理人也都對其餘四個代理人分別施予四種作用。
資料來源：作者繪製。

表 6.1 五行網路中的正／副生、反／副生、正／副剋、反／副剋四大作用

五行變化率	相生		相剋	
	正／副生	反／副生	正／副剋	反／副剋
A $(\dot{x}_A)$	$W_{AE}(x_E - x_A)$	$W_{AB}(x_B - x_A)$	$W_{AD}(x_D - x_A)$	$W_{AC}(x_C - x_A)$
B $(\dot{x}_B)$	$W_{BA}(x_A - x_B)$	$W_{BC}(x_C - x_B)$	$W_{BE}(x_E - x_B)$	$W_{BD}(x_D - x_B)$
C $(\dot{x}_C)$	$W_{CB}(x_B - x_C)$	$W_{CD}(x_D - x_C)$	$W_{CA}(x_A - x_C)$	$W_{CE}(x_E - x_C)$
D $(\dot{x}_D)$	$W_{DC}(x_C - x_D)$	$W_{DE}(x_E - x_D)$	$W_{DB}(x_B - x_D)$	$W_{DA}(x_A - x_D)$
E $(\dot{x}_E)$	$W_{ED}(x_D - x_E)$	$W_{EA}(x_A - x_E)$	$W_{EC}(x_C - x_E)$	$W_{EB}(x_B - x_E)$

資料來源：作者整理。

表 6.1 中的通項可表成 $W_{ij}(x_j - x_i)$，代表 x_j 對 x_i 的作用所產生的 x_i 數量變化率（$\dot{x}_i$），其中相生的權重 $W_{ij} > 0$，相剋的權重 $W_{ij} < 0$。表 6.2 說明如何由下標 i 與 j 的相對位置，以及 x_j 與 x_i 的相對大小，去判斷 W_{ij} 是屬於四類權重的哪一種。

表 6.2　五行四類權重的區分

相生權重 $W_{ij} > 0$				相剋權重 $W_{ij} < 0$			
W_{ij} 的下標 $j \to i$ 相鄰				W_{ij} 的下標 $j \to i$ 相間隔			
（A）$j \to i$ 順向相鄰		（B）$j \to i$ 逆向相鄰		（C）$j \to i$ 順向相間		（D）$j \to i$ 逆向相間	
正／副生權重		反／副生權重		正／副剋權重		反／副剋權重	
$W_{AE}, W_{BA}, W_{CB}, W_{DC}, W_{ED}$		$W_{AB}, W_{BC}, W_{CD}, W_{DE}, W_{EA}$		$W_{AD}, W_{BE}, W_{CA}, W_{DB}, W_{EC}$		$W_{AC}, W_{BD}, W_{CE}, W_{DA}, W_{EB}$	
$x_j > x_i$	$x_j < x_i$	$x_j > x_i$	$x_j < x_i$	$x_j > x_i$	$x_j < x_i$	$x_j > x_i$	$x_j < x_i$
正生權重	副生權重	反生權重	副生權重	正剋權重	副剋權重	反剋權重	副剋權重

資料來源：作者整理。

（A）W_{ij} 的下標 $j \to i$ 順向相鄰：W_{ij} 是正生或副生權重。W_{ij} 的下標方向，是從 j 指向 i，因此依據定義，W_{ij} 是指 x_j 對 x_i 的作用權重。所謂順向相鄰是指依據 A→B→C→D→E→A→……的順時針循環方向。下標 $j \to i$ 順向相鄰的權重有五個：$W_{AE}, W_{BA}, W_{CB}, W_{DC}, W_{ED}$，這五個權重有二個不同的涵義：正生或副生。（1）當 $x_j > x_i$，此時 W_{ij} 代表 x_j 正生 x_i 的權重；（2）當 $x_j < x_i$，此時 W_{ij} 代表 x_j 副生 x_i 的權重。

（B）W_{ij} 的下標 $j \to i$ 逆向相鄰：W_{ij} 是反生或副生權重。逆向相鄰是指沿 A→E→D→C→B→A→……的逆時針循環方向。下標 $j \to i$ 逆向相鄰的權重有五個：$W_{AB}, W_{BC}, W_{CD}, W_{DE}, W_{EA}$，這五個權重有二個不同的涵義：反生或副生。（1）當 $x_j > x_i$，此時 W_{ij} 代表 x_j 反生 x_i 的權重；（2）當 $x_j < x_i$，此時 W_{ij} 代表 x_j 副生 x_i 的權重。

（C）W_{ij} 的下標 $j \to i$ 順向相間：W_{ij} 是正剋或副剋權重。下標 i 與 j 順向相間是指中間隔了一位，並依據 A→C→E→B→D→A→……的順時針循環方向。下標 $j \to i$ 順向相間的權重有五個：$W_{AD}, W_{BE}, W_{CA}, W_{DB}, W_{EC}$，這五個權重有二個不同的涵義：正剋或副剋。（1）當 $x_j > x_i$，此時 W_{ij} 代表 x_j 正剋 x_i 的權重；（2）當 $x_j < x_i$，此時 W_{ij} 代表 x_j 副剋 x_i 的權重。

（D）W_{ij} 的下標 $j \to i$ 逆向相間：W_{ij} 是反剋或副剋權重。下標 i 與 j 逆向相間是指沿 A→D→B→E→C→A→……的逆時針循環方向。下標 $j \to i$ 逆向相間的權重有五個：$W_{AC}, W_{BD}, W_{CE}, W_{DA}, W_{EB}$，這五個權重有二個不同的涵義：反剋或副剋。（1）當 $x_j > x_i$，W_{ij} 代表 x_j 反剋 x_i 的權重；（2）當 $x_j < x_i$，W_{ij} 代表 x_j 副剋 x_i 的權重。

從以上四類權重的分析，我們觀察到每一個權重 W_{ij} 都具有二種不同的涵義。第一種涵義是正／反生或正／反剋，第二種涵義是副生或副剋。這二個不同的涵義可用一個簡單的規律加以區分。沿著 $j \to i$ 的作用方向，如果是數量大者作用在數量小者，這時的權重

屬於第一種涵義。反之，如果沿著 $j \to i$ 的作用方向，是數量小者作用在數量大者，這時的權重屬於第二種涵義，也就是副作用的涵義。這是因為不管是正／反生或正／反剋，都必須是數量大者作用在數量小者（$j \to i$ 且 $x_j > x_i$），才有可能發生，在同一時間，副作用則沿著反方向發生，亦即發生數量小者作用在數量大者的副生或副剋。

在表 6.1 之中，分別將每一代理人所受到的四種作用量加起來，即得到每一個代理人的數量變化率：

$$\dot{x}_A = \overbrace{W_{AE}(x_E - x_A)}^{E\,正／副生\,A} + \overbrace{W_{AB}(x_B - x_A)}^{B\,反／副生\,A} + \overbrace{W_{AD}(x_D - x_A)}^{D\,正／副剋\,A} + \overbrace{W_{AC}(x_C - x_A)}^{C\,反／副剋\,A} \quad (6.1.1a)$$

$$\dot{x}_B = \overbrace{W_{BA}(x_A - x_B)}^{A\,正／副生\,B} + \overbrace{W_{BC}(x_C - x_B)}^{C\,反／副生\,B} + \overbrace{W_{BE}(x_E - x_B)}^{E\,正／副剋\,B} + \overbrace{W_{BD}(x_D - x_B)}^{D\,反／副剋\,B} \quad (6.1.1b)$$

$$\dot{x}_C = \overbrace{W_{CB}(x_B - x_C)}^{B\,正／副生\,C} + \overbrace{W_{CD}(x_D - x_C)}^{D\,反／副生\,C} + \overbrace{W_{CA}(x_A - x_C)}^{A\,正／副剋\,C} + \overbrace{W_{CE}(x_E - x_C)}^{E\,反／副剋\,C} \quad (6.1.1c)$$

$$\dot{x}_D = \overbrace{W_{DC}(x_C - x_D)}^{C\,正／副生\,D} + \overbrace{W_{DE}(x_E - x_D)}^{E\,反／副生\,D} + \overbrace{W_{DB}(x_B - x_D)}^{B\,正／副剋\,D} + \overbrace{W_{DA}(x_A - x_D)}^{A\,反／副剋\,D} \quad (6.1.1d)$$

$$\dot{x}_E = \overbrace{W_{ED}(x_D - x_E)}^{D\,正／副生\,E} + \overbrace{W_{EA}(x_A - x_E)}^{A\,反／副生\,E} + \overbrace{W_{EC}(x_C - x_E)}^{C\,正／副剋\,E} + \overbrace{W_{EB}(x_B - x_E)}^{B\,反／副剋\,E} \quad (6.1.1e)$$

其中代理人 A 所受到的四種作用量如圖 6.2b 所示，將圖中四個朝向 x_A 的作用量加起來，即得到方程式（6.1.1a）。方程式（6.1）右側的前二項是由正／副生與反／副生所組成，後二項是由正／副剋與反／副剋所組成，分別對應到圖 6.1 中的圓弧與直線二組箭頭。方程式（6.1.1）中的正／副生與反／副生的權重均為正，代表合作型的群組，有助於減少代理人之間的差距，而正／副剋與反／副剋的權重為負，代表對抗型的群組，傾向於增加代理人之間的差距。五行系統的運作即是融合了合作型的相生群組與對抗型的相剋群組，這種既合作又對抗的網路關係，縱使放在現代網路系統的架構上加以比較，仍然是獨樹一格。

（6.1.1）式所建立的五行數學模型符合熱傳導原理，亦即二個物體之間的熱流量與彼此間的溫度差成正比。將此一原則應用到五材之間的相互作用，則正生、反生、正剋、反剋四種作用的反應速率皆與作用雙方的數量差成正比。當五行的任二者之間沒有數量差距時，則生、剋、副生、副剋皆不起作用，此時五行達到平衡的狀態。

（6.1.1）式可用相加的符號簡潔地表示成如下的型式：

$$\dot{x}_i = \sum_{j \neq i} W_{ij}\big(x_j(t) - x_i(t)\big),\ i = A, B, C, D, E \quad (6.1.2)$$

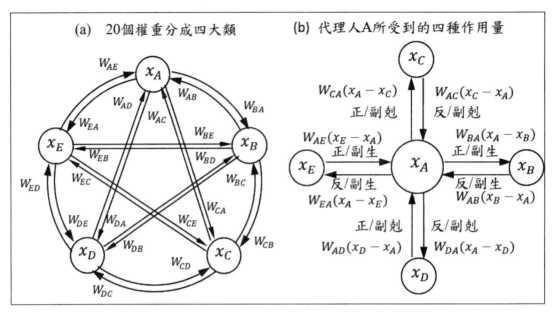

圖 6.2 （a）五行網路的 20 個權重分別屬於四種作用，其中正／副生與反／副生作用的權重用圓弧箭頭表示，正／副剋與反副剋作用的權重用直線箭頭表示。（b）代理人 A 所受到的四種作用量。
資料來源：作者繪製。

其中 W_{ij} 表示代理人 j 對代理人 i 的權重係數。依據權重係數 W_{ij} 的特性，可將網路系統分成有向性、無向性、合作型與混合型四大類（細節請參見附錄 A）：

● 對稱型的網路系統：此時 $W_{ij} = W_{ji}$，也就是反向作用的權重等於正向作用的權重，因此代理人之間的交互作用沒有方向性的區別，稱為無向性（undirected）的網路系統。在無向性的網路系統中，如果權重係數都等於 1，$W_{ij} = W_{ji} = 1$，則稱沒有權重（unweighted）的網路系統。

● 非對稱型的網路系統：此時 $W_{ij} \neq W_{ji}$，也就是反向作用的權重不等於正向作用的權重，因此代理人之間的交互作用具有方向的區別，稱為有向性（directed）的網路系統。

● 合作型網路系統：如果系統內的所有權重係數都為正值，$W_{ij} > 0$，而且不管 W_{ij} 是否為對稱，此網路系統都稱為合作型網路系統。合作型的網路系統必可收斂至共識協議值，只要任二個代理人之間都有線路連接（weakly connected）。

● 混合型網路系統：亦即部分的代理人是合作型，所對應的權重係數 $W_{ij} > 0$，部分的代理人是對抗型，所對應的權重係數 $W_{ij} < 0$。五行網路即是一種特殊的混合型

網路系統。

五行系統的權重係數共有 20 個，根據五行的運作原理，它們可以分成正／副生、反／副生、正／副剋、反／副剋四大類型，如表 6.1 所示，並且分別用不同的箭頭標示在圖 6.2a 中：

- 正／副生權重係數：W_{AE}、W_{BA}、W_{CB}、W_{DC}、W_{ED}，用順時針圓弧箭頭表示。
- 反／副生權重係數：W_{AB}、W_{BC}、W_{CD}、W_{DE}、W_{EA}，用逆時針圓弧箭頭表示。
- 正／副剋權重係數：W_{AD}、W_{BE}、W_{CA}、W_{DB}、W_{EC}，用順時針直線箭頭表示。
- 反／副剋權重係數：W_{AC}、W_{BD}、W_{CE}、W_{DA}、W_{EB}，用逆時針直線箭頭表示。

在大部分的情況下，五個代理人的地位同等重要，因此為了簡化分析，以下將相同類型的權重令為相等：

$$W_{AE} = W_{BA} = W_{CB} = W_{DC} = W_{ED} = a = 正／副生係數 \qquad (6.1.3a)$$

$$W_{AB} = W_{BC} = W_{CD} = W_{DE} = W_{EA} = b = 反／副生係數 \qquad (6.1.3b)$$

$$W_{AD} = W_{BE} = W_{CA} = W_{DB} = W_{EC} = -c = 正／副剋係數 \qquad (6.1.3c)$$

$$W_{AC} = W_{BD} = W_{CE} = W_{DA} = W_{EB} = -d = 反／副剋係數 \qquad (6.1.3d)$$

如此我們將 20 個權重係數對五行運作的影響化簡為四個代表性係數所產生的影響。這四個係數分別代正生、反生、正剋、反剋四種作用的強度，如圖 6.3a 所示。

滿足（6.1.3）條件的網路稱為旋轉對稱型的五行網路，此種型式的五行網路具有旋轉不變性，亦即繞順（逆）時針旋轉一格，權重係數的位置分布沒有改變，參見圖 6.3。旋轉對稱型的五行網路將五位代理人的地位視為全等，不考慮代理人之間的差異性所產生的影響，如此方能完美反映出三生三剋的運作機制，忠實還原傳統五行的生剋原理。本書大部分的討論集中在旋轉對稱型的五行網路。圖 6.2a 所對應的網路則為一般型的五行網路，由於考慮了代理人之間的差異性，20 個權重係數可能都不相同。在五行思想的實務應用中，權重係數必須從實驗操作中決定，由於實驗誤差與量測技術的影響，所測量到的權重係數通常不具備旋轉對稱性，所以 20 個權重係數可能都不相同。

本書的 7.7 節針對一般型的五行網路，探討如何應用實驗的方法在五行網路的運作中，實際測量 20 個權重係數。一般型五行網路的 20 個權重係數雖然都不同，但仍然要滿足五行的生剋條件：相生型的權重係數必須為正，相剋型的權重係數必須為負。不滿足

五行生剋條件的網路就是一般的五代理人網路。所以從網路的涵蓋範圍來看，旋轉對稱型的五行網路包含在一般型五行網路中，而一般型五行網路又包含在五代理人網路中。7.8 節將進一步討論一般型五行網路以及更廣義的五代理人網路的代數運算，並從代數運算中預測一般型五行網路的動態行為。

　　本章著重在旋轉對稱型五行網路的代數運算，在旋轉對稱型的五行網路中，注意正生與反生在同一時間只能有其中一種作用發生，當正生發生時，反生即被副生所取代，也就是變成是正生的副作用；反之，當反生發生時，正生即被副生所取代，變成是反生的副作用。正剋與反剋也有相同的情形，同一時間只能有其中一種作用發生，當正剋發生時，反剋變副剋；當反剋發生時，正剋變副剋。圖 6.3a 顯示當正生與正剋發生時，四個權重 a、b、$-c$、$-d$ 所代表的涵義。圖 6.3b 顯示當反生與反剋發生時，四個權重 a、b、$-c$、$-d$ 所代表的涵義。

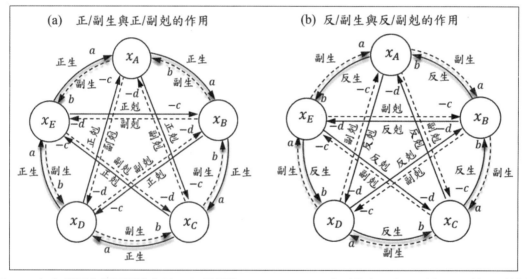

圖 6.3 （a）當正生與正剋發生時，四個係數 a、b、$-c$、$-d$ 分別代表正生、副生、正剋、副剋的權重。（b）當反生與反剋發生時，四個係數 a、b、$-c$、$-d$ 分別代表副生、反生、副剋、反剋的權重。
資料來源：作者繪製。

　　圖 6.3 僅是畫出五行生剋的二種特例，圖 6.3a 畫的是五個代理人的相生全部循著正生的方向，相剋全部循著正剋的方向，圖 6.3b 畫的是五個代理人的相生全部循著反生的方向，相剋全部循著反剋的方向。但實際的五行生剋運作是圖 6.3a 與圖 6.3b 的結合，亦

即代理人之間的相生作用有些是正生，有些則是反生；而代理人之間的相剋作用有些是正剋，有些則是反剋。至於正／反生何者發生？正／反剋何者發生？完全是根據當下代理人之間的相對大小而定，而且隨時在變化，無法事先加以設定。

表 6.3　四種作用係數在不同條件下的涵義

作用條件	相生（相鄰代理人）		相剋（相間隔代理人）	
作用方向	$x_i \overset{a}{\to} x_j$	$x_j \overset{b}{\to} x_i$	$x_i \overset{-c}{\to} x_j$	$x_j \overset{-d}{\to} x_i$
作用係數	$a > 0$	$b > 0$	$-c < 0$	$-d < 0$
$x_i > x_j$	正生	副生	正剋	副剋
$x_i < x_j$	副生	反生	副剋	反剋

資料來源：作者整理。

　　表 6.3 列出四種作用係數在不同條件下的涵義。歸納而言，係數 a 與 b 之中，必有一個是副生係數，另一個則是正生或反生係數，所以係數 a 與 b 涵蓋了正／反生作用及其副作用（副生），故將係數 a 與 b 兩者合稱相生係數。所以 $a+b$ 為相生係數之和，$a-b$ 為相生係數之差。相生有互相生成的義涵，代表可以正向生成，也可以反向生成。正生與反生其實居於同等的地位，正與反的區別只是基於與傳統五行相生方向的比較，順著傳統五行相生方向者，稱為正生；與傳統五行相生方向相反者，即稱為反生。

　　在另一方面，係數 c 與 d 之中，必有一個是副剋係數，另一個則是正剋或反剋係數，所以係數與涵蓋正／反剋作用及其副作用（副剋），故將係數 c 與 d 兩者合稱相剋係數，其中相剋有互相剋制的意思，可以正向剋制，也可以反向剋制。所以 $c+d$ 稱為相剋係數之和，$c-d$ 稱為相剋係數之差。正向剋制與反向剋制的區別同樣是基於與傳統五行相剋方向的比較，兩者居於同等的地位。

　　如表 6.3 所示，四個係數所代表的意義是由代理人之間的相對數量而自動決定，不必事先加以規範，同時相生的方向（正生或反生）與相剋的方向（正剋或反剋）也都是由代理人之間的相對數量而自動決定。相生及相剋的方向確定後，它們的副作用：副生與副剋，即是沿著生與剋的反方向進行。依據（6.1.1）式及（6.1.3）式，以四個代表性係數取代權重係數 W_{ij} 後，（6.1.1）式化簡成

$$\dot{x}_A = a(x_E - x_A) + b(x_B - x_A) - c(x_D - x_A) - d(x_C - x_A) \qquad (6.1.4a)$$

$$\dot{x}_B = a(x_A - x_B) + b(x_C - x_B) - c(x_E - x_B) - d(x_D - x_B) \qquad (6.1.4\text{b})$$

$$\dot{x}_C = a(x_B - x_C) + b(x_D - x_C) - c(x_A - x_C) - d(x_E - x_C) \qquad (6.1.4\text{c})$$

$$\dot{x}_D = a(x_C - x_D) + b(x_E - x_D) - c(x_B - x_D) - d(x_A - x_D) \qquad (6.1.4\text{d})$$

$$\dot{x}_E = a(x_D - x_E) + b(x_A - x_E) - c(x_C - x_E) - d(x_B - x_E) \qquad (6.1.4\text{e})$$

在上式中，係數 a 與 b 所乘之項與相生作用有關，包含三個作用：正生、反生、副生；係數 c 與 d 所乘之項與相剋作用有關，包含三個作用：正剋、反剋、副剋。因此（6.1.4）式結合了五行系統的完整三生三剋作用，只要給定現在時刻的五行代數值 $x_A(0)$, $x_B(0)$, $x_C(0)$, $x_D(0)$, $x_E(0)$，我們求解（6.1.4）式即可得到 t 時刻後的五行代數值 $x_A(t)$, $x_B(t)$, $x_C(t)$, $x_D(t)$, $x_E(t)$。這相當於我們利用代數運算的方法實現了五行的預測功能，預測了五行系統在三生三剋的作用下，五個代理人的數量隨時間變化的動態行為。

6.2 五行網路的穩定性分析

接著我們討論四種作用的強度係數 a、b、c、d 對五行網路運作的影響。從圖 6.3 可以觀察到，相鄰的五行代理人組成相生關係（包含正／反生及副生的作用），而相間隔的代理人組成相剋關係（包含正／反剋及副剋的作用）。這二種關係無法將五行系統分割成二個獨立的群組，因為每個代理人都同時參與了相生關係與相剋關係。相生關係有助於系統的平衡與穩定，相剋關係則造成系統的發散與不穩定。二種關係同時運作的結果，有可能使得五行系統達到穩定或者是變成不穩定，端看何種關係的運作強度較高。二種關係的運作強度分別由相生係數 a 與 b，以及相剋係數 c 與 d 所決定。二種強度對抗的結果造成系統穩定或是不穩定，必須透過數學的方法加以分析。

首先我們將（6.1.4）式表示成矩陣的型式：

$$\frac{d}{dt}\begin{bmatrix} x_A \\ x_B \\ x_C \\ x_D \\ x_E \end{bmatrix} = \begin{bmatrix} \delta & b & -d & -c & a \\ a & \delta & b & -d & -c \\ -c & a & \delta & b & -d \\ -d & -c & a & \delta & b \\ b & -d & -c & a & \delta \end{bmatrix}\begin{bmatrix} x_A \\ x_B \\ x_C \\ x_D \\ x_E \end{bmatrix} \Rightarrow \boxed{\dot{X} = \mathbb{A}X} \qquad (6.2.1)$$

其中 $\delta = c + d - a - b$，且四個係數 a、b、c、d 的值假設為已知。向量 X 含有五個元素，對應到五個代理人的數量，亦即 $X(t) = [x_A(t), x_B(t), x_C(t), x_D(t), x_E(t)]^T$。向量 X 稱為五行向量，矩陣 $\mathbb{A}$ 稱為五行矩陣，關於五行向量與五行矩陣的線性代數分析，第 7 章

有專門的討論。向量 $X(t)$ 隨時間變化的函數可由系統矩陣 $\mathbb{A}$ 的特徵值 λ 來決定。根據線性代數理論，$\mathbb{A}$ 的特徵值 λ 是以下行列式方程式的根：

$$\det(\mathbb{A} - \lambda I) = \begin{vmatrix} \delta - \lambda & b & -d & -c & a \\ a & \delta - \lambda & b & -d & -c \\ -c & a & \delta - \lambda & b & -d \\ -d & -c & a & \delta - \lambda & b \\ b & -d & -c & a & \delta - \lambda \end{vmatrix} = 0 \qquad (6.2.2)$$

行列式 $\det(\mathbb{A} - \lambda I)$ 的展開是一個 λ 的五次多項式，經過因式分解後，可得到如下結果：

$$\boxed{\lambda\left(\left(\lambda - \sigma_{2,3}\right)^2 + \omega_{2,3}^2\right)\left(\left(\lambda - \sigma_{4,5}\right)^2 + \omega_{4,5}^2\right) = 0} \qquad (6.2.3)$$

此方程式共有五個根，可表示成四個係數 a、b、c、d 的解析函數如下：

$$\boxed{\lambda_1 = 0} \qquad (6.2.4a)$$

$$\boxed{\lambda_{2,3} = \sigma_{2,3} \pm i\omega_{2,3} = -\frac{1}{2}(\alpha a_+ - \beta c_+) \pm \frac{i}{2}\left(\sqrt{\beta}a_- - \sqrt{\alpha}c_-\right)} \qquad (6.2.4b)$$

$$\boxed{\lambda_{4,5} = \sigma_{4,5} \pm i\omega_{4,5} = -\frac{1}{2}(\beta a_+ - \alpha c_+) \pm \frac{i}{2}\left(\sqrt{\alpha}a_- + \sqrt{\beta}c_-\right)} \qquad (6.2.4c)$$

其中 $\lambda_{2,3}$ 與 $\lambda_{4,5}$ 都是都是共軛複數根。（6.2.4）式中的各個參數定義如下，a_+ 與 a_- 分別是相生係數的和與差，c_+ 與 c_- 分別是相剋係數的和與差：

$$a_+ = a + b, \qquad a_- = a - b, \qquad c_+ = c + d, \qquad c_- = c - d \qquad (6.2.5)$$

（6.2.4）式中的 α 與 β 為常數，其數值為

$$\alpha = \frac{5 - \sqrt{5}}{2}, \qquad \beta = \frac{5 + \sqrt{5}}{2}. \qquad (6.2.6)$$

求得五個特徵值之後，五行系統各個代理人的時間響應 $x_i(t)$，亦即（6.2.1）式的解答，即可用特徵值的實部與虛部表示如下：

$$x_i(t) = \mathcal{A}_i + \mathcal{B}_i e^{\sigma_{2,3}t}\sin(\omega_{2,3}t + \theta_i) + \mathcal{C}_i e^{\sigma_{4,5}t}\sin(\omega_{4,5}t + \phi_i), \; i = A, B, \cdots, E \qquad (6.2.7)$$

在上式中，$\mathcal{A}_i$、$\mathcal{B}_i$、$\mathcal{C}_i$、θ_i、ϕ_i 為待定常數，可由初始值 $x_i(0)$ 所決定。$\sigma_{2,3}$ 與 $\omega_{2,3}$ 為特徵值 $\lambda_{2,3}$ 的實部與虛部，由（6.2.4b）所給定；$\sigma_{4,5}$ 與 $\omega_{4,5}$ 為特徵值 $\lambda_{4,5}$ 的實部與虛部，由（6.2.4c）所給定。根據（6.2.7）式，當時間趨近於無窮大時，若 $x_i(t)$ 趨近於穩態，則必須有 $\sigma_{2,3} < 0$ 且 $\sigma_{4,5} < 0$，如此才能保證當 $t \to \infty$ 時，$e^{\sigma_{2,3}t} \to 0$ 且 $e^{\sigma_{4,5}t} \to 0$。

根據 $\sigma_{2,3}$ 與 $\sigma_{4,5}$ 在（6.2.4）式的定義，我們得知 $\sigma_{2,3} > \sigma_{4,5}$，因為

$$\sigma_{2,3} - \sigma_{4,5} = \frac{1}{2}(\beta - \alpha)(a_+ + c_+) > 0 \qquad (6.2.8)$$

因此只要 $\sigma_{2,3} < 0$，即可保證 $\sigma_{4,5} < \sigma_{2,3} < 0$。由（6.2.4）式所給定的的值，$\sigma_{2,3} < 0$ 的條件可化簡成

$$\frac{a_+}{c_+} = \frac{a+b}{c+d} > \frac{\beta}{\alpha} = \frac{3+\sqrt{5}}{2} = \varphi^2 \qquad (6.2.9)$$

其中 $a_+ = a + b$ 稱為相生強度，$c_+ = c + d$ 稱為相剋強度，常數 φ 是有名的黃金比例：

$$\boxed{\varphi = \frac{1+\sqrt{5}}{2}} \qquad (6.2.10)$$

（6.2.9）式說明相生強度必須是相剋強度的 φ^2 倍（約等於 2.618 倍），才能保證五行系統的穩定。條件（6.2.9）式滿足時，則當 $t \to \infty$，我們有 $e^{\sigma_{2,3}t} \to 0$ 且 $e^{\sigma_{4,5}t} \to 0$。此時（6.2.7）式化成

$$\lim_{t\to\infty} x_i(t) = \mathcal{A}_i, \quad i = A, B, \cdots, E \qquad (6.2.11)$$

代表五行系統為穩定，而且五個代理人數量 $x_i(t)$ 趨近於穩定態 $\mathcal{A}_i$。特徵值 $\lambda_{2,3}$ 稱為五行系統的關鍵特徵值，從（6.2.7）式可以看到，$\lambda_{2,3}$ 的實部 $\sigma_{2,3}$ 決定了五行系統的收斂速度，而 $\lambda_{2,3}$ 的虛部 $\omega_{2,3}$ 決定了五行系統的振盪頻率。

從五行系統的特徵值結構（6.2.4），我們觀察到以下幾個重點：

● 權重係數 a 與 b 連結在一起出現，形成 a_+ 及 a_-，而權重係數 c 與 d 連結在一起出現，形成 c_+ 及 c_-。也就是說，四個參數對特徵值的影響方式是 a 與 b、c 與 d 先各自結合運算後，所得到的 2 個結合值再用來決定特徵值。特別注意權重係數 a 與 b 對應到相鄰代理人間之交互作用，而權重係數 c 與 d 對應到相間隔代理人間之交互作用。因此一個五代理人網路系統的收斂性決定於二類關係：相鄰代理人的關係與相間隔代理人的關係。這個結果說明傳統五行思想將五代理人之間的關係分成相鄰與相間隔的二分法，與線性代數理論所得到的特徵值結構特性是一致的。

● 觀察（6.2.4）式中特徵值的實部與虛部，發現特徵值的實部是由 a 與 b 之和、c 與 d 之 c_+ 和所決定，而特徵值的虛部是由 a 與 b 之差 a_-、c 與 d 之差 c_- 所決定。換句話說，$a+b$ 與 $c+d$ 決定五行系統的收斂速度，而 $a-b$ 與 $c-d$ 決定五行系統的振盪頻率。

● 五代理人網路系統所對應的圖（graph）是有向圖（directed graph），代表二個代理

人之間的連結邊具有方向性，順時針方向的權重與反時針方向的權重可能不同。參考圖 6.3，順時針相鄰代理人的順序是指 $x_E \to x_A \to x_B \to x_C \to x_D \to x_E \to x_A \to \cdots$，而順時針相間隔代理人的順序是指 $x_E \to x_B \to x_D \to x_A \to x_C \to x_E \to x_B \to \cdots$。在四個權重係數中，$a$ 代表順時針相鄰代理人相生的權重；b 代表反時針相鄰代理人相生的權重；c 代表順時針相間隔代理人相剋的權重；d 代表反時針相間隔代理人相剋的權重。從（6.2.4）式的特徵值及（6.2.7）的動態響應函數 $x_i(t)$ 可以看到，順時針與反時針方向權重的不相等，即 $a_- = a - b \neq 0$，$c_- = c - d \neq 0$，是導致 $x_i(t)$ 振盪（即特徵值具有虛部）的主要原因。如果順時針的權重係數等於反時針的權重係數，即 $a = b$ 且 $c = d$，則五行系統的關鍵特徵值 $\lambda_{2,3}$ 的實部化成 $\sigma_{2,3} = -(\alpha a - \beta c)$，且虛部化成 $\omega_{2,3} = 0$，這說明此時五行將以指數形式 $e^{\sigma_{2,3}t}$ 收斂到穩定態，相對應的收斂速度為 $\alpha a - \beta c$，且振盪頻率 $\omega_{2,3}$ 為零。

　　圖 6.4 顯示相生強度 a_+ 的變化對五行網路穩定性所產生的影響，並將其他三個係數保持定值。五行數量的初始值設定為 $x_A = 5$，$x_B = x_C = x_D = x_E = 0$。四種相生係數與相剋係數的和與差設定如下：（a）$a_+ = 9/2$，$c_+ = 1$，$a_- = 1$，$c_- = -1/2$；（b）$a_+ = 3$，$c_+ = 1$，$a_- = 1$，$c_- = -1/2$；（c）$a_+ = \varphi^2$，$c_+ = 1$，$a_- = 1$，$c_- = -1/2$；（d）$a_+ = 2$，$c_+ = 1$，$a_- = 1$，$c_- = -1/2$。以上四種情形所對應的五行網路動態變化分別說明如下：

● 情形（a）與情形（b）的係數設定滿足系統穩定條件（6.2.9），故五行網路為穩定並收斂。從圖 6.4a 可觀察到，五個代理人的數量都收斂到共同的穩態值 $x_{ss} = 1$，此穩態值剛好是五行初始數量的平均值：$(5 + 0 + 0 + 0 + 0)/5 = 1$。關於五行網路的共同穩定態（共識態）將在下一節中說明。另外比較圖 6.4a 與圖 6.4b 我們發現，採用越大的相生強度 a_+，五行網路收斂到共同穩態值的速度越快。圖 6.4a 採用相生強度 $a_+ = 4.5$，於時間 $t = 3$ 之時，五行已收斂到共同穩態值 $x_{ss} = 1$；圖 6.4b 採用相生強度 $a_+ = 3$，於時間 $t = 6$ 之時，五行還未收斂到共同穩態值。

● 情形（c）的相生強度 a_+ 剛好使得 $a_+/c_+ = \varphi^2$，此時的五行狀態稱為臨界穩定。處於臨界穩定的五行網路，既不收斂也不發散，而是呈現固定振幅的弦波振盪，如圖 6.4c 所示。當 $a_+/c_+ = \varphi^2$ 發生時，由（6.2.4）式知 $\sigma_{2,3} = 0$ 且 $\sigma_{4,5} < 0$，將此結果代入（6.2.7）式，並令 $t \to \infty$，我們得到

$$x_i(t) = \mathcal{A}_i + \mathcal{B}_i \sin(\omega_{2,3} t + \theta_i), \ i = A, B, \cdots, E \qquad （6.2.12）$$

這一結果證實臨界穩定的 $x_i(t)$ 確實是以正弦波的型式振盪,振盪的頻率是 $\omega_{2,3}$,振盪的振幅是 $\mathcal{B}_i$,振盪的平均值是 $\mathcal{A}_i$。

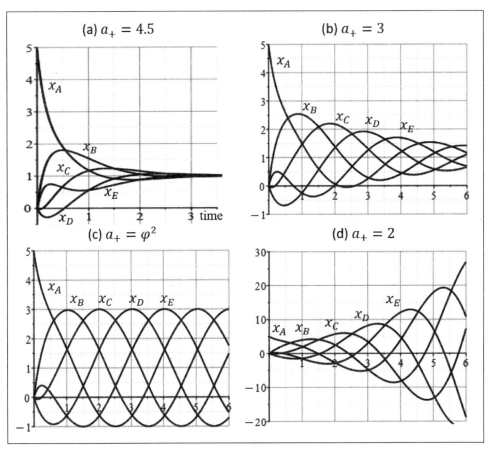

圖 6.4 四種不同的相生強度 a_+ 對五行網路穩定性與收斂速度的影響,其他三個係數保持定值: $c_+ = 1$,$a_- = 1$,$c_- = -1/2$。
資料來源:作者繪製。

● 情形(d)的相生強度 a_+ 使得 $a_+/c_+ < \varphi^2$,此時的五行狀態為不穩定而呈現發散的行為 $x_i(t) \to \pm\infty$,如圖 6.4d 所示。在此情況下雖然五行的數量 $x_i(t)$ 趨於正負無窮大,但是五個代理人的數量總和 $x_A(t) + x_B(t) + x_C(t) + x_D(t) + x_E(t)$,在任意時刻 t,卻仍然保持固定值。此總和的固定值必定等於初始態數量的總和,亦即 $x_A(t) + x_B(t) + x_C(t) + x_D(t) + x_E(t) = x_A(0) + x_B(0) + x_C(0) + x_D(0) + x_E(0) = 5$。此特性稱為五行網路的能量(數量)守恆定律,我們將在下一節進一步說明。

　　從（6.2.4b）式知道，關鍵特徵值 $\lambda_{2,3}$ 的實部 $\sigma_{2,3}$ 決定五行網路的收斂或發散速度，而且 $\sigma_{2,3}$ 只受 a_+ 與 c_+ 的影響。在另一方面，關鍵特徵值 $\lambda_{2,3}$ 的虛部 $\omega_{2,3}$ 決定五行網路的振盪頻率，而且 $\omega_{2,3}$ 只受 a_- 與 c_- 的影響。關於 a_+ 的變化對五行網路收斂速度的影響已經表現在圖 6.4 中，其次考慮 a_- 的變化對五行網路振盪頻率的影響，其結果如圖 6.5 所示。圖 6.5 顯示在臨界穩定 $a_+/c_+ = \varphi^2$ 時，四種不同的 a_- 對五行網路振盪頻率 $\omega_{2,3}$ 的影響。

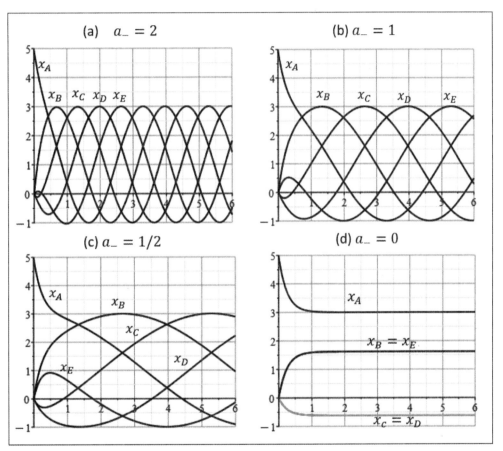

圖 6.5　在臨界穩定 $a_+/c_+ = \varphi^2$ 的情形下，四種不同的 a_- 對五行振盪頻率 $\omega_{2,3}$ 的影響，其他三個係數保持定值：$a_+ = \varphi^2$，$c_+ = -1$，$c_- = 0$。
資料來源：作者繪製。

　　以下列出在圖 6.5 中，相生係數與相剋係數的和與差的四種設定，以及它們所產生的振盪頻率與週期：

(a)$a_+ = \varphi^2$，$c_+ = 1$，$a_- = 2$，$c_- = 0$：$\omega_{2,3} = \sqrt{\beta} \approx 1.902$，$T = 2\pi/\omega \approx 3.303$。

(b)$a_+ = \varphi^2$，$c_+ = 1$，$a_- = 1$，$c_- = 0$：$\omega_{2,3} = \sqrt{\beta}/2 \approx 0.951$，$T = 2\pi/\omega \approx 6.606$。

(c)$a_+ = \varphi^2$，$c_+ = 1$，$a_- = 1/2$，$c_- = 0$：$\omega_{2,3} = \sqrt{\beta}/4 \approx 0.476$，$T = 2\pi/\omega \approx 13.212$。

(d)$a_+ = \varphi^2$，$c_+ = 1$，$a_- = 0$，$c_- = 0$：$\omega_{2,3} = 0 \cdot \sqrt{\beta} = 0$，$T = 2\pi/\omega = \infty$。

以上四種情況都是針對臨界穩定的情形，此時五行網路的動態響應既不發散，也不收斂，而是呈現固定振幅的穩定振盪，如（6.2.12）式所示，其中振盪頻率 $\omega_{2,3}$ 由 a_- 與 c_- 值決定如下：

$$\omega_{2,3} = \frac{\sqrt{\beta}a_- - \sqrt{\alpha}c_-}{2} \qquad (6.2.13)$$

以上四種情形皆滿足 $a_+/c_+ = \varphi^2$ 的條件，也就是使得特徵值 $\lambda_{2,3}$ 的實部 $\sigma_{2,3} = 0$，情形（d）則進一步使得特徵值 $\lambda_{2,3}$ 的虛部 $\omega_{2,3} = 0$。換句話說，情形（d）使得 $\lambda_{2,3} = \sigma_{2,3} \pm \omega_{2,3}$ 完全等於零。從（6.2.4a）式我們已經知道 $\lambda_1 = 0$，再加上目前的 $\lambda_{2,3} = 0$，所以情形（d）所對應的五行系統的特徵值 $\lambda_1 = 0$ 具有三重根，這將使得情形（d）的五行動態有別於前面三種情形的五行動態。

從圖 6.5 中可以看到，隨著 a_- 值的減少，振盪頻率 $\omega_{2,3}$ 逐漸降低，同時週期逐漸增加。圖 6.5d 考慮 $a_- = 0$ 的情形，有別於其他三種情形，此時的五行震盪頻率 $\omega_{2,3}$ 等於零，代表五個代理人的數量不再呈現週期性的振盪，而是各自趨近於不同的穩態值。在圖 6.5d 中，我們觀察到 x_B 與 x_E 的曲線重合，代表代理人 B 與 E 具有完全相同的動態響應；同時 x_C 與 x_D 的曲線重合，代表代理人 C 與 D 具有完全相同的動態響應。雖然圖 6.5d 中的五行各自收斂於 3 個不同的穩態值，但此結果與圖 6.4a 中的收斂情形並不相同。圖 6.4a 中的五行全部收斂至相同的穩態值，也就是五行具有共識值，然而圖 6.5d 中的五行各自收斂至不相同的穩態值，代表五行不具有共識值。五行穩態值的存在是因為系統方程式（6.2.1）含有 0 的特徵值，圖 6.4a 所對應的系統方程式（6.2.1）恰含有一個 0 的特徵值（單重根），它所對應的特徵空間為一維，產生唯一的五行穩態值（亦即共識值），細節請參見 6.3 節的討論；而圖 6.5d 所對應的系統方程式（6.2.1）含有 3 個 0 的特徵值（三重根），亦即 $\lambda_1 = \lambda_{2,3} = 0$，它所對應的特徵空間維度是 3 維的，因此特徵向量不為唯一，因而產生多種可能的五行收斂值，細節請參見 8.3 節的討論。

歸納本節以上的討論，五行網路有三種狀態：不穩定態、平衡態、共識態，何種狀態會發生取決於 a_+/c_+ 的比值：

$$\frac{a_+}{c_+} = \frac{a+b}{c+d} = \frac{相生強度}{相剋強度}$$

（6.2.14）

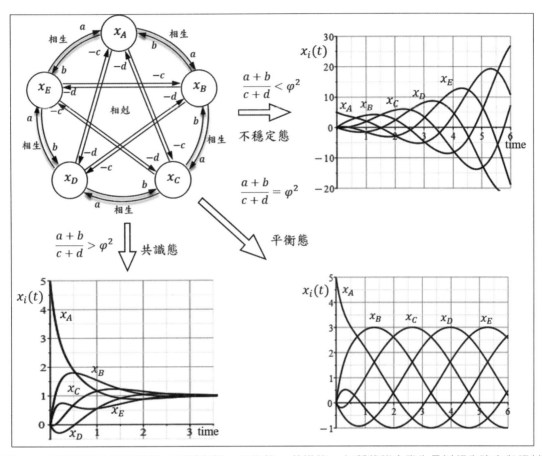

圖 6.6　五行網路有三種狀態：不穩定態、平衡態、共識態，何種狀態會發生是以相生強度與相剋強度的比值 $(a+b)/(c+d)$ 等於 φ^2 為分界線。

資料來源：作者繪製。

　　與傳統認知不同的是，五行網路三種狀態的發生不是以相生強度與相剋強度的比值等於 1 為分界線，而是以比值 φ^2 為分界線，其中 $\varphi^2 = \varphi + 1 = (3+\sqrt{5})/2 \approx 2.618$。如圖 6.6 所示，當相生強度與相剋強度的比值小於 φ^2 時，相生的力量小於相剋的力量，五行網路為不穩定；當相生強度與相剋強度的比值等於 φ^2 時，相生的力量等於相剋的力量，此時五行網路保持平衡，既不收斂也不發散，而呈現固定振幅的振盪；當相生強度與相剋強度的比值大於 φ^2 時，相生的力量大於相剋的力量，五行網路收斂到共識態。

對於五行網路中相生與相剋二種作用的對抗，最直覺的想法是當相生強度與相剋強度的比值：$(a+b)/(c+d)$ 剛好等於 1 時，五行網路剛好可以維持平衡，然而實際上此時 $(a+b)/(c+d) = 1 < \varphi^2$，根據圖 6.6 的範圍區分，這是屬於不穩定的範圍。

　　為什麼維持五行網路的平衡所需的相生強度與相剋強度的比值必須等於 φ^2，而不是等於 1 呢？又為什麼古中國發展出的五行網路會和古希臘提出的黃金比例 φ 扯上關係呢？原來五行網路與黃金比例有著共同的幾何根源，它們都和正五邊形有關。觀察圖 6.7，我們發現正五邊形的圖像都出現在五行網路與黃金比例的之中。對於五行網路而言，五行的五個代理人的位置剛好排列在一個正五邊形的五個頂點之上，其中相生的作用（包含正生、反生、副剋）發生於此正五邊形的邊上，相剋的作用（包含正剋、反剋、副生）發生於此正五邊形的對角線上。對於黃金比例而言，它的原始幾何意義就是正五邊形的對角線長與邊長的比值。參考圖 6.7 的右邊子圖，黃金比例就是對角線 AD 與邊長 DC 的比值，而根據相似三角形定理，它又是 AH 與 HI 的比值，或是 AF 與 FG 的比值。

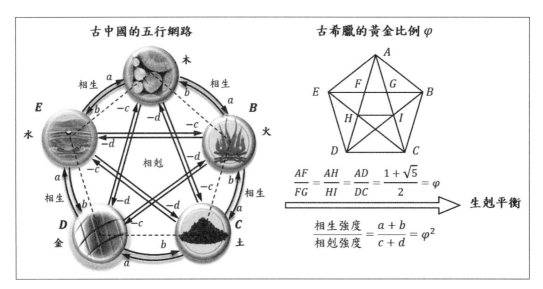

圖 6.7 五行網路的平衡狀態是發生在相生強度與相剋強度的比值：$(a+b)/(c+d)$ 等於 φ^2 的地方，其中 φ 稱為黃金比例，它是正五邊形中，對角線長 AD 與邊長 DC 的比值。
資料來源：作者繪製。

　　由以上的觀察，可知五行網路的相生作用與相剋作用發生於正五邊行的不同方向之上。沿著正五邊形的邊長方向發生相生作用，而沿著正五邊形的對角線方向發生相剋作用。然而因為正五邊形的對角線與邊長的比值不是 1 比 1，而是黃金比例 φ，這使得相生

作用若要與相剋作用取得平衡，相生強度與相剋強度的比值必然不是 1 比 1，而是必須與黃金比例 φ 有關。五行網路與黃金比例的關聯性提供了我們重要的線索，讓我們可以將傳統的五行網路擴展到一般性的 N 行網路。我們將在第 11 章繼續這一主題的討論。

6.3 五行網路的共識態與能量守恆

從現代科學領域的分類來看，五行網路是一種多代理人的網路系統（Multi-agent network system），其中代理人的數目為五。五行網路提出了世界上第一個網路系統的共識協議（consensus protocol）：「鄰相生、間相剋」。五行網路依據此共識協議並透過相生與相剋的混合作用來達成五行之間彼此的共識。但長久以來，此共識協議是否能讓五行系統達到共識狀態，仍然停留在哲學層次上的認定，並沒有得到嚴格的數學證明，而其主要原因正是缺少能正確描述傳統五行運作的數學模式。經由本章所建立的五行數學模式，現在我們已經有能力去證明五行網路在相生與相剋地整合作用下，確實能達到共識態。

五行共識態存在的充要條件是（6.2.9）式，在此條件下，（6.2.11）式已經證明五行的數量分別收斂到各自的穩態值 $\mathcal{A}_i$，亦即

$$\boxed{\frac{a_+}{c_+} = \frac{a+b}{c+d} > \varphi^2 \implies \lim_{t \to \infty} x_i(t) = \mathcal{A}_i, \quad i = A, B, \cdots, E}$$

（6.3.1）

以下我們將進一步證明這五個穩態值完全相同，$\mathcal{A}_1 = \mathcal{A}_2 = \mathcal{A}_3 = \mathcal{A}_4 = \mathcal{A}_5$，此一共同的穩態值即是五行的共識態。更令人驚訝的是，我們發現五行的共識態與四個係數 a、b、c、d 的設定值無關，且無須求解系統方程式（6.2.1），即可事先決定五行的共識態。

在（6.3.1）式的條件下，特徵值 $\lambda_1 = 0$ 是五行網路的單重根，它所對應的特徵向量唯一決定，並設其為 V_1。則依據特徵向量的定義式：

$$\lambda_1 = 0 \implies \mathbb{A}V_1 = \lambda_1 V_1 = 0$$

（6.3.2）

滿足 $\mathbb{A}V_1 = 0$ 的特徵向量 V_1 可由系統矩陣 $\mathbb{A}$ 的定義式求得，其結果為為 $V_1 = k[1, 1, 1, 1, 1]^T$，其中 k 為任意常數。此 V_1 的正確性可驗證如下：

$$V_1 = k\begin{bmatrix} 1 \\ 1 \\ 1 \\ 1 \\ 1 \end{bmatrix} \implies \mathbb{A}V_1 = k\begin{bmatrix} \delta & b & -d & -c & a \\ a & \delta & b & -d & -c \\ -c & a & \delta & b & -d \\ -d & -c & a & \delta & b \\ b & -d & -c & a & \delta \end{bmatrix}\begin{bmatrix} 1 \\ 1 \\ 1 \\ 1 \\ 1 \end{bmatrix} = 0$$

（6.3.3）

其中注意 $\delta = c + d - a - b$。不管四個係數 a、b、c、d 的值為何，（6.3.3）式一定滿足，這是因為矩陣 A 的每一橫列的五個元素相加，其總和必定為零。在另一方面，五行的穩態為

$$X_s = [x_A(\infty) \quad x_B(\infty) \quad x_C(\infty) \quad x_D(\infty) \quad x_E(\infty)]^T = [\mathcal{A}_1 \quad \mathcal{A}_2 \quad \mathcal{A}_3 \quad \mathcal{A}_4 \quad \mathcal{A}_5]^T \quad (6.3.4)$$

因為穩態 X_s 的值不再隨時間變化，故必須滿足對時間的微分為零：$\dot{X}_s = 0$。再配合系統方程式 $\dot{X}_s = A X_s$，我們得到關係式

$$\dot{X}_s = A X_s = 0 \qquad\qquad (6.3.5)$$

比較（6.3.3）式與（6.3.5）式，我們得到穩態 X_s 就是特徵向量 V_1 的結果

$$X_s = V_1 = k[1 \quad 1 \quad 1 \quad 1 \quad 1]^T \qquad\qquad (6.3.6)$$

將（6.3.4）式的 X_s 代入上式，我們得到

$$x_i(\infty) = \mathcal{A}_i = k, \qquad i = A, B, C, D, E \qquad\qquad (6.3.7)$$

亦即五個穩態值 $\mathcal{A}_i$ 都必須等於相同的常數 k，這就是五行網路的共識值 k。為了求得常數 k，我們將（6.1.4）式中的五個式子相加，得到

$$\frac{d}{dt}\big(x_A(t) + x_B(t) + x_C(t) + x_D(t) + x_E(t)\big) = 0$$

此式代表五個代理人數量的總和是一個不變量，不隨時間而變化，亦即

$$\boxed{x_A(t) + x_B(t) + x_C(t) + x_D(t) + x_E(t) = \text{定值}} \qquad\qquad (6.3.8)$$

上式稱為五行網路的能量（數量）守恆定律，代表五行網路的總能量是一個固定值，不隨時間而變。既然五行的總能量在所有的時刻 t，其值均相同。因此在 $t = 0$（初始態）與 $t = \infty$（穩態）的二個時間點上，其值也必須相同，故有

$$\boxed{初始態總能量 = 穩態總能量}$$

$$\boxed{x_A(0) + x_B(0) + x_C(0) + x_D(0) + x_E(0) = x_A(\infty) + x_B(\infty) + x_C(\infty) + x_D(\infty) + x_E(\infty)}$$

最後將（6.3.7）式所得到的結果 $x_A(\infty) = x_B(\infty) = x_C(\infty) = x_D(\infty) = x_E(\infty) = k$ 代入上式，得到待定常數 k 的值為

$$k = \frac{1}{5}\big(x_A(0) + x_B(0) + x_C(0) + x_D(0) + x_E(0)\big) \qquad\qquad (6.3.9)$$

此值是初始總能量的平均值，也是五行網路收斂到穩態時，五個代理人所取得的共識值。當達到共識時，五個代理人的行為偕同一致，形成一個共同體。（6.3.9）式的結果說明當五行達到共識態時，系統的總能量將平均分配給每一個代理人，使得每個代理人的能量（或數量）均相等。

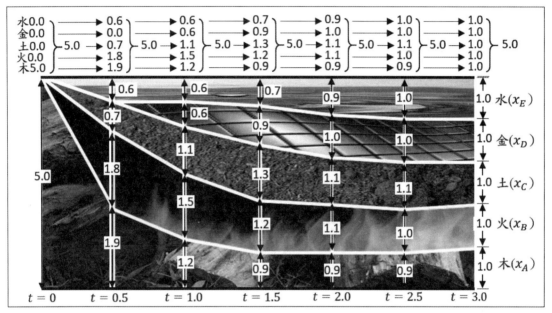

圖 6.8　五行網路的共識態與能量守衡機制的同時呈現。圖中的橫軸代表時間，縱軸代表五行在不同時刻的能量（數量）分布。圖的上方說明在任何時刻的五行總能量都等於 5。圖的右方說明在時間 t 等於 3 時，五行進入共識態，五行的每一行的能量都等於 1，亦即五行的總能量被平均分配給五個代理人。

資料來源：作者繪製。

圖 6.8 顯示了五行網路的能量守恆特性以及共識態的實現。此圖所採用的初始值設定為 $x_A(0) = 5$，$x_B(0) = x_C(0) = x_D(0) = x_E(0) = 0$，四個係數 a、b、c、d 的設定值如圖 6.4a 中的設定。此圖的橫軸表示時間，縱軸表示五行各代理人的能量（數量）分布。從圖中我們觀察到，隨著時間的增加，五行各代理人的能量彼此逐漸接近，當時間 t 等於 3 時，五行各代理人的能量全部都等於 1，代表五行已經進入共識態，取得共識值。在另一方面，我們觀察圖 6.8 的最上方，這裡顯示了在不同的時刻，五行各代理人能量（數量）的總和。我們看到五行的總能量自始到終都維持在固定值 5，與初始總能量一樣，展現了五行的能量守恆特性。

在五行網路從初始態演化到共識態的過程中，我們注意到這中間並沒有任何外力的介入，完全是藉由五行內部的相生與相剋作用而自動達成，這個過程展現了五行網路的自我補償（補救）調節功能。圖 6.9 描述五行從初始態 $x_A(0) = 5$ ，$x_B(0) = x_C(0) = x_D(0) = x_E(0) = 0$，藉由自我調節功能，自動到達共識態 $x_A(0) = x_B(0) = x_C(0) = x_D(0) = x_E(0) = 1$ 的過程。圖 6.9 中有五個方框分別代表五個代理人的能量隨時間的變化情形。方框中的長條圖代表五行在不同時刻的能量（數量）。五行生剋機制啟動前，只有木行的能量 x_A 等於 5，其他行的能量均為零。五行生剋機制啟動後，透過三生機制（正生、反生、副生）與三剋機制（正剋、反剋、副剋）的同時運作，木行的能量逐漸被轉移到其他行，其他行的能量遞增後，也開始進行彼此之間的生剋作用。五行生剋作用的最後結局是五行的個別能量趨於一致，最後都等於 1。此結果相當於將五行的初始總能量 5 平均分配給五個代理人，如同（6.3.9）式的預測。從圖 6.9 可以看到，每個方框內的長條圖高度，最後確實都等於 1。

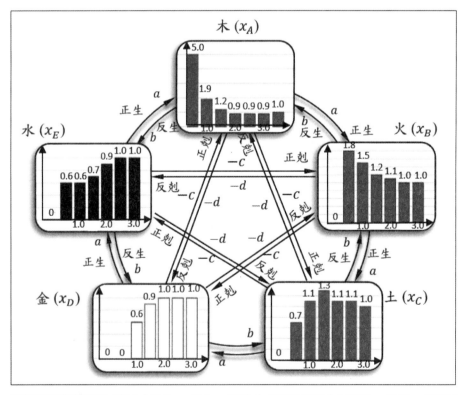

圖 6.9 五行網路透過三生機制（正生、反生、副生）與三剋機制（正剋、反剋、副剋）的同時運作展現自我調節的功能，不須外在力量的介入而能自動達到共識態。此圖中的五行初始態是 $x_A(0) = 5$，$x_B(0) = x_C(0) = x_D(0) = x_E(0) = 0$，經由自我調節而自動到達共識態 $x_A(0) = x_B(0) = x_C(0) = x_D(0) = x_E(0) = 1$。
資料來源：作者繪製。

6.4 五行網路的回饋機制

在上一節的分析中，我們看到了五行網路靠著自我調節的功能，能夠不借助外界的力量而自動到達共識態。五行網路的這一自我調節功能源自於它內建的回饋機制（或稱回授，feedback）。所謂的回饋是指當 A 作用於 B 時，B 同時也對 A 做出回應。了解回饋機制的定義後，我們發現前面提到的副生與副剋原來就是回饋的產物。當 A 生 B 時，A 同時也受到來自 B 的副作用（亦即副生），這就是 B 對 A 所送出的回饋信號。同樣地，當 A 剋 C 時，A 同時也受到來自 C 的副作用（亦即副剋），此即 C 對 A 所送出的回饋信號。具有回饋機制的系統稱為閉迴路控制系統（closed-loop control system），所以有考慮副作用（即副生與副剋）的五行網路其實就是當代科技所指的閉迴路控制系統。反之，不考慮生剋副作用的五行網路就是開迴路控制系統（open-loop control system）。

五行學說在歷史發展的早期只有正（反）生與正（反）剋的觀念，所對應的即是開迴路的五行網路。明、清時期的五行學說開始出現了生、剋副作用的討論。生的副作用被稱之為泄，所以 A 生 B 時，與其伴隨發生的是 B 泄 A；剋的副作用被稱之為耗，所以 A 剋 C 時，與其伴隨發生的是 C 耗 A。當五行學說開始考慮生剋的副作用後，五行網路即成了閉迴路控制系統，開始具備了內在的回饋機制。

本節將比較開迴路與閉迴路五行網路的不同，分析它們內在行為的差異，並說明閉迴路五行網路如何透過回饋機制的加入改進開迴路五行網路的缺失，進而提升網路的性能與收斂速度。首先我們分析開迴路五行網路的架構，如圖 6.10 所示，因開迴路架構不考慮生與剋的副作用，所以圖中的箭頭只有單一方向。當 A 生 B 發生時，不會有 B 對 A 的回饋或回應，因此用單箭頭 A→B 表示之；同理當 E 剋 B 發生時，不會有 B 對 E 的回饋，因此用單箭頭 E→B 表示之。結合以上正生與正剋發生的時機，我們得到二種單箭頭的反應如下：

$$A \xrightarrow{\text{正生}(x_A > x_B)} B, \qquad E \xrightarrow{\text{正剋}(x_E > x_B)} B \qquad (6.4.1)$$

圖 6.10 也同時顯示反生與反剋的情形，但要注意的是，反生與反剋發生時，仍是單方向箭頭的反應，只是與（6.4.1）式中的箭頭方向相反：

$$B \xrightarrow{\text{反生}(x_B > x_A)} A, \qquad B \xrightarrow{\text{反剋}(x_B > x_E)} E \qquad (6.4.2)$$

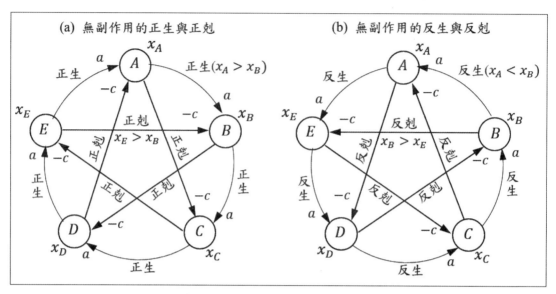

圖 6.10　開迴路的五行網路只有正（反）生與正（反）剋的作用，不考慮生與剋的副作用，所以圖中的箭頭都只有單方向。圖中雖然列出正生與反生二種情形，但正生與反生發生的條件相反，例如 A 生 B 是發生在 $x_A > x_B$ 的情形，B 反生 A 是發生在 $x_B > x_A$ 的情形。同樣地，正剋與反剋發生的條件也是相反，例如 E 剋 B 是發生在 $x_E > x_B$ 的情形，B 反剋 E 是發生在 $x_B > x_E$ 的情形。
資料來源：作者繪製。

　　描述開迴路五行網路的數學方程式比閉迴路五行網路簡單許多，因為它少考慮了副生與副剋的作用。我們已經在 6.1 節建立了描述閉迴路五行網路的數學方程式，如（6.1.4）式所示，現在我們只要將其中的副生係數 b 與副剋係數 d 令為零，即可得到只含生與剋作用的開迴路五行網路的數學方程式：

$$\dot{x}_A = a(x_E - x_A) - c(x_D - x_A) \qquad (6.4.3a)$$

$$\dot{x}_B = a(x_A - x_B) - c(x_E - x_B) \qquad (6.4.3b)$$

$$\dot{x}_C = a(x_B - x_C) - c(x_A - x_C) \qquad (6.4.3c)$$

$$\dot{x}_D = a(x_C - x_D) - c(x_B - x_D) \qquad (6.4.3d)$$

$$\dot{x}_E = a(x_D - x_E) - c(x_C - x_E) \qquad (6.4.3e)$$

以上的聯立方程式可寫成如下的矩陣的形式

$$\frac{d}{dt}\begin{bmatrix} x_A \\ x_B \\ x_C \\ x_D \\ x_E \end{bmatrix} = \begin{bmatrix} c-a & 0 & 0 & -c & a \\ a & c-a & 0 & 0 & -c \\ -c & a & c-a & 0 & 0 \\ 0 & -c & a & c-a & 0 \\ 0 & 0 & -c & a & c-a \end{bmatrix}\begin{bmatrix} x_A \\ x_B \\ x_C \\ x_D \\ x_E \end{bmatrix} \Rightarrow \dot{X} = \mathbb{A}_O X \qquad (6.4.4)$$

其中 $\mathbb{A}_O$ 是開迴路五行網路的系統矩陣，$\mathbb{A}_O$ 的下標 "O" 代表開迴路（open-loop）的意思。開迴路五行網路的動態行為與穩定性是由 $\mathbb{A}_O$ 的五個特徵值所決定，列出如下：

$$\lambda_1 = 0 \qquad (6.4.5a)$$

$$\lambda_{2,3} = \sigma_{2,3} \pm i\omega_{2,3} = -\frac{1}{2}(\alpha a - \beta c) \pm \frac{i}{2}\left(\sqrt{\beta}a - \sqrt{\alpha}c\right) \qquad (6.4.5b)$$

$$\lambda_{4,5} = \sigma_{4,5} \pm i\omega_{4,5} = -\frac{1}{2}(\beta a - \alpha c) \pm \frac{i}{2}\left(\sqrt{\alpha}a + \sqrt{\beta}c\right) \qquad (6.4.5c)$$

其中常數 α 與 β 的定義如同（6.2.6）式。特徵值 $\lambda_1 = 0$ 代表開迴路五行網路也存在共識態，而能夠收斂到共識態的條件是 $\sigma_{2,3} < 0$，亦即

$$\frac{a}{c} = \frac{相生強度}{相剋強度} > \frac{\beta}{\alpha} = \varphi^2 \qquad (6.4.6)$$

（6.4.6）式的收斂條件與（6.2.9）式的條件類似，只是閉迴路網路中的 a_+/c_+ 的角色現在被開迴路中的 a/c 所取代。（6.4.6）式說明在沒有副生與副剋的作用下，五行網路要收斂到共識態的條件是相生強度與相剋強度的比值必須大於 φ^2（約等於 2.618）。傳統的五行思想因為缺乏定量的分析，長久以來以為五行維持平衡的條件是相生的強度等於相剋的強度。但是從（6.4.6）式的條件來看，當相生的強度等於相剋的強度時，亦即 $a/c = 1$ 時，（6.4.6）式所要求的收斂條件並沒有被滿足。換句話說，在 $a/c = 1$ 的情形下，五行網路不僅無法維持平衡，而且會發散到無窮大。

圖 6.11a 顯示在 $a/c = 1$ 的情形下，實際求解（6.4.3）式的結果。如同前面的預測，五行各代理人的能量（數量）隨時間發散，無法收斂到共識態。圖 6.11b 將 a/c 的值增加到 3，滿足（6.4.6）式的收斂條件，所以五行有朝向共識態 $x = 1$ 收斂的趨勢，但是收斂的速度很緩慢，同時伴隨強烈的振盪行為。由圖 6.11 可以觀察到，在不考慮副生與副剋的回饋作用下，開迴路五行網路的運作效能差，容易變成不穩定，縱使可以維持穩定，也會呈現大幅度的振盪行為。

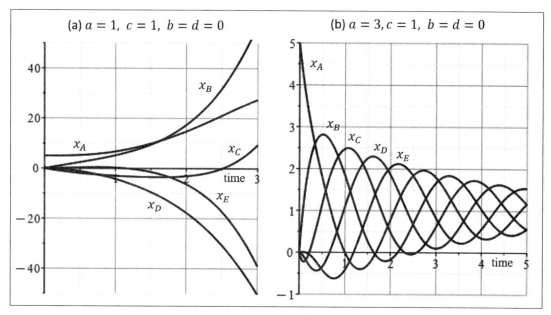

圖 6.11　開迴路五行網路的動態響應（$b = d = 0$）。（a）相生強度等於相剋強度，此時 $a/c = 1$，不滿足（6.4.6）式的條件，故五行網路隨著時間發散到無窮大。（b）相生強度是相剋強度的 3 倍，此時 $a/c = 3$，滿足（6.4.6）式的條件，故五行網路可收斂到共識態，但收斂的過程很緩慢。
資料來源：作者繪製。

分析了開迴路五行網路的特性後，我們回到閉迴路的五行網路。6.1 節所建立的即是閉迴路五行網路的數學模式，不過在那裏我們還沒有指出五行網路的內建回饋機制。閉迴路五行網路就是開迴路五行網路再加上內建回饋機制。現在我們已經有了閉迴路五行網路（參見（6.2.1）式），以及開迴路五行網路（參見（6.4.4）式），只要檢視它們之間的差，即可得到五行網路的內建回饋機制。依據這樣的邏輯，我們先將（6.2.1）式的閉迴路系統拆解成如下的型式：

$$\frac{d}{dt}\begin{bmatrix} x_A \\ x_B \\ x_C \\ x_D \\ x_E \end{bmatrix} = \overbrace{\begin{bmatrix} a(x_E - x_A) - c(x_D - x_A) \\ a(x_A - x_B) - c(x_E - x_B) \\ a(x_B - x_C) - c(x_A - x_C) \\ a(x_C - x_D) - c(x_B - x_D) \\ a(x_D - x_E) - c(x_C - x_E) \end{bmatrix}}^{\text{閉回路系統}} + \overbrace{b\begin{bmatrix} x_B - x_A \\ x_C - x_B \\ x_D - x_C \\ x_E - x_D \\ x_A - x_E \end{bmatrix} - d\begin{bmatrix} x_B - x_A \\ x_C - x_B \\ x_D - x_C \\ x_E - x_D \\ x_A - x_E \end{bmatrix}}^{\text{內建回饋機制}} \qquad (6.4.7)$$

進一步引入五行狀態向量 $X = [x_A, \ x_B, \ x_C, \ x_D, \ x_E]^T$，並將上式中的每一項用五行狀態向量 X 表示如下：

$$\begin{bmatrix} a(x_E - x_A) - c(x_D - x_A) \\ a(x_A - x_B) - c(x_E - x_B) \\ a(x_B - x_C) - c(x_A - x_C) \\ a(x_C - x_D) - c(x_B - x_D) \\ a(x_D - x_E) - c(x_C - x_E) \end{bmatrix} = \begin{bmatrix} c-a & 0 & 0 & -c & a \\ a & c-a & 0 & 0 & -c \\ -c & a & c-a & 0 & 0 \\ 0 & -c & a & c-a & 0 \\ 0 & 0 & -c & a & c-a \end{bmatrix} \begin{bmatrix} x_A \\ x_B \\ x_C \\ x_D \\ x_E \end{bmatrix} = \mathbb{A}_O X$$

$$b\begin{bmatrix} x_B - x_A \\ x_C - x_B \\ x_D - x_C \\ x_E - x_D \\ x_A - x_E \end{bmatrix} = -b\begin{bmatrix} 1 & -1 & 0 & 0 & 0 \\ 0 & 1 & -1 & 0 & 0 \\ 0 & 0 & 1 & -1 & 0 \\ 0 & 0 & 0 & 1 & -1 \\ -1 & 0 & 0 & 0 & 1 \end{bmatrix} \begin{bmatrix} x_A \\ x_B \\ x_C \\ x_D \\ x_E \end{bmatrix} = -K_b X$$

$$-d\begin{bmatrix} x_B - x_A \\ x_C - x_B \\ x_D - x_C \\ x_E - x_D \\ x_A - x_E \end{bmatrix} = d\begin{bmatrix} 1 & 0 & -1 & 0 & 0 \\ 0 & 1 & 0 & -1 & 0 \\ 0 & 0 & 1 & 0 & -1 \\ -1 & 0 & 0 & 1 & 0 \\ 0 & -1 & 0 & 0 & 1 \end{bmatrix} \begin{bmatrix} x_A \\ x_B \\ x_C \\ x_D \\ x_E \end{bmatrix} = K_d X$$

將以上的 X 表示式代入（6.4.7）式中，我們發現五行網路的回饋機制又可拆解成二種相反的機制：正回饋與負回饋

$$\dot{X} = \overset{\text{閉回路系統}}{\widetilde{\mathbb{A}X}} = \overset{\text{開回路系統}}{\widetilde{\mathbb{A}_O X}} - \overset{\text{負回饋}}{\widetilde{K_b X}} + \overset{\text{正回饋}}{\widetilde{K_d X}} \tag{6.4.8}$$

其中 $\mathbb{A}$ 是（6.2.1）式的閉迴路系統矩陣，$\mathbb{A}_O$ 是（6.4.4）式的開迴路系統矩陣；K_b 與 K_d 分別是負回饋與正回饋增益矩陣，定義如下：

$$K_b = b\begin{bmatrix} 1 & -1 & 0 & 0 & 0 \\ 0 & 1 & -1 & 0 & 0 \\ 0 & 0 & 1 & -1 & 0 \\ 0 & 0 & 0 & 1 & -1 \\ -1 & 0 & 0 & 0 & 1 \end{bmatrix}, \quad K_d = d\begin{bmatrix} 1 & 0 & -1 & 0 & 0 \\ 0 & 1 & 0 & -1 & 0 \\ 0 & 0 & 1 & 0 & -1 \\ -1 & 0 & 0 & 1 & 0 \\ 0 & -1 & 0 & 0 & 1 \end{bmatrix} \tag{6.4.9}$$

K_b 之所以被稱為負回饋增益矩陣，是因為它以負號的型式出現在系統方程式（6.4.8）中，而正回饋增益矩陣 K_d 則是以正號的型式出現在系統方程式（6.4.8）中。K_b 的下標 " b " 表示 K_b 是由係數 b 所決定，而係數 b 是對應到相生的副作用：副生，這說明負回饋增益矩陣 K_b 是源自相生的副作用。K_d 的下標 " d " 表示 K_d 是由係數 d 所決定，而係數 d 是對應到相剋的副作用：副剋，所以正回饋增益矩陣 K_d 是源自相剋的副作用。

　　由於在（6.4.8）式中的正、負符號的差別，導致 K_b 與 K_d 對閉迴路系統的影響完全相反。負回饋增益矩陣 K_b，其源自相生的副作用，有助於減少當下五行狀態與五行共識態之間的差距，使得五行狀態能夠逐漸收斂到五行共識態。相反地，正回饋增益矩陣 K_d，其源自相剋的副作用，會增加當下五行狀態與五行共識態之間的差距，造成五行狀態逐漸遠離五行共識態。以下的數值計算將分別驗證負回饋及正回饋對五行網路的影響。

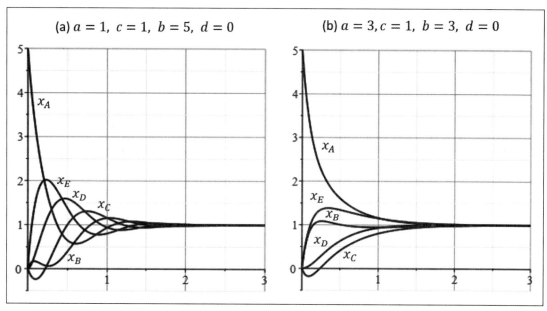

圖 6.12 負回饋的加入對於開迴路五行網路的改良（$K_b \neq 0$, $K_d = 0$）。圖 6.12a 是圖 6.11a 加入負回饋的結果，使得原先不穩定的系統變為穩定，而且快速收斂到共識態 $X = [1, \ 1, \ 1, \ 1, \ 1]^T$。圖 6.12b 是圖 6.11b 加入負回饋的結果，原本大幅度振盪的行為消失了，取而代之的是五行狀態快速地收斂到共識態 $X = [1, \ 1, \ 1, \ 1, \ 1]^T$。
資料來源：作者繪製。

● 負回饋對於開迴路五行網路的改良：$K_b \neq 0$, $K_d = 0$

　　這裡我們對開迴路五行網路加入負回饋，但暫不考慮正回饋，其中開迴路五行網路與圖 6.11 所考慮者相同。負回饋增益矩陣 K_b 中的係數 b 分別取 5 及 3，所得到的閉迴路五行動態響應如圖 6.12 所示。圖 6.12a 是圖 6.11a 加入負回饋的結果，可以看到圖 6.11a 原先是不穩定的系統，加入負回饋後，變為穩定的系統，而且能快速收斂到共識態 $X = [1, \ 1, \ 1, \ 1, \ 1]^T$。在另一方面，圖 6.12b 是圖 6.11b 加入負回饋的結果，原先圖 6.11b 雖然是穩定的系統，但呈現大幅度的振盪行為，且以緩慢的速度趨近於共識態。圖 6.12b 顯示當圖 6.11b 加入負回饋後的動態行為，我們可以觀察到原本的大幅度振盪消失了，取而代之的是五行狀態 X 快速地收斂到共識態 $X = [1, \ 1, \ 1, \ 1, \ 1]^T$。

● 正回饋對於閉迴路五行網路的破壞：$K_b \neq 0$, $K_d \neq 0$

　　正回饋對於五行網路的影響是負面的，它傾向於造成五行網路的振盪，甚至造成不穩定。圖 6.12 是已加入負回饋的閉迴路五行網路，呈現快速收斂到共識態的動態響應。

現在我們針對圖 6.12 的閉迴路五行網路，加入正回饋的效應，觀察其動態行為會如何惡化。所加入的正回饋增益矩陣 K_d 中的係數取為 1，結果如圖 6.13 所示。圖 6.13a 是圖 6.12a 加入正回饋的結果，可以看到原先快速收斂到共識態的圖 6.12a，在加入正回饋後，呈現大幅度的振盪，且收斂到共識態的速度變得緩慢。圖 6.13b 是圖 6.12b 加入正回饋的結果，原先圖 6.12b 快速且沒有振盪地收斂到共識態的行為，在加入正回饋後，收斂的速度變得非常緩慢。

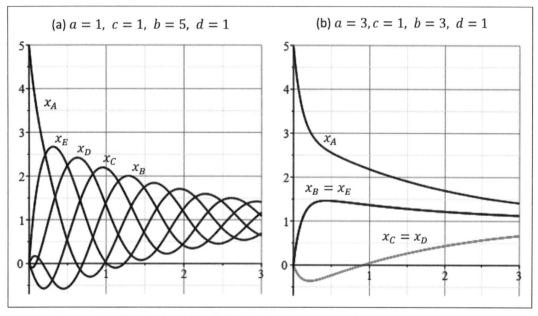

圖 6.13 加入正回饋對於閉迴路五行網路的破壞（$K_b \neq 0$, $K_d \neq 0$）。圖 6.13a 是圖 6.12a 加入正回饋的結果，可以看到圖 6.12a 加入正回饋後，呈現大幅度的振盪，且收斂到共識態的速度變得緩慢。圖 6.13b 是圖 6.12b 加入正回饋的結果，可以發現收斂到共識態的行為從快速變成非常緩慢。
資料來源：作者繪製。

　　從圖 6.11 到圖 6.13 的討論歷經三個階段，圖 6.11 是第一個階段，展示沒有回饋機制的開迴路五行網路，此時五行的運作只包含相生作用（係數 a）與相剋作用（係數 c），相生強度與相剋強度的比值為 a/c。圖 6.12 是第二個階段，展示加入負回饋的閉迴路五行網路，此時五行的運作包含相生作用（係數 a）與相剋作用（係數 c），以及相生的副作用：副生（係數 b），所對應的相生強度與相剋強度的比值為 $(a+b)/c$。圖 6.13 是第三個階段，展示再加入正回饋的閉迴路五行網路，此時五行的運作包含相生作用（係數 a）與相剋作用（係數 c），以及相生的副作用：副生（係數 b）和相剋的副作用：副剋（係數 d），

所對應的相生強度與相剋強度的比值為 $(a+b)/(c+d)$。這三個階段的相生強度與相剋強度的比值經歷如下的變化過程：

$$\frac{相生強度}{相剋強度} \xrightarrow{開迴路} \frac{a}{c} \xrightarrow{加入負回饋} \frac{a+b}{c} \xrightarrow{加入正回饋} \frac{a+b}{c+d} \qquad (6.4.10)$$

不管是在哪一個階段，五行網路的收斂條件是相生強度與相剋強度的比值要大於 φ^2，比 φ^2 大越多，收斂到五行共識態的速度越快。反之，如果相生強度與相剋強度的比值小於 φ^2，則五行網路為發散，而且比 φ^2 小越多，發散到無窮大的速度越快。

圖 6.11a、圖 6.12a、圖 6.13a 的三個子圖所對應的相生與相剋的強度比值變化為

$$\frac{相生強度}{相剋強度} \xrightarrow{開迴路} \frac{a}{c}=1 \xrightarrow{加入負回饋} \frac{a+b}{c}=6 \xrightarrow{加入正回饋} \frac{a+b}{c+d}=3 \qquad (6.4.11)$$

開迴路的強度比為 1，因為比 φ^2 小，故為不穩定（發散），加入負回饋後，強度比由 1 增加到 6，比 φ^2 大很多，故五行網路變為穩度且快速收斂到共識態。其次加入正回饋後，相生與相剋的強度比由 6 減少到 3，雖然此時五行仍維持穩定，但收斂的速度變慢了，且伴隨大幅度的振盪。

在另一方面，圖 6.11b、圖 6.12b、圖 6.13b 的三個子圖所對應的相生與相剋的強度比值變化為

$$\frac{相生強度}{相剋強度} \xrightarrow{開迴路} \frac{a}{c}=3 \xrightarrow{加入負回饋} \frac{a+b}{c}=6 \xrightarrow{加入正回饋} \frac{a+b}{c+d}=3 \qquad (6.4.12)$$

開迴路的強度比為 3，比 φ^2 略大，故五行系統為穩定，但伴隨大幅度振盪且收斂緩慢。加入負回饋後，強度比由 3 增加到 6，比 φ^2 大很多，故五行網路的收斂速度變快。其次再加入正回饋後，相生與相剋的強度比由 6 再減回到 3，情況又回到與開迴路相同的情形。

歸納而言，在開迴路的五行運作中，若加入相生的副作用：副生，其效果相當於加入負回饋作用，這會增加五行網路的穩定度，使其收斂速度加快。另一方面，在開迴路五行運作中，若加入相剋的副作用：副剋，其效果相當於加入正回饋作用，這會破壞五行網路的穩定度，輕者使得五行減緩收斂的速度，重者造成五行的不穩度（發散）。閉迴路的五行網路因為同時考慮了二種副作用：副生與副剋，所以是正回饋與負回饋同時運作的結果。最後是負回饋的收斂效應比較大，還是正回饋的發散效應比較大，就決定於這二種效應的強度比：$(a+b)/(c+d)$：

- $(a+b)/(c+d) = \varphi^2$：負回饋的收斂效應等於正回饋的發散效應，使得五行網路既不收斂也不發散，呈現固定振幅的振盪。

- $(a+b)/(c+d) > \varphi^2$：負回饋的收斂效應大於正回饋的發散效應，使得五行網路的振幅越來越小，最後收斂到共識態。

- $(a+b)/(c+d) < \varphi^2$：負回饋的收斂效應小於正回饋的發散效應，使得五行網路的振幅越來越大，最後發散到無窮大。

6.5 驗證五行生剋過度的自動補救功能

上一節介紹的五行網路所具有的內在回饋機制，賦予了五行生剋過度時的自動補救功能。傳統五行思想所提出的四種過度（生者過度、被生者過度、剋者過度、被剋者過度）以及相乘、相悔的觀念，都可以透過五代理人網路理論，用數學的方式加以定量地描述。如 4.6 節的介紹，傳統五行理論與五代理人網路理論的主要差異在於，前者只包含正生與正剋二種作用，後者則將相生、相剋、相乘、相悔放在相同的位階，而得到三生三剋六種作用。二者的差異同時表現在對生剋過度的補救方法之上，前者只用正生與正剋進行補救，以人為的方式由外部添加，而後者用三生（正生、反生、副生）、三剋（正剋、反剋、副剋）進行補救，以內建回饋機制由內部自動完成。以下將利用本章所建立的五行網路代數模型，配合五行的內建回饋機制，驗證並解釋五行對四種過度的自動補救功能。

在科學五行對四種過度的自動補償機制中，吾人所採用的四個生剋係數分別為 $a_+ = 9/2$，$c_+ = 1$，$a_- = 1$，$c_- = -1/2$，亦即 $a = 2.75$，$b = 1.75$，$c = 0.25$，$d = 0.75$。此組生剋係數滿足（6.3.1）式的條件，故可保證五行網路收斂到共識值。將此組係數代入（6.1.4）式中，即可求解出五個代理人的數量 $x_A(t)$、$x_B(t)$、$x_C(t)$、$x_D(t)$、$x_E(t)$。以下要討論的 4 種過度均是相對於木（A）而言，因此生者過度是指水（E）$\gg$ 木（A）的情形，被生者過度是指火（B）$\gg$ 木（A）的情形，剋者過度是指金（D）$\gg$ 木（A）的情形，被剋者過度是指土（C）$\gg$ 木（A）的情形。

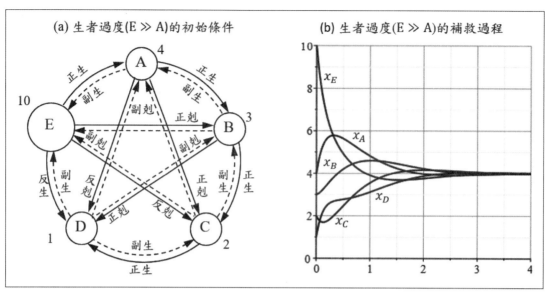

圖 6.14 （a）生者過度（E ≫ A）情況下的初始值設定，以及相對應的三生三剋的作用方向。（b）五代理人的數量（能量）隨時間的變化情形，顯示代理人 E 透過正生 A 與反生 D 的機制，將其數量轉移給其他四個代理人，經過約 3 秒後，五代理人的數量都達到相同的平衡值 4。

資料來源：作者繪製。

6.5.1 生者過度的自動補償功能

　　首先考慮生者過度的自動補償機制，生者過度對於木（A）而言，就是水（E）≫ 木（A）的情形，所以在圖 6.14a 中特別以大圓代表水（E），其代數的初始值設定為 $x_E = 10$，其他代理人的數量較小，故以小圓表示，初始值分別設定成 $x_A = 4$，$x_B = 3$，$x_C = 2$，$x_D = 1$。圖 6.14b 顯示科學五行（五代理人網路系統）對生者過度的補救過程，圖中的五條曲線是由求解（6.2.1）式而得到。可以看到過度者 E 透過正生 A 與反生 D 的機制，逐漸將其數量轉移給其他四個代理人，經過約 3 秒的補償過程後，五代理人的數量都達到共同的平衡值 4。

　　表 6.3 呈現在 9 個不同時刻下，五代理人數量的改變情形，並同時顯示三生三剋的作用關係如何隨時間而變化。從表 6.3 可以看到，在前面三個時刻，E（水）的值最大，所以 E 對相鄰的二個代理人產生相生的作用：E（水）生 A（木），E（水）反生 D（金）；同時 E 對相間隔的二個代理人產生相剋的作用：E（水）剋 B（火），E 反剋 C（土）。其他代理人之間的生剋關係，都可以由它們的數量而決定。從表 6.3 可以觀察到，在任意時刻下，五個代理人之間的正生與反生關係的總數目一定是五，它們所對應的副作用也必有

表 6.3　生者過度（E≫A）的三生三剋補救過程

時間	五代理人數量					相生作用（三生）			相剋作用（三剋）		
	木	火	土	金	水	量增	量減	量增	量減	量減	量增
	x_A	x_B	x_C	x_D	x_E	正生	反生	副生	正剋	反剋	副剋
0	4.00	3.00	2.00	1.00	10.0	木→火 火→土 土→金 水→木	水→金	木←火 火←土 土←金 水←木 水←金	木→土 水→火 火→金	水→土 木→金	木←土 水←火 火←金 水←土 木←金
0.1	5.16	3.18	1.71	2.06	7.89	木→火 火→土 水→木	金→土 水→金	木←火 火←土 水←木 金←土 水←金	木→土 水→火 火→金	水→土 木→金	木←土 水←火 火←金 水←土 木←金
0.3	5.78	3.75	1.94	2.66	5.87	木→火 火→土 水→木	金→土 水→金	木←火 火←土 水←木 金←土 水←金	木→土 水→火 火→金	水→土 木→金	木←土 水←火 火←金 水←土 木←金
0.5	5.64	4.20	2.46	2.78	4.93	木→火 火→土	金→土 水→金	木←火 火←土 金←土 水←金 木←水	木→土 水→火 火→金	水→土 木→金	木←土 水←火 火←金 水←土 木←金
1.0	4.82	4.60	3.55	3.12	3.91	木→火 火→土 土→金	水→金 木→水	木←火 火←土 土←金 水←金 木←水	木→土 火→金	水→土 火→水 木→金	木←土 火←金 水←土 火←水 木←金
1.5	4.24	4.46	4.05	3.57	3.69	火→土 土→金	火→木 水→金 木→水	火←土 土←金 火←木 水←金 木←水	木→土 土→水 火→金	火→水 木→金	木←土 土←水 火←金 火←水 木←金
2.0	3.98	4.22	4.16	3.87	3.76	火→土 土→金 金→水	火→木 木→水	火←土 土←金 金←水 火←木 木←水	土→水 火→金	土→木 火→水 木→金	土←水 火←金 土←木 火←水 木←金
3.0	3.94	3.99	4.06	4.04	3.97	土→金 金→水 水→木	火→木 土→火	土←金 金←水 水←木 火←木 土←火	土→水 金→木	土→木 金→火	土←水 金←木 土←木 金←火
5.0	4.00	4.00	4.00	4.00	4.00	*	*	*	*	*	*

資料來源：作者整理。

五個，亦即有五個副生。在另一方面，正剋與反剋關係的總數目也一定為五，它們所對應的副作用有五個，亦即有五個副剋。由（6.2.1）式的積分，我們可以知道在每一個時刻 t 下，五個代理人的數量 $x_A(t)$、$x_B(t)$、$x_C(t)$、$x_D(t)$、$x_E(t)$，表 6.3 只是列出其中的 9 個時刻。一旦知道在某一個時刻五個代理人的數目，則根據（6.1.1）式，三生與三剋的關係即可唯一決定。當時間到達 $t = 3$ 時，五個代理人的數量都來到 4 的附近，由於彼此的差距很小，三生三剋的補償強度逐漸變小。當時間到達 $t = 5$ 時，五個代理人的數量都已全部等於 4，此時代理人之間沒有數量差，五行達到平衡的狀態，三生三剋的補償機制自動停止。

表 6.4 列出在不同時刻下，五個代理人數量的變化率，以下步驟說明變化率的計算的過程。

（1）$t = 0$ 時，A（木）的變化率 $\dot{x}_A(0)$ 計算

我們以初始時刻 $t = 0$ 為範例，說明如何得到表 6.4 的數據。首先將初始值 $x_A(0) = 4$，$x_B(0) = 3$，$x_C(0) = 2$，$x_D(0) = 1$，$x_E(0) = 10$，以及生剋係數 $a = 2.75$，$b = 1.75$，$c = 0.25$，$d = 0.75$，代入（6.1.4a）式，得到代理人 A（木）的變化率 $\dot{x}_A(0)$ 如下。

$$\dot{x}_A(0) = a(x_E - x_A) + b(x_B - x_A) - c(x_D - x_A) - d(x_C - x_A) \qquad (6.5.1)$$
$$= 2.75(10 - 4) + 1.75(3 - 4) - 0.25(1 - 4) - 0.75(2 - 4)$$
$$= 16.5 - 1.75 + 0.75 + 1.5$$
$$= +17.0$$

（6.5.1）式的右邊包含有 4 項，其中前面二項是關於相生的作用，後面二項是關於相剋的作用。並且注意，在相生的作用中，變化率若為正值，代表是正／反生的作用，造成代理人數量的增加；變化率若為負值，代表是副生的作用，造成代理人數量的減少。在相剋的作用中，變化率若為負值，代表是正／反剋的作用，造成代理人數量的減少；變化率若為正值，代表是副剋的作用，造成代理人數量的增加。

依據以上的規則，我們可以來詮釋（6.5.1）式右邊每一項所代表的意義。首先看（6.5.1）式右邊的第一項，此項是代理人 E（水）對代理人 A（木）的相生作用，由於其值 $a(x_E - x_A) = 2.75(10 - 4) = +16.5$ 為正，故代表正／反生的作用，又因為從 E 到 A 是沿著傳統五行生的方向，依先前的定義，此為生的正方向。因此（6.5.1）式右邊的第一項代表代理人 E（水）對代理人 A（木）的正生作用，造成代理人 A（木）數量的增加，增加的速率為 +16.5。由於此增加的速率很大，說明在生者過度的補償過程中，初期主要是以水生木的作用來進行補償。

其次看（6.5.1）式右邊的第二項，此項是代理人 B（火）對代理人 A（木）的相生作用，由於其值 $b(x_B - x_A) = 1.75(3 - 4) = -1.75$ 為負，故代表副生的作用。副生會造成代理人 A（木）數量的減少，其減少的速率為 -1.75。其次再看（6.5.1）式右邊的第三項，此項是代理人 D（金）對代理人 A（木）的相剋作用，由於其值 $-c(x_D - x_A) = -0.25(1 - 4) = +0.75$ 為正，故代表副剋的作用。副剋會造成代理人 A（木）數量的增加，其增加的速率為 $+0.75$。最後看（6.5.1）式右邊的第四項，此項是代理人 C（土）對代理人 A（木）的相剋作用，由於其值 $-d(x_C - x_A) = -0.75(2 - 4) = +1.5$ 也是正，故同樣是副剋的作用，會造成代理人 A（木）數量的增加，其增加的速率為 $+1.5$。

歸納而言，（6.5.1）式右邊的四項說明造成代理人 A（木）數量變化的四個來源，第一個來源是 E（水）對 A（木）的正生作用，造成 A（木）數量的增加，增加的速率為 $+16.5$；第二個來源是 B（火）對 A（木）的副生作用，造成 A（木）數量的減少，減少的速率為 -1.75；第三個來源是 D（金）對 A（木）的副剋作用，造成 A（木）數量的增加，增加的速率為 $+0.75$；第四個來源是 C（土）對 A（木）的副剋作用，造成 A（木）數量的增加，增加的速率為 $+1.5$。將以上四個作用相加起來，得到代理人 A（木）數量的總變化率為 $\dot{x}_A(0) = 16.5 - 1.75 + 0.75 + 1.5 = +17.0$。以上的計算結果已全部記錄在表 6.4 中關於時間 $t = 0$ 那一欄中的木行。以上關於代理人 A（木）的計算結果說明其他四個代理人對代理人 A（木）的綜合作用，在生者過度的補償初期，會造成 A 數量的快速增加。這個結果同時反映在圖 6.14b 中，從此圖可以看到 x_A 的值在補償的初期階段確實是往上遞增的。

表 6.4　生者過度（E ≫ A）下的五行數量變化率隨時間的演化

時間	五行		木（x_A）		火（x_B）		土（x_C）		金（x_D）		水（x_E）		變化率
0	木	4.00			副生	-1.75	副剋	+1.50	副剋	0.75	正生	+16.5	+17.0
	火	3.00	正生	2.75			副生	-1.75	副剋	1.50	正剋	-1.75	+0.75
	土	2.00	正剋	-0.5	正生	2.75			副生	-1.75	反剋	-6.0	-5.5
	金	1.00	反剋	-2.25	正剋	-0.5	正生	2.75			反生	15.75	+15.75
	水	10.0	副生	-10.5	副剋	5.25	副剋	2.0	副生	-24.8			-28
0.1	木	5.16			副生	-3.47	副剋	2.59	副剋	0.78	正生	7.49	+7.39
	火	3.18	正生	5.45			副生	-2.57	副剋	0.84	正剋	-1.18	+2.54
	土	1.70	正剋	-0.86	正生	4.04			反生	0.61	反剋	-4.63	-0.84
	金	2.06	反剋	-2.33	正剋	-0.28	副剋	-0.96			反生	10.20	+6.63
	水	7.89	副生	-4.77	副剋	3.53	副剋	1.54	副生	-16.0			-15.7

			木		火		土		金		水		
0.3	木	5.78	✕		副生	-3.55	副剋	2.88	副剋	0.78	正生	0.26	+0.36
	火	3.75	正生	5.59	✕		副生	-3.16	副剋	0.81	正剋	-0.53	+2.71
	土	1.94	正剋	-0.96	正生	4.96	✕		反生	1.26	反剋	-2.95	+2.32
	金	2.66	反剋	-2.33	正剋	-0.27	副生	-1.99	✕		反生	5.61	+1.02
	水	5.87	副生	-0.16	副剋	1.59	副生	0.98	副生	-8.82	✕		-6.41
0.5	木	5.64	✕		副生	-2.51	副剋	2.38	副剋	0.72	副生	-1.95	-1.37
	火	4.20	正生	3.95	✕		副生	-3.04	副剋	1.07	正剋	-0.18	+1.80
	土	2.46	正剋	-0.79	正生	4.78	✕		反生	0.55	反剋	-1.85	+2.68
	金	2.78	反剋	-2.15	正剋	-0.36	副生	-0.86	✕		反生	3.76	+0.40
	水	4.93	反生	1.24	副剋	0.54	副生	0.62	副生	-5.91	✕		-3.51
1.0	木	4.82	✕		副生	-0.38	副剋	0.95	副剋	0.43	副生	-2.51	-1.51
	火	4.60	正生	0.60	✕		副生	-1.84	副剋	1.11	副剋	0.17	+0.05
	土	3.55	正剋	-0.32	正生	2.89	✕		副生	-0.76	反剋	-0.27	+1.55
	金	3.12	反剋	-1.28	正剋	-0.37	正生	1.19	✕		反生	1.38	+0.92
	水	3.91	反生	1.60	反剋	-0.52	副生	0.09	副生	-2.17	✕		-1.00
1.5	木	4.24	✕		反生	0.39	副剋	0.14	副剋	0.17	副生	-1.51	-0.81
	火	4.46	副生	-0.61	✕		副生	-0.72	副剋	0.67	副生	0.19	-0.47
	土	4.05	正剋	-0.05	正生	1.13	✕		副生	-0.83	副生	0.27	+0.52
	金	3.57	反剋	-0.5	正剋	-0.22	正生	1.31	✕		反生	0.21	+0.79
	水	3.69	反生	0.96	反剋	-0.58	正生	-0.09	副生	-0.32	✕		-0.03
2.0	木	3.98	✕		反生	0.43	反剋	-0.14	副剋	0.03	副生	-0.59	-0.27
	火	4.22	副生	-0.68	✕		副生	-0.11	副剋	0.26	副剋	0.12	-0.41
	土	4.16	副剋	0.05	正生	0.17	✕		副生	-0.5	副生	0.3	+0.02
	金	3.87	反剋	-0.08	正剋	-0.09	正生	0.79	✕		副生	-0.2	+0.42
	水	3.76	反生	0.38	反剋	-0.35	正生	-0.1	正生	0.31	✕		+0.24
3.0	木	3.94	✕		反生	0.10	反剋	-0.09	正剋	-0.03	正生	0.08	+0.07
	火	3.99	副生	-0.16	✕		反生	0.12	反剋	-0.04	副生	0.01	-0.08
	土	4.06	副生	0.03	副生	-0.18	✕		副生	-0.03	副剋	0.07	-0.11
	金	4.04	副生	0.08	副剋	0.01	正生	0.05	✕		副生	-0.14	+0.01
	水	3.97	副生	-0.05	反剋	-0.02	正生	-0.02	正生	0.22	✕		+0.12
5.0	木	4.00	✕	0.00		0.00		0.00		0.00		0.00	0.00
	火	4.00		0.00	✕	0.00		0.00		0.00		0.00	0.00
	土	4.00		0.00		0.00	✕	0.00		0.00		0.00	0.00
	金	4.00		0.00		0.00		0.00	✕	0.00		0.00	0.00
	水	4.00		0.00		0.00		0.00		0.00	✕	0.00	0.00

資料來源：作者整理。

（2）$t = 0$ 時，B（火）的變化率 $\dot{x}_B(0)$ 計算

　　其次我們討論代理人 B（火）的變化情形。採用類似（a）的步驟，將初始值 $x_A(0) = 4$，$x_B(0) = 3$，$x_C(0) = 2$，$x_D(0) = 1$，$x_E(0) = 10$，代入（6.1.4b）式，得到代理人 B（火）的變化率 $\dot{x}_B(0)$ 如下：

$$\dot{x}_B(0) = a(x_A - x_B) + b(x_C - x_B) - c(x_E - x_B) - d(x_D - x_B) \qquad （6.5.2）$$
$$= 2.75(4 - 3) + 1.75(2 - 3) - 0.25(10 - 3) - 0.75(1 - 3)$$
$$= 2.75 - 1.75 - 1.75 + 1.5$$
$$= +0.75$$

（6.5.2）式的右邊包含有 4 項，其中前面二項是相生的作用（正值代表正／反生的作用，負值代表副生的作用），後面二項是相剋的作用（負值代表正／反剋的作用，正值代表副剋的作用）。（6.5.2）式的第一項是代理人 A（木）對於代理人 B（火）的相生作用，由於其值 $a(x_A - x_B) = 2.75(4 - 3) = +2.75$ 為正，故代表正／反生的作用，又因為從 A 到 B 是沿著傳統五行生的方向，故為生的正方向。（6.5.2）式的第二項是代理人 C（土）對於代理人 B（火）的相生作用，由於其值 $a(x_C - x_B) = 1.75(2 - 3) = -1.75$ 為負，故代表副生的作用，造成代理人 B（火）數量的減少。（6.5.2）式的第三項是代理人 E（水）對於代理人 B（火）的相剋作用，由於其值 $-c(x_E - x_B) = -0.25(10 - 3) = -1.75$ 為負，代表正／反剋的作用，又因為 E 剋 B 是沿著傳統五行的相剋方向，所以屬於正剋。（6.5.2）式的第四項是代理人 D（金）對於代理人 B（火）的相剋作用，由於其值 $-d(x_D - x_B) = -0.75(1 - 3) = +1.55$ 為正，代表 D 對 B 是副剋的作用。

　　歸納對於代理人 B（火）的四種作用，代理人 A（木）對 B 是正生的作用，造成 B 數量的增加，增加率為 $+2.75$；代理人 C（土）對 B 是副生的作用，造成 B 數量的減少，減少率為 -1.75；代理人 E（水）對 B 是正剋作用，造成 B 數量的減少，減少率為；代理人 D（金）對 B 是副剋的作用，造成 B 數量的增加，增加率為 $+1.55$。將以上四個作用相加起來，得到代理人 B（火）數量的總變化率 $\dot{x}_B$ 為 $2.75 - 1.75 - 1.75 + 1.5 = +0.75$。以上的計算結果已全部記錄在表 6.4 中關於時間那一欄中的火行。由於代理人 B（火）的總變化率 $\dot{x}_B(0) = +0.75$，其值很小，代表在生者過度的補償初期，代理人 B（火）的數量 x_B 增加緩慢，如圖 6.14b 所示。

（3）$t = 0$ 時，C（土）的變化率 $\dot{x}_C(0)$ 計算

　　一樣將初始值 $x_A(0) = 4$，$x_B(0) = 3$，$x_C(0) = 2$，$x_D(0) = 1$，$x_E(0) = 10$，代入

（6.1.4c）式，得到代理人 C（土）的變化率 $\dot{x}_C(0)$ 如下：

$$\dot{x}_C(0) = a(x_B - x_C) + b(x_D - x_C) - c(x_A - x_C) - d(x_E - x_C) \qquad (6.5.3)$$
$$= 2.75(3 - 2) + 1.75(1 - 2) - 0.25(4 - 2) - 0.75(10 - 2)$$
$$= 2.75 - 1.75 - 0.5 - 6$$
$$= -5.5$$

（6.5.3）式的第一項是代理人 B（火）對於代理人 C（土）的相生作用，由於其值 $a(x_B - x_C) = 2.75(3 - 2) = +2.75$ 為正，故代表正／反生的作用，又因為從 B 到 C 是沿著傳統五行生的方向，故為生的正方向。（6.5.3）式的第二項是代理人 D（金）對於代理人 C（土）的相生作用，由於其值 $b(x_D - x_C) = 1.75(1 - 2) = -1.75$ 為負，故代表副生的作用。（6.5.3）式的第三項是代理人 A（木）對於代理人 C（土）的相剋作用，由於其值 $-c(x_A - x_C) = -0.25(4 - 2) = -0.5$ 為負，代表正／反剋的作用，又因為 A 剋 C 是沿著傳統五行的相剋方向，所以屬於正剋。（6.5.3）式的第四項是代理人 E（水）對於代理人 C（土）的相剋作用，由於其值 $-d(x_E - x_C) = -0.75(10 - 2) = -6$ 為負，代表正／反剋的作用，又因為 E 剋 C 是沿著傳統五行的相剋反方向，所以屬於反剋。

　　歸納對於代理人 C（土）的四種作用，代理人 B（火）對 C 是正生的作用，造成 C 數量的增加，增加率為 +2.75；代理人 D（金）對 C 是副生的作用，造成 C 數量的減少，減少率為 −1.75；代理人 A（木）對 C 是正剋作用，造成 C 數量的減少，減少率為 −0.5。代理人 E（水）對 C 是反剋的作用，造成 C 數量的減少，減少率為 −6。將以上四個作用相加起來，得到代理人 C（土）數量的總變化率 $\dot{x}_C$ 為 $2.75 - 1.75 - 0.5 - 6 = -5.5$。以上的計算結果已全部記錄在表 6.4 中關於時間那一欄中的土行。由於代理人 C（土）的總變化率 $\dot{x}_C(0) = -5.5$ 為負值，代表在生者過度的補償初期，代理人 C（土）的數量 x_C 是先遞減的，如圖 6.14b 中的 x_C 曲線所示。

（4）$t = 0$ 時，D（金）的變化率 $\dot{x}_D$ 計算

　　將初始值 $x_A(0) = 4$，$x_B(0) = 3$，$x_C(0) = 2$，$x_D(0) = 1$，$x_E(0) = 10$，代入（6.1.4d）式，得到代理人 D（金）的變化率 $\dot{x}_D(0)$ 如下：

$$\dot{x}_D(0) = a(x_C - x_D) + b(x_E - x_D) - c(x_B - x_D) - d(x_A - x_D) \qquad (6.5.4)$$
$$= 2.75(2 - 1) + 1.75(10 - 1) - 0.25(3 - 1) - 0.75(4 - 1)$$
$$= 2.75 + 15.75 - 0.5 - 2.25$$
$$= 15.75$$

（6.5.4）式的第一項是代理人 C（土）對於代理人 D（金）的相生作用，由於其值 $a(x_C - x_D) = 2.75(2-1) = +2.75$ 為正，故代表正／反生的作用，又因為從 C 到 D 是沿著傳統五行生的方向，故為正生。（6.5.4）式的第二項是代理人 E（水）對於代理人 D（金）的相生作用，由於其值 $b(x_E - x_D) = 1.75(10-1) = 15.75$ 為正，故代表正／反生的作用，又因為從 E 到 D 是沿著傳統五行生的反方向，故為反生。（6.5.4）式的第三項是代理人 B（火）對於代理人 D（金）的相剋作用，由於其值 $-c(x_B - x_D) = -0.25(3-1) = -0.5$ 為負，代表正／反剋的作用，又因為 B 剋 D 是沿著傳統五行的相剋方向，所以屬於正剋。（6.5.4）式的第四項是代理人 A（木）對於代理人 D（金）的相剋作用，由於其值 $-d(x_A - x_D) = -0.75(4-1) = -2.25$ 為負，代表正／反剋的作用，又因為 A 剋 D 是沿著傳統五行的相剋反方向，所以屬於反剋。

歸納對於代理人 D（金）的四種作用，代理人 C（土）對 D 是正生的作用，造成 D 數量的增加，增加率為 $+2.75$；代理人 E（水）對 D 是反生的作用，造成 D 數量的增加，增加率為 15.75；代理人 B（火）對 D 是正剋作用，造成 D 數量的減少，減少率為 -0.5。代理人 A（木）對 D 是反剋的作用，造成 D 數量的減少，減少率為 -2.25。將以上四個作用相加起來，得到代理人 D（金）數量的總變化率 $\dot{x}_D$ 為 $2.75 + 15.75 - 0.5 - 2.25 = 15.75$。以上的計算結果已全部記錄在表 6.4 中關於時間 $t = 0$ 那一欄中的金行。由於代理人 D（金）的總變化率 $\dot{x}_D(0) = 15.75$ 為大的正值（主要來自水對金的反生作用），代表在生者過度的補償初期，代理人 D（金）的數量 x_D 快速遞增，如圖 6.14b 中的 x_D 曲線所示。

（5）$t = 0$ 時，E（水）的變化率 $\dot{x}_E(0)$ 計算

將初始值 $x_A(0) = 4$，$x_B(0) = 3$，$x_C(0) = 2$，$x_D(0) = 1$，$x_E(0) = 10$，代入（6.1.4e）式，得到代理人 E（水）的變化率 $\dot{x}_E(0)$ 如下：

$$\dot{x}_E(0) = a(x_D - x_E) + b(x_A - x_E) - c(x_C - x_E) - d(x_B - x_E) \qquad (6.5.5)$$
$$= 2.75(1-10) + 1.75(4-10) - 0.25(2-10) - 0.75(3-10)$$
$$= -24.75 - 10.5 + 2 + 5.25$$
$$= -28$$

（6.5.5）式的第一項是代理人 D（金）對於代理人 E（水）的相生作用，由於其值 $a(x_D - x_E) = 2.75(1-10) = -24.75$ 為負，故代表副生的作用。（6.5.5）式的第二項是代理人 A（木）對於代理人 E（水）的相生作用，由於其值 $b(x_A - x_E) = 1.75(4-10) = $

−10.5 為負,故亦代表副生的作用。(6.5.5)式的第三項是代理人 C(土)對於代理人 E(水)的相剋作用,由於其值 $-c(x_C - x_E) = -0.25(2 - 10) = +2$ 為正,代表副剋的作用。(6.5.5)式的第四項是代理人 B(火)對於代理人 E(水)的相剋作用,由於其值 $-d(x_B - x_E) = -0.75(3 - 10) = +5.25$ 為負,代表副剋的作用。

歸納對於代理人 E(水)的四種作用,代理人 D(金)對 E 是副生的作用,造成 E 數量的減少,減少率為 −24.75;代理人 A(木)對 E 也是副生的作用,造成 E 數量的減少,減少率為 −10.5;代理人 C(土)對 E 是副剋作用,造成 E 數量的增加,增加率為 +2。代理人 B(火)對 E 也是副剋的作用,造成 E 數量的增加,增加率為 +5.25。將以上四個作用相加起來,得到代理人 E(水)數量的總變化率 $\dot{x}_E$ 為 $-24.75 - 10.5 + 5.25 = -28$。以上的計算結果已全部記錄在表 6.4 中關於時間 $t = 0$ 那一欄中的水行。由於代理人 E(水)的總變化率 $\dot{x}_E(0) = -28$ 為大的負值(主要來自金對水及木對水的副生作用),代表在生者過度的補償初期,代理人 E(水)的數量 x_D 快速遞減,如圖 6.14b 中的 x_E 曲線所示。

(6)$t = 0.1$ 時,計算各代理人的數量 $x_i(0.1)$

在前面的步驟中,我們是以五代理人數量的初始值 $x_A(0) = 4$,$x_B(0) = 3$,$x_C(0) = 2$,$x_D(0) = 1$,$x_E(0) = 10$,決定了五代理人數量的初始變化率,歸納結果如下:$\dot{x}_A(0) = +17.0$,$\dot{x}_B(0) = +0.75$,$\dot{x}_C(0) = -5.5$,$\dot{x}_D(0) = +15.75$,$\dot{x}_E(0) = -28$。有了初始變化率之後,我們即可計算下一個時間點的五代理人數量。依據(5.4.2)式,變化率 $\dot{x}_A$ 的定義為

$$\text{代理人 A 的變化率} = \dot{x}_A = \lim_{\Delta t \to 0} \frac{\Delta x_A}{\Delta t} = \frac{dx_A}{dt} \qquad (6.5.6)$$

$\dot{x}_A$ 代表 x_A 對時間 t 的微分,是指在 dt 的時間內,x_A 的變化量為 dx_A,其中 dt 為無限小的時間間隔。但在實際的數值計算中,無限小的時間 dt 無法用有限數目的電腦位元去實現,我們只能用有限小的時間 Δt 去近似無限小的時間 dt,而用相除的代數運算去取代微分運算 $\dot{x}_A$:

$$\dot{x}_A \approx \frac{\Delta x_A}{\Delta t} \longrightarrow \Delta x_A \approx \dot{x}_A \Delta t \qquad (6.5.7)$$

其中 $\dot{x}_A$ 是由(6.1.4a)式所給定。因此初始值 $x_A(0)$ 在經過 Δt 的時間後,其值變成

$$x_A(\Delta t) = x_A(0) + \Delta x_A = x_A(0) + \dot{x}_A \Delta t \qquad (6.5.8)$$

代入已知條件 $x_A(0) = 4$，$\dot{x}_A(0) = +17.0$，及 $\Delta t = 0.1$，得到

$$x_A(0.1) = x_A(0) + \dot{x}_A(0) \times \Delta t = 4 + 17.0 \times 0.1 = 5.7 \qquad (6.5.9a)$$

用同樣的方式可以得到其他四個代理人在 $t = 0.1$ 的時刻的數量為

$$x_B(0.1) = x_B(0) + \dot{x}_B(0) \times \Delta t = 3 + 0.75 \times 0.1 = 3.075 \qquad (6.5.9b)$$

$$x_C(0.1) = x_C(0) + \dot{x}_C(0) \times \Delta t = 2 - 5.5 \times 0.1 = 1.45 \qquad (6.5.9c)$$

$$x_D(0.1) = x_D(0) + \dot{x}_D(0) \times \Delta t = 1 + 15.75 \times 0.1 = 2.575 \qquad (6.5.9d)$$

$$x_E(0.1) = x_E(0) + \dot{x}_E(0) \times \Delta t = 10 - 28 \times 0.1 = 7.2 \qquad (6.5.9e)$$

（6.5.9）式的計算值是手算的近似結果，比較精確的電腦計算結果列在表 6.4 中關於時間 $t = 0.1$ 的那一欄，其結果為 $x_A(0.1) = 5.16$，$x_B(0.1) = 3.18$，$x_C(0.1) = 1.70$，$x_D(0.1) = 2.06$，$x_E(0.1) = 7.89$。比較之下，可見（6.5.9）式含有相當的誤差。誤差的來源是因為（6.5.9）式所取的時間間隔 $\Delta t = 0.1$ 不夠小。電腦計算所採用時間間隔為 $\Delta t = 10^{-6}$，是 $\Delta t = 0.1$ 的十萬分之一，所以可以得到更精確的結果，但所要付出的代價是需要更多的計算步驟。在（6.5.9a）式中，從 $x_A(0)$ 計算 $x_A(0.1)$ 只用了一步就到達，但是若以 $\Delta t = 10^{-6}$ 為時間的步寬，這相當於移動一步，時間只前進了 10^{-6} 秒，因此需要移動十萬（10^5）步，時間才能從 $t = 0$ 移動到 $t = 0.1$。也就是說，像（6.5.9a）式的計算過程，電腦總共進行了十萬次，才得到 $x_A(0.1)$ 的精確值。相較之下，（6.5.9a）式的手算過程只需要一次，即可得到 $x_A(0.1)$ 的粗略值。然而由於新一代電腦的快速，雖然是進行了十萬次的代數運算才得到 $x_A(0.1)$ 的精確值，但其計算過程幾乎是瞬間完成，比一次的手算過程還要快很多。

（7）$t = 0.1$ 時，計算各代理人的數量變化率 $\dot{x}_i(0.1)$

在前一步驟中，我們分別用手算及電腦計算，得到五代理人在時間 $t = 0.1$ 的數量 $x_i(0.1)$。有了 $x_i(0.1)$，我們即可用以求得各代理人的數量變化率 $\dot{x}_i(0.1)$。計算的過程重複步驟（1）到步驟（6），相關細節就不再重複說明，以下只列出主要的計算式。將 $x_A(0.1) = 5.16$，$x_B(0.1) = 3.18$，$x_C(0.1) = 1.70$，$x_D(0.1) = 2.06$，$x_E(0.1) = 7.89$，分別代入（6.1.4）式中的五個式子，得到各代理人的數量變化率如下：

$$\dot{x}_A(0.1) = a(x_E - x_A) + b(x_B - x_A) - c(x_D - x_A) - d(x_C - x_A) \qquad (6.5.10)$$
$$= 2.75(7.89 - 5.16) + 1.75(3.18 - 5.16) - 0.25(2.06 - 5.16) - 0.75(1.70 - 5.16)$$
$$= 7.5075 - 3.465 + 0.775 + 2.595 = 7.4125$$

$$\dot{x}_B(0.1) = a(x_A - x_B) + b(x_C - x_B) - c(x_E - x_B) - d(x_D - x_B) \quad (6.5.11)$$
$$= 2.75(5.16 - 3.18) + 1.75(1.70 - 3.18) - 0.25(7.89 - 3.18) - 0.75(2.06 - 3.18)$$
$$= 5.445 - 2.59 - 1.1775 + 0.84 = 2.5175$$

$$\dot{x}_C(0.1) = a(x_B - x_C) + b(x_D - x_C) - c(x_A - x_C) - d(x_E - x_C) \quad (6.5.12)$$
$$= 2.75(3.18 - 1.70) + 1.75(2.06 - 1.70) - 0.25(5.16 - 1.70) - 0.75(7.89 - 1.70)$$
$$= 4.07 + 0.63 - 0.865 - 4.6425 = -0.8075$$

$$\dot{x}_D(0.1) = a(x_C - x_D) + b(x_E - x_D) - c(x_B - x_D) - d(x_A - x_D) \quad (6.5.13)$$
$$= 2.75(1.70 - 2.06) + 1.75(7.89 - 2.06) - 0.25(3.18 - 2.06) - 0.75(5.16 - 2.06)$$
$$= -0.99 + 10.2025 - 0.28 - 2.325 = +6.6075$$

$$\dot{x}_E(0.1) = a(x_D - x_E) + b(x_A - x_E) - c(x_C - x_E) - d(x_B - x_E) \quad (6.5.14)$$
$$= 2.75(2.06 - 7.89) + 1.75(5.16 - 7.89) - 0.25(1.7 - 7.89) - 0.75(3.18 - 7.89)$$
$$= -16.0325 - 4.7775 + 1.5475 + 3.5325 = -15.73$$

以上的計算結果已記錄在表 6.4 中關於時間 $t = 0.1$ 那一欄的最右側。

（8）計算所有時刻下的各代理人的數量 $x_i(t)$

上一步驟已求出 $\dot{x}_A(0.1)$ 的值，接著再仿照步驟（6）計算 $x_A(0.2)$ 的值

$$x_A(0.2) = x_A(0.1) + \dot{x}_A(0.1) \times \Delta t = 5.16 + 7.4125 \times 0.1 = 5.90125 \quad (6.5.15)$$

然後再循著以下的順序 $x_A(0.2) \to \dot{x}_A(0.2) \to x_A(0.3) \to \dot{x}_A(0.3) \to x_A(0.4) \to \dot{x}_A(0.4) \to x_A(0.5) \to \dot{x}_A(0.5) \to x_A(0.6) \to \cdots$，求出所有時刻下的代理人 A 的數量 $x_A(t)$。其他代理人的數量也是採用相同的方式獲得。所得到的數量 $x_A(t)$ 對時間 t 的變化是每隔 0.1 秒計算一次，故從 0 秒到 5 秒，總共要計算 50 次。但如前所述，$\Delta t = 0.1$ 的時間步寬太大，雖有利於手算，但會產生可觀的誤差，同時因為上一步的計算誤差會累積到下一步，使得越後面的計算結果，累積的誤差越多，精確度也就越差。表 6.4 及圖 6.14b 是以 $\Delta t = 10^{-6}$ 為時間步寬的電腦計算結果，從 0 秒到 5 秒，電腦總共計算了五百萬次，雖然電腦計算比手算的精確度提高了許多，但仍然會受到累積誤差的影響。

從表 6.4 及圖 6.14 可以觀察到，到達時間 $t = 5$ 時，五個代理人的數量均等於 4，也就是五行網路系統已經透過自我補償機制，從生者過度的狀態恢復到五行平衡的狀態。最後所達到的平衡值依據（6.3.9）式，就是五代理人初始數量的平均值，亦即 $(x_A(0) + x_B(0) + x_C(0) + x_D(0) + x_E(0))/5 = (4 + 3 + 2 + 1 + 10)/5 = 4$。在平衡狀態下，由於代理人之間沒有任何差距，又因相生與相剋的強度與代理人之間的差距成正比，所以此時代理人之間已沒有任何三生與三剋的作用，在表 6.4 的相對應欄中就以叉號表示之。

6.5.2 被生者過度的自動補償功能

　　上一節考慮的是生者過度的補償情形，接著我們考慮被生者過度的情形。對於五代理人網路系統而言，其實何者過度都不影響其自動補償的功能，不管五行之中何者數量特別大或特別小，五代理人網路系統都能自動恢復到平衡的狀態。被生者過度對於木（A）而言，就是火（B）≫ 木（A）的情形，所以在圖 4.15a 中特別以大圓代表火（B），其代數的初始值設定為 $x_B = 10$，其他代理人的數量較小，故以小圓表示，初始值分別設定成 $x_A = 4$，$x_C = 3$，$x_D = 2$，$x_E = 1$。所以本節與上一節的唯一差別是代理人的初始數量不同，只要將上一節的初始數量設定改成本節的設定值，則利用相同的計算步驟即可得到如圖 6.15 及表 6.5 的結果。

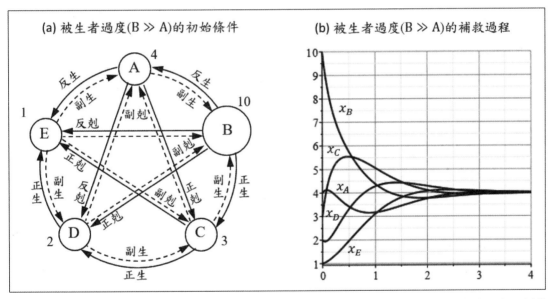

圖 6.15 （a）被生者過度（B≫A）情況下，代理人數量的初始值設定，以及相對應的三生三剋的作用方向。（b）五代理人的數量（能量）隨時間的變化情形，顯示代理人 B 透過正生 C 與反生 A 的機制，將其數量轉移給其他四個代理人，經過約 3 秒後，五代理人的數量都達到相同的平衡值 4。
資料來源：作者繪製。

　　圖 6.15a 顯示被生者過度（E≫A）情況下的初始值設定，以及相對應的三生三剋的作用方向。可以看到過度者 B 主要是透過對代理人 C 的正生作用及對代理人 A 的反生作用，將本身過多的數量（能量）轉移給其他代理人，以逐漸達到五行平衡的狀態。在另

一方面，B 對於 D 的正剋作用及對於 E 的反剋作用則造成 B 數量的反向增加。因此過度者 B 的淨變化率是正／反生與正／反剋二股力量的競爭結果，其確切值可由（6.1.4b）式決定如下：

$$\dot{x}_B(0) = a(x_A - x_B) + b(x_C - x_B) - c(x_E - x_B) - d(x_D - x_B) \qquad (6.5.16)$$
$$= 2.75(4 - 10) + 1.75(3 - 10) - 0.25(1 - 10) - 0.75(2 - 10)$$
$$= -16.5 - 12.25 + 2.25 + 6 = -20.5$$

其中前面二項是因為正／反生效應所造成的 B 數量的的遞減率，後面二項是因為正／反剋效應所造成的 B 數量的的遞增率。由於前者的效應遠大於後者，兩相競爭的結果使得 B 的數量是以 −20.5 的速率遞減。（6.5.16）式中的各項數據已記錄在表 6.5 中關於時間 $t = 0$ 那一欄中的火行。

圖 6.15b 顯示在被生者過度的情況下，五代理人網路系統的補償過程，圖中的五條曲線是以初始值條件 $x_A(0) = 4$，$x_B(0) = 10$，$x_C(0) = 3$，$x_D(0) = 2$，$x_E(0) = 1$，以及生剋係數 $a = 2.75$，$b = 1.75$，$c = 0.25$，$d = 0.75$，求解（6.1.4）式的結果。可以看到過度者 B 透過正生 C 與反生 A 的機制，逐漸將其數量轉移給其他四個代理人。如同（6.5.16）式的預測，過度者 B 以很大的遞減率從初始值 10 向下遞減。代理人 B 的數量經由正生的作用轉移給代理人 C，所以 C 的數量在補償的初期快速增加，但是代理人 C 隨即又透過正生的作用，將數量轉移給 D，這使得 C 的值在達到某一最大值後，開始遞減，而 D 的值則緩慢增加。在經過約 3 秒的補償過程後，五代理人的數量逐漸達到共同的平衡值 4。

表 6.5　被生者過度（B≫A）下的五行數量變化率隨時間的演化

時間	五行		木（x_A）		火（x_B）		土（x_C）		金（x_D）		水（x_E）		變化率
0	木	4.00			反生	10.5	副剋	0.75	副剋	0.5	副生	-8.25	+3.5
	火	10.0	副生	-16.5			副生	-12.3	副剋	6.00	副剋	2.25	-20.1
	土	3.00	正剋	-0.25	正生	7.3			副生	-1.75	副剋	1.5	+18.8
	金	2.00	反剋	-1.5	正剋	-2	正生	2.375			副生	-1.75	-2.5
	水	1.00	反生	5.25	反生	-6.75	正生	-0.50	正生	2.75			+0.75
0.1	木	4.12			反生	7.50	反生	-0.18	副剋	0.53	副生	-8.29	-0.43
	火	8.41	副生	-11.8			副生	-7.09	副剋	4.81	副剋	1.83	-12.2
	土	4.36	副剋	0.06	正生	11.1			副生	-4.14	副剋	2.44	+9.50
	金	1.99	反剋	-1.6	正生	-1.6	正生	6.51			副生	-1.55	+1.76
	水	1.11	反生	5.27	反生	-5.48	正剋	-0.81	正生	2.43			+1.42

組	五行	值	木(生剋)	木值	火(生剋)	火值	土(生剋)	土值	金(生剋)	金值	水(生剋)	水值	合
0.3	木	3.79	✕	✕	反生	5.12	反剋	-1.19	副剋	0.29	副生	-6.34	-2.11
	火	6.72	副生	-8.05	✕	✕	副生	-2.34	副剋	3.07	副生	1.31	-6.01
	土	5.38	副剋	0.40	正生	3.68	✕	✕	副生	-4.82	副生	2.92	+2.17
	金	2.62	反剋	-0.88	正剋	-1.02	正生	7.58	✕	✕	副生	-1.98	+3.70
	水	1.49	反生	4.03	反剋	-3.92	正剋	-0.97	正生	3.12	✕	✕	+2.26
0.5	木	3.42	✕	✕	反生	4.07	反剋	-1.59	副生	0.03	副生	-3.98	-1.48
	火	5.75	副生	-6.40	✕	✕	副生	-0.36	副剋	1.82	副生	0.94	-3.99
	土	5.54	副剋	0.53	正生	0.56	✕	✕	副生	-3.90	副生	2.68	-0.13
	金	3.32	反剋	-0.08	正剋	-0.61	正生	6.13	✕	✕	副生	-2.35	+3.09
	水	1.97	反生	2.53	反剋	-2.83	正剋	-0.89	正生	3.69	✕	✕	+2.51
1.0	木	3.17	✕	✕	反生	2.11	反剋	-1.42	正剋	-0.28	副生	-0.17	+0.25
	火	4.38	副生	-3.32	✕	✕	反生	1.19	副剋	0.07	副生	0.32	-1.74
	土	5.06	副生	0.47	副生	-1.87	✕	✕	副生	-1.37	副剋	1.46	-1.31
	金	4.28	副生	0.83	正剋	-0.02	正生	2.15	✕	✕	副生	-2.04	+0.91
	水	3.11	反生	0.11	反剋	-0.95	正剋	-0.49	正生	3.21	✕	✕	+1.88
1.5	木	3.45	✕	✕	反生	0.72	反剋	-0.76	正剋	-0.25	正生	0.97	+0.68
	火	3.86	副生	-1.13	✕	✕	反生	1.06	反剋	-0.43	副生	0.01	-0.48
	土	4.47	副剋	0.25	副生	-1.67	✕	✕	副生	-0.06	副剋	0.50	-0.96
	金	4.43	副剋	0.74	副剋	0.14	正生	0.1	✕	✕	副生	-1.10	-0.12
	水	3.80	副生	-0.62	反剋	-0.04	正剋	-0.17	正生	1.73	✕	✕	+0.90
2.0	木	3.76	✕	✕	反生	0.04	反剋	-0.26	正剋	-0.13	正生	0.87	+0.51
	火	3.78	副生	-0.06	✕	✕	反生	0.58	反剋	-0.38	正剋	-0.07	+0.06
	土	4.11	副剋	0.09	副生	-0.91	✕	✕	反生	0.32	副剋	0.03	-0.47
	金	4.29	副剋	0.40	副剋	0.13	副生	-0.50	✕	✕	副生	-0.38	-0.35
	水	4.07	副生	-0.55	副生	0.22	正剋	-0.01	正生	0.59	✕	✕	+0.25
3.0	木	4.02	✕	✕	副生	-0.15	副生	0.06	正剋	-0.00	正生	0.16	+0.07
	火	3.93	正生	0.24	✕	✕	反生	0.01	反剋	-0.07	正剋	-0.04	+0.14
	土	3.94	正剋	-0.02	副生	-0.02	✕	✕	反生	0.16	反剋	-0.10	+0.02
	金	4.03	副剋	0.01	副剋	0.02	副生	-0.25	✕	✕	反生	0.09	-0.13
	水	4.08	副生	-0.10	副生	0.11	副剋	0.03	副生	-0.13	✕	✕	-0.10
5.0	木	4.00	✕	0.00	✕	0.00	✕	0.00	✕	0.00	✕	0.00	0.00
	火	4.00	✕	0.00	✕	0.00	✕	0.00	✕	0.00	✕	0.00	0.00
	土	4.00	✕	0.00	✕	0.00	✕	0.00	✕	0.00	✕	0.00	0.00
	金	4.00	✕	0.00	✕	0.00	✕	0.00	✕	0.00	✕	0.00	0.00
	水	4.00	✕	0.000	✕	0.00	✕	0.00	✕	0.00	✕	0.00	0.00

資料來源：作者整理。

五行生剋的網路原理與代數運算

6.5.3 剋者過度的自動補償功能

剋者過度即是傳統五行所說的相乘，也就是剋的一方比被剋者強盛許多，形成強盛的一方霸凌虛弱的一方。若只有二個代理人，則剋者過度將造成剋者越來越強，而被剋者越來越弱的必然結果。但是五行具有五個代理人，當其中二個代理人之間發生剋者過度的情形時，其他三個代理人會對剋者產生牽制的作用，分散其能量，減弱其對被剋者的相乘作用。

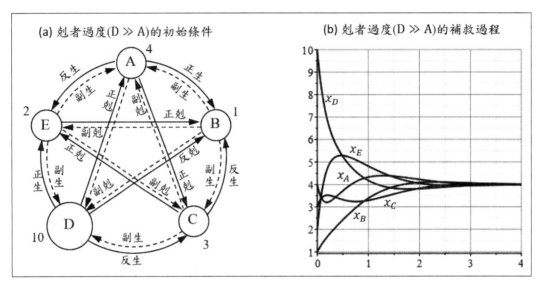

圖 6.16 （a）剋者過度（D≫A）情況下，代理人數量的初始值設定，以及相對應的三生三剋的作用方向。（b）五代理人的數量（能量）隨時間的變化情形，顯示代理人 D 透過正生 E 與反生 C 的機制，將其數量轉給其他四個代理人，經過約 3 秒後，五代理人的數量都達到相同的平衡值 4。資料來源：作者繪製。

剋者過度對於木（A）而言，就是金（D）的數量遠大於木（A）的情形，所以在圖 4.16a 中特別以大圓代表金（D），其代數的初始值設定為 $x_D = 10$，其他代理人的數量較小，故以小圓表示，初始值分別設定成 $x_A = 4$，$x_B = 1$，$x_C = 3$，$x_E = 2$。圖 4.16b 顯示科學五行（五代理人網路系統）對剋者過度的補救過程，圖中的五條曲線是由求解 (6.1.4) 式而得到。可以看到過度者 D 透過正生 E 與反生 C 的機制，逐漸將其數量轉移給其他四個代理人，經過約 3 秒的補償過程後，五代理人的數量都達到共同的平衡值 4。在補償過程的初期，代理人 A 受到代理人 D 的過度相剋，A 的數量確實從 4 向下減少，此即相乘的作用，如圖 6.16b 的 x_A 曲線所示。但是當時間大於 0.2 秒以後，x_A 曲線又開

始增加，代表過度者 D 受到其他代理人的牽制，其對 A 相剋的力度已開始減弱。主要原因是 D 正生 E，一方面使得 D 的數量減少，一方面使得 E 的數量增加，而 E 數量的增加又進一步促成 E 正生 A 的反應，使得 A 的數量也跟著增加。當 A 的數量開始增加後，D 對 A 的相剋力度就減弱了。在補償過程中，各個代理人數量的變化率隨時間的改變可參閱表 6.6 的最後一行。從圖 6.16b 可以看到，當時間大於 1 秒後，A 的數量已反過來大於 D 的數量，此時原先 D 剋 A 太過的情況已經反轉，變成 A 剋 D 了。可見剋者過度的相乘狀態只出現在補償過程的初期，一旦補償機制啟動後，五行之間的二生與二剋作用會逐漸減緩相乘的強度，直至五行系統重新恢復到平衡狀態為止。

表 6.6　剋者過度（D≫A）下的五行數量變化率隨時間的演化

時間	五行		木（x_A）		火（x_B）		土（x_C）		金（x_D）		水（x_E）		變化率
0	木	4.00			副生	-5.25	副剋	0.75	正剋	-1.5	副生	-5.50	-11.5
	火	1.00	正生	8.25			反生	3.50	反剋	-6.75	正剋	-0.25	+4.75
	土	3.00	正剋	-0.25	副生	-5.50			反生	12.3	副剋	0.75	+7.25
	金	10.0	副剋	4.50	副剋	2.25	副生	-7.3			副生	-14.0	-26.5
	水	2.00	反生	3.50	副剋	0.75	正剋	-0.25	正生	22.0			+26.0
0.1	木	3.32			副剋	-3.38	反剋	-0.08	正剋	-1.17	正生	1.44	-3.19
	火	1.39	正生	5.31			反生	3.57	反剋	-4.96	正剋	-0.61	+3.30
	土	3.43	副剋	0.03	副生	-5.61			反生	8.01	反剋	-0.31	+2.12
	金	8.01	副剋	3.52	副剋	1.65	副生	-12.6			副生	-7.29	-14.7
	水	3.84	副生	-0.92	副剋	1.84	副剋	0.10	正生	11.5			+12.5
0.3	木	3.32			副剋	-2.40	反剋	-0.12	正剋	-0.70	正生	4.93	+1.73
	火	1.95	正生	3.77			反生	2.67	反剋	-3.14	正剋	-0.79	+2.51
	土	3.48	副剋	0.04	副生	-4.20			反生	4.65	反剋	-1.23	-0.73
	金	6.14	副剋	2.11	副剋	1.05	副生	-7.31			副生	-1.79	-5.94
	水	5.12	副生	-3.14	副剋	2.37	副剋	0.41	正生	2.81			+2.45
0.5	木	3.72			副生	-2.26	副剋	0.30	正剋	-0.38	正生	4.31	+1.96
	火	2.43	正生	3.55			反生	1.56	反剋	-2.11	正剋	-0.71	+2.28
	土	3.32	正剋	-0.1	副生	-2.45			反生	3.37	副剋	-1.47	-0.65
	金	5.25	副剋	1.15	副剋	0.70	副生	-5.30			反生	0.07	-3.38
	水	5.28	副生	-2.74	副剋	2.14	副剋	0.49	副生	-0.10			-0.21
1.0	木	4.33			副生	-1.65	副剋	0.78	副剋	0.04	正生	1.34	+0.50
	火	3.38	正生	2.60			副剋	-0.16	反剋	-0.60	正剋	-0.36	+1.48
	土	3.29	正剋	-0.26	正生	0.26			反生	1.56	反剋	-1.14	+0.41
	金	4.18	反生	-0.11	副剋	0.20	副剋	-2.44			反生	1.11	-1.24
	水	4.82	副生	-0.85	副剋	1.07	副剋	0.38	副生	-1.75			-1.15

1.5	木	4.37	╳	╳	副生	-0.81	副剋	0.60	副剋	0.13	副生	-0.13	-0.20
	火	3.90	正生	1.28	╳	╳	副生	-0.58	副剋	0.06	正剋	-0.10	+0.64
	土	3.57	正剋	-0.20	正生	0.91	╳	╳	反生	0.45	反剋	-0.56	+0.60
	金	3.83	反剋	-0.40	正剋	-0.02	副生	-0.71	╳	╳	反生	0.86	-0.27
	水	4.32	反生	0.08	副剋	0.31	副生	0.19	副生	-1.35	╳	╳	-0.77
2.0	木	4.22	╳	╳	副生	-0.24	副剋	0.29	副剋	0.10	副生	-0.47	-0.31
	火	4.09	正生	0.37	╳	╳	副生	-0.45	副剋	0.21	副剋	0.01	+0.14
	土	3.83	正剋	-0.1	正生	0.71	╳	╳	副生	-0.04	反剋	-0.17	+0.40
	金	3.81	反剋	-0.31	正剋	-0.07	正生	0.06	╳	╳	反生	0.42	+0.10
	水	4.05	反生	0.30	反剋	-0.03	副生	0.06	副剋	-0.67	╳	╳	-0.34
3.0	木	4.01	╳	╳	反生	0.08	反剋	-0.01	副生	0.02	副生	-0.18	-0.09
	火	4.06	副生	-0.13	╳	╳	副生	-0.07	副剋	0.08	副剋	0.03	-0.08
	土	4.02	副生	0.00	正生	0.10	╳	╳	副生	-0.12	副剋	0.06	+0.04
	金	3.95	反生	-0.05	正剋	-0.03	正生	0.19	╳	╳	副生	-0.01	+0.11
	水	3.95	反生	0.12	反剋	-0.08	正剋	-0.02	正生	0.01	╳	╳	+0.03
5.0	木	4.00	╳	╳		0.00		0.00		0.00		0.00	0.00
	火	4.00		0.00	╳	╳		0.00		0.00		0.00	0.00
	土	4.00		0.00		0.00	╳	╳		0.00		0.00	0.00
	金	4.00		0.00		0.00		0.00	╳	╳		0.00	0.00
	水	4.00		0.00		0.00		0.00		0.00	╳	╳	0.00

資料來源：作者整理。

6.5.4 被剋者過度的自動補償功能

被剋者過度是四種過度的最後一種，在傳統五行生剋中被視為是一種異常現象，亦即被剋者的數量（能量）反而大於剋者的數量，進而造成反剋的現象。但是在五代理人網路系統中，反剋只是三生與三剋的其中一種，在相剋的雙方關係中，不是正剋就是反剋，取決於彼此的相對大小。所以從五代理人網路來看，討論被剋者過度的自動補償機制只是放大檢視反剋在三生三剋中所扮演的角色。

被剋者過度對於木（A）而言，就是土（C）的數量遠大於木（A）的情形，所以在圖 4.17a 中特別以大圓代表土（C），其代數的初始值設定為 $x_C = 10$，其他代理人的數量較小，故以小圓表示，初始值分別設定成 $x_A = 4$，$x_B = 2$，$x_D = 1$，$x_E = 3$。圖 4.17b 顯示五代理人網路系統對被剋者過度的補救過程，圖中的五條曲線是由求解（6.1.4）式而得到。可以看到過度者 C 透過正生 D 與反生 B 的機制，逐漸將其數量轉移給其他四個代理人，經過約 3 秒的補償過程後，五行系統恢復到平衡態。

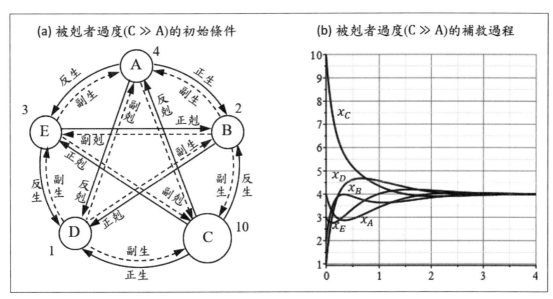

圖 6.17　（a）被剋者過度（C≫A）情況下，代理人數量的初始值設定，以及相對應的三生三剋的作用方向。（b）五代理人的數量（能量）隨時間的變化情形，顯示代理人 C 透過正生 D 與反生 B 的機制，將其數量轉移給其他四個代理人，經過約 3 秒後，五行系統恢復到平衡的狀態，平衡時的數量為 4。

資料來源：作者繪製。

　　如果只有 C 與 A 二個代理人，則 C 對 A 的反剋將造成 C 的數量越多，而 A 的數量越少，從而加劇反剋的效果，進入反剋的惡性循環。然而實際上因為還有其他三個代理人的存在，這會對代理人 C 產生牽制的作用，減緩 C 對 A 的反剋作用。這牽制的角色主要是由 B 與 D 所扮演，C 對 D 有正生的效應，同時 C 對 B 有反生的效應，二者都會造成 C 數量的減少，有助於減緩 C 對於 A 的反剋作用。在另一方面，C 對 B 的反生，增加了 B 的數量，進一步推升 B 對 A 的反生作用，使得 A 的數量跟著增加，當 A 的數量逐漸追到 C 時，C 對 A 的反剋作用就停止了。從表 6.7 可以看到，在時間 0 秒時，A（木）的數量為 4，C（土）的數量為 10，C 大於 A，故 C 反剋 A。當補償過程經過 2 秒後，A（木）的數量仍為 4，但 C（土）的數量為降到 3.9，A 大於 C，故原先 C 反剋 A 的作用，此時已反轉成 A 剋 C 了。也就是被剋者過度的失衡情況在 2 秒內已被自動修正回來，並且在 5 秒內五行又恢復原有的平衡狀態。表 6.7 顯示在時間第 5 秒時，五代理人的數量均等於 4，由於代理人之間已沒有任何差距，三生三剋的作用全部停止，五行系統處於平衡的狀態。

表 6.7　被剋者過度（C≫A）下的五行數量變化率隨時間的改變

時間	五行		木（x_A）	火（x_B）	土（x_C）	金（x_D）	水（x_E）	變化率
0	木	4.00		副生 -3.5	反剋 -4.5	副剋 0.75	副生 -2.75	-10.0
	火	2.00	正生 5.5		反生 14.0	副剋 0.75	正剋 -0.25	+20.0
	土	10.0	副剋 1.5	副生 -22		副生 -15.8	副剋 5.25	-31.0
	金	1.00	反剋 -2.25	正剋 -0.25	正生 24.8		反生 3.50	+25.8
	水	3.00	反生 1.75	副生 0.75	正剋 -1.75	副剋 -5.5		-4.75
0.1	木	3.30		反生 0.06	反剋 -3.34	副剋 0.11	副生 -1.46	-4.63
	火	3.33	副生 -0.09		反生 7.73	副剋 0.36	副剋 0.14	+8.14
	土	7.75	副剋 1.11	副生 -12.2		副生 -8.57	副剋 3.74	-15.9
	金	2.85	反剋 -0.33	正剋 -0.12	正生 13.5		副生 -0.15	+12.9
	水	2.77	反生 0.93	反剋 -0.42	正剋 -1.25	正生 0.24		-0.5
0.3	木	2.88		反生 1.92	反剋 -2.26	正剋 -0.35	正生 0.27	-0.42
	火	3.98	副生 -3.01		反生 3.36	反剋 -0.21	副剋 0.25	+0.38
	土	5.90	副剋 0.75	副生 -5.27		副生 -2.86	副剋 2.19	-5.19
	金	4.26	副剋 1.04	副剋 0.07	正生 4.49		副生 -2.24	+3.35
	水	2.98	副生 -0.17	反剋 -0.75	正剋 -0.73	正生 3.53		+1.88
0.5	木	2.94		反生 1.67	反剋 -1.68	正剋 -0.42	正生 1.18	+0.75
	火	3.89	副生 -2.62		反生 2.43	反剋 -0.55	副剋 0.13	-0.79
	土	5.17	副剋 0.56	副生 -3.53		副生 -0.96	副剋 1.35	-2.58
	金	4.62	副剋 1.26	副剋 0.18	正生 1.51		副生 -2.20	+0.76
	水	3.37	副生 -0.75	反剋 -0.39	正剋 -0.45	正生 3.45		+1.86
1.0	木	3.44		反生 0.35	反剋 -0.68	正剋 -0.28	正生 1.58	+0.97
	火	3.64	副生 -0.56		反生 1.24	反剋 -0.70	正剋 -0.09	-0.11
	土	4.34	副剋 0.23	副生 -1.94		反生 0.39	副剋 0.25	-1.07
	金	4.57	副剋 0.85	副剋 0.23	副生 -0.62		副生 -0.98	-0.51
	水	4.01	副生 -1.00	副剋 0.28	正剋 -0.08	正生 1.54		+0.73
1.5	木	3.82		副生 -0.21	反剋 -0.13	正剋 -0.12	正生 1.01	+0.55
	火	3.70	正生 0.32		反生 0.51	反剋 -0.44	正剋 -0.12	+0.27
	土	4.00	副剋 0.04	副生 -0.81		反生 0.52	反剋 -0.14	-0.38
	金	4.30	副剋 0.36	副剋 0.15	副生 -0.82		副生 -0.19	-0.51
	水	4.19	副生 -0.64	副剋 0.36	副生 0.05	正生 0.30		+0.07
2.0	木	4.00		副生 -0.27	副生 0.07	正剋 -0.02	正生 0.42	+0.20
	火	3.85	正生 0.43		反生 0.10	反剋 -0.19	正剋 -0.08	+0.26
	土	3.90	正剋 -0.02	副生 -0.16		反生 0.33	反剋 -0.19	-0.04
	金	4.09	副剋 0.07	副剋 0.06	副生 -0.53		反生 0.11	-0.29
	水	4.16	副剋 -0.27	副剋 0.23	副剋 0.06	副生 -0.17		-0.14

		數值	木		火		土		金		水		合計
3.0	木	4.04	✕	✕	副生	-0.07	副剋	0.06	副剋	0.02	副生	-0.04	-0.04
	火	4.00	正生	0.12	✕	✕	副生	-0.07	副剋	0.02	正剋	-0.01	+0.06
	土	3.96	正剋	-0.02	正生	0.12	✕	✕	反生	0.03	反剋	-0.05	+ 0.07
	金	3.97	反剋	-0.05	正剋	-0.01	副生	-0.05	✕	✕	反生	0.09	-0.01
	水	4.03	反生	0.03	副剋	0.02	副剋	0.02	副生	-0.14	✕	✕	-0.08
5.0	木	4.00	✕	✕		0.00		0.00		0.00		0.00	0.00
	火	4.00		0.00	✕	✕		0.00		0.00		0.00	0.00
	土	4.00		0.00		0.00	✕	✕		0.00		0.00	0.00
	金	4.00		0.00		0.00		0.00	✕	✕		0.00	0.00
	水	4.00		0.00		0.00		0.00		0.00	✕	✕	0.00

資料來源：作者整理。

　　圖 6.18 是以長條圖的方式同時顯示出四種過度情形下的代理人數量隨時間的變化情形。四個直行從左到右分別代表生者過度、被生者過度、剋者過度、被剋者過度。在四種過度情形下，A（木）的初始值都設定為 4，過度者的初始值都設定為 10。五個代理人的數量在每個時刻下的總和均是 20。經過五行系統的自我補償修正後，每個代理人最後都收斂到相同的平衡值 4，亦即總和的五分之一。從這個並列長條圖可以看到，四種過度情形下的補償過程具有共同的趨勢，都是過渡者先透過正（反）生的作用將多餘的數量轉移給左右相鄰的代理人，左右相鄰的代理人再依序正（反）生更外圍的相鄰代理人。在這一趨勢下，代理人的數量分布從原先集中在過度者的尖峰外型，逐漸往左右擴展，使得尖峰往下攤平，此時過度者的多餘數量逐漸轉移到其他的代理人，直到五個代理人的數量完全一致為止。

　　值得注意的是在四種過度情形下的補償過程都是得力於正（反）生的機制，正（反）剋的機制雖然也參與了補償過程，但是其所呈現的效應是補償的阻力而非助力。如前面幾節所述，三剋（正剋、反剋、副剋）是屬於對抗型的作用，會拉大代理人之間的差距，造成五行系統越發偏離平衡態。所以五行過度的補償過程實際上是二種力量的競爭：三生（正生、反生、副生）是合作型的作用，會縮小代理人之間的差距，有助於五行系統收斂到平衡態；反之，三剋則產生相反的趨勢，使五行偏離平衡態。因此五行過度的補償結果最後是收斂還是發散，取決於哪一種力量比較大。關於五行系統能否恢復到平衡的狀態，（6.3.1）式已推導出關鍵的條件，重述如下

$$\frac{a_+}{c_+} = \frac{a+b}{c+d} > \varphi^2 \approx 2.618 \qquad (6.5.17)$$

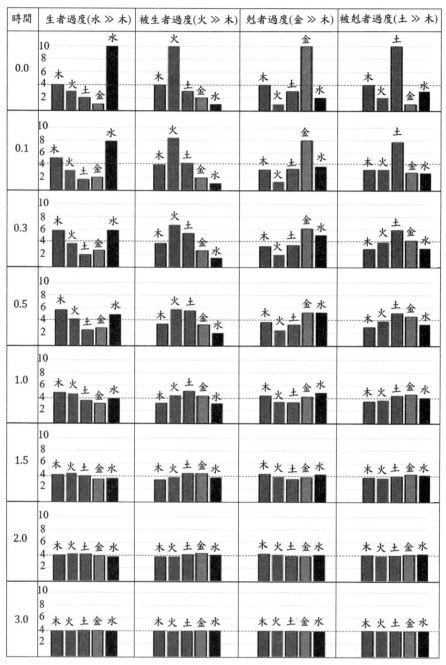

圖 6.18　以長條圖顯示在四種過度情形下（都是相對於代理 A），五個代理人的數量隨時間的變化情形。四個直行從左到右分別代表生者過度、被生者過度、剋者過度、被剋者過度。在四種過度情形下，A 的初始值都設定為 4，過度者的初始值都設定為 10。五個代理人的數量在每個時刻下的總和均是 20。經過五行系統的自我補償過程後，每個代理人最後都收斂到相同的平衡值 4，亦即總和的五分之一。

資料來源：作者繪製。

亦即相生係數的和 $a+b$ 比上相剋係數的和 $c+d$ 必須大於黃金比例的平方。本節所使用的生剋係數為 $a=2.75$，$b=1.75$，$c=0.25$，$d=0.75$，將之代入（6.5.17）式，得到

$$\frac{a+b}{c+d}=\frac{4.5}{1}>\varphi^2$$

因此本節所採用的生剋係數保證五行系統必可從過度的狀態恢復到平衡態。由於三剋作用所產生的對抗性，不是所有過度的五行系統都可補救回來，如果五行系統內在的生剋係數不滿足（6.5.17）式的條件，則三剋的對抗力量必將大於三生的合作力量，導致五行系統會偏離平衡態愈來愈遠。

6.6 五行網路的中與和、大同與小康

從上一節的科學分析我們了解到五行網路透過相生與相剋的作用，讓五行之中各種過度的狀態都能重新回到平衡的狀態（現代網路稱之為共識態）。所以相生與相剋的機制只是手段，五行生剋的最後目的是要讓五行系統進入平衡的狀態。從上一節的圖 6.18 我們可以看到，當達到平衡態時，五行的五個量化指標趨於一致，此時相生與相剋的作用停止運作。生剋的停止運作表現在表 6.4 到表 6.7 中的第 5 秒，其中相對應的生剋作用欄全部以叉號表示，說明三生與三剋已完全不起作用。

在平衡的狀態下，相生與相剋的調節機制已經不需要了，這個平衡的狀態《中庸》稱之為「中」。《中庸》第一章第三段提到

> 喜怒哀樂之未發，謂之中；發而皆中節，謂之和；中也者，天下之大本也；和也者，天下之達道也。致中和，天地位焉，萬物育焉。

喜與怒、哀與樂都是對立的情緒作用（就如同生與剋的對立作用），在「中」的狀態中，喜與怒、哀與樂的情緒調節是不起作用的。就如同在五行網路的平衡狀態下，生與剋的調節是不起作用的。「和」是相對於「中」的偏離，在「和」的狀態中，喜與怒、哀與樂的情緒作用已發動，但能相對於「中」做出適當的調節，此即所謂的「發而皆中節，謂之和。」

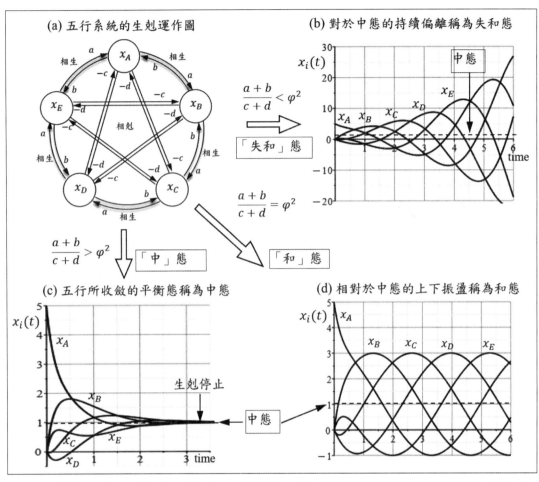

圖 6.19　在圖 6.6 中與《中庸》所對應的三種狀態。(c)圖的五行系統收斂到平衡態,這是《中庸》所稱的「中」態;(d)圖呈現相對於中態的上下振盪,《中庸》稱為「和」態;(b)圖呈現相對於中態的逐漸偏離,對應到五行的「失和」態,或稱不穩定態。
資料來源:作者繪製。

　　因此從現代科學來看,《中庸》所說的「中」即是系統的平衡態(共識態),處於平衡態的系統呈現自然無為的狀態。無為是指在沒有任何外在調節機制的介入下,這個平衡態可永續存在。一旦系統偏離了「中」,則有二種情況會發生,若系統有回到平衡態的趨勢,則系統為穩定,《中庸》稱之為「和」;反之,若系統沒有回到平衡態的趨勢,則系統為不穩定,此對應到「失和」的狀態。在「和」的狀態中,若系統狀態不及於平衡態,則可透過相生的作用使系統增長;反之,若系統狀態已超過平衡態,則可透過相剋的作用加以抑制。結合相生與相剋二種相反的調節作用,使得系統得以在以平衡態為中心

點，上下一定範圍內，保持著和諧的來回振盪，這就是《中庸》所說的「和」。

圖 6.19 顯示圖 6.6 所對應的「中」、「和」與「失和」三種狀態：

（1）當生剋強度比值 $(a+b)/(c+d) > \varphi^2$ 時，五行從偏離平衡的初始狀態 $(x_A(0) = 5,$ $x_B(0) = x_C(0) = x_D(0) = x_E(0) = 0)$，逐漸收斂到平衡態 $(x_A = x_B = x_C = x_D = x_E = 1)$。在收斂的過程中，五行系統處於「和」的狀態，因為五行透過生剋作用的調節功能，逐漸往平衡態移動。當五行系統到達平衡狀態時，生剋作用全部停止，五行進入了《中庸》所稱的「中」，參見圖 6.19c。從五行生剋原理來看，我們可以解釋為什麼平衡狀態又被稱為「中」態。依據（6.3.7）式到（6.3.9）式，五行網路所到達的平衡態位置為

$$x_i(\infty) = \mathcal{A}_i = k = \frac{1}{5}\sum_{j=A}^{E} x_j(0) = \frac{1}{5}\sum_{j=A}^{E} x_j(t), \qquad i = A, B, C, D, E \qquad (6.6.1)$$

此時五個代理人的數量全部等於系統總數量（總能量）的平均值，而這個平均值就是取五個代理人數量的中間值。所以五行網路所到達的平衡狀態其實就是取五行在任意時刻下的「中間」狀態，故稱平衡態為「中」態，乃名符其實。

（2）當生剋強度比值 $(a+b)/(c+d) = \varphi^2$ 時，五行完全處於「和」的狀態（state of harmony），如圖 6.19d 所示，此時五行呈現諧波式的上下振盪（homonic oscillation），其波形如（6.2.12）式所表示：

$$x_i(t) = \mathcal{A}_i + \mathcal{B}_i \sin(\omega_{2,3} t + \theta_i), \; i = A, B, \cdots, E \qquad (6.6.2)$$

其中 $\mathcal{A}_i$ 就是（6.6.1）式中的中態（平衡態位置），$\mathcal{B}_i$ 是諧波的振幅，$\omega_{2,3}$ 是振盪的頻率。可見「和」的狀態是相對於「中」態 $\mathcal{A}_i$ 的上下起伏運動，雖然無法固定在「中」態上，但是能夠透過生剋的調節修正，使得系統狀態與「中」態的偏離不超過 $\mathcal{B}_i$ 的大小。

（3）當生剋強度比值 $(a+b)/(c+d) < \varphi^2$ 時，五行已失去「和」的狀態，科學的術語稱為不穩定，如圖 6.19b 所示。此時生剋作用的調節不是過之，就是不及，造成五行狀態相對於「中」態的偏離越來越遠。

根據上面的分析，一個五行系統若具有「和」的狀態，代表該系統未來的發展有二個可能的方向。第一個可能發展方向是系統從「和」的狀態逐漸收斂到「中」的狀態，如圖 6.19c 所示。第二個可能發展方向是系統一直維持在「和」的狀態，也就是緊跟隨著「中」態上下起伏，不讓偏離擴大，如圖 6.19d 所示。「中」是系統的終極目標，是不需要外在的調節作用（無為而治），可以長久安頓的地方（平衡態）；「和」是通往「中」的過程狀

態，雖然終點不一定落在「中」態，但離「中」態亦不遠矣。

　　「中」是系統的基本目標，「和」是到達目標的過程，無怪乎《中庸》說「中也者，天下之大本也；和也者，天下之達道也。致中和，天地位焉，萬物育焉。」《中庸》所談的系統擴及整個天地，天地系統所對應的「中」（平衡態）即是自然無為的大道，大道是天地系統的本源歸宿，故稱「中也者，天下之大本也。」大道無為指的就是大道是完美的平衡狀態，無需介入任何外在的生剋調節作為。「和」是天地系統到達大道的過程，故稱「和也者，天下之達道也。」在「和」的狀態中，天地系統已偏離了大道，所以需要相生與相剋作用的調節，使得天下萬物在偏離大道後，仍能以大道為標準，在大道上下的一定範圍內，保持著相對和諧的狀態，並逐漸趨向於大道。有了「中」的大道標準，在「和」的狀態中，天地系統才能定位出己身相對於大道的位置，進而根據與大道之間的偏離，擬定攸關萬物和諧共存的生剋法則，此即「致中和，天地位焉，萬物育焉」的道理。

　　《中庸》所談的系統擴及整個天地，如果我們將天地系統縮小到人類社會，則圖 6.19 所呈現的五行系統的三種狀態：「中」態、「和」態與「失和」態，剛好分別對應到二千多年前孔子在《禮記》中所提到的三個境界：大同世界、小康社會與他當下所處的春秋時代。

1.「中」態對應到大同世界：

　　對天地系統而言，「中」態就是天地系統的平衡狀態：大道。當大道施行於人類社會時，即成了孔子在《禮運大同篇》所說的大同世界：

> 大道之行也，天下為公。選賢與能，講信修睦。故人不獨親其親，不獨子其子；使老有所終，壯有所用，幼有所長，矜、寡、孤、獨、廢疾者，皆有所養；男有分，女有歸。貨，惡其棄於地也，不必藏於己；力，惡其不出於身也，不必為己。是故謀閉而不興，盜竊亂賊而不作，故外戶而不閉，是謂「大同」。

大同世界繼承了大道無私與大道無為的本質，在其中沒有善與惡的對立，沒有是與非的分別，因此無需典章法律制度去施行賞與罰。從五行系統來看，大同世界是完美的平衡

態，無過之與不及，因此不需相生與相剋的調節作為。孔子認為五帝[1]治理的時代才堪稱為大同世界。

2.「和」態對應到小康社會：

如前所述，「和」態是相對於「中」態（大道）的偏離，但透過外在的約束與調節力量，「和」態展示了系統在「中」態附近做上下振盪的狀態，參見圖 6.19d。孔子認為五帝後面的夏、商、周三代社會已偏離大道，進入了「和」的狀態，必須施予禮義制度的約束，避免社會與大道的持續偏離，這樣的「和」態社會孔子稱之為小康社會：

> 今大道既隱，天下為家，各親其親，各子其子，貨力為己。大人世及以為禮，城郭溝池以為固，禮義以為紀——以正君臣，以篤父子，以睦兄弟，以和夫婦，以設制度，以立田里，以賢勇知，以功為己。故謀用是作，而兵由此起。禹、湯、文、武、成王、周公，由此其選也。此六君子者，未有不謹於禮者也，以著其義，以考其信，著有過，刑仁講讓，示民有常。如有不由此者，在執者去，眾以為殃。是謂「小康」。

從大同世界到小康社會，「天下為公」變成了「天下為家」；「不獨親其親，不獨子其子」變成了「各親其親，各子其子」；「選賢與能」變成了「大人世及」。私心是小康社會與大同世界的主要差別，由此產生了善與惡的對立，是與非的爭端，因此需要透過典章制度的建立來排解這些對立與爭端。夏、商、周三代君主以禮義制度維繫社會秩序並以之規範五倫關係，避免了人類社會相對於天地大道的持續偏離。小康社會正式啟動了五行生剋的運作，生剋作用所要到達的平衡狀態是天地大道，而生剋作用的手段就是禮義典章制度。小康社會所處的狀態即是《中庸》所稱的「和」態。五帝的大同世界則是一個完美的平衡狀態，相生與相剋在其中不起作用，對應《中庸》所稱的「中」態。

3.「失和」態對應到孔子所處的春秋時代：

參見圖 6.19b，「失和」的狀態是指系統對「中」態（平衡態）的持續擴大偏離，導致失控與不穩定的現象。對人類社會而言，「失和」的狀態指的就是亂世。在孔子所處的

---

[1]　三皇五帝是中國上古傑出首領的代表，三皇時代距今久遠，約在 5 千多年前，乃至更為久遠，而五帝時代則距夏朝不遠，約在 4 千多年前。關於五帝的五位聖王，文獻中有各種不同的說法，根據《史記》與《大戴禮記》，五帝指的是黃帝、顓頊、嚳、堯、舜。

春秋時代，禮教制度已全面崩壞，社會秩序已不受禮義的約束，從而政治混亂，征戰四起。這樣的動盪局面引出了孔子對五帝「大同」之治與三代「小康」之治的嚮往，於是才有了與弟子言偃之間有關「大同」與「小康」的這一段對話。從五行生剋原理來看，「失和」狀態的產生是因為生剋強度的比值 $(a+b)/(c+d)$ 太小了，圖 6.19b 顯示當生剋強度比小於臨界值 φ^2 時，五行系統即進入「失和」的狀態。所以必須增加生剋強度的比值 $(a+b)/(c+d)$，才能避免進入「失和」的狀態。相生強度 $(a+b)$ 代表五行之間互相合作的力量，而相剋強度 $(c+d)$ 代表五行之間互相對抗的力量，春秋時期五行之間（五大諸侯國之間）的對抗力量明顯遠大於合作的力量，導致生剋強度的比值小於臨界值 φ^2。對五行系統而言，這是失和的狀態；對人類社會而言，這是亂世。

孔子認為要恢復小康社會，必須效法禹、湯、文、武、成王、周公之所為，嚴格執行以禮義為綱紀的制度。從五行生剋的觀點來看，孔子的建議做法相當於是要透過禮義的約束增加諸侯國對周王室的向心力（周王室相當於五行系統的中心平衡點，是天道在人間的代表），從而增進諸侯國彼此之間的合作力量。唯有諸侯國彼此之間的合作力量超過對抗的力量，春秋時代才有可能從分崩離析的亂世中恢復到小康社會。當然後續的歷史發展顯示孔子所預期的禮義約束力量並沒有發揮效果。

第七章
五行與線性代數

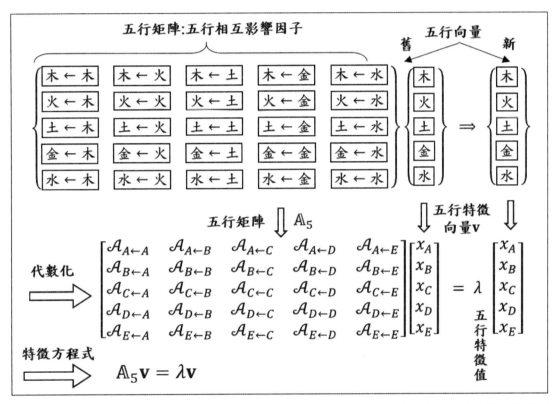

圖 7.0　五行代數的基本元素是五行向量與五行矩陣，其中五行向量是由五個代理人的代表數所組成，它是傳統五行經由代理人化、代數化及函數化的結果。五行矩陣 $\mathbb{A}_5$ 是一個五列乘以五行的矩陣，共含有 25 個元素，代表五行在不同時刻之間的互相影響因子。例如 $\mathcal{A}_{A\leftarrow B}=\mathcal{A}_{木\leftarrow火}$ 代表上一時刻的火行對下一時刻木行的影響因子，$\mathcal{A}_{D\leftarrow E}=\mathcal{A}_{金\leftarrow水}$ 代表上一時刻的水行對下一時刻的金行的影響因子，$\mathcal{A}_{A\leftarrow A}=\mathcal{A}_{木\leftarrow木}$ 代表上一時刻的木行對下一時刻木行的影響因子，也就是木行的自我影響因子等等。

資料來源：作者繪製。

五行代數的基本元素是五行向量與五行矩陣，本書的目的是要以向量與矩陣的運算呈現五行生剋乘悔的哲學推理，讓數字顯示相生強度與相剋強度的高低不同與變化，讓數字運算客觀表達出生與剋整合作用後的結果。五行的線性代數是指五行的五個代表數字之間所呈現的線性關係，透過線性代數的引入，使得五行動態的求解可用特徵值（eigenvalue）與特徵向量（eigenvector）的方法加以處理。五行代數運算規則的建立代表五行思想已可完全融入現代科學的框架中，允許五行理論的學術研究與五行思想在民間五術（山，醫，命，卜，相）的相關應用，都可運用電腦運算來進行。電腦運算就是讓數據說話，讓數據呈現五行生剋推論的結果。

7.1 五行向量與五行矩陣

五行系統就是五代理人網路系統，在本書中，五行的五個代理人是用英文符號 A、B、C、D、E 表示。五行代數就是這五個代理人的代表數字，用 x_A、x_B、x_C、x_D、x_E 表示之。五行代數是代理人的量化指標，可用以表示代理人的數量、能量、強度大小、趨勢等級、運勢強弱指標等等。五行的代數運算就是這五個代表數字之間的加減乘除計算。五行的相生與相剋會隨著時間而推移，導致五行的代表數也會隨時間而變化，所以代表數字必須寫成時間的函數：$x_A(t)$、$x_B(t)$、$x_C(t)$、$x_D(t)$、$x_E(t)$。五行向量 $\mathbf{X}_5$ 是由這五個代表數所組成，它是傳統五行經由代理人化、代數化及函數化的結果，其過程如下式所示：

$$\begin{bmatrix} 木 \\ 火 \\ 土 \\ 金 \\ 水 \end{bmatrix} \xrightarrow{代理人化} \begin{bmatrix} A \\ B \\ C \\ D \\ E \end{bmatrix} \xrightarrow{代數化} \mathbf{X}_5 = \begin{bmatrix} x_A \\ x_B \\ x_C \\ x_D \\ x_E \end{bmatrix} \xrightarrow{函數化} \mathbf{X}_5(t) = \begin{bmatrix} x_A(t) \\ x_B(t) \\ x_C(t) \\ x_D(t) \\ x_E(t) \end{bmatrix} \rightarrow 五行向量 \qquad (7.1.1)$$

不同時刻的五行向量透過五行矩陣加以連結。五行矩陣 A_5 是一個五列乘以五行的矩陣，共含有 25 個元素，其中 $\mathcal{A}_{ij}$ 代表第 i 列、第 j 行的矩陣元素：

$$\mathbb{A}_5 = \begin{bmatrix} \mathcal{A}_{AA} & \mathcal{A}_{AB} & \mathcal{A}_{AC} & \mathcal{A}_{AD} & \mathcal{A}_{AE} \\ \mathcal{A}_{BA} & \mathcal{A}_{BB} & \mathcal{A}_{BC} & \mathcal{A}_{BD} & \mathcal{A}_{BE} \\ \mathcal{A}_{CA} & \mathcal{A}_{CB} & \mathcal{A}_{CC} & \mathcal{A}_{CD} & \mathcal{A}_{CE} \\ \mathcal{A}_{DA} & \mathcal{A}_{DB} & \mathcal{A}_{DC} & \mathcal{A}_{DD} & \mathcal{A}_{DE} \\ \mathcal{A}_{EA} & \mathcal{A}_{EB} & \mathcal{A}_{EC} & \mathcal{A}_{ED} & \mathcal{A}_{EE} \end{bmatrix}$$

$$= \begin{bmatrix} \mathcal{A}_{木\leftarrow木} & \mathcal{A}_{木\leftarrow火} & \mathcal{A}_{木\leftarrow土} & \mathcal{A}_{木\leftarrow金} & \mathcal{A}_{木\leftarrow水} \\ \mathcal{A}_{火\leftarrow木} & \mathcal{A}_{火\leftarrow火} & \mathcal{A}_{火\leftarrow土} & \mathcal{A}_{火\leftarrow金} & \mathcal{A}_{火\leftarrow水} \\ \mathcal{A}_{土\leftarrow木} & \mathcal{A}_{土\leftarrow火} & \mathcal{A}_{土\leftarrow土} & \mathcal{A}_{土\leftarrow金} & \mathcal{A}_{土\leftarrow水} \\ \mathcal{A}_{金\leftarrow木} & \mathcal{A}_{金\leftarrow火} & \mathcal{A}_{金\leftarrow土} & \mathcal{A}_{金\leftarrow金} & \mathcal{A}_{金\leftarrow水} \\ \mathcal{A}_{水\leftarrow木} & \mathcal{A}_{水\leftarrow火} & \mathcal{A}_{水\leftarrow土} & \mathcal{A}_{水\leftarrow金} & \mathcal{A}_{水\leftarrow水} \end{bmatrix} \rightarrow 五行矩陣 \qquad (7.1.2)$$

其中字母 A、B、C、D、E 的順序對照木、火、土、金、水的五行順序。五行矩陣的元素 $\mathcal{A}_{ij}$ 代表五行在不同時刻之間的互相影響因子。例如 $\mathcal{A}_{AB} = \mathcal{A}_{木\leftarrow火}$ 代表上一時刻的火行對下一時刻木行的影響因子，$\mathcal{A}_{DE} = \mathcal{A}_{金\leftarrow水}$ 代表上一時刻的水行對下一時刻的金行的影響因子，$\mathcal{A}_{11} = \mathcal{A}_{木\leftarrow木}$ 代表上一時刻的木行對下一時刻木行的影響因子，也就是木行的自我影響因子等等。

　　五行系統能夠施予線性代數運算的基本前提是它必須是一個線性系統，此時五行向量 $[x_A(t), x_B(t), x_C(t), x_D(t), x_E(t)]$ 的時間變化率與五行向量本身成正比，而比例常數即為五行矩陣：

$$\frac{d}{dt}\begin{bmatrix} x_A(t) \\ x_B(t) \\ x_C(t) \\ x_D(t) \\ x_E(t) \end{bmatrix} = \begin{bmatrix} \dot{x}_A(t) \\ \dot{x}_B(t) \\ \dot{x}_C(t) \\ \dot{x}_D(t) \\ \dot{x}_E(t) \end{bmatrix} = \begin{bmatrix} \mathcal{A}_{AA} & \mathcal{A}_{AB} & \mathcal{A}_{AC} & \mathcal{A}_{AD} & \mathcal{A}_{AE} \\ \mathcal{A}_{BA} & \mathcal{A}_{BB} & \mathcal{A}_{BC} & \mathcal{A}_{BD} & \mathcal{A}_{BE} \\ \mathcal{A}_{CA} & \mathcal{A}_{CB} & \mathcal{A}_{CC} & \mathcal{A}_{CD} & \mathcal{A}_{CE} \\ \mathcal{A}_{DA} & \mathcal{A}_{DB} & \mathcal{A}_{DC} & \mathcal{A}_{DD} & \mathcal{A}_{DE} \\ \mathcal{A}_{EA} & \mathcal{A}_{EB} & \mathcal{A}_{EC} & \mathcal{A}_{ED} & \mathcal{A}_{EE} \end{bmatrix}\begin{bmatrix} x_A(t) \\ x_B(t) \\ x_C(t) \\ x_D(t) \\ x_E(t) \end{bmatrix} \qquad (7.1.3)$$

其中數量 x 上方的圓點代表對時間的微分，亦即數量 x 相對於時間的變化率（每單位時間內 x 的變化量。例如對於 x_A 而言

$$\dot{x}_A(t) = \frac{dx_A(t)}{dt} = \lim_{\Delta t \to 0}\frac{\Delta x_A(t)}{\Delta t} = 每單位時間的 x_A(t) 變化量 \qquad (7.1.4)$$

若以五行向量 $\mathbf{X}_5$ 及五行矩陣 $\mathbb{A}_5$ 表示，（7.1.3）式可簡寫成

$$\dot{\mathbf{X}}_5 = \mathbb{A}_5\mathbf{X}_5 \qquad (7.1.5)$$

這就是前面所言的五行向量的時間變化率 $\dot{\mathbf{X}}_5$ 與五行向量本身 $\mathbf{X}_5$ 成正比，正比常數是 $\mathbb{A}_5$。一般 n 階線性系統所要滿足的方程式是 $\dot{\mathbf{X}}_n = \mathbb{A}_n\mathbf{X}_n$，$\mathbf{X}_n$ 稱為線性系統的狀態向量，$\mathbf{X}_n$ 所含元素的數目 n 稱為該系統的階數。所以五行系統是一個五階的線性系統，它的狀態向量

$\mathbf{X}_5$ 是由五行的五個代表數所組成。

（7.1.3）式含有有五個子方程式，其中第一個子方程式是關於 x_A 的變化率。將矩陣 $\mathbb{A}_5$ 與向量 $\mathbf{X}_5$ 相乘後，可將（7.1.3）的第一個式子寫成

$$\dot{x}_A(t) = \mathcal{A}_{AA}x_A(t) + \mathcal{A}_{AB}x_B(t) + \mathcal{A}_{AC}x_C(t) + \mathcal{A}_{AD}x_D(t) + \mathcal{A}_{AE}x_E(t) \qquad (7.1.6)$$

此式說明 x_A 的變化率有五個來源，分別來自五個代理人對 A 的影響：

- $\mathcal{A}_{AA}x_A(t)$：$x_A(t)$ 本身對 $\dot{x}_A(t)$ 的貢獻，因此 $\mathcal{A}_{AA}$ 稱為 A（木）的自我影響因子。
- $\mathcal{A}_{AB}x_B(t)$：$x_B(t)$ 對 $\dot{x}_A(t)$ 的貢獻，因此 $\mathcal{A}_{AB}$ 稱為 B（火）對 A（木）的影響因子。
- $\mathcal{A}_{AC}x_C(t)$：$x_C(t)$ 對 $\dot{x}_A(t)$ 的貢獻，因此 $\mathcal{A}_{AC}$ 稱為 C（土）對 A（木）的影響因子。
- $\mathcal{A}_{AD}x_D(t)$：$x_D(t)$ 對 $\dot{x}_A(t)$ 的貢獻，因此 $\mathcal{A}_{AD}$ 稱為 D（金）對 A（木）的影響因子。
- $\mathcal{A}_{AE}x_E(t)$：$x_E(t)$ 對 $\dot{x}_A(t)$ 的貢獻，因此 $\mathcal{A}_{AE}$ 稱為 E（水）對 A（木）的影響因子。

同理，（7.1.3）式中的第二個方程式是關於 x_B 的變化率，一樣有五個來源，分別來自五個代理人對 B 的影響：

$$\dot{x}_B(t) = \mathcal{A}_{BA}x_A(t) + \mathcal{A}_{BB}x_B(t) + \mathcal{A}_{BC}x_C(t) + \mathcal{A}_{BD}x_D(t) + \mathcal{A}_{BE}x_E(t) \qquad (7.1.7)$$

- $\mathcal{A}_{BA}x_A(t)$：$x_A(t)$ 對 $\dot{x}_B(t)$ 的貢獻，因此 $\mathcal{A}_{BA}$ 稱為 A（木）對 B（火）的影響因子。
- $\mathcal{A}_{BB}x_B(t)$：$x_B(t)$ 本身對 $\dot{x}_B(t)$ 的貢獻，因此 $\mathcal{A}_{BB}$ 稱為 B（火）的自我影響因子。
- $\mathcal{A}_{BC}x_C(t)$：$x_C(t)$ 對 $\dot{x}_B(t)$ 的貢獻，因此 $\mathcal{A}_{BC}$ 稱為 C（土）對 B（火）的影響因子。
- $\mathcal{A}_{BD}x_D(t)$：$x_D(t)$ 對 $\dot{x}_B(t)$ 的貢獻，因此 $\mathcal{A}_{BD}$ 稱為 D（金）對 B（火）的影響因子。
- $\mathcal{A}_{BE}x_E(t)$：$x_E(t)$ 對 $\dot{x}_B(t)$ 的貢獻，因此 $\mathcal{A}_{BE}$ 稱為 E（水）對 B（火）的影響因子。

（7.1.3）式中的其他三個方程式分別是關於 x_C、x_D、x_E 的變化率，列出如下：

$$\dot{x}_C(t) = \mathcal{A}_{CA}x_A(t) + \mathcal{A}_{CB}x_B(t) + \mathcal{A}_{CC}x_C(t) + \mathcal{A}_{CD}x_D(t) + \mathcal{A}_{CE}x_E(t) \qquad (7.1.8)$$

$$\dot{x}_D(t) = \mathcal{A}_{DA}x_A(t) + \mathcal{A}_{DB}x_B(t) + \mathcal{A}_{DC}x_C(t) + \mathcal{A}_{DD}x_D(t) + \mathcal{A}_{DE}x_E(t) \qquad (7.1.9)$$

$$\dot{x}_E(t) = \mathcal{A}_{EA}x_A(t) + \mathcal{A}_{EB}x_B(t) + \mathcal{A}_{EC}x_C(t) + \mathcal{A}_{ED}x_D(t) + \mathcal{A}_{EE}x_E(t) \qquad (7.1.10)$$

再一次確認每一個代理人的變化率均有五個來源，分別來自五個代理人的影響。

7.2 由生剋規律推導五行矩陣

　　五行向量 $\mathbf{X}_5(t)$ 隨時間的變化過程必須求解（7.1.3）式的微分方程式才能獲得。在求解（7.1.3）式之前，我們需要先知道五行矩陣 A_5。五行矩陣可以由三生三剋的作用唯一決定，以下我們將以漸進的方式，先由最簡單的二代理人系統著手，逐步說明五行矩陣的建立過程。

　　圖 7.1 顯示四種不同數目的代理人系統，其中邊長代表相鄰代理人之間的相生作用，對角線線代表相間隔代理人之間的相剋作用。係數 $a > 0$ 與 $b > 0$ 代表相生強度，係數 $c > 0$ 與 $d > 0$ 代表相剋強度。輸入到每一個代理人的箭頭代表該代理人所受到的相生或相剋作用的來源對象。

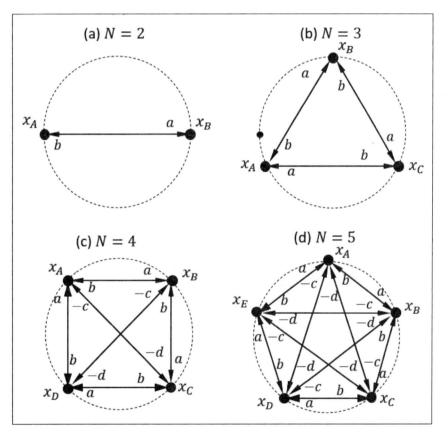

圖 7.1　不同數目代理人之間的生剋關係，邊長代表相生關係，對角線代表相剋關係。
資料來源：作者繪製。

（1）二代理人網路的系統矩陣 $\mathbb{A}_2$

首先觀察二個代理人的系統，代理人 A 和 B 為相鄰，故彼此之間受有相生的作用，每一個代理人都只有一個輸入箭頭，說明代理人的數量變化率只受到另一個代理人的影響。對於代理人 A 言，只受到來自 B 的相生作用（正生或反生），其所造成的 A 的數量變化率 $\dot{x}_A(t)$ 正比於 B 與 A 之間的數量差 $x_B - x_A$，而比例常數為 b：

$$\dot{x}_A(t) = \left(\text{B相生A}\right) = b(x_B - x_A) \tag{7.2.1}$$

當 x_B 比 x_A 大越多，代表 B 生 A 的作用越強，x_A 的數量增加；反之，如果 x_B 比 x_A 小，此時 $\dot{x}_A(t)$ 為負，x_A 的數量減少，代表 A 反生 B。

在另一方面，對於代理人 B 言，只受到來自 A 的相生作用，其所造成的 B 的數量變化率 $\dot{x}_B(t)$ 正比於 A 與 B 之間的數量差 $x_A - x_B$，而比例常數為 a：

$$\dot{x}_B(t) = \left(\text{A相生B}\right) = a(x_A - x_B) \tag{7.2.2}$$

結合（7.2.1）式與（7.2.2）式，我們觀察到正生與反生的發生時機：

- 當 $x_B > x_A$ 時，（7.2.1）式顯示 $\dot{x}_A(t)$ 為正，（7.2.2）式顯示 $\dot{x}_B(t)$ 為負，代表 A 的數量增加，而 B 的數量減少。所以相生的方向是 B 生 A，相對應的方程式是（7.2.1），相對應的係數是 b，故此時 b 是正生係數。與正生同時發生的是 A 副生 B，相對應的方程式是（7.2.2），相對應的係數是 a，故此時 a 是副生係數。

- 當 $x_B < x_A$ 時，$\dot{x}_A(t)$ 為負，$\dot{x}_B(t)$ 為正，代表 A 的數量減少，而 B 的數量增加。所以相生的方向是 A 生 B，相對應的方程式是（7.2.2），相對應的係數是 a，故此時 a 是正生係數。與正生同時發生的是 B 副生 A，相對應的方程式是（7.2.1），相對應的係數是 b，故此時 b 是副生係數。

結合（7.2.1）式與（7.2.2）式，並將之表示成如同（7.1.3）式的矩陣與向量的相乘型式，我們可以得到如下的二代理人系統矩陣：

$$\begin{bmatrix} \dot{x}_A(t) \\ \dot{x}_B(t) \end{bmatrix} = \begin{bmatrix} -b & b \\ a & -a \end{bmatrix} \begin{bmatrix} x_A \\ x_B \end{bmatrix} = \begin{bmatrix} \mathcal{A}_{AA} & \mathcal{A}_{AB} \\ \mathcal{A}_{BA} & \mathcal{A}_{BB} \end{bmatrix} \begin{bmatrix} x_A \\ x_B \end{bmatrix} \Rightarrow \boxed{\dot{\mathbf{X}}_2 = \mathbb{A}_2 \mathbf{X}_2} \tag{7.2.3}$$

所以對於二代理人網路系統而言，A 的自我影響因子為 $\mathcal{A}_{AA} = -b$，B 對 A 的影響因子為 $\mathcal{A}_{AB} = b$，A 對 B 的影響因子為 $\mathcal{A}_{BA} = a$，B 的自我影響因子為 $\mathcal{A}_{BB} = -a$。

（2）三代理人網路的系統矩陣 $\mathbb{A}_3$

　　參考圖 7.1，三代理人網路系統中的每一個代理人都和其他二個代理人相鄰，所以彼此之間只有相生（正生或反生）的作用，沒有相剋的作用。首先考慮代理人 A，有二個作用輸入到 A，一個是來自 B 的相生作用，強度是 b，另一個是來自 C 的相生作用，強度是 a。將二者相加即得到代理人 A 的數量變化率 $\dot{x}_A(t)$ 為

$$\dot{x}_A(t) = \big(\text{B相生A}\big) + \big(\text{C相生A}\big) = b(x_B - x_A) + a(x_C - x_A) \qquad （7.2.4）$$

因為是考慮對 A 的相生作用，所以（7.2.4）的右邊二項都是對 A 取相減。如果 $x_B > x_A$ 且 $x_C > x_A$，則 B 對 A 及 C 對 A 都是正生的作用，造成 x_A 數量的增加。反之，如果 $x_B < x_A$ 或 $x_C < x_A$，則將發生反生的作用，這將造成 x_A 數量的減少。

　　同理，代理人 B 與 C 也是受到其他二個代理人的相生作用（參考圖 7.1 中的三代理人網路系統），仿照（7.2.4）式的寫法，變化率 $\dot{x}_B(t)$ 與 $\dot{x}_C(t)$ 變化率可以表示成

$$\dot{x}_B(t) = \big(\text{A相生B}\big) + \big(\text{C相生B}\big) = a(x_A - x_B) + b(x_C - x_B) \qquad （7.2.5）$$

$$\dot{x}_C(t) = \big(\text{B相生C}\big) + \big(\text{A相生C}\big) = a(x_B - x_C) + b(x_A - x_C) \qquad （7.2.6）$$

結合（7.2.4）、（7.2.5）式與（7.2.6）式，並將之表示成如同（7.1.3）式的矩陣與向量的相乘型式，我們得到如下的三代理人系統矩陣：

$$\begin{bmatrix} \dot{x}_A(t) \\ \dot{x}_B(t) \\ \dot{x}_C(t) \end{bmatrix} = \begin{bmatrix} \delta_3 & b & a \\ a & \delta_3 & b \\ b & a & \delta_3 \end{bmatrix} \begin{bmatrix} x_A \\ x_B \\ x_C \end{bmatrix} = \begin{bmatrix} \mathcal{A}_{AA} & \mathcal{A}_{AB} & \mathcal{A}_{AC} \\ \mathcal{A}_{BA} & \mathcal{A}_{BB} & \mathcal{A}_{BC} \\ \mathcal{A}_{CA} & \mathcal{A}_{CB} & \mathcal{A}_{CC} \end{bmatrix} \begin{bmatrix} x_A \\ x_B \\ x_C \end{bmatrix} \Rightarrow \boxed{\dot{\mathbf{X}}_3 = \mathbb{A}_3 \mathbf{X}_3} \quad （7.2.7）$$

其中 $\delta_3 = -(a+b)$。從以上的關係式，我們可以將系統矩陣 $\mathbb{A}_3$ 中的 9 個影響因子全部用相生係數 a 與 b 來表示，例如 A 的自我影響因子為 $\mathcal{A}_{AA} = -(a+b)$，B 對 A 的影響因子為 $\mathcal{A}_{AB} = b$，C 對 A 的影響因子為 $\mathcal{A}_{AC} = a$ 等等。

（3）四代理人網路的系統矩陣 $\mathbb{A}_4$

　　參考圖 7.1，四代理人網路系統的每一個代理人和其他三個代理人的關係中，有二個是相鄰的關係，產生相生的作用，另一個是相間隔的關係，產生相剋的作用。首先考慮代理人 A，有三個作用輸入到 A，第一個是來自 B 的相生作用（正生或反生），強度是 b，第二個是來自 D 的相生作用（正生或反生），強度是 a，第三個是來自 C 的相剋作用（正剋或反剋），強度是 $-c$。將三個作用相加即得到代理人 A 的數量變化率 $\dot{x}_A(t)$ 為

$$\dot{x}_A = \left(\text{B相生A}\right) + \left(\text{D相生A}\right) - \left(\text{C相剋A}\right) = a(x_D - x_A) + b(x_B - x_A) - c(x_C - x_A) \quad (7.2.8)$$

相生與相剋的方向取決於代理人之間的相對大小，基本原則是代理人數量比 x_A 大者，才能生 A，例如 $x_B > x_A$ 或 $x_D > x_A$，此將造成 x_A 的增加（正生）；反之，若代理人數量比 x_A 小，則由 A 反生其他代理人，造成 A 數量的減少（副生）。相同地，代理人數量比 x_A 大者，才能剋 A，例如 $x_C > x_A$，此將造成 x_A 的減少（正剋）；反之，若代理人數量比 x_A 小，則由 A 反剋其他代理人，造成 A 數量的增加（副剋）。

其次考慮代理人 B，有三個作用輸入到 B，第一個是來自 A 的相生作用，強度是 a，第二個是來自 C 的相生作用，強度是 b，第三個是來自 D 的相剋作用，強度是 $-c$。將三個作用相加即得到代理人 B 的數量變化率 $\dot{x}_B(t)$ 為

$$\dot{x}_B = \left(\text{A相生B}\right) + \left(\text{C相生B}\right) - \left(\text{D相剋B}\right) = a(x_A - x_B) + b(x_C - x_B) - c(x_D - x_B) \quad (7.2.9)$$

如前所述，正／反生與正／反剋的方向取決於代理人之間的相對大小。

依據相同的方法，代理人 C 與 D 的數量變化率可求得如下：

$$\dot{x}_C = \left(\text{B相生C}\right) + \left(\text{D相生C}\right) - \left(\text{A相剋C}\right) = a(x_B - x_C) + b(x_D - x_C) - c(x_A - x_C) \quad (7.2.10)$$

$$\dot{x}_D = \left(\text{C相生D}\right) + \left(\text{A相生D}\right) - \left(\text{B相剋D}\right) = a(x_C - x_D) + b(x_A - x_D) - c(x_B - x_D) \quad (7.2.11)$$

結合（7.2.8）到（7.2.11）式，並將之表示成如同（7.1.3）式的矩陣與向量的相乘型式，我們得到如下的四代理人系統矩陣：

$$\begin{bmatrix} \dot{x}_A \\ \dot{x}_B \\ \dot{x}_C \\ \dot{x}_D \end{bmatrix} = \begin{bmatrix} \delta_4 & b & -c & a \\ a & \delta_4 & b & -c \\ -c & a & \delta_4 & b \\ b & -c & a & \delta_4 \end{bmatrix} \begin{bmatrix} x_A \\ x_B \\ x_C \\ x_D \end{bmatrix} = \begin{bmatrix} \mathcal{A}_{AA} & \mathcal{A}_{AB} & \mathcal{A}_{AC} & \mathcal{A}_{AD} \\ \mathcal{A}_{BA} & \mathcal{A}_{BB} & \mathcal{A}_{BC} & \mathcal{A}_{BD} \\ \mathcal{A}_{CA} & \mathcal{A}_{CB} & \mathcal{A}_{CC} & \mathcal{A}_{CD} \\ \mathcal{A}_{DA} & \mathcal{A}_{DB} & \mathcal{A}_{DC} & \mathcal{A}_{DD} \end{bmatrix} \begin{bmatrix} x_A \\ x_B \\ x_C \\ x_D \end{bmatrix} \Rightarrow \boxed{\dot{\mathbf{X}}_4 = \mathbb{A}_4 \mathbf{X}_4} \quad (7.2.12)$$

其中 $\delta_4 = c - (a + b)$。透過上面的關係式，我們可以讀取代理人之間的相互影響因子，並用生剋係數 a、b、c 加以表示，例如 $\mathcal{A}_{AA} = c - (a + b)$，$\mathcal{A}_{AB} = b$，$\mathcal{A}_{AC} = -c$，$\mathcal{A}_{AD} = a$ 等等。

（4）五代理人網路的系統矩陣 $\mathbb{A}_5$

五代理人網路的系統矩陣即是五行矩陣 $\mathbb{A}_5$。參考圖 7.1，五代理人網路系統的每一個代理人和其他四個代理人的關係中，有二個是相鄰的關係，產生相生的作用，另二個是相間隔的關係，產生相剋的作用。首先考慮代理人 A，有四個作用輸入到 A，第一個是來自 E 的相生作用（正生或反生），強度是 a，第二個是來自 B 的相生作用（正生或反

生），強度是 b，第三個是來自 D 的相剋作用（正剋或反剋），強度是 $-c$，第四個是來自 C 的相剋作用（正剋或反剋），強度是 $-d$，將四個作用相加即得到代理人 A 的數量變化率 $\dot{x}_A(t)$ 為

$$
\begin{aligned}
\dot{x}_A &= \left(\text{E相生A}\right) + \left(\text{B相生A}\right) - \left(\text{D相剋A}\right) - \left(\text{C相剋A}\right) \\
&= a(x_E - x_A) + b(x_B - x_A) - c(x_D - x_A) - d(x_C - x_A)
\end{aligned}
\tag{7.2.13}
$$

其中的相生與相剋作用都有正反之分，決定於二個代理人數量的相對大小。

其次考慮代理人 B，有四個作用輸入到 B，第一個是來自 A 的相生作用（正生或反生），強度是 a，第二個是來自 C 的相生作用（正生或反生），強度是 b，第三個是來自 E 的相剋作用（正剋或反剋），強度是 $-c$，第四個是來自 D 的相剋作用（正剋或反剋），強度是 $-d$。將以上四個作用相加即得到代理人 B 的數量變化率 $\dot{x}_B(t)$ 為

$$
\begin{aligned}
\dot{x}_B &= \left(\text{A相生B}\right) + \left(\text{C相生B}\right) - \left(\text{E相剋B}\right) - \left(\text{D相剋B}\right) \\
&= a(x_A - x_B) + b(x_C - x_B) - c(x_E - x_B) - d(x_D - x_B)
\end{aligned}
\tag{7.2.14}
$$

依同樣的原則，其他三個代理人的數量變化率可依序得到為

$$
\begin{aligned}
\dot{x}_C &= \left(\text{B相生C}\right) + \left(\text{D相生C}\right) - \left(\text{A相剋C}\right) - \left(\text{E相剋C}\right) \\
&= a(x_B - x_C) + b(x_D - x_C) - c(x_A - x_C) - d(x_E - x_C)
\end{aligned}
\tag{7.2.15}
$$

$$
\begin{aligned}
\dot{x}_D &= \left(\text{C相生D}\right) + \left(\text{E相生D}\right) - \left(\text{B相剋D}\right) - \left(\text{A相剋D}\right) \\
&= a(x_C - x_D) + b(x_E - x_D) - c(x_B - x_D) - d(x_A - x_D)
\end{aligned}
\tag{7.2.16}
$$

$$
\begin{aligned}
\dot{x}_E &= \left(\text{D相生E}\right) + \left(\text{A相生E}\right) - \left(\text{C相剋E}\right) - \left(\text{B相剋E}\right) \\
&= a(x_D - x_E) + b(x_A - x_E) - c(x_C - x_E) - d(x_B - x_E)
\end{aligned}
\tag{7.2.17}
$$

結合（7.2.13）到（7.2.17）式，並將之表示成如同（7.1.3）式的矩陣與向量的相乘型式，我們得到如下的五代理人系統矩陣：

$$
\begin{bmatrix} \dot{x}_A \\ \dot{x}_B \\ \dot{x}_C \\ \dot{x}_D \\ \dot{x}_E \end{bmatrix} =
\begin{bmatrix}
\delta_5 & b & -d & -c & a \\
a & \delta_5 & b & -d & -c \\
-c & a & \delta_5 & b & -d \\
-d & -c & a & \delta_5 & b \\
b & -d & -c & a & \delta_5
\end{bmatrix}
\begin{bmatrix} x_A \\ x_B \\ x_C \\ x_D \\ x_E \end{bmatrix} =
\begin{bmatrix}
\mathcal{A}_{AA} & \mathcal{A}_{AB} & \mathcal{A}_{AC} & \mathcal{A}_{AD} & \mathcal{A}_{AE} \\
\mathcal{A}_{BA} & \mathcal{A}_{BB} & \mathcal{A}_{BC} & \mathcal{A}_{BD} & \mathcal{A}_{BE} \\
\mathcal{A}_{CA} & \mathcal{A}_{CB} & \mathcal{A}_{CC} & \mathcal{A}_{CD} & \mathcal{A}_{CE} \\
\mathcal{A}_{DA} & \mathcal{A}_{DB} & \mathcal{A}_{DC} & \mathcal{A}_{DD} & \mathcal{A}_{DE} \\
\mathcal{A}_{EA} & \mathcal{A}_{EB} & \mathcal{A}_{EC} & \mathcal{A}_{ED} & \mathcal{A}_{EE}
\end{bmatrix}
\begin{bmatrix} x_A \\ x_B \\ x_C \\ x_D \\ x_E \end{bmatrix}
$$

$$
\Rightarrow \boxed{\dot{\mathbf{X}}_5 = \mathbb{A}_5 \mathbf{X}_5}
\tag{7.2.18}
$$

其中 $\delta_5 = (c+d) - (a+b)$。透過上面的關係式，我們最後得到五行矩陣 $\mathbb{A}_5$ 的型式，用生剋係數 a、b、c、d 表示之，從中我們可以讀取五個代理人之間的相互影響因子，例如

$$\mathcal{A}_{AA} = (c+d) - (a+b) \text{ , } \mathcal{A}_{AB} = b \text{ , } \mathcal{A}_{AC} = -d \text{ , } \mathcal{A}_{AD} = -c \text{ , } \mathcal{A}_{AE} = a \text{ 等等 。}$$

7.3 五行矩陣的特徵值與特徵向量

　　五行網路的代數運算核心是五行矩陣 $\mathbb{A}_5$，而五行矩陣 $\mathbb{A}_5$ 的核心特性隱藏在它的特徵值與特徵向量之中。在（7.2.18）式中我們已經推導得到五行矩陣 $\mathbb{A}_5$ 的表示式，接著我們便可計算五行矩陣 $\mathbb{A}_5$ 的特徵值與特徵向量。由特徵值我們可以知道五行的生剋作用最後是否可達到平衡的狀態，而由特徵向量我們可以決定五行向量 $\mathbf{X}_5(t)$ 隨時間的變化情形。

（1）二代理人網路的特徵值

　　為了說明如何計算特徵值與特徵向量，我們依然從最簡單的二代理人網路系統著手。由（7.2.3）式得知

$$\mathbb{A}_2 = \begin{bmatrix} \mathcal{A}_{AA} & \mathcal{A}_{AB} \\ \mathcal{A}_{BA} & \mathcal{A}_{BB} \end{bmatrix} = \begin{bmatrix} -b & b \\ a & -a \end{bmatrix} \tag{7.3.1}$$

假設 $\mathcal{A}_2$ 的特徵值為 λ，相對應的特徵向量為 $\mathbf{v}$，則依據定義，λ 與 $\mathbf{v}$ 必須滿足以下條件：

$$\mathbb{A}_2 \mathbf{v} = \lambda \mathbf{v} \implies (\mathbb{A}_2 - \lambda \mathbf{I})\mathbf{v} = 0 \tag{7.3.2}$$

其中 $\mathbf{I}$ 是單位矩陣。根據齊性方程式解的存在性，上式若存在 $\mathbf{v} \neq 0$ 的解，則 $\mathbb{A}_2 - \lambda \mathbf{I}$ 的行列式必須為零，亦即

$$|\mathbb{A}_2 - \lambda \mathbf{I}| = \begin{vmatrix} -b - \lambda & b \\ a & -a - \lambda \end{vmatrix} = 0 \tag{7.3.3}$$

將以上的行列式展開，得到特徵值 λ 所要滿足的特徵方程式

$$(\lambda + a)(\lambda + b) - ab = 0 \implies \lambda(\lambda + a + b) = 0$$

經過因式分解後，得到 $\mathbb{A}_2$ 的二個特徵值為

$$\lambda_1 = 0, \quad \lambda_2 = -(a+b) \tag{7.3.4}$$

接著將 λ_1 及 λ_2 依序代入（7.3.2）式中，得到相對應的特徵向量 $\mathbf{v}_1$ 及 $\mathbf{v}_2$。首先代入 $\lambda = \lambda_1 = 0$，求解 $\mathbf{v}_1$ 得到

$$\mathbb{A}_2 \mathbf{v}_1 = \lambda_1 \mathbf{v}_1 = 0 \implies \begin{bmatrix} -b & b \\ a & -a \end{bmatrix} \begin{bmatrix} v_{11} \\ v_{21} \end{bmatrix} = 0 \implies \begin{bmatrix} v_{11} \\ v_{21} \end{bmatrix} = k \begin{bmatrix} 1 \\ 1 \end{bmatrix}$$

其中 k 取任意常數都可以。為了表示式的簡潔，我們可直接選取 $k = 1$。或者適當選擇 k 使得 $\mathbf{v}_1$ 為單位向量（亦即令特徵向量的長度等於 1），此時 $k = \sqrt{2}$，而有

$$\mathbf{v}_1 = \begin{bmatrix} v_{11} \\ v_{21} \end{bmatrix} = \frac{1}{\sqrt{2}} \begin{bmatrix} 1 \\ 1 \end{bmatrix} \tag{7.3.5}$$

其次將 $\lambda = \lambda_2 = -(a + b)$ 代入（7.3.2）式，求解 $\mathbf{v}_2$ 得到

$$\mathbb{A}_2 \mathbf{v}_2 = \lambda_2 \mathbf{v}_2 \implies \begin{bmatrix} a & b \\ a & b \end{bmatrix} \begin{bmatrix} v_{12} \\ v_{22} \end{bmatrix} = 0 \implies \begin{bmatrix} v_{12} \\ v_{22} \end{bmatrix} = k \begin{bmatrix} -b \\ a \end{bmatrix}$$

其中常數 k 為任意值均可以，可直接選取或選擇 k 使得 $\mathbf{v}_2$ 為單位向量，故得到 λ_2 所對應的特徵向量 $\mathbf{v}_2$ 為

$$\mathbf{v}_2 = \begin{bmatrix} v_{12} \\ v_{22} \end{bmatrix} = \frac{1}{\sqrt{a^2 + b^2}} \begin{bmatrix} -b \\ a \end{bmatrix} \tag{7.3.6}$$

（2）三代理人網路的特徵值

由（7.2.7）式得知三代理人網路的系統矩陣為

$$\mathbb{A}_3 = \begin{bmatrix} \mathcal{A}_{AA} & \mathcal{A}_{AB} & \mathcal{A}_{AC} \\ \mathcal{A}_{BA} & \mathcal{A}_{BB} & \mathcal{A}_{BC} \\ \mathcal{A}_{CA} & \mathcal{A}_{CB} & \mathcal{A}_{CC} \end{bmatrix} = \begin{bmatrix} \delta_3 & b & a \\ a & \delta_3 & b \\ b & a & \delta_3 \end{bmatrix} \tag{7.3.7}$$

先由行列式為零的條件：$|\mathbb{A}_3 - \lambda\mathbf{I}| = 0$，建立特徵值 λ 所要滿足的特徵方程式：

$$|\mathbb{A}_3 - \lambda\mathbf{I}| = \begin{vmatrix} \delta_3 - \lambda & b & a \\ a & \delta_3 - \lambda & b \\ b & a & \delta_3 - \lambda \end{vmatrix} = 0$$

將行列式展開後，進行因式分解，得到三個特徵值為

$$\lambda^3 + 3(a + b)\lambda^2 + 3(a^2 + ab + b^2)\lambda = 0 \implies (\lambda - \lambda_1)(\lambda - \lambda_2)(\lambda - \lambda_3) = 0$$

$$\implies \lambda_1 = 0, \quad \lambda_{2,3} = -\frac{3}{2}(a + b) \pm \frac{\sqrt{3}}{2}(a - b)i \tag{7.3.8}$$

因此在三個特徵值中，一個等於零，另外二個是共軛複數根，並且實部為負。接著將 λ_1、λ_2 及 λ_3 依序代入 $\mathbb{A}_3\mathbf{v} = \lambda\mathbf{v}$ 中，得到相對應的特徵向量 $\mathbf{v}_1$、$\mathbf{v}_2$ 及 $\mathbf{v}_3$。首先代入 $\lambda = \lambda_1 = 0$，求解 $\mathbf{v}_1$ 得到

$$\mathbb{A}_3\mathbf{v} = \lambda\mathbf{v} = 0 \implies \begin{bmatrix} \delta_3 & b & a \\ a & \delta_3 & b \\ b & a & \delta_3 \end{bmatrix} \begin{bmatrix} v_{11} \\ v_{21} \\ v_{31} \end{bmatrix} = 0 \implies \mathbf{v}_1 = \begin{bmatrix} v_{11} \\ v_{21} \\ v_{31} \end{bmatrix} = k \begin{bmatrix} 1 \\ 1 \\ 1 \end{bmatrix} \tag{7.3.9}$$

其中常數 k 可為任意值，這裡選 $k=1$。可見 $\mathbf{v}_1$ 與生剋係數 a 與 b 無關。然而特徵向量 $\mathbf{v}_2$ 及 $\mathbf{v}_3$ 的解是 a 與 b 的複雜函數，不同的 a 與 b 將得到不同的 $\mathbf{v}_2$ 及 $\mathbf{v}_3$。例如考慮 $a=b=1$ 的情形，此時三個特徵值為 $\lambda_1=0$，$\lambda_2=\lambda_3=-3$，相對應的特徵向量為

$$\mathbf{v}_1 = \begin{bmatrix} 1 \\ 1 \\ 1 \end{bmatrix}, \quad \mathbf{v}_2 = \begin{bmatrix} -1 \\ 1 \\ 0 \end{bmatrix}, \quad \mathbf{v}_3 = \begin{bmatrix} -1 \\ 0 \\ 1 \end{bmatrix} \tag{7.3.10}$$

（3）四代理人網路的特徵值

由（7.2.12）式得知四代理人網路的系統矩陣為

$$\mathbb{A}_4 = \begin{bmatrix} \mathcal{A}_{AA} & \mathcal{A}_{AB} & \mathcal{A}_{AC} & \mathcal{A}_{AD} \\ \mathcal{A}_{BA} & \mathcal{A}_{BB} & \mathcal{A}_{BC} & \mathcal{A}_{BD} \\ \mathcal{A}_{CA} & \mathcal{A}_{CB} & \mathcal{A}_{CC} & \mathcal{A}_{CD} \\ \mathcal{A}_{DA} & \mathcal{A}_{DB} & \mathcal{A}_{DC} & \mathcal{A}_{DD} \end{bmatrix} = \begin{bmatrix} \delta_4 & b & -c & a \\ a & \delta_4 & b & -c \\ -c & a & \delta_4 & b \\ b & -c & a & \delta_4 \end{bmatrix} \tag{7.3.11}$$

先由行列式為零的條件：$|\mathbb{A}_4 - \lambda \mathbf{I}| = 0$，建立特徵值 λ 所要滿足的特徵方程式：

$$|\mathbb{A}_4 - \lambda \mathbf{I}| = \begin{vmatrix} \delta_4 - \lambda & b & -c & a \\ a & \delta_4 - \lambda & b & -c \\ -c & a & \delta_4 - \lambda & b \\ b & -c & a & \delta_4 - \lambda \end{vmatrix} = 0$$

$$\Rightarrow 4\lambda(\lambda/2 + a + b)[\lambda^2/2 + (a + b - 2c)\lambda + (a - c)^2 + (b - c)^2] = 0$$

$$\Rightarrow \lambda_1 = 0, \quad \lambda_2 = -2(a + b), \quad \lambda_{3,4} = -[(a + b) - 2c] \pm (a - b)i \tag{7.3.12}$$

在四個特徵值中，有二個實根、二個共軛複數根。下一步驟是將四個特徵值依序代入 $\mathbb{A}_4 \mathbf{v} = \lambda \mathbf{v}$ 關係中，求得相對應的四個特徵向量。$\lambda_1 = 0$ 所對應的特徵向量與生剋係數無關，可求得如下：

$$\mathbb{A}_4 \mathbf{v} = \lambda \mathbf{v} = 0 \Rightarrow \begin{bmatrix} \delta_4 & b & -c & a \\ a & \delta_4 & b & -c \\ -c & a & \delta_4 & b \\ b & -c & a & \delta_4 \end{bmatrix} \begin{bmatrix} v_{11} \\ v_{21} \\ v_{31} \\ v_{41} \end{bmatrix} = 0 \Rightarrow \mathbf{v}_1 = \begin{bmatrix} v_{11} \\ v_{21} \\ v_{31} \\ v_{41} \end{bmatrix} = k \begin{bmatrix} 1 \\ 1 \\ 1 \\ 1 \end{bmatrix} \tag{7.3.13}$$

其中取 $k=1$。其他三個特徵向量是生剋係數的複雜函數。茲舉一實例 $a = b = 3/2$，$c = 1$，說明計算結果，其中特徵值由（7.3.12）式求得：$\lambda_1 = 0, \lambda_2 = -6, \lambda_3 = \lambda_4 = -1$，相對應的特徵向量為

$$\mathbf{v}_1 = \begin{bmatrix} v_{11} \\ v_{21} \\ v_{31} \\ v_{41} \end{bmatrix} = \begin{bmatrix} 1 \\ 1 \\ 1 \\ 1 \end{bmatrix}, \ \mathbf{v}_2 = \begin{bmatrix} v_{12} \\ v_{22} \\ v_{32} \\ v_{42} \end{bmatrix} = \begin{bmatrix} -1 \\ 1 \\ -1 \\ 1 \end{bmatrix}, \ \mathbf{v}_3 = \begin{bmatrix} v_{13} \\ v_{23} \\ v_{33} \\ v_{43} \end{bmatrix} = \begin{bmatrix} 0 \\ -1 \\ 0 \\ 1 \end{bmatrix}, \ \mathbf{v}_4 = \begin{bmatrix} v_{14} \\ v_{24} \\ v_{34} \\ v_{44} \end{bmatrix} = \begin{bmatrix} -1 \\ 0 \\ 1 \\ 0 \end{bmatrix} \tag{7.3.14}$$

（4）五代理人網路的特徵值

五行網路的矩陣 $\mathbb{A}_5$ 已由（7.2.18）式求得：

$$\mathbb{A}_5 = \begin{bmatrix} \mathcal{A}_{AA} & \mathcal{A}_{AB} & \mathcal{A}_{AC} & \mathcal{A}_{AD} & \mathcal{A}_{AE} \\ \mathcal{A}_{BA} & \mathcal{A}_{BB} & \mathcal{A}_{BC} & \mathcal{A}_{BD} & \mathcal{A}_{BE} \\ \mathcal{A}_{CA} & \mathcal{A}_{CB} & \mathcal{A}_{CC} & \mathcal{A}_{CD} & \mathcal{A}_{CE} \\ \mathcal{A}_{DA} & \mathcal{A}_{DB} & \mathcal{A}_{DC} & \mathcal{A}_{DD} & \mathcal{A}_{DE} \\ \mathcal{A}_{EA} & \mathcal{A}_{EB} & \mathcal{A}_{EC} & \mathcal{A}_{ED} & \mathcal{A}_{EE} \end{bmatrix} = \begin{bmatrix} \delta_5 & b & -d & -c & a \\ a & \delta_5 & b & -d & -c \\ -c & a & \delta_5 & b & -d \\ -d & -c & a & \delta_5 & b \\ b & -d & -c & a & \delta_5 \end{bmatrix} \tag{7.3.15}$$

先由特徵方程式 $|\mathbb{A}_5 - \lambda\mathbf{I}| = 0$ 的展開得到五階多項式，再由多項式的因式分解得到五個特徵值 λ 如下：

$$|\mathbb{A}_5 - \lambda\mathbf{I}| = \begin{vmatrix} \delta_5 - \lambda & b & -d & -c & a \\ a & \delta_5 - \lambda & b & -d & -c \\ -c & a & \delta_5 - \lambda & b & -d \\ -d & -c & a & \delta_5 - \lambda & b \\ b & -d & -c & a & \delta_5 - \lambda \end{vmatrix} = 0$$

$$\Rightarrow (\lambda - \lambda_1)(\lambda - \lambda_2)(\lambda - \lambda_3)(\lambda - \lambda_4)(\lambda - \lambda_5) = 0$$

其中 $\lambda_1 = 0$，$\lambda_{2,3}$ 與 $\lambda_{4,5}$ 分別為共軛複數根

$$\lambda_{2,3} = \sigma_{2,3} \pm i\omega_{2,3} = -\frac{1}{2}(\alpha a_+ - \beta c_+) \pm \frac{i}{2}\left(\sqrt{\beta}a_- - \sqrt{\alpha}c_-\right) \tag{7.3.16}$$

$$\lambda_{4,5} = \sigma_{4,5} \pm i\omega_{4,5} = -\frac{1}{2}(\beta a_+ - \alpha c_+) \pm \frac{i}{2}\left(\sqrt{\alpha}a_- + \sqrt{\beta}c_-\right) \tag{7.3.17}$$

以上各個參數定義如下，$a_+ = a + b$ 與 $a_- = a - b$ 分別是相生係數的和與差，$c_+ = c + d$ 與 $c_- = c - d$ 分別是相剋係數的和與差，α 與 β 為常數，其數值為

$$\alpha = \frac{5 - \sqrt{5}}{2}, \quad \beta = \frac{5 + \sqrt{5}}{2}. \tag{7.3.18}$$

$\lambda_1 = 0$ 所對應的特徵向量與生剋係數，可求得如下：

$$\mathbb{A}_5\mathbf{v} = \lambda\mathbf{v} = 0 \Rightarrow \begin{bmatrix} \delta_5 & b & -d & -c & a \\ a & \delta_5 & b & -d & -c \\ -c & a & \delta_5 & b & -d \\ -d & -c & a & \delta_5 & b \\ b & -d & -c & a & \delta_5 \end{bmatrix}\begin{bmatrix} v_{11} \\ v_{21} \\ v_{31} \\ v_{41} \\ v_{51} \end{bmatrix} = 0 \Rightarrow \mathbf{v}_1 = \begin{bmatrix} v_{11} \\ v_{21} \\ v_{31} \\ v_{41} \\ v_{51} \end{bmatrix} = k\begin{bmatrix} 1 \\ 1 \\ 1 \\ 1 \\ 1 \end{bmatrix} \tag{7.3.19}$$

由（7.3.5）式、（7.3.9）式、（7.3.13）式、（7.3.19）式，我們發現不管是由幾個代理人所組成的生剋系統，其中必有一個特徵值 λ_1 為零，而 λ_1 所對應的特徵向量必是全由元素 1 所組成的向量。這個現象的背後原因是五行矩陣有一個特殊的性質，即矩陣內每一橫列的

元素和都等於零。令 $v_{11} = v_{21} = v_{31} = v_{41} = v_{51} = 1$，代入（7.3.19）式得到

$$
\begin{bmatrix}
\delta_5 & b & -d & -c & a \\
a & \delta_5 & b & -d & -c \\
-c & a & \delta_5 & b & -d \\
-d & -c & a & \delta_5 & b \\
b & -d & -c & a & \delta_5
\end{bmatrix}
\begin{bmatrix}
1 \\ 1 \\ 1 \\ 1 \\ 1
\end{bmatrix}
=
\begin{bmatrix}
\delta_5 + a + b - c - d \\
\delta_5 + a + b - c - d \\
\delta_5 + a + b - c - d \\
\delta_5 + a + b - c - d \\
\delta_5 + a + b - c - d
\end{bmatrix}
=
\begin{bmatrix}
0 \\ 0 \\ 0 \\ 0 \\ 0
\end{bmatrix}
$$

可以看到每一橫列的所有元素的相加都等於 $\delta_5 + a + b - c - d$，而根據（7.2.18）式的定義知 $\delta_5 = (c + d) - (a + b)$，因此五行矩陣內每一橫列的所有元素的相加都等於零，此事實導致如（7.3.19）式的特徵向量 $\mathbf{v}_1$。

除了特徵向量 $\mathbf{v}_1$ 外，其他四個特徵向量是生剋係數的複雜函數。茲舉一實例 $a = b = c = d = 1$，說明特徵值與特徵向量的計算結果。將所選定的生剋係數代入特徵方程式中 $|\mathbb{A}_5 - \lambda\mathbf{I}| = 0$，得到五階多項式並將之因式分解如下

$$
|\mathbb{A}_5 - \lambda\mathbf{I}| = \lambda^5 - 10\lambda^3 + 25\lambda = \lambda(\lambda^2 - 5)^2 = 0 \implies \lambda_1 = 0, \ \lambda_{2,3} = \sqrt{5}, \ \lambda_{4,5} = -\sqrt{5}
$$

相對應的特徵向量為

$$
\mathbf{v}_1 = \begin{bmatrix} 1 \\ 1 \\ 1 \\ 1 \\ 1 \end{bmatrix}, \
\mathbf{v}_2 = \begin{bmatrix} k_1 \\ -k_1 \\ -1 \\ 0 \\ 1 \end{bmatrix}, \
\mathbf{v}_3 = \begin{bmatrix} -1 \\ -k_1 \\ k_1 \\ 1 \\ 0 \end{bmatrix}, \
\mathbf{v}_4 = \begin{bmatrix} -k_2 \\ k_2 \\ -1 \\ 0 \\ 1 \end{bmatrix}, \
\mathbf{v}_5 = \begin{bmatrix} -1 \\ k_2 \\ -k_2 \\ 1 \\ 0 \end{bmatrix}
\qquad (7.3.20)
$$

其中 $k_1 = (\sqrt{5} - 1)/2$，$k_2 = (\sqrt{5} + 1)/2$。不管給定的生剋係數 a、b、c、d 為何，恆有對應的五行特徵值與五行特徵向量。但在一般的情況下，特徵多項式 $|\mathbb{A}_5 - \lambda\mathbf{I}| = 0$ 的求根或因式分解無法用觀察法獲得，需要借助電腦程式的協助。

7.4 五行向量的求解

有了五行特徵值與五行特徵向量，我們可進一步求得五行向量 $\mathbf{X}_5(t)$。五行向量 $\mathbf{X}_5(t) = [x_A(t) \ x_B(t) \ x_C(t) \ x_D(t) \ x_E(t)]^T$ 紀錄了五行網路在任意時刻 t 下，五個代理人的數量（能量）隨時間的變化情形，可說是五行網路的資料庫。五行向量 $\mathbf{X}_5(t)$ 的獲得必須求解微分方程式（7.1.5），現重新列出如下

$$
\dot{\mathbf{X}}_5 = \mathbb{A}_5 \mathbf{X}_5 \qquad (7.4.1)
$$

其中 $\mathbb{A}_5$ 是五行矩陣，如（7.2.18）式所示。藉由上一節已求得的五行特徵值與五行特徵向量，我們接著說明如何得到五行向量 $\mathbf{X}_5(t)$ 的解。五個特徵值 λ_i, $i = 1, 2, \cdots, 5$，及其對應的特徵向量 $\mathbf{v}_i$, $i = 1, 2, \cdots, 5$，滿足下列關係式：

$$\mathbb{A}_5\mathbf{v}_1 = \lambda_1\mathbf{v}_1, \ \ \mathbb{A}_5\mathbf{v}_2 = \lambda_2\mathbf{v}_2, \ \ \mathbb{A}_5\mathbf{v}_3 = \lambda_3\mathbf{v}_3, \ \ \mathbb{A}_5\mathbf{v}_4 = \lambda_4\mathbf{v}_4, \ \ \mathbb{A}_5\mathbf{v}_5 = \lambda_5\mathbf{v}_5, \quad （7.4.2）$$

將以上五個方程式合併成單一方程式：

$$\mathbb{A}_5[\mathbf{v}_1 \ \mathbf{v}_2 \ \mathbf{v}_3 \ \mathbf{v}_4 \ \mathbf{v}_5] = [\mathbf{v}_1 \ \mathbf{v}_2 \ \mathbf{v}_3 \ \mathbf{v}_4 \ \mathbf{v}_5]\begin{bmatrix} \lambda_1 & 0 & 0 & 0 & 0 \\ 0 & \lambda_2 & 0 & 0 & 0 \\ 0 & 0 & \lambda_3 & 0 & 0 \\ 0 & 0 & 0 & \lambda_4 & 0 \\ 0 & 0 & 0 & 0 & \lambda_5 \end{bmatrix} \Rightarrow \mathbb{A}_5\mathbf{V} = \mathbf{V}\Sigma \quad （7.4.3）$$

其中 Σ 是由特徵值 λ_i 所形成的對角矩陣，$\mathbf{V}$ 是由五個特徵向量所形成的方陣：

$$\mathbf{V} = [\mathbf{v}_1 \ \mathbf{v}_2 \ \mathbf{v}_3 \ \mathbf{v}_4 \ \mathbf{v}_5] = \begin{bmatrix} v_{11} & v_{12} & v_{13} & v_{14} & v_{15} \\ v_{21} & v_{22} & v_{23} & v_{24} & v_{25} \\ v_{31} & v_{32} & v_{33} & v_{34} & v_{35} \\ v_{41} & v_{42} & v_{43} & v_{44} & v_{45} \\ v_{51} & v_{52} & v_{53} & v_{54} & v_{55} \end{bmatrix} \quad （7.4.4）$$

在（7.4.3）式的左右二側各乘上 $\mathbf{V}$ 的逆矩陣 $\mathbf{V}^{-1}$，得到關係式

$$\boxed{\mathbf{V}^{-1}\mathbb{A}_5\mathbf{V} = \mathbf{V}^{-1}\mathbf{V}\Sigma = \Sigma} \quad （7.4.5）$$

其中注意 $\mathbf{V}^{-1}\mathbf{V} = \mathbf{I}$。上面的關係式說明在五行矩陣 $\mathbb{A}_5$ 的左右二側各別乘上 $\mathbf{V}^{-1}$ 及 $\mathbf{V}$，就可以將對角線化。以下的步驟將利用這個特性求得五行向量 $\mathbf{X}_5$。

首先透過特徵方陣 $\mathbf{V}$，將五行向量 $\mathbf{X}_5$ 轉換到新的五行向量 $\mathbf{Y}_5$：

$$\mathbf{X}_5 = \mathbf{V}\mathbf{Y}_5 \Rightarrow \begin{bmatrix} x_A \\ x_B \\ x_C \\ x_D \\ x_E \end{bmatrix} = \begin{bmatrix} v_{11} & v_{12} & v_{13} & v_{14} & v_{15} \\ v_{21} & v_{22} & v_{23} & v_{24} & v_{25} \\ v_{31} & v_{32} & v_{33} & v_{34} & v_{35} \\ v_{41} & v_{42} & v_{43} & v_{44} & v_{45} \\ v_{51} & v_{52} & v_{53} & v_{54} & v_{55} \end{bmatrix}\begin{bmatrix} y_A \\ y_B \\ y_C \\ y_D \\ y_E \end{bmatrix} \quad （7.4.6）$$

對上式的二邊取時間的微分，得到

$$\dot{\mathbf{X}}_5 = \mathbf{V}\dot{\mathbf{Y}}_5 \quad （7.4.7）$$

其中特徵方陣 $\mathbf{V}$ 是常數矩陣，故不需對時間微分。將（7.4.6）式及（7.4.7）式代入（7.4.1）式，得到新的五行向量 $\mathbf{Y}_5$ 所需滿足的方程式：

$$\dot{\mathbf{X}}_5 = \mathbb{A}_5\mathbf{X}_5 \Rightarrow \mathbf{V}\dot{\mathbf{Y}}_5 = \mathbb{A}_5\mathbf{V}\mathbf{Y}_5 \Rightarrow \boxed{\dot{\mathbf{Y}}_5 = (\mathbf{V}^{-1}\mathbb{A}_5\mathbf{V})\mathbf{Y}_5 = \Sigma\mathbf{Y}_5} \quad （7.4.8）$$

其中我們用到（7.4.5）的關係式 $\mathbf{V}^{-1}\mathbf{A}_5\mathbf{V} = \boldsymbol{\Sigma}$。注意 $\boldsymbol{\Sigma}$ 是一個對角線矩陣，如（7.4.3）式的定義。因此新的五行向量 $\mathbf{Y}_5$ 所需滿足的方程式為 $\dot{\mathbf{Y}}_5 = \boldsymbol{\Sigma}\mathbf{Y}_5$，將矩陣展開以後的形式為

$$
\begin{bmatrix} \dot{y}_A \\ \dot{y}_B \\ \dot{y}_C \\ \dot{y}_D \\ \dot{y}_E \end{bmatrix} = \begin{bmatrix} \lambda_1 & 0 & 0 & 0 & 0 \\ 0 & \lambda_2 & 0 & 0 & 0 \\ 0 & 0 & \lambda_3 & 0 & 0 \\ 0 & 0 & 0 & \lambda_4 & 0 \\ 0 & 0 & 0 & 0 & \lambda_5 \end{bmatrix} \begin{bmatrix} y_A \\ y_B \\ y_C \\ y_D \\ y_E \end{bmatrix} \tag{7.4.9}
$$

可以看到以上五個子方程式各自獨立，可以分別求解。以 y_A 為例，其所滿足的方程式為

$$
\dot{y}_A = \lambda_1 y_A \tag{7.4.10}
$$

這是一個最簡單形式的一階常微方程式，其解具有指數函數的形式

$$
y_A(t) = e^{\lambda_1 t} y_A(0) \tag{7.4.11}
$$

其中 $y_A(0)$ 是 $y_A(t)$ 的初始值。將（7.4.11）式的解代入（7.4.10）式，我們可以驗證左右二邊確實相等。利用相同的解法。我們可以得到其他五行狀態的解為 $y_B(t) = e^{\lambda_2 t} y_B(0)$，$y_C(t) = e^{\lambda_3 t} y_C(0)$ 等等。聯合這五個子方程式的解，我們得到

$$
\begin{bmatrix} y_A(t) \\ y_B(t) \\ y_C(t) \\ y_D(t) \\ y_E(t) \end{bmatrix} = \begin{bmatrix} e^{\lambda_1 t} & 0 & 0 & 0 & 0 \\ 0 & e^{\lambda_2 t} & 0 & 0 & 0 \\ 0 & 0 & e^{\lambda_3 t} & 0 & 0 \\ 0 & 0 & 0 & e^{\lambda_4 t} & 0 \\ 0 & 0 & 0 & 0 & e^{\lambda_5 t} \end{bmatrix} \begin{bmatrix} y_A(0) \\ y_B(0) \\ y_C(0) \\ y_D(0) \\ y_E(0) \end{bmatrix} \Rightarrow \mathbf{Y}_5(t) = \boldsymbol{\Lambda}\mathbf{Y}_5(0) \tag{7.4.12}
$$

其中 $\boldsymbol{\Lambda}$ 是由特徵值的指數函數所形成的對角矩陣。

求得新的五行向量 $\mathbf{Y}_5(t)$ 的解後，我們再透過（7.4.6）式的逆轉換 $\mathbf{Y}_5 = \mathbf{V}^{-1}\mathbf{X}_5$，求得原五行向量 $\mathbf{X}_5(t)$ 的解。將 $\mathbf{Y}_5 = \mathbf{V}^{-1}\mathbf{X}_5$ 代入（7.4.12）式，得到 $\mathbf{X}_5(t)$ 的解為

$$
\mathbf{Y}_5(t) = \boldsymbol{\Lambda}\mathbf{Y}_5(0) \Rightarrow \mathbf{V}^{-1}\mathbf{X}_5(t) = \boldsymbol{\Lambda}\mathbf{V}^{-1}\mathbf{X}_5(0) \Rightarrow \boxed{\mathbf{X}_5(t) = \mathbf{V}\boldsymbol{\Lambda}\mathbf{V}^{-1}\mathbf{X}_5(0)} \tag{7.4.13}
$$

其中 $\mathbf{V}$ 是五個特徵向量所形成的方陣，如（7.4.4）式的定義。將（7.4.13）式中的每個矩陣展開，我們看到五行特徵值、五行特徵向量、五行向量，三者之間的關係：

$$
\begin{bmatrix} x_A(t) \\ x_B(t) \\ x_C(t) \\ x_D(t) \\ x_E(t) \end{bmatrix} = \begin{bmatrix} v_{11} & v_{12} & v_{13} & v_{14} & v_{15} \\ v_{21} & v_{22} & v_{23} & v_{24} & v_{25} \\ v_{31} & v_{32} & v_{33} & v_{34} & v_{35} \\ v_{41} & v_{42} & v_{43} & v_{44} & v_{45} \\ v_{51} & v_{52} & v_{53} & v_{54} & v_{55} \end{bmatrix} \begin{bmatrix} e^{\lambda_1 t} & 0 & 0 & 0 & 0 \\ 0 & e^{\lambda_2 t} & 0 & 0 & 0 \\ 0 & 0 & e^{\lambda_3 t} & 0 & 0 \\ 0 & 0 & 0 & e^{\lambda_4 t} & 0 \\ 0 & 0 & 0 & 0 & e^{\lambda_5 t} \end{bmatrix} \begin{bmatrix} v_{11} & v_{12} & v_{13} & v_{14} & v_{15} \\ v_{21} & v_{22} & v_{23} & v_{24} & v_{25} \\ v_{31} & v_{32} & v_{33} & v_{34} & v_{35} \\ v_{41} & v_{42} & v_{43} & v_{44} & v_{45} \\ v_{51} & v_{52} & v_{53} & v_{54} & v_{55} \end{bmatrix}^{-1} \begin{bmatrix} x_A(0) \\ x_B(0) \\ x_C(0) \\ x_D(0) \\ x_E(0) \end{bmatrix}
$$

$$
\tag{7.4.14}
$$

在以上關係式中，我們注意到五行向量 $\mathbf{X}_5(t)$ 完全是由五行矩陣 $\mathbb{A}_5$ 的特徵值 λ_i 與特徵向量 $\mathbf{v}_i$ 所決定，所以可以說五行矩陣的特徵值與特徵向量是整個五行生剋運算的核心。

我們將求解五行向量 $\mathbf{X}_5(t)$ 的過程歸納成以下幾個步驟：

● 給定五代理人的初始數量：$\mathbf{X}_5(0) = [x_A(0),\ x_B(0),\ x_C(0),\ x_D(0),\ x_E(0)]^T$

● 給定生剋係數 a、b、c、d

● 由生剋係數建立五行矩陣

$$\mathbb{A}_5 = \begin{bmatrix} \delta_5 & b & -d & -c & a \\ a & \delta_5 & b & -d & -c \\ -c & a & \delta_5 & b & -d \\ -d & -c & a & \delta_5 & b \\ b & -d & -c & a & \delta_5 \end{bmatrix}$$

● 因式分解特徵多項式 $|\mathbb{A}_5 - \lambda\mathbf{I}| = 0$，得到五個特徵值：$\lambda_i,\ i = 1, 2, \cdots, 5$

$$|\mathbb{A}_5 - \lambda\mathbf{I}| = \begin{vmatrix} \delta_5 - \lambda & b & -d & -c & a \\ a & \delta_5 - \lambda & b & -d & -c \\ -c & a & \delta_5 - \lambda & b & -d \\ -d & -c & a & \delta_5 - \lambda & b \\ b & -d & -c & a & \delta_5 - \lambda \end{vmatrix} = 0$$

$$\xrightarrow{\text{因式分解}} \boxed{(\lambda - \lambda_1)(\lambda - \lambda_2)(\lambda - \lambda_3)(\lambda - \lambda_4)(\lambda - \lambda_5) = 0}$$

● 由特徵值 λ_i 建立指數函數對角陣：

$$\mathbf{\Lambda} = \begin{bmatrix} e^{\lambda_1 t} & 0 & 0 & 0 & 0 \\ 0 & e^{\lambda_2 t} & 0 & 0 & 0 \\ 0 & 0 & e^{\lambda_3 t} & 0 & 0 \\ 0 & 0 & 0 & e^{\lambda_4 t} & 0 \\ 0 & 0 & 0 & 0 & e^{\lambda_5 t} \end{bmatrix}$$

● 針對每個特徵值 λ_i，求解特徵向量 $\mathbf{v}_i$：

$$\mathbb{A}_5 \mathbf{v}_i = \lambda_i \mathbf{v}_i,\ i = 1, 2, \cdots, 5$$

● 由特徵向量 $\mathbf{v}_i$ 建立特徵方陣 $\mathbf{V}$ 並求其逆矩陣 $\mathbf{V}^{-1}$

$$\mathbf{V} = [\mathbf{v}_1\ \mathbf{v}_2\ \mathbf{v}_3\ \mathbf{v}_4\ \mathbf{v}_5] = \begin{bmatrix} v_{11} & v_{12} & v_{13} & v_{14} & v_{15} \\ v_{21} & v_{22} & v_{23} & v_{24} & v_{25} \\ v_{31} & v_{32} & v_{33} & v_{34} & v_{35} \\ v_{41} & v_{42} & v_{43} & v_{44} & v_{45} \\ v_{51} & v_{52} & v_{53} & v_{54} & v_{55} \end{bmatrix}$$

● 求得五代理人數量隨時間的變化：$\mathbf{X}_5(t) = [x_A(t),\ x_B(t),\ x_C(t),\ x_D(t),\ x_E(t)]^T$

$$\boxed{\mathbf{X}_5(t) = \mathbf{V}\mathbf{\Lambda}\mathbf{V}^{-1}\mathbf{X}_5(0)}$$

以下範例是根據上面的步驟進行實際的數值計算。

- 給定五代理人的初始數量：$\mathbf{X}_5(0) = [1 \quad 2 \quad 3 \quad 4 \quad 5]^T$

- 給定生剋係數 $a = b = c = d = 1$

- 由生剋係數建立五行矩陣

$$\mathbb{A}_5 = \begin{bmatrix} \delta_5 & b & -d & -c & a \\ a & \delta_5 & b & -d & -c \\ -c & a & \delta_5 & b & -d \\ -d & -c & a & \delta_5 & b \\ b & -d & -c & a & \delta_5 \end{bmatrix} = \begin{bmatrix} 0 & 1 & -1 & -1 & 1 \\ 1 & 0 & 1 & -1 & -1 \\ -1 & 1 & 0 & 1 & -1 \\ -1 & -1 & 1 & 0 & 1 \\ 1 & -1 & -1 & 1 & 0 \end{bmatrix}$$

- 因式分解特徵多項式 $|\mathbb{A}_5 - \lambda\mathbf{I}| = 0$，得到五個特徵值：$\lambda_i, \ i = 1, 2, \cdots, 5$

$$|\mathbb{A}_5 - \lambda\mathbf{I}| = \lambda^5 - 10\lambda^3 + 25\lambda = \lambda(\lambda^2 - 5)^2 = 0 \implies \lambda_1 = 0, \quad \lambda_{2,3} = \sqrt{5}, \quad \lambda_{4,5} = -\sqrt{5}$$

- 由特徵值 λ_i 建立指數函數對角陣：

$$\mathbf{\Lambda} = \begin{bmatrix} e^{\lambda_1 t} & 0 & 0 & 0 & 0 \\ 0 & e^{\lambda_2 t} & 0 & 0 & 0 \\ 0 & 0 & e^{\lambda_3 t} & 0 & 0 \\ 0 & 0 & 0 & e^{\lambda_4 t} & 0 \\ 0 & 0 & 0 & 0 & e^{\lambda_5 t} \end{bmatrix} = \begin{bmatrix} e^{0 \cdot t} & 0 & 0 & 0 & 0 \\ 0 & e^{\sqrt{5}t} & 0 & 0 & 0 \\ 0 & 0 & e^{\sqrt{5}t} & 0 & 0 \\ 0 & 0 & 0 & e^{-\sqrt{5}t} & 0 \\ 0 & 0 & 0 & 0 & e^{-\sqrt{5}t} \end{bmatrix}$$

- 針對每個特徵值 λ_i，求解特徵向量 $\mathbf{v}_i$：$\mathbb{A}_5\mathbf{v}_i = \lambda_i\mathbf{v}_i, \ i = 1, 2, \cdots, 5$

$$\mathbf{v}_1 = \begin{bmatrix} 1 \\ 1 \\ 1 \\ 1 \\ 1 \end{bmatrix}, \ \mathbf{v}_2 = \begin{bmatrix} k_1 \\ -k_1 \\ -1 \\ 0 \\ 1 \end{bmatrix}, \ \mathbf{v}_3 = \begin{bmatrix} -1 \\ -k_1 \\ k_1 \\ 1 \\ 0 \end{bmatrix}, \ \mathbf{v}_4 = \begin{bmatrix} -k_2 \\ k_2 \\ -1 \\ 0 \\ 1 \end{bmatrix}, \ \mathbf{v}_5 = \begin{bmatrix} -1 \\ k_2 \\ -k_2 \\ 1 \\ 0 \end{bmatrix}$$

其中 $k_1 = (\sqrt{5} - 1)/2$，$k_2 = (\sqrt{5} + 1)/2$。

- 由特徵向量 $\mathbf{v}_i$ 建立特徵方陣 $\mathbf{V}$ 並求其逆矩陣 $\mathbf{V}^{-1}$

$$\mathbf{V} = [\mathbf{v}_1 \ \mathbf{v}_2 \ \mathbf{v}_3 \ \mathbf{v}_4 \ \mathbf{v}_5] = \begin{bmatrix} 1 & k_1 & -1 & -k_2 & -1 \\ 1 & -k_1 & -k_1 & k_2 & k_2 \\ 1 & -1 & k_1 & -1 & -k_2 \\ 1 & 0 & 1 & 0 & 1 \\ 1 & 1 & 0 & 1 & 0 \end{bmatrix} \rightarrow \mathbf{V}^{-1} = \frac{1}{5}\begin{bmatrix} 1 & 1 & 1 & 1 & 1 \\ k_1 & -k_2 & -k_2 & k_1 & 2 \\ -k_2 & -k_2 & k_1 & 2 & k_1 \\ -k_2 & k_1 & k_1 & -k_2 & 2 \\ k_1 & k_1 & -k_2 & 2 & -k_2 \end{bmatrix}$$

可以驗證 $\mathbf{V}$ 乘以 $\mathbf{V}^{-1}$ 等於單位矩陣，亦即 $\mathbf{V}^{-1}\mathbf{V} = \mathbf{I}$。

- 求得五代理人數量隨時間的變化：$\mathbf{X}_5(t)$

$$\mathbf{X}_5(t) = \begin{bmatrix} x_A(t) \\ x_B(t) \\ x_C(t) \\ x_D(t) \\ x_E(t) \end{bmatrix} = \mathbf{V}\mathbf{\Lambda}\mathbf{V}^{-1}\mathbf{X}_5(0)$$

$$= \frac{1}{5}\begin{bmatrix} 1 & k_1 & -1 & -k_2 & -1 \\ 1 & -k_1 & -k_1 & k_2 & k_2 \\ 1 & -1 & k_1 & -1 & -k_2 \\ 1 & 0 & 1 & 0 & 1 \\ 1 & 1 & 0 & 1 & 0 \end{bmatrix}\begin{bmatrix} e^{\lambda_1 t} & 0 & 0 & 0 & 0 \\ 0 & e^{\lambda_2 t} & 0 & 0 & 0 \\ 0 & 0 & e^{\lambda_3 t} & 0 & 0 \\ 0 & 0 & 0 & e^{\lambda_4 t} & 0 \\ 0 & 0 & 0 & 0 & e^{\lambda_5 t} \end{bmatrix}\begin{bmatrix} 1 & 1 & 1 & 1 & 1 \\ k_1 & -k_2 & -k_2 & k_1 & 2 \\ -k_2 & -k_2 & k_1 & 2 & k_1 \\ -k_2 & k_1 & k_1 & -k_2 & 2 \\ k_1 & k_1 & -k_2 & 2 & -k_2 \end{bmatrix}\begin{bmatrix} 1 \\ 2 \\ 3 \\ 4 \\ 5 \end{bmatrix}$$

$$= \begin{bmatrix} 3e^{\lambda_1 t} + k_1 e^{\lambda_2 t} - k_2 e^{\lambda_3 t} - k_2 e^{\lambda_4 t} + k_1 e^{\lambda_5 t} \\ 3e^{\lambda_1 t} - k_1 e^{\lambda_2 t} - e^{\lambda_3 t} + k_2 e^{\lambda_4 t} - e^{\lambda_5 t} \\ 3e^{\lambda_1 t} - e^{\lambda_2 t} + e^{\lambda_3 t} - e^{\lambda_4 t} + e^{\lambda_5 t} \\ 3e^{\lambda_1 t} + k_2 e^{\lambda_3 t} - k_1 e^{\lambda_5 t} \\ 3e^{\lambda_1 t} + e^{\lambda_2 t} + e^{\lambda_4 t} \end{bmatrix} = \begin{bmatrix} x_A(t) \\ x_B(t) \\ x_C(t) \\ x_D(t) \\ x_E(t) \end{bmatrix} \qquad (7.4.15)$$

最後的結果顯示五代理人的數量是指數函數 $e^{\lambda_i t}$ 的線性組合，其中 λ_i 為五行矩陣的特徵值。當其中有一特徵值 $\lambda_i > 0$ 時，會使得 $e^{\lambda_i t}$ 的值隨著時間的增加而趨近於無窮大，此時（7.4.15）式代表一個發散的五行向量。因此五行網路若要為穩定，其對應的五行矩陣 $\mathbb{A}_5$ 不能含有正的特徵值，而 $\mathbb{A}_5$ 的特徵值又受到四個生剋係數 a、b、c、d 的影響，不同生剋係數的組合將導致五行網路不同的穩定性。

7.5 五行特徵值與穩定性分析

在相生（正生、反生、副生）與相剋（正剋、反剋、副剋）的作用下，五行代理人的數量隨著時間而變化，而所謂的五行網路的穩定性分析就是在了解五行代理人的數量是否會隨著時間收斂到平衡狀態（自動補償成功），此時五行系統是一個穩定的系統；或者是隨著時間而發散到無窮大（自動補償失敗），此時五行系統是一個不穩定的系統。五行系統的動態是由五行向量 $\mathbf{X}_5(t)$ 所描述，上一節我們已經得到五行向量 $\mathbf{X}_5(t)$ 的解，從中我們可以分析五行系統是否為穩定。

從（7.4.15）式可以看到五個代理人的數量 $x_i(t)$ 是指數函數 $e^{\lambda_i t}$ 的組合，$x_i(t)$ 的一般型式可以表示成

$$\boxed{x_i(t) = \mathcal{A}_i e^{\lambda_1 t} + \mathcal{B}_i e^{\lambda_2 t} + \mathcal{C}_i e^{\lambda_3 t} + \mathcal{D}_i e^{\lambda_4 t} + \mathcal{E}_i e^{\lambda_5 t}}, \ i = A, B, \cdots, E \qquad (7.5.1)$$

其中是 λ_i 五行矩陣的特徵值，組合係數 $\mathcal{A}_i$、$\mathcal{B}_i$、$\mathcal{C}_i$、$\mathcal{D}_i$、$\mathcal{E}_i$ 則是由特徵向量與初始值 $x_i(0)$ 所決定。在（7.3.16）式與（7.3.17）式中，我們已經知道 $\lambda_1 = 0$，λ_2 與 λ_3 為一組共軛複數根，可合併寫成 $\lambda_{2,3} = \sigma_{2,3} \pm i\omega_{2,3}$；$\lambda_4$ 與 λ_5 為另一組共軛複數根，可合併寫成 $\lambda_{4,5} = \sigma_{4,5} \pm i\omega_{4,5}$。

將五個特徵值代入（7.5.1）中，得到

$$x_i(t) = \mathcal{A}_i + \mathcal{B}_i e^{(\sigma_{2,3}+i\omega_{2,3})t} + \mathcal{C}_i e^{(\sigma_{2,3}-i\omega_{2,3})t} + \mathcal{D}_i e^{(\sigma_{4,5}+i\omega_{4,5})t} + \mathcal{E}_i e^{(\sigma_{4,5}-i\omega_{4,5})t} \quad (7.5.2)$$

其中指數的虛數次方可利用尤拉公式加以化簡：

$$e^{i\omega_{2,3}t} = \cos(\omega_{2,3}t) + i\sin(\omega_{2,3}t)，\quad e^{i\omega_{4,5}t} = \cos(\omega_{4,5}t) + i\sin(\omega_{4,5}t) \quad (7.5.3)$$

將上式代回（7.5.2）式，並利用三角函數的相加公式，得到如下結果

$$\boxed{x_i(t) = \mathcal{A}_i + \mathcal{B}_i e^{\sigma_{2,3}t}\sin(\omega_{2,3}t+\theta_i) + \mathcal{C}_i e^{\sigma_{4,5}t}\sin(\omega_{4,5}t+\phi_i)}, \quad i = A, B, \cdots, E \quad (7.5.4)$$

在上式中，$\mathcal{A}_i$、$\mathcal{B}_i$、$\mathcal{C}_i$、θ_i、ϕ_i 為常數，是由特徵向量與初始值 $x_i(0)$ 所決定。

　　根據（7.5.4）式，我們可以判斷五行系統是否為穩定。由於正弦函數的值介於 +1 與 -1 之間，不會發散到無窮大，在（7.5.4）式中會影響五行收斂或發散的唯一因子是指數中的 $\sigma_{2,3}$ 和 $\sigma_{4,5}$。首先我們注意指數函數的以下特性：（1）$\sigma > 0$：$e^{\sigma t} \to \infty$，當時間 $t \to \infty$，（2）$\sigma = 0$：$e^{\sigma t} = 1$，（3）$\sigma < 0$：$e^{\sigma t} \to 0$，當時間 $t \to \infty$。因此（7.5.4）式收斂的條件是

$$\sigma_{2,3} < 0, \quad \sigma_{4,5} < 0 \quad (7.5.5)$$

依照 $\sigma_{2,3}$ 和 $\sigma_{4,5}$ 在（7.3.16）式與（7.3.17）式中的定義，我們發現 $\sigma_{2,3}$ 一定比 $\sigma_{4,5}$ 大，此可簡單證明如下：

$$\sigma_{2,3} - \sigma_{4,5} = \frac{1}{2}[(\beta a_+ - \alpha c_+) - (\alpha a_+ - \beta c_+)] = \frac{1}{2}(\beta - \alpha)(a_+ + c_+) > 0$$

其中注意 $a_+ = a + b > 0$，$c_+ = c + d > 0$，$\beta - \alpha = \sqrt{5}$，參見（7.3.18）式的定義。因為 $\sigma_{2,3} > \sigma_{4,5}$，所以若要滿足（7.5.5）式的收斂條件，只要 $\sigma_{2,3} < 0$ 即可，亦即

$$\sigma_{2,3} = -\frac{1}{2}(\alpha a_+ - \beta c_+) < 0 \implies \boxed{\frac{a_+}{c_+} = \frac{a+b}{c+d} > \frac{\beta}{\alpha} = \frac{3+\sqrt{5}}{2} = \varphi^2} \quad (7.5.6)$$

其中 $\varphi = (1+\sqrt{5})/2$ 為黃金比例。（7.5.6）式說明五行系統穩定的條件是相生係數的和 a_+ 比上相剋係數的和 c_+ 必須大於黃金比例的平方。

當（7.5.6）式的收斂條件滿足時，我們有 $e^{\sigma_{2,3}t} \to 0$ 且 $e^{\sigma_{4,5}t} \to 0$，因此當時間 $t \to \infty$ 時，（7.5.4）式化簡成

$$\lim_{t\to\infty} x_i(t) = \mathcal{A}_i, \quad i = A, B, \cdots, E \qquad (7.5.7)$$

亦即五行的數量分別收斂到各自的穩態值 $\mathcal{A}_i$。

當時間 $t \to \infty$ 時，五行的數量達到穩態值，此時五行向量的變化率 $\dot{\mathbf{X}}_5(\infty)$ 必須為零：

$$\dot{\mathbf{X}}_5(\infty) = \mathbb{A}_5\mathbf{X}_5(\infty) = 0 \implies \begin{bmatrix} \delta & b & -d & -c & a \\ a & \delta & b & -d & -c \\ -c & a & \delta & b & -d \\ -d & -c & a & \delta & b \\ b & -d & -c & a & \delta \end{bmatrix}\begin{bmatrix} x_A(\infty) \\ x_B(\infty) \\ x_C(\infty) \\ x_D(\infty) \\ x_E(\infty) \end{bmatrix} = 0 \qquad (7.5.8)$$

求解上式，我們得到五行數量的穩態值為

$$\mathbf{X}_5(\infty) = \begin{bmatrix} x_A(\infty) \\ x_B(\infty) \\ x_C(\infty) \\ x_D(\infty) \\ x_E(\infty) \end{bmatrix} = k\begin{bmatrix} 1 \\ 1 \\ 1 \\ 1 \\ 1 \end{bmatrix} \qquad (7.5.9)$$

其中 k 是一常數。將（7.5.9）式代入（7.5.8）式，我們可以簡單驗算（7.5.9）式中的 $\mathbf{X}_5(\infty)$ 確實是（7.5.8）式的解。合併（7.5.7）式與（7.5.9）式，五行數量的穩態值 $\mathcal{A}_i$ 可以求出為

$$\mathbf{X}_5(\infty) = \begin{bmatrix} x_A(\infty) \\ x_B(\infty) \\ x_C(\infty) \\ x_D(\infty) \\ x_E(\infty) \end{bmatrix} = \begin{bmatrix} \mathcal{A}_1 \\ \mathcal{A}_2 \\ \mathcal{A}_3 \\ \mathcal{A}_4 \\ \mathcal{A}_5 \end{bmatrix} = \begin{bmatrix} k \\ k \\ k \\ k \\ k \end{bmatrix} \qquad (7.5.10)$$

上面的結果說明五個穩態值 $\mathcal{A}_i$ 都必須等於相同的常數 k，這就是五行網路透過生剋作用後，所達到的平衡值（共識值）。令人意料之外的是，五行系統最後所達到的平衡值與生剋係數 a、b、c、d 的設定值無關，而且事先即可以決定，無需求解五行的動態方程式。

為了求得常數 k，我們考慮（7.2.18）式中的五行動態方程式

$$\begin{bmatrix} \dot{x}_A \\ \dot{x}_B \\ \dot{x}_C \\ \dot{x}_D \\ \dot{x}_E \end{bmatrix} = \begin{bmatrix} \delta_5 & b & -d & -c & a \\ a & \delta_5 & b & -d & -c \\ -c & a & \delta_5 & b & -d \\ -d & -c & a & \delta_5 & b \\ b & -d & -c & a & \delta_5 \end{bmatrix}\begin{bmatrix} x_A \\ x_B \\ x_C \\ x_D \\ x_E \end{bmatrix} = \begin{bmatrix} \delta_5 x_A + bx_B - dx_C - cx_D + ax_E \\ ax_A + \delta_5 x_B + bx_C - dx_D - cx_E \\ -cx_A + ax_B + \delta_5 x_C + bx_D - dx_E \\ -dx_A - cx_B + ax_C + \delta_5 x_D + bx_E \\ bx_A - dx_B - cx_C + ax_D + \delta_5 x_E \end{bmatrix}$$

在上面的五個方程式中，將等號二邊的五個式子各自全部相加，得到

$$\dot{x}_A + \dot{x}_B + \dot{x}_C + \dot{x}_D + \dot{x}_E = (\delta_5 + a + b - c - d)(x_A + x_B + x_C + x_D + x_E) = 0$$

其中注意 $\delta_5 = (c + d) - (a + b)$，故有 $\delta_5 + a + b - c - d = 0$。上式說明五行數量變化率的總和為零，亦即

$$\frac{d}{dt}\big(x_A(t) + x_B(t) + x_C(t) + x_D(t) + x_E(t)\big) = 0 \qquad （7.5.11）$$

此式代表五個代理人數量的總和是一個不變量，不隨時間而變化：

$$\boxed{x_A(t) + x_B(t) + x_C(t) + x_D(t) + x_E(t) = 定值} \qquad （7.5.12）$$

上式稱為五行網路的能量（數量）守恆定律，代表五行網路的總能量是一個固定值，不隨時間而變。既然五行的總能量在所有的時刻 t，其值均相同。因此在 $t = 0$（初始態）與 $t = \infty$（穩態）的二個時間點上，其值也必須相同，故有

$$初始態總能量 = 穩態總能量$$

$$x_A(0) + x_B(0) + x_C(0) + x_D(0) + x_E(0) = x_A(\infty) + x_B(\infty) + x_C(\infty) + x_D(\infty) + x_E(\infty)$$

最後將（7.5.10）式所得到的結果 $x_A(\infty) = x_B(\infty) = x_C(\infty) = x_D(\infty) = x_E(\infty) = k$ 代入上式，得到待定常數 k 的值為

$$k = \frac{1}{5}\big(x_A(0) + x_B(0) + x_C(0) + x_D(0) + x_E(0)\big) \qquad （7.5.13）$$

此值是初始總數量（總能量）的平均值，也是五行網路收斂到穩態時，五個代理人所取得的平衡值（共識值）。

7.6 離散時間五行網路的代數運算

前面提到的五行網路都是隨著時間連續性地變化，所對應的五行向量 $\mathbf{X}_5(t)$ 是時間 t 的連續函數。由於 $\mathbf{X}_5(t)$ 的獲得牽涉到微分方程式的求解技巧，雖然其解可透過特徵值及特徵向量加以表示，但對一般社會大眾而言，五行向量 $\mathbf{X}_5(t)$ 的求解仍有相當的數學難度。在另一方面，考量到五行網路在民間的實際應用，連續時間變化的五行向量 $\mathbf{X}_5(t)$ 不一定適用，反而是每間隔一段時間才變化一次的離散時間五行向量 $\mathbf{X}_5(k\Delta t)$ 更加有用。在離散時間的五行向量 $\mathbf{X}_5(k\Delta t)$ 中，k 是正整數，Δt 是所採用的間隔時間，可以根據五行系統運行的時間總長，去決定所需採用的時間間隔，Δt 可以是 1 小時、1 時辰、1 天、

1 月、或 1 年。例如若選 Δt 為 1 天，則 $\mathbf{X}_5(\Delta t)$ 代表第一天的五行向量，$\mathbf{X}_5(2\Delta t)$ 代表第二天的五行向量，$\mathbf{X}_5(3\Delta t)$ 代表第三天的五行向量，依此類推。以離散時間的五行網路取代連續時間的五行網路，其最大好處是可以純粹用加減乘除的代數運算，求得五行向量 $\mathbf{X}_5(k\Delta t)$，避開了微分方程式的求解過程。

離散時間五行網路可視為是連續時間五行網路的一種近似。首先觀察五行向量 $\mathbf{X}_5(t)$ 所要滿足的微分方程式 $\dot{\mathbf{X}}_5 = \mathbb{A}_5\mathbf{X}_5$，其解可用指數函數表達如下

$$\dot{\mathbf{X}}_5 = \mathbb{A}_5\mathbf{X}_5 \implies \mathbf{X}_5(t) = e^{\mathbb{A}_5 t}\mathbf{X}_5(0) \tag{7.6.1}$$

其中 $e^{\mathbb{A}_5 t}$ 的計算牽涉到指數函數的次方是矩陣的問題。計算 $e^{\mathbb{A}_5 t}$ 的方法有二個，第一個方法提供了正確的解析解（參見前面的 7.4 節），其方法是透過五行矩陣 $\mathbb{A}_5$ 的特徵值與特徵向量，而將解答 $\mathbf{X}_5(t)$ 表示成

$$\dot{\mathbf{X}}_5 = \mathbb{A}_5\mathbf{X}_5 \implies \boxed{\mathbf{X}_5(t) = \mathbf{V}\mathbf{\Lambda}\mathbf{V}^{-1}\mathbf{X}_5(0)} \tag{7.6.2}$$

比較（7.6.1）式與（7.6.2）式，我們得到 $e^{\mathbb{A}_5 t} = \mathbf{V}\mathbf{\Lambda}\mathbf{V}^{-1}$，也就是將指數的矩陣次方用矩陣的特徵值及特徵向量加以表示。

第二個計算 $e^{\mathbb{A}_5 t}$ 的方法是透過 $e^{\mathbb{A}_5 t}$ 的泰勒級數展開，接著忽略高次方項，只取到一階近似的結果：

$$e^{\mathbb{A}_5 t} = \mathbf{I} + \frac{1}{1}(\mathbb{A}_5 t) + \frac{1}{2}(\mathbb{A}_5 t)^2 + \cdots \approx \mathbf{I} + \frac{1}{1}(\mathbb{A}_5 t) \tag{7.6.3}$$

一階近似要能成立的條件是二次方的項與一次方的項相比較下，可以被忽略，亦即：

$$\frac{1}{2}(\mathbb{A}_5 t)^2 \ll \frac{1}{1}(\mathbb{A}_5 t) \tag{7.6.4}$$

此條件相當於 $\mathbb{A}_5 t$ 的值必須遠小於 1，如此才能保證它的平方值遠小於一次方的值。滿足（7.6.4）式的條件之一是時間 t 必須是一很短暫的時刻，因此假設 $t = \Delta t$，並將（7.6.3）式代入（7.6.1）式，我們得到

$$\boxed{\mathbf{X}_5(\Delta t) = (\mathbf{I} + \mathbb{A}_5\Delta t)\mathbf{X}_5(0) = \overline{\mathbb{A}}_5\mathbf{X}_5(0)} \tag{7.6.5}$$

其中 $\overline{\mathbb{A}}_5$ 稱為離散時間的五行矩陣，它與連續時間五行矩陣 $\mathbb{A}_5$ 的關係為

$$\overline{\mathbb{A}}_5 = \mathbf{I} + \mathbb{A}_5\Delta t = \mathbf{I} + \begin{bmatrix} \delta_5 & b & -d & -c & a \\ a & \delta_5 & b & -d & -c \\ -c & a & \delta_5 & b & -d \\ -d & -c & a & \delta_5 & b \\ b & -d & -c & a & \delta_5 \end{bmatrix}\Delta t$$

$$
= \begin{bmatrix}
1 + \delta_5 \Delta t & b\Delta t & -d\Delta t & -c\Delta t & a\Delta t \\
a\Delta t & 1 + \delta_5 \Delta t & b\Delta t & -d\Delta t & -c\Delta t \\
-c\Delta t & a\Delta t & 1 + \delta_5 \Delta t & b\Delta t & -d\Delta t \\
-d\Delta t & -c\Delta t & a\Delta t & 1 + \delta_5 \Delta t & b\Delta t \\
b\Delta t & -d\Delta t & -c\Delta t & a\Delta t & 1 + \delta_5 \Delta t
\end{bmatrix}
\quad (7.6.6)
$$

$$
= \begin{bmatrix}
\bar{\mathcal{A}}_{AA} & \bar{\mathcal{A}}_{AB} & \bar{\mathcal{A}}_{AC} & \bar{\mathcal{A}}_{AD} & \bar{\mathcal{A}}_{AE} \\
\bar{\mathcal{A}}_{BA} & \bar{\mathcal{A}}_{BB} & \bar{\mathcal{A}}_{BC} & \bar{\mathcal{A}}_{BD} & \bar{\mathcal{A}}_{BE} \\
\bar{\mathcal{A}}_{CA} & \bar{\mathcal{A}}_{CB} & \bar{\mathcal{A}}_{CC} & \bar{\mathcal{A}}_{CD} & \bar{\mathcal{A}}_{CE} \\
\bar{\mathcal{A}}_{DA} & \bar{\mathcal{A}}_{DB} & \bar{\mathcal{A}}_{DC} & \bar{\mathcal{A}}_{DD} & \bar{\mathcal{A}}_{DE} \\
\bar{\mathcal{A}}_{EA} & \bar{\mathcal{A}}_{EB} & \bar{\mathcal{A}}_{EC} & \bar{\mathcal{A}}_{ED} & \bar{\mathcal{A}}_{EE}
\end{bmatrix}
\quad (7.6.7)
$$

$\bar{A}_5$ 具有轉移不同時刻的五行向量的功能,因為從(7.6.5)式可以看到,$\bar{A}_5$ 作用在初始時刻的五行向量 $\mathbf{X}_5(0)$,所得到的結果為 Δt 時刻後的五行向量 $\mathbf{X}_5(\Delta t)$。如果將 $\mathbf{X}_5(0)$ 視為舊的五行向量,$\mathbf{X}_5(\Delta t)$ 為新的五行向量,則關係式 $\mathbf{X}_5(\Delta t) = \bar{A}_5 \mathbf{X}_5(0)$ 可以改寫成

$$
\begin{bmatrix}
x_{木}(新) \\
x_{火}(新) \\
x_{土}(新) \\
x_{金}(新) \\
x_{水}(新)
\end{bmatrix}
=
\begin{bmatrix}
\bar{\mathcal{A}}_{木\leftarrow木} & \bar{\mathcal{A}}_{木\leftarrow火} & \bar{\mathcal{A}}_{木\leftarrow土} & \bar{\mathcal{A}}_{木\leftarrow金} & \bar{\mathcal{A}}_{木\leftarrow水} \\
\bar{\mathcal{A}}_{火\leftarrow木} & \bar{\mathcal{A}}_{火\leftarrow火} & \bar{\mathcal{A}}_{火\leftarrow土} & \bar{\mathcal{A}}_{火\leftarrow金} & \bar{\mathcal{A}}_{火\leftarrow水} \\
\bar{\mathcal{A}}_{土\leftarrow木} & \bar{\mathcal{A}}_{土\leftarrow火} & \bar{\mathcal{A}}_{土\leftarrow土} & \bar{\mathcal{A}}_{土\leftarrow金} & \bar{\mathcal{A}}_{土\leftarrow水} \\
\bar{\mathcal{A}}_{金\leftarrow木} & \bar{\mathcal{A}}_{金\leftarrow火} & \bar{\mathcal{A}}_{金\leftarrow土} & \bar{\mathcal{A}}_{金\leftarrow金} & \bar{\mathcal{A}}_{金\leftarrow水} \\
\bar{\mathcal{A}}_{水\leftarrow木} & \bar{\mathcal{A}}_{水\leftarrow火} & \bar{\mathcal{A}}_{水\leftarrow土} & \bar{\mathcal{A}}_{水\leftarrow金} & \bar{\mathcal{A}}_{水\leftarrow水}
\end{bmatrix}
\begin{bmatrix}
x_{木}(舊) \\
x_{火}(舊) \\
x_{土}(舊) \\
x_{金}(舊) \\
x_{水}(舊)
\end{bmatrix}
\quad (7.6.8)
$$

矩陣 $\bar{A}_5$ 內的元素為五行之間的互相影響因子,例如 $\bar{\mathcal{A}}_{木\leftarrow木}$ 為木行對木行的自我影響因子,$\bar{\mathcal{A}}_{木\leftarrow火}$ 為火行對木行的影響因子,$\bar{\mathcal{A}}_{木\leftarrow土}$ 為土行對木行的影響因子,依此類推。將(7.6.8)式中的矩陣乘開,所得到的第一個式子為

$$
x_{木}(新) = \bar{\mathcal{A}}_{木\leftarrow木} \cdot x_{木}(舊) + \bar{\mathcal{A}}_{木\leftarrow火} \cdot x_{火}(舊) + \bar{\mathcal{A}}_{木\leftarrow木} \cdot x_{木}(舊) + \bar{\mathcal{A}}_{木\leftarrow木} \cdot x_{木}(舊) \quad (7.6.9)
$$

也就是將上一時刻的五代理人數量分別乘上它們對木行的影響因子,即可得到下一時刻的木行數量 $x_{木}(新)$。(7.6.8)式的其他四個式子也表達了類似的關係。若用符號加以表示,(7.6.8)式等義於

$$
\begin{bmatrix}
x_A(k\Delta t) \\
x_B(k\Delta t) \\
x_C(k\Delta t) \\
x_D(k\Delta t) \\
x_E(k\Delta t)
\end{bmatrix}
=
\begin{bmatrix}
\bar{\mathcal{A}}_{AA} & \bar{\mathcal{A}}_{AB} & \bar{\mathcal{A}}_{AC} & \bar{\mathcal{A}}_{AD} & \bar{\mathcal{A}}_{AE} \\
\bar{\mathcal{A}}_{BA} & \bar{\mathcal{A}}_{BB} & \bar{\mathcal{A}}_{BC} & \bar{\mathcal{A}}_{BD} & \bar{\mathcal{A}}_{BE} \\
\bar{\mathcal{A}}_{CA} & \bar{\mathcal{A}}_{CB} & \bar{\mathcal{A}}_{CC} & \bar{\mathcal{A}}_{CD} & \bar{\mathcal{A}}_{CE} \\
\bar{\mathcal{A}}_{DA} & \bar{\mathcal{A}}_{DB} & \bar{\mathcal{A}}_{DC} & \bar{\mathcal{A}}_{DD} & \bar{\mathcal{A}}_{DE} \\
\bar{\mathcal{A}}_{EA} & \bar{\mathcal{A}}_{EB} & \bar{\mathcal{A}}_{EC} & \bar{\mathcal{A}}_{ED} & \bar{\mathcal{A}}_{EE}
\end{bmatrix}
\begin{bmatrix}
x_A((k-1)\Delta t) \\
x_B((k-1)\Delta t) \\
x_C((k-1)\Delta t) \\
x_D((k-1)\Delta t) \\
x_E((k-1)\Delta t)
\end{bmatrix}
\quad (7.6.10)
$$

其中 $(k-1)\Delta t$ 表示上一時刻，$k\Delta t$ 表示下一時刻，二個時刻之間的間隔為 Δt。

離散五行向量就是定義在某些特殊時刻上的連續五行向量，二者之間的關係定義如下：

$$\mathbf{X}_5(\Delta t) \rightarrow \mathbb{X}_5(1), \ \mathbf{X}_5(2\Delta t) \rightarrow \mathbb{X}_5(2), \ \mathbf{X}_5(3\Delta t) \rightarrow \mathbb{X}_5(3), \cdots, \mathbf{X}_5(k\Delta t) \rightarrow \mathbb{X}_5(k) \quad （7.6.11）$$

（7.6.10）式可進一步簡化成

$$\mathbb{X}_5(k) = \overline{\mathbb{A}}_5 \mathbb{X}_5(k-1), \qquad k = 1, 2, 3, \cdots \qquad （7.6.12）$$

其中 $\mathbb{X}_5(k)$ 代表 $k\Delta t$ 時刻下的五行向量，$\mathbb{X}_5(k-1)$ 代表 $(k-1)\Delta t$ 時刻下的五行向量。（7.6.12）式即是離散時間的五行動態方程式，它的對應是（7.6.1）式的連續時間五行動態方程式，二者合併對照如下：

● 連續時間五行動態方程式：$\dot{\mathbf{X}}_5(t) = \mathbb{A}_5 \mathbf{X}_5(t)$
● 離散時間五行動態方程式：$\mathbb{X}_5(k) = \overline{\mathbb{A}}_5 \mathbb{X}_5(k-1)$

比較連續時間與離散時間的五行動態，我們發現二者之間的差別主要有以下三點：

（1）五行向量的不同：連續時間的五行向量 $\mathbf{X}_5(t)$ 在任何時間 t 都有值，離散時間的五行向量 $\mathbb{X}_5(k-1)$ 只有在離散的時間點上才有值，例如 $\mathbb{X}_5(1)$、$\mathbb{X}_5(2)$、$\mathbb{X}_5(3)$ 等等。

（2）五行矩陣的不同：連續時間的五行矩陣 $\mathbb{A}_5$ 與離散時間的五行矩陣 $\overline{\mathbb{A}}_5$ 的關係為 $\overline{\mathbb{A}}_5 = \mathbf{I} + \mathbb{A}_5\Delta t$，從這裡可以看到矩陣 $\overline{\mathbb{A}}_5$ 不具備物理單位（矩陣內的元素是純數字），矩陣 $\mathbb{A}_5$ 的單位則是時間的倒數，也就是矩陣 $\mathbb{A}_5$ 內的元素（參見（7.2.18）式）代表相生或相剋的速率。

（3）五行動態方程式的不同：離散時間的五行動態方程式（7.6.12）屬於差分方程式的型式，其解只牽涉到數字之間的相乘與相加減。連續時間的五行動態方程式（7.6.1）屬於微分方程式的型式，其解牽涉到微積分的運算。

離散時間五行動態方程式（7.6.12）的求解是一步一步疊代的過程，亦即先給定 $\mathbb{X}_5(0)$，代入（7.6.12）式的右邊，並令 $k=1$ 計算 $\mathbb{X}_5(1)$；再將 $\mathbb{X}_5(1)$ 入（7.6.12）式的右邊，並令 $k=2$ 以計算 $\mathbb{X}_5(2)$，如此重複下去計算 $\mathbb{X}_5(3)$、$\mathbb{X}_5(4)$ 等等，整個疊代過程如下所列：

$$\mathbb{X}_5(0) \xrightarrow{k=1} \mathbb{X}_5(1) = \overline{\mathbb{A}}_5\mathbb{X}_5(0) \xrightarrow{k=2} \mathbb{X}_5(2) = \overline{\mathbb{A}}_5\mathbb{X}_5(1) \xrightarrow{k=3} \mathbb{X}_5(3) = \overline{\mathbb{A}}_5\mathbb{X}_5(2) \to \cdots \quad （7.6.13）$$

在以上的疊代過程中，其實只牽涉到 $\overline{\mathbb{A}}_5$ 的重複相乘運算，也就是下一時刻的 $\mathbb{X}_5$ 是上一時刻的 $\mathbb{X}_5$ 乘上 $\overline{\mathbb{A}}_5$，所以形成 $\overline{\mathbb{A}}_5$ 的不同次方的相乘：

- $\mathbb{X}_5(1) = \overline{\mathbb{A}}_5\mathbb{X}_5(0)$
- $\mathbb{X}_5(2) = \overline{\mathbb{A}}_5\mathbb{X}_5(1) = \overline{\mathbb{A}}_5\overline{\mathbb{A}}_5\mathbb{X}_5(0) = \overline{\mathbb{A}}_5^2\mathbb{X}_5(0)$
- $\mathbb{X}_5(3) = \overline{\mathbb{A}}_5\mathbb{X}_5(2) = \overline{\mathbb{A}}_5\overline{\mathbb{A}}_5^2\mathbb{X}_5(0) = \overline{\mathbb{A}}_5^3\mathbb{X}_5(0)$
- $\mathbb{X}_5(4) = \overline{\mathbb{A}}_5\mathbb{X}_5(3) = \overline{\mathbb{A}}_5\overline{\mathbb{A}}_5^3\mathbb{X}_5(0) = \overline{\mathbb{A}}_5^4\mathbb{X}_5(0)$

上面的疊代過程持續去下，可以得到如下的通式

$$\boxed{\mathbb{X}_5(k) = \overline{\mathbb{A}}_5^k\mathbb{X}_5(0)}, \qquad k = 1, 2, 3, \cdots \quad （7.6.14）$$

總結以上關於離散時間五行動態的計算程序，第一步是給定初始時刻（現在時刻）的 $\mathbb{X}_5(0)$，第二步是跟據所給定的生剋係數 a、b、c、d 去決定離散五行矩陣 $\overline{\mathbb{A}}_5$（參見（7.6.6）式），第三步是根據（7.6.12）式依序計算 $\mathbb{X}_5(1)$、$\mathbb{X}_5(2)$、$\mathbb{X}_5(3)$，一直到 $\mathbb{X}_5(k)$，其中 $\mathbb{X}_5(k)$ 是指 k 個 Δt 時間間隔之後的五行向量。

以下我們考慮一個實例說明離散時間五行動態的計算步驟。

- 給定五代理人的初始數量：$\mathbb{X}_5(0) = [5 \ \ 4 \ \ 3 \ \ 2 \ \ 1]^T$
- 給定生剋係數 $a = 0.4$、$b = 0.2$、$c = d = 0.1$、$\delta_5 = (c + d) - (a + b) = -0.4$
- 時間步距 $\Delta t = 0.1$
- 由生剋係數建立離散時間五行矩陣

$$\overline{\mathbb{A}}_5 = \mathbf{I} + \mathbb{A}_5\Delta t = \begin{bmatrix} 1 + \delta_5\Delta t & b\Delta t & -d\Delta t & -c\Delta t & a\Delta t \\ a\Delta t & 1 + \delta_5\Delta t & b\Delta t & -d\Delta t & -c\Delta t \\ -c\Delta t & a\Delta t & 1 + \delta_5\Delta t & b\Delta t & -d\Delta t \\ -d\Delta t & -c\Delta t & a\Delta t & 1 + \delta_5\Delta t & b\Delta t \\ b\Delta t & -d\Delta t & -c\Delta t & a\Delta t & 1 + \delta_5\Delta t \end{bmatrix}$$

$$= \begin{bmatrix} 0.96 & 0.02 & -0.01 & -0.01 & 0.04 \\ 0.04 & 0.96 & 0.02 & -0.01 & -0.01 \\ -0.01 & 0.04 & 0.96 & 0.02 & -0.01 \\ -0.01 & -0.01 & 0.04 & 0.96 & 0.02 \\ 0.02 & -0.01 & -0.01 & 0.04 & 0.96 \end{bmatrix} \quad （7.6.15）$$

- 由 $\mathbb{X}_5(0)$ 計算 $\mathbb{X}_5(1)$：

$$\mathbb{X}_5(1) = \overline{A}_5 \mathbb{X}_5(0) = \begin{bmatrix} 0.96 & 0.02 & -0.01 & -0.01 & 0.04 \\ 0.04 & 0.96 & 0.02 & -0.01 & -0.01 \\ -0.01 & 0.04 & 0.96 & 0.02 & -0.01 \\ -0.01 & -0.01 & 0.04 & 0.96 & 0.02 \\ 0.02 & -0.01 & -0.01 & 0.04 & 0.96 \end{bmatrix} \begin{bmatrix} 5 \\ 4 \\ 3 \\ 2 \\ 1 \end{bmatrix} = \begin{bmatrix} 4.8400 \\ 4.0700 \\ 3.0200 \\ 1.9700 \\ 1.0700 \end{bmatrix}$$

● 由 $\mathbb{X}_5(1)$ 計算 $\mathbb{X}_5(2)$：

$$\mathbb{X}_5(2) = \overline{A}_5 \mathbb{X}_5(1) = \begin{bmatrix} 0.96 & 0.02 & -0.01 & -0.01 & 0.04 \\ 0.04 & 0.96 & 0.02 & -0.01 & -0.01 \\ -0.01 & 0.04 & 0.96 & 0.02 & -0.01 \\ -0.01 & -0.01 & 0.04 & 0.96 & 0.02 \\ 0.02 & -0.01 & -0.01 & 0.04 & 0.96 \end{bmatrix} \begin{bmatrix} 4.8400 \\ 4.0700 \\ 3.0200 \\ 0.9700 \\ 1.0700 \end{bmatrix} = \begin{bmatrix} 4.7495 \\ 4.1320 \\ 3.0420 \\ 1.9440 \\ 1.1325 \end{bmatrix}$$

● 由 $\mathbb{X}_5(2)$ 計算 $\mathbb{X}_5(3)$：

$$\mathbb{X}_5(3) = \overline{A}_5 \mathbb{X}_5(2) = \begin{bmatrix} 0.96 & 0.02 & -0.01 & -0.01 & 0.04 \\ 0.04 & 0.96 & 0.02 & -0.01 & -0.01 \\ -0.01 & 0.04 & 0.96 & 0.02 & -0.01 \\ -0.01 & -0.01 & 0.04 & 0.96 & 0.02 \\ 0.02 & -0.01 & -0.01 & 0.04 & 0.96 \end{bmatrix} \begin{bmatrix} 4.7495 \\ 4.1320 \\ 3.0420 \\ 1.9440 \\ 1.1325 \end{bmatrix} = \begin{bmatrix} 4.6376 \\ 4.1868 \\ 3.0657 \\ 1.9218 \\ 1.1882 \end{bmatrix}$$

● 由 $\mathbb{X}_5(3)$ 計算 $\mathbb{X}_5(4)$：

$$\mathbb{X}_5(4) = \overline{A}_5 \mathbb{X}_5(3) = \begin{bmatrix} 0.96 & 0.02 & -0.01 & -0.01 & 0.04 \\ 0.04 & 0.96 & 0.02 & -0.01 & -0.01 \\ -0.01 & 0.04 & 0.96 & 0.02 & -0.01 \\ -0.01 & -0.01 & 0.04 & 0.96 & 0.02 \\ 0.02 & -0.01 & -0.01 & 0.04 & 0.96 \end{bmatrix} \begin{bmatrix} 4.6376 \\ 4.1868 \\ 3.0657 \\ 1.9218 \\ 1.1882 \end{bmatrix} = \begin{bmatrix} 4.5335 \\ 4.2350 \\ 3.0907 \\ 1.9030 \\ 1.2378 \end{bmatrix}$$

● 由 $\mathbb{X}_5(k-1)$ 計算 $\mathbb{X}_5(k)$：

$$\mathbb{X}_5(k) = \overline{A}_5 \mathbb{X}_5(k-1) = \begin{bmatrix} 0.96 & 0.02 & -0.01 & -0.01 & 0.04 \\ 0.04 & 0.96 & 0.02 & -0.01 & -0.01 \\ -0.01 & 0.04 & 0.96 & 0.02 & -0.01 \\ -0.01 & -0.01 & 0.04 & 0.96 & 0.02 \\ 0.02 & -0.01 & -0.01 & 0.04 & 0.96 \end{bmatrix} \begin{bmatrix} x_A(k-1) \\ x_B(k-1) \\ x_C(k-1) \\ x_D(k-1) \\ x_E(k-1) \end{bmatrix} = \begin{bmatrix} x_A(k) \\ x_B(k) \\ x_C(k) \\ x_D(k) \\ x_E(k) \end{bmatrix}$$

其中正整數 k 的值可以一直增加下去，直到五行網路收斂到平衡（共識）狀態，此時 $\mathbb{X}_5(k)$ 的數值不再變化，疊代的過程即可停止。

　　因為以上離散五行向量 $\mathbb{X}_5(k)$ 的疊代結果只是五行動態方程式的一種近似解答，我們有必要去了解它與正確解答的差距。正確答案是（7.6.2）式所給出：$\mathbf{X}_5(t) = \mathbf{V}\mathbf{\Lambda}\mathbf{V}^{-1}\mathbf{X}_5(0)$，其中 $\mathbf{V}$ 與 $\mathbf{\Lambda}$ 是由五行矩陣 A_5 的特徵向量與特徵值所決定。圖 7.2 畫出正確五行向量的五個元素隨時間變化的情形，可以看到五個代理人的數量最後都收斂到共識值 3，此共識值如（7.5.13）式的預測，即是初始五行向量的平均值：$(5+4+3+2+1)/5=3$。

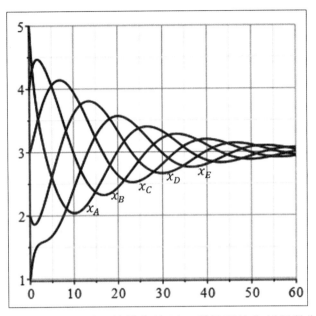

圖 7.2　五行網路代理人的數量隨時間的變化情形，所採用的生剋係數為 $a = 0.4$、$b = 0.2$、$c = d = 0.1$，初始數量為 $\mathbb{X}_5(0) = [5,\ 4,\ 3,\ 2,\ 1]^T$。
資料來源：作者繪製。

　　表 7.1 列出連續時間五行向量 $\mathbf{X}_5(t)$ 與離散時間五行向量 $\mathbb{X}_5(k)$ 的求解結果比較。$\mathbb{X}_5(k)$ 所使用的時間步距 $\Delta t = 0.1$，所以若要到達時間 $t = 1$，必須疊代 10 步，即 $k = 10$。因此與連續時間五行向量 $\mathbf{X}_5(t = 1)$ 所對應的離散時間五行向量為 $\mathbb{X}_5(k = 10)$，簡單而言，就是 $\mathbf{X}_5(1)$ 對應到 $\mathbb{X}_5(10)$，$\mathbf{X}_5(2)$ 對應到 $\mathbb{X}_5(20)$，$\mathbf{X}_5(5)$ 對應到 $\mathbb{X}_5(50)$，依此類推。表 7.1 列出在相同時刻下的 $\mathbf{X}_5(t)$ 與 $\mathbb{X}_5(k)$，從中可以觀察到當 $t = 60$，即 $k = 600$ 時，$\mathbf{X}_5(60)$ 與 $\mathbb{X}_5(600)$ 的五個元素都趨近於平衡值 3，二者之間的差距約在 0.01。以上的比較結果顯示，純粹由矩陣相乘運算所得到離散時間五行向量 $\mathbb{X}_5(k)$ 提供了相當精確的結果，可以用來近似 $\mathbf{X}_5(t)$，從而避開了微分方程式的求解問題。

　　離散時間五行向量 $\mathbb{X}_5(k)$ 是否能提供足夠精確的近似解答，取決於（7.6.4）式條件的滿足。對於以上的計算範例而言，Δt 取 0.1，因此有

$$\mathbb{A}_5 \Delta t = \begin{bmatrix} -0.04 & 0.02 & -0.01 & -0.01 & 0.04 \\ 0.04 & -0.04 & 0.02 & -0.01 & -0.01 \\ -0.01 & 0.04 & -0.04 & 0.02 & -0.01 \\ -0.01 & -0.01 & 0.04 & -0.04 & 0.02 \\ 0.02 & -0.01 & -0.01 & 0.04 & -0.04 \end{bmatrix}$$

$$\frac{1}{2}(A_5t)^2 = \begin{bmatrix} 0.0017 & -0.00115 & 0.0002 & 0.0010 & -0.00175 \\ -0.00175 & 0.0017 & -0.00115 & 0.0002 & 0.0010 \\ 0.0010 & -0.00175 & 0.0017 & -0.00115 & 0.0002 \\ 0.0002 & 0.0010 & -0.00175 & 0.0017 & -0.00115 \\ -0.00115 & 0.0002 & 0.0010 & -0.00175 & 0.0017 \end{bmatrix}$$

表 7.1　連續時間與離散時間五行向量的求解結果比較

時間 t		x_A	x_B	x_C	x_D	x_E
0.1	$\mathbf{X}_5(0.1)$	4.8746	4.0661	3.0209	1.9720	1.0664
	$\mathbb{X}_5(1)$	4.8400	4.0700	3.0200	1.9700	1.0700
0.2	$\mathbf{X}_5(0.2)$	4.7579	4.1250	3.0436	1.9477	1.1259
	$\mathbb{X}_5(2)$	4.7495	4.1320	3.0420	1.9440	1.1325
0.3	$\mathbf{X}_5(0.3)$	4.6490	4.1772	3.0676	1.9269	1.1793
	$\mathbb{X}_5(3)$	4.6376	4.1868	3.0657	1.9218	1.1882
0.4	$\mathbf{X}_5(0.4)$	4.5473	4.2235	3.0928	1.9095	1.2270
	$\mathbb{X}_5(4)$	4.5335	4.2350	3.0907	1.9030	1.2378
1.0	$\mathbf{X}_5(1.0)$	4.0550	4.4021	3.2573	1.8639	1.4218
	$\mathbb{X}_5(10)$	4.0356	4.4184	3.2568	1.8530	1.4362
5.0	$\mathbf{X}_5(5.0)$	2.5913	4.0501	4.0585	2.6156	1.6845
	$\mathbb{X}_5(5.0)$	2.5801	4.0556	4.0720	2.6167	1.6755
10.0	$\mathbf{X}_5(11.0)$	2.0404	2.9828	3.9489	3.6038	2.4241
	$\mathbb{X}_5(100)$	2.0212	2.9725	3.9617	3.6220	2.4226
20.0	$\mathbf{X}_5(20.0)$	3.0203	2.4436	2.6358	3.3313	3.5689
	$\mathbb{X}_5(200)$	3.0331	2.4288	2.6139	3.3326	3.5917
30.0	$\mathbf{X}_5(30.0)$	3.3261	3.2195	2.8096	2.6628	2.9820
	$\mathbb{X}_5(300)$	3.3390	3.2392	2.8089	2.6426	2.9703
40.0	$\mathbf{X}_5(40.0)$	2.8678	3.1093	3.1998	3.0141	2.8089
	$\mathbb{X}_5(400)$	2.8520	3.1095	3.2157	3.0238	2.7990
50.0	$\mathbf{X}_5(50.0)$	2.9373	2.8817	2.9896	3.1119	3.0796
	$\mathbb{X}_5(500)$	2.9374	2.8699	2.9822	3.1191	3.0914
60.0	$\mathbf{X}_5(60.0)$	3.0701	3.0074	2.9345	2.9521	3.0359
	$\mathbb{X}_5(600)$	3.0784	3.0128	2.9295	2.9436	3.0356

資料來源：作者整理。

可以看到 $(A_5t)^2/2$ 的元素約只有 $A_5\Delta t$ 的十分之一到百分之一，因此確實滿足 $(A_5t)^2/2$ 遠小於 $A_5\Delta t$ 的條件。若取更小的 Δt，例如 $\Delta t = 0.01$，則離散時間五行向量 $\mathbb{X}_5(k)$ 將可提供更高的精確度，但是付出的代價是需要更多的計算次數。例如若以 $\Delta t = 0.01$ 為時間

的步距，則到達 $t = 60$，需要 6000 步，即 6000 次的疊代運算（6000 次的矩陣相乘）；相較於 $\Delta t = 0.1$ 的時間步距，只需要 600 次的運算。反之，如果取比 $\Delta t = 0.1$ 更大的時間步距，例如 $\Delta t = 0.5$ 或 $\Delta t = 1.0$，則所需要的計算次數雖然減少了，但因不能滿足 $(\mathbb{A}_5 t)^2/2$ 遠小於 $\mathbb{A}_5 \Delta t$ 的條件，使得離散時間五行向量 $\mathbb{X}_5(k)$ 的誤差變大了。因此時間步距 Δt 的大小必須適當選取，以便在計算次數與精確度之間取得一個平衡。

離散五行向量的計算透過疊代關係式 $\mathbb{X}_5(k) = \overline{\mathbb{A}}_5 \mathbb{X}_5(k-1)$，只要給定目前時刻的五行向量 $\mathbb{X}_5(0)$，我們即可預測 $k\Delta t$ 時刻以後的五行向量 $\mathbb{X}_5(k)$，這中間只需用到矩陣與向量的連續相乘運算。所以比起連續時間五行向量 $\mathbf{X}_5(t)$ 的計算，離散五行向量的計算確實簡易許多。但是上面的例題也顯示當要預測的時間 $k\Delta t$ 較長，或是所採用的時間步距 Δt 較小，此時所需要的疊代運算次數 k 將變成非常多。從（7.6.14）式可以看到 $\mathbb{X}_5(k) = \overline{\mathbb{A}}_5^k \mathbb{X}_5(0)$，所以例如當 $k = 600$ 時，便需要計算五行矩陣 $\overline{\mathbb{A}}_5$ 的 600 次方，這個計算若無電腦協助，單靠手算很難完成。關於矩陣次方的計算問題，在數學上有簡化的方案，但需要借助離散五行矩陣 $\overline{\mathbb{A}}_5$ 的特徵值與特徵向量來完成。

仿照（7.4.3）式的連續時間五行矩陣 $\mathbb{A}_5$，對於離散時間五行矩陣 $\overline{\mathbb{A}}_5$ 也有類似的表示式：

$$\overline{\mathbb{A}}_5 \overline{\mathbf{V}} = \overline{\mathbf{V}}\,\overline{\mathbf{\Sigma}} \tag{7.6.16}$$

其中 $\overline{\mathbf{V}} = [\overline{\mathbf{v}}_1\ \overline{\mathbf{v}}_2\ \overline{\mathbf{v}}_3\ \overline{\mathbf{v}}_4\ \overline{\mathbf{v}}_5]$ 是由 $\overline{\mathbb{A}}_5$ 的五個特徵向量所組成的方陣，$\overline{\mathbf{\Sigma}}$ 是由 $\overline{\mathbb{A}}_5$ 的五個特徵值所組成的對角陣

$$\overline{\mathbf{\Sigma}} = \begin{bmatrix} \bar{\lambda}_1 & 0 & 0 & 0 & 0 \\ 0 & \bar{\lambda}_2 & 0 & 0 & 0 \\ 0 & 0 & \bar{\lambda}_3 & 0 & 0 \\ 0 & 0 & 0 & \bar{\lambda}_4 & 0 \\ 0 & 0 & 0 & 0 & \bar{\lambda}_5 \end{bmatrix}$$

在（7.6.16）式的左右二邊各乘上 $\overline{\mathbf{V}}^{-1}$，我們得到關鍵式

$$\overline{\mathbb{A}}_5 = \overline{\mathbf{V}}\,\overline{\mathbf{\Sigma}}\,\overline{\mathbf{V}}^{-1} \tag{7.6.17}$$

利用上式，我們即可輕易計算 $\overline{\mathbb{A}}_5$ 的任意次方如下：

● $\overline{\mathbb{A}}_5^2 = \overline{\mathbb{A}}_5 \cdot \overline{\mathbb{A}}_5 = \overline{\mathbf{V}}\,\overline{\mathbf{\Sigma}}\,\overline{\mathbf{V}}^{-1} \cdot \overline{\mathbf{V}}\,\overline{\mathbf{\Sigma}}\,\overline{\mathbf{V}}^{-1} = \overline{\mathbf{V}}\overline{\mathbf{\Sigma}}^2\overline{\mathbf{V}}^{-1}$

- $\overline{A}_5^3 = \overline{A}_5^2 \cdot \overline{A}_5 = \overline{V}\overline{\Sigma}^2\overline{V}^{-1} \cdot \overline{V}\,\overline{\Sigma}\,\overline{V}^{-1} = \overline{V}\overline{\Sigma}^3\overline{V}^{-1}$

- $\overline{A}_5^4 = \overline{A}_5^3 \cdot \overline{A}_5 = \overline{V}\overline{\Sigma}^3\overline{V}^{-1} \cdot \overline{V}\,\overline{\Sigma}\,\overline{V}^{-1} = \overline{V}\overline{\Sigma}^4\overline{V}^{-1}$

上面的疊代過程持續去下，可以得到如下的通式

$$\boxed{\overline{A}_5^k = \overline{V}\overline{\Sigma}^k\overline{V}^{-1}} = \overline{V}\begin{bmatrix} \bar{\lambda}_1^k & 0 & 0 & 0 & 0 \\ 0 & \bar{\lambda}_2^k & 0 & 0 & 0 \\ 0 & 0 & \bar{\lambda}_3^k & 0 & 0 \\ 0 & 0 & 0 & \bar{\lambda}_4^k & 0 \\ 0 & 0 & 0 & 0 & \bar{\lambda}_5^k \end{bmatrix}\overline{V}^{-1} \qquad (7.6.18)$$

因此求取 $\overline{A}_5$ 矩陣的 k 次方相當於在求取對角陣 $\overline{\Sigma}$ 的次方，但是對角陣 $\overline{\Sigma}$ 的 k 次方又直接等於對角線元素取 k 次方。換句話說，$\overline{A}_5$ 矩陣的 k 次方可被化簡成對特徵值 $\bar{\lambda}$ 取 k 次方，但是其代價是我們必須先求得五行矩陣 $\overline{A}_5$（參見（7.6.15）式）的特徵值與特徵向量。

7.7 以實驗方法決定生剋係數

不管是求解連續時間五行向量 $\mathbf{X}_5(t)$ 或是離散時間五行向量 $\mathbb{X}_5(k)$，最先的步驟同時也是最關鍵的步驟是要決定五行網路的生剋係數 a、b、c、d，如此才能建立五行矩陣 $\mathbb{A}_5$ 或 $\overline{A}_5$。生剋係數 a、b、c、d 是五行網路的核心參數，掌控了五行網路的所有內在性質，不同的五行網路其生剋係數也不同。生剋係數的值無法以理論的方法推論得到，而必須以實測或實驗的手段決定之。本節將說明生剋係數所具有的物理意義，以及如何用實驗的方法來決定它們。本節所述的實驗方法適用於一般性的五代理人網路系統，可用以決定網路系統中的權重係數 W_{ij}，我們可從所得到的權重係數中，去判斷實驗的對象是否為五行網路。

完整的五行生剋權重係數應該有 20 個，如圖 7.3 的左子圖所表示，前面第六章的討論進一步將此 20 個權重係數簡化成 2 個相生係數 a 與 b，以及 2 個相剋係數 c 與 d，從而得到了旋轉對稱型的五行網路，如圖 7.3 的右圖所示，然後再透過旋轉對稱型的五行網路展示五行的生剋乘悔作用。有鑒於在五行網路的實務應用中，並非所有的五行系統都具有對稱性，而且並非所有的五代理人網路都是五行網路，所以這裡我們將考慮含有 20 個權重係數的完整數學模型，它適用於一般型的五代理人網路系統，如（6.1.1）式所描述，並且重新條列如下：

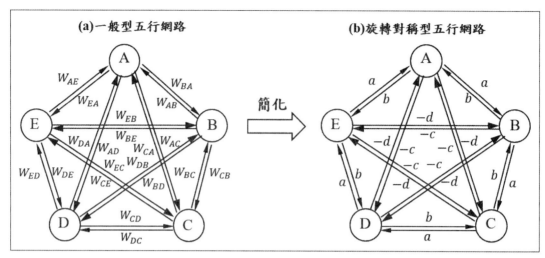

圖 7.3　一般型五行網路含有 20 個權重係數，旋轉對稱型五行網路僅含有四個權重系數，其中二個為相生係數 a 與 b，另外二個為相剋係數 c 與 d。旋轉對稱型五行網路具有旋轉不變性，亦即繞順（逆）時針旋轉一格，權重係數的位置分布沒有改變。
資料來源：作者繪製。

$$\dot{x}_A = W_{AE}(x_E - x_A) + W_{AB}(x_B - x_A) + W_{AD}(x_D - x_A) + W_{AC}(x_C - x_A) \quad (7.7.1)$$

$$\dot{x}_B = W_{BA}(x_A - x_B) + W_{BC}(x_C - x_B) + W_{BE}(x_E - x_B) + W_{BD}(x_D - x_B) \quad (7.7.2)$$

$$\dot{x}_C = W_{CB}(x_B - x_C) + W_{CD}(x_D - x_C) + W_{CA}(x_A - x_C) + W_{CE}(x_E - x_C) \quad (7.7.3)$$

$$\dot{x}_D = W_{DC}(x_C - x_D) + W_{DE}(x_E - x_D) + W_{DB}(x_B - x_D) + W_{DA}(x_A - x_D) \quad (7.7.4)$$

$$\dot{x}_E = W_{ED}(x_D - x_E) + W_{EA}(x_A - x_E) + W_{EC}(x_C - x_E) + W_{EB}(x_B - x_E) \quad (7.7.5)$$

其中權重係數 W_{ij} 的值及其正負號為未知，需要透過實驗加以決定。這組方程式就是我們以實驗方法決定生剋係數的主要依據。在實驗中所要量測的數據有 10 個，其中 5 個是代理人的量化指標：x_A、x_B、x_C、x_D、x_E；另外 5 個是代理人量化指標的變化率：$\dot{x}_A$、$\dot{x}_B$、$\dot{x}_C$、$\dot{x}_D$、$\dot{x}_E$。我們將由這 10 個測量值去決定 20 個生剋係數 W_{ij}。實驗將分 10 次進行，每次實驗只針對 2 個代理人，並從中決定 2 個生剋係數，10 次實驗共可決定 20 個生剋係數 W_{ij}。

　　每二個代理人之間都有一組對應的相生或相剋係數，分別對應到正（反）作用的係數以及副作用的係數。現在以代理人 A 與 B 之間的相生作用為例，說明如何測量二個相生係數 W_{AB} 與 W_{BA}。參見圖 7.4a，首先斷開其他 3 個代理人與 A、B 之間的連結，只保留 A 與 B 之間的相生作用。此時（7.7.1）式與（7.7.2）式之中只剩下 A 與 B 的量化指標

x_A 與 x_B：

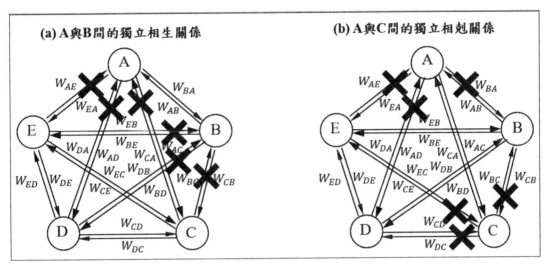

圖 7.4　（a）圖顯示斷開所有通往 A 與 B 的連結，剩下 A 與 B 彼此之間的相生作用；（b）圖顯示斷開所有通往 A 與 C 的連結，剩下 A 與 C 彼此之間的相剋作用。
資料來源：作者繪製。

$$\dot{x}_A = W_{AB}(x_B - x_A) \qquad (7.7.6\text{a})$$

$$\dot{x}_B = W_{BA}(x_A - x_B) \qquad (7.7.6\text{b})$$

在這一組實驗中所要測量的數據為 x_A、x_B、$\dot{x}_A$、$\dot{x}_B$ 四個，假設測量到的值分別為 x_A^*、x_B^*、$\dot{x}_A^*$、$\dot{x}_B^*$。由於 A 與 B 間為相生作用，係數 W_{AB} 與 W_{BA} 都為正值。根據（7.7.6）式，變化率 $\dot{x}_A$ 與 $\dot{x}_B$ 必有一個正，另一個為負：

- 若測量值滿足 $x_A^* > x_B^*$，則必有 $\dot{x}_A^* < 0$，$\dot{x}_B^* > 0$，此時的相生作用是 A 生 B，故 x_B 的量增加，W_{BA} 是正生係數；x_A 的量減少，W_{AB} 是副生係數。
- 若測量值滿足 $x_B^* > x_A^*$，則必有 $\dot{x}_A^* > 0$，$\dot{x}_B^* < 0$，此時的相生作用是 B 生 A，故 x_A 的量增加，W_{AB} 是反生係數；x_B 的量減少，W_{BA} 是副生係數。

不管是哪一種情況發生，都可將四個測量值 x_A^*、x_B^*、$\dot{x}_A^*$、$\dot{x}_B^*$ 代入（7.7.6）式中，而決定二個相生係數的值為

$$W_{AB}^* = \frac{\dot{x}_A^*}{x_B^* - x_A^*}, \qquad W_{BA}^* = \frac{\dot{x}_B^*}{x_A^* - x_B^*} \qquad (7.7.7)$$

其中 $\dot{x}_A^*$ 與 $\dot{x}_B^*$ 分別指每單位時間 x_A 與 x_B 的變化量。注意依據（7.7.7）式所計算得到的相生係數 W_{AB} 與 W_{BA} 必為正值。

例如假設代理人的量化指標是代理人的能量，所用的能量單位是焦耳，則 $\dot{x}_A$ 的單位即為焦耳 / 時間。假設四個測量到的值分別為 $x_A^* = 3$ 焦耳，$x_B^* = 1$ 焦耳，$\dot{x}_A^* = -0.5$ 焦耳 / 時間，$\dot{x}_B^* = 0.6$ 焦耳 / 時間。將此四個測量值代入（7.7.7）式，可決定相生係數如下：

$$W_{AB}^* = \frac{-0.5\,\text{焦耳/小時}}{(1-3)\,\text{焦耳}} = 0.25/\text{小時}, \quad W_{BA}^* = \frac{0.6\,\text{焦耳/小時}}{(3-1)\,\text{焦耳}} = 0.3/\text{小時} \quad （7.7.8）$$

上面 W_{AB}^* 的值代表 B 副生 A 的速率是每小時 0.25 倍，而 W_{BA}^* 的值代表 A 增生 B 的速率是每小時 0.3 倍。測量五行系統變化的時間單位不一定要用小時，有些五行系統變化的很緩慢，可能要隔 1 日，甚至隔 1 月才能觀察到量化指標的變化，此時所使用的測量時間就必較適合以日或月為基本單位。

從（7.7.8）式可以觀察到，生剋係數的單位是時間分之一，且與代理人的物理單位（焦耳）無關。這說明相生係數是代表每單位時間增生幾倍的意思；同理，相剋係數代表每單位時間減損幾倍的意思。

以上的實驗是針對相生的組合，其次考慮相剋的組合。下面以代理人 A 與 C 之間的相剋作用為例，說明如何測量二個相剋係數 W_{CA} 與 W_{AC}。參見圖 7.4b，首先斷開其他 3 個代理人與 A、C 之間的連結，只保留 A 與 C 之間的相剋作用。此時（7.7.1）式與（7.7.3）式之中只剩下 A 與 C 的量化指標 x_A 與 x_C：

$$\dot{x}_A = W_{AC}(x_C - x_A) \qquad\qquad （7.7.9a）$$

$$\dot{x}_C = W_{CA}(x_A - x_C) \qquad\qquad （7.7.9b）$$

在這一組實驗中所要測量的數據為 x_A、x_C、$\dot{x}_A$、$\dot{x}_C$ 四個，假設測量到的值分別為 x_A^*、x_C^*、$\dot{x}_A^*$、$\dot{x}_C^*$。由於 A 與 C 間為相剋作用，係數 W_{AB} 與 W_{BA} 都為負值。根據（7.7.9）式，變化率 $\dot{x}_A$ 與 $\dot{x}_B$ 必有一個正，另一個為負：

● 若測量值滿足 $x_A^* > x_C^*$，則必有 $\dot{x}_A^* > 0$，$\dot{x}_C^* < 0$，此時的相剋作用是 A 剋 C，故 x_C 的量減少，W_{CA} 是正剋係數；x_A 的量增加，W_{AC} 是副剋係數。

● 若測量值滿足 $x_C^* > x_A^*$，則必有 $\dot{x}_A^* < 0$，$\dot{x}_C^* > 0$，此時的相剋作用是 C 剋 A，故 x_A 的量減少，W_{AC} 是反剋係數；x_C 的量增加，W_{CA} 是副剋係數。

不管是哪一種情況發生，都可將四個測量值 x_A^*、x_C^*、$\dot{x}_A^*$、$\dot{x}_C^*$ 代入（7.7.9）式中，而

決定二個相剋係數的值為

$$W_{AC}^* = \frac{\dot{x}_A^*}{x_C^* - x_A^*}, \qquad W_{CA}^* = \frac{\dot{x}_C^*}{x_A^* - x_C^*} \qquad （7.7.10）$$

其中 $\dot{x}_A^*$ 與 $\dot{x}_C^*$ 分別指每單位時間 x_A 與 x_C 的變化量。注意依據（7.7.10）式所計算得到的相剋係數 W_{AB} 與 W_{BA} 必為負值。係數 W_{AC} 與 W_{CA} 的物理單位都是時間分之一，而所使用的時間單位決定於測量 $\dot{x}_A^*$ 與 $\dot{x}_B^*$ 所使用的時間單位。

在五個代理人之中，一次取二個出來做實驗，一共有 10 種取法，因此需做 10 次實驗，每次決定 2 個生剋係數。對於未知的五行系統，每次所選出來的 2 個代理人，彼此之間是相生或相剋的關係，在進行實驗之前可能並不知道。在圖 7.3 中已經事先將相生與相剋的關係排列好，所以我們才知道 A 與 B 之間是相生，而 A 與 C 之間是相剋。但實際上相生與相剋的關係並不全然為已知，還需要實驗加以確定。所以五行實驗不僅是要去決定生剋係數，還要去確認所有代理人之間的生剋關係。

參考以上二個特例實驗，我們將五行實驗的一般性步驟歸納整理如下。

- 步驟 1：在五個代理人之中，選取二個出來做實驗，假設所選的二個代理人是 X 與 Y。這裡的 X 與 Y 不以既有的符號 A、B、C、D、E 命名，是因為我們不知道 X 與 Y 是相鄰或相間隔，所以不知道它們的排列順序。
- 步驟 2：斷開其他 3 個代理人與 X、Y 之間的連結，只保留 X 與 Y 之間的雙向連通。
- 步驟 3：列出 X 與 Y 之間的數學關係式

$$\dot{x}_X = W_{XY}(x_Y - x_X) \qquad （7.7.11a）$$
$$\dot{x}_Y = W_{YX}(x_X - x_Y) \qquad （7.7.11b）$$

- 步驟 4：測量 X 與 Y 的量化指標 x_X^*、x_Y^*，以及它們的變化率 $\dot{x}_X^*$、$\dot{x}_Y^*$。
- 步驟 5：確認 X 與 Y 的生剋關係。假設 x_X 與 x_Y 的測量值比較大者為 x_X，亦即 $x_X^* > x_Y^*$，則透過變化率 $\dot{x}_X^*$、$\dot{x}_Y^*$ 的正負號即可以判斷相生或相剋的關系如下：

（1）**相生關係**：若 $\dot{x}_X^* < 0$ 且 $\dot{x}_Y^* > 0$，代表數量較大者 $\dot{x}_X^*$，其值遞減；而數量較小者 $\dot{x}_Y^*$，其值遞增。此趨勢說明 X 與 Y 二者的數量逐漸接近，因此二者為相生的關係，而且是 X 生 Y。此時的相生係數可由（7.7.11）式決定如下：

$$W_{XY}^* = \frac{\dot{x}_X^*}{x_Y^* - x_X^*} > 0, \qquad W_{YX}^* = \frac{\dot{x}_Y^*}{x_X^* - x_Y^*} > 0 \qquad （7.7.12）$$

注意在 $\dot{x}_X^* < 0$ 且 $\dot{x}_Y^* > 0$ 的條件下，以上所得到的 W_{XY}^* 與 W_{YX}^* 必為正值。

（2）**相剋關係**：若 $\dot{x}_X^* > 0$ 且 $\dot{x}_Y^* < 0$，代表數量較大者 $\dot{x}_X^*$，其值遞增；而數量較小者 $\dot{x}_Y^*$，其值遞減。此趨勢說明 X 與 Y 二者的數量逐漸擴大差距，因此二者為相剋的關係，而且是 X 剋 Y。此時的相剋係數仍由（7.7.11）式決定如下：

$$W_{XY}^* = \frac{\dot{x}_X^*}{x_Y^* - x_X^*} < 0, \qquad W_{YX}^* = \frac{\dot{x}_Y^*}{x_X^* - x_Y^*} < 0 \qquad （7.7.13）$$

上式與（7.7.12）式完全相同，只是在 $\dot{x}_X^* > 0$ 且 $\dot{x}_Y^* < 0$ 的條件下，所得到的 W_{XY}^* 與 W_{YX}^* 變為負值。

● 步驟 6：重複步驟 1，選取另外一對代理人，並進行相同的實驗步驟，判斷新一對代理人的生剋關係與相對應的生剋係數，直到 10 組實驗全部完成為止。

以上的 10 組實驗確認了五個代理人兩兩之間的所有關係，如果實驗的對象確實是一個五行系統，我們將發現代理人兩兩之間的關係中，其中有五個必屬於相生的關係，另外五個則屬於相剋系統。最後重新排列五個代理人的位置，使得有相生關係的代理人互相鄰接，而有相剋關係的代理人互相隔開，如此即得到如圖 7.3a 所示的五行生剋圖。值得注意的是，由五個代理人所形成的網路系統不見得都是五行系統，所以若實驗的結果顯示代理人兩兩之間的 10 組關係中，不是剛好五組屬於相生，另外五組屬於相剋，譬如說七組相生、三組相剋，那麼接受實驗的系統就不是五行系統。儘管不是五行系統，此時實驗的對象仍然是一種五代理人的網路系統，裡面仍然有著相生與相剋的作用，而且測量得到的權重係數 W_{ij} 仍然是有用的。我們可以將 W_{ij} 代入（7.7.1）式到（7.7.5）式中，得到描述該網路系統運作的代數方程式，從中我們可以分析該網路系統是否具備自動補償功能，也可以用來預測該網路系統在一段時間以後的狀態。

7.8 一般型五行網路的代數運算

如前所述，五行網路的內部作用分成四大類：正／副生、反／副生、正／副剋、反／副剋，每一類作用的強度分別用四個權重係數 a、b、c、d 表示之（參見圖 7.3b）。這其中我們做了一個假設，即五個代理人的正／副生係數都等於 a，五個代理人的反／副生係

數都等於 b，依此類推。這相當於我們假設五個代理人的地位全部相等，彼此之間的角色可以互換。這種具有旋轉不變性的五行網路稱為旋轉對稱型的五行網路。旋轉對稱型五行網路排除了代理人之間差異性所產生的影響，能夠完美反映出五行生剋的運作機制。然而對於實務上的五行系統，代理人之間不可避免地存在著差異性，於是代理人 A 所對應的四個作用的權重係數，與代理人 B 所對應的四個作用的權重係數可能都不同，因此對於五個代理人，我們總共需要 20 個權重係數才能完整描述五行的生剋運作（參見圖 7.3a），此即一般型的五行網路。上一節的實驗方法就是用來決定一般型五行網路的權重係數 W_{ij}，其中的權重係數 W_{ij} 有 20 個，每一個的值都可不同。7.5 節的五行網路穩定性分析因為只適用旋轉對稱型五行網路，無法用來處理一般型五行網路的問題。一般型五行網路的代數方程式如（7.7.1）式到（7.7.5）式所示，結合這五個方程式可寫成如下的矩陣形式：

$$\begin{bmatrix} \dot{x}_A \\ \dot{x}_B \\ \dot{x}_C \\ \dot{x}_D \\ \dot{x}_E \end{bmatrix} = \begin{bmatrix} \delta_A & W_{AB} & W_{AC} & W_{AD} & W_{AE} \\ W_{BA} & \delta_B & W_{BC} & W_{BD} & W_{BE} \\ W_{CA} & W_{CB} & \delta_C & W_{CD} & W_{CE} \\ W_{DA} & W_{DB} & W_{DC} & \delta_D & W_{DE} \\ W_{EA} & W_{EB} & W_{EC} & W_{ED} & \delta_E \end{bmatrix} \begin{bmatrix} x_A \\ x_B \\ x_C \\ x_D \\ x_E \end{bmatrix} \implies \dot{\mathbf{X}}_5 = \mathbb{A}_5 \mathbf{X}_5 \qquad （7.8.1）$$

其中五行矩陣 $\mathbb{A}_5$ 中的五個對角線元素分別定義如下：

$$\delta_A = -(W_{AB} + W_{AC} + W_{AD} + W_{AE}) \qquad （7.8.2a）$$

$$\delta_B = -(W_{BA} + W_{BC} + W_{BD} + W_{BE}) \qquad （7.8.2b）$$

$$\delta_C = -(W_{CA} + W_{CB} + W_{CD} + W_{CE}) \qquad （7.8.2c）$$

$$\delta_D = -(W_{DA} + W_{DB} + W_{DC} + W_{DE}) \qquad （7.8.2d）$$

$$\delta_E = -(W_{EA} + W_{EB} + W_{EC} + W_{ED}) \qquad （7.8.2e）$$

　　（7.8.1）式中的 20 個權重係數是依上一節的實驗步驟，由實際測量決定。（7.8.1）式其實是五代理人網路的數學通式，若該式進一步代表五行網路則必須滿足二個額外的條件：

● 連接相生代理人之間的權重 W_{ij} 必須為正，亦即當下標 i 與 j 相鄰時，$W_{ij} > 0$。例如 W_{AB}、W_{BC}、W_{CD}、W_{DE} 等等權重必須為正。

● 連接相剋代理人之間的權重 W_{ij} 必須為負，亦即當下標 i 與 j 相間隔時，$W_{ij} < 0$。例如 W_{AC}、W_{CE}、W_{EB}、W_{BD} 等等權重必須為負。

　　因此五行網路只是五代理人網路的一種特例，五代理人網路必須滿足鄰者相生、間者相剋的條件才能成為五行網路。權重 W_{ij} 是否滿足以上二個條件必須透過實驗的檢測才能確定。本節討論的對象是一般性的五代理人網路，所以本節分析的結果自然也適用於五行網路。不論權重 W_{ij} 是否滿足五行生剋的要求，（7.8.1）式的解答恆可表示成如下的形式（參見（7.4.13）式）

$$\mathbf{X}_5(t) = \mathbf{V}\mathbf{\Lambda}\mathbf{V}^{-1}\mathbf{X}_5(0) = \mathbf{V}\begin{bmatrix} e^{\lambda_1 t} & 0 & 0 & 0 & 0 \\ 0 & e^{\lambda_2 t} & 0 & 0 & 0 \\ 0 & 0 & e^{\lambda_3 t} & 0 & 0 \\ 0 & 0 & 0 & e^{\lambda_4 t} & 0 \\ 0 & 0 & 0 & 0 & e^{\lambda_5 t} \end{bmatrix}\mathbf{V}^{-1}\mathbf{X}_5(0) \qquad （7.8.3）$$

其中 $\lambda_i, i = 1, 2, \cdots, 5$ 是 $\mathbb{A}_5$ 的特徵值，$\mathbf{V}$ 是由 $\mathbb{A}_5$ 的五個特徵向量 $\mathbf{v}_i$（行向量）所形成的方陣

$$\mathbf{V} = [\mathbf{v}_1\ \mathbf{v}_2\ \mathbf{v}_3\ \mathbf{v}_4\ \mathbf{v}_5] = \begin{bmatrix} v_{11} & v_{12} & v_{13} & v_{14} & v_{15} \\ v_{21} & v_{22} & v_{23} & v_{24} & v_{25} \\ v_{31} & v_{32} & v_{33} & v_{34} & v_{35} \\ v_{41} & v_{42} & v_{43} & v_{44} & v_{45} \\ v_{51} & v_{52} & v_{53} & v_{54} & v_{55} \end{bmatrix} \qquad （7.8.4）$$

$\mathbf{V}^{-1}$ 是 $\mathbf{V}$ 的反矩陣，它是由五個列向量 $\mathbf{u}_i$ 所形成的方陣：

$$\mathbf{V}^{-1} = \begin{bmatrix} \mathbf{u}_1 \\ \mathbf{u}_2 \\ \mathbf{u}_3 \\ \mathbf{u}_4 \\ \mathbf{u}_5 \end{bmatrix} = \begin{bmatrix} u_{11} & u_{12} & u_{13} & u_{14} & u_{15} \\ u_{21} & u_{22} & u_{23} & u_{24} & u_{25} \\ u_{31} & u_{32} & u_{33} & u_{34} & u_{35} \\ u_{41} & u_{42} & u_{43} & u_{44} & u_{45} \\ u_{51} & u_{52} & u_{53} & u_{54} & u_{55} \end{bmatrix} \qquad （7.8.5）$$

　　（7.8.3）式說明 $\mathbf{X}_5(t)$ 的穩定性是由特徵值 λ_i 所決定，當存在特徵值 $\lambda_i > 0$，將會使得指數函數 $e^{\lambda_i t}$ 的值隨著時間的增加而趨近於無窮大。因此為了保證 $\mathbf{X}_5(t)$ 的穩定性，所有的特徵值 λ_i 都必須為負值。若特徵值 λ_i 為共軛複數，則其實部必須為負。雖然特徵值 λ_i 是由 20 個權重係數 W_{ij} 所決定，W_{ij} 不同，特徵值 λ_i 也跟著改變。但是不論 W_{ij} 如何更動，一個有趣的現象是特徵值 λ_1 卻永遠都等於零。這個特性是源自（7.8.1）式中的五行矩陣 $\mathbb{A}_5$ 的特殊結構，說明如下。特徵值 λ_1 與其對應的特徵向量 $\mathbf{v}_1$ 滿足下列的關係式：

$$\mathbb{A}_5\mathbf{v}_1 = \lambda_1\mathbf{v}_1 \qquad （7.8.6）$$

我們發現不管權重係數 W_{ij} 為何，$\lambda_1 = 0$ 一定滿足上式。代入 $\lambda_1 = 0$，（7.8.6）式化成

$$\mathbb{A}_5 \mathbf{v}_1 = 0 \implies \begin{bmatrix} \delta_A & W_{AB} & W_{AC} & W_{AD} & W_{AE} \\ W_{BA} & \delta_B & W_{BC} & W_{BD} & W_{BE} \\ W_{CA} & W_{CB} & \delta_C & W_{CD} & W_{CE} \\ W_{DA} & W_{DB} & W_{DC} & \delta_D & W_{DE} \\ W_{EA} & W_{EB} & W_{EC} & W_{ED} & \delta_E \end{bmatrix} \begin{bmatrix} v_{11} \\ v_{21} \\ v_{31} \\ v_{41} \\ v_{51} \end{bmatrix} = 0 \quad (7.8.7)$$

由觀察法即可知特徵向量 $\mathbf{v}_1$ 的解具有如下簡單的型式：

$$\mathbf{v}_1 = \begin{bmatrix} v_{11} \\ v_{21} \\ v_{31} \\ v_{41} \\ v_{51} \end{bmatrix} = \begin{bmatrix} 1 \\ 1 \\ 1 \\ 1 \\ 1 \end{bmatrix} \quad (7.8.8)$$

將（7.8.8）式的 $\mathbf{v}_1$ 代入（7.8.7）式中，並利用（7.8.2）式的定義，可證明其結果必為零。特徵向量 $\mathbf{v}_1$ 的特殊結構，亦即它的五個元素都相等的特性，保證一般性五行網路若為穩定，必將收斂到五個代理人數量均相等的平衡狀態。如前所述，五行網路為穩定的前提是所有的特徵值必須為負值（除以 $\lambda_1 = 0$ 外），如此才能確保 $e^{\lambda_i t} \to 0$，當 $t \to \infty$。其中時間 t 趨近於無窮大是數學上的嚴格要求，實際上當時間 t 到達某一穩態時間 t_s 以後，$e^{\lambda_i t_s}$ 在數值上即可視為零。當到達穩態時間 t_s 以後，我們有 $e^{\lambda_1 t_s} = 1$，$e^{\lambda_2 t_s} = e^{\lambda_3 t_s} = e^{\lambda_4 t_s} = e^{\lambda_5 t_s} = 0$，將此穩態條件代入（7.8.3）式，並利用（7.8.4）式與（7.8.5）式的定義，我們得到進入穩態後的五行向量

$$\mathbf{X}_5(t_s) = [\mathbf{v}_1 \; \mathbf{v}_2 \; \mathbf{v}_3 \; \mathbf{v}_4 \; \mathbf{v}_5] \begin{bmatrix} 1 & 0 & 0 & 0 & 0 \\ 0 & 0 & 0 & 0 & 0 \\ 0 & 0 & 0 & 0 & 0 \\ 0 & 0 & 0 & 0 & 0 \\ 0 & 0 & 0 & 0 & 0 \end{bmatrix} \begin{bmatrix} \mathbf{u}_1 \\ \mathbf{u}_2 \\ \mathbf{u}_3 \\ \mathbf{u}_4 \\ \mathbf{u}_5 \end{bmatrix} \mathbf{X}_5(0) = \mathbf{v}_1 \mathbf{u}_1 \mathbf{X}_5(0) = \begin{bmatrix} 1 \\ 1 \\ 1 \\ 1 \\ 1 \end{bmatrix} \mathbf{u}_1 \mathbf{X}_5(0) \quad (7.8.9)$$

其中 $\mathbf{u}_1 \mathbf{X}_5(0)$ 的值可計算如下：

$$\mathbf{u}_1 \mathbf{X}_5(0) = [u_{11} \quad u_{12} \quad u_{13} \quad u_{14} \quad u_{15}] \begin{bmatrix} x_A(0) \\ x_B(0) \\ x_C(0) \\ x_D(0) \\ x_E(0) \end{bmatrix}$$

$$= u_{11} x_A(0) + u_{12} x_B(0) + u_{13} x_C(0) + u_{14} x_D(0) + u_{15} x_E(0) \quad (7.8.10)$$

所以 $\mathbf{u}_1 \mathbf{X}_5(0)$ 代表五個代理人的初始數量按某種比例的相加組合，其中相加的比例因子來自 $\mathbf{u}_i$ 的五個元素。將（7.8.10）式代入（7.8.9）式中，得到五行向量的穩態值如下

$$\mathbf{X}_5(t_s) = \begin{bmatrix} x_A(t_s) \\ x_B(t_s) \\ x_C(t_s) \\ x_D(t_s) \\ x_E(t_s) \end{bmatrix} = \begin{bmatrix} u_{11}x_A(0) + u_{12}x_B(0) + u_{13}x_C(0) + u_{14}x_D(0) + u_{15}x_E(0) \\ u_{11}x_A(0) + u_{12}x_B(0) + u_{13}x_C(0) + u_{14}x_D(0) + u_{15}x_E(0) \\ u_{11}x_A(0) + u_{12}x_B(0) + u_{13}x_C(0) + u_{14}x_D(0) + u_{15}x_E(0) \\ u_{11}x_A(0) + u_{12}x_B(0) + u_{13}x_C(0) + u_{14}x_D(0) + u_{15}x_E(0) \\ u_{11}x_A(0) + u_{12}x_B(0) + u_{13}x_C(0) + u_{14}x_D(0) + u_{15}x_E(0) \end{bmatrix} \quad (7.8.11)$$

其中我們注意到 $\mathbf{X}_5(t_s)$ 中的五個元素都相同，都等於（7.8.10）式的 $\mathbf{u}_1\mathbf{X}_5(0)$，此即五行的平衡態（或稱共識態）。這個結果說明一般性的五行網路只要是穩定，必可收斂到平衡態。上述的證明過程不需用到五行網路「鄰相生、間相剋」的條件，所以結論不單適用於五行網路，對於（7.8.1）式所描述的所有五代理人網路，只要是穩定，必將收斂到平衡態。（7.8.11）式是一般型五行網路的平衡態，而在 6.3 節我們曾討論過旋轉對稱型五行網路的平衡態，結果如（6.3.9）式所示。比較二種平衡態，我們發現旋轉對稱型五行網路的平衡態若表示成（7.8.11）式的型式，則剛好有如下的關係

$$u_{11} = u_{12} = u_{13} = u_{14} = u_{15} = 1/5 \quad (7.8.12)$$

也就是旋轉對稱型五行網路的平衡態剛好是五個代理人初始態的平均值。一般型五行網路的平衡態不一定滿足（7.8.12）式的關係，但如（7.8.11）式所示，也是初始態按某種比例的相加。

表 7.2　二種五行網路的權重係數的實測值

權重係數	實測五行網路（穩定）					實測五行網路（不穩定）				
正／副生	W_{AE}	W_{BA}	W_{CB}	W_{DC}	W_{ED}	W_{AE}	W_{BA}	W_{CB}	W_{DC}	W_{ED}
	0.95	1.61	0.96	1.11	1.22	0.35	0.51	0.66	0.71	0.22
反／副生	W_{AB}	W_{BC}	W_{CD}	W_{DE}	W_{EA}	W_{AB}	W_{BC}	W_{CD}	W_{DE}	W_{EA}
	1.13	1.25	0.55	0.76	0.70	0.47	0.58	0.75	0.26	0.29
正副剋	W_{AD}	W_{BE}	W_{CA}	W_{DB}	W_{EC}	W_{AD}	W_{BE}	W_{CA}	W_{DB}	W_{EC}
	-0.55	-0.43	-0.30	-0.16	-0.33	-0.35	-0.23	-0.25	-0.16	-0.33
反／副剋	W_{AC}	W_{BD}	W_{CE}	W_{DA}	W_{EB}	W_{AC}	W_{BD}	W_{CE}	W_{DA}	W_{EB}
	-0.53	-0.22	-0.38	-0.27	-0.25	-0.31	-0.22	-0.38	-0.37	-0.15

資料來源：作者整理。

接著我們將以上的分析結果應用到實際的五行網路系統。表 7.2 列出二種五行網路的權重係數的實測值，其中權重係數的物理單位是時間分之一，這裡所用的時間單位是日，所以這裡的權重係數表示代理人量化指標的每日變化率。此範例的代理人量化指標是

能量，所用的物理單位是焦耳，五個代理人的初始能量為 $x_A(0) = 5$ 焦耳，$x_B(0) = 4$ 焦耳，$x_C(0) = 3$ 焦耳，$x_D(0) = 2$ 焦耳，$x_E(0) = 1$ 焦耳。我們的目的是依據測量得到的權重係數，藉由五行的代數運算去預測一段時間以後的代理人量化指標。

表 7.2 中的權重係數分為四類，其中正／副生與反／副生的係數為正，正／副剋與反／副剋的係數為負。權重係數是代理人之間的相互影響因子，每一個代理人都受到來自其他四個代理人的影響。以下以代理人 A 為例，說明其他四個代理人如何透過權重係數影響代理人 A。

● E 對 A 的影響因子 W_{AE}：

W_{AE} 是代理人 E 對代理人 A 的影響因子，屬於正／副生的權重係數。由表 7.2 讀取 $W_{AE} = 0.95$，這表示代理人 E 對代理人 A 的影響是每日造成 0.95 倍的變化量。所以 0.95 表示的是 x_A 變化量的倍率。真正的變化量是倍率再乘上 x_E 與 x_A 之間的差量：

$$W_{AE}(x_E - x_A) = 0.95 \times (1 - 5) = -3.8 \text{ 焦耳／日} \qquad （7.8.13）$$

其中的負號代表減少，也就是代理人 A 的能量每日將減少 3.8 焦耳。在初始時刻，$x_A = 5$ 且 $x_E = 1$，因為 $x_A > x_E$，故相生的方向是 A 生 E，而 E 對 A 的反作用稱為副生，副生具有剋的效應，所以造成 A 的能量每日減少 3.8 焦耳，這是 A 生 E 所需付出的代價，因為 A 輸出能量給 E，造成代理人 E 的能量增加，同時也使得代理人 A 的能量減少。

● B 對 A 的影響因子 W_{AB}：

W_{AB} 是代理人 B 對代理人 A 的影響因子，屬於反／副生的權重係數。由表 7.2 讀取 $W_{AB} = 1.13$，再乘上 x_B 與 x_A 之間的差量

$$W_{AB}(x_B - x_A) = 1.13 \times (4 - 5) = -1.13 \text{ 焦耳／日} \qquad （7.8.14）$$

說明代理人 A 的能量由於 B 的影響，每日將減少 1.13 焦耳。B 與 A 之間的關係也是相生的關係，因為 $x_A > x_B$，故相生的方向是 A 生 B。而 A 生 B 的副作用，亦即 B 副生 A，將造成 A 能量的減少（A 生 B 所需付出的代價）。

● D 對 A 的影響因子 W_{AD}：

W_{AD} 是代理人 D 對代理人 A 的影響因子，屬於正／副剋的權重係數。由表 7.2 讀

取 $W_{AD} = -0.55$，再乘上 x_D 與 x_A 之間的差量，得到

$$W_{AD}(x_D - x_A) = -0.55 \times (2 - 5) = +1.65 \text{ 焦耳／日} \qquad （7.8.15）$$

正號代表能量的增加，說明代理人 A 的能量由於 D 的影響，每日將增加 1.65 焦耳。D 與 A 之間為相剋的關係，因為 $x_A > x_D$，所以是 A 剋 D，造成 D 能量的減少，但副作用是 D 副剋 A，副剋具有生的效應，造成 A 能量的增加（D 的能量轉移給 A）。

● C 對 A 的影響因子 W_{AC}：

W_{AC} 是代理人 C 對代理人 A 的影響因子，屬於正／副剋的權重係數。由表 7.2 讀取 $W_{AC} = -0.53$，再乘上 x_C 與 x_A 之間的差量，得到

$$W_{AC}(x_C - x_A) = -0.53 \times (3 - 5) = +1.06 \text{ 焦耳／日} \qquad （7.8.16）$$

正號代表能量的增加，說明代理人 A 的能量由於 C 的影響，每日將增加 1.06 焦耳。C 與 A 之間也是相剋的關係，因為 $x_A > x_C$，所以是 A 剋 C，造成 C 能量的減少，但副作用是 C 副剋 A，造成 A 能量的增加（C 的能量轉移給 A）。

綜合上面所述，代理人 A 同時受到其他四個代理人的影響，有些影響造成 A 能量的增加，有些造成 A 能量的減少，整體效應是將四個代理人的影響加起來，結合（7.8.13）式到（7.8.16）式，而得到代理人 A 的能量變化率為

$$\dot{x}_A = W_{AE}(x_E - x_A) + W_{AB}(x_B - x_A) + W_{AD}(x_D - x_A) + W_{AC}(x_C - x_A) \qquad （7.8.17）$$
$$= -3.8 - 1.13 + 1.65 + 1.06 = -2.22 \text{ 焦耳／日}$$

（7.8.17）式即是（7.7.1）式，計算的結果顯示代理人 A 的能量在初期每日將減少 2.22 焦耳。用同樣的方法，讀取表 7.2 的權重係數，我們可以求得其他四個代理人的初期能量變化率：

$$\dot{x}_B = W_{BA}(x_A - x_B) + W_{BC}(x_C - x_B) + W_{BE}(x_E - x_B) + W_{BD}(x_D - x_B) \qquad （7.8.18）$$
$$= 1.61 \times (5 - 4) + 1.25 \times (3 - 4) - 0.43 \times (1 - 4) - 0.22 \times (2 - 4)$$
$$= 2.09 \text{ 焦耳／日}$$

$$\dot{x}_C = W_{CB}(x_B - x_C) + W_{CD}(x_D - x_C) + W_{CA}(x_A - x_C) + W_{CE}(x_E - x_C) \qquad （7.8.19）$$
$$= 0.96 \times (4 - 3) + 0.55 \times (2 - 3) - 0.30 \times (5 - 3) - 0.38 \times (1 - 3)$$

$$= 0.57 \text{ 焦耳}/ \text{日}$$

$$\dot{x}_D = W_{DC}(x_C - x_D) + W_{DE}(x_E - x_D) + W_{DB}(x_B - x_D) + W_{DA}(x_A - x_D) \qquad （7.8.20）$$

$$= 1.11 \times (3 - 2) + 0.76 \times (1 - 2) - 0.16 \times (4 - 2) - 0.27 \times (5 - 2)$$

$$= -0.78 \text{ 焦耳}/ \text{日}$$

$$\dot{x}_E = W_{ED}(x_D - x_E) + W_{EA}(x_A - x_E) + W_{EC}(x_C - x_E) + W_{EB}(x_B - x_E) \qquad （7.8.21）$$

$$= 1.22 \times (2 - 1) + 0.70 \times (5 - 1) - 0.33 \times (3 - 1) - 0.25 \times (4 - 1)$$

$$= 2.61 \text{ 焦耳}/ \text{日}$$

以上得到的四個式子即是（7.7.2）式到（7.7.5）式。代理人 A 的初始能量是 5 焦耳，由於 A 每日減少 2.22 焦耳，到隔日 A 的能量剩下 2.78 焦耳。代理人 B 的初始能量是 4 焦耳，由於 B 每日增加 2.09 焦耳，到隔日 B 的能量增加為 6.09 焦耳。代理人 C 的初始能量是 3 焦耳，由於 C 每日增加 0.57 焦耳，到隔日 C 的能量增加為 3.57 焦耳。代理人 D 的初始能量是 2 焦耳，由於 D 每日減少 0.78 焦耳，到隔日 D 的能量剩下 1.22 焦耳。代理人 E 的初始能量是 1 焦耳，由於 E 每日增加 2.61 焦耳，到隔日 E 的能量增加為 3.61 焦耳。因此到隔日五個代理人的能量都有了更新，然後再由更新後的能量去計算新的能量變化率，再以之計算下一日的能量。如此一日一日疊代下去，計算出五個代理人的能量隨時間的變化歷程。這個疊代的過程所對應的數學問題相當於在聯立求解（7.8.17）式到（7.8.21）式的微分方程式。這一組聯立方程式的解答就是五行向量 $\mathbf{X}_5(t)$，如（7.8.3）式所表示。

（7.8.3）式的五行向量 $\mathbf{X}_5(t)$ 的解答已經表示成時間的函數，表示式中只需用到五行矩陣 A_5 的特徵值 λ_i 與特徵向量 $\mathbf{v}_i$，而五行矩陣 A_5 則是由權重係數 W_{ij} 所決定，如（7.8.1）式所示。表 7.2 列出二種五行網路的權重係數的實測值，分別對應穩定的五行網路與不穩定的五行網路，它們的特徵值 λ_i 經計算結果如下：

● 穩定五行網路的特徵值：

$$\lambda_1 = 0, \ \lambda_{2,3} = -0.1031 \pm 0.1992i, \ \lambda_4 = -2.9716, \ \lambda_5 = -3.6422$$

● 不穩定五行網路的特徵值：

$$\lambda_1 = 0, \ \lambda_2 = -1.7859, \ \lambda_3 = -1.0534, \ \lambda_4 = 0.2224, \ \lambda_5 = 0.5668$$

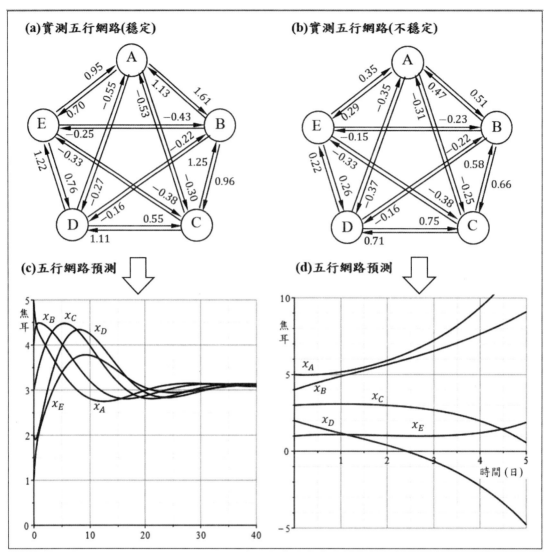

圖 7.5　二個實測五行網路的權重係數以及它們所對應的五行動態行為預測，（a）圖為穩定的系統，（b）圖為不穩定的系統，（c）圖為穩定五行網路的動態行為預測，顯示五個代理人最後收斂到共同的平衡態，（d）圖為不穩定五行網路的動態行為預測，顯示五個代理人最後各自發散到正負無窮大。

資料來源：作者繪製。

可以看到不管是穩定或不穩定的五行網路，如先前的分析，均存在特徵值 $\lambda_1 = 0$。除了 $\lambda_1 = 0$ 以外，穩定五行網路的特徵值均落在複數平面的左半平面，而不穩定五行網路的特徵值則有些落在右半平面。將特徵值及對應的特徵向量代入（7.8.3）式中，即可畫出五個代理人的能量隨時間的變化曲線，結果如圖 7.5 所示。正如（7.8.11）式的預測，對於穩

定的五行網路，五個代理人的能量最後會收斂到共同的平衡態。圖 7.5c 顯示共同平衡態的值約比 3 大一點點，但不等於 3。如果是旋轉對稱型的五行網路，共同平衡態的值會等於初始態的平均值，亦即 (5+4+3+2+1)/5=3。由於圖 7.5 所考慮的五行網路非旋轉對稱型，共同平衡態的值不等於初始態的平均值 3，但後者仍然可以提供我們關於共同平衡態的大概估測。

　　最後我們想要了解是甚麼因素造成圖 7.5 中的二個五行系統，一個為穩定一個為不穩定？背後的原因當然是跟相生作用與相剋作用的對抗有關。相生作用有助於代理人行為的偕同一致，而相剋作用則擴大代理人之間的差距。一旦相剋作用大於相生作用，代理人即各自分離，最後發散到無窮大。因為相生作用與相剋的強度分別由相生權重係數與相剋權重係數表示之，所以一個判斷一般型五行網路是否為穩定的可能指標是相生權重係數與相剋權重係數的比值。根據表 7.2，先分別讀取穩定五行網路中的 10 個相生係數與 10 個相剋係數，分別求其總和，再求其比值，得到穩定五行網路的生剋比為

$$\frac{相生權重係數總和}{相剋權重係數總和} = \frac{10.24}{3.42} = 2.9942 \qquad (7.8.22)$$

　　其次讀取表 7.2 中不穩定五行網路中的 10 個相生係數與 10 個相剋係數，再求其總和的比值，得到不穩定五行網路的生剋比為

$$\frac{相生權重係數總和}{相剋權重係數總和} = \frac{4.80}{2.75} = 1.7455 \qquad (7.8.23)$$

　　因此穩定五行網路的生剋比為 2.9942 大於不穩定網路的 1.7455。由於生剋比越大，代表相生作用的強度越大於相剋作用的強度，越有助於形成穩定的五行網路。然而為何生剋比為 2.9942 的網路為穩定，生剋比為 1.7455 的網路卻是不穩呢？這就牽涉到保證穩定的生剋比臨界值問題。對於一般型五行網路，生剋比的臨界值沒有確切的答案，但是對於旋轉對稱型的五行網路而言，生剋比的臨界值是可以由權重係數而事先決定的，而其答案已經給在（6.2.9）式：

$$\frac{a+b}{c+d} > \frac{3+\sqrt{5}}{2} = \varphi^2 \approx 2.618 \qquad (7.8.24)$$

在另一方面，參考圖 7.3b 的旋轉對稱型五行網路，分別將所有的相生與相剋係數相加，並求二者的比值得到

$$\frac{相生權重係數總和}{相剋權重係數總和} = \frac{5(a+b)}{5(c+d)} = \frac{a+b}{c+d} \qquad (7.8.25)$$

結合（7.8.24）式與（7.8.25）式，我們發現能夠保證旋轉對稱型五行網路為穩定的生剋比必須大於 2.618。雖然生剋比大於臨界值 2.618 的條件只適用於旋轉對稱型五行網路，但這個臨界值也可提供一般型五行網路作為判斷穩定性的參考指標。對照（7.8.22）式與（7.8.24）式，我們看到穩定五行網路的生剋比確實大於 2.618，而不穩定五行網路的生剋比則小於 2.618。

下篇　五行代數的科學與人文應用

● 第八章 五行社群網路的合作與對抗結構

| 五行網路
靜態平衡 | ⇒ | 社群網路
動態平衡 | ⇒ | 春秋五霸
戰國七雄 | ⇒ | 國勢消長
運算平台 |

● 第九章 五行網路的科學實現

| 五行生剋電路 | ⇒ | 五行編隊無人機飛行 |

● 第十章 陰陽與五行的整合代數運算

| 陰陽五行
整合代數 | ⇒ | 陰陽相斥
五行代數 | ⇒ | 陰陽相生
五行代數 | ⇒ | 陰陽自生
五行代數 |

● 第十一章 五行網路的擴展 ⇒ N 行網路

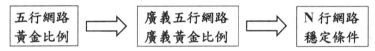

| 五行網路
黃金比例 | ⇒ | 廣義五行網路
廣義黃金比例 | ⇒ | N 行網路
穩定條件 |

第八章
五行社群網路的合作與對抗結構

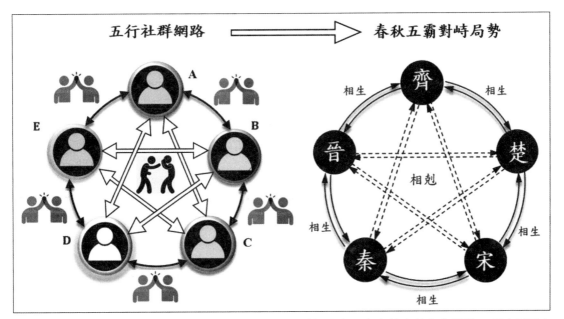

圖 8.0 當五行網路是由人群所組成時，它呈現了社群網路中朋友與敵人共存的關係，反映了國家與國家之間的合作與對抗關係。五行生剋原理的運用在春秋戰國時期達到了巔峰，它生動表達了春秋五霸錯綜複雜的對峙局勢。

資料來源：作者繪製。

　　社群網路是朋友，粉絲，關注者之間的一種現代化聯繫工具，它反映了群體中大致相似的觀點。這種聯繫具有正面的涵義，表現出友誼，協作，信息共享或會員（membership in a group）之類的關係。但社群網路的關係不全然都是正面、友好的，群體之間的互動經常會因意見的分歧而產生衝突。現代網路理論的一個重要課題即是在處理網

路結構中同時存在合作與對抗關係的問題。

　　然而二千多年前的五行網路已經考慮了合作與對抗關係同時存在的網路結構，它生動反映了春秋戰國時期各諸侯國之間既合作又對抗的錯綜複雜關係。五行網路在相鄰代理人之間形成合作關係，而在相間隔代理人之間形成對抗關係。有合作關係的代理人是朋友，而有對抗關係的代理人則為敵人，朋友與敵人之分是社群網路的常態。對於某一個主題，意見相同的人形成朋友的關係（friendship），而意見相反的人形成敵人的關係（antagonism）。五行網路結構同時具備朋友關係與敵人關係，反映了真實社群網路系統的運作。網路中朋友關係與敵人關係的分布情形是網路結構是否平衡的關鍵因素。1940 年代 Heider [1] 基於社會心理學的理論，最先提出網路結構平衡的問題，接著 Cartwright and Harary[2] 於 1950 年代引用圖論的語言進行網路結構平衡的定量分析。本章利用這些現代的數學語言分析五行社群網路的結構平衡特性，並且應用到二千多年前五行生剋原理創生的時代 - 春秋戰國時代，以網路原理與數學方程式復原春秋五霸與戰國七雄的局勢變化。

8.1 五行社群網路的靜態平衡

　　圖論對於社群網絡中人（user）與人之間的關係，是用正號邊與負號邊區別朋友與敵人之間的連結。正號邊的聯繫代表友誼（friendly interaction），而負號邊代表對抗（hostile interaction）。社群網絡研究中的一個重要問題即在於了解在合作與對抗兩種力量的共同作用下，網路的穩定性。我們考慮在一組人所形成的社群網絡，其中每個人都認識其他人，若用圖論來詮釋，亦即每二個節點之間都有連結的邊，這樣的網路圖稱為完整圖（complete graph）。接著我們用正號（+）或負號（-）來標記每一個邊，其中正號的標籤代表此邊的兩個端點是朋友，而負號的標籤表示此邊的兩個端點是敵人。最簡單的網路系統是由三人所組成，稱其為 A，B 和 C，若用正號或負號來標記它們所連成的三個邊，共可產生以下四種不同的網路關係，對應到圖 8.1 中的四個子圖。

[1]　Heider, F. "Attitudes and Cognitive Organization," *Journal of Psychology* **21**, 107-122. 1946.

[2]　Cartwright, D. and Harary, F. "Structural Balance: A Generalization of Heider's Theory," *Psychological Review* **63**, 277-292, 1956.

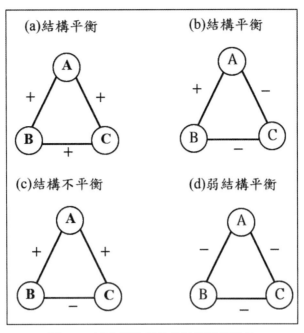

圖 8.1　三人網路系統的結構平衡條件

資料來源：作者繪製。

（a）三個正號邊：代表三個人彼此都是朋友，這是一個可以穩定存在的網路平衡結
　　　構，如圖 8.1a 所示。

（b）一個正號邊和兩個負號邊：如圖 8.1b，代表三個人中有兩個是朋友（A 與 B），
　　　而第三個是共同的敵人（C）。朋友之間有共同的敵人是合理的狀態，不存在衝突
　　　點，所以是一個穩定的網路結構。

（c）二個正號邊和一個負號邊：假設 A 連 B 的邊與 A 連 C 的邊是正號邊，而 B 連
　　　C 的邊是負號邊，如圖 8.1c 所示。代表 A 是 B 和 C 的共同朋友，但 B 和 C 彼
　　　此卻不相和。這種情況無法穩定存在，因為既然 B 和 C 同時是 A 的朋友，存在
　　　一股隱性力量逐漸推動 A，試圖將 B 和 C 變成朋友。因此三角形若有二個正號
　　　邊、一個負號邊，代表不平衡的網路結構，無法穩定存在，其中的負號傾向於
　　　往正號方向發展。

（d）三個負號邊：代表三個人彼此都是敵人，如圖 8.1d 所示，這種網路結構可能穩
　　　定也可能不穩定，取決於三人實力的相對大小。（1）三人實力相當：此時三人互
　　　相制衡，彼此勢均力敵，可維持在恐怖平衡的狀態。（2）一強二弱：在此情況

下，實力相對較弱的二個人傾向於團結起來，對抗實力較強的第三個人。這是一個不穩定的狀態，因為三個負號邊之中，有一個負號傾向於往正號方向發展。（3）二強一弱：在此情況下，實力最弱的人無法與二強對抗，傾向於與二強之一結合，以對抗另一強者。因此這也是一個不穩定的狀態，三個負號邊中，會有一個負號傾向於往正號方向發展。

以上四種情況中，（a）與（b）屬於平衡結構，（c）屬於不平衡結構，（d）是平衡結構與不平衡結構的混合，又稱為弱平衡結構。由圖 8.1 可以歸納出一個簡單的規律：三角形網路為結構平衡，若其負號邊的數目不為奇數個。因此零個或二個負號邊的三角形都是平衡結構，此時若將三個邊的正負符號全部相乘，將會得到正號的結果（positive parity）。這個規律可以擴展到多邊形的迴路（cycle），亦即若將多邊形每一邊的正負號全部相乘，若結果為正，則此多邊形網路為結構平衡。結構平衡理論家（structural balance theorists）認為不平衡的網路結構是壓力或心理不和諧的根源，人群的互動傾向於使這種不平衡的的人際關係達到最小化，因此在實際社會環境中，不平衡三角形的數量將不如平衡三角形豐富。

以上關於三個節點網路的平衡結構定義，可以擴展到包含任意節點數的網路結構。對於含有任意節點數的完整圖（complete graph），若為其每個邊標記上正號（合作關係）或負號（對抗關係），則吾人稱此完整圖為結構平衡（structural balance），若此完整圖內部的每一個三角形都是平衡的。也就是說，此完整圖內部的所有三角形，都含有三個正號邊（情形（a））或恰好一個正號邊（情形（b））。從局部來看，一個網路若是結構平衡，則其內部所有三角形必定是結構平衡，此即網路結構平衡的區域屬性[3]（local property）。從整體來看，一個網路若是結構平衡，則其所有節點彼此間都是朋友，或者是所有節點必定可以分成 X 和 Y 兩組，其中 X 中的每個人都互相是朋友，Y 中的每個人也都都互相是朋友，同時 X 中的每個人都是 Y 中每個人的敵人。此特性稱為網路結構平衡的全域屬性。網路結構平衡的區域屬性與全域屬性是等義的性質，亦即描述三個節點結構平衡的局部性質意謂著更強烈的全域性質：若不是每個人都彼此是朋友，就是整個網路可以分割成二個對立的群組，同一組內是朋友，不同組之間是敵人。

---

[3]　Easley, D. and Kleinberg, J. *Networks, Crowds, and Markets. Reasoning About a Highly Connected World* (Cambridge University Press, 2010).

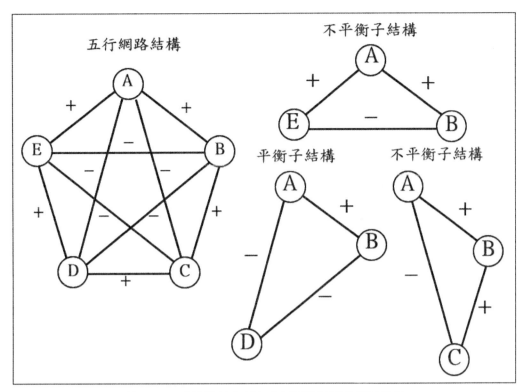

圖 8.2　五行網路的內部包含不平衡的三角形子結構

資料來源：作者繪製。

　　從現代社群網路的結構平衡定義來看，五行網路是一個結構不平衡的系統，因為其內部包含前述的不平衡三角形結構。在圖 8.2 中，觀察以 A、B 二個節點為邊的三個三角形：△ABC、△ABD、△ABE，其中發現 △ABC 與 △ABE 都是不平衡的結構，因為它們含有二個正邊，一個負邊（情形（c））的特性。這說明五行網路具有區域性的不平衡結構，也同時顯示五行網路不具備可分割為二個對立群組的全域性質。五行網路的結構雖然具有可分離的合作關係與對抗關係，但是合作關係卻遍布整個群體，而不是限制在二個群組之內；同時對抗關係也是遍布整個群體，而不是發生在二個群組之間。

　　結構平衡要求網路內部的所有三角形，必須含有三個正號邊（情形（a））或恰好一個正號邊（情形（b））。穩定性的要求比結構平衡弱一些的條件稱為弱結構平衡[4]（Weak structural balance）。弱結構平衡條件除了情形（a）的三個正號邊、情形（b）的一個正號邊之外，還允許三個負號邊的情形（d）。前面曾經提及具有三個負號邊的三角形也可能達

4　Davis, J. A., "Clustering and Structural Balance in Graphs," *Human Relations* **20**, 181-187, 1967.

到穩定平衡的狀態，只要三個節點具有相同的強度，彼此互相牽制，形成勢均力敵的局勢。由於三角網路關係的四種可能情形中，弱結構平衡的條件只排除了情形（c），亦即二正邊一負邊的情形，所以我們稱某一社群網路為弱結構平衡，如果其內部所有三角形沒有二正邊一負邊的情形。這是弱結構平衡所需滿足的區域性質，若從全域性質來看，可以證明弱結構平衡相當於要求整體網路可以分割成多個群組，使得同一群組之內是朋友，不同群組之間則是敵人。

　　五行網路不屬於結構平衡網路，但是否屬於弱結構平衡網路？圖 8.2 顯示五行網路的內部含有二正邊一負邊的三角形，這說明五行網路也不具備弱結構平衡的特性。當一網路結構無法達到平衡時，我們可以計算出它與平衡結構的距離。對於給定的一個不具備結構平衡的完全圖，我們若嘗試去改變某些邊的正負符號，使得變號以後的完全圖能夠滿足結構平衡的條件。則所需要最少數目的邊符號的變動，即為此完全圖與平衡結構的距離。所需要變動的邊的數目越少，代表與平衡結構越接近。

　　依據此定義，讓我們來估算一下五行網路與平衡結構的距離。對圖 8.3a 中的五行網路改變 EA、CD、AC 三個邊的正負符號，得到如圖 8.3b 的結果。圖 8.3b 之內的所有三角形只有二種不同的結構，三個正號邊或是一個正號邊二個負號邊，因此依據結構平衡的定義，圖 8.3b 代表一個結構平衡的網路。圖 8.3b 同時顯示出結構平衡網路可分割成二個群組的全域特性：A、B、C 三個節點結合成一群組，D 與 E 二個節點結合成另一群組，使得同一群組內彼此是朋友（節點以正號邊相連結），不同群組之間是敵人（節點以負號邊相連結）。因為從圖 8.3a 中的五行網路變化到圖 8.3b 的結構平衡網路需要改變 3 個邊的正負號，所以我們稱五行網路與結構平衡網路的距離是 3。

　　其次我們檢測五行網路與弱結構平衡網路的距離。將五行網路中 EA、DE、BC 三個邊的符號由正號改成負號，我們得到如圖 8.3c 的網路圖。圖 8.3c 的區域性質顯示，所有內部三角形只具有二種結構：三個負邊或二個負邊一個正邊，其中三個負邊的三角形的出現是弱結構平衡的主要特徵。在另一方面，圖 8.3c 也顯示出弱結構平衡可分割成多個群組的全域性質：其中 A 與 B 結合成一組，C 與 D 結合成一組，另外 E 自成一組，使得同一群組內彼此是朋友（節點以正號邊相連結），不同群組之間是敵人（節點以負號邊相連結）。因為從圖 8.3a 中的五行網路變化到圖 8.3c 的弱結構平衡網路需要改變 3 個邊的正負號，所以五行網路與弱結構平衡網路的距離也是 3。

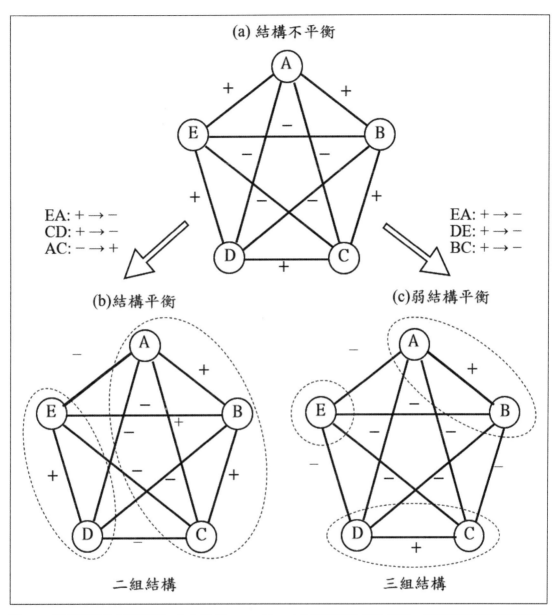

圖 8.3　五行網路的二種變形：（a）改變 EA、CD、AC 三個邊的正負符號，可將五行網路變成平衡結構，此時 A、B、C 三個節點結合成一組，D 與 E 二個節點結合成另一組。（b）改變 EA、DE、BC 三個邊的正負符號，可將五行網路變成弱平衡結構，此時 A 與 B 結合成一組，C 與 D 結合成一組，另外 E 自成一組。

資料來源：作者繪製。

8.2 五行社群網路的動態平衡

前面關於結構平衡（圖 8.3b）與弱結構平衡（圖 8.3c）的討論僅止於定性的分析，以下我們將建立它們的數學模式，進一步給出定量的描述。仿照先前五行網路數學模式的建立原則，圖 8.3b 所對應的數學方程式為

$$\dot{x}_A = -(x_E - x_A) + (x_B - x_A) - (x_D - x_A) + (x_C - x_A) \qquad (8.2.1a)$$

$$\dot{x}_B = (x_A - x_B) + (x_C - x_B) - (x_E - x_B) - (x_D - x_B) \qquad (8.2.1b)$$

$$\dot{x}_C = (x_B - x_C) - (x_D - x_C) + (x_A - x_C) - (x_E - x_C) \qquad (8.2.1c)$$

$$\dot{x}_D = -(x_C - x_D) + (x_E - x_D) - (x_B - x_D) - (x_A - x_D) \qquad (8.2.1d)$$

$$\dot{x}_E = (x_D - x_E) - (x_A - x_E) - (x_C - x_E) - (x_B - x_E) \qquad (8.2.1e)$$

定性的分析顯示圖 8.3b 的網路結構可以分成二組：A、B、C 為一組，C 與 D 為一組。下面我們要檢測是否數學方程式也會呈現相同的分組行為。先定義五個代理人之間的誤差量如下：

$$e_{AB} = x_A - x_B, \ e_{BC} = x_B - x_C, \ e_{DE} = x_D - x_E, \qquad (8.2.2)$$

如果 A、B、C 為一組，我們預期得到 $e_{AB} \to 0$ 且 $e_{BC} \to 0$ 的結果，也就是網路將收斂到 $x_A = x_B = x_C$ 的狀態，此時 A、B、C 取得共識並自動形成一組。為了驗證此推論的正確性，將（8.2.1a）與（8.2.1b）二式相減，得到

$$\dot{e}_{AB} = -e_{AB} \qquad (8.2.3)$$

其解立即可求出為

$$e_{AB}(t) = e^{-t}e_{AB}(0) \qquad (8.2.4)$$

此解顯示 $e_{AB}(\infty) = x_A(\infty) - x_B(\infty) = 0$，也就是 x_A 與 x_B 的值最後會趨於一致。同樣地，將（8.2.1b）與（8.2.1c）二式相減，得到類似的結果

$$\dot{e}_{BC} = -e_{BC} \implies e_{BC}(t) = e^{-t}e_{BC}(0) \implies e_{BC}(\infty) = x_B(\infty) - x_C(\infty) = 0 \quad (8.2.5)$$

合併（8.2.4）式與（8.2.5）式得到

$$x_A(\infty) = x_B(\infty) = x_C(\infty) \qquad (8.2.6)$$

這個結果確認 A、B、C 三者最後會達到合一的狀態。在另一方面，為了驗證 D 與 E 是否自成一組，將（8.2.1d）與（8.2.1e）二式相減，我們得到

$$\dot{e}_{DE} = e_{DE} \implies e_{DE}(t) = e^t e_{DE}(0) \tag{8.2.7}$$

特別注意（8.2.7）式與（8.2.4）式的不同，前者的係數是 e^t，後者的係數是 e^{-t}。這說明 $e_{DE}(\infty) \to \infty$，也就是 $x_D(t)$ 與 $x_E(t)$ 的值最終並不會趨於一致：$x_D(\infty) \neq x_E(\infty)$。因此定量分析顯示 $x_D(t)$ 與 $x_E(t)$ 並不存在共識值，二者不屬於同一組，此結論與圖 8.3b 的分組推論似乎不同。

數學模式（8.2.1）可以提供五個代理人隨時間的動態響應，圖 8.4a 畫出 $x_i(t), i = A, B, C, D, E$，隨時間的響應圖，顯示 A、B、C 三者趨於一致，形成一組，此結果與預期相符；同時發現 D 與 E 二者確實也趨於一致，形成另一組。此結果與圖 8.3b 的預測相符，但卻與（8.2.7）式的預測不符。如果（8.2.7）式是正確的理論預測，$x_D(t)$ 與 $x_E(t)$ 應該隨時間差距越來越大，為何圖 8.4a 會顯示 $x_D(t)$ 與 $x_E(t)$ 二者會趨於一致呢？這是因為圖 8.3b 的網路結構只是靜態上的平衡，在動態上卻是發散的，也就是 $x_i(t) \to \infty$，當 $t \to \infty$。首先檢測（8.2.1）式的系統矩陣：

$$\mathbb{A} = \begin{bmatrix} 0 & 1 & 1 & -1 & -1 \\ 1 & 0 & 1 & -1 & -1 \\ 1 & 1 & 0 & -1 & -1 \\ -1 & -1 & -1 & 2 & 1 \\ -1 & -1 & -1 & 1 & 2 \end{bmatrix} \tag{8.2.8}$$

其特徵值計算如下：

$$\lambda_1(\mathbb{A}) = 0, \ \lambda_2(\mathbb{A}) = 5, \ \lambda_3(\mathbb{A}) = 1, \ \lambda_{4,5}(\mathbb{A}) = -1 \tag{8.2.9}$$

系統具有正的特徵值說明 $x_i(t)$ 的解都是隨著時間而趨近於無窮大。$x_i(t)$ 的完整時間函數可由求解（8.2.1）式而得到如下：

$$x_A(t) = 3 + e^{-t} + e^{5t}, \ x_B(t) = 3 + e^{5t}, \ x_C(t) = 3 - e^{-t} + e^{5t} \tag{8.2.10a}$$
$$x_D(t) = 3 + e^t/2 - 3e^{5t}/2, \ x_E(t) = 3 - e^t/2 - 3e^{5t}/2 \tag{8.2.10b}$$

其中 e^{5t} 與 e^t 的出現是導致 $x_i(t)$ 發散的原因。當 t 很大時，$e^{5t} \gg e^t$ 且 $e^{-t} \to 0$，因此 $x_A(t)$、$x_B(t)$、$x_C(t)$ 都趨近於相同的函數 e^{5t}，同時 $x_D(t)$ 與 $x_E(t)$ 趨近於另一函數 $-3e^{5t}/2$：

$$x_A(t) = x_B(t) = x_C(t) = e^{5t}, \; x_D(t) = x_E(t) = -3e^{5t}/2, \; t \gg 0$$

正如同圖 8.4a 所顯示的，$x_A(t)$、$x_B(t)$、$x_C(t)$ 隨時間逐漸重合成同一組，而 $x_D(t)$ 與 $x_E(t)$ 則重合成另一組。從靜態平衡來看，$x_i(t)$ 可分成二組，但這樣的分組實際上是動態不平衡的，因為每一個 $x_i(t)$ 的值都是發散的，最後都趨近於無窮大，而非趨近於某一穩定值。

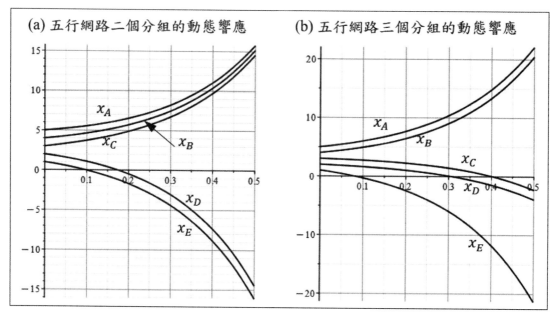

圖 8.4　五行網路的二種時間動態響應，對應到圖 8.3 的二個分組與三個分組的網路結構。
資料來源：作者繪製。

　　$x_D(t)$ 與 $x_E(t)$ 表面上看來是同一組，但實際上彼此之間存在著差異，而且差異隨著時間逐漸放大。由（8.2.10b）式取 $x_D(t)$ 與 $x_E(t)$ 之間的差，得到

$$e_{DE}(t) = x_D(t) - x_E(t) = e^t$$

　　因此 $x_D(t)$ 與 $x_E(t)$ 之間的差 $e_{DE}(t)$ 最後趨近於無窮大。然而為何圖 8.4a 卻顯示 $x_D(t)$ 與 $x_E(t)$ 二條曲線逐漸重合呢？這是因為 $x_D(t)$ 與 $x_E(t)$ 各自的值太大了，導致它們之間的差 $e_{DE}(t)$ 相對比起來變很小。如（8.2.10b）式所示，$x_D(t)$ 與 $x_E(t)$ 各自的值與 e^{5t} 成正比，而彼此之間的差 $e_{DE}(t)$ 則與 e^t 成正比。當時間 t 很大時，$e^t \ll e^{5t}$，所以誤差 $e_{DE}(t)$ 與 $x_D(t)$ 或 $x_E(t)$ 比較起來，即可被忽略。在圖 8.4a 之中，雖然 $x_D(t)$ 與 $x_E(t)$ 看起來很接近，並逐漸重合，實際上它們之間的差距正以指數次方 e^t 的速度逐漸擴大。

其次我們討論圖 8.3c 的弱結構平衡，定性分析顯示它具有可分離成三個群組的性質。下面將從定量分析的觀點討論這樣的分組特性是否正確。圖 8.3c 中的網路所對應的數學模式為

$$\dot{x}_A = -(x_E - x_A) + (x_B - x_A) - (x_D - x_A) - (x_C - x_A) \qquad (8.2.11a)$$

$$\dot{x}_B = (x_A - x_B) - (x_C - x_B) - (x_E - x_B) - (x_D - x_B) \qquad (8.2.11b)$$

$$\dot{x}_C = -(x_B - x_C) + (x_D - x_C) - (x_A - x_C) - (x_E - x_C) \qquad (8.2.11c)$$

$$\dot{x}_D = (x_C - x_D) - (x_E - x_D) - (x_B - x_D) - (x_A - x_D) \qquad (8.2.11d)$$

$$\dot{x}_E = -(x_D - x_E) - (x_A - x_E) - (x_C - x_E) - (x_B - x_E) \qquad (8.2.11e)$$

其系統矩陣為

$$\mathbb{A} = \begin{bmatrix} 2 & 1 & -1 & -1 & -1 \\ 1 & 2 & -1 & -1 & -1 \\ -1 & -1 & 2 & 1 & -1 \\ -1 & -1 & 1 & 2 & -1 \\ -1 & -1 & -1 & -1 & 4 \end{bmatrix}$$

計算 A 的特徵值如下：

$$\lambda_1(\mathbb{A}) = 0, \ \lambda_{2,3}(\mathbb{A}) = 5, \ \lambda_{4,5}(\mathbb{A}) = 1$$

由於具有正的特徵值，$x_i(t)$ 的數值預期將隨時間而發散。$x_i(t)$ 的時間函數可由求解（8.2.11）式得到如下：

$$x_A(t) = 3 + e^t/2 + 3e^{5t}/2, \ x_B(t) = 3 - e^t/2 + 3e^{5t}/2, \qquad (8.2.12a)$$

$$x_C(t) = 3 + e^t/2 - e^{5t}/2, \ x_D(t) = 3 - e^{5t}/2, \ x_E(t) = 3 - 2e^{5t} \qquad (8.2.12b)$$

當時間 $t \to \infty$ 時，$x_i(t)$ 的數值各趨近於如下的函數：

$$x_A(t) = x_B(t) \to 3e^{5t}/2, \ x_C(t) = x_D(t) \to -e^{5t}/2, \ x_E(t) \to -2e^{5t} \qquad (8.2.13)$$

如同圖 8.4b 所示，由於 $x_A(t)$ 與 $x_B(t)$ 趨近於同一函數 $-3e^{5t}/2$，可視為同一群組，$x_C(t)$ 與 $x_D(t)$ 趨近於另一函數 $-e^{5t}/2$，組成另一群組；$x_E(t)$ 則自成一個群組。這樣的分組只是定性的考量，在數量上，同一群組的成員並不具有共識值，甚至彼此存在很大的差異。例如 $x_A(t)$ 與 $x_B(t)$ 之間的差異量 $e_{AB}(t) = x_A(t) - x_B(t) = e^t$ 隨著時間而呈指數遞增；相同的情形發生在 $x_C(t)$ 與 $x_D(t)$ 之間，$e_{CD}(t) = x_C(t) - x_D(t) = e^t/2$ 隨著時間而呈指數遞增。

8.3 五行社群網路的退化結構

圖 8.3a 的五行網路中，各邊被標記 + 或 −，形成所謂的標記五行網路（Signed Wuxing Network），它實際上是權重五行網路（Weighted Wuxing Network）的一種特例，也就是當相生係數 $a = b = 1$，相剋係數 $-c = -d = -1$ 的情形，參見圖 8.5。

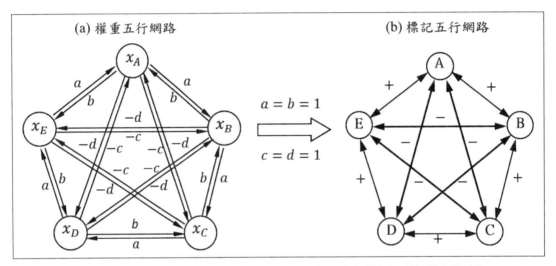

圖 8.5　標記五行網路是權重五行網路的特例，其中相生係數與相剋係數均設定為 1。
資料來源：作者繪製。

前一節的結論提到五行網路不是結構平衡網路指的是標記五行網路，而非權重五行網路。對於權重五行網路而言，$a = b = c = d = 1$ 所對應的方程式的解是發散的，顯示係數均為 1 的網路結構確實是動態不穩定。對於標記五行網路的二種變形結構，如圖 8.3a 與 8.3b 所示，雖然定性分析顯示它們分別為結構平衡與弱結構平衡，但定量分析顯示它們是動態不穩定的結構。然而對於其他的權重係數而言，權重五行網路可能是平衡且穩定的。本節的目的是在探討權重五行網路可以穩定存在的不同分組結構。

如果將五行網路各邊的正負號改變成如圖 8.3b 及圖 8.3c 的情形，則可分別得到結構平衡與弱結構平衡的形式，然而變號以後的網路已非原來的五行網路。社群網路被區分成結構平衡、弱結構平衡、結構不平衡都是針對標記網路而言，此時所有邊的權重係數被設定為 1 或 -1。社群網路所提的結構平衡是靜態的平衡，不牽涉到時間的演化。圖 8.3b 及圖 8.3c 的網路結構即是靜態平衡（static balance），但是動態不平衡（dynamic unbalance），因為這些結構會隨著時間的演化而趨於不穩定。

　　標記網路只能透過改變邊的正負號去影響網路的結構平衡，但是正負號的改變卻已更動了網路節點之間的關係，例如從朋友變敵人，或從敵人變朋友，從而失去原有網路的特性。在另一方面，權重網路不只指定每個邊的正負符號，同時指定每個邊的強度。例如對於圖 8.5a 中的權重五行網路，係數 a 與 b 均為正，代表所連結的節點為朋友，具有合作或相生的關係，係數 a 與 b 的大小則代表相生的強度。係數 $-c$ 與 $-d$ 均為負，代表所連結的節點為敵人，具有對抗或相剋的關係，係數 c 與 d 的大小則代表相剋的強度。在不改變係數 a、b、c、d 正負號的前提下，即不會影響五行網路傳統的生剋結構，此時再去調整係數的大小，即可改變五行網路的動態特性與分組行為。

　　6.2 節的穩定性分析提到四個係數的大小若滿足以下動態平衡條件

$$\frac{a_+}{c_+} = \frac{a+b}{c+d} > \frac{3+\sqrt{5}}{2} = \frac{\beta}{\alpha} = \varphi^2 \qquad (8.3.1)$$

則五個代理人收斂到相同的穩態值（即共識值），全部形成共同的一組。反之，如果係數不滿足（8.3.1）式，則五行網路為動態不平衡。例如圖 8.5b 中的標記五行網路對應到 $a = b = c = d = 1$ 的情形，因為不滿足（8.3.1）式，所以是動態不平衡。

　　權重五行網路的數學模式如（6.2.1）式所示，可表成如下的矩陣形式：

$$\frac{d}{dt}\begin{bmatrix} x_A \\ x_B \\ x_C \\ x_D \\ x_E \end{bmatrix} = \begin{bmatrix} c_+ - a_+ & b & -d & -c & a \\ a & c_+ - a_+ & b & -d & -c \\ -c & a & c_+ - a_+ & b & -d \\ -d & -c & a & c_+ - a_+ & b \\ b & -d & -c & a & c_+ - a_+ \end{bmatrix}\begin{bmatrix} x_A \\ x_B \\ x_C \\ x_D \\ x_E \end{bmatrix} \implies \dot{X} = \mathbb{A}X \qquad (8.3.2)$$

其中系統矩陣 A 的特徵值求得如下：

$$\lambda_1 = 0, \ \lambda_{2,3} = -\frac{1}{2}(\alpha a_+ - \beta c_+) \pm \frac{1}{2}(\sqrt{\beta}a_- - \sqrt{\alpha}c_-)i \qquad (8.3.3a)$$

$$\lambda_{4,5} = -\frac{1}{2}(\beta a_+ - \alpha c_+) \pm \frac{1}{2}(\sqrt{\alpha}a_- + \sqrt{\beta}c_-)i \qquad (8.3.3b)$$

當條件（8.3.1）式滿足時，$\mathrm{Re}(\lambda_{4,5}) < \mathrm{Re}(\lambda_{2,3}) < 0$，表示所有特徵值都在左半平面，如此保證（8.3.2）式的解都是收斂的穩態解。另外 $\lambda_1 = 0$ 的條件則可保證非零穩態解的存在。

　　當 $\lambda_1 = 0$ 時，非零穩態解 X_s 只有一個，如（6.3.6）式所示，此時五代理人收斂到相同值（共識值），亦即五人一組的情形。其他更多非零穩態解發生在 $\lambda_1 = \lambda_{2,3} = 0$ 的情

形，此時 $\lambda = 0$ 變成是三重根，它所對應的特徵空間是三個維度，也就是有三個獨立的特徵向量。$\lambda_1 = \lambda_{2,3} = 0$ 的情形稱為五行網路的退化結構，此時五行網路的穩態解不再是五個代理人同一組的共識解，而是產生其他可能的分組結構。

為了分析五行網路的退化結構，我們首先建立 $\lambda_{2,3} = 0$ 所要滿足的條件，在（8.3.3a）中令 $\lambda_{2,3} = 0$，得到此時係數 c 與 d 所要滿足的條件為

$$c + d = \frac{3 - \sqrt{5}}{2}(a + b), \qquad c - d = \frac{1 + \sqrt{5}}{2}(a - b) \tag{8.3.4}$$

求解 c 與 d 得到

$$\boxed{c = a - b/\varphi, \quad d = -a/\varphi + b} \tag{8.3.5}$$

其中 $\varphi = (1 + \sqrt{5})/2$ 為黃金比例，另外定義

$$\gamma_2 = \sqrt{\alpha/\beta} = \frac{\sqrt{5} - 1}{2} \tag{8.3.6}$$

（8.3.5）式將係數 c 與 d 表成 a 與 b 的函數關係，但因為係數 c 與 d 必須為正數，這使得係數 a 與 b 不能為任意值，必須滿足下列不等關係：

$$\boxed{\varphi^{-1} < \frac{a}{b} < \varphi} \tag{8.3.7}$$

相當於 a 比 b 的值必須介於 0.618 與 1.618 之間。將（8.3.5）式代入（8.3.2）式中，得到臨界條件下的系統矩陣 $\mathbb{A}$：

$$\mathbb{A}_c = \begin{bmatrix} -\gamma_2 a_+ & b & \gamma_2 a - b & -a + \gamma_2 b & a \\ a & -\gamma_2 a_+ & b & \gamma_2 a - b & -a + \gamma_2 b \\ -a + \gamma_2 b & a & -\gamma_2 a_+ & b & \gamma_2 a - b \\ \gamma_2 a - b & -a + \gamma_2 b & a & -\gamma_2 a_+ & b \\ b & \gamma_2 a - b & -a + \gamma_2 b & a & -\gamma_2 a_+ \end{bmatrix} \tag{8.3.8}$$

$\mathbb{A}_c$ 的特徵值除了 $\lambda_1 = \lambda_{2,3} = 0$ 之外，另外二個非零的特徵值為

$$\lambda_{4,5} = -\frac{\sqrt{5}}{2}\alpha a_+ \pm i\frac{\sqrt{5}}{2}\sqrt{\beta}a_- \tag{8.3.9}$$

特徵值 $\lambda = 0$ 為三重根，其所對應的特徵向量 V 滿足

$$\mathbb{A}_c V = 0 \cdot V = 0 \tag{8.3.10}$$

所有滿足上式的向量 V 所成的集合稱為 $\mathbb{A}_c$ 的零空間（null space）$\mathbb{V}$，此零空間 $\mathbb{V}$ 為三維度，其內的三個線性獨立向量可求得為

$$V_1 = \begin{bmatrix} 1/\gamma_2 \\ 1 \\ 0 \\ 0 \\ 1 \end{bmatrix}, \qquad V_2 = \begin{bmatrix} -1/\gamma_2 \\ -1/\gamma_2 \\ 0 \\ 1 \\ 0 \end{bmatrix}, \qquad V_3 = \begin{bmatrix} 1 \\ 1/\gamma_2 \\ 1 \\ 0 \\ 0 \end{bmatrix} \qquad (8.3.11)$$

因此零空間（null space）$\mathbb{V}$ 是由此三個獨立向量所組成

$$\boxed{\mathbb{V} = \{V \mid V = c_1 V_1 + c_2 V_2 + c_3 V_3,\ c_i \in \mathbb{R}\}} \qquad (8.3.12)$$

特徵向量 V 是零空間 $\mathbb{V}$ 內的一個元素，可以表示成：

$$V = c_1 V_1 + c_2 V_2 + c_3 V_3 = \begin{bmatrix} \dfrac{c_1 - c_2}{\gamma_2} + c_3 \\ \dfrac{c_3 - c_2}{\gamma_2} + c_1 \\ c_3 \\ c_2 \\ c_1 \end{bmatrix} \qquad (8.3.13)$$

　　透過三個係數 c_1、c_2、c_3 的不同設定，我們可以得到不同形式的特徵向量 V。因為穩態解 X_s 滿足 $\mathbb{A}_c X_s = \dot{X}_s = 0$ 的條件，與特徵向量 V 所要滿足的方程式（8.3.10）相同，因此不同形式的特徵向量 V 相當於給出不同形式的穩態解 X_s。以下討論退化結構的特徵向量 V 幾種可能的形式，以及它們所對應的五行網路分組特性。

（1）A、B、C、D、E 各自一組：$c_1 \neq c_2$，$c_2 \neq c_3$，$c_1 \neq c_3$

　　當 c_1、c_2、c_3 彼此都不相同時，此時在（8.3.13）式的向量 V 之中，其五個分量元素皆不相等，因此當五行網路達到穩態時，每一行的穩態值皆不相等。此一情況的五行動態響應如圖 8.6a 所示，其中五行的初始條件設定為 $x_A(0) = 1, x_B(0) = 0.5, x_C(0) = x_D(0) = x_E(0) = 0$。另外參數的設定值為 $a = 0.8$，$b = 0.5$，滿足（8.3.7）式的不等關係。從圖 8.6a 可以觀察到 $x_i(t)$ 的值最後穩定收斂到五個不同的值，代表此時五行不具備共識值，五個代理人獨立自成一組。

（2）A 與 C 同組，D 與 E 同組，B 自成一組：$c_1 = c_2$

　　在（8.3.13）式中，令 $c_1 = c_2$，得到以下結果

$$V = \begin{bmatrix} \dfrac{c_1 - c_2}{\gamma_2} + c_3 \\ \dfrac{c_3 - c_2}{\gamma_2} + c_1 \\ c_3 \\ c_2 \\ c_1 \end{bmatrix} \xrightarrow{c_1 = c_2} V = \begin{bmatrix} c_3 \\ \dfrac{c_3 - c_1}{\gamma_2} + c_1 \\ c_3 \\ c_1 \\ c_1 \end{bmatrix} = \begin{bmatrix} x_A(\infty) \\ x_B(\infty) \\ x_C(\infty) \\ x_D(\infty) \\ x_E(\infty) \end{bmatrix} \qquad (8.3.14)$$

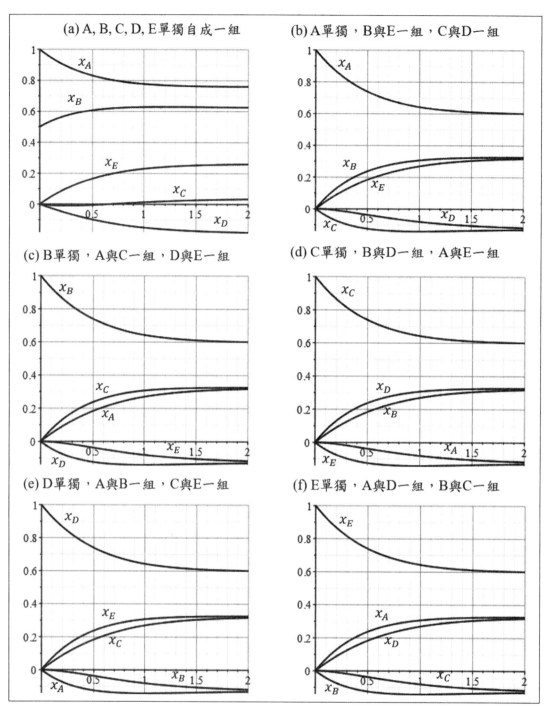

圖 8.6　在臨界條件下，五行網路的穩態響應呈現不同的分組行為，其中每個子圖採用相同的參數設定：$a = 0.8$，$b = 0.5$，但每個子圖採用不同的初始值 $x_i(0)$。
資料來源：作者繪製。

亦即到達穩態時，$x_A(\infty)$ 與 $x_C(\infty)$ 趨於一致，都等於 c_3；$x_D(\infty)$ 與 $x_E(\infty)$ 趨於一致，都等於 c_1。此時五行網路的穩態響應呈現 A 與 C 同一組，D 與 E 同一組，而 B 自成一組的情形，如圖 8.6c 所示，其中初始值的設定為 。

（3）B 與 E 同組，C 與 D 同組，A 自成一組：$c_2 = c_3$

在（8.3.13）式中，令 $c_2 = c_3$，得到以下結果

$$V = \begin{bmatrix} \dfrac{c_1 - c_2}{\gamma_2} + c_3 \\ \dfrac{c_3 - c_2}{\gamma_2} + c_1 \\ c_3 \\ c_2 \\ c_1 \end{bmatrix} \xrightarrow{c_2 = c_3} V = \begin{bmatrix} \dfrac{c_1 - c_2}{\gamma_2} + c_2 \\ c_1 \\ c_2 \\ c_2 \\ c_1 \end{bmatrix} = \begin{bmatrix} x_A(\infty) \\ x_B(\infty) \\ x_C(\infty) \\ x_D(\infty) \\ x_E(\infty) \end{bmatrix} \qquad (8.3.15)$$

亦 即 到 達 穩 態 時，$x_B(\infty)$ 與 $x_E(\infty)$ 趨 於 一 致，都 等 於 c_1；$x_C(\infty)$ 與 $x_D(\infty)$ 趨 於 一 致，都 等 於 c_2。此時五行網路的穩態響應呈現 B 與 E 同一組，C 與 D 同一組，而 A 自成一組的情形，如圖 8.6b 所示，其中初始值的設定為 $x_A(0) = 1, x_B(0) = x_C(0) = x_D(0) = x_E(0) = 0$。

（4）A 與 B 同組，C 與 E 同組，D 自成一組：$c_1 = c_3$

在（8.3.13）式中，令 $c_1 = c_3$，得到以下結果

$$V = \begin{bmatrix} \dfrac{c_1 - c_2}{\gamma_2} + c_3 \\ \dfrac{c_3 - c_2}{\gamma_2} + c_1 \\ c_3 \\ c_2 \\ c_1 \end{bmatrix} \xrightarrow{c_1 = c_3} V = \begin{bmatrix} \dfrac{c_1 - c_2}{\gamma_2} + c_1 \\ \dfrac{c_1 - c_2}{\gamma_2} + c_1 \\ c_1 \\ c_2 \\ c_1 \end{bmatrix} = \begin{bmatrix} x_A(\infty) \\ x_B(\infty) \\ x_C(\infty) \\ x_D(\infty) \\ x_E(\infty) \end{bmatrix} \qquad (8.3.16)$$

亦即到達穩態時，$x_A(\infty)$ 與 $x_B(\infty)$ 趨於一致，都等於 $(c_1 - c_2)/\gamma_2 + c_1$；$x_C(\infty)$ 與 $x_E(\infty)$ 趨於一致，都等於 c_1。此時五行網路的穩態響應呈現 A 與 B 同一組，C 與 E 同一組，而 D 自成一組的情形，如圖 8.6e 所示，其中初始值的設定為 $x_D(0) = 1, x_A(0) = x_B(0) = x_C(0) = x_E(0) = 0$。

（5）A 與 E 同組，B 與 D 同組，C 自成一組：$c_2 = \gamma_2 c_3 + (1 - \gamma_2)c_1$

將 $c_2 = \gamma_2 c_3 + (1 - \gamma_2)c_1$ 代入（8.3.13）式的第一個元素得到

$$\frac{c_1 - c_2}{\gamma_2} + c_3 = \frac{1}{\gamma_2}(c_1 - \gamma_2 c_3 - (1 - \gamma_2)c_1) + c_3 = -c_3 + c_1 + c_3 = c_1$$

其中 c_1 是 V 向量第五個元素的值。因此 V 向量的第一個元素與第五個元素相同，代

表此情形之下，$x_A(\infty)$ 與 $x_E(\infty)$ 趨於一致，都等於 c_1。其次將 $c_2 = \gamma_2 c_3 + (1-\gamma_2)c_1$ 代入（8.3.13）式的第二個元素得到

$$\frac{c_3 - c_2}{\gamma_2} + c_1 = \frac{1}{\gamma_2}(c_3 - \gamma_2 c_3 - (1-\gamma_2)c_1) + c_1 = \frac{1-\gamma_2}{\gamma_2}c_3 + \frac{2\gamma_2 - 1}{\gamma_2}c_1 \qquad （8.3.17）$$

其中 $\gamma_2 = (\sqrt{5}-1)/2$ 是下列一元二次方程式的解：

$$\gamma_2^2 + \gamma_2 - 1 = 0 \qquad （8.3.18）$$

因此我們得到下列的 γ_2 關係式：

$$1 - \gamma_2 = \gamma_2^2, \; 2\gamma_2 - 1 = \gamma_2(1-\gamma_2) \qquad （8.3.19）$$

將以上的關係式代入（8.3.17）式中，得到（8.3.13）式的第二個元素

$$\frac{c_3 - c_2}{\gamma_2} + c_1 = \frac{1-\gamma_2}{\gamma_2}c_3 + \frac{2\gamma_2 - 1}{\gamma_2}c_1 = \gamma_2 c_3 + (1-\gamma_2)c_1 = c_2 \qquad （8.3.20）$$

而 c_2 正是（8.3.13）式的第四個元素，亦即 V 向量的第二個元素等於第四個元素。

整合以上四個元素的值，我們得到在 $c_2 = \gamma_2 c_3 + (1-\gamma_2)c_1$ 的條件下，（8.3.13）式的特徵向量化成

$$V = \begin{bmatrix} \dfrac{c_1 - c_2}{\gamma_2} + c_3 \\ \dfrac{c_3 - c_2}{\gamma_2} + c_1 \\ c_3 \\ c_2 \\ c_1 \end{bmatrix} \xrightarrow{c_2 = \gamma_2 c_3 + (1-\gamma_2)c_1} V = \begin{bmatrix} c_1 \\ c_2 \\ c_3 \\ c_2 \\ c_1 \end{bmatrix} = \begin{bmatrix} x_A(\infty) \\ x_B(\infty) \\ x_C(\infty) \\ x_D(\infty) \\ x_E(\infty) \end{bmatrix} \qquad （8.3.21）$$

亦即到達穩態時，$x_A(\infty)$ 與 $x_E(\infty)$ 趨於一致，都等於 c_1；$x_B(\infty)$ 與 $x_D(\infty)$ 趨於一致，都等於 c_2。此時五行網路的穩態響應呈現 A 與 E 同一組，B 與 D 同一組，而 C 自成一組的情形，如圖 8.6d 所示，其中初始值的設定為 $x_C(0) = 1, \, x_A(0) = x_B(0) = x_D(0) = x_E(0) = 0$。

（6）A 與 D 同組，B 與 C 同組，E 自成一組：$\gamma_2 c_3 = (\gamma_2 + 1)c_2 - c_1$

將 $\gamma_2 c_3 = (\gamma_2 + 1)c_2 - c_1$ 代入（8.3.13）式的第一個元素得到

$$\frac{c_1 - c_2}{\gamma_2} + c_3 = \frac{1}{\gamma_2}(c_1 - c_2 + (\gamma_2 + 1)c_2 - c_1) = c_2$$

其中 c_2 是 V 的第四個元素。因此在此情況下我們得到的第一個元素等於第四個元素。其次將 $\gamma_2 c_3 = (\gamma_2 + 1)c_2 - c_1$ 代入（8.3.13）式的第二個元素，得到

$$\frac{c_3 - c_2}{\gamma_2} + c_1 = \frac{1}{\gamma_2^2}\left((\gamma_2 + 1)c_2 - c_1 - c_2\gamma_2\right) + c_1 = \frac{c_2}{\gamma_2^2} + \frac{\gamma_2^2 - 1}{\gamma_2^2}c_1 \quad （8.3.22）$$

改寫 γ_2 所要滿足的關係式（8.3.18）式如下

$$1 = \gamma_2(\gamma_2 + 1), \ \gamma_2^2 - 1 = -\gamma_2 \quad （8.3.23）$$

將之代入（8.3.22）式，得到（8.3.13）式的第二個元素如下

$$\frac{c_3 - c_2}{\gamma_2} + c_1 = \frac{c_2}{\gamma_2^2} + \frac{\gamma_2^2 - 1}{\gamma_2^2}c_1 = \frac{(\gamma_2 + 1)c_2 - c_1}{\gamma_2} = c_3$$

其中 c_3 是 V 的第三個元素。因此我們得到 V 的第二個元素等於第三個元素。

整合以上四個元素的值，我們得到在 $\gamma_2 c_3 = (\gamma_2 + 1)c_2 - c_1$ 的條件下，（8.3.13）式的特徵向量化成

$$V = \begin{bmatrix} \frac{c_1 - c_2}{\gamma_2} + c_3 \\ \frac{c_3 - c_2}{\gamma_2} + c_1 \\ c_3 \\ c_2 \\ c_1 \end{bmatrix} \xrightarrow{\gamma_2 c_3 = (\gamma_2+1)c_2 - c_1} V = \begin{bmatrix} c_2 \\ c_3 \\ c_3 \\ c_2 \\ c_1 \end{bmatrix} = \begin{bmatrix} x_A(\infty) \\ x_B(\infty) \\ x_C(\infty) \\ x_D(\infty) \\ x_E(\infty) \end{bmatrix} \quad （8.3.24）$$

亦即到達穩態時，$x_A(\infty)$ 與 $x_D(\infty)$ 趨於一致，都等於 c_2；$x_B(\infty)$ 與 $x_C(\infty)$ 趨於一致，都等於 c_3。此時五行網路的穩態響應呈現 A 與 D 同一組，B 與 C 同一組，而 E 自成一組的情形，如圖 8.6f 所示，其中初始值的設定為 $x_E(0) = 1, x_A(0) = x_B(0) = x_C(0) = x_D(0) = 0$。

（7）A、B、C、D、E 全部同組：$c_1 = c_2 = c_3$

將 $c_1 = c_2 = c_3$ 代入（8.26）式，得到如下的特徵向量 V

$$V = \begin{bmatrix} \frac{c_1 - c_2}{\gamma_2} + c_3 \\ \frac{c_3 - c_2}{\gamma_2} + c_1 \\ c_3 \\ c_2 \\ c_1 \end{bmatrix} \xrightarrow{c_1 = c_2 = c_3} V = c_1\begin{bmatrix} 1 \\ 1 \\ 1 \\ 1 \\ 1 \end{bmatrix} = \begin{bmatrix} x_A(\infty) \\ x_B(\infty) \\ x_C(\infty) \\ x_D(\infty) \\ x_E(\infty) \end{bmatrix} \quad （8.3.25）$$

亦即 V 中的每一個元素均相同。這一結果表示在此情形下，五個元素到達穩態時，將趨近於相同的共識值。這裡所取得的五行網路共識狀態與前一章的五行共識狀態不一樣，後者是在絕對穩定條件下，即（8.3.1）式 $a_+/c_+ > \varphi^2$ 成立時，所得到的共識狀態；前者是在臨界穩定條件下，即 $a_+/c_+ = \varphi^2$ 成立時，所取到的共識狀態。在絕

對穩定條件下，共識狀態是五行網路的唯一狀態，也就是所有的初始狀態最後都趨近於共識狀態。然則在臨界穩定條件下，如上面的分析，共識狀態只是多種可能的狀態之一，而且此時的共識狀態是不穩定的。只要一點點的偏離，五行網路即無法回到原有的共識狀態。

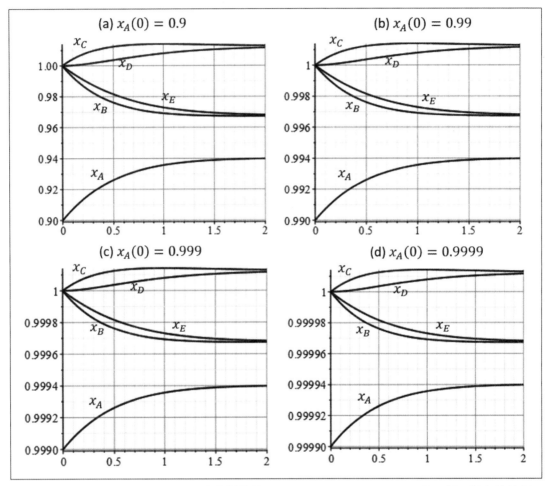

圖 8.7　臨界穩定條件下，五行網路的共識狀態 $x_A = x_B = x_C = x_D = x_E = 1$ 是一種不穩定的狀態，只要 $x_A(0)$ 偏離 $x_A = 1$ 很小的量，這裡考慮四種偏離量 $x_A(0) = 0.9, 0.99, 0.999, 0.9999$，五行網路即無法恢復原有的共識狀態，而形成 B 與 E 同組，C 與 D 同組，A 自成一組的分組狀態。
資料來源：作者繪製。

圖 8.7 顯示在臨界穩定條件下，五行網路的共識狀態 $x_A = x_B = x_C = x_D = x_E = 1$ 是一種不穩定的狀態，只要 $x_A(0)$ 偏離 $x_A = 1$ 很小的量，五行網路即無法恢復原有的共識狀態。圖 8.7 中的四個子圖分別顯示 $x_A(0)$ 相對於 $x_A = 1$ 的四種偏離狀態：$x_A(0) =$

$0.9, 0.99, 0.999, 0.9999$，另外四個元素的初始態則維持在共識狀態：$x_B(0) = x_C(0) = x_D(0) = x_E(0) = 1$。在以上四種 $x_A(0)$ 的初始偏離狀態下，圖 8.7 顯示五行網路隨時間的動態變化。可以看到原先處於共識狀態的四個元素 B、C、D、E 隨著時間逐漸脫離共識狀態，最後形成 B 與 E 同一組，C 與 D 同一組，而 A 自成一組的狀態。對於初始狀態 $x_A(0) = 0.9999$ 而言，縱使相對於共識狀態只有的微小偏差，但圖 8.7d 顯示五行網路仍無法回到原有的共識狀態：$x_A = x_B = x_C = x_D = x_E = 1$，這說明臨界穩定條件下的共識狀態是一種不穩定的狀態，一偏離即無法再回去。相反地，絕對穩定條件下的共識狀態則是一種穩定的狀態，不管偏離多遠，最後仍會回到共識狀態。

8.4 以生剋運算分析春秋五霸的國勢消長

社群網路中人與人之間關係的進一步擴展即變成國際社會中，國與國之間的外交關係。本節將應用五行網路的生剋原理，分析春秋時代諸侯國之間的國勢消長。在 6.6 節我們曾以五行生剋原理解釋了「中」與「和」在《中庸》的涵義，也以五行生剋原理分析了五帝的大同之治與三代的小康之治之間的差異。五行思想的發展在春秋戰國時期達到了高峰，透過各諸侯國之間的合作與對抗關係，五行的生剋原理也獲得諸多實務驗證的機會。應用第 7 章所建立的五行代數運算平台，五們還可進一步為諸侯國之間的國勢消長進行數據分析，並與歷史事實進行比對。若要將五行代數系統應用到春秋時代的國勢消長分析，我們需要進行以下的步驟。

8.4.1 春秋五霸所對應的五行網路

對於春秋列國而言，五行的最佳代理人就是當時最具代表性的五個諸侯國，如圖 8.8 所示。齊國在東方，代理木行；楚國在南方，代理火行；宋國居中，代理土行；秦國居西戎，代理金行；晉國在北方，代理水行。這五個諸侯國都曾在不同的年代稱霸中原[5]。這

5　春秋五霸有不同的說法，最常見的一種為：1. 齊桓公（在位年代 BC685-BC643）任用管仲、鮑叔牙，首倡尊王攘夷，大會諸侯於葵丘；2. 宋襄公（在位年代 BC650-BC637）任用目夷、子夷，繼桓公而起，成為中原霸主，後與楚爭霸，敗於泓水之戰；3. 晉文公（在位年代 BC636-BC628）在趙衰、狐偃、賈佗、先軫、魏武子、介之推等人的輔佐下，開創了晉國長達一個多世紀的中原霸權，為後來戰國時期的三晉（趙、魏、韓）奠定了基礎；4. 秦穆公（在位年代 BC659-BC621）任用百里奚、蹇叔、由余，曾協助晉文公回到晉國奪取君位。周襄王時出兵攻打蜀國和其他位於函谷關以西的國家，稱霸西戎；5. 楚莊王（在位年代 BC613-BC591）先後任用伍參、蘇從、孫叔敖、子重等文臣武將，於西元前 597 年打敗晉國，稱霸中原。

裡我們以春秋五霸稱呼這五個諸侯國，而非指特定的五位君主。

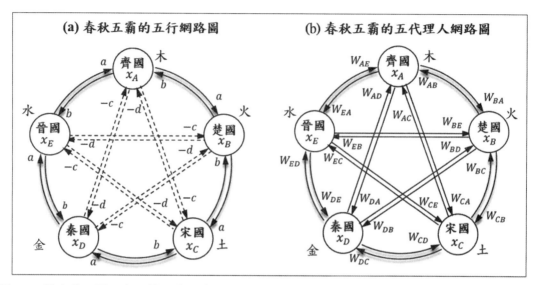

圖 8.8　將春秋五霸，齊、楚、宋、秦、晉，視為五行的代理人，透過五行的生剋代數運算，分析五國國勢隨時間的消長情形。（a）圖是按照本章的五行生剋圖將五國之間的生剋關係簡化為四項係數：a 是正／副生係數，b 是反／副生係數，$-c$ 是正／副剋係數，$-d$ 是反／副剋係數，其中實線表示相生關系，虛線表示相剋關係。（b）圖是五代理人網路的一般化生剋關係圖，採用 20 個生剋係數完整描述五諸侯國之間的生剋關係。

資料來源：作者繪製。

在五行網路中，量化指標 x_A、x_B、x_C、x_D、x_E 可以代表五個代理人的數量、能量、趨勢、運勢等等，而這裡則代表五個諸侯國的國勢強度。量化指標 $x_i(t)$，$i = A, B, C, D, E$，是時間的函數，相當於表示國勢強度隨時間的變化情形。量化指標 $x_i(t) = 0$ 代表國勢度的持平點，當 $x_i(t) > 0$，表示國勢轉強，且 $x_i(t)$ 的值正的越大，國勢越強盛；反之，當 $x_i(t) < 0$，表示國勢轉弱，且 $x_i(t)$ 的值負的越大，國勢越虛弱。

五個諸侯國兩兩之間的生剋關係不是學理上可以事先決定，而是必須由當下的春秋局勢來決定。如果我們將五個諸侯國，齊、楚、宋、秦、晉，依照五行順序填入五行生剋圖 6.3 中，我們將得到如圖 8.8a 的結果。依照五行生剋圖的定義，以圓弧箭頭連接的諸侯國（即相鄰的諸侯國）為相生的關係，彼此互相合作，對應的比權係數為正；而以直線箭頭連接的諸侯國（即相間隔的諸侯國）為相剋的關係，彼此互相對抗，對應的比權係數為負。若與春秋時代的歷史事實比對，圖 8.8a 所顯示的春秋五霸之間的合作與對抗關係並不全然反映歷史的真相。例如圖 8.8a 顯示齊、楚之間與晉、秦之間處於相生（合作）

的關係，然而實際上大部分時間它們處於相剋（對抗）的關係；又例如圖 8.8a 顯示宋與齊、晉都是處於相剋的關係，但實際上這三國較接近於同盟國的關係。

　　從上述的對照可知，春秋五霸的生剋關係不全然是按照五行生剋圖排列的。若要正確描述春秋五霸的生剋關係，我們必須採用五代理人網路圖，如圖 8.8b 所示。在五代理人網路圖中，若所有圓弧箭頭上的比權係數為正，且所有直線箭頭上的比權係數為負，此時的五代理人網路圖即化成五行網路圖，所以五行網路只是五代理人網路的一種特例。在五代理人網路圖 8.8b 中，比權係數 W_{ij} 的正負號必須根據國與國的實際關係而決定，而不是只單純地根據國與國之間是以圓弧線連接，或以對角直線連接。

　　在 7.7 節中，我們已經介紹如何以實驗的方法決定代理人之間的比權係數（生剋係數）W_{ij}。實驗的方法適用於具有重複性的系統，亦即先根據已發生的生剋結果反算代理人之間的生剋係數，再利用所求得的生剋係數去預測未來的生剋結果。歷史事件雖然是不可逆的，但鑑古知今的道理告訴我們從歷史事件中學習到的經驗與教訓，可以讓我們預測目前事件的可能發展以及可能的解決之道。鑑古知今所要表達的道理就是歷史的預測功能，亦即由過去已發生的事實去預測當下局勢的可能發展。為歷史事件建立數學模型可以讓歷史的預測功能更加具體且更加準確。

　　以五代理人網路系統為春秋五霸的國勢消長建立數學模型，首先必須依據春秋當下的局勢去決定諸侯國之間的生剋關係，參見圖 8.9。春秋局勢雖然紛亂，國與國之間分分合合，沒有常態性的關係，但大小諸侯國經過不斷的分裂與整合，最後形成二大同盟之間的對抗。西元前 546 年，春秋 14 個諸侯國在宋國大夫向戌的牽線下，簽訂了第二次弭兵會盟，盟約的內容正好反映了當下的春秋局勢：「晉、楚之從，交相見也。」意思是指晉的僕從國要朝貢楚國，而楚的僕從國要朝貢晉國。而與會的 14 國中，齊國作為晉的盟國，不必朝拜楚國；秦國為楚國的盟國，亦不朝於晉國。

　　春秋五霸，齊、楚、宋、秦、晉，在訂立弭兵盟約時的態勢非常明朗，晉與楚分別是二大同盟的領導者，而齊是晉的最大同盟國，秦是楚的最大同盟國。宋國夾在晉、楚兩大強權之間，但發揮了博弈的平衡力量，主導二次弭兵之盟。圖 8.9 反映了訂立盟約當下的五國態勢圖，其中晉與齊以相同的方形圖案表示同盟國，且晉的圖案較大，代表該同盟的領導者；楚與秦以相同的五邊形圖案表示同盟國，且楚的圖案較大，代表該同盟的領導者。宋國是二大同盟之間的協調者以圓形圖案表示之，且與二大同盟均保持合作的關係。在圖 8.9 中，國與國之間有相生（合作）關係者，以實線連接；有相剋（對抗）關

係者,以虛線連接。比較圖 8.8a 的五行網路生剋圖與圖 8.9 的五代理人網路生剋圖,我們發現齊、楚之間與晉、秦之間原有的相生關係,應該改成相剋的關係;楚、秦之間,齊、宋之間,晉、宋之間原有的相剋關係,應該改成相生的關係。五行網路生剋圖是依據「鄰相生、間相勝」的傳統原則建立的,但實際的系統不全然滿足這一傳統原則,此時我們必須以更一般性的五代理人網路系統來描述實務性的系統。

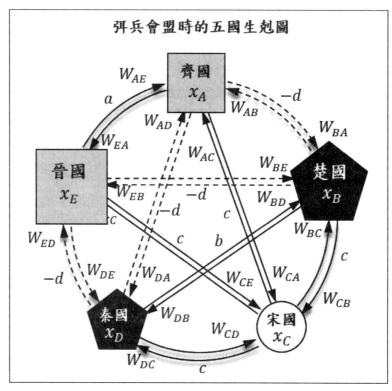

圖 8.9 在二次弭兵會盟時期,春秋諸國的關係已經演變成二個同盟之間的對抗,一個同盟以晉國為首,其主要同盟國為齊國;另一個同盟以楚國為首,其主要同盟國為秦國。同盟內的諸侯國相互合作(以實線相連),不同同盟的諸侯國互相對抗(以虛線相連)。宋國是弭兵會盟的推動者,與二個同盟都保持合作的關係。
資料來源:作者繪製。

依據圖 8.9 的生剋關係,代理人之間的比權係數設定如下:

● 晉、齊同盟之間的相生係數:

$$W_{AE} = W_{EA} = a \qquad\qquad (8.4.1a)$$

係數 $a > 0$ 代表晉齊同盟之間的合作強度。

● 楚、秦同盟之間的相生係數：

$$W_{BD} = W_{DB} = b \qquad\qquad （8.4.1b）$$

係數 $b > 0$ 代表楚、秦同盟之間的合作強度。

● 宋國與二大同盟之間的相生係數：

$$W_{CA} = W_{AC} = c, \ W_{CE} = W_{EC} = c, \ W_{CB} = W_{BC} = c, \ W_{CD} = W_{DC} = c \qquad （8.4.1c）$$

係數 $c > 0$ 代表宋國與二大同盟之間的協調能力。

● 二大同盟之間的相剋係數：

$$W_{BE} = W_{EB} = -d, \ W_{AD} = W_{DA} = -d, \ W_{AB} = W_{BA} = -d, \ W_{ED} = W_{DE} = -d \qquad （8.4.1d）$$

係數 $d > 0$ 代表二大同盟之間的對抗強度。

8.4.2 春秋五霸對峙的靜態平衡分析

　　依據前一步驟的所建立的生剋關係，我們可以進一步分析春秋五霸的對峙關係是否可以形成平衡的網路結構。參見 8.1 節的討論，一個平衡的網路結構必須是其內部的所有三角形結構都要是平衡的。網路的靜態平衡分析是將網路中所有的相生係數設定為 1，同時將所有的相剋係數設 −1，依此原則，圖 8.9 的春秋五霸比權網路圖（weighted graph）即化成圖 8.10 的春秋五霸標記網路圖（signed graph）。

　　圖 8.10 同時顯示春秋五霸標記網路圖內的不同三角形結構。根據 8.1 節的分析，三角形的邊必須是含三個正號如（b）圖，或是一個正號二個負號如（d）圖，才是平衡結構。如果三角形的邊含有二個正號一個負號如（c）圖，則為不平衡結構。如果三角形的邊含有三個負號，則為弱平衡結構。春秋五霸生剋圖內雖沒有弱平衡的三角形結構，但確實含有不平衡的三角形結構，這說明春秋五霸的對峙關係是一種靜態不平衡的網路結構，也就是春秋五霸的對峙關係無法維持在一個靜態的結構上，而是會隨著時間產生動態的變化。在下一個步驟中，我們將建立春秋五霸生剋運作的方程式，用以描述春秋五霸對峙關係的動態變化過程。

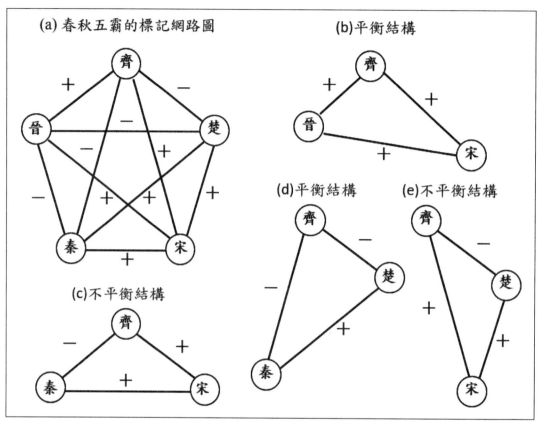

圖 8.10　春秋五霸生剋圖的靜態平衡分析。（a）圖是源自圖 8.9，其中加號表示合作的關係，減號表示對抗的關係。考慮（a）圖內部的各種三角形結構，（b）圖與（d）圖是平衡的三角形結構，（c）圖與（e）圖是不平衡的三角形結構。

資料來源：作者繪製。

8.4.3 求解春秋五霸生剋運作的數學方程式

為了分析網路的動態變化，我們必須依據實際的春秋局勢，設定五代理人網路中的 20 個比權係數，如（8.4.1）式所示。現在將（8.4.1）式的比權係數代入（6.1.1）式中，即可得到描述春秋五霸國勢消長的方程式如下：

$$\dot{x}_A = W_{AE}(x_E - x_A) + W_{AB}(x_B - x_A) + W_{AD}(x_D - x_A) + W_{AC}(x_C - x_A)$$
$$= a(x_E - x_A) - d(x_B - x_A) - d(x_D - x_A) + c(x_C - x_A)$$
$$= (2d - a - c)x_A - dx_B + cx_C - dx_D + ax_E \qquad (8.4.2a)$$

$$\dot{x}_B = W_{BA}(x_A - x_B) + W_{BC}(x_C - x_B) + W_{BE}(x_E - x_B) + W_{BD}(x_D - x_B)$$
$$= -d(x_A - x_B) + c(x_C - x_B) - d(x_E - x_B) + b(x_D - x_B)$$
$$= -dx_A + (2d - b - c)x_B + cx_C + bx_D - dx_E \qquad (8.4.2b)$$

$$\dot{x}_C = W_{CB}(x_B - x_C) + W_{CD}(x_D - x_C) + W_{CA}(x_A - x_C) + W_{CE}(x_E - x_C)$$
$$= c(x_B - x_C) + c(x_D - x_C) + c(x_A - x_C) + c(x_E - x_C)$$
$$= cx_A + cx_B - 4cx_C + cx_D + cx_E \tag{8.4.2c}$$

$$\dot{x}_D = W_{DC}(x_C - x_D) + W_{DE}(x_E - x_D) + W_{DB}(x_B - x_D) + W_{DA}(x_A - x_D)$$
$$= c(x_C - x_D) - d(x_E - x_D) + b(x_B - x_D) - d(x_A - x_D)$$
$$= -dx_A + bx_B + cx_C + (2d - b - c)x_D - dx_E \tag{8.4.2d}$$

$$\dot{x}_E = W_{ED}(x_D - x_E) + W_{EA}(x_A - x_E) + W_{EC}(x_C - x_E) + W_{EB}(x_B - x_E)$$
$$= -d(x_D - x_E) + a(x_A - x_E) + c(x_C - x_E) - d(x_B - x_E)$$
$$= ax_A - dx_B + cx_C - dx_D + (2d - a - c)x_E \tag{8.4.2e}$$

結合（8.4.2）式中的五個子方程式，得到如下的矩陣型式：

$$\frac{d}{dt}\begin{bmatrix} x_A \\ x_B \\ x_C \\ x_D \\ x_E \end{bmatrix} = \begin{bmatrix} \delta_A & -d & c & -d & a \\ -d & \delta_B & c & b & -d \\ c & c & -4c & c & c \\ -d & b & c & \delta_B & -d \\ a & -d & c & -d & \delta_A \end{bmatrix}\begin{bmatrix} x_A \\ x_B \\ x_C \\ x_D \\ x_E \end{bmatrix} \qquad \dot{\mathbf{X}} = \mathbb{A}\mathbf{X} \tag{8.4.3}$$

其中 $\delta_A = 2d - a - c$，$\delta_B = 2d - b - c$，並注意四個生剋係數均大於零。量化指標 $x_i(t)$，$i = A, B, C, D, E$，分別表示齊、楚、宋、秦、晉的國勢強度隨時間的變化。將（8.4.3）式中的五個方程式相加，我們得到如下重要性質

$$\frac{d}{dt}(x_A + x_B + x_C + x_D + x_E) = 0 \implies x_A(t) + x_B(t) + x_C(t) + x_D(t) + x_E(t) = 定值 \tag{8.4.4}$$

亦即五國國勢強度的總和必為定值，因此只要知道初始國勢強度的總和，則往後任何時間的國勢強度的總和就被固定了。

如第 7 章的介紹，為了要求得量化指標 $x_i(t)$，我們必須先得到五行矩陣 $\mathbb{A}$ 的特徵值 λ_i 及其對應的特徵向量 $\mathbf{v}_i$。特徵值 λ_i 是以下矩陣行列式方程式的根：

$$|\lambda\mathbf{I} - \mathbb{A}| = 0 \tag{8.4.5}$$

將（8.4.3）式中的五行矩陣代入（8.4.5）式中，並將行列式展開，針對變數 λ 進行因式分解，得到如下結果：

$$\lambda(\lambda + 5c)(\lambda + c - 4d)(\lambda + 2b + c - 2d)(\lambda + 2a + c - 2d) = 0 \tag{8.4.6}$$

因此五行矩陣 $\mathbb{A}$ 的五個特徵值 λ_i 分別為

$$\lambda_1 = 0, \ \lambda_2 = -5c, \ \lambda_3 = -c + 4d, \ \lambda_4 = -2b - c + 2d, \ \lambda_5 = -2a - c + 2d \tag{8.4.7}$$

相對應的特徵向量 $\mathbf{v}_i$ 滿足下列關係式：

$$\mathbb{A}\mathbf{v}_i = \lambda_i \mathbf{v}_i \qquad (8.4.8)$$

分別將（8.4.7）式的五個特徵值 λ_i 代入（8.4.8）式中，求解對應的特徵向量 $\mathbf{v}_i$ 得到如下結果：

$$\mathbf{V} = [\mathbf{v}_1\ \mathbf{v}_2\ \mathbf{v}_3\ \mathbf{v}_4\ \mathbf{v}_5] = \begin{bmatrix} 1 & 1 & 1 & 0 & -1 \\ 1 & 1 & -1 & 1 & 0 \\ 1 & -4 & 0 & 0 & 0 \\ 1 & 1 & -1 & -1 & 0 \\ 1 & 1 & 1 & 0 & 1 \end{bmatrix} \qquad (8.4.9)$$

這裡我們有一個非常意外的發現，五行向量的五個特徵向量 $\mathbf{v}_i$ 竟然和四個生剋係數 a、b、c、d 無關，然而所對應的特徵值 λ_i 卻又是四個生剋係數的函數，如（8.4.7）式所示。這一事實說明五個特徵向量 $\mathbf{v}_i$ 分別代表春秋五霸的五種內在基本對峙型態，這些對峙型態的存在與外在的生剋強度係數無關。

最後將（8.4.9）式的特徵矩陣 $\mathbf{V}$ 與（8.4.7）式的特徵值 λ_i 代入（7.8.3）式中，得到春秋五霸的國勢強度函數

$$\begin{bmatrix} x_A(t) \\ x_B(t) \\ x_C(t) \\ x_D(t) \\ x_E(t) \end{bmatrix} = \mathbf{V}\mathbf{\Lambda}\mathbf{V}^{-1}\mathbf{X}(0) = \mathbf{V} \begin{bmatrix} e^{\lambda_1 t} & 0 & 0 & 0 & 0 \\ 0 & e^{\lambda_2 t} & 0 & 0 & 0 \\ 0 & 0 & e^{\lambda_3 t} & 0 & 0 \\ 0 & 0 & 0 & e^{\lambda_4 t} & 0 \\ 0 & 0 & 0 & 0 & e^{\lambda_5 t} \end{bmatrix} \mathbf{V}^{-1} \begin{bmatrix} x_A(0) \\ x_B(0) \\ x_C(0) \\ x_D(0) \\ x_E(0) \end{bmatrix} \qquad (8.4.10)$$

其中 $x_i(0)$ 是初始時刻的國勢強度，$x_i(t)$ 是 t 時刻的國勢強度。將（8.4.10）式中的矩陣乘開，可得到如下的國勢強度函數：

$$x_i(t) = \mathcal{A}_i e^{\lambda_1 t} + \mathcal{B}_i e^{\lambda_2 t} + \mathcal{C}_i e^{\lambda_3 t} + \mathcal{D}_i e^{\lambda_4 t} + \mathcal{E}_i e^{\lambda_5 t},\ i = A, B, \cdots, E \qquad (8.4.11)$$

其中的特徵值 λ_i 由（8.4.7）式給定，展開係數 $\mathcal{A}_i$、$\mathcal{B}_i$ 等則是由初始強度與特徵向量 $\mathbf{v}_i$ 所決定。由於 $\lambda_1 = 0$，（8.4.11）式的右邊第一項 $\mathcal{A}_i e^{\lambda_1 t}$ 其實等於常數 $\mathcal{A}_i$。只要給定生剋係數 a、b、c、d，以及初始國勢強度 $x_i(0)$，（8.4.10）式即可告訴我們春秋五霸的國勢強度隨時間的消長情形。（8.4.11）式中的展開係數與（8.4.9）式中的特徵向量存在下列的關係：

$$\begin{bmatrix} \mathcal{A}_A \\ \mathcal{A}_B \\ \mathcal{A}_C \\ \mathcal{A}_D \\ \mathcal{A}_E \end{bmatrix} = c_1 \begin{bmatrix} 1 \\ 1 \\ 1 \\ 1 \\ 1 \end{bmatrix} = c_1 \mathbf{v}_1, \quad \begin{bmatrix} \mathcal{B}_A \\ \mathcal{B}_B \\ \mathcal{B}_C \\ \mathcal{B}_D \\ \mathcal{B}_E \end{bmatrix} = c_2 \begin{bmatrix} 1 \\ 1 \\ -4 \\ 1 \\ 1 \end{bmatrix} = c_2 \mathbf{v}_2. \quad \begin{bmatrix} \mathcal{C}_A \\ \mathcal{C}_B \\ \mathcal{C}_C \\ \mathcal{C}_D \\ \mathcal{C}_E \end{bmatrix} = c_3 \begin{bmatrix} 1 \\ -1 \\ 0 \\ -1 \\ 1 \end{bmatrix} = c_3 \mathbf{v}_3 \qquad (8.4.12a)$$

$$\begin{bmatrix} \mathcal{D}_A \\ \mathcal{D}_B \\ \mathcal{D}_C \\ \mathcal{D}_D \\ \mathcal{D}_E \end{bmatrix} = c_4 \begin{bmatrix} 0 \\ 1 \\ 0 \\ -1 \\ 0 \end{bmatrix} = c_4 \mathbf{v}_4, \quad \begin{bmatrix} \mathcal{E}_A \\ \mathcal{E}_B \\ \mathcal{E}_C \\ \mathcal{E}_D \\ \mathcal{E}_E \end{bmatrix} = c_5 \begin{bmatrix} -1 \\ 0 \\ 0 \\ 0 \\ 1 \end{bmatrix} = c_5 \mathbf{v}_5 \qquad （8.4.12b）$$

其中 c_1 為待定的比例常數。透過（8.4.11）式，給定五個初始時刻國勢強度 $x_i(0)$，我們剛好決定五個待定常數 c_1。在（8.4.11）式中令 $t = 0$，並利用（8.4.12）式的關係，可求得待定常數如下：

$$\begin{bmatrix} 1 & 1 & 1 & 0 & -1 \\ 1 & 1 & -1 & 1 & 0 \\ 1 & -4 & 0 & 0 & 0 \\ 1 & 1 & -1 & -1 & 0 \\ 1 & 1 & 1 & 0 & 1 \end{bmatrix} \begin{bmatrix} c_1 \\ c_2 \\ c_3 \\ c_4 \\ c_5 \end{bmatrix} = \begin{bmatrix} x_A(0) \\ x_B(0) \\ x_C(0) \\ x_D(0) \\ x_E(0) \end{bmatrix} \Rightarrow \begin{bmatrix} c_1 \\ c_2 \\ c_3 \\ c_4 \\ c_5 \end{bmatrix} = \mathbf{V}^{-1} \begin{bmatrix} x_A(0) \\ x_B(0) \\ x_C(0) \\ x_D(0) \\ x_E(0) \end{bmatrix} \qquad （8.4.13）$$

若再將（8.4.13）式代回（8.4.10）式，則（8.4.10）式隨即化簡成（8.4.11）式的結果。因此（8.4.10）式與（8.4.11）式表示相同的五國國勢強度，差別在於前者以向量與矩陣表示，而後者以純量表示。

8.4.4 春秋五霸的五種基本對峙型態

　　（8.4.9）式中的五個特徵向量 $\mathbf{v}_i$ 剛好決定了春秋五霸的五種基本對峙型態，而（8.4.11）式的國勢強度就是這五種基本對峙型態的疊加組合，展開係數 $\mathcal{A}_i$、$\mathcal{B}_i$、$\mathcal{C}_i$ 等則表示疊加時各種對峙型態所佔的比例，而從特徵向量 $\mathbf{v}_i$ 內的元素我們可以得知這些比例的值，參見（8.4.12）式。以下分別討論這五種基本對峙型態與五個特徵向量之間的對應關係。

（a）第一個特徵向量 $\mathbf{v}_i$ 代表態勢 1：五國國勢均等的平衡態勢

　　第一個特徵向量 $\mathbf{v}_1 = [1, 1, 1, 1, 1]^T$ 內的所有元素均等於 1，代表五個諸侯國的國勢均等，達到平衡的狀態。態勢 1 所對應的特徵值為 λ_1，它只是（8.4.11）式中的五個態勢的其中一個。如果態勢 1 要單獨主宰國勢強度 $x_i(t)$，則除了 $\lambda_1 = 0$，其他的 λ_i 都必須為負，如此才能使得 $e^{\lambda_i t} \to 0$，當時間 $t \to \infty$。此時（8.4.11）式的國勢強度剩下 $x_i(t) = \mathcal{A}_i e^{\lambda_1 t} = \mathcal{A}_i$，$i = A, B, \cdots, E$，其所對應的五個 $\mathcal{A}_i$ 值就是第一個特徵向量 $\mathbf{v}_i$ 內的五個元素：

$$\begin{bmatrix} 齊 \\ 楚 \\ 宋 \\ 秦 \\ 晉 \end{bmatrix} = \begin{bmatrix} x_A(t) \\ x_B(t) \\ x_C(t) \\ x_D(t) \\ x_E(t) \end{bmatrix} \xrightarrow{t \to \infty} \begin{bmatrix} \mathcal{A}_A \\ \mathcal{A}_B \\ \mathcal{A}_C \\ \mathcal{A}_D \\ \mathcal{A}_E \end{bmatrix} = c_1 \begin{bmatrix} 1 \\ 1 \\ 1 \\ 1 \\ 1 \end{bmatrix} = c_1 \mathbf{v}_1 \tag{8.4.14}$$

五國最後的國勢強度相等且與時間無關，代表這是一穩定的平衡態。由於各國的國勢最後都等於 c_1，而五國國勢的總和又必須維持定值，並且等於初始國勢的總和（參見（8.4.4）式），故 c_1 可求得為

$$c_1 = \frac{1}{5}\big(x_A(0) + x_B(0) + x_C(0) + x_D(0) + x_E(0)\big)$$

達到平衡態的條件是除了 $\lambda_1 = 0$，其他的都必須為負。令（8.4.7）式中的 $\lambda_i < 0$，我們得到

$$\boxed{a > 0, \quad b > 0, \quad c > 4d} \tag{8.4.15}$$

在（8.4.15）中，$a > 0$ 與 $b > 0$ 是生剋係數原先所要滿足的定義，所以到達五國平衡態所需滿足的主要條件為 $c > 4d$，也就是宋國謀求和平的協調強度必須大於 4 倍的晉、楚二大聯盟之間的對抗強度。

（b）**第二個特徵向量 $\mathbf{v}_2$ 代表齊、楚、秦、晉四國平衡發展，宋國趨弱的態勢**

第二個特徵向量為 $\mathbf{v}_2 = [1, 1, -4, 1, 1]^T$，其內的元素對應順序是齊、楚、宋、秦、晉，因此第二態勢代表代表齊、楚、秦、晉四國國勢相當，但宋國國勢逐漸趨弱。

$\mathbf{v}_2$ 中的第三個元素為負，與其他四個元素的符號相反，這代表宋國的國勢發展與其他四國相反。又因宋國是五國中最弱者，因此發展趨勢是宋國越來越弱，其他四國則越來越強，且保持均勢。以下我們檢測態勢 2 是否可能單獨主宰五國的國勢強度。

態勢 2 所對應的特徵值為 λ_2，如果態勢 2 要單獨主宰（8.4.11）式的國勢強度 $x_i(t)$，則除了 $\lambda_1 = 0$，必須有 $\lambda_2 > 0$，而其他三個 λ_i 都必須為負，如此才能保證當時間很大時，只有態勢 1 與態勢 2 續存，其他三個態勢 $e^{\lambda_i t}$ 均趨於零。此時（8.4.11）式的國勢強度剩下 $x_i(t) = \mathcal{A}_i + \mathcal{B}_i e^{\lambda_2 t} \approx \mathcal{B}_i e^{\lambda_2 t}$，$i = A, B, \cdots, E$，這是因為 $\lambda_2 > 0$，$e^{\lambda_2 t}$ 的值隨時間遞增，與之相比常數項 $\mathcal{A}_i$ 可以忽略。國勢強度 $x_i(t)$ 中所對應的五個 $\mathcal{B}_i$ 值就是第二個特徵向量 $\mathbf{v}_2$ 內的五個元素：

$$\begin{bmatrix} 齊 \\ 楚 \\ 宋 \\ 秦 \\ 晉 \end{bmatrix} = \begin{bmatrix} x_A(t) \\ x_B(t) \\ x_C(t) \\ x_D(t) \\ x_E(t) \end{bmatrix} \xrightarrow{t \to \infty} \begin{bmatrix} \mathcal{A}_A + \mathcal{B}_A e^{\lambda_2 t} \\ \mathcal{A}_B + \mathcal{B}_B e^{\lambda_2 t} \\ \mathcal{A}_C + \mathcal{B}_C e^{\lambda_2 t} \\ \mathcal{A}_D + \mathcal{B}_D e^{\lambda_2 t} \\ \mathcal{A}_E + \mathcal{B}_E e^{\lambda_2 t} \end{bmatrix} \to e^{\lambda_2 t} \begin{bmatrix} \mathcal{B}_A \\ \mathcal{B}_B \\ \mathcal{B}_C \\ \mathcal{B}_D \\ \mathcal{B}_E \end{bmatrix} = c_2 e^{\lambda_2 t} \begin{bmatrix} 1 \\ 1 \\ -4 \\ 1 \\ 1 \end{bmatrix} = c_2 e^{\lambda_2 t} \mathbf{v}_2 \quad （8.4.16）$$

第二個態勢不是穩定態，因為 $e^{\lambda_2 t}$ 會隨時間遞增，這代表齊、楚、秦、晉四國國勢相當，而且國勢隨著時間越來越強；反之，宋國的國勢則隨著時間越來越虛弱。態勢 2 單獨主宰國勢強度的條件是 $\lambda_1 = 0$，$\lambda_2 > 0$，$\lambda_3 < 0$，$\lambda_4 < 0$，$\lambda_5 < 0$，代入（8.4.7）式的特徵值定義，得到態勢 2 單獨發生的條件是

$$a > 0, \ b > 0, \ c > 4d > 0, \ c < 0 \quad （8.4.17）$$

上面的四個條件沒有交集，因為一個條件要求 c 大於零，另一個條件要求 c 小於零，互相矛盾。此結果說明態勢 2 不會單獨發生，但仍然會以混合的方式與其他四個態勢疊加。

（c）**第三個特徵向量 $\mathbf{v}_3$ 代表楚秦同盟與晉齊同盟的爭霸態勢**

第三個特徵向量為 $\mathbf{v}_3 = [1, -1, 0, -1, 1]^T$，其內的元素對應順序是齊、楚、宋、秦、晉。第 1 元素與第 5 元素都為 1 代表晉齊同盟；第 2 元素與第 4 元素都為 -1 代表楚、秦同盟。但是這二個同盟的發展趨勢必定相反，因為它們的符號一個為正，另一個為負。然而不能單看晉齊同盟的值為正，楚秦同盟的值為負，就推論晉齊同盟的國勢將遞增，而楚秦同盟的國勢將遞減。這是因為特徵向量 $\mathbf{v}_3$ 若乘以負號仍然是特徵向量，此時 $-\mathbf{v}_3 = [-1, 1, 0, 1, -1]^T$，其中變成晉齊同盟的值為負，楚秦同盟的值為正。因此這二個同盟之一都可能稱霸，至於最後何者稱霸，則與同盟的初始強度有關。

宋國國勢對應 $\mathbf{v}_3$ 中的第 3 個元素 0，代表在該態勢中，宋國的國勢持平。態勢 3 所對應的特徵值為 λ_3，如果態勢 3 要單獨主宰（8.4.11）式的國勢強度 $x_i(t)$，則除了 $\lambda_1 = 0$，必須有 $\lambda_3 > 0$，而其他三個 λ_i 都必須為負，如此才能保證當時間很大時，只有態勢 1 與態勢 3 續存，其他三個態勢 $e^{\lambda_i t}$ 均趨於零。此時（8.4.11）式的國勢強度剩下 $x_i(t) = \mathcal{A}_i + \mathcal{C}_i e^{\lambda_3 t}$，$i = A, B, \cdots, E$。國勢強度 $x_i(t)$ 中所對應的五個值就是第一個特徵向量 $\mathbf{v}_i$ 內的五個元素，五個 $\mathcal{C}_i$ 值就是第三個特徵向量 $\mathbf{v}_3$ 內的五個元素：

$$\begin{bmatrix} 齊 \\ 楚 \\ 宋 \\ 秦 \\ 晉 \end{bmatrix} = \begin{bmatrix} x_A(t) \\ x_B(t) \\ x_C(t) \\ x_D(t) \\ x_E(t) \end{bmatrix} \xrightarrow{t \to \infty} \begin{bmatrix} \mathcal{A}_A + \mathcal{C}_A e^{\lambda_3 t} \\ \mathcal{A}_B + \mathcal{C}_B e^{\lambda_3 t} \\ \mathcal{A}_C + \mathcal{C}_C e^{\lambda_3 t} \\ \mathcal{A}_D + \mathcal{C}_D e^{\lambda_3 t} \\ \mathcal{A}_E + \mathcal{C}_E e^{\lambda_3 t} \end{bmatrix} = c_1 \mathbf{v}_1 + c_3 \mathbf{v}_3 e^{\lambda_3 t} = c_1 \begin{bmatrix} 1 \\ 1 \\ 1 \\ 1 \\ 1 \end{bmatrix} + c_3 e^{\lambda_3 t} \begin{bmatrix} 1 \\ -1 \\ 0 \\ -1 \\ 1 \end{bmatrix} \quad (8.4.18)$$

其中係數 c_1 與 c_3 可由（8.4.13）式求得如下：

$$c_1 = \frac{1}{5}\left(x_A(0) + x_B(0) + x_C(0) + x_D(0) + x_E(0)\right) \quad (8.4.19a)$$

$$c_3 = \frac{1}{4}\left(x_A(0) + x_E(0) - x_B(0) - x_D(0)\right) \quad (8.4.19b)$$

第三個態勢（8.4.18）也不是穩定態，因為 $e^{\lambda_3 t}$ 會隨時間遞增，這代表二個聯盟之中，有一聯盟會越來越強盛，而另一聯盟會越來越虛弱。至於是哪一個聯盟最後獨霸，取決於係數 c_3 的正負號。在（8.4.19b）式中，$x_A(0) + x_E(0)$ 是晉齊聯盟的初始總和國勢，$x_B(0) + x_D(0)$ 是楚秦聯盟的初始總和國勢，因此係數 c_3 是這二個聯盟初始總和國勢的差。由係數 c_3 的含意及（8.4.18）式，我們有如下的觀察結果：

● 若晉齊聯盟的初始總和國勢較大，則由晉齊聯盟最後取得勝利：此時 $c_3 > 0$，由（8.4.18）式知 $x_A(t) = x_E(t) = c_3 e^{\lambda_3 t} > 0$，$x_B(t) = x_D(t) = -c_3 e^{\lambda_3 t} < 0$，故晉齊聯盟的國勢隨時間增加，而楚秦聯盟的國勢隨時間減少。

● 若楚秦聯盟的初始總和國勢較大，則由楚秦聯盟最後取得勝利：此時 $c_3 < 0$，由（8.4.18）式知 $x_A(t) = x_E(t) = c_3 e^{\lambda_3 t} < 0$，$x_B(t) = x_D(t) = -c_3 e^{\lambda_3 t} > 0$，故楚秦聯盟的國勢隨時間增加，而晉齊聯盟的國勢隨時間減少。

另外由（8.4.18）式知，宋國的國勢最後趨於常數 c_1，代表國勢持平。態勢 3 單獨主宰國勢強度的條件是 $\lambda_1 = 0$，$\lambda_2 < 0$，$\lambda_3 > 0$，$\lambda_4 < 0$，$\lambda_5 < 0$，代入（8.4.7）式的特徵值定義，得到態勢 3 單獨發生的條件是

$$a > 0, \ b > 0, \ 0 < c < 4d \quad (8.4.20)$$

因此態勢 3 單獨發生的時機在於，宋國謀求和平的協調強度小於 4 倍的晉、楚二大聯盟之間的對抗強度。

（d）第四個特徵向量 $\mathbf{v}_4$ 代表楚國稱霸的態勢

第四個特徵向量為 $\mathbf{v}_4 = [0, 1, 0, -1, 0]^T$，其內的元素對應順序是齊、楚、宋、秦、

晉。第 2 元素為 1，第 4 元素都為 -1，代表楚、秦同盟之中，必有一國的國勢日增，而另一國的國勢日減。但因楚國的初始國勢強度大於秦，國勢日增者必為楚，最後獨大稱霸，而秦的國勢則日漸虛弱。至於齊、宋、晉三國在特徵向量 $\mathbf{v_4}$ 中的對應數字為零，代表此三國的國勢最後持平。

如果態勢 4 要單獨主宰（8.4.11）式的國勢強度 $x_i(t)$，則除了 $\lambda_1 = 0$，必須有 $\lambda_4 > 0$，而其他三個 λ_i 都必須為負，如此才能保證當時間很大時，只有態勢 1 與態勢 4 續存，其他三個態勢均 $e^{\lambda_i t}$ 趨於零。此時（8.4.11）式的國勢強度剩下 $x_i(t) = \mathcal{A}_i + \mathcal{D}_i e^{\lambda_4 t}$，$i = A, B, \cdots, E$。國勢強度 $x_i(t)$ 中所對應的五個 $\mathcal{D}_i$ 值就是第四個特徵向量 $\mathbf{v_4}$ 內的五個元素：

$$\begin{bmatrix} \text{齊} \\ \text{楚} \\ \text{宋} \\ \text{秦} \\ \text{晉} \end{bmatrix} = \begin{bmatrix} x_A(t) \\ x_B(t) \\ x_C(t) \\ x_D(t) \\ x_E(t) \end{bmatrix} \xrightarrow{t \to \infty} \begin{bmatrix} \mathcal{A}_A + \mathcal{D}_A e^{\lambda_4 t} \\ \mathcal{A}_B + \mathcal{D}_B e^{\lambda_4 t} \\ \mathcal{A}_C + \mathcal{D}_C e^{\lambda_4 t} \\ \mathcal{A}_D + \mathcal{D}_D e^{\lambda_4 t} \\ \mathcal{A}_E + \mathcal{D}_E e^{\lambda_4 t} \end{bmatrix} = c_1 \mathbf{v_1} + c_4 \mathbf{v_4} e^{\lambda_4 t} = c_1 \begin{bmatrix} 1 \\ 1 \\ 1 \\ 1 \\ 1 \end{bmatrix} + c_4 e^{\lambda_4 l} \begin{bmatrix} 0 \\ 1 \\ 0 \\ -1 \\ 0 \end{bmatrix} \quad （8.4.21）$$

其中係數 c_1 如（8.4.19a）所示，係數 c_4 由（8.4.13）式計算得

$$c_4 = \frac{1}{2}\left(x_B(0) - x_D(0)\right) \quad （8.4.22）$$

第四個態勢不是穩定態，因為 $e^{\lambda_4 t}$ 會隨時間遞增。又因為楚國的初始國勢 $x_B(0)$ 大於秦國的初始國勢 $x_D(0)$，因此係數 c_4 為正，這使得在（8.4.21）式中，楚國的國勢 $x_B(t)$ 將隨著時間越來越強大，最後獨大稱霸，而秦國的國勢 $x_D(t)$ 則朝另一方向發展，越來越虛弱。齊、宋、晉三國的國勢最後趨常數 c_1，代表國勢持平。態勢 4 單獨主宰國勢強度的條件是 $\lambda_1 = 0$，$\lambda_2 < 0$，$\lambda_3 < 0$，$\lambda_4 > 0$，$\lambda_5 < 0$，代入（8.4.7）式的特徵值定義，得到態勢 4 單獨發生的條件是

$$a > 0, \ b < 0, \ c > 4d > 0 \quad （8.4.23）$$

其中要求 $b < 0$，這違反係數 b 的定義範圍。因為係數 b 代表楚、秦同盟內的相生（合作）強度，而條件 $b < 0$ 相當於要求楚秦之間必須要互相對抗（相剋），這違反了原先楚、秦同盟的事實。因此態勢 4 不會單獨發生，但仍會以混合的方式與其他四個態勢疊加。

（e）**第五個特徵向量 $\mathbf{v}_5$ 代表晉國稱霸的態勢**

第五個特徵向量為 $\mathbf{v}_5 = [-1, 0, 0, 0, 1]^T$，其內的元素對應順序是齊、楚、宋、秦、晉。特徵向量為 $\mathbf{v}_5$ 的第 1 個元素為 -1，第 5 個元素為 1，代表齊、晉同盟之中，必有一國的國勢日增，而另一國的國勢日減。但因晉國的初始國勢強度大於齊，國勢日增者必為晉，而齊的國勢則日漸虛弱。至於楚、宋、秦三國在特徵向量 $\mathbf{v}_5$ 中的對應數字為零，代表此三國的國勢最後持平。

如果態勢 5 要單獨主宰（8.4.11）式的國勢強度 $x_i(t)$，則除了 $\lambda_1 = 0$，必須有 $\lambda_5 > 0$，而其他三個 λ_i 都必須為負，如此才能保證當時間很大時，只有態勢 1 與態勢 5 續存，其他三個態勢 $e^{\lambda_i t}$ 均趨於零。此時（8.4.11）式的國勢強度剩下 $x_i(t) = \mathcal{A}_i + \mathcal{E}_i e^{\lambda_5 t}$，$i = A, B, \cdots, E$。國勢強度 $x_i(t)$ 中所對應的五個 $\mathcal{E}_i$ 值就是第五個特徵向量 $\mathbf{v}_5$ 內的五個元素：

$$\begin{bmatrix} 齊 \\ 楚 \\ 宋 \\ 秦 \\ 晉 \end{bmatrix} = \begin{bmatrix} x_A(t) \\ x_B(t) \\ x_C(t) \\ x_D(t) \\ x_E(t) \end{bmatrix} \xrightarrow{t \to \infty} \begin{bmatrix} \mathcal{A}_A + \mathcal{E}_A e^{\lambda_5 t} \\ \mathcal{A}_B + \mathcal{E}_B e^{\lambda_5 t} \\ \mathcal{A}_C + \mathcal{E}_C e^{\lambda_5 t} \\ \mathcal{A}_D + \mathcal{E}_D e^{\lambda_5 t} \\ \mathcal{A}_E + \mathcal{E}_E e^{\lambda_5 t} \end{bmatrix} = c_1 \mathbf{v}_1 + c_5 \mathbf{v}_5 e^{\lambda_5 t} = c_1 \begin{bmatrix} 1 \\ 1 \\ 1 \\ 1 \\ 1 \end{bmatrix} + c_5 e^{\lambda_5 t} \begin{bmatrix} -1 \\ 0 \\ 0 \\ 0 \\ 1 \end{bmatrix} \qquad （8.4.24）$$

其中係數 c_5 由（8.4.13）式計算得

$$\boxed{c_5 = \frac{1}{2}\left(x_E(0) - x_A(0) \right)} \qquad （8.4.25）$$

第 5 個態勢不是穩定態，因為 $e^{\lambda_5 t}$ 會隨時間遞增。又因為晉國的初始國勢 $x_E(0)$ 大於齊國的初始國勢 $x_A(0)$，因此係數 c_5 為正，這使得在（8.4.24）式中，晉國的國勢 $x_E(t)$ 將隨著時間越來越強大，最後獨大稱霸，而齊國的國勢 $x_A(t)$ 則朝另一方向發展，越來越虛弱。楚、宋、秦三國的國勢最後趨於常數 c_1，代表國勢持平。態勢 5 單獨主宰國勢強度的條件是 $\lambda_1 = 0$，$\lambda_2 < 0$，$\lambda_3 < 0$，$\lambda_4 < 0$，$\lambda_5 > 0$，代入（8.4.7）式的特徵值定義，得到態勢 5 單獨發生的條件是

$$a < 0, \ \ b > 0, \ \ c > 4d > 0 \qquad （8.4.26）$$

其中要求 $a < 0$，這違反係數 a 的定義範圍。因為係數 a 代表晉、齊同盟內的相生（合作）強度，而條件 $a < 0$ 相當於要求晉、齊之間必須要互相對抗（相剋），這違反了原先晉、齊同盟的事實。因此態勢 5 不會單獨發生，但仍會以混合的方式與其他

四個態勢疊加。

歸納以上五種基本對峙型態，我們發現春秋五霸的局勢是以上五種基本對峙型態的疊加，而春秋局勢發展到最後的可能結局有二種：態勢 1 與態勢 3。態勢 1 代表宋國謀和二大聯盟的策略成功，使得五國國勢均等發展，最後達到和平共存的穩定狀態。態勢 3 代表宋國謀和失敗，二大聯盟持續對抗，最後由較強盛的一方獨霸。歷史事實顯示宋國的謀和行動有二次，謀和的結果分別驗證了數學分析的態勢 3 與態勢 1。第一次謀和由宋國大夫華元發動，晉、楚二國於西元前 579 年簽訂第一次弭兵會盟合約。宋國的第一次謀和行動顯然沒有成功，弭兵合約簽訂後，晉、楚二國隨即又爆發鄢陵之戰，楚國被打敗，但晉國也陷入內亂之中，並時常受到秦國的襲擊。晉、楚二大聯盟之間持續不斷的大小戰役，再一次引發宋國謀和的倡議。在西元前 546 年，透過宋國大夫向戌的牽線，以晉、楚二國為首的 14 個諸侯國於宋國西門之外簽訂了第二次弭兵會盟合約。合約中明訂晉國的附屬國必須向楚國朝貢（齊國除外），而楚的附屬國必須向晉國朝貢（秦國除外）。宋國的第二次謀和行動成功止住了春秋爭霸戰爭，各國人民暫時得到了歇息生養的機會。但是和平背後所要付出的代價是附庸小國必須向晉、楚兩大國朝貢，大國對小國窮征暴掠的結果又埋下了日後戰亂的禍端。

宋國倡議的二次弭兵會盟剛好驗證了前述春秋五霸的五種基本對峙型態的其中二種：

● 第一次弭兵會盟的結果產生第三種對峙型態：楚秦同盟與晉齊同盟之間的爭霸態勢。產生第三種對峙型態的主要條件根據（8.4.20）式為

$$0 < c < 4d \tag{8.4.27}$$

● 第二次弭兵會盟的結果產生第一種對峙型態：五國國勢均等的和平態勢。產生第一種對峙型態的主要條件根據（8.4.15）式為

$$c > 4d \tag{8.4.28}$$

在上面二式中，係數 c 是宋國的謀和協調強度，係數 d 是晉、楚二大聯盟之間的對抗強度。從以上的數學分析我們可以看到春秋局勢是持續爭霸，還是結束爭霸進入和平階段，完全掌控在宋國的謀和協調強度 c，如果 c 大於 4 倍的聯盟之間的對抗強度 d，則二大聯盟和平共存；如果 c 小於 4 倍的聯盟之間的對抗強度 d，則二大聯盟持續戰爭。宋國

是春秋五霸中國勢最弱者，但是宋國的外交謀和能力卻是決定戰爭與和平的關鍵因素 [6,7]，本節運用五行生剋的數學原理驗證了小國外交的重要性。

8.4.5 春秋五霸國勢消長的數值模擬驗證

分析春秋五霸國勢消長的最後一個步驟是進行數值模擬驗證，驗證的主要課題是宋國的謀和能力對整個春秋局勢的影響，關鍵方程式是（8.4.27）式與（8.4.28）式。宋國的謀和能力是以參數 c 表示，若 $c > 4d$，驗證結果將顯示謀和成功，春秋局勢進入態勢 1；若 $c < 4d$，則謀和失敗，春秋局勢進入態勢 3。為了分析參數 c 對春秋局勢的影響，我們設定如下的四組參數組合：

（a）$a = 3, b = 2, c = 6, d = 1$：$c > 4d$
（b）$a = 3, b = 2, c = 5, d = 1$：$c > 4d$
（c）$a = 3, b = 2, c = 4, d = 1$：$c = 4d$
（d）$a = 3, b = 2, c = 3, d = 1$：$c < 4d$

其中各個參數的物理單位是每單位時間的變化倍數，參見 7.7 節的討論。這裡採用的時間單位是年，所以 $a = 3$ 代表晉、齊之間的相生速率是每 1 年增生 3 倍，$d = 1$ 表示二個聯盟之間的相剋速率是每 1 年減損 1 倍。將以上各組參數值分別代入解析公式（8.4.10），或是直接以數值方法求解（8.4.3）式，並採用以下的初始國勢設定：

$$x_A(0) = 3, \ x_B(0) = 5, \ x_C(0) = 1, \ x_D(0) = 4, \ x_E(0) = 5 \qquad (8.4.29)$$

即可求出各國國勢強度 $x_i(t)$ 隨時間的變化，結果如圖 8.11 所示。

圖 8.11 中的四個子圖分別對應以上的四種參數組合，其中子圖（a）與（b）都滿足條件 $c > 4d$，代表宋國謀和成功，此時春秋局勢收斂到態勢 1，即五國國勢均等的平衡態勢。五國的國勢強度最終都等於初始國勢的平均值，即 (3+5+1+4+5)/5=3.6。宋國的謀和強度 c 越大，五國收斂到平衡態勢的速度也越快。由於組合（a）的 c 值大於組合（b）的 c 值，從圖 8.11 可以看到，圖（a）的收斂速度確實快於圖（b）。參數組合

6　朱鳳祥，〈爭霸戰爭中的和平運動——析春秋時期宋國主持的弭兵之會〉，《雲南民族大學學報》，第 23 卷第 2 期，頁 116-120，2006。
7　葉定國，〈春秋時期宋國弭兵盟會之外交意義述析〉，《高苑學報》，第 20 卷第 1 期，頁 157-167，2014。

（d）中的宋國謀和強度不足，導致 $c < 4d$，這將造成二國聯盟的爭霸態勢，即態勢 3。圖 8.11d 顯示楚、秦二國的國勢最後結合為一，並一起往上增長；同時晉、齊二國的國勢最後也結合為一，但卻一起往下遞減。這個態勢顯示宋國謀和失敗，二個聯盟持續對抗，最後由楚、秦聯盟取得獨霸的局勢。

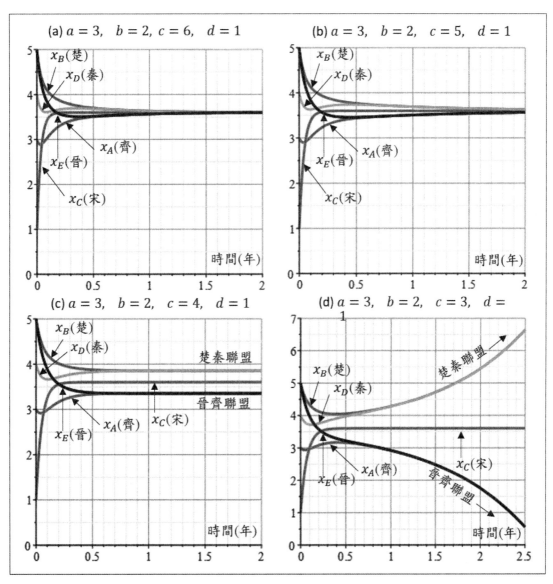

圖 8.11　四種生剋參數設定所對應的春秋五霸國勢強度變化，其中（a）圖與（b）圖滿足條件 $c > 4d$，代表宋國謀和成功，此時春秋局勢收斂到五國均勢的平衡態；（c）圖滿足臨界條件 $c = 4d$，此時的春秋局勢介於穩定與不穩定之間，二個聯盟最後各自收斂到不同的國勢強度；（d）圖滿足條件 $c < 4d$，代表宋國謀和失敗，造成二國聯盟的爭霸態勢。
資料來源：作者繪製。

　　參數組合（c）中的宋國謀和強度 c 剛好等於臨界強度，即 $c = 4d$，此時五國的國勢既不會收斂到國勢均等的態勢 1，也不會持續增長變成某聯盟獨霸的態勢 3，此即 8.3 節所提到的網路退化結構。從（8.4.7）式可以看到，臨界強度 $c = 4d$ 的條件將使得 $\lambda_1 = \lambda_3 = 0$，也就是特徵值 0 變成是雙重根，從而產生多樣性的收斂行為。圖 8.11c 顯示二個聯盟最後各自收斂到不同的國勢強度，宋國的國勢則介於二者之間。此時的春秋局勢介於穩定與不穩定之間，五國國勢不完全相等，但彼此之間差距有限，沒有一國具有獨霸的實力。

　　圖 8.11d 考慮了在 $c < 4d$ 的情形下，二個聯盟爭霸的問題。圖 8.11d 顯示最後是由楚、秦聯盟勝出，但在不同的初始國勢設定下，會產生不同的結果。由（8.4.18）式得知在 $c < 4d$ 的條件下，五國國勢趨近於以下的態勢

$$
\begin{bmatrix} x_A(t) \\ x_B(t) \\ x_C(t) \\ x_D(t) \\ x_E(t) \end{bmatrix} \xrightarrow{t \to \infty} \begin{bmatrix} c_1 \\ c_1 \\ c_1 \\ c_1 \\ c_1 \end{bmatrix} + c_3 \begin{bmatrix} e^{\lambda_3 t} \\ -e^{\lambda_3 t} \\ 0 \\ -e^{\lambda_3 t} \\ e^{\lambda_3 t} \end{bmatrix} \tag{8.4.30}
$$

可以看到齊國 $x_A(t)$ 與 $x_E(t)$ 晉國的國勢趨於相同，國勢強度與函數 $e^{\lambda_3 t}$ 成正比，屬同一聯盟；楚國 $x_B(t)$ 與 $x_D(t)$ 秦國的國勢趨於相同，國勢強度與函數 $-e^{\lambda_3 t}$ 成正比，屬另一聯盟；宋國的國勢 $x_C(t)$ 最終則與時間無關。其中 c_3 為正比係數，其值可正可負，當 c_3 為正時，晉、齊聯盟國勢強度隨時間 t 遞增，楚、秦聯盟國勢強度則隨時間 t 遞減；反之，當 c_3 為負時，楚、秦聯盟國勢遞增，晉、齊聯盟國勢遞減。因此二聯盟爭霸的結果決定於 c_3 的正負號，而 c_3 的值則由初始國勢決定。由（8.4.19b）式知

$$
c_3 = \left(x_A(0) + x_E(0) - x_B(0) - x_D(0) \right) / 4
$$

其中 $x_A(0) + x_E(0)$ 為晉、齊聯盟的初始國勢總和，$x_B(0) + x_D(0)$ 為楚、秦聯盟的初始國勢總和。因此當晉、齊聯盟的初始國勢總和較大時，c_3 為正，晉、齊聯盟國勢將隨時間遞增，而晉、齊聯盟國勢將隨時間遞減，故爭霸結果最後由晉、齊聯盟勝出；反之，當楚、秦聯盟的初始國勢總和較大時，最後則由楚、秦聯盟勝出。

　　在圖 8.11d 中，楚國 x_B 與晉國 x_E 的初始國勢都設為 5，表示二國的國勢相當；秦國 x_D 是楚國的同盟國，國勢設為 4，齊國 x_A 是晉國的同盟國，國勢設為 3。楚、秦聯盟的初始國勢總和為 5+4=9，晉、齊聯盟的初始國勢總和為 5+3=8，對應的

$c_3 = 8 - 9 = -1 < 0$，表示楚、秦聯盟的初始國勢總和較大，因此在二聯盟的對抗中，最終由楚、秦聯盟勝出。

　　圖 8.12 討論了以下四種不同的 c_3 值所對應的二大聯盟的對抗結果，而且都是對應 $c < 4d$ 的情形（所採用的生剋係數與圖 8.11d 相同）：

（a）$c_3 = -1$：　$x_A(0) = 3$，$x_B(0) = 5$，$x_C(0) = 1$，$x_D(0) = 4$，$x_E(0) = 5$

（b）$c_3 = 1$：　$x_A(0) = 4$，$x_B(0) = 5$，$x_C(0) = 1$，$x_D(0) = 3$，$x_E(0) = 5$

（c）$c_3 = 0$：　$x_A(0) = 3$，$x_B(0) = 5$，$x_C(0) = 1$，$x_D(0) = 3$，$x_E(0) = 5$

（d）$c_3 = 0.1$：　$x_A(0) = 3.1$，$x_B(0) = 5$，$x_C(0) = 1$，$x_D(0) = 3$，$x_E(0) = 5$

以上的四組初始國勢設定對應圖 8.12 中的四個子圖。圖 8.12a 與圖 8.11d 相同，當作與其他三個圖的對照組。在圖 8.12b 中，晉、齊聯盟的初始國勢總和較大，因此在二聯盟的對抗中，最終由晉、齊聯盟勝出。圖 8.12c 對應 $c_3 = 0$，代表二個聯盟的初始國勢總和相同。將 $c_3 = 0$ 代入（8.4.30）式中，我們發現五國的國勢強度都與指數函數無關，最後都趨近於共同的平衡點 c_1，而 c_1 的值如（8.4.19a）所示，是五國初始國勢強度的平均值。這是一個值得注意的現象，因為圖 8.12 中的四個子圖都是對應宋國謀和強度不足的情形，亦即 $c < 4d$，理應造成二個聯盟對抗的局勢。但是在 $c_3 = 0$ 的特例下，卻發生了五國國勢趨近於均等的平衡狀態。圖 4.12c 的結果與圖 4.11a 及圖 4.11b 相同，但前者是在宋國謀和失敗的情況下發生的，而後二者是在宋國謀和成功的情況下發生的。可見圖 4.12c 所出現的五國國勢趨近於均等的平衡狀態，並不是宋國的謀和行動所造成的，而是因為二個聯盟的國勢剛好相當，造就了平衡的表象。

　　圖 8.12d 特別考慮了當 c_3 只比 0 大一點的情況下，五國國勢的變化情形。從圖 8.12d 可以看到，五國的國勢發展是先合後分，在第 1 年內五國國勢有趨於均等的局勢，但在 1 年以後，二個聯盟的國勢差距逐漸顯現。設定值 $c_3 = 0.1$ 代表晉、齊聯盟的初始國勢總和只比楚、秦聯盟的初始國勢總和大一點點，所以在二個聯盟對抗的初期，呈現勢均力敵的局勢。但對抗時間拖長後，晉、齊聯盟潛在的微小優勢即逐漸顯現，再隨著時間的進展，晉、齊聯盟逐漸擴大了與楚、秦聯盟的差距。

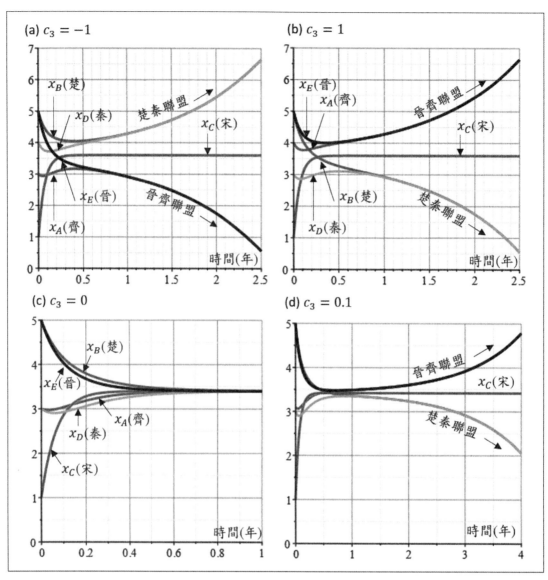

圖 8.12　參數 c_3 對二個聯盟爭霸的影響。如（8.4.19b）式的定義，c_3 是二個聯盟初始總和國勢的差，當 $c_3 > 0$，春秋局勢發展成晉、齊聯盟獨大，如（a）圖；當 $c_3 < 0$，春秋局勢發展成楚、秦聯盟獨大，如（b）圖；當 $c_3 = 0$，二個聯盟最終合一，均勢發展，如（c）圖；當 c_3 只比 0 大一點點，則二個聯盟先和一，而後逐漸分離成晉、齊聯盟獨大的局勢。
資料來源：作者繪製。

8.5 以生剋運算分析戰國七雄的國勢消長

經過春秋末年及戰國初期各諸侯國的分合兼併，戰國中期以後的天下逐漸形成了秦、齊、燕、趙、魏、韓、楚七國爭雄的格局。七雄爭霸的格局明顯不是落在五行生剋原理所涵蓋的框架中，因為五行的代理國必須是五個，春秋五霸剛好可以代理五行，但戰國七雄則不行。如前所述，五行的正式名稱是五代理人網路系統，所以戰國七雄所對應的系統自然不是五代理人網路系統，而是七代理人網路系統。不管是五代理人的系統還是七代理人的系統，它們都是多代理人網路系統的分支，所用的分析工具與方法均相同。本書所討論的對象雖是五行系統，但是所採用的分析方法實際上是多代理人網路系統的通用理論。本節將以戰國七雄為範例，說明如何將前面介紹的生剋代數運算應用到五行以外的系統。

8.5.1 戰國七雄所對應的七行網路

七行系統是戰國七雄的國家代理人，國與國之間同樣有相生關係（合作）與相剋關係（對抗），但是情況比春秋五霸複雜許多。春秋五霸要考慮的國與國之間的兩兩關係只有 10 個（五國中任取二國的取法有 (5×4)/2=10 個），而戰國七雄要考慮的國與國之間的兩兩關係有 21 個（七國中任取二國的取法有 (7×6)/2=21 個）。由於生剋關係變多且複雜，針對戰國七雄國勢消長的數學分析也變得困難。幸運的是戰國時期出現的二大外交謀略：合縱與連橫，有效降低了國與國之間的複雜關係，非常有助於簡化描述戰國七雄國勢消長的數學模型。

戰國後期逐漸演變成秦國獨大的局勢，於是有縱橫家公孫衍、蘇秦等人提倡合縱政策，聯合山東六國 [8] 以抵抗秦國。古時稱南北方向為縱，東西方向為橫，六國位於崤山、函谷關以東，約略排列成南北走向，因此六國結盟抗秦為南北向的聯合，故稱「合縱」。為了破解合縱之策，張儀提議秦國採用連橫的對策，聯合六國中的幾個國家進攻某個主要國家，以造成六國彼此的內訌，削弱六國的團結力量。這一謀略是西邊的秦國與東邊諸國的結合，屬於東西橫向的連結，故稱連橫。

秦國連橫策略的其中一個主要目的是要分離齊國與其他山東五國的關係。齊國一度與

---

8 「山東」是古時一個地域性的泛稱。戰國時期，秦國人稱崤山、函谷關以東的地區為「山東」。戰國七雄之中，除秦國以外，齊、燕、韓、趙、魏、楚六國都在崤函以東，故稱「山東六國」。

秦國並稱東西二帝，其領土不直接與秦國毗鄰，中間隔著其他山東五國。所以秦國若要取山東五國，必得先削弱齊國的勢力，切斷齊國對山東五國的背後支援。在山東諸國第三次的和縱結盟攻秦失敗之後，齊國屢屢背棄盟約侵略盟國，導致各國對齊國的積怨與不滿。西元前 284 年，燕國上將樂毅率領秦、燕、趙、魏、韓五國聯軍大敗齊國，齊國領土被聯軍分割吞併，僅剩墨、莒二城。後雖有田單的復國之舉，乘勢收復被燕國占領的失地，但齊國被趙、魏、楚等國占領的領土已無法收復，國勢就此沉淪。秦國連橫策略的成功造成六國彼此的內訌，尤其是激起齊國對其他山東五國的亡國之恨，使得齊國對秦國的態度從抗秦變成親秦。齊國態度的改變是秦國與山東五國對峙的反轉點，從此山東五國不但失去齊國這個背後靠山，齊國甚且從盟友變敵人，使得山東五國腹背受敵，給予秦國一一擊破的機會。

合縱策略增加六國之間的相生（合作）強度，而連橫策略則弱化六國對秦國的相剋（對抗）強度。為了量化合縱與連橫二種策略互相抗衡對戰國七雄局勢變化的影響，我們需要建立七代理人網路系統的生剋運算平台。七個代理人的量化指標以 $x_i(t)$ 表示，$i = 1, 2, \cdots, 7$，分別代表戰國七雄的國勢強度，如圖 8.13a 所示。圖中七個代理人的相對位置約略對應七國的地理位置，山東五國（$x_3 \sim x_7$）居中，齊（x_2）、秦（x_1）兩國分居東西二側。圖 8.13 的四個子圖分別對應山東五國與秦、齊二國之間的四種不同對峙局勢。

（a）**五國合縱抗秦齊連橫：$a > 0, c < 0, b > 0, d < 0$**

這是秦國遠交近攻謀略下的七國局勢，山東五國合縱同盟，秦、齊二國東西連橫構成包夾之勢。係數 $a > 0$ 代表山東五國的合作（相生）強度，係數 $c < 0$ 代表秦國與山東五國之間的對抗（相剋）的強度，係數 $d < 0$ 代表齊國與山東五國之間的對抗（相剋）的強度，係數 $b > 0$ 代表秦國與齊國之間的合作（相生）強度。藉由四個生剋係數 a、b、c、d 的其他不同設定，我們可以得到以下其他三種戰國局勢。

（b）**六國合縱抗秦：$d = a > 0, b = c < 0$**

當係數 d 由負變正，代表齊國與山東五國的關係由對抗變成合作；當係數 b 由正變負，代表齊國與秦國的關係由合作變成對抗。這局勢相當於齊國加入了五國合縱同盟，變成山東六國合縱抗秦的局勢。

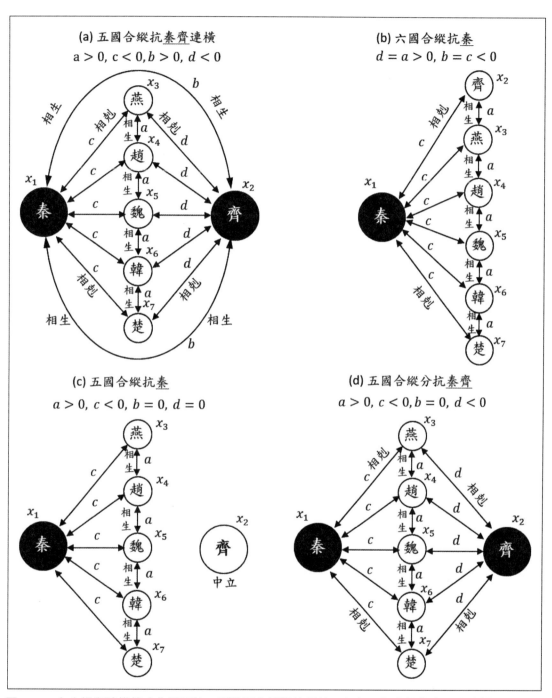

圖 8.13　在合縱與連橫策略作用下的四種戰國七雄對峙局勢。（a）五國合縱抗秦、齊連橫，（b）六國合縱抗秦，（c）五國合縱抗秦，（d）五國合縱分抗秦、齊。其中局勢（a）最具一般性，其他三種局勢都是局勢（a）的特例。我們只要針對局勢（a）建立數學模型，其他三種局勢的模型即可透過不同生剋係數的設定而得到。

資料來源：作者繪製。

（c）五國合縱抗秦，齊國中立：$a > 0, c < 0, b = 0, d = 0$

係數 $b = 0$ 代表齊、秦二國之間沒有合作與對抗的關係，係數 $d = 0$ 代表齊國與山東五國之間沒有合作與對抗的關係。這局勢相當於齊國既不加入五國的合縱陣營，也不加入秦國的連橫陣營，代表齊國完全獨立於當時的國際事務。

（d）五國合縱分抗秦齊：$a > 0, c < 0, b = 0, \ d < 0$

係數 $b = 0$ 代表齊、秦二國之間沒有合作與對抗的關係，係數 $d < 0$ 代表齊國與山東五國之間是對抗的關係。此局勢代表秦、齊二國各自獨立從正面與背面攻擊山東五國。局勢（d）與局勢（a）不同，局勢（a）的秦、齊二國是連橫的關係，局勢（d）的秦、齊二國是獨立的關係，互不牽扯。

　　以上四種戰國七雄的不同局勢可以透過圖 8.13a 中的四個生剋係數 a、b、c、d 來加以設定。只要設定不同的生剋係數，我們即可模擬不同的對峙關係，從而以數學方法分析合縱與連橫策略對戰國局勢的影響。為了得到這樣的局勢模擬，我們必須先建立七國的國勢強度與四個生剋係數 a、b、c、d 之間的數學關係式。在以下的四個小節中，我們將針對四種戰國七雄的局勢，一一建立七個量化指標 $x_i(t)$ 在不同的對峙局勢中所要滿足的數學方程式，並加以求解得到戰國七雄的國勢強度隨時間的變化情形。

8.5.2 五國合縱抗秦齊連橫

　　首先討論在 8.13a 的對峙條件下，$a > 0, c < 0, b > 0, \ d < 0$，七國的國勢所要滿足的數學方程式。在此之前，我們先複習一下前面提過的一些基本定義。量化指標 x_i 代表七國的國勢強度，如圖 8.13 的定義，量化指標 x_i 對時間的微分表示成 $\dot{x}_i$，代表國勢強度對時間的變化率。x_j 對 $\dot{x}_i$ 的貢獻度可表示成 $W_{ij}(x_j - x_i)$，其中 W_{ij} 代表 x_j 作用在 x_i 的比權係數。$W_{ij} > 0$ 表示 x_j 對 x_i 是相生（合作）的關係，有助於 x_i 的增加；$W_{ij} < 0$ 表示 x_j 對 x_i 是相剋（對抗）的關係，造成 x_i 量的減少。不管系統中有幾個代理人，以上的定義都是適用的。現在我們考慮戰國七雄的代理人系統，首先注意 $x_1(t)$ 代表秦國的國勢強度（參見圖 8.13a），它是隨時間 t 而變化。x_1 相對於時間的變化率表示成 $\dot{x}_1$，x_1 的變化率同時受到 x_2（齊國）到 x_7（楚國）的影響。例如 x_2 對 $\dot{x}_1$ 的貢獻度是 $b(x_2 - x_1)$，其中 b 是 x_2 與 x_1 之間的比權係數；x_3 對 $\dot{x}_1$ 的貢獻度是 $c(x_3 - x_1)$；x_7 對 $\dot{x}_1$ 的貢獻度是 $c(x_7 - x_1)$，其中 c 是 x_7 與 x_1 之間的比權係數，參見圖 8.13a。將 x_2 到 x_7 對 $\dot{x}_1$ 的貢獻度全部加起來，得到 x_1 對於時間的總變化率為

$$\dot{x}_1 = b(x_2 - x_1) + c(x_3 - x_1) + c(x_4 - x_1) + c(x_5 - x_1) + c(x_6 - x_1) + c(x_7 - x_1) \quad （8.5.1a）$$

依照相同的方式，我們可以得到其他六國的國勢強度變化率為

$$\dot{x}_2 = b(x_1 - x_2) + d(x_3 - x_2) + d(x_4 - x_2) + d(x_5 - x_2) + d(x_6 - x_2) + d(x_7 - x_2)（8.5.1b）$$
$$\dot{x}_3 = c(x_1 - x_3) + d(x_2 - x_3) + a(x_4 - x_3) + a(x_5 - x_3) + a(x_6 - x_3) + a(x_7 - x_3)（8.5.1c）$$
$$\dot{x}_4 = c(x_1 - x_4) + d(x_2 - x_4) + a(x_3 - x_4) + a(x_5 - x_4) + a(x_6 - x_4) + a(x_7 - x_4)（8.5.1d）$$
$$\dot{x}_5 = c(x_1 - x_5) + d(x_2 - x_5) + a(x_3 - x_5) + a(x_4 - x_5) + a(x_6 - x_5) + a(x_7 - x_5)（8.5.1e）$$
$$\dot{x}_6 = c(x_1 - x_6) + d(x_2 - x_6) + a(x_3 - x_6) + a(x_4 - x_6) + a(x_5 - x_6) + a(x_7 - x_6)（8.5.1f）$$
$$\dot{x}_7 = c(x_1 - x_7) + d(x_2 - x_7) + a(x_3 - x_7) + a(x_4 - x_7) + a(x_5 - x_7) + a(x_6 - x_7)（8.5.1g）$$

將以上七個式子合併寫成如下矩陣的形式：

$$\begin{bmatrix} \dot{x}_1 \\ \dot{x}_2 \\ \dot{x}_3 \\ \dot{x}_4 \\ \dot{x}_5 \\ \dot{x}_6 \\ \dot{x}_7 \end{bmatrix} = \begin{bmatrix} \delta_A & b & c & c & c & c & c \\ b & \delta_B & d & d & d & d & d \\ c & d & \delta_C & a & a & a & a \\ c & d & a & \delta_C & a & a & a \\ c & d & a & a & \delta_C & a & a \\ c & d & a & a & a & \delta_C & a \\ c & d & a & a & a & a & \delta_C \end{bmatrix} \begin{bmatrix} x_1 \\ x_2 \\ x_3 \\ x_4 \\ x_5 \\ x_6 \\ x_7 \end{bmatrix} \Rightarrow \dot{\mathbf{X}} = \mathbb{A}_7 \mathbf{X} \quad （8.5.2）$$

其中 $\mathbf{X}$ 稱為七行向量，它是由七國的國勢強度 x_i 所組成的向量；$\mathbb{A}_7$ 是七行矩陣，其中 $\delta_A = -(b + 5c)$，$\delta_B = -(b + 5d)$，$\delta_C = -(c + d + 4a)$。相同於五行向量的求解公式（8.4.10），七行向量的求解一樣需要先獲得七行矩陣 $\mathbb{A}_7$ 的特徵值 λ_i 與特徵向量 $\mathbf{v}_i$，其中特徵值 λ_i 滿足矩陣行列式方程式：$|\lambda \mathbf{I} - \mathbb{A}_7| = 0$。將（8.5.2）式的 $\mathbb{A}_7$ 代入，並將行列式展開後進行因式分解，得到 λ 的七階多項式：

$$\lambda(\lambda + 5a + c + d)^4[\lambda^2 + (2b + 6c + 6d)\lambda + 7bc + 7bd + 35cd] = 0$$

此多項式的根即是七行矩陣 $\mathbb{A}_7$ 的特徵值：

$$\lambda_1 = 0, \ \lambda_{2,3} = -b - 3(c + d) \pm \sqrt{(b - c)(b - d) + 9(c - d)^2}, \ \lambda_{4,5,6,7} = -5a - c - d,（8.5.3）$$

相對應的特徵向量由關係式 $\mathbb{A}\mathbf{v}_i = \lambda_i \mathbf{v}_i$ 求得如下：

$$\mathbf{V} = [\mathbf{v}_1 \ \mathbf{v}_2 \ \mathbf{v}_3 \ \mathbf{v}_4 \ \mathbf{v}_5 \ \mathbf{v}_6 \ \mathbf{v}_7] = \begin{bmatrix} 1 & * & * & 0 & 0 & 0 & 0 \\ 1 & * & * & 0 & 0 & 0 & 0 \\ 1 & 1 & 1 & -1 & -1 & -1 & -1 \\ 1 & 1 & 1 & 0 & 0 & 0 & 1 \\ 1 & 1 & 1 & 0 & 0 & 1 & 0 \\ 1 & 1 & 1 & 0 & 1 & 0 & 0 \\ 1 & 1 & 1 & 1 & 0 & 0 & 0 \end{bmatrix} \quad （8.5.4）$$

其中 $\mathbf{v_2}$ 與 $\mathbf{v_3}$ 的元素中出現打星號者，代表這些值不是固定，會隨著不同的生剋係數而變化。當我們得到七行矩陣 $\mathbf{A_7}$ 的特徵值與特徵向量 $\mathbf{v}_i$ 後，七行向量的解 $\mathbf{X}(t)$ 即可用它們表示成

$$\mathbf{X}(t) = \sum_{i=1}^{7} c_i \mathbf{v}_i e^{\lambda_i t} \qquad (8.5.5)$$

其中 c_i 是展開係數，可由給定的初始國勢強度 $\mathbf{X}(0)$ 求得：

$$\begin{bmatrix} c_1 \\ c_2 \\ c_3 \\ c_4 \\ c_5 \\ c_6 \\ c_7 \end{bmatrix} = \begin{bmatrix} 1 & * & * & 0 & 0 & 0 & 0 \\ 1 & * & * & 0 & 0 & 0 & 0 \\ 1 & 1 & 1 & -1 & -1 & -1 & -1 \\ 1 & 1 & 1 & 0 & 0 & 0 & 1 \\ 1 & 1 & 1 & 0 & 0 & 1 & 0 \\ 1 & 1 & 1 & 0 & 1 & 0 & 0 \\ 1 & 1 & 1 & 1 & 0 & 0 & 0 \end{bmatrix}^{-1} \begin{bmatrix} x_1(0) \\ x_2(0) \\ x_3(0) \\ x_4(0) \\ x_5(0) \\ x_6(0) \\ x_7(0) \end{bmatrix} = \mathbf{V}^{-1}\mathbf{X}(0) \qquad (8.5.6)$$

在（8.5.3）式中，$\lambda_2 = -b - 3(c+d) + \sqrt{(b-c)(b-d) + 9(c-d)^2}$ 是 7 個特徵值中最大者，且其值為正，相對應的指數函數值 $e^{\lambda_2 t}$ 也是 7 個分量中最大者，其他六個分量相比之下均可忽略。故當時間 t 很大時，（8.5.5）式中的 $\mathbf{X}(t)$ 趨近於 $c_2\mathbf{v_2}e^{\lambda_2 t}$，也就是七國的國勢強度最終由第二個特徵向量 $\mathbf{v_2}$ 所決定。觀察（8.5.4）式中特徵向量 $\mathbf{v_2}$ 內的元素，可以發現 x_3 到 x_7 的值均為 1，代表東山五國的國勢最後趨於相等，這是五國合縱的結果。特徵向量 $\mathbf{v_2}$ 內的第一與第二元素以未知的星號表示，代表秦、齊二國的國勢最後不一定相等，但由於二國之間是合作的關係，國勢變化具有相同的趨勢。

以下我們實際求解（8.5.2）式，得到的七國國勢消長情形如圖 8.14 所示，其中的生剋係數設定為

$$a = 2, \; b = 1, \; c = -2, \; d = -1 \qquad (8.5.7)$$

滿足圖（8.13a）的設定條件，所以圖 8.14 是用來展示秦、齊連橫與五國合縱之間的不同對抗結果。這裡採用的時間單位是年（與上一節相同），所以 $a = 2$ 代表秦、齊之間的相生速率是每 1 年增生 2 倍，$c = -2$ 表示秦國與合縱國之間的相剋速率是每 1 年減損 2 倍。

求解（8.5.2）式必須先設定七國的初始國勢強度 $x_i(0)$，圖 8.14 中的四個子圖對應以下四種不同的初始國勢設定：

（a）$x_1(0) = 5, \; x_2(0) = 4, \; x_3(0) = 3, \; x_4(0) = 5, \; x_5(0) = 2, \; x_6(0) = 1, \; x_7(0) = 4$

（b）$x_1(0) = 4, \; x_2(0) = 1, \; x_3(0) = 3, \; x_4(0) = 5, \; x_5(0) = 2, \; x_6(0) = 1, \; x_7(0) = 4$

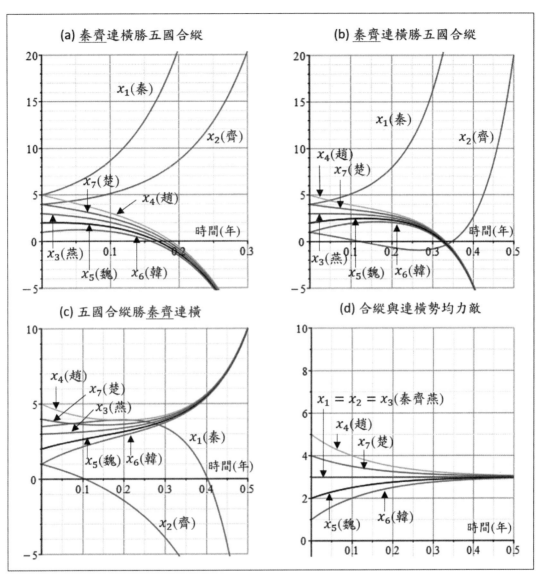

圖 8.14　四種不同初始國勢強度所對應的合縱同盟與連橫同盟的對抗結果。（a）圖中的秦、齊二國初始國勢均大於 3，二者都有能力獨立擊敗合縱五國。（b）圖中的秦國初始國勢 4 大於 3，而齊國的國勢 1 小於 3，因此秦國擊敗合縱五國，而齊國被合縱五國所擊敗，國勢日減，後來得到秦國的支援，國勢才翻轉向上。（c）圖中的秦國初始國勢 3.5 略大於 3，而齊國的國勢 1 小於 3，此時的秦國為了連橫支援齊國已無足夠力量抵抗五國，導致二國一起被合縱五國所擊敗。（d）圖中的秦、齊二國初始國勢均等於 3，亦即都剛好等於合縱五國的平均初始國勢強度，此時連橫二國與合縱五國處於勢均力敵的局面，戰國七雄的國勢強度最後都趨近於平均值 3。

資料來源：作者繪製。

（c）$x_1(0) = 3.5$, $x_2(0) = 1$, $x_3(0) = 3$, $x_4(0) = 5$, $x_5(0) = 2$, $x_6(0) = 1$, $x_7(0) = 4$

（d）$x_1(0) = 3$, $x_2(0) = 3$, $x_3(0) = 3$, $x_4(0) = 5$, $x_5(0) = 2$, $x_6(0) = 1$, $x_7(0) = 4$

　　七行網路與五行網路一樣具有科學預測的功能，也就是由給定的當下狀態去預測一段時間以後的狀態。應用這種網路預測功能到戰國的局勢分析，相當於由當下的七國初始國勢強度去預測往後的國勢消長情形。在這裡我們考慮到的當下局勢是齊國被秦、燕、趙、魏、韓五國聯軍大敗後，雖然從燕國奪回少數失地，但國勢已大不如前，趙國取而代之，變成中原的霸主。因此設定趙國的初始國勢強度 $x_4(0) = 5$；楚國是南方大國，實力次之，故設 $x_7(0) = 4$；燕的國力再次之，設 $x_3(0) = 3$；魏、韓二國較弱，尤其韓是七國中最弱者，故設 $x_5(0) = 2$，$x_6(0) = 1$。以上的設定只是當成一種展示的範例，我們可以根據更詳實的歷史資料，做更精確的初始國勢設定。在圖 8.14 的四種情形中，東山五國的初始國勢，亦即 $x_3(0)$ 到 $x_7(0)$，都保持以上的固定設定值，所對應的五國平均初始國勢強度為 $(3+5+2+1+4)/5=3$。秦國與齊國的初始國勢則是當作控制變因，分別設定成四種不同的值，用以測試當這二國的初始國勢逐漸降低時，對於連橫策略與合縱策略相互對抗所產生的影響。

（a）秦齊連橫勝五國合縱：$x_1(0) = 5$, $x_2(0) = 4$, $x_3(0) = 3$, $x_4(0) = 5$, $x_5(0) = 2$, $x_6(0) = 1$, $x_7(0) = 4$

圖 8.14a 考慮秦國國勢 $x_1(0) = 5$ 與齊國國勢 $x_2(0) = 4$ 的情形，由於連橫二國的個別初始國勢都比合縱五國的平均初始國勢強，可以看到二個集團對抗的結果是連橫二國獲勝，其國勢強度隨時間遞增，而合縱五國的國勢則逐漸趨於一致後，隨時間一起遞減。

（b）秦齊連橫勝五國合縱：$x_1(0) = 4$, $x_2(0) = 1$, $x_3(0) = 3$, $x_4(0) = 5$, $x_5(0) = 2$, $x_6(0) = 1$, $x_7(0) = 4$

圖 8.14b 考慮秦國國勢 $x_1(0) = 4$ 與齊國國勢 $x_2(0) = 1$ 的情形，此時秦國的初始國勢設定成比趙國的國勢弱一些，但仍比五國的平均國勢強。齊國的初始國勢則設定成與最弱的韓國相同。圖 8.14b 顯示在這樣的設定下，二集團的對抗最後仍由連橫國勝出。秦國的初始國勢比趙國弱，因此與趙國的對抗將耗損其國力，但由於秦國仍比其他四國強，透過與其他弱國相剋所掠奪的資源彌補了對趙國的損失，所以秦國的平均國勢仍是朝上增加的趨勢，如圖 8.14b 所示。在趙國與秦國的對抗中，秦國是被

剋的一方，資源被趙國所掠奪，趙國的國勢理應增強，但圖 8.14b 顯示趙國的國勢卻是一路下滑，這是因為趙國被其他山東四國拖累了。趙國與其他山東四國彼此是相生（合作）的關係，當其他四國被秦國所剋，資源被奪時，趙國必須透過相生的作用，將自身的資源轉移給其他四國。因此趙國由秦國所掠奪的資源無法用來壯大自己的國勢，而是用來填補其他四國的國力耗損。當四國國力的耗損越大，趙國透過相生作用所需轉出的資源就越多，因此科學預測的結果顯示趙國國勢最終被其他四國所拖累，造成五國的國勢一起往下遞減，如圖 8.14b 所示。

與秦國連橫的齊國，其國勢被設定成七國最弱者，因此齊國與東山五國對抗時，都是被剋的一方，其國勢必定快速遞減。圖 8.14b 顯示齊國的國勢發展確實在前面一段時間往下滑落，但令人意外的是，當時間超過 0.3 年以後，齊國的國勢卻逆勢上揚，這是因為得到了秦國的相助。秦國與齊國之間是相生的關係，彼此會透過資源的轉移互相拉拔。在秦國與山東五國對抗的初期階段，由於自顧不暇無法兼顧齊國，使得齊國國勢快速衰弱。但隨著秦國國勢的增強，透過相生作用轉移給齊國的資源越來越多，這使得齊國的國勢逆轉，能夠反剋山東五國，進一步主動增長了自身的資源，最後追隨秦國的腳步結合成獲勝的一方。

（c）五國合縱勝秦齊連橫：$x_1(0) = 3.5$, $x_2(0) = 1$, $x_3(0) = 3$, $x_4(0) = 5$, $x_5(0) = 2$, $x_6(0) = 1$, $x_7(0) = 4$

在此初始國勢的設定下，七國國勢隨時間的演變如圖 8.14c 所示。我們可以看到當秦國的初始國勢 $x_1(0)$ 由 4 再降到 3.5 時，秦國與合縱五國的對抗局勢反轉了，由原先的剋五國，變成被五國所剋，造成國勢逐漸衰弱。圖 8.14c 的秦國初始國勢 $x_1(0) = 3.5$ 略大於五國的平均初始國勢強度 3，在此條件下，秦國由剋它國所獲得的資源應大於被它國剋所失去的資源，然而因為秦國同時又要輸出資源援助處於極劣勢的齊國，這才導致其資源入不敷出，國勢日衰。與圖 8.14b 的情況相比，初始國勢 $x_1(0) = 4$ 比五國的平均初始國勢強度 3 有較明顯的差距，此時秦國由剋它國所獲得的資源仍足夠支援齊國，不被其所拖累。然而當 $x_1(0)$ 由 4 再降到 3.5 時，秦國的國力已無法同時對抗五國又要兼顧對齊國的支援，才導致如圖 8.14c 的結果。

（d）合縱與連橫勢均力敵：$x_1(0) = 3$, $x_2(0) = 3$, $x_3(0) = 3$, $x_4(0) = 5$, $x_5(0) = 2$, $x_6(0) = 1$, $x_7(0) = 4$

考慮到合縱五國的平均初始國勢強度為 3，如果連橫的秦國和齊國二者的國勢強度都

大於 3，則二者都有能力獨立對抗合縱五國，此時不管秦、齊之間的合作程度如何，最後都是連橫國擊敗合縱國，此情形即是屬於局勢（a）。當連橫的二國中，秦國的國勢大於 3 而齊國的國勢小於 3 時，獨立來看，秦國可擊敗合縱五國，而齊國則為五國所敗。由於秦國與齊國的連橫關係，秦國必須提撥部分國力以解救齊國。如果秦國的國力足夠，則對抗五國與解救齊國可同時兼顧，此情形即是屬於局勢（b）。如果秦國的國力不足，則會被齊國所拖累，二者一起被合縱五國所擊敗，此情形即是屬於局勢（c）。

如果秦國和齊國二者的國勢強度都剛好等於合縱五國的平均初始國勢強度 3，則連橫二國與合縱五國處於勢均力敵的局面，如圖 8.14d 所示。此時七國的國勢強度最後都趨近於平均值 3，此局勢代表山東五國的合縱力量與秦、齊二國的連橫力量剛好取得平衡。

圖 8.14 中的四種局勢源自四種不同的初始國勢設定，但生剋係數則相同，都採用如（8.5.7）式的設定值。接下來的分析我們要探討不同的生剋係數對於七國國勢消長的影響。在圖 8.15 的四個子圖中，我們考慮了四組不同的生剋係數設定：

（a）$a = 2,\ b = 1,\ c = -2,\ d = -1$
（b）$a = 3,\ b = 1,\ c = -2,\ d = -1$
（c）$a = 2,\ b = 3,\ c = -2,\ d = -1$
（d）$a = 2,\ b = 1,\ c = -3,\ d = -1$

其中（a）組即是圖 8.14 所採用的設定，我們將其當作對照組。相對於對照組，（b）組是考慮係數 a 的變化，（c）組是考慮係數 b 的變化，（d）組是考慮係數 c 的變化。

係數 a 代表合縱五國之間的相生強度，所以係數 a 越大，表示合縱五國之間的合作關係越強。圖 8.15b 相對於圖 8.15a 的不同是因為係數 a 的增加所產生，我們可以看到當係數 a 的值由 2 增加到 3，圖 8.15b 顯示在 0.2 年時，五國的國勢強度即趨近於一致，而在對照組的圖 8.15a 中，五國的國勢強度要在 0.3 年時才會趨近於一致。因此係數 a 的增加，加速了合縱五國的團結。這一結果說明我們可以透過係數 a 的調整來反映合縱五國的不同合作強度。

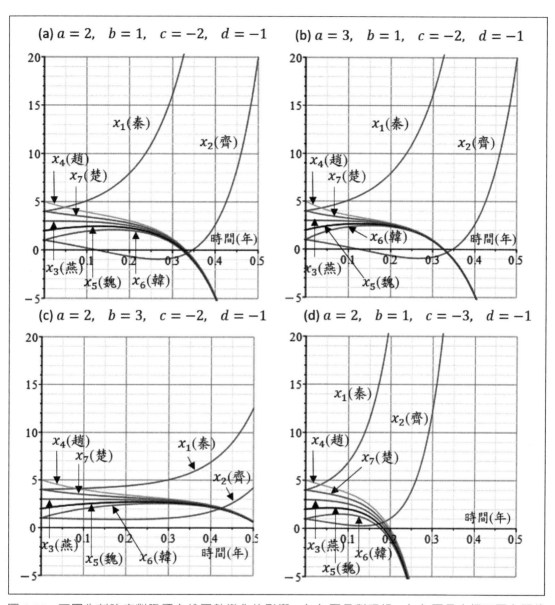

圖 8.15　不同生剋強度對戰國七雄國勢變化的影響。（a）圖是對照組，（b）圖是合縱五國之間的相生強度增加所造成的影響，加速了合縱五國的國勢結合，（c）圖是連橫二國之間的相生強度增加所造成的影響，加速了連橫二國的國勢結合，（d）圖是合縱與連橫二集團相剋強度增加所造成的影響，加速了勝敗二方的國勢變化。
資料來源：作者繪製。

　　係數 b 代表連橫二國之間的相生強度（參見圖 8.13a），所以係數 b 越大，表示秦、齊二國之間的合作關係越強。圖 8.15c 相對於圖 8.15a 的不同是因為係數 b 的增加所產生，

我們可以看到當係數 b 的值由 1 增加到 3，圖 8.15c 顯示齊國的國勢緊隨著秦國國勢發展，而在對照組的圖 8.15a 中，秦國與齊國的國勢雖然都是向上發展，但二者之間卻有著很大的差距。因此係數 b 的增加，確實提升了連橫二國的圖結力道。這一結果說明我們可以透過係數 b 的調整來反映連橫二國的不同合作強度。

係數 c 代表連橫二國與合縱五國之間的相剋強度（參見圖 8.13a），所以係數 c 負的越大，表示二個集團之間的對抗關係越強。對抗強度越大，表示贏的一方資源累積越快，國勢成長快；輸的一方則資源耗損越快，國勢衰減快。圖 8.15d 相對於圖 8.15a 的不同是因為係數 c 的變化，我們可以看到當係數 c 的值由 -2 變化到 -3，圖 8.15d 顯示合縱五國的國勢快速衰弱，而秦、齊二國的國勢則快速增加，而在對照組的圖 8.15a 中，可以看到合縱五國的國勢衰弱較緩慢，秦、齊二國的國勢增加也較延緩。因此係數 c 的增加，提升了雙方的對抗力道，也加速了勝敗雙方的國勢變化。這一結果說明我們可以透過係數 c 的調整來反映合縱國與連橫國之間的不同對抗強度。

8.5.3 六國（五國）合縱抗秦

上一小節的討論是針對圖 8.13a 的五國合縱對抗秦、齊連橫的戰國局勢。在以上的戰國局勢模擬中，我們得到一個重要的結論：單一國家對抗由多國所組成的聯盟能夠取勝的條件是此單一國家的國勢強度必須大於聯盟國家的平均國勢強度。這一結論是由前面數值模擬中所觀察到的結果，但缺乏學理上的證明，這一節我們將討論圖 8.13b 的六國合縱抗秦與圖 8.13c 的五國合縱抗秦，這二種局勢雖然都是圖 8.13a 的特例，但從中我們可以證明上一節所觀察到的結論。

首先我們將解釋在圖 8.13a 中，若令 $d = a > 0, b = c < 0$，即可得到圖 8.13b 的六國合縱抗秦的局勢。係數 d 在圖 8.13a 中本來為負，代表齊國與合縱五國之間是相剋的關係，現在若令 d 為正，則齊國與合縱五國之間的關係由相剋變成相生，此時的係數 d 代表相生強度。在另一方面，係數 a 表示合縱五國之間的相生強度，現在若進一步令 $d = a$，代表齊國加入五國相生的行列，變成六國相生（六國合縱），而且國與國之間的相生強度均為 a。其次看係數 b 的變化，係數 b 在圖 8.13a 中本來為正，代表秦、齊二國間為相生的關係。現在若令 b 為負，則齊國與秦國之間的關係由相生變成相剋。在另一方面，係數 $c < 0$ 表示合縱五國抗秦的相剋強度，現在若進一步令 $b = c < 0$，代表齊國加入五國抗秦的行列，變成六國抗秦。

　　綜合以上的說明，我們只要將條件，$d = a > 0$, $b = c < 0$，代入上一節的分析中，即可得到六國合縱抗秦的局勢分析。第一個步驟是將以上的條件代入（8.5.2）式中的七行矩陣 A_7，並求解其特徵值得到

$$\lambda_1 = 0, \quad \lambda_2 = -7c, \ \lambda_{3,4,5,6,7} = -6a - c, \quad (8.5.8)$$

可以看到其中的特徵值 $-6a - c$ 是一個五重根。與七個特徵值相對應的特徵向量可由關係式 $A_7 \mathbf{v}_i = \lambda_i \mathbf{v}_i$ 求得如下：

$$\mathbf{V} = [\mathbf{v}_1\ \mathbf{v}_2\ \mathbf{v}_3\ \mathbf{v}_4\ \mathbf{v}_5\ \mathbf{v}_6\ \mathbf{v}_7] = \begin{bmatrix} 1 & -6 & 0 & 0 & 0 & 0 & 0 \\ 1 & 1 & -1 & -1 & -1 & -1 & -1 \\ 1 & 1 & 0 & 0 & 0 & 0 & 1 \\ 1 & 1 & 0 & 0 & 0 & 1 & 0 \\ 1 & 1 & 0 & 0 & 1 & 0 & 0 \\ 1 & 1 & 0 & 1 & 0 & 0 & 0 \\ 1 & 1 & 1 & 0 & 0 & 0 & 0 \end{bmatrix} \quad (8.5.9)$$

上式與（8.5.4）式的最大不同在於七個特徵向量完全確定，且與生剋係數 a 與 c 的值無關。第一個特徵向量 $\mathbf{v}_1$ 中的七個元素均相等，代表七國國勢均等的平衡局勢；第二個特徵向量 $\mathbf{v}_2$ 中的後六個元素相等，且與第一個元素的符號相反，代表秦國（第一個元素）與合縱六國（後六個元素）對抗的局勢。第三個到第七個特徵向量代表合縱六國內部互相對抗的局勢，然而此局勢在 $a > 0$，$c < 0$ 的設定下，不會單獨發生，原因說明如下。

　　七行向量的解 $\mathbf{X}(t)$ 代表七國國勢隨時間的變化情形，$\mathbf{X}(t)$ 可以用特徵值 λ_i 及特徵向量 $\mathbf{v}_i$ 表示如下：

$$\mathbf{X}(t) = \sum_{i=1}^{7} c_i \mathbf{v}_i e^{\lambda_i t} = c_1 \mathbf{v}_1 + c_2 \mathbf{v}_2 e^{-7ct} + (c_3 \mathbf{v}_3 + \cdots + c_7 \mathbf{v}_7)e^{-(6a+c)t} \quad (8.5.10)$$

在 $a > 0$，$c < 0$ 的設定下，$-7c \gg -(6a + c)$，因此得到關係式 $e^{-7ct} \gg e^{-(6a+c)t}$。這相當於（8.5.10）式中的右邊第三項可被忽略，進而得到

$$\mathbf{X}(t) = \begin{bmatrix} x_1(t) \\ x_2(t) \\ x_3(t) \\ x_4(t) \\ x_5(t) \\ x_6(t) \\ x_7(t) \end{bmatrix} \approx c_1 \mathbf{v}_1 + c_2 \mathbf{v}_2 e^{-7ct} = c_1 \begin{bmatrix} 1 \\ 1 \\ 1 \\ 1 \\ 1 \\ 1 \\ 1 \end{bmatrix} + c_2 \begin{bmatrix} -6 \\ 1 \\ 1 \\ 1 \\ 1 \\ 1 \\ 1 \end{bmatrix} e^{-7ct} = \begin{bmatrix} c_1 - 6c_2 e^{-7ct} \\ c_1 + c_2 e^{-7ct} \\ c_1 + c_2 e^{-7ct} \\ c_1 + c_2 e^{-7ct} \\ c_1 + c_2 e^{-7ct} \\ c_1 + c_2 e^{-7ct} \\ c_1 + c_2 e^{-7ct} \end{bmatrix} \quad (8.5.11)$$

這代表七國國勢主要是由第一個特徵向量（七國國勢均等的局勢）與第二個特徵向量（六國合縱抗秦的局勢）所主宰，而由第三個到第七個特徵向量所產生的效應（合縱六國內部

相互對抗的局勢）可被忽略。（8.5.11）式中的二個展開係數 c_1 與 c_2 可由七國的初始國勢強度獲得如下：

$$\begin{bmatrix} c_1 \\ c_2 \\ c_3 \\ c_4 \\ c_5 \\ c_6 \\ c_7 \end{bmatrix} = \mathbf{V}^{-1}\mathbf{X}(0) = \begin{bmatrix} 1 & -6 & 0 & 0 & 0 & 0 & 0 \\ 1 & 1 & -1 & -1 & -1 & -1 & -1 \\ 1 & 1 & 0 & 0 & 0 & 0 & 1 \\ 1 & 1 & 0 & 0 & 0 & 1 & 0 \\ 1 & 1 & 0 & 0 & 1 & 0 & 0 \\ 1 & 1 & 0 & 1 & 0 & 0 & 0 \\ 1 & 1 & 1 & 0 & 0 & 0 & 0 \end{bmatrix}^{-1} \begin{bmatrix} x_1(0) \\ x_2(0) \\ x_3(0) \\ x_4(0) \\ x_5(0) \\ x_6(0) \\ x_7(0) \end{bmatrix} \quad （8.5.12）$$

$$= \frac{1}{42} \begin{bmatrix} 6 & 6 & 6 & 6 & 6 & 6 & 6 \\ -6 & 1 & 1 & 1 & 1 & 1 & 1 \\ 0 & -7 & -7 & -7 & -7 & -7 & 35 \\ 0 & -7 & -7 & -7 & -7 & 35 & -7 \\ 0 & -7 & -7 & -7 & 35 & -7 & -7 \\ 0 & -7 & -7 & 35 & -7 & -7 & -7 \\ 0 & -7 & 35 & -7 & -7 & -7 & -7 \end{bmatrix} \begin{bmatrix} x_1(0) \\ x_2(0) \\ x_3(0) \\ x_4(0) \\ x_5(0) \\ x_6(0) \\ x_7(0) \end{bmatrix}$$

故得

$$\boxed{c_1 = \frac{1}{7}(x_1(0) + \cdots + x_7(0))}, \quad \boxed{c_2 = \frac{1}{7}\left(\frac{x_2(0) + \cdots + x_7(0)}{6} - x_1(0)\right)} \quad （8.5.13）$$

從上式我們觀察到係數 c_1 代表七國初始國勢的平均值，而係數 c_2 代表合縱六國的初始國勢平均值與秦國國勢之間的差。係數 c_2 是分析六國抗秦局勢的關鍵因素，因為正是 c_2 值的正負號決定了六國合縱抗秦的輸贏：

- $c_2 > 0$：合縱六國擊敗秦國

  當合縱六國的平均初始國勢大於秦國國勢時，$c_2 > 0$，再將 $c_2 > 0$ 代入（8.5.11）式中，得到六國的國勢（x_2 到 x_7）隨時間遞增，而秦國的國勢（x_1）則隨時間遞減，代表合縱六國獲勝。

- $c_2 < 0$：秦國擊敗合縱六國

  當秦國的初始國勢大於合縱六國的平均初始國勢時，$c_2 < 0$，再將 $c_2 < 0$ 代入（8.5.11）式中，得到六國的國勢隨時間遞減，而秦國的國勢則隨時間遞增，代表秦國獲勝。

- $c_2 = 0$：七國國勢均等達到恐怖平衡

  當合縱六國的平均初始國勢等於秦國國勢時，$c_2 = 0$，再將 $c_2 = 0$ 代入（8.5.11）

式中，得到七國的國勢全部都等於定值 c_1，而由（8.5.13）式得知，c_1 就是七國初始國勢的平均值。我們稱此局勢為恐怖平衡，因為在這個七國平衡狀態下，只要 c_2 有一點點大於零，局勢就會偏向六國，最後導致六國擊敗秦國；反之，只要 c_2 有一點點小於零，局勢就會偏向秦國，最後導致秦國擊敗六國。恐怖平衡在科學上稱為不穩定的平衡點，只要系統的狀態相對於平衡點有一微小的偏離，系統狀態就會越偏越遠，再也無法回到當初的平衡點。

以上我們用數學的方法證明了 8.5.2 節觀察到的結論：單一國家對抗由多國所組成的聯盟能夠取勝的條件是此單一國家的初始國勢強度必須大於聯盟國家的平均初始國勢強度。不管是幾個國家結合起來抗秦，這個結論都適用。根據這個結論，對於六國合縱抗秦而言，秦國（x_1）擊敗六國同盟的條件是 $c_2 < 0$，亦即

$$x_1(0) > \frac{x_2(0) + x_3(0) + \cdots + x_7(0)}{6}$$ （8.5.14）

另外對於圖 8.13c 所顯示的五國合縱抗秦局勢而言，由於齊國完全不參與戰事，我們只要將齊國（x_2）從六國合縱抗秦的局勢中移除，即可得到五國合縱抗秦的結果。此時由於齊國退出戰局，七行系統變成六行系統，我們可以根據圖 8.13c 求出其所對應的六行矩陣 A_6，然後重複本節上面的分析步驟，最後得到秦國擊敗五國同盟的條件為

$$x_1(0) > \frac{x_3(0) + \cdots + x_7(0)}{5}$$ （8.5.15）

比較以上二個式子，我們發現（8.5.15）式其實可以由（8.5.14）式直接獲得。我們只要將齊國的初始國勢 $x_2(0)$ 從（8.5.14）式中移除，並將合縱國的數目由 6 降到 5，則（8.5.14）式即變成（8.5.15）式。

從以上二個條件，我們可以回答一個關鍵的問題：對於合縱國而言，是五國合作抗秦比較有利，還是六國合作抗秦比較有利？直覺的想法是越多國家合作越有可能擊敗共同的敵人，但數學的分析卻不見得支持直覺的想法。這問題的答案取決於從五國抗秦變化到六國抗秦的過程中，所新加入的國家是強國還是弱國，若強國加入合縱陣營，確實有助於抗秦的力道；若弱國加入合縱陣營，則可能連累陣營，導致一起被秦國消滅。

以下我們將透過實際的數據分析驗證以上問題的答案。我們分別考慮五國抗秦與六國抗秦二種局勢，其中的初始國勢強度的設定如下：

- 五國抗秦：$x_1(0) = 2.9,\ x_3(0) = 3,\ x_4(0) = 5, x_5(0) = 2,\ x_6(0) = 1,\ x_7(0) = 4$
- 六 國 抗 秦： $x_1(0) = 2.9,\ x_2(0) = 1,\ x_3(0) = 3,\ x_4(0) = 5, x_5(0) = 2,\ x_6(0) = 1,$
  $x_7(0) = 4$

可以看到從五國抗秦局勢到六國抗秦局勢的過程中，只是新增加齊國的初始國勢
$x_2(0) = 1$，其他國家的初始國勢強度均維持不變。在這裡齊國的國勢是七國中最弱者，
所以我們的目的是要測試當弱國加入合縱陣營時，對抗秦的效果有沒有幫助。我們將以上
的初始國勢設定代入（8.5.14）式與（8.5.15）式中，即可知道輸贏的結果

$$x_1(0) = 2.9 < \frac{x_3(0) + \cdots + x_7(0)}{5} = \frac{15}{5} = 3 \implies \text{合縱國贏} \qquad （8.5.16）$$

$$x_1(0) = 2.9 > \frac{x_2(0) + x_3(0) + \cdots + x_7(0)}{6} = \frac{16}{6} \approx 2.67 \implies \text{秦國贏} \qquad （8.5.17）$$

在五國抗秦的局勢中，五國的平均初始國勢強度 3 大於秦國的初始國勢強度 2.9，故根
據（8.5.15）式，合縱五國擊敗秦國。另外在六國抗秦的局勢中，六國的平均初始國勢
強度 2.67 小於秦國的初始國勢強度 2.9，故根據（8.5.14）式，秦國擊敗合縱六國。因
此五國合縱抗秦，雖然參與合縱的國家數目較少，但平均國勢卻較強，而能擊敗秦國。
對於六國合縱抗秦的局勢，雖然參與合縱的國家數目多了齊國一個，但卻降低了整體平
均國勢，反而給了秦國反敗為勝的機會。二種局勢隨時間的變化可由求解（8.5.2）式得
到，結果如圖 8.16 所示，其中六國合縱抗秦局勢所使用的生剋係數設定為（a）$a = 2,$
$b = -2,\ c = -2,\ d = 2$，滿足 $d = a > 0$ 及 $b = c < 0$ 的條件；五國合縱抗秦局勢所使用的
生剋係數設定為（a）$a = 2,\ b = 0,\ c = -2,\ d = 0$，滿足 $b = d = 0$ 的條件。

　　圖 8.16 所呈現的數值模擬結果證實，如果弱勢的齊國保持中立，其餘的五國同盟就
足以擊敗秦國；如果弱勢的齊國加入五國合縱陣營形成六國同盟，反而會拖累同盟的抗秦
力量，全體被秦所滅。這是因為弱勢齊國的加入陣營形成了同盟國中最脆弱的地方，秦
國藉由攻擊齊國獲取資源，壯大國勢，而其他同盟國成員為了解救齊國，又持續將自身
的資源轉移至齊國，進而弱化了同盟國的國力。在此消彼漲的情況下，給了秦國可乘之
機。

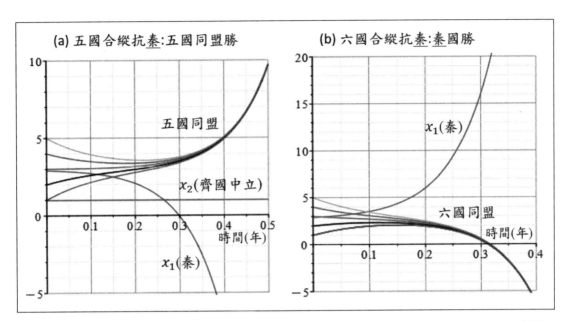

圖 8.16　比較五國合縱抗秦與六國合縱抗秦二種局勢的不同發展。圖中二種局勢的差別主要在於弱勢齊國有無加入合縱陣營。在沒有齊國的參與下，五國同盟可擊敗秦國（左圖），當弱勢的齊國加入陣營，變成六國同盟後，反而被秦國所擊敗（右圖）。
資料來源：作者繪製。

相反地，如果是強勢的齊國加入五國合縱陣營，則抗秦的局勢將完全改觀。以下我們考慮另一個範例來驗證這一點：

- 五國抗秦：$x_1(0) = 3.1$, $x_3(0) = 3$, $x_4(0) = 5, x_5(0) = 2$, $x_6(0) = 1$, $x_7(0) = 4$
- 六 國 抗 秦： $x_1(0) = 3.1$, $x_2(0) = 4$, $x_3(0) = 3$, $x_4(0) = 5, x_5(0) = 2$, $x_6(0) = 1$, $x_7(0) = 4$

與前一個範例不同的是，現在齊國的初始國勢 $x_2(0)$ 從 1 增加到 4，變成與楚國的國勢 $x_7(0) = 4$ 相當。這一範例的目的是要測試當強勢的齊國加入合縱陣營時，對抗秦的效果有沒有幫助。我們將以上的初始國勢設定代入（8.5.14）式與（8.5.15）式中，即可知道新設定下的結果

$$x_1(0) = 3.1 > \frac{x_3(0) + \cdots + x_7(0)}{5} = \frac{15}{5} = 3 \implies \text{秦國贏} \qquad （8.5.18）$$

$$x_1(0) = 3.1 < \frac{x_2(0) + x_3(0) + \cdots + x_7(0)}{6} = \frac{19}{6} \approx 3.17 \implies \text{合縱國贏} \qquad （8.5.19）$$

在五國抗秦的局勢中，五國的平均初始國勢強度 3 小於秦國的初始國勢強度 3.1，故根據（8.5.15）式，秦國可擊敗合縱五國。而在強勢齊國加入陣營後，六國的平均初始國勢強度變成 3.17 大於秦國的初始國勢強度 3.1，因此合縱六國擊敗秦國。圖 8.17 顯示強勢齊國的參與對於合縱抗秦的影響，我們從中可以觀察到，在齊國中立的情形下，五國同盟不足以抗秦；然在強勢齊國加入陣營後，六國同盟即可擊敗秦國。

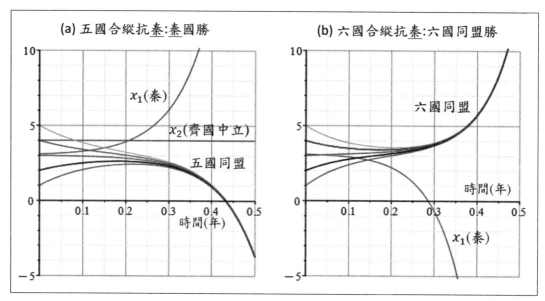

圖 8.17　比較五國合縱抗秦與六國合縱抗秦二種局勢的不同發展。圖中二種局勢的差別主要在於強勢齊國有無加入合縱陣營。在沒有齊國的參與下，秦國擊敗五國同盟（左圖），當強勢齊國加入陣營後，六國同盟擊敗秦國（右圖）。
資料來源：作者繪製。

　　從本節的分析中我們得到一個重要結論：多國所組成的聯盟與單一國家對抗時，不是參與的國家越多越好。新參與的成員國如果國勢太弱，反而會變成聯盟國的累贅。一個判斷國勢強弱的指標是聯盟國內各國的平均國勢強度。當新參與的成員國國勢強度大於聯盟國的平均國勢強度時，則該國的加入有助於提升聯盟國的整體戰力；反之，當加入的成員國國勢強度小於聯盟國的平均國勢強度時，則該國的加入會拖累聯盟國的戰力，甚至讓局勢反勝為敗。

8.5.4 五國合縱分抗秦齊

最後我們要分析的戰國局勢是圖 8.13d 中的五國合縱分抗秦、齊二國，亦即秦、齊二國個別獨立對抗五國聯盟，而且二國之間沒有合作（相生）的關係。這個局勢與圖 8.13a 的差別在於圖 8.13a 中的秦、齊二國是具有合作的關係。在圖 8.14c 的戰局模擬中，我們看到秦國的國勢本可以單獨對抗五國合縱，但是由於跟弱勢的齊國連橫，秦國的部分國力需要挪去支援齊國，導致無法全力對抗五國合縱，進而被擊敗。所以這一節我們要進一步探討若拿掉秦、齊之間的連橫關係，在相同的國勢強度設定條件下，秦國是否可以擊敗五國合縱。

圖 8.13d 的局勢分析可以直接令圖 8.13a 中的係數 $b = 0$ 而得到。因此圖 8.13d 所對應的七行矩陣 A_7 可由（8.5.2）式的矩陣令 $b = 0$ 而得到。同樣令 $b = 0$，從（8.5.3）式我們可以得到此局勢下的特徵值為

$$\lambda_1 = 0, \ \lambda_{2,3} = -3(c+d) \pm \sqrt{9(c-d)^2 + cd}, \ \lambda_{4,5,6,7} = -5a - c - d, \quad (8.5.20)$$

其中第二個特徵值 λ_2 最大，故七行向量 $\mathbf{X}(t)$ 的解是由指數函數 $e^{\lambda_2 t}$ 所主宰。當時間 t 很大時，$\mathbf{X}(t)$ 趨近於以下函數

$$\mathbf{X}(t) = \begin{bmatrix} x_1(t) \\ x_2(t) \\ x_3(t) \\ x_4(t) \\ x_5(t) \\ x_6(t) \\ x_7(t) \end{bmatrix} \approx c_1 \mathbf{v}_1 e^{\lambda_1 t} + c_2 \mathbf{v}_2 e^{\lambda_2 t} = c_1 \begin{bmatrix} 1 \\ 1 \\ 1 \\ 1 \\ 1 \\ 1 \\ 1 \end{bmatrix} + c_2 \begin{bmatrix} \dfrac{5c}{2c - 3d + \sqrt{9(c-d)^2 + cd}} \\ \dfrac{5d}{2d - 3c + \sqrt{9(c-d)^2 + cd}} \\ 1 \\ 1 \\ 1 \\ 1 \\ 1 \end{bmatrix} e^{\lambda_2 t} \quad (8.5.21)$$

雖然 c_1 所乘的常數向量和 $e^{\lambda_2 t}$ 相比下，可以忽略；但是當 c_2 等於零時，$e^{\lambda_2 t}$ 變成完全沒有影響，因此仍必須保留 c_1 項。我們特別注意特徵向量 $\mathbf{v}_2$ 中的前二個元素，在 $c < 0$ 與 $d < 0$ 的設定下，其值必為負，這是因為：

$$\frac{5c}{2c - 3d + \sqrt{9(c-d)^2 + cd}} = \frac{5c}{-c + 3(c-d) + \sqrt{9(c-d)^2 + cd}} < 0 \quad (8.5.22a)$$

其中注意 $\sqrt{9(c-d)^2 + cd} \geq \sqrt{9(c-d)^2} = 3|c-d| \geq 3(c-d)$。故知（8.5.22a）式的分母部分為正，且又因 $c < 0$，因此（8.5.22a）中的整個分數為負。同理可以證明

$$\frac{5d}{-3c + 2d + \sqrt{9(c-d)^2 + cd}} < 0 \qquad (8.5.22b)$$

特徵向量 $\mathbf{v_2}$ 中的前二個元素代表秦、齊二國的國勢，這二個元素同時為負表示這二國的國勢發展永遠都是同方向的，不會有一國國勢遞增，而另一國國勢遞減的情形。這一點是比較令人意外的結果，因為我們這裡所考慮的局勢是秦、齊二國已不存在合作的關係（$b = 0$）。在二國已無合作關係的條件下，為何二國的國勢發展必然是同方向？這是我們要釐清的地方。

在另一方面，（8.5.21）式顯示特徵向量 $\mathbf{v_2}$ 中的前二個元素與後五個元素的符號剛好相反，這表示秦、齊二國的國勢與合縱五國的國勢朝相反方向發展，也就是必有一邊為勝，而另一邊為敗。至於特徵向量 $\mathbf{v_1}$，因為其內所有元素都為 1，代表七國國勢均等的平衡狀態，而這個平衡狀態發生在 $c_2 = 0$ 的特殊情形下。為了驗證上面的學理分析，我們求解七行系統模擬以下二種不同的對峙局勢：

（a）五國合縱抗秦、齊連橫：$a = 2, b = 1, c = -2, d = -1$
（b）五國合縱分抗秦、齊：$a = 2, b = 0, c = -2, d = -1$

其中局勢（a）是圖 8.14c 所討論的情形，局勢（b）是這一節所討論的情形。二種局勢所設定的初始國勢強度均為

$$x_1(0) = 3.5, \ x_2(0) = 1, \ x_3(0) = 3, \ x_4(0) = 5, \ x_5(0) = 2, \ x_6(0) = 1, \ x_7(0) = 4$$

其中齊國 x_2 是最弱國，秦國的初始國勢 3.5 大於合縱五國的平均初始國勢 3。在（8.5.2）節的討論中，我們已經知道在秦、齊連橫的情況下，局勢（a）的結果是合縱五國擊敗連橫的秦、齊二國，這是因為雖然秦國可以獨立對抗合縱五國，但由於與齊國的合作關係，受到齊國的拖累，導致被擊敗。局勢（b）與局勢（a）唯一的不同是係數 b 從 1 變成 0，也就是秦、齊二國是互相獨立的，沒有任何合作或對抗的關係。求解（8.5.2）式的結果得到這二個局勢隨時間的演化的情形如圖 8.18 所示。圖 8.18a 是局勢（a）的結果，此圖與圖 8.14c 相同，在此作為對照組，圖 8.18b 是局勢（b）的結果，我們發現二個局勢的發展完全相反。在相同初始國勢強度的設定下，若秦、齊連橫（局勢（a）），則五國合縱勝秦、齊連橫；若秦、齊不連橫（局勢（b）），則秦國擊敗五國合縱。

圖 8.18b 顯示在秦、齊不連橫的情況下，秦國獨力擊敗了五國合縱。值得注意的是此時齊國的國勢發展，由於沒有來自秦國的支援，最弱勢的齊國與合縱五國對抗的結果自

然是被擊敗，國勢強度快速下墜。但出乎意料的是在一段時間以後（約 0.55 年），齊國的國勢竟然起死回生，從谷底往上爬升，最後呈現與秦國國勢一樣的遞增趨勢。這個現象反映在（8.5.21）式的特徵向量 $\mathbf{v}_2$ 中的前二個元素，這二個元素代表秦、齊二國的國勢，而這二個元素的正負號相同，說明它們的變化趨勢是一致的。齊國的國勢起死回生不是因為齊國最後擊敗同盟五國，而是因為同盟五國先被秦國所擊敗，造成它們的國勢快速衰敗，如圖 8.18b 所示，因此減小了與齊國之間的國勢差距。齊國一開始就被同盟五國所剋，但隨著五國國勢的快速滑落，齊國被剋的力道減少，國勢遞減的速度逐漸緩慢。等到五國國勢滑落到比齊國低時，情勢逆轉成五國被齊國所剋，這就是齊國國勢起死回生的轉捩點。

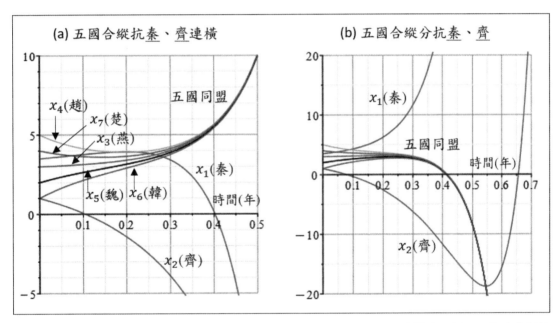

圖 8.18　二種五國合縱抗秦、齊的局勢，局勢（a）的秦、齊二國具有連橫的關係，二國合作對抗五國合縱；局勢（b）的秦、齊二國沒有合作的關係，二國各自獨立對抗五國合縱。二種局勢所設定的各國初始國勢相同，結果顯示秦、齊二國連橫將被五國同盟擊敗（左圖），但是如果秦、齊二國各自獨立對抗五國，則可取勝（右圖）。
資料來源：作者繪製。

　　圖 8.18b 的局勢發展結果說明，只要秦、齊二國之中有一國的初始國勢大於同盟五國的平均初始國勢 3，則秦、齊二國縱使各自獨立抵抗五國連橫，最後仍是由秦、齊二國獲勝。最後我們考慮當秦、齊二國的初始國勢強度 $x_1(0) = 2.5,\ x_2(0) = 2.5$，二者都小

於同盟五國的平均初始國勢強度 3 的情形，數值計算的結果如圖 8.19a 所示。如同學理分析所預測的局勢發展，秦、齊二國最後被同盟五國所擊敗，其中秦國的國勢衰減比齊國還快，這是因為秦國與五國之間的相剋係數設定為 -2，而齊國與五國之間的相剋係數為 -1，故秦國的國勢耗損較快。圖 8.19b 呈現一個特殊的平衡狀態，發生在秦、齊二國的初始國勢強度 $x_1(0) = x_2(0) = 3$ 剛好等於同盟五國的平均初始國勢強度 3 之時，所對應的局勢是七國的國勢均等，對應到（8.5.21）式中 $c_2 = 0$ 的情形。此即前面所提及的恐怖平衡，因為只要 $x_1(0)$ 或 $x_2(0)$ 偏離 3 一點點，七國平衡的狀態即被破壞，進入五國同盟與秦、齊二國對抗的局勢。

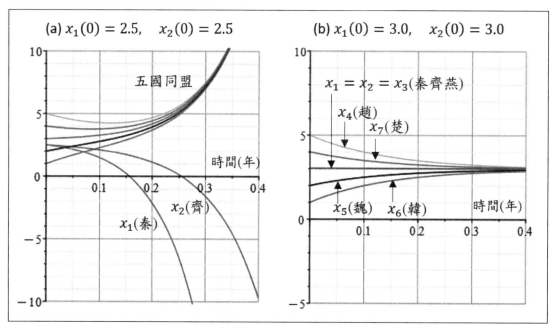

圖 8.19　五國合縱分抗秦、齊的局勢演化。局勢（a）的秦、齊二國的初始國勢 2.5 均小於同盟五國的平均初始國勢 3，由於沒有一國可獨力抵抗同盟國，最後由同盟國獲勝。局勢（b）的秦、齊二國的初始國勢 3 剛好等於同盟五國的平均初始國勢 3，此時七國的國勢收斂到均等的平衡狀態。
資料來源：作者繪製。

第九章
五行網路的科學實現

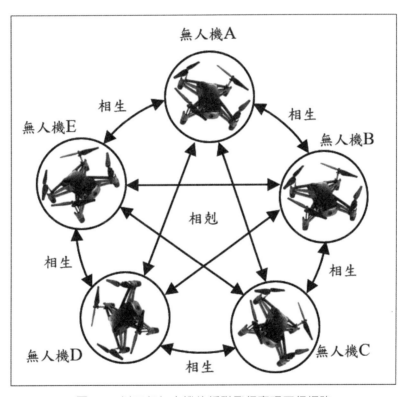

圖 9.0　以五架無人機的編隊飛行實現五行網路

資料來源：作者繪製。

　　五行網路就是現代版的五代理人網路，當它的代理人是人類時，五行網路即是一種社群網路，它的相生關係反應了人與人之間的朋友關係，而它的相剋關係反應了人與人之間的敵對關係。因此五行網路體現了現代社群網路中，支持意見與敵對意見共存並立的錯綜

複雜關係。當五行網路的代理人是人工智慧體（AI）時，它的相生關係代表了智慧體之間的合作交互作用，而它的相剋關係則代表智慧體之間的對抗交互作用。表 9.0 條列出五行網路的現代版代理人，及其對應的相生與相剋關係。

表 9.0　五行網路的現代版代理人，及其對應的相生與相剋關係

五行網路 （五代理人網路）	人類代理人	人工智慧體（AI）代理人	
	社群網路	自動控制迴路	電子電路
相生 （合作交互作用）	朋友關係	負回饋	正電阻
相剋 （對抗交互作用）	敵對關係	正回饋	負電阻

資料來源：作者整理。

我們已在第八章分析了五行網路在社群網路系統中的含意與運作原理。在這裡我們將探討由人工智慧體所組成的五行網路。組成五行網路的人工智慧體可以是五架無人機、五部自駕車或五個機器人。人工智慧體只是扮演五行的代理人角色，它們的機械或物理特性是沒有限制的，只要它們之間的交互作用滿足五行的生剋關係即可。以下我們將分析如何用五架無人機來實現五行網路，在此之前，我們將先展示如何用簡單的電子電路實現五行網路。

9.1 五行網路在電路的實現

在五行相生相剋的數學模式（6.1.1）中，可以發現方程式的係數出現負號的地方，正是圖 9.0 中的相間隔代理人之間的相剋關係。在另一方面，方程式的係數出現正號的地方，則是圖 9.0 中相鄰代理人之間相生關係。若以電路學來詮釋五行網路，則五個代理人對應五個節點的電壓，正號的相生係數代表相鄰代理人之間是以正電阻連接；而負號的相剋係數代表相間隔代理人之間是以負電阻連接。因此五行相生相剋模式所對應的五代理人網路系統是由正電阻元件與負電阻元件所組成的電路，如圖 9.1a 所示。

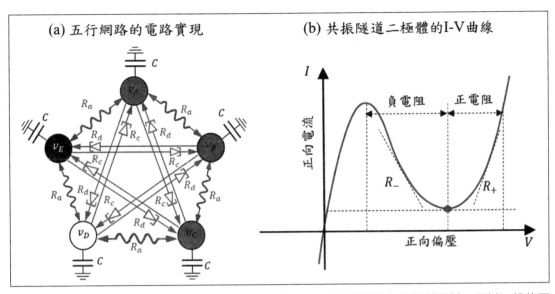

圖 9.1　左子圖是以共振隧道二極體的負電阻 R_c 與 R_d 實現五行網路中的相剋關係，而以一般的正電阻 R_a 實現相生關係。右圖顯示共振隧道二極體的電阻值在不同的操作區域會有不同的正負符號。資料來源：作者繪製。

　　負電阻特性也稱為負微分電阻（Negative Differential Resistance, NDR）特性，是指一些電路或電子元件在某特定範圍內的電流增加時，電壓反而減少的特性。一般的電阻在電流增加時，電壓也會增加，負電阻特性恰好與電阻的特性相反。目前並沒有一個單一的電子元件，可以在所有工作範圍都呈現負電阻特性，不過有些二極體，例如共振隧道二極體（Resonant-Tunneling Diode, RTD）在特定的工作範圍內，具有負電阻的特性。如圖 9.1b 所示，共振隧道二極體在不同的電壓操作範圍，有不同符號的電阻值（亦即 I-V 曲線的斜率值有正、有負），在正電阻區域，其電阻值為 $R_+ > 0$；在負電阻區域，其電阻值為 $R_- < 0$。在圖 9.1a 中的對角連線元件即是代表操作於負電阻區域的共振隧道二極體。

　　五行網路所對應的五個節點如圖 9.1a 所示，五個節點的電壓分別用 v_A、v_B、v_C、v_D、v_E 表示之，五個節點處的電容均設為 C，其所儲存的電荷量分別為 Q_A、Q_B、Q_C、Q_D、Q_E。則由電荷守恆定律，可列出五個節點的電壓變化率所要滿足的方程式如下：

$$\dot{Q}_A = C\dot{v}_A = \frac{v_E - v_A}{R_a} + \frac{v_B - v_A}{R_a} + \frac{v_D - v_A}{R_c} + \frac{v_C - v_A}{R_d} \tag{9.1.1a}$$

$$\dot{Q}_B = C\dot{v}_B = \frac{v_A - v_B}{R_a} + \frac{v_C - v_B}{R_a} + \frac{v_E - v_B}{R_c} + \frac{v_D - v_B}{R_d} \tag{9.1.1b}$$

$$\dot{Q}_C = C\dot{v}_C = \frac{v_B - v_C}{R_a} + \frac{v_D - v_C}{R_a} + \frac{v_A - v_C}{R_c} + \frac{v_E - v_C}{R_d} \tag{9.1.1c}$$

$$\dot{Q}_D = C\dot{v}_D = \frac{v_C - v_D}{R_a} + \frac{v_E - v_D}{R_a} + \frac{v_B - v_D}{R_c} + \frac{v_A - v_D}{R_d} \tag{9.1.1d}$$

$$\dot{Q}_E = C\dot{v}_E = \frac{v_D - v_E}{R_a} + \frac{v_A - v_E}{R_a} + \frac{v_C - v_E}{R_c} + \frac{v_B - v_E}{R_d} \tag{9.1.1e}$$

其中 $R_a > 0$ 是正電阻元件的電阻值，$R_c < 0$ 與 $R_d < 0$ 是負電阻元件的電阻值。進一步設定如下二個參數：

$$(CR_a)^{-1} = a > 0, \ (CR_c)^{-1} = -c < 0, \ (CR_d)^{-1} = -d < 0 \tag{9.1.2}$$

則（9.1.1）式即化簡成五行相生相剋的數學模式：

$$\dot{v}_A = a(v_E - v_A) + a(v_B - v_A) - c(v_D - v_A) - d(v_C - v_A) \tag{9.1.3a}$$

$$\dot{v}_B = a(v_A - v_B) + a(v_C - v_B) - c(v_E - v_B) - d(v_D - v_B) \tag{9.1.3b}$$

$$\dot{v}_C = a(v_B - v_C) + a(v_D - v_C) - c(v_A - v_C) - d(v_E - v_C) \tag{9.1.3c}$$

$$\dot{v}_D = a(v_C - v_D) + a(v_E - v_D) - c(v_B - v_D) - d(v_A - v_D) \tag{9.1.3d}$$

$$\dot{v}_E = a(v_D - v_E) + a(v_A - v_E) - c(v_C - v_E) - d(v_B - v_E) \tag{9.1.3e}$$

比較（6.1.4）式及（9.1.3）式，可以看到（9.1.3）式的電路方程式即是在 $a = b$ 的情形下的五行相生相剋數學模式。（9.1.3）式所對應的特徵值為 $\lambda_1 = 0$

$$\lambda_{2,3} = -\sigma_{2,3} \pm \omega_{2,3}i = -\frac{1}{2}[2\alpha a - \beta(c + d)] \pm \frac{\sqrt{\alpha}}{2}(c - d)i, \tag{9.1.4a}$$

$$\lambda_{4,5} = -\sigma_{4,5} \pm \omega_{4,5}i = -\frac{1}{2}[2\beta a - \alpha(c + d)] \pm \frac{\sqrt{\beta}}{2}(c - d)i, \tag{9.1.4b}$$

（9.1.3）式中的五個電壓的時間響應可以用 $\lambda_{2,3}$ 和 $\lambda_{4,5}$ 表示為

$$v_i(t) = \gamma + \rho_{2,3}e^{-\sigma_{2,3}t}\sin(\omega_{2,3}t + \theta_{2,3}) + \rho_{4,5}e^{-\sigma_{4,5}t}\sin(\omega_{4,5}t + \theta_{4,5}) \tag{9.1.5}$$

其中 γ 是五行網路的共識值，$\rho_{2,3}$，$\rho_{4,5}$，$\theta_{2,3}$，$\theta_{4,5}$ 是由初始條件 $v_i(0)$ 所決定的常數。

五行電路的主要應用是作為振盪電路，以產生各種頻率的電磁波。五行電路的振盪條件為 $\sigma_{2,3} = 0$，亦即

$$\boxed{2a = \frac{\beta}{\alpha}(c + d)} \tag{9.1.6}$$

在這種情況下，我們從（9.1.4b）式得到 $-\sigma_{4,5} < 0$，而且當 $t \gg 0$ 時，（9.1.5）式的右側最後一項趨近於零。因此（9.1.5）式的時間響應變為

$$v_i(t) = \gamma + \rho_{2,3} \sin(\omega_{2,3} t + \theta_{2,3}) \tag{9.1.7}$$

這是一個具有恆定振幅和恆定頻率的正弦波，其中頻率為

$$\omega_{2,3} = \frac{\sqrt{\alpha}}{2}(c - d) \tag{9.1.8}$$

如果我們想通過五行電路產生一定頻率 $\omega_{2,3}^*$ 的電磁波，我們只需要將 $\omega_{2,3}^*$ 代入（9.1.8）式，並與（9.1.6）式的振盪條件聯立求解所需要的常數 c 和 d，此即為兩個共振隧道二極體所需要的負電阻。

　　在以下的數值驗證中，我們選定 $a = \omega^* = 1$，並經由（9.1.6）式與（9.1.8）聯立求解 c 與 d 值，再將之代入（9.1.3）式中求解 $v_i(t)$。所得結果如圖 9.2a 所示，從中可以看到五個節點的電壓均呈現，如（9.1.7）式的預測，固定振福、固定頻率的振盪。圖 9.2b 的結果驗證了五行電路可用以產生不同頻率的電磁波。透過（9.1.8）式的關係，我們選擇三種不同的 c 與 d 的值，產生了三種不同的振盪頻率 $\omega = 1, 5, 10$。

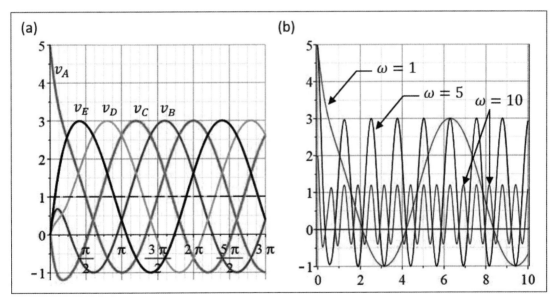

圖 9.2 （a）在滿足條件（9.1.6）式的情形下，五行電路所產生的固定振幅、固定頻率的振盪現象。（b）藉由 c 與 d 值的調整，五行電路可以產生任意頻率的電磁波訊號。
資料來源：作者繪製。

9.2 五行網路在無人機編隊飛行的實現

　　五行網路是一種多代理人的網路系統，其中五行的相生作用對應於網路代理人之間的合作型交互作用（cooperative interaction），而相剋作用對應於網路代理人之間的對抗型交互作用（antagonistic interaction）。五行的現代科技代理人可以是五架無人機、五輛自駕車或五部智慧型機器人，只要代理人的行為能夠遵守五行網路所規範的代理人之間的生剋作用。圖 9.3 是以五架無人機為例，說明為了產生五行網路所要求的生剋作用，無人機必須載有感測元件（sensor）、機載電腦（on-board computer）與致動元件（actuator），其中的感測元件用以測量無人機當下的位置；機載電腦是根據所在無人機的位置與其他無人機位置之間的誤差去計算驅動訊號；致動元件（馬達）則接受驅動訊號產生旋葉片的轉速變化，以調整無人機的飛行姿態與前進速度，達成與其他無人機的協同飛行。具有感測、計算與驅動功能的代理人就是一個獨立的自動控制單元，五架無人機所組成的代理人網路系統即是透過五個獨立的自動控制單元，執行五行的相生與相剋作用，從而使得五行網路達到平衡的狀態。

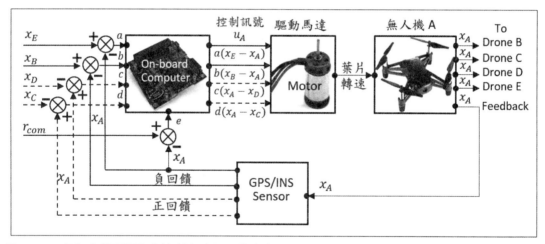

圖 9.3　五行無人機閉迴路的控制方塊圖，其中實線迴路代表負回饋，是由相生作用所產生；虛線迴路代表正回饋，是由相剋作用所產生。
資料來源：作者繪製。

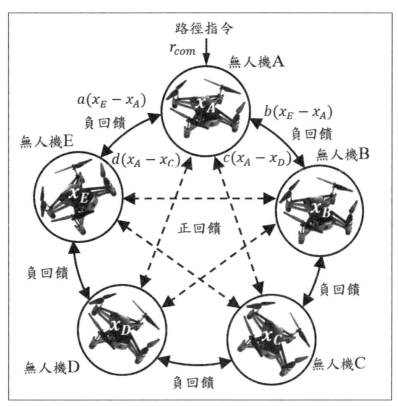

圖 9.4　五行網路中，相鄰的代理人形成負回饋的控制系統，而相間隔的代理人形成正回饋的控制系統。
資料來源：作者繪製。

　　先前有學者從哲學的觀點提出五行學說具有自動控制的內涵[1]，這裡我們將從科學的觀點看二者的關聯性。五行網路中的相生作用相當於負回饋控制，而相剋作用相當於正回饋控制。參考圖 9.4 的標示，實線迴路代表負回饋，虛線迴路代表正回饋。無人機 A 的位置 x_A 經過感測元件的測量後，以負回饋的方式（即 $-x_A$）和 x_E 及 x_B 結合，分別產生控制訊號 $a(x_E - x_A)$ 及 $b(x_B - x_A)$，用以驅動馬達的轉速。在同一時間，無人機 A 的位置 x_A 也以正回饋的方式（即 $+x_A$）和 x_D 及 x_C 結合，分別產生控制訊號 $c(x_A - x_D)$ 及 $d(x_A - x_C)$。除了以上四個回饋控制訊號外，無人機 A 可能受到來自外界的輸入指令 r_{com}，這是它所

---

[1]　莊建西，〈五行學說與客觀控制〉，《河南中醫》，第 15 卷第 4 期，頁 202-203，1995。該文歷史性地縱向研究現代控制論和古代五行學說，發現現代控制論是一種主觀控制系統，是人的大腦產生以後的產物，在此之前應存在一種客觀控制系統，五行學說就是其基本模式。這種客觀控制系統與人腦產生的主觀控制系統相融合，而產生主觀和客觀協同控制系統，這即是五行系統（客觀控制）與現代控制理論（主觀控制）的結合。

要追蹤的路徑指令。結合以上五項，我們得到無人機 A 的控制訊號 u_A 為：

$$\dot{x}_A = u_A = a(x_E - x_A) + b(x_B - x_A) + c(x_A - x_D) + d(x_A - x_C) + e(r_{com} - x_A) \qquad （9.2.1）$$

注意在等號右邊的第一、二項中，x_A 前面的係數為負，故稱為負回饋；第三、四項中，前面的係數為正，故稱為正回饋。第五項稱為追蹤誤差，是無人機 A 的位置 x_A 與所要追蹤路徑 r_{com} 之間的誤差。（9.2.1）式可改寫如下：

$$\dot{x}_A = a(x_E - x_A) + b(x_B - x_A) - c(x_D - x_A) - d(x_C - x_A) + e(r_{com} - x_A) \qquad （9.2.2a）$$

除了右邊最後一項的追蹤誤差，上式即為（6.1.4a）式，其中係數為負的二項源自正回饋，對應到五行網路的相剋作用。如圖 9.4 所示，其他四架無人機的控制迴路與無人機 A 類似，每一架均連接二條實線的負回饋迴路及二條虛線的正回饋迴路，所對應的方程式如下：

$$\dot{x}_B = a(x_A - x_B) + b(x_C - x_B) - c(x_E - x_B) - d(x_D - x_B) \qquad （9.2.2b）$$

$$\dot{x}_C = a(x_B - x_C) + b(x_D - x_C) - c(x_A - x_C) - d(x_E - x_C) \qquad （9.2.2c）$$

$$\dot{x}_D = a(x_C - x_D) + b(x_E - x_D) - c(x_B - x_D) - d(x_A - x_D) \qquad （9.2.2d）$$

$$\dot{x}_C = a(x_D - x_E) + b(x_A - x_E) - c(x_C - x_E) - d(x_B - x_E) \qquad （9.2.2e）$$

以上四個方程式與（9.2.2a）式的不同之處在於沒有直接的路徑指令輸入。無人機 A 稱為領航無人機，因為它接受路徑指令 r_{com} 的導引，除了要追蹤目標路徑外，並且透過五行網路的連結，帶領其他無人機一起沿著目標路徑飛行。（9.2.2a）式的右邊前四項是無人機 A 與其他四架無人機之間的位置誤差，稱為協同誤差，這四項的值越小表示五架飛機協同一致飛行的程度越高；（9.2.2a）式的右邊第五項是無人機 A 與目標路徑 r_{com} 之間的誤差，代表的是路徑追蹤誤差。（9.2.2）式的後面四個式子只和協同誤差有關，而第一個式子則同時受到協同誤差與路徑追蹤誤差的影響。當協同誤差趨於零時，代表五架無人機的位置逐漸一致；當路徑追蹤誤差趨於零時，代表無人機 A 的位置趨近於目標路徑。而當二項誤差同時趨於零時，代表五架無人機不僅位置一致並且整體沿著既定目標路徑飛行。

圖 9.5 顯示當追蹤步階路徑指令 $r_{com}(t) = \text{Heaviside}(t - 3)$ 時，五行網路所產生的協同誤差與路徑追蹤誤差，其中協同誤差由四個權重係數 a、b、c、d 所控制，路徑追蹤誤差則由權重係數 e 所控制。在第 3 秒之前，步階指令 $\text{Heaviside}(t - 3)$ 的函數值為零，在第三秒以後，$\text{Heaviside}(t - 3)$ 的函數值固定為 1。在圖 9.5a 與圖 9.5b 之中，我們考慮二

組不同的權重係數 a、b、c、d，但係數 e 則保持不變。可以發現圖 9.5a 的權重係數可以使得協同誤差快速收斂到零，但 9.5b 的權重係數則明顯讓協同誤差的收斂非常緩慢。由於這二個圖的係數 e 相同，x_A 與路徑指令之間的誤差並沒有甚麼差異，但因為圖 9.5a 的協同誤差較小，這使得無人機 A 的位置與其他四機的位置較為一致，所以呈現五架無人機整體追蹤路徑指令的趨勢。反之，圖 9.5b 的協同誤差較大，使得無人機 A 與其他四機彼此之間存在著很大的位置偏離量，造成雖然無人機 A 可以追蹤到路徑指令，但其他四機則嚴重偏離路徑指令。

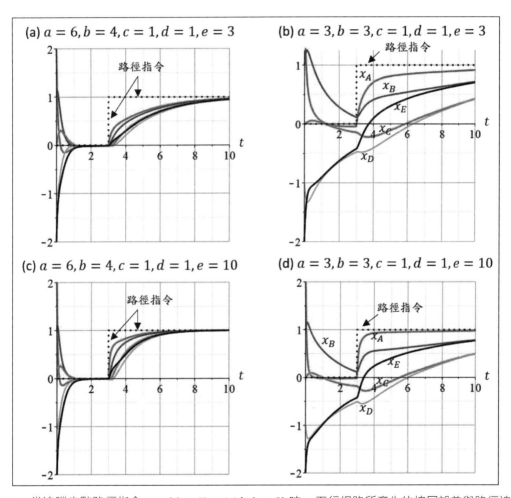

圖 9.5　當追蹤步階路徑指令 $r_{com}(t) = \text{Heaviside}(t-3)$ 時，五行網路所產生的協同誤差與路徑追蹤誤差，其中前者由四個權重係數 a、b、c、d 所控制，後者由權重係數 e 所控制。
資料來源：作者繪製。

　　圖 9.5 中的圖（c）與圖（d）是將圖（a）與圖（b）的係數 e 從 3 增加到 10，也就是增加了路徑追蹤誤差的比重。可以發現對於係數 $e = 10$ 的情況，x_A 與路徑指令之間的誤差比 $e = 3$ 情況下的路徑誤差來得小。不過提升係數的值僅有助於減小路徑追蹤誤差，對於協同誤差並沒有幫助，這一點可以從圖（b）與圖（d）的比較看出來。此二圖的權重係數 a、b、c、d 均相同，所以無人機彼此之間的偏離趨勢相同，但由於圖（d）的係數 e 較大，使得圖（d）中的 x_A 對路徑指令的追蹤誤差較小。

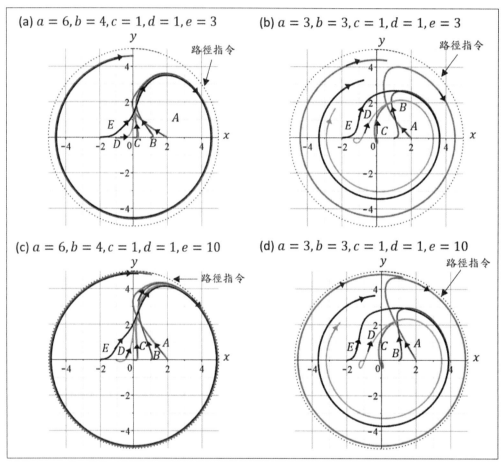

圖 9.6　當追蹤圓形路徑指令 $r_{com} = (5\sin(0.2t), 5\cos(0.2t))$ 時，五行無人機編隊飛行所產生的協同誤差與路徑追蹤誤差，其中前者由四個權重係數 a、b、c、d 所控制，後者由權重係數 e 所控制。
資料來源：作者繪製。

　　圖 9.6 顯示當追蹤二維圓形路徑指令 $r_{com} = (5\sin(0.2t), 5\cos(0.2t))$ 時，五行無人機編隊飛行所產生的協同誤差與路徑追蹤誤差。圖 9.6 中的係數設定與圖 9.5 的設定完全相

同，不同的地方是將一維的步階路徑指令改成二維的圓形路徑指令。由圖 9.6 所獲得的結論與圖 9.5 得到者相同，亦即係數 a、b 的增加有助於減少協同誤差，而係數 e 的增加則有助於減少路徑追蹤誤差。圖 9.6c 採用較大的 a、b 值與較大的 e 值，因此可以看到五架無人機的路徑能快速重合，顯示協同誤差快速趨於零；同時全體一致追蹤圓形路徑指令，顯示路徑追蹤誤差也快速趨於零。相對地，圖 9.6b 採用較小的 a、b 值與較小的 e 值，因此可以看到五架無人機均無法追蹤到路徑指令，而且各自獨立運動，無法協同飛行。

9.3 五行編隊飛行與合作型編隊飛行的比較

　　五行網路中相鄰的代理人互相合作（相生），相間隔的代理人互相對抗（相剋）。因此若以五行網路進行無人機的編隊飛行，相鄰的無人機會互相接近，而相間隔的無人機則傾向於分離。五行無人機編隊飛行是這二種作用互相抗衡的結果，最後可能是五架無人機全體協同飛行，也可能是五架無人機四處紛飛，不成隊形。相剋作用會破壞協同飛行的效果，因此若將相剋作用全部替換成相生作用，將可達到協同飛行的最大效果，如此得到的網路稱為全相生網路（或稱純合作型網路）。圖 9.7 比較了五行網路與全相生網路的不同，其中全相生網路中的代理人不分相鄰或相間隔，全部都是互相合作（相生），因此比權係數全部為正。

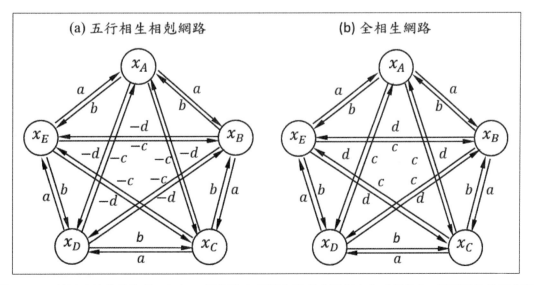

圖 9.7　二種網路結構的比較：（a）五行網路中相鄰的代理人互相合作（相生），相間隔的代理人互相對抗（相剋）。（b）全相生網路中的代理人則不分相鄰或相間隔，全部都是互相合作（相生）。
資料來源：作者繪製。

　　圖 9.8 比較了五行網路與全相生網路（純合作型網路）所產生的無人機編隊飛行結果，所要追蹤的軌跡是圓形路徑指令 $r_{com} = (5\sin(0.2t), 5\cos(0.2t))$。二種網路結構分別使用了二個不同的路徑追蹤權重係數 $e = 3$ 及 $e = 10$，而四個協同飛行權重係數則維持定值：$a = b = 3$、$c = d = 1$。從圖 9.8 可以看到，全相生網路所產生的協同誤差能夠快速降到零，使得五架無人機能夠整體一致飛行，然而在相同的權重係數下，五行網路所產生的協同誤差卻明顯無法收斂到零，使得五架無人機四處紛飛。

　　圖 9.8 顯示二種網路結構的收斂速度明顯不同，這點可以從它們所對應的系統特徵值來解釋。五行網路的系統特徵值如（6.2.4）式所列，再重述如下：

$$\lambda_1 = 0, \ \lambda_{2,3} = -\frac{1}{2}(\alpha a_+ - \beta c_+) \pm \frac{i}{2}\left(\sqrt{\beta}a_- - \sqrt{\alpha}c_-\right) \tag{9.3.1a}$$

$$\lambda_{4,5} = -\frac{1}{2}(\beta a_+ - \alpha c_+) \pm \frac{i}{2}\left(\sqrt{\alpha}a_- + \sqrt{\beta}c_-\right) \tag{9.3.1b}$$

其中 $a_+ = a + b > 0$，$a_- = a - b$，$c_+ = c + d > 0$，$c_- = c - d$。對於全相生網路而言，參考圖 9.7，必須將原先加在係數與之前的負號去除，因此全相生網路的系統特徵值變成

$$\lambda_1 = 0, \ \lambda_{2,3} = -\frac{1}{2}(\alpha a_+ + \beta c_+) \pm \frac{i}{2}\left(\sqrt{\beta}a_- + \sqrt{\alpha}c_-\right) \tag{9.3.2a}$$

$$\lambda_{4,5} = -\frac{1}{2}(\beta a_+ + \alpha c_+) \pm \frac{i}{2}\left(\sqrt{\alpha}a_- - \sqrt{\beta}c_-\right) \tag{9.3.2b}$$

網路的收斂速度決定於特徵值 $\lambda_{2,3}$ 的實部部分，因此五行網路的收斂速度為 $(\alpha a_+ - \beta c_+)/2$，全相生網路的收斂速度為 $(\alpha a_+ + \beta c_+)/2$，又因為 a_+ 與 c_+ 的值均為正，故有

$$\frac{\alpha a_+ + \beta c_+}{2} > \frac{\alpha a_+ - \beta c_+}{2}$$

也就是全相生網路的收斂速度大於五行網路的收斂速度，這就說明了圖 9.8（c）與（d）中，依據全相生網路的五架無人機能夠快速合體一致飛行的原因。五行網路的收斂速度不僅較小，而且 $(\alpha a_+ - \beta c_+)/2$ 的值有可能變成負，導致系統發散。亦即當 $a_+/c_+ < \beta/\alpha$ 時，五行無人機將獨立紛飛，彼此越離越遠。另外一點值得注意的是，全相生網路的優勢僅止於協同飛行誤差的快速收斂，但對於路徑追蹤誤差則沒有影響。從圖 9.8（c）可以看到，取權重係數 $e = 3$ 時，五架無人機雖然協同一致飛行，但卻無法追蹤到圓形路徑指令。當 e 增加到 10 時，路徑的追蹤誤差才能降到零。

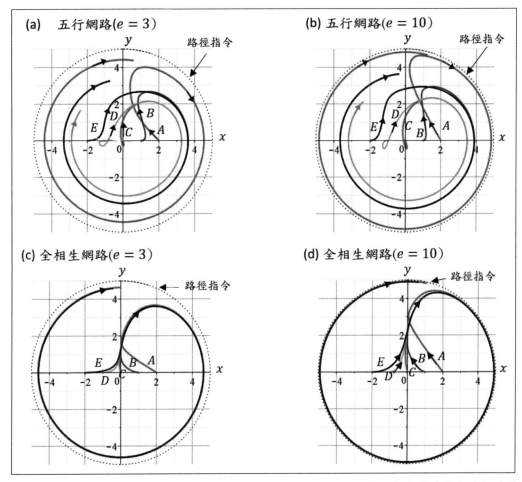

圖 9.8　當追蹤圓形路徑指令 $r_{com} = (5\sin(0.2t), 5\cos(0.2t))$ 時，比較五行網路與全相生網路的無人機編隊飛行所產生的協同誤差與路徑追蹤誤差。

資料來源：作者繪製。

　　對於五行無人機與全相生無人機的協同飛行，雖然後者的表現明顯優於前者，但二者卻有著本質上的不同。五行無人機是考慮五機之間同時存在著敵對關係（相剋）與合作關係（相生）的情況下，能夠達到協同飛行的條件。無人機之間的相剋關係造成彼此位置的分離，而相生關係則造成彼此位置的接近。因此五機協同飛行必須是在相生強度 a_+ 超過相剋強度 c_+ 某種程度時，才能達成。在另一方面，全相生無人機則是考慮五機之間全部是相生（合作）關係的協同飛行，此時由於沒有相剋的分離作用，只有相生的接近作用，所以不管相生強度為何，協同飛行都可自動達成。五行無人機是以現代科技的方法將五行網路既相生又相剋的特性應用於五架無人機的飛行，探討五機之間在既合作又對抗

的關係下，如何達到協同飛行。不僅是在無人機的應用如此，五行網路在各種領域的應用都是在探討，於二種相反關係的同時作用下，如何維持整個系統的和諧運作。

第十章
陰陽與五行的整合代數運作

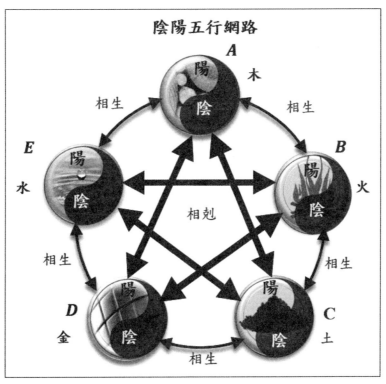

圖 10.0　陰陽五行系統中的每一行都具有陰與陽二種屬性

資料來源：作者繪製。

　　本書前面各章所建立的五行數學模型並沒有考慮到五行的陰陽屬性。在中國傳統文化中，陰陽與五行是分不開的哲學思想[1]，五代理人網路系統必須加入陰陽的元素才能完整反

1　馮樹勳，《陰陽五行的階位秩序——董仲舒的儒學思想》，國立清華大學出版社，2014。

映中華文化的內涵。從數學上來看，對五行賦予陰陽的屬性就是五行代數的複數化，也就是將原先定義在實數體系的五代理人網路系統擴展到複數體系。五行具有陰、陽二種屬性相當於五行具有實的一面（實部）與虛的一面（虛部），例如木行具有陰木與陽木兩種屬性，火行具有陰火與陽火兩種屬性，依此類推。在五行的相生相剋過程中，每一行內的陰陽屬性互有消長，從而呈現太極圖內陰陽變化的規律。每一行的陰陽變化對應一個太極圖，因此五行彼此之間相生與相剋的全部過程就記錄在五個隨時間演化的太極圖之中。複數五行的數學建模相當於是將太極、陰陽與五行的哲學思想融合在一起，以定量化、數字化、視覺化的方式呈現出傳統文化的精隨。

傳統陰陽五行思想是一種樸素的系統理論[2,3]，因為它的基本框架與現代系統論是吻合的。然而現代系統論是建立在科學基礎之上，是現代科學和現代社會政治經濟活動的產物；而五行學說則是古代中國生產經驗和社會活動的產物，是一種缺乏精細分析的籠統綜合。前面各章透過五代理人網路系統的重新包裝，我們還原了五行學說的內在科學精神，讓五行的分析與預測更加精確。這一章我們進一步將五代理人網路系統複數化，提供了一個描述陰陽五行整合運作的科學平台，讓陰陽五行具備代數運算功能，這將使得陰陽五行學說更符合現代系統論的要求。

10.1 五行的陰陽屬性

陰陽學說早在夏朝就已形成，最早可追溯到的史料是夏朝的佔書《連山》中所提到的陰爻和陽爻的觀念[4]。古人認為萬物都是由二種對立的屬性所組成，也就是陰與陽的屬性，這二種屬性相反卻又相成，互相對立卻又互相依存，是所有萬物的一體二面。此即《老子》所稱的「萬物負陰而抱陽」，《易傳》所稱的「一陰一陽之謂道」。萬物中的陰陽屬性所佔有的比例並非一成不變，而是此消彼漲的動態變化過程，《易經》所講述的正是陰陽交互變化的數理與哲理。所以陰陽不單是屬性的靜態劃分，更是屬性的動態變化，正如

2　廖芷人，《陰陽五行及其體系》，文津出版社，增訂二版，1998。本書首次將陰陽五行視為「一般系統理論」，從方法論的觀點展示系統概念的意義以及系統理論的結構，進而說明 Bertalanffy 所倡導的「一般系統理論」之要旨，以及科學概念與系統思維之間的關係。

3　李成福、李同憲，〈系統科學的形式結構方法與五行學說的融合〉，《陝西中醫》，第 23 卷第 10 期，頁 913-915，2002。

4　陳德述，〈略論陰陽五行學說的起源與形成〉，《西華大學學報（哲學社會科學版）》，第 33 卷第 2 期，頁 1-6，2014。

《黃帝內經陰陽應象大論篇》所論述的道理 「陰陽者，天地之道也，萬物之綱紀，變化之父母。」

　　萬物都兼具陰陽的屬性，數學也不例外。物有陰陽，對應於物的陰陽，數則有虛實，也就是數有實數、虛數之分，合起來稱為複數，或稱二元數，或更具體地稱其為陰陽數。複數的數學表達如下：

$$z = x + iy = 實數 + 虛數 \qquad (10.1.1)$$

其中 x 是實數稱為複數 z 的實部，iy 是虛數稱為複數 z 的虛部。實數包含有理數（可以表示成分數的數）與無理數（不可表示成分數），實數的大小均可以用幾何的方法作圖顯示。例如 $\sqrt{2} = 1.41421\cdots$ 雖然是無理數，它在小數點後面的數字有無窮多位，但是我們確實可以畫出一條直線，它的長度剛好等於 $\sqrt{2}$。方法很簡單，畫一個直角，二個垂直邊的長度各是 1 公分，則這個直角的斜邊長度就是 $\sqrt{2}$ 公分。又例如圓周率 $\pi = 3.14159\cdots$ 雖然具有無窮多位的小數，但是我們確實可以畫出一條曲線，它的長度剛好是 π。方法很簡單，以 0.5 公分為半徑，用圓規畫一個圓，則此圓的圓周長剛好就是圓周率 π。

　　簡單地說，實數就是在物質世界中可以看得見、量得到的數，而虛數則是虛幻之數，無法呈現在物質世界中。(10.1.1) 式中的 iy 即是虛幻之數，其中的 i 是虛數的單位，滿足 $i^2 = i \cdot i = -1$。所有實數的平方一定是大於或等於零，然而 i 的平方卻是 -1，所以它不存在於物質世界中。實數與虛數雖是對立、不相容，但它們卻是相互依存，共同組成了複數。如果少了虛數，數學領域的所有方程式將有一半無法求解，而近代的量子科學也無由建立。最新的量子科學實驗揭露了一個驚人的事實，虛數並不是之前科學家所認為的，只是一種數學的計算工作；相反地，虛數是具體存在的本體，實際參與了量子糾纏的運作。在巨觀的世界中雖然看不到虛數，但虛數卻是原子世界裡的主角，它是尖端量子科技的磐石，也是通往未知世界的密碼[5,6,7]。

　　實數、虛數之於複數，猶如陰、陽之於太極，所以從太極的觀點來看，複數可以說是陰陽數。了解了陰陽與虛實的對應後，接續的問題是，複數中的實數與虛數何者對應

5　Wu, K.D., Kondra, T.V. and Rana, S. et al. "Operational Resource Theory of Imaginarity," *Phys. Rev. Lett.*, **126**, 2021, 090401.

6　Chen, M.C., Wang, C. and Liu, F.M. et al. "Ruling Out Real-valued Standard Formalism of Quantum Theory," *Phys. Rev. Lett.*, **128**, 2022, 040403.

7　Yang, C.D. "Wave-particle Duality in Complex Space," *Ann. Phys.*, **319**, 2005, 444-470.

陰？何者對應陽？關於這個問題《黃帝內經》給出了清楚的答案。《黃帝內經・素問・陰陽應象大論》：「陽化氣，陰成形。」明代醫學家張景岳對這句話的解釋如下：「陽動而散，故化氣，陰靜而凝，故成形。」因此從中醫的觀點看，陽代表能量的氣化，是無形的，陰代表物質的凝聚，是有形的。中醫透過陰陽的變化說明物質和能量的相互依存、相互轉化的道理。因此「陽化氣，陰成形。」這句話說出了陰陽與虛實的對應關係：

$$\boxed{陰 \leftrightarrow 實 \leftrightarrow 有形} \qquad \boxed{陽 \leftrightarrow 虛 \leftrightarrow 無形} \tag{10.1.2}$$

五行：木、火、土、金、水，在人體中對應五臟：肝、心、脾、肺、腎，而五行與陰陽的結合讓五行中的每一行都兼具了陰、陽二種屬性，亦即兼具了物質與能量二種屬性，如圖 10.1 所示。因此木行內含陽木與陰木二種屬性，火行內含陽火與陰火二種屬性，依此類推。由於五行有陰陽屬性之分，五行之間的相生與相剋就必須考慮到屬性的不同。有了陰陽屬性的區別，傳統五行中存在的內在矛盾於是得以化解。例如在相生迴圈中，土可以生金，但在相剋迴圈中，卻又可以推論得土可以剋金的結果，如下式所示：

$$相生迴圈：土 \xrightarrow{生} 金 \tag{10.1.3a}$$

$$相剋迴圈：土 \xrightarrow{剋} 水 \xrightarrow{剋} 火 \xrightarrow{剋} 金 \tag{10.1.3b}$$

結合相生與相剋迴圈的推論，得到土既可生金，又可剋金的矛盾結果。現在將土與金掛上陰陽的屬性，並假設屬性相異者得以相生，屬性相同者得以相剋，則（10.1.3）式中的生剋關係變成

$$相生迴圈：陰土 \xrightarrow{生} 陽金 \tag{10.1.4a}$$

$$相剋迴圈：陰土 \xrightarrow{剋} 陰水 \xrightarrow{剋} 陰火 \xrightarrow{剋} 陰金 \tag{10.1.4b}$$

陰土所生者是陽金，而陰土所剋者是陰金，因為二者的對象不同，並沒有矛盾的地方。可見由於陰陽屬性的加入，原先「土既可生金，又可剋金」的矛盾現象已不復存在。

若用 z_A、z_B、z_C、z_D、z_E 表示五行的量化指標，

$$[木 \quad 火 \quad 土 \quad 金 \quad 水] \rightarrow [肝 \quad 心 \quad 脾 \quad 肺 \quad 腎] \rightarrow [z_A \quad z_B \quad z_C \quad z_D \quad z_E] \tag{10.1.5}$$

則五行的陰陽屬性要求這些量化指標必須具備複數的形式：

$$\begin{bmatrix} z_A \\ z_B \\ z_C \\ z_D \\ z_E \end{bmatrix} = \begin{bmatrix} x_A \\ x_B \\ x_C \\ x_D \\ x_E \end{bmatrix} + i \begin{bmatrix} y_A \\ y_B \\ y_C \\ y_D \\ y_E \end{bmatrix} \qquad (10.1.6)$$

　　其中 x 代表量化 z 指標的實部，用以表示五臟內維持生命活動所需的有形營養物質，屬性為陰，如碳水化合物、脂類、蛋白質等；y 代表量化指標 z 的虛部，代表營養物質氧化釋放的無形能量，屬性為陽。複數化的五行又稱陰陽五行，包含陰性的有形物質與陽性的無形能量。因此五行中的木分為陰木與陽木，分別對應木的物質成分與能量成分；火分為陰火與陽火，分別對應火的物質成分與能量成分，依此類推。

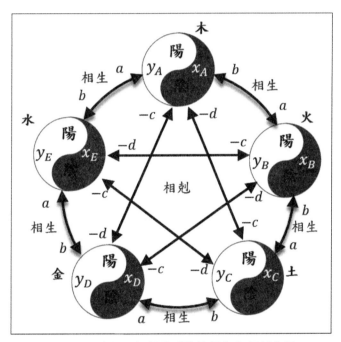

圖 10.1　陰陽五行網路系統的相生與相剋作用

資料來源：作者繪製。

　　五行的生剋運作可用五代理人的網路系統加以描述，如圖 10.1 所示，其中五個代理人分別用 A、B、C、D、E 表示之。五行的生剋原則是相鄰者相生，相間隔者相剋，也就是相鄰接的代理人之間具有合作的關係，而相間隔的代理人之間具有對抗的關係。當五行沒有陰陽屬性的區別時，五行之間的生剋關係可由「鄰者相生，間者相剋」的規律唯一決定。但當五行具有陰陽屬性的區分時，生剋對象便產生多種不同的可能。例如代理

人 E（水）與 A（木）為相鄰，故水與木之間為相生的關係，但考慮陰陽屬性後，水有陰水與陽水之分，木也有陰木與陽木之分，此時「水生木」便產生了四種可能性：陰水生陰木、陰水生陽木、陽水生陰木、陽水生陽木？這四種可能性可以歸納成二種不同的生剋規律：「同性相生、異性相剋」或是「異性相生、同性相剋」。雖然後者較合乎電學「異性相吸，同性相斥」的原理，但這裡吾人先透過數學的分析，了解這二種生剋規律的不同，並從陰陽五行的代數平台中計算哪一種生剋規律較為合理。

10.2「同性相生、異性相剋」模式

在此規律下，代理人之間若是相生，必須屬性相同；代理人之間若是相剋，必須屬性相異。例如水與木之間的相生作用，必須發生在陰水與陰木之間或是陽水與陽木之間，亦即同屬性之間才能相生。又例如水與火之間的相剋作用，必須發生在陰水與陽火之間或是陽水與陰火之間，亦即不同屬性之間才能相剋。圖 10.2 以木（A）為例，說明陰木與陽木所受到的生剋作用。

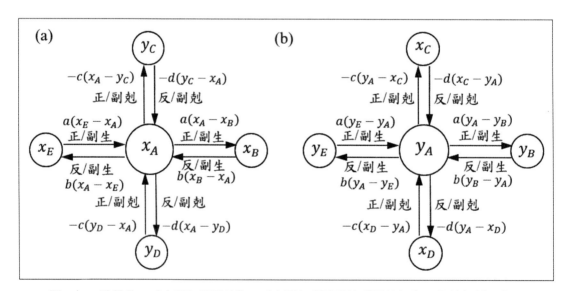

圖 10.2　陰性的 A（左圖）與陽性的 A（右圖）所受到的「同性相生、異性相剋」作用
資料來源：作者繪製。

在圖 10.2a 中，A 的實部 x_A，即 A 的陰性部分，受到四個箭頭向內的作用力：

● 來自 E 的正／副生作用：

相生作用必須發生在同性之間，所以 E 與 A 的相生作用是由陰性分量（實部分量）x_E 與 x_A 決定，二者是 E 與 A 的陰性部分。E 對 A 的相生作用所造成的 x_A 變化率為

$$\dot{x}_A = a(x_E - x_A) \qquad （10.2.1a）$$

其中 a 稱為正／副生作用係數。

● 來自 B 的反／副生作用：

A 生 B 的同時，A 也受到來自 B 的反作用，其所造成的 x_A 變化率為

$$\dot{x}_A = b(x_B - x_A) \qquad （10.2.1b）$$

其中 b 稱為反／副生作用係數。x_B 與 x_A 是 B 與 A 的陰性部分，遵守同性才能相生的原則。

● 來自 D 的正／副剋作用：

相剋作用發生在不同屬性之間，所以 D 剋 A 發生在陽性分量 y_D 與陰性分量 x_A 間，其對 x_A 所造成的變化率為

$$\dot{x}_A = -c(y_D - x_A) \qquad （10.2.1c）$$

其中 $-c$ 稱為正／副剋作用係數。

● 來自 C 的反／副剋作用：

A 剋 C 的同時，A 也受到來自 C 的副剋作用，其所造成的 x_A 變化率為

$$\dot{x}_A = -d(y_C - x_A) \qquad （10.2.1d）$$

其中 $-d$ 稱為反／副剋作用係數。x_A 是 A 的陰性部分，y_c 是 C 的陽性部分，故遵守異性才能相剋的原則。

將（10.2.1）式中的四個子式相加，得到四種作用總和所造成的 x_A 變化率為

$$\dot{x}_A = a(x_E - x_A) + b(x_B - x_A) - c(y_D - x_A) - d(y_C - x_A) \qquad （10.2.2a）$$

從上式中可以看到「同性相生、異性相剋」的規律，a 與 b 是相生係數，它們所乘的是相同屬性作用量的相減；$-c$ 與 $-d$ 是相剋係數，它們所乘的是不同屬性作用量的相減。

　　其次觀察圖 10.2b 中，A 的虛部 y_A，即 A 的陽性部分，所受到的四個箭頭向內的作用力。由於 y_A 是陽性，與 y_A 產生相生關係的，必須是陽性，即 y_E 與 y_B；而與 y_A 產生相剋關係的，必須是陰性，即 x_D 與 x_C。結合作用在 y_A 上的二個相生作用與二個相剋作用，得到 y_A 的總和變化率為

$$\dot{y}_A = a(y_E - y_A) + b(y_B - y_A) - c(x_D - y_A) - d(x_C - y_A) \qquad （10.2.2b）$$

（10.2.2a）式與（10.2.2b）式是同一組方程式，前者描述 A 的陰性分量 x_A 的變化率，後者描述 A 的陽性分量 y_A 的變化率。兩者都遵守相同的原則：相同屬性的分量之間才能相生，不同屬性的分量之間才能相剋。

　　利用相同的方式可得到其他四個代理人的陰、陽分量的變化率如下：

$$\dot{x}_B = a(x_A - x_B) + b(x_C - x_B) - c(y_E - x_B) - d(y_D - x_B) \qquad （10.2.3a）$$

$$\dot{y}_B = a(y_A - y_B) + b(y_C - y_B) - c(x_E - y_B) - d(x_D - y_B) \qquad （10.2.3b）$$

$$\dot{x}_C = a(x_B - x_C) + b(x_D - x_C) - c(y_A - x_C) - d(y_E - x_C) \qquad （10.2.4a）$$

$$\dot{y}_C = a(y_B - y_C) + b(y_D - y_C) - c(x_A - y_C) - d(x_E - y_C) \qquad （10.2.4b）$$

$$\dot{x}_D = a(x_C - x_D) + b(x_E - x_D) - c(y_B - x_D) - d(y_A - x_D) \qquad （10.2.5a）$$

$$\dot{y}_D = a(y_C - y_D) + b(y_E - y_D) - c(x_B - y_D) - d(x_A - y_D) \qquad （10.2.5b）$$

$$\dot{x}_E = a(x_D - x_E) + b(x_A - x_E) - c(y_C - x_E) - d(y_B - x_E) \qquad （10.2.6a）$$

$$\dot{y}_E = a(y_D - y_E) + b(y_A - y_E) - c(x_C - y_E) - d(x_B - y_E) \qquad （10.2.6b）$$

（10.2.2）式到（10.2.6）式的 10 個式子中，可倆倆合併，得到 5 個複數形式的方程式。例如將（10.2.2b）式乘以 i，再與（10.2.2a）式相加，並利用（10.1.6）式的複數變量關係 $z_A = x_A + iy_A$，可得到 $\dot{z}_A$ 的複數微分方程式。用同樣的方式可得到所有複數變量的方程式如下：

$$\dot{z}_A = a(z_E - z_A) + b(z_B - z_A) - c(i\bar{z}_D - z_A) - d(i\bar{z}_C - z_A) \qquad （10.2.7a）$$

$$\dot{z}_B = a(z_A - z_B) + b(z_C - z_B) - c(i\bar{z}_E - z_B) - d(i\bar{z}_D - z_B) \qquad （10.2.7b）$$

$$\dot{z}_C = a(z_B - z_C) + b(z_D - z_C) - c(i\bar{z}_A - z_C) - d(i\bar{z}_E - z_C) \qquad （10.2.7c）$$

$$\dot{z}_D = a(z_C - z_D) + b(z_E - z_D) - c(i\bar{z}_B - z_D) - d(i\bar{z}_A - z_D) \qquad （10.2.7d）$$

$$\dot{z}_E = a(z_D - z_E) + b(z_A - z_E) - c(i\bar{z}_C - z_E) - d(i\bar{z}_B - z_E) \qquad （10.2.7e）$$

其中牽涉到共軛複數 $\bar{z}$ 的項代表相剋的作用項。

另外（10.2.2）式到（10.2.6）式的 10 個式子可以合併成一階矩陣方程式如下：

$$\dot{\mathbf{X}} = \mathbb{A}\mathbf{X} \rightarrow \begin{bmatrix} \dot{x}_A \\ \dot{y}_A \\ \dot{x}_B \\ \dot{y}_B \\ \dot{x}_C \\ \dot{y}_C \\ \dot{x}_D \\ \dot{y}_D \\ \dot{x}_E \\ \dot{y}_E \end{bmatrix} = \begin{bmatrix} \delta & 0 & b & 0 & 0 & -d & 0 & -c & a & 0 \\ 0 & \delta & 0 & b & -d & 0 & -c & 0 & 0 & a \\ a & 0 & \delta & 0 & b & 0 & 0 & -d & 0 & -c \\ 0 & a & 0 & \delta & 0 & b & -d & 0 & -c & 0 \\ 0 & -c & a & 0 & \delta & 0 & b & 0 & 0 & -d \\ -c & 0 & 0 & a & 0 & \delta & 0 & b & -d & 0 \\ 0 & -d & 0 & -c & a & 0 & \delta & 0 & b & 0 \\ -d & 0 & -c & 0 & 0 & a & 0 & \delta & 0 & b \\ b & 0 & 0 & -d & 0 & -c & a & 0 & \delta & 0 \\ 0 & b & -d & 0 & -c & 0 & 0 & a & 0 & \delta \end{bmatrix} \begin{bmatrix} x_A \\ y_A \\ x_B \\ y_B \\ x_C \\ y_C \\ x_D \\ y_D \\ x_E \\ y_E \end{bmatrix} \qquad （10.2.8）$$

其中

$$\delta = -(a + b - c - d) = -(a_+ - c_+) \qquad （10.2.9）$$

$a_+ = a + b$ 稱為相生強度，$c_+ = c + d$ 稱為相剋強度。系統矩陣 $\mathbb{A}$ 是一個 10×10 方陣，它的特徵值可用以決定陰陽五行網路系統的穩定性。系統矩陣有一個特殊的性質，它的每一列的所有元素相加均等於零，亦即

$$\begin{bmatrix} \delta & 0 & b & 0 & 0 & -d & 0 & -c & a & 0 \\ 0 & \delta & 0 & b & -d & 0 & -c & 0 & 0 & a \\ a & 0 & \delta & 0 & b & 0 & 0 & -d & 0 & -c \\ 0 & a & 0 & \delta & 0 & b & -d & 0 & -c & 0 \\ 0 & -c & a & 0 & \delta & 0 & b & 0 & 0 & -d \\ -c & 0 & 0 & a & 0 & \delta & 0 & b & -d & 0 \\ 0 & -d & 0 & -c & a & 0 & \delta & 0 & b & 0 \\ -d & 0 & -c & 0 & 0 & a & 0 & \delta & 0 & b \\ b & 0 & 0 & -d & 0 & -c & a & 0 & \delta & 0 \\ 0 & b & -d & 0 & -c & 0 & 0 & a & 0 & \delta \end{bmatrix} \begin{bmatrix} 1 \\ 1 \\ 1 \\ 1 \\ 1 \\ 1 \\ 1 \\ 1 \\ 1 \\ 1 \end{bmatrix} = \mathbb{A}\mathbf{v}_1 = 0 \qquad （10.2.10）$$

這個特性說明矩陣 $\mathbb{A}$ 具有零的特徵值 $\lambda_1 = 0$，而相對應的特徵向量為 $\mathbf{v}_1$：

$$\mathbb{A}\mathbf{v}_1 = \lambda_1 \mathbf{v}_1 = 0 \qquad （10.2.11）$$

其中 $\mathbf{v}_1 = [1, 1, 1, \cdots, 1]^T$。向量 $\mathbf{v}_1$ 有 10 個元素，且每一個元素都等於 1，這個特殊的結構隱含了陰陽五行系統一個非常重要的特性，亦即當陰陽五行系統達到穩態時，X 中的 10 個分量 $X = [x_A, y_A, x_B, y_B, x_C, y_C, x_D, y_D, x_E, y_E]^T$ 必趨於一致。陰陽五行系統達到穩態時，所有的變量均不再改變，因此必有 $\dot{X} = 0$，此時由（10.2.8）式得到 $\dot{\mathbf{X}} = \mathbb{A}X = 0$。再由（10.2.11）式得知，滿足 $\mathbb{A}X = 0$ 的解答為 $X = \mathbf{v}_1 = [1, 1, 1, \cdots, 1]^T$。由於 v_1 內的每個元素都是 1，這顯示陰陽五行達到穩態時，它的 10 個分量全部相等，亦即

$$[x_A,\ y_A,\ x_B,\ y_B,\ x_C,\ y_C,\ x_D,\ y_D,\ x_E,\ y_E]^T = c[1,1,1,\ \cdots,1]^T \qquad （10.2.12）$$

其中 c 是一個比例常數。

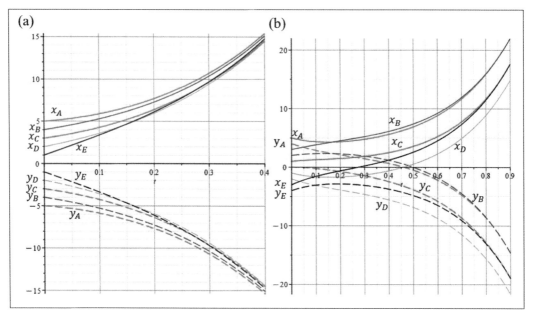

圖 10.3　遵守「同性相生、異性相剋」規律的陰陽五行時間響應圖
資料來源：作者繪製。

在「同性相生、異性相剋」的生剋規律作用下，陰陽五行的 10 個分量：

$$\mathbf{X} = [x_A,\ y_A,\ x_B,\ y_B,\ x_C,\ y_C,\ x_D,\ y_D,\ x_E,\ y_E]^T$$

隨時間的動態變化情形，可由求解（10.2.8）式的矩陣方程式而得知。在（10.2.8）式中選定二組初始條件如下：

$$\begin{bmatrix} (x_A(0),y_A(0)) \\ (x_B(0),y_B(0)) \\ (x_C(0),y_C(0)) \\ (x_D(0),y_D(0)) \\ (x_E(0),y_E(0)) \end{bmatrix} = \begin{bmatrix} (5,-5) \\ (4,-4) \\ (3,-3) \\ (2,-2) \\ (1,-1) \end{bmatrix},\ \begin{bmatrix} (5,4) \\ (3,2) \\ (1,0) \\ (-1,-2) \\ (-3,-4) \end{bmatrix} \qquad （10.2.13）$$

並設定 4 個生剋係數為 $a = 2$，$b = 3$，$c = 0.5$，$d = 1.5$，計算結果如圖 10.3a 與圖 10.3b 所示。在圖 10.3a 中，陰性分量的初始值取為正，而陽性分量的初始值取為負，結果發現陰性的五個分量 $[x_A,\ x_B,\ x_C,\ x_D,\ x_E]^T$ 隨著時間遞增並趨於一致，同時陽性的五個分量 $[y_A,\ y_B,\ y_C,\ y_D,\ y_E]^T$ 隨著時間遞減並趨於一致。隨著時間的發展，10 個分量中，

陰性的 5 個分量形成一組（實線），朝正的方向發散，陽性的 5 個分量形成另一組（虛線），朝負的方向發散。

　　在圖 10.3a 中，陰性分量的初始值均為正，而陽性分量的初始值均為負，導致時間響應分割成陰、陽二組。圖 10.3b 採用不同的初始條件，讓陰性分量與陽性分量的初始值在正、負二個方向平均分配，然而計算結果仍然呈現陰、陽二組各自聚合的現象。在經過多種不同的初始條件的測試之後，吾人發現陰陽各自聚集成組的現象其實與初始條件無關，而是「同性相生、異性相剋」的生剋規律下的一個必然結果。「同性相生」的規律造成陰性的五個分量互相合作而形成一組，另外陽性的五個分量也互相合作形成一組；在陰、陽各自成組的情形下，再受到「異性相剋」規律的作用，使得陰、陽二組互相對抗，彼此越離越遠，於是造成如圖 10.3 所顯示的陰、陽二組上下分離的現象。

　　「同性相生、異性相剋」的陰陽生剋規律造就了不穩定的陰陽五行系統，不僅造成陰、陽二個次系統的分離，而且分離後的次系統隨著時間的增加，發散到無窮大。因此「同性相生、異性相剋」的生剋規律無法形成穩定的陰陽五行系統，這個事實也可以從（10.2.8）式的系統矩陣 $\mathbb{A}$ 的特徵值看出來。從表 10.1 可以觀察到，$\mathbb{A}$ 的特徵值除了 $\lambda_1 = 0$ 之外，第二個特徵值為正：$\lambda_2 = 2(c + d) = 2c_+ > 0$，其他 8 個特徵值由 4 組共軛複數根 $\lambda = \sigma \pm j\omega$ 所組成。而且 λ_2 的值是所有特徵值中實部最大者，代表 λ_2 所對應的特徵向量是發散速度最快的特徵態。當 $t \to \infty$ 時，整個五行系統的動態將由 λ_2 所主導，然而 $e^{\lambda_2 t} = e^{2(c+d)t} \to \infty$，也就是陰陽五行系統會隨著時間發散到無窮大。在發散的過程中會形成陰陽二組的現象，可以從 λ_2 所對應的特徵向量 $\mathbf{v}_2$ 來說明。特徵向量 $\mathbf{v}_2$ 滿足如下的特徵方程式

$$(\mathbb{A} - \lambda_2 \mathbf{I})\mathbf{v}_2 = \begin{bmatrix} \Delta & 0 & b & 0 & 0 & -d & 0 & -c & a & 0 \\ 0 & \Delta & 0 & b & -d & 0 & -c & 0 & 0 & a \\ a & 0 & \Delta & 0 & b & 0 & 0 & -d & 0 & -c \\ 0 & a & 0 & \Delta & 0 & b & -d & 0 & -c & 0 \\ 0 & -c & a & 0 & \Delta & 0 & b & 0 & 0 & -d \\ -c & 0 & 0 & a & 0 & \Delta & 0 & b & -d & 0 \\ 0 & -d & 0 & -c & a & 0 & \Delta & 0 & b & 0 \\ -d & 0 & -c & 0 & 0 & a & 0 & \Delta & 0 & b \\ b & 0 & 0 & -d & 0 & -c & a & 0 & \Delta & 0 \\ 0 & b & -d & 0 & -c & 0 & 0 & a & 0 & \Delta \end{bmatrix} \begin{bmatrix} 1 \\ -1 \\ 1 \\ -1 \\ 1 \\ -1 \\ 1 \\ -1 \\ 1 \\ -1 \end{bmatrix} = 0 \qquad (10.2.14)$$

其中 $\Delta = \delta - 2c_+ = -(a_+ + c_+)$。$v_2$ 具有如下特殊的二群分離結構：

$$\mathbf{v}_2 = [1,\ -1,\ 1,\ -1,\ 1,\ -1,\ 1,\ -1,\ 1,\ -1]^T \qquad (10.2.15)$$

也就特徵向量 $\mathbf{v}_2$ 中的 5 個陰性分量都等於 1，而 5 個陽性分量都等於 -1：

$$[x_A,\ x_B,\ x_C,\ x_D,\ x_E]^T = [1,\ 1,\ 1,\ 1,\ 1]^T \qquad （10.2.16a）$$

$$[y_A,\ y_B,\ y_C,\ y_D,\ y_E]^T = [-1,\ -1,\ -1,\ -1,\ -1]^T \qquad （10.2.16b）$$

圖 10.3 所呈現的陰陽分離結構，正是源自特徵向量 $\mathbf{v}_2$ 的內部特性，而陰陽結構的指數發散速度 $e^{\lambda_2 t} \to \infty$ 決定於 $\mathbf{v}_2$ 所對應的特徵值 λ_2。

表 10.1.「同性相生、異性相剋」作用下的系統特徵值

特徵值 $\lambda = \sigma \pm i\omega$	實部 σ	虛部 ω
λ_1	0	0
λ_2	$2c_+$	0
$\lambda_{3,4} = \sigma_{3,4} \pm i\omega_{3,4}$	$(\beta c_+ - \alpha a_+)/2$	$\left(c_- \sqrt{\alpha} - a_- \sqrt{\beta}\right)/2$
$\lambda_{5,6} = \sigma_{5,6} \pm i\omega_{5,6}$	$(\alpha c_+ - \beta a_+)/2$	$\left(c_- \sqrt{\beta} + a_- \sqrt{\alpha}\right)/2$
$\lambda_{7,8} = \sigma_{7,8} \pm i\omega_{7,8}$	$\beta^2 c_+/10 - \beta a_+/2$	$\left(c_- \sqrt{\beta} - a_- \sqrt{\alpha}\right)/2$
$\lambda_{9,10} = \sigma_{9,10} \pm i\omega_{9,10}$	$\alpha^2 c_+/10 - \alpha a_+/2$	$\left(c_- \sqrt{\alpha} + a_- \sqrt{\beta}\right)/2$

說明：其中 $\alpha = (5 - \sqrt{5})/2$，$\beta = (5 + \sqrt{5})/2$，$a_+ = a + b$，$c_+ = c + d$，$a_- = a - b$，$c_- = c - d$，而且 $a > 0$，$b > 0$，$c > 0$，$d > 0$。
資料來源：作者整理。

陰陽加入五行後，會產生「陰陽異性相生」還是「陰陽同性相生」的問題，這二種不同的觀點在歷代學者中都各自有支持者。在缺乏數學分析工具的古老時代，這二種不同的哲學觀點實際上無法分別對錯。近代有學者 [8] 根據「同性相生、異性相剋」的哲學觀點建立陰陽五行的數學模型，但該模型無法自我檢驗所假設的哲學觀點是否正確。本節一樣是假設「同性相生、異性相剋」的模式，但我們從這個假設所建立的方程式（10.2.8），很清楚地告訴我們，「同性相生、異性相剋」的哲學觀點是有問題的，因為由這個觀點所產生的陰陽五行系統無法穩定地存在，如圖 10.3 所示。下一節我們將檢測另一種哲學觀點「異性相生、同性相剋」的正確性。在這裡我們再一次看到，五代理人網路系統提供給我們一個通用的數學平台，可用以檢驗五行學說的各種哲學觀點。

---

8 翟忠信、李星，〈五行學說和天人相應的數學模型〉，《寧夏大學學報（自然科學版）》，第 13 卷第 1 期，頁 44-47，1992。

10.3「異性相生、同性相剋」模式

　　此生剋規律的運作模式接近於「異性相吸，同性相斥」的電學特性，是比較合乎物理直覺的生剋規律。以下的數學分析將證實這一生剋規律將產生穩定的陰陽五行系統。在此規律下，代理人之間若是相生，必須屬性相異；代理人之間若是相剋，必須屬性相同。例如水與木之間的相生作用，必須發生在陰水與陽木之間或是陽水與陰木之間，亦即不同屬性之間才能相生。又例如水與火之間的相剋作用，必須發生在陰水與陰火之間或是陽水與陽火之間，亦即相同屬性之間才能相剋。圖 10.4 以木（A）為例，說明陰木（x_A）與陽木（y_A）所受到的「異性相生、同性相剋」作用。

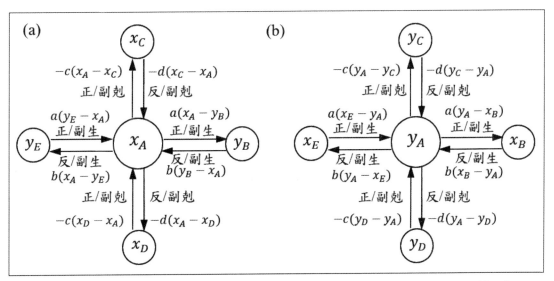

圖 10.4　A 的陰性分量（左圖）與陽性分量（右圖）所受到的「異性相生、同性相剋」作用
資料來源：作者繪製。

　　圖 10.4 顯示相生作用發生在 x 與 y 之間，相剋作用發生在 x 與 x 之間，以及 y 與 y 之間。x_A 與 y_A 的變化率可由圖 10.4a 與圖 10.4b 讀取得到，列出如（10.3.1a）式與（10.3.1b）式，其他代理人的變化率可依相同方法得到，結果如下所示。

$$\dot{x}_A = a(y_E - x_A) + b(y_B - x_A) - c(x_D - x_A) - d(x_C - x_A) \quad （10.3.1a）$$

$$\dot{y}_A = a(x_E - y_A) + b(x_B - y_A) - c(y_D - y_A) - d(y_C - y_A) \quad （10.3.1b）$$

$$\dot{x}_B = a(y_A - x_B) + b(y_C - x_B) - c(x_E - x_B) - d(x_D - x_B) \quad （10.3.2a）$$

$$\dot{y}_B = a(x_A - y_B) + b(x_C - y_B) - c(y_E - y_B) - d(y_D - y_B) \quad （10.3.2b）$$

$$\dot{x}_C = a(y_B - x_C) + b(y_D - x_C) - c(x_A - x_C) - d(x_E - x_C) \quad （10.3.3a）$$

$$\dot{y}_C = a(x_B - y_C) + b(x_D - y_C) - c(y_A - y_C) - d(y_E - y_C) \quad （10.3.3b）$$

$$\dot{x}_D = a(y_C - x_D) + b(y_E - x_D) - c(x_B - x_D) - d(x_A - x_D) \quad （10.3.4a）$$

$$\dot{y}_D = a(x_C - y_D) + b(x_E - y_D) - c(y_B - y_D) - d(y_A - y_D) \quad （10.3.4b）$$

$$\dot{x}_E = a(y_D - x_E) + b(y_A - x_E) - c(x_C - x_E) - d(x_B - x_E) \quad （10.3.5a）$$

$$\dot{y}_E = a\ x_D - y_E) + b(x_A - y_E) - c(y_C - y_E) - d(y_B - y_E) \quad （10.3.5b）$$

將上面 10 個式子寫成矩陣的形式，得到以下的結果

$$\dot{\mathbf{X}} = \mathbb{A}\mathbf{X} \rightarrow
\begin{bmatrix}\dot{x}_A\\\dot{y}_A\\\dot{x}_B\\\dot{y}_B\\\dot{x}_C\\\dot{y}_C\\\dot{x}_D\\\dot{y}_D\\\dot{x}_E\\\dot{y}_E\end{bmatrix}=
\begin{bmatrix}
\delta & 0 & 0 & b & -d & 0 & -c & 0 & 0 & a\\
0 & \delta & b & 0 & 0 & -d & 0 & -c & a & 0\\
0 & a & \delta & 0 & 0 & b & -d & 0 & -c & 0\\
a & 0 & 0 & \delta & b & 0 & 0 & -d & 0 & -c\\
-c & 0 & 0 & a & \delta & 0 & 0 & b & -d & 0\\
0 & -c & a & 0 & 0 & \delta & b & 0 & 0 & -d\\
-d & 0 & -c & 0 & 0 & a & \delta & 0 & 0 & b\\
0 & -d & 0 & -c & a & 0 & 0 & \delta & b & 0\\
0 & b & -d & 0 & -c & 0 & 0 & a & \delta & 0\\
b & 0 & 0 & -d & 0 & -c & a & 0 & 0 & \delta
\end{bmatrix}
\begin{bmatrix}x_A\\y_A\\x_B\\y_B\\x_C\\y_C\\x_D\\y_D\\x_E\\y_E\end{bmatrix} \quad （10.3.6）$$

其中

$$\mathbf{X} = \begin{bmatrix}\dot{x}_1\\\dot{x}_2\\\dot{x}_3\\\dot{x}_4\\\dot{x}_5\\\dot{x}_6\\\dot{x}_7\\\dot{x}_8\\\dot{x}_9\\\dot{x}_{10}\end{bmatrix}=\begin{bmatrix}\dot{x}_A\\\dot{y}_A\\\dot{x}_B\\\dot{y}_B\\\dot{x}_C\\\dot{y}_C\\\dot{x}_D\\\dot{y}_D\\\dot{x}_E\\\dot{y}_E\end{bmatrix}$$

表 10.2　「異性相生、同性相剋」作用下的系統特徵值（由大排到小）

$\lambda' = \sigma' \pm i\omega'$	σ'	ω'
λ'_1	0	0
$\lambda'_{2,3} = \sigma'_{2,3} \pm i\omega'_{2,3}$	$-\alpha^2 a_+/10 + \alpha c_+/2$	$(c_-\sqrt{\beta} - a_-\sqrt{\alpha})/2$
$\lambda'_{4,5} = \sigma'_{4,5} \pm i\omega'_{4,5}$	$(\beta c_+ - \alpha a_+)/2$	$(c_-\sqrt{\alpha} - a_-\sqrt{\beta})/2$
$\lambda'_{6,7} = \sigma'_{6,7} \pm i\omega'_{6,7}$	$-\beta^2 a_+/10 + \beta c_+/2$	$(c_-\sqrt{\alpha} + a_-\sqrt{\beta})/2$
$\lambda'_{8,9} = \sigma'_{8,9} \pm i\omega'_{8,9}$	$(\alpha c_+ - \beta a_+)/2$	$(c_-\sqrt{\beta} + a_-\sqrt{\alpha})/2$
λ'_{10}	$-2a_+$	0

說明：其中 $\alpha = (5-\sqrt{5})/2$，$\beta = (5+\sqrt{5})/2$，而且 $a>0$，$b>0$，$c>0$，$d>0$。
資料來源：作者整理。

（10.3.6）式中的系統矩陣 A 與（10.2.8）式的系統矩陣 A 相似，雖然只有係數排列上的微小差異，但它們的特徵值卻有明顯的不同。表 10.2 列出（10.3.6）式的系統矩陣 A 的 10 個特徵值，依實部從大排到小的方式，其中最大特徵值 $\lambda'_1 = 0$，其所對應的特徵向量為 $\mathbf{v}_1 = [1,1,1,\cdots,1]^T$，代表當系統達至穩態時，陰陽五行的 10 個分量將完全一致。A 的最小特徵值 $\lambda'_{10} = -2a_+ < 0$，其他的 8 個特徵值是由 4 組共軛複數根 $\lambda' = \sigma' \pm i\omega'$ 所組成。（10.3.6）式所代表的線性系統若要為穩定，必須所有共軛複數根的實部均為負值，亦即

$$\sigma'_{2,3} < 0 \rightarrow \frac{a_+}{c_+} > \frac{5}{\alpha} = \frac{5+\sqrt{5}}{2} = \beta, \quad \sigma'_{4,5} < 0 \rightarrow \frac{a_+}{c_+} > \frac{\beta}{\alpha} = \frac{3+\sqrt{5}}{2} = \varphi^2,$$

$$\sigma'_{6,7} < 0 \rightarrow \frac{a_+}{c_+} > \frac{5}{\beta} = \frac{5-\sqrt{5}}{2} = \alpha, \quad \sigma'_{8,9} < 0 \rightarrow \frac{a_+}{c_+} > \frac{\alpha}{\beta} = \frac{3-\sqrt{5}}{2} = \varphi^{-2}$$

取上式 4 個條件的交集，得到陰陽五行網路為穩定的條件為 $\sigma'_{2,3} < 0$，即

$$\boxed{\frac{a_+}{c_+} > \frac{5+\sqrt{5}}{2} = \beta} \tag{10.3.7}$$

值得注意的是不具陰陽屬性的五行網路，其穩定條件為 $\sigma'_{4,5} < 0$，即

$$\boxed{\frac{a_+}{c_+} > \frac{3+\sqrt{5}}{2} = \varphi^2} \tag{10.3.8}$$

其中 φ 為黃金比例。由於 $\beta = \varphi^2 + 1$，此代表當五行考慮陰陽屬性後，增益比 $(a+b)/c+d$ 必須從原先的 φ^2 增加到 $\varphi^2 + 1$，才能保證陰陽五行網路的穩定。（10.3.6）式的解可用 10 個特徵值表示如下：

$$x_i(t) = \mathcal{A}_i e^{\lambda_1' t} + \mathcal{B}_i e^{\lambda_{10}' t} + \mathcal{C}_i e^{\sigma_{2,3}' t} \sin(\omega_{2,3}' t + \theta_i) + \mathcal{D}_i e^{\sigma_{4,5}' t} \sin(\omega_{4,5}' t + \varphi_i)$$

$$+ \mathcal{E}_i e^{\sigma_{6,7}' t} \sin(\omega_{6,7}' t + \psi_i) + \mathcal{F}_i e^{\sigma_{8,9}' t} \sin(\omega_{8,9}' t + \phi_i), \ i = 1, 2, \cdots, 10 \qquad （10.3.9）$$

當（10.3.7）式滿足時，除了 $\lambda_1 = 0$，其他 9 個特徵值的實部均為負，故當時間趨近於無窮大時，（10.3.9）式中的指數項均趨近於零，只剩下常數項 $\mathcal{A}_i$，於是得到如下穩定態的結果：

$$\lim_{t \to \infty} x_i(t) = \mathcal{A}_i = K, \ i = 1, 2, \cdots, 10 \qquad （10.3.10）$$

其中 10 個常數 $\mathcal{A}_i$ 都等於 K 是因為對應的特徵向量為 $\mathbf{v}_1 = [1, 1, 1, \cdots, 1]^T$，其內的 10 個分量均相等，此代表五行的 10 個分量的穩態值趨於一致。穩態 K 的值可以由初始值唯一決定。首先將（10.3.6）式中的 10 個方程式相加，得到如下結果

$$\frac{d}{dt} \sum_{i=1}^{10} x_i(t) = 0 \ \to \ \sum_{i=1}^{10} x_i(t) = C, \ \forall t \geq 0 \qquad （10.3.11）$$

這個結果說明陰陽五行的 10 個分量的總和必定是一個與時間無關的常數值 C。因此在 $t = 0$ 時的分量總和必定等於 $t = \infty$ 時的分量總和：

$$\sum_{i=1}^{10} x_i(0) = \sum_{i=1}^{10} x_i(\infty) = 10K \qquad （10.3.12）$$

其中右邊等號的結果是來自（10.3.10）式。由（10.3.12）式即可求得穩態共同收斂值為

$$K = \frac{1}{10} \sum_{i=1}^{10} x_i(0) \qquad （10.3.13）$$

（10.3.13）式的數值驗證採用以下二組初始條件：

$$\mathbf{X}_1(0) = [4, \ 3, \ ,2 \ 1, \ 0, \ 0, \ -1, \ -2, \ -3, \ -4],$$

$$\mathbf{X}_2(0) = [4, \ -4, \ 3, \ -3, \ 2, \ -2, \ 1, \ -1, \ 0, \ 0],$$

亦即

$$\begin{bmatrix} (x_A(0), y_A(0)) \\ (x_B(0), y_B(0)) \\ (x_C(0), y_C(0)) \\ (x_D(0), y_D(0)) \\ (x_E(0), y_E(0)) \end{bmatrix} = \begin{bmatrix} (4, 3) \\ (2, 1) \\ (0, 0) \\ (-1, -2) \\ (-3, -4) \end{bmatrix}, \begin{bmatrix} (4, -4) \\ (3, -3) \\ (2, -2) \\ (1, -1) \\ (0, 0) \end{bmatrix} \qquad （10.3.14）$$

4 個生剋係數值採用以下二組設定：

(A) $a = 3, \ b = 5, \ c = 0.5, \ d = 1.5$: $(a+b)/(c+d) = 4 > \beta$

(B) $a = 2, \ b = 4, \ c = 0.5, \ d = 1.5$: $(a+b)/(c+d) = 3 < \beta$

其中 A 組滿足穩定條件（10.3.7），預期將獲致穩定的陰陽五行系統。B 組的生剋增益比 3 介於 φ^2 與 β 之間，將導致不穩定的系統。圖 10.5 與圖 10.6 是採用 A 組參數設定的結果，初始值設定分別採用 $\mathbf{X}_1(0)$ 與 $\mathbf{X}_2(0)$。

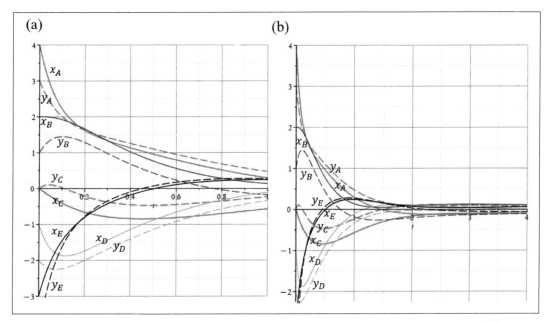

圖 10.5　陰陽五行中 10 個陰陽分量隨時間的動態變化，採用 A 組參數設定及第一組初始條件 $X_1(0)$。（a）圖是 1 秒內的響應圖，（b）圖是 4 秒內的響應圖，顯示 10 個分量均穩定收斂到零。資料來源：作者繪製。

　　圖 10.5 的參數設定因為滿足條件（10.3.7），所以顯示收斂的結果。將初始條件 $\mathbf{X}_1(0)$ 的值代入（10.3.13）式中，得到共同收斂值 $\mathcal{A}_i = K = 0$。從圖 10.5b 可以觀察到，陰陽五行的 10 個分量確實都收斂到零。圖 10.6 與圖 10.5 採用相同的生剋參數設定，所以也呈現收斂的結果，預期的共同收斂值也是零。但是圖 10.6 因為採用第二組初始條件 $\mathbf{X}_2(0)$，其收斂的趨勢緩慢許多。圖 10.6a 顯示 1 秒內的響應情形，10 個分量都還未呈現收斂的趨勢，當時間來到第 10 秒，整體收斂到零的趨勢才逐漸出現，如圖 10.6b 所示。

　　相較之下，圖 10.5a 在 1 秒時即已呈現收斂的趨勢。圖 10.5 與圖 10.6 的區別在於所採用的初始條件 $\mathbf{X}_1(0)$ 與 $\mathbf{X}_2(0)$。參見（10.3.14）式，在 $\mathbf{X}_1(0)$ 中，每一個代理人的陰陽分量差距均為 1。例如 $(x_A(0), y_A(0)) = (4,3)$，陰陽分量差距為 1，$(x_B(0), y_B(0)) = (2,1)$，陰陽分量差距也是 1。由於陰陽分量的初始差距較小，五行在調和陰陽的過程中，所花費的時間也較少。然而在 $\mathbf{X}_2(0)$ 中，代理人的陰陽初始分量的差距較大，例如

$(x_A(0), y_A(0)) = (4, -4)$，陰陽分量差距為 8，$(x_B(0), y_B(0)) = (3, -3)$，陰陽分量差距是 6。較大的初始陰陽差距，造成五行的運作需要花費較長的時間才能將陰陽分量調整為一致，此即圖 10.6 所呈現的結果。

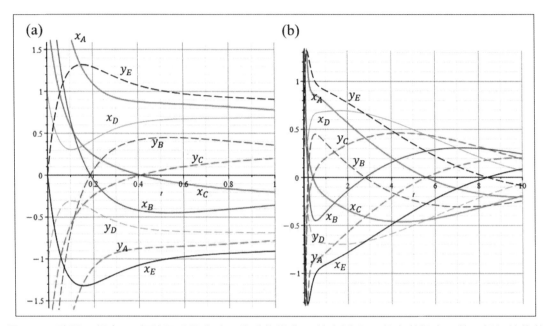

圖 10.6　陰陽五行中 10 個陰陽分量隨時間的動態變化，其中採用 A 組參數設定及第二組初始條件 $\mathbf{X}_2(0)$。（a）圖是 1 秒內的響應圖，（b）圖是 10 秒內的響應圖，顯示 10 個分量均穩定收斂到零。資料來源：作者繪製。

　　圖 10.7 與圖 10.8 採用第二組生剋參數：$a = 2$，$b = 4$，$c = 0.5$，$d = 1.5$，這組參數的生剋增益比為 $(a + b)/(c + d) = 3$，大於 φ^2 但比 β 小。如果是在無陰陽屬性的五行系統，此生剋增益比可達到穩定的平衡狀態，但對於具有陰陽屬性的五行系統而言，此生剋增益比會造成不穩定的發散狀態。

　　圖 10.7 是採用第一組初始條件 $\mathbf{X}_1(0)$ 的結果，圖 10.7a 顯示 4 秒內的五行動態。出乎意料的是前 4 秒的響應不像是預測的發散系統的行為，反而呈現收斂的趨勢。直到時間來到 10 秒，整體發散的趨勢才顯現出來。從圖 10.7b 可以看到，4 秒前的動態確實傾向於收斂，但從第 4 秒開始，系統發散的本質即逐漸呈現。這一種先收斂後發散的現象產生，主要有二個原因，第一是因為圖 10.7 所採用的生剋增益比 3 只比穩定的臨界值 β 小一點點，所以發散的速度較慢，第二是因為圖 10.7 所使用的初始條件為 $\mathbf{X}_1(0)$，其內各陰陽分量的初始差距本來就較小，所以在短時間內看不出陰陽分量顯著分離的現象。

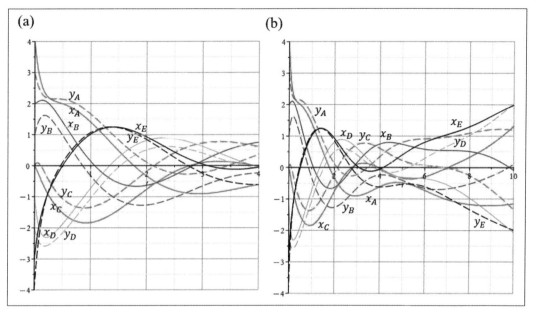

圖 10.7　陰陽五行中 10 個陰陽分量隨時間的動態變化，採用 B 組參數的不穩定設定值及第一組初始條件$\mathbf{X}_1(0)$。（a）圖是 4 秒內的響應圖，似乎有收斂的徵象，（b）圖是 10 秒內的響應圖，顯示 10 個分量在前半段是先收斂，在後半段則逐漸發散。
資料來源：作者繪製。

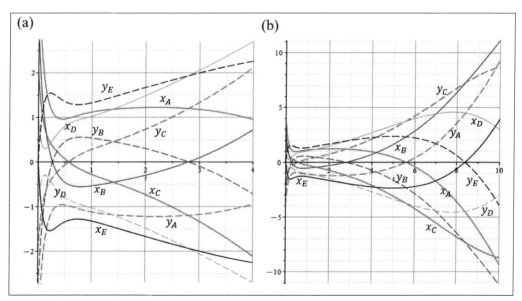

圖 10.8　陰陽五行中 10 個陰陽分量隨時間的動態變化，採用 B 組參數的不穩定設定值及第二組初始條件 $\mathbf{X}_2(0)$。（a）圖是 4 秒內的響應圖，（b）圖是 10 秒內的響應圖，二個圖均顯示 10 個分量逐漸發散。
資料來源：作者繪製。

　　圖 10.8 是採用第二組初始條件 $\mathbf{X}_2(0)$ 的結果，圖 10.8a 顯示前 4 秒內的五行動態。由於 $\mathbf{X}_2(0)$ 內的陰陽分量的初始差距較大，在前 4 秒已經可以觀察到五行系統發散的傾向，到前 10 秒時（見圖 10.8b），發散行為正快速展開。

10.4 陰陽五行的臨界穩定

　　由表 10.2 知，對於「異性相生、同性相剋」作用下的陰陽五行系統，決定其穩定性的關鍵特徵值（dominate pole）為

$$\lambda'_{2,3} = \sigma'_{2,3} \pm i\omega'_{2,3} = -\frac{\alpha^2 a_+}{10} + \frac{\alpha c_+}{2} \pm \frac{i}{2}\left(a_-\sqrt{\alpha} - c_-\sqrt{\beta}\right) \qquad （10.4.1）$$

其中只要 $\lambda'_{2,3}$ 的實部 $\sigma'_{2,3} < 0$，即可保證其他特徵值的實部也為負值，從而確保整個五行系統的穩定性；$\lambda'_{2,3}$ 的虛部 $\omega'_{2,3}$ 則決定了五行系統的振動頻率。從（10.4.1）式可以看到，相生係數的和 a_+ 與相剋係數的和 c_+ 決定系統的穩定性，而相生係數的差 a_- 與相剋係數的差 c_- 則決定系統的振動頻率。

　　當 $\sigma'_{2,3} < 0$ 時，陰陽五行的 10 個分量收斂到共同的穩定值 A，如上一節的分析；當 $\sigma'_{2,3} > 0$ 時，陰陽五行的 10 個分量全部發散到無窮大。當 $\sigma'_{2,3} = 0$ 時，陰陽五行的 10 個分量既不收斂也不發散，而是維持固定振幅的振動，此即所謂的臨界穩定。令 $\sigma'_{2,3} = 0$，可得臨界穩定發生的條件為

$$\frac{a_+}{c_+} = \frac{5}{\alpha} = \beta \qquad （10.4.2）$$

此時五行系統呈現固定振幅的振動，其振動頻率為

$$\omega'_{2,3} = \left(a_-\sqrt{\alpha} - c_-\sqrt{\beta}\right)/2 \qquad （10.4.3）$$

圖 10.9 顯示臨界穩定下的陰陽五行系統的時間響應，所採用的參數為 $c = d = 1$，並使得臨界穩定下的振動頻率為 $\omega'_{2,3} = 1$，亦即相對應的振動週期必須為 2π。利用以上條件，求解（10.4.2）式與（10.4.3）式，可得到所需要的相生係數為

$$a_+ = 2\beta, \ a_- = \frac{2}{\sqrt{\alpha}} \ \rightarrow \ a = \beta + \frac{1}{\sqrt{\alpha}}, \ b = \beta - \frac{1}{\sqrt{\alpha}}$$

代入以上的參數設定到（10.3.6）式中進行數值求解，得到如圖 10.9 的時間響應，從中可以確認 10 個陰陽分量都在 +1 與 −1 之間震盪，而且振動頻率都等於 2π。圖 10.9 另外

顯示，每一個代理人的陰陽分量都呈現反相的情形，也就是相位角都相差 180 度。以代理人 A 與 B 為例（參見圖 10.9a），當達到穩定震盪時，必有 $x_A = -y_A$ 與 $x_B = -y_B$ 的結果，其他代理人也有相同的情況。

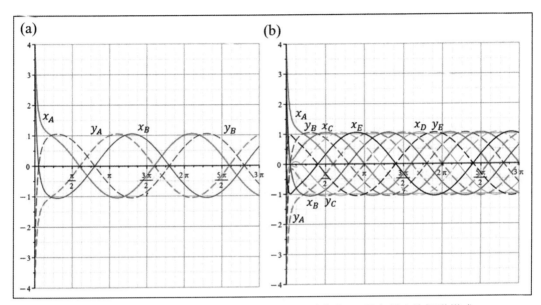

圖 10.9　臨界穩定下的陰陽五行系統呈現固定振幅、固定頻率的振動模式
資料來源：作者繪製。

接續前面關於陰陽五行臨界穩定的討論，條件（10.4.2）僅是使得特徵值 $\lambda'_{2,3}$ 的實部 $\sigma'_{2,3}$ 等於零，更進一步的臨界穩定是使得特徵值 $\lambda'_{2,3}$ 的實部 $\sigma'_{2,3}$ 與虛部 $\omega'_{2,3}$ 同時為零，由（10.4.1）式得知 $\lambda'_{2,3} = 0$ 所需滿足的條件為

$$\frac{a_+}{c_+} = \beta, \ \frac{a_-}{c_-} = \sqrt{\beta/\alpha} = \varphi \qquad (10.4.4)$$

由以上二式求解出 a 與 b，用 c 與 d 表示如下

$$a = \varphi^2 c + d, \ b = c + \varphi^2 d \qquad (10.4.5)$$

（10.4.5）式的條件將使得 $\lambda'_2 = \lambda'_3 = 0$，再結合 $\lambda'_1 = 0$，將使得 $\lambda = 0$ 為特徵方程式 $\det(\mathbb{A} - \lambda\mathbf{I}) = 0$ 的三重根，相對應的特徵向量 X 滿足

$$(\mathbb{A} - \lambda\mathbf{I})\mathbf{X} = \mathbb{A}\mathbf{X} = 0 \qquad (10.4.6)$$

其中的系統矩陣 $\mathbb{A}$ 來自（10.3.6）式，且其中的 a 與 b 的值用（10.4.5）式的值代入。

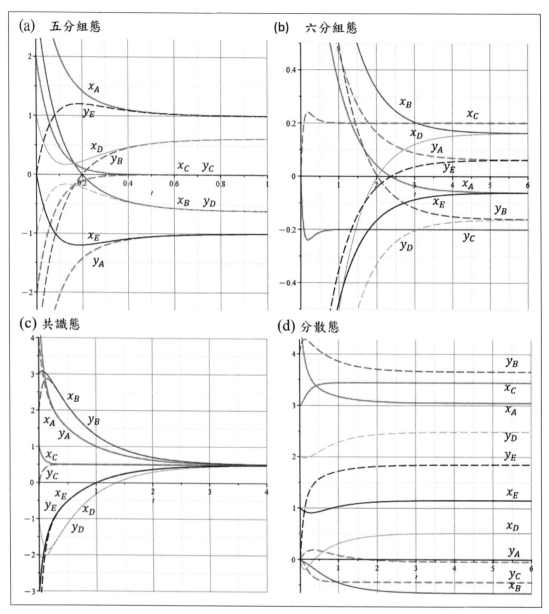

圖 10.10　臨界穩定時，陰陽五行 10 個分量所呈現的 4 種不同的穩態。（a）五分組態：10 個分量到達穩態時，兩兩一組形成五個分組結構。（b）六分組態：10 個分量到達穩態時，x_C 與 y_C 各自單獨一組，其他 8 個分量兩兩一組，形成六個分組結構。（c）共識態：所有 10 個分量都趨近於一共同值。（d）分散態：10 個分量各自獨立，分散成 10 個不同的穩態。
資料來源：作者繪製。

　　由於 $\lambda = 0$ 是（10.4.6）式的三重根，其對應的特徵空間為三維，亦即會有三個獨立的向量 $\mathbf{X}$，使得 $\mathbb{A}\mathbf{X} = 0$，其中一個是 $\lambda_1' = 0$ 對應的特徵向量為 $\mathbf{v}_1 = [1, 1, 1, \cdots, 1]^T$。由

於 $\mathbf{v}_1$ 內的所有分量都相同，代表 10 個分量到達穩態時，都將趨近一致（亦即共識態）。其他二個特徵向量 $\mathbf{X}$ 與 $\mathbf{v}_1$ 不相關，其所對應的穩態結構與 $\mathbf{v}_1$ 不同。

圖 10.10 顯示陰陽五行在（10.4.5）式的臨界穩定的條件下，10 個分量所呈現的 4 種不同的穩態結構。從不同的初始條件出發，將得到不同的分組結果：

（a）五分組態：10 個分量到達穩態時，兩兩一組形成五個分組結構。

（b）六分組態：10 個分量到達穩態時，x_C 與 y_C 各自單獨一組，其他 8 個分量則兩兩一組，總共形成六個分組結構。

（c）共識態：所有 10 個分量都趨近於一共同值，此即 $\lambda_1' = 0$ 所對應的特徵向量 $v_1 = [1, 1, 1, \cdots, 1]^T$。

（d）分散態：10 個分量各自獨立，分散成 10 個不同的穩態。

10.5 具有自生功能的陰陽五行系統

前一節提到，（10.3.6）式忽略了代理人的內部動態，也就是每個代理人的實部 x_A 與 y_A 虛部之間不存在任何動態關係。五行的相生與相剋作用是屬於代理人之間的外部動態，而五行的內部動態則是由自生[9]（self-generating）作用所產生。自生是對自身有促進、助長、資生作用的一種關係，也是從外界吸取有用物質（陰），並將之轉化為自身所需能量（陽）的過程。因此自生作用指的是同一代理人的陰陽二個分量互相轉換促生的機制。

以代理人 A 為例，A 的自生機制是其陰性分量 x_A 與陽性分量 y_A 之間的交互轉換作用，可用以下的關係式來表達：

$$\dot{x}_A = e(y_A - x_A) \tag{10.5.1a}$$

$$\dot{y}_A = f(x_A - y_A) \tag{10.5.1b}$$

當 $y_A > x_A$ 時，（10.5.1a）式反映 $\dot{x}_A > 0$，這說明當 y_A 比 x_A 多時，y_A 將轉換為 x_A，使得 x_A 的值增加；與此同時，（10.5.1b）式則反映 $\dot{y}_A < 0$，說明 y_A 的值則減少。反之，如果 $x_A > y_A$，則 x_A 將轉換為 y_A，使得 y_A 的值增加，而 x_A 的值減少。在（10.5.1）式中，e

---

[9] 陳德成、王慶文、尤耕野、朱東彥，〈試論五行學說的「自生」「反生」作用〉，《吉林中醫藥》，第 2 期，頁 1-2，1990。

代表陽轉陰的自生係數，f 代表陰轉陽的自生係數，如圖 10.11 所示。二個係數的相加 $e + f$ 代表五行自生的強度，以下用 e_+ 表示 $e + f$，e_+ 越大，自生的速度越快，此可證明如下。對（10.5.1b）式微分並結合（10.5.1a）式，得

$$\ddot{y}_A = f(\dot{x}_A - \dot{y}_A) = fe(y_A - x_A) - f\dot{y}_A \qquad （10.5.2）$$

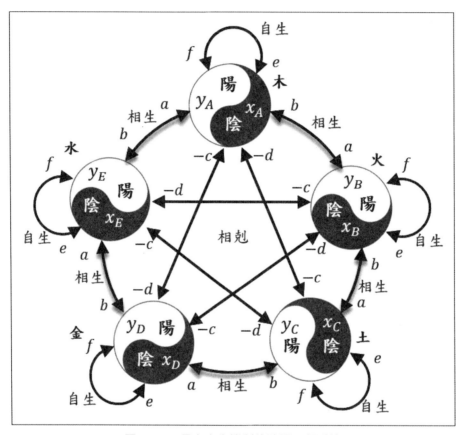

圖 10.11　具有自生機制的陰陽五行系統

資料來源：作者繪製。

另外由（10.5.1b）式知，$fx_A = \dot{y}_A + fy_A$，將之代入（10.5.2）式，得到 y_A 所要滿足的二階方程式：

$$\ddot{y}_A = fey_A - e(\dot{y}_A + fy_A) - f\dot{y}_A = -(e + f)\dot{y}_A \qquad （10.5.3）$$

同理可以證明 $\ddot{x}_A = -(e + f)\dot{x}_A$。以上結果說明 x_A 與 y_A 皆具有二個特徵值 $\lambda = 0$ 與 $\lambda = -(e + f) = -e_+$。特徵值 $\lambda = 0$ 代表陰陽二分量最後會收斂到相同的穩態；特徵值

$\lambda = -(e+f)$ 則代表陰陽二分量是依指數函數 $e^{-(e+f)t}$ 的型式收斂到這個共同穩態。

將陰陽內部動態方程式（10.5.1）加入五行動態方程式（10.3.1）到（10.3.5），得到

$$\dot{x}_A = e(y_A - x_A) + a(y_E - x_A) + b(y_B - x_A) - c(x_D - x_A) - d(x_C - x_A) \quad (10.5.4a)$$
$$\dot{y}_A = f(x_A - y_A) + a(x_E - y_A) + b(x_B - y_A) - c(y_D - y_A) - d(y_C - y_A) \quad (10.5.4b)$$
$$\dot{x}_B = e(y_B - x_B) + a(y_A - x_B) + b(y_C - x_B) - c(x_E - x_B) - d(x_D - x_B) \quad (10.5.5a)$$
$$\dot{y}_B = f(x_B - y_B) + a(x_A - y_B) + b(x_C - y_B) - c(y_E - y_D) - d(y_D - y_B) \quad (10.5.5b)$$
$$\dot{x}_C = e(y_C - x_C) + a(y_B - x_C) + b(y_D - x_C) - c(x_A - x_C) - d(x_E - x_C) \quad (10.5.6a)$$
$$\dot{y}_C = f(x_C - y_C) + a(x_B - y_C) + b(x_D - y_C) - c(y_A - y_C) - d(y_E - y_C) \quad (10.5.6b)$$
$$\dot{x}_D = e(y_D - x_D) + a(y_C - x_D) + b(y_E - x_D) - c(x_B - x_D) - d(x_A - x_D) \quad (10.5.7a)$$
$$\dot{y}_D = f(x_D - y_D) + a(x_C - y_D) + b(x_E - y_D) - c(y_B - y_D) - d(y_A - y_D) \quad (10.5.7b)$$
$$\dot{x}_E = e(y_E - x_E) + a(y_D - x_E) + b(y_A - x_E) - c(x_C - x_E) - d(x_B - x_E) \quad (10.5.8a)$$
$$\dot{y}_E = f(x_E - y_E) + a(x_D - y_E) + b(x_A - y_E) - c(y_C - y_E) - d(y_B - y_E) \quad (10.5.8b)$$

設定參數 δ 如下：

$$\delta = -(a_+ + e - c_+), \; \delta' = -(a_+ + f - c_+)$$

並將以上的聯立方程式寫成矩陣的型式：

$$\begin{bmatrix} \dot{x}_A \\ \dot{y}_A \\ \dot{x}_B \\ \dot{y}_B \\ \dot{x}_C \\ \dot{y}_C \\ \dot{x}_D \\ \dot{y}_D \\ \dot{x}_E \\ \dot{y}_E \end{bmatrix} = \begin{bmatrix} \delta & e & 0 & b & -d & 0 & -c & 0 & 0 & a \\ f & \delta' & b & 0 & 0 & -d & 0 & -c & a & 0 \\ 0 & a & \delta & e & 0 & b & -d & 0 & -c & 0 \\ a & 0 & f & \delta' & b & 0 & 0 & -d & 0 & -c \\ -c & 0 & 0 & a & \delta & e & 0 & b & -d & 0 \\ 0 & -c & a & 0 & f & \delta' & b & 0 & 0 & -d \\ -d & 0 & -c & 0 & 0 & a & \delta & e & 0 & b \\ 0 & -d & 0 & -c & a & 0 & f & \delta' & b & 0 \\ 0 & b & -d & 0 & -c & 0 & 0 & a & \delta & e \\ b & 0 & 0 & -d & 0 & -c & a & 0 & f & \delta' \end{bmatrix} \begin{bmatrix} x_A \\ y_A \\ x_B \\ y_B \\ x_C \\ y_C \\ x_D \\ y_D \\ x_E \\ y_E \end{bmatrix} \quad (10.5.9)$$

若將（10.3.6）式中的特徵值設為 λ'，（10.5.9）式中的特徵值設為 λ''，則二者的關係為

$$\lambda_1'' = \lambda_1' = 0, \; \lambda_{2,3}'' = \lambda_{2,3}' - e_+, \; \lambda_{4,5}'' = \lambda_{4,5}', \quad (10.5.10a)$$
$$\lambda_{6,7}'' = \lambda_{6,7}' - e_+, \; \lambda_{8,9}'' = \lambda_{8,9}', \; \lambda_{10}'' = \lambda_{10}' - e_+, \quad (10.5.10b)$$

其中 $e_+ = e + f$。可見將自生機制加入後，陰陽五行系統的其中 5 個特徵值減少了 e_+，但另外五個特徵值維持不變，如表 10.3 所示。

表 10.3　三種五行系統所對應的特徵值

原始五行	陰陽五行	自生陰楊五行
$\lambda_1 = 0$	$\lambda_1' = 0$	$\lambda_1'' = 0$
*	$\lambda_{2,3}' = -\alpha^2 a_+/10 + \alpha c_+/2$ $\pm i\left(c_-\sqrt{\beta} - a_-\sqrt{\alpha}\right)/2$	$\lambda_{2,3}'' = \lambda_{2,3}' - e_+$
$\lambda_{2,3} = (\beta c_+ - \alpha a_+)/2$ $\pm i\left(c_-\sqrt{\alpha} - a_-\sqrt{\beta}\right)/2$	$\lambda_{4,5}' = \lambda_{2,3}$	$\lambda_{4,5}'' = \lambda_{4,5}' = \lambda_{2,3}$
*	$\lambda_{6,7}' = -\beta^2 a_+/10 + \beta c_+/2$ $\pm i\left(c_-\sqrt{\alpha} + a_-\sqrt{\beta}\right)/2$	$\lambda_{6,7}'' = \lambda_{6,7}' - e_+$
$\lambda_{4,5} = (\alpha c_+ - \beta a_+)/2$ $\pm i\left(c_-\sqrt{\beta} + a_-\sqrt{\alpha}\right)/2$	$\lambda_{8,9}' = \lambda_{4,5}$	$\lambda_{8,9}'' = \lambda_{8,9}' = \lambda_{4,5}$
*	$\lambda_{10}' = -2a_+$	$\lambda_{10}'' = \lambda_{10}' - e_+$

資料來源：作者整理。

　　表 10.3 列出了三種五行結構所對應的特徵值，可以看到自生陰楊五行含有原始五行的五個特徵值，且正是這五個特徵值不受到自生作用的影響。由於 $\sigma_{2,3}''$ 是關鍵特徵值，且因 $\sigma_{2,3}'' = \sigma_{2,3}' - e_+$，使得具有自生機制的五行系統的收斂速度快於不具備自生機制的五行系統。隨著自生強度 $e + f$ 的增加，五行系統收斂到共識態的速度將加速。然而當自生強度 $e + f$ 增加某一臨界時，五行系統的收斂速度將不再增加，這是因為 $\sigma_{4,5}''$ 不受到自生係數 e 與 f 的影響，當 $\sigma_{2,3}'' = \sigma_{2,3}' - e_+$ 遞減到比 $\sigma_{4,5}'' = \sigma_{4,5}'$ 小時，主導的特徵值變成是 $\sigma_{4,5}''$，而非 $\sigma_{2,3}''$，此時自生強度 e_+ 的增加將不再影響五行的收斂速度。令 $\sigma_{4,5}'' = \sigma_{2,3}''$，可得到自生強度 e_+ 的臨界條件：

$$e_+^* = \sigma_{2,3}' - \sigma_{4,5}' = \frac{a_+}{2} - \frac{\sqrt{5}c_+}{2} \tag{10.5.11}$$

當 $e_+ > e_+^*$ 時，代表自生機制對五行系統的影響已達到飽和。

　　以下進行自生機制的數值驗證，採用的生剋參數設定為：$a = 3,\ b = 5,\ c = 0.5,\ d = 1.5$，代入（10.5.11）式，得到自生係數的飽和範圍為

$$\boxed{e_+^* = 4 - \sqrt{5} = \frac{4 - \sqrt{5}}{2} \approx 1.764} \tag{10.5.12}$$

當 e_+ 值超過 1.764，五行系統的動態將不受到自生機制的影響。自生係數考慮了 4 個不同值：（a）$e_+ = 0$，（b）$e_+ = 1$，（c）$e_+ = 2$，（d）$e_+ = 20$，其中後二者屬於飽和範圍。五行的初始值設定如下二組：

$$\begin{bmatrix} (x_A(0), y_A(0)) \\ (x_B(0), y_B(0)) \\ (x_C(0), y_C(0)) \\ (x_D(0), y_D(0)) \\ (x_E(0), y_E(0)) \end{bmatrix} = \begin{bmatrix} (5,4) \\ (3,2) \\ (1,0) \\ (-1,-2) \\ (-3,-4) \end{bmatrix}, \begin{bmatrix} (5,0) \\ (4,0) \\ (3,0) \\ (2,0) \\ (1,0) \end{bmatrix} \qquad （10.5.13）$$

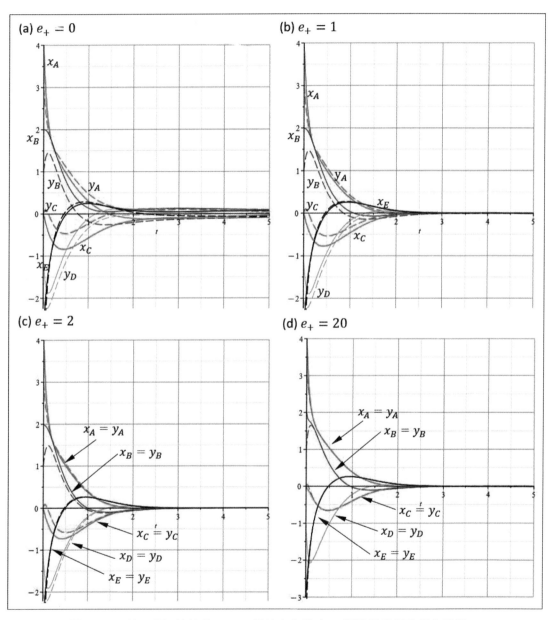

圖 10.12　第一組初始條件下，不同的自生強度 e_+ 對陰陽五行動態的影響。

資料來源：作者繪製。

由第一組初始條件所得到的五行時間響應如圖 10.12 所示。由於第一組初始條件的總合為零，五行達到共識態時，各個分量趨於相同的值：

$$\frac{1}{10}(5+4+3+2+1+0-1-2-3-4)=0 \qquad （10.5.14）$$

圖 10.12a 是沒有自生作用的五行響應，與圖 10.5b 完全相同，雖然每個分量都趨近於相同的穩態值 0，但收斂的速度慢。圖 10.12b 加入了自生作用，自生強度 $e_+ = 1$，可以看到這使得五行的收斂速度加快。圖 10.12c 與圖 10.12d 所採用的自生常數已經進入飽和區，所以二者所呈現的收斂趨勢已無差別。雖然圖 10.12c 與圖 10.12d 的收斂速度相同，但由於二者的自生強度不同，仍可看出二者的微小差異。自生作用有助於加速每一個代理人的陰陽分量達到平衡，也就是加速使得實部的分量等於虛部的分量。圖 10.12d 的自生強度是圖 10.12c 的 10 倍，所以前者的陰陽平衡速度是後者的 10 倍。從圖 10.12d 可以看到，實線與虛線約在時間 $t = 0.2$ 時，即趨於一致。而在圖 10.12c 中，實線與虛線直到時間 $t = 2$ 時，才能趨於一致。所以雖然自生強度已進入五行收斂的飽和區，無助於整體的收斂速度，但較大的自生強度仍然可以加速個別代理人的陰陽平衡。

由第二組初始條件所得到的五行時間響應如圖 10.13 所示。陰陽五行的共識態是將初始條件的總合平均分配給 10 個分量，因此在第二組初始條件下，五行達到共識態時，各個分量趨於相同的值 1.5：

$$\frac{1}{10}(5+0+4+0+3+0+2+0+1+0)=1.5 \qquad （10.5.15）$$

圖 10.13 的四個子圖均顯示最終都能到達共識態 1.5，其中圖 10.13a 是不具自生功能的五行響應，收斂到共識態所需的時間最長。相較於第一組初始條件，第二組初始條件中的每個代理人的陰陽分量差距較大，所以圖 10.13a 的收斂比圖 10.12a 慢。圖 10.13c 與圖 10.13d 的自生強度已進入飽和區，故整體收斂速度相同，但因圖 10.13d 的自生強度比圖 10.13c 大 10 倍，所以每個代理人的陰陽分量較快重合，亦即實線與虛線較快速重合。

綜合言之，自生係數與生剋係數有不同的功能：

● 相生係數 a 與 b，相剋係數 c 與 d，關係到代理人之間的交互作用，相生係數有助於代理人的結合，相剋係數造成代理人的分離。相生係數與相剋係數共同決定了五行系統的收斂或發散。

● 自生係數 e 與 f 無關於代理人之間的交互作用，而是關係到單一代理人的陰陽二個

分量的互相轉換速率。自生強度 $e_+ = e + f$ 越大，陰陽分量之間的轉換越快，越快達到陰陽的平衡。此時陰陽趨於一體，五行不必再分陰陽。

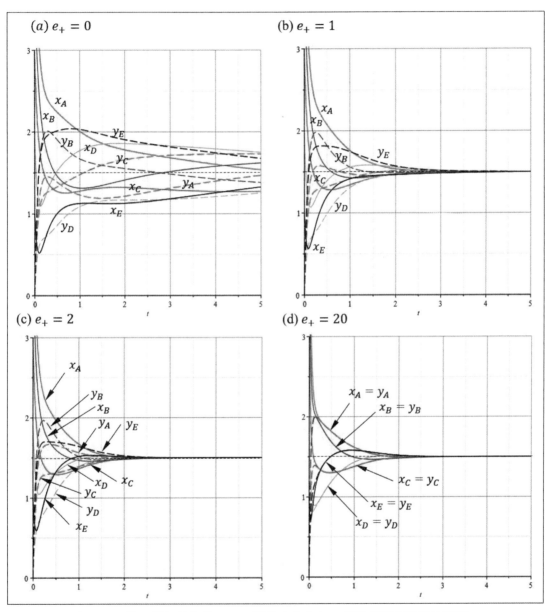

圖 10.13　第二組初始條件下，不同的自生強度 e_+ 對陰陽五行動態的影響。
資料來源：作者繪製。

10.6 三種五行系統的關係

　　原始五行系統（5 個自由度）、陰陽五行系統（10 個自由度）、自生陰陽五行（10 個自由度），三者之間存在著密切的關係。若將三者的特徵值依序設為 λ、λ'、λ''，則它們的數值關係如表 10.3 所示。三者的特徵值在實數軸上的相對位置可用圖 10.14 來描述，其中實心圓是三個系統的共同特徵值，空心圓是陰陽五行系統特有的特徵值，黑色空心方框是自生陰陽五行系統特有的特徵值，其中黑色空心方框會隨著自生強度 e_+ 的增加而向左移動。

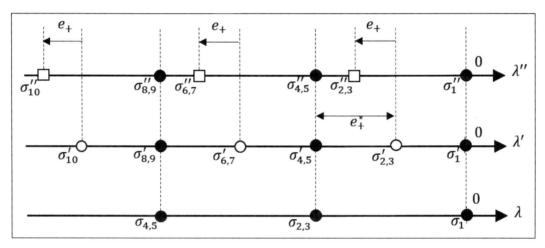

圖 10.14　三種五行系統的特徵值分布比較：λ 為原始五行的特徵值，λ' 為陰陽五行的特徵值，λ'' 為自生陰陽五行的特徵值。實心圓點是三種系統的共同特徵值，空心圓點是陰陽五行特有的特徵值，空心方框是自生陰陽五行特有的特徵值，其會隨著自生強度 e_+ 的增加而向左移動。
資料來源：作者繪製。

　　原始五行是陰陽五行與自生陰陽五行的基本架構，所以後二者的特徵值中都保留著原始五行的特徵值，如圖 10.14 中的實心圓點所示。自生陰陽五行的 10 個特徵值（λ''）中，除了保留了 5 個原始五行的特徵值外，其餘五個特徵值（空心方框）會隨著自生強度 e_+ 的增加而向左移動。當 e_+ 移動的距離超過 e_+^* 時（亦即 $\sigma_{2,3}''$ 移動到 $\sigma_{4,5}''$ 的左邊），就是進入了前面所提到的收斂飽和區，此時自生陰陽五行系統的收斂速度不再受自生強度 e_+ 的影響，而是決定於原始五行的特徵值 $\sigma_{4,5}'' = \sigma_{2,3}$。

　　自生陰陽五行系統包含 10 個特徵值（參見圖 10.14 中的 λ''），分別屬於二種動態：（1）發生於同一代理人內部的陰陽轉換動態，所對應的特徵值是 λ'' 中的空心方框的位

置；（2）發生於不同代理人之間的相生與相剋動態，所對應的特徵值是 λ'' 中的實心圓點的位置。自生強度 e_+ 對以上這二種動態的影響可分成二個階段：

● 未飽和區 $e_+ \leq e_+^*$：在未飽和區，自生強度 e_+ 對二種動態都有影響，一方面可加速陰陽之間的平衡，一方面又可加速生剋動態的收斂，參見圖 10.13a 與 9.13b。

● 飽和區 $e_+ > e_+^*$：進入飽和區後，自生作用只對陰陽動態產生影響，對於生剋動態的影響則已達到飽和。從圖 10.14 可以看到，隨著自生強度 e_+ 的增加，自生陰陽五行系統的五個特徵值越往實數軸的負方向移動（圖 10.14 中的空心方框）。它們所對應的陰陽動態越快達到平衡。此點也可以由圖 10.13c 與圖 10.13d 得到證實，隨著自生強度 e_+ 的增加，實線與虛線（分別代表陰、陽二種動態）越快融合在一起，10 條曲線融合成 5 條曲線，此五條曲線代表純粹在生、剋作用下的五行動態。但是另一方面我們也可看到，融合後的 5 條曲線並沒有因為自生強度 e_+ 的增加，而加快收練斂到穩態值，此說明在飽和區，自生強度 e_+ 對生剋動態沒有影響。

自生陰陽五行系統中的 10 個分量可以表示成如下的時間函數

$$x_i(t) = A_i e^{\lambda_1' t} + B_i e^{(\lambda_{10}' - e_+)t} + C_i e^{(\sigma_{2,3}' - e_+)t} \sin(\omega_{2,3}' t + \theta_i) + D_i e^{\sigma_{4,5}' t} \sin(\omega_{4,5}' t + \varphi_i)$$
$$+ E_i e^{(\sigma_{6,7}' - e_+)t} \sin(\omega_{6,7}' t + \psi_i) + F_i e^{\sigma_{8,9}' t} \sin(\omega_{8,9}' t + \phi_i), \ i = 1, 2, \cdots, 10 \quad （10.6.1）$$

上式與（10.3.9）式比較，可以看到自生作用是在指數次方多了 $-e_+$ 的項。當 $e_+ \to \infty$ 時，（10.6.1）式有 3 項趨近於零：

$$e^{(\lambda_{10}' - e_+)t} \to 0, \ e^{(\sigma_{2,3}' - e_+)t} \to 0, \ e^{(\sigma_{6,7}' - e_+)t} \to 0$$

於是（10.6.1）式剩下

$$\lim_{e_+ \to \infty} x_i(t) = A_i e^{\lambda_1' t} + e^{\sigma_{4,5}' t} \sin(\omega_{4,5}' t + \varphi_i) + F_i e^{\sigma_{8,9}' t} \sin(\omega_{8,9}' t + \phi_i) \quad （10.6.2）$$

對照圖 10.14 可以發現，（10.6.2）式中所保留的五個特徵值就是原始五行系統的特徵值。因此（10.6.2）式可改寫成

$$\lim_{e_+ \to \infty} x_i(t) = A_i e^{\lambda_1 t} + e^{\sigma_{2,3} t} \sin(\omega_{2,3} t + \varphi_i) + F_i e^{\sigma_{4,5} t} \sin(\omega_{4,5} t + \phi_i) \quad （10.6.3）$$

上式就是原始五行系統的時間響應，而原始五行系統是沒有陰陽屬性區分的系統。根據（10.5.1）式，自生強度 e_+ 代表陰陽二個分量互相交換的速度，亦即陰生陽、陽生陰的速度，當自生強度 e_+ 很大時，陰陽之間快速交換，瞬間陰陽合成一體，陰即是陽，陽即

是陰，此時的陰陽五行系統回復成原始的五行系統，沒有陰陽之分。

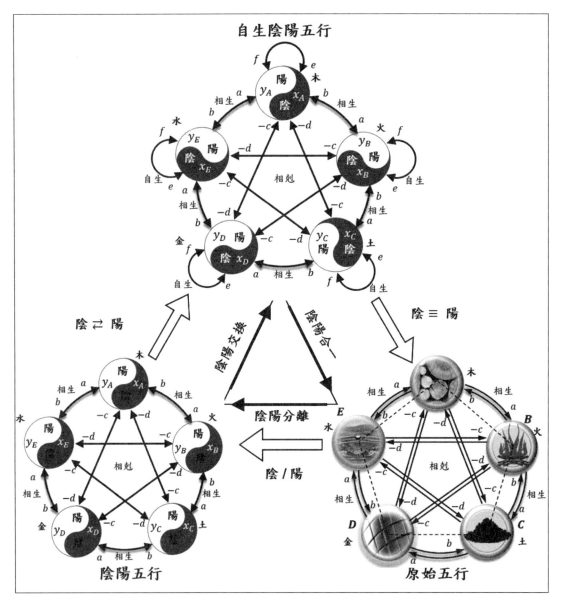

圖 10.15　三種五行系統的運作關係圖。原始五行是陰陽合一的狀態（右下角），將原始五行的陰陽屬性加以分離後，即得到陰陽五行系統（左下角）。進一步將陰陽互相轉換的機制（即自生功能）加入後，得到自生陰陽五行系統（上圖）。所加入的自生機制促成陰陽的平衡，使得自生陰陽五行系統回復到陰陽合一的原始五行系統。
資料來源：作者繪製。

　　經由以上的分析，我們發現五行的三種結構，亦即原始五行、陰陽五行、自生陰陽五行，形成一個迴圈的關係，如圖 10.15 所示。如果我們從原始五行系統出發（見圖 10.15 右下角），將每一行分離出陰陽兩種屬性，即得到陰陽五行系統（見圖 10.15 左下角），這個過程稱為陰陽分離。進一步將自生作用加入陰陽五行系統中，促成陰陽之間的交換，此即自生陰陽五行系統（見圖 10.15 的上方），這個過程稱為陰陽交換。自生陰陽五行系統透過陰陽交換的過程，達到陰陽平衡，陰陽合成一體之後，此時的自生陰陽五行系統回歸到最初陰陽不區分的原始五行系統。

第十一章
五行網路的擴展：N 行網路

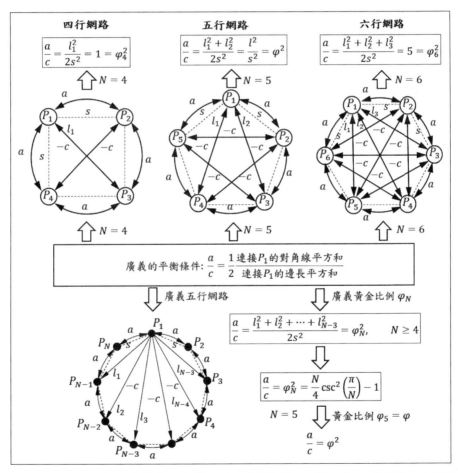

圖 11.0　N 行網路是將五行網路的代理人數目由五個擴展為 N 個。在 N 行網路之中與代理人 P_1 相鄰的代理人只有它左右二個鄰居，剩下的 N−3 個代理人都與 P_1 相間隔，因此不管 N 多少，相生關係的數目都是 2，而相剋關係的數目為 N−3。在五行網路中決定穩定性條件的是黃金比例 $\varphi = \varphi_5$，而在 N 行網路中，決定穩定性條件的是廣義黃金比例 φ_N。
資料來源：作者繪製。

　　五行網路的「鄰相生、間相剋」的特徵可以擴展到 N 個元素的網路。若將 N 個代理人等間隔排列在一個圓上，則二個代理人的關係被稱為相鄰，若它們的連線是正 N 邊形的一個邊；二個代理人的關係被稱為相間隔，若它們的連線是正 N 邊形的一個對角線。N 行網路的特徵是相鄰的代理人之間具有相生的關係，而相間隔的代理人之間具有相剋的關係。根據以上相鄰與相間隔的定義，在 N 行網路之中與某一代理人 A 相鄰的代理人只有它左右二個鄰居，剩下的 N−3 個代理人都與 A 相間隔，因此不管 N 多少，相生關係的數目都是 2，而相剋關係的數目為 N−3。當 N 逐漸增加時，相生關係的數目維持不變都是 2，但相剋關係的數目卻越來越大，導致相剋的力量將超過相生的力量越來越多，造成 N 行網路的結構更不容易達到平衡。

　　從廣義的 N 行網路來看，五行網路最為特別，因為對於五行網路的任意代理人而言，它與其他四個代理人的關係，剛好是二個合作關係，二個對抗關係，這是最容易達到平衡的網路結構。除了 N=5 之外，其他的 N 行網路中的相生關係的數目都不會等於相剋關係的數目。對於 N<5 的網路結構而言，相生關係的數目會大於相剋關係的數目；反之，對於 N>5 的網路結構，相剋關係的數目大於相生關係的數目。符合「鄰相生、間相剋」特徵的 N 行網路中，最小的 N 值是 4，亦即四行網路。在 N=3 的網路結構中，由於三個代理人都彼此相鄰，故不存在相剋的關係，因此對於廣義的 N 行網路，必須從四行網路開始討論起。圖 11.1 顯示從 N=4 到 N=9 所對應 N 行網路。

11.1 四行網路

　　參見圖 11.1a，對於四行網路中的每一個代理人，會受到二個相生作用來自左右相鄰的代理人，以及一個相剋作用來自對角線的代理人，因此相生作用的數目大於相剋作用的數目。四行網路的數學模式建立如下：

$$\dot{x}_A = a(x_B - x_A) + a(x_D - x_A) - c(x_C - x_A) \qquad (11.1.1a)$$

$$\dot{x}_B = a(x_A - x_B) + a(x_C - x_B) - c(x_D - x_B) \qquad (11.1.1b)$$

$$\dot{x}_C = a(x_B - x_C) + a(x_D - x_C) - c(x_A - x_C) \qquad (11.1.1c)$$

$$\dot{x}_D = a(x_A - x_D) + a(x_C - x_D) - c(x_B - x_D) \qquad (11.1.1d)$$

相對應的系統矩陣為

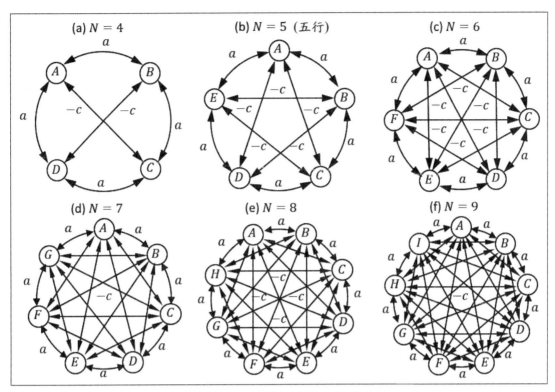

圖 11.1　廣義 N 行網路的相生與相剋關係

資料來源：作者繪製。

$$\mathbb{A}_4 = \begin{bmatrix} \delta_4 & a & -c & a \\ a & \delta_4 & a & -c \\ -c & a & \delta_4 & a \\ a & -c & a & \delta_4 \end{bmatrix}, \qquad \delta_4 = c - 2a \qquad (11.1.2)$$

其 4 個特徵值分別為

$$\lambda_1 = 0, \qquad \lambda_2 = -4a, \qquad \lambda_{3,4} = -2a + 2c \qquad (11.1.3)$$

N 行網路收斂的條件是最大的特徵值必須為負，亦即

$$\lambda_{3,4} = -2a + 2c < 0 \ \rightarrow \ a > c \qquad (11.1.4)$$

（11.1.3）式顯示四行網路具有一特徵值為零，這說明四行網路可收斂到一個共識值。另外四形網路具有與五行網路相同的特性，即代理人的數量總和為一定值：

$$x_A(t) + x_B(t) + x_C(t) + x_D(t) = 定值 \qquad (11.1.5)$$

因此四行網路的共識值必為初始值的平均值，這一性質其實是所有 N 行網路的特性。

（11.1.4）式的穩定條件所表達的意義是

$$相生強度 > 相剋強度 \qquad\qquad （11.1.6）$$

其中相生強度是對某一代理人相生作用的總和，相剋強度是對同一代理人相剋作用的總和。（11.1.6）式的條件必須對每一個代理人都成立。

$$相生強度 = \sum_i a_i s_i^2, \qquad 相剋強度 = \sum_k c_k l_k^2 \qquad （11.1.7）$$

其中引數 i 是指第 i 個具有相生關係的連結邊；a_i 是此邊的相生係數，s_i 是此邊的長度；引數 k 是指第 k 個具有相剋關係的連結邊；c_k 是此邊的相剋係數，l_k 是此邊的長度。對於圖 11.1 所定義的 N 行網路而言，所有的相生係數 a_i 均等於 a，所有的相剋係數 c_i 均等於 c，而且所有的相生連結線均位於正 N 邊形的邊上，而所有的相剋連結線均位於正 N 邊形的對角線上。對於某一代理人而言，與其相生的連結邊只有左右二個鄰邊，即 $i = 1, 2$，且相生連結邊的長度即為正 N 邊形的邊長 s_i，如圖 11.2 所示。

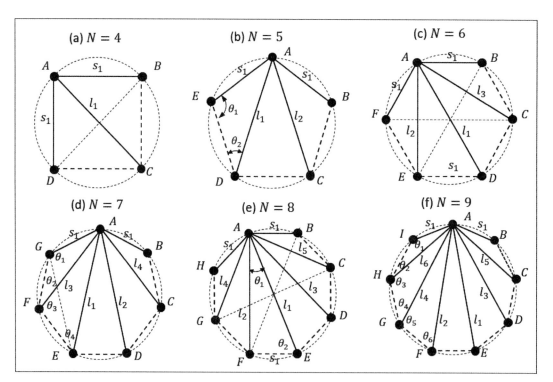

圖 11.2　N 行網路的代理人位於正 N 邊形的頂點上。以頂點 A 為對象，說明正 N 邊形的邊連結二個相生的代理人，正 N 邊形的對角線連結二個相剋的代理人。
資料來源：作者繪製。

根據以上的設定，（11.6）式的條件可表示成

$$2as_1^2 > c \sum_k l_k^2 \implies \boxed{\frac{a}{c} > \frac{1}{2} \sum_k \left(\frac{l_k}{s_1}\right)^2}$$

（11.1.8）

這個式子是以 N 邊形的幾何性質表達出 N 行網路穩定所要滿足的條件。其中對於四行網路而言，參見圖 11.2a，相剋的連結線只有一條（$k = 1$），即正四邊形的對角線，其長度為 $l_1 = \sqrt{2}s_1$。將 $k = 1$，$l_1 = \sqrt{2}s_1$ 代入（11.1.8）式，得到 $a/c > 1$，此即為（11.1.4）式的條件。

11.2 五行網路

五行網路已於前一章討論過，這裡我們的目的是要測試（11.1.8）式的正確性。於（6.1.4）式中，令 $a = b$，$c = d$，得到簡化的方程式

$$\dot{x}_A = a(x_E - x_A) + a(x_B - x_A) - c(x_D - x_A) - c(x_C - x_A)$$ （11.2.1a）

$$\dot{x}_B = a(x_A - x_B) + a(x_C - x_B) - c(x_E - x_B) - c(x_D - x_B)$$ （11.2.1b）

$$\dot{x}_C = a(x_B - x_C) + a(x_D - x_C) - c(x_A - x_C) - c(x_E - x_C)$$ （11.2.1c）

$$\dot{x}_D = a(x_C - x_D) + a(x_E - x_D) - c(x_B - x_D) - c(x_A - x_D)$$ （11.2.1d）

$$\dot{x}_E = a(x_D - x_E) + a(x_A - x_E) - c(x_C - x_E) - c(x_B - x_E)$$ （11.2.1e）

相對應的系統矩陣為

$$\mathbb{A}_5 = \begin{bmatrix} \delta_5 & a & -c & -c & a \\ a & \delta_5 & a & -c & -c \\ -c & a & \delta_5 & a & -c \\ -c & -c & a & \delta_5 & a \\ a & -c & -c & a & \delta_5 \end{bmatrix}, \qquad \delta_5 = 2c - 2a$$

（11.2.2）

其 5 個特徵值分別為

$$\lambda_1 = 0, \ \lambda_{2,3} = -(\alpha a - \beta c), \qquad \lambda_{4,5} = -(\beta a - \alpha c)$$ （11.2.3）

N 行網路收斂的條件是最大的非零特徵值必須為負，亦即

$$\lambda_{3,4} = -(\alpha a - \beta c) < 0 \ \rightarrow \ \frac{a}{c} > \frac{\beta}{\alpha} = \frac{3 + \sqrt{5}}{2}$$ （11.2.4）

在另一方面，我們將透過（11.1.8）式得到相同的穩定條件。參見圖 11.2b，正五邊形

有二條等長的對角線，即 $l_1 = l_2$。在三角形 AED 中，$\theta_1 = 3\pi/5$，$\theta_2 = (\pi - \theta_1)/2 = \pi/5$，並利用正弦定律得到邊長 s_i 與對角線 l_1 的關係如下：

$$\frac{l_1}{\sin\theta_1} = \frac{s_1}{\sin\theta_2} \Rightarrow \frac{l_1}{s_1} = \frac{\sin\theta_1}{\sin\theta_2} = \frac{\sin(3\pi/5)}{\sin(\pi/5)} = \frac{\sin(2\pi/5)}{\sin(\pi/5)} = 2\cos(\pi/5) \quad (11.2.5)$$

因為 $\cos(\pi/5) = (1+\sqrt{5})/4$，故得

$$\frac{l_1}{s_1} = \frac{1+\sqrt{5}}{2} = \varphi \quad (11.2.6)$$

其中 φ 即是有名的黃金比例，此值正好是正五邊形中，對角線長與邊長的比值。將（11.2.6）式的結果代入（11.1.8）式中，並注意 $l_1 = l_2$，得到

$$\frac{a}{c} > \frac{1}{2}\sum_{k=1,2}\left(\frac{l_k}{s_1}\right)^2 = \varphi^2 = \frac{3+\sqrt{5}}{2} \quad (11.2.7)$$

此結果與（11.2.4）式完全相同，代表（11.1.8）式所表示的穩定條件正確無誤。

11.3 六行網路

參見圖 11.2c，六行網路中的每個代理人受到二個相生作用（沿著正六邊形邊長的方向，及三個相剋作用（沿著對角線的方向），網路的動態變化可用以下的方程式加以描述：

$$\dot{x}_A = a(x_F - x_A) + a(x_B - x_A) - c(x_D - x_A) - c(x_C - x_A) - c(x_E - x_A) \quad (11.3.1a)$$
$$\dot{x}_B = a(x_A - x_B) + a(x_C - x_B) - c(x_E - x_B) - c(x_D - x_B) - c(x_F - x_B) \quad (11.3.1b)$$
$$\dot{x}_C = a(x_B - x_C) + a(x_D - x_C) - c(x_A - x_C) - c(x_E - x_C) - c(x_F - x_C) \quad (11.3.1c)$$
$$\dot{x}_D = a(x_C - x_D) + a(x_E - x_D) - c(x_B - x_D) - c(x_A - x_D) - c(x_F - x_D) \quad (11.3.1d)$$
$$\dot{x}_E = a(x_D - x_E) + a(x_F - x_E) - c(x_C - x_E) - c(x_B - x_E) - c(x_A - x_E) \quad (11.3.1e)$$
$$\dot{x}_F = a(x_A - x_F) + a(x_E - x_F) - c(x_C - x_F) - c(x_B - x_F) - c(x_D - x_F) \quad (11.3.1f)$$

相對應的系統矩陣為

$$\mathbb{A}_6 = \begin{bmatrix} \delta_6 & a & -c & -c & -c & a \\ a & \delta_6 & a & -c & -c & -c \\ -c & a & \delta_6 & a & -c & -c \\ -c & -c & a & \delta_6 & a & -c \\ -c & -c & -c & a & \delta_6 & a \\ a & -c & -c & -c & a & \delta_6 \end{bmatrix}, \qquad \delta_6 = 3c - 2a \quad (11.3.2)$$

其 6 個特徵值分別為

$$\lambda_1 = 0,\ \lambda_2 = -2(2a-c),\qquad \lambda_{3,4} = -3(a-c),\qquad \lambda_{5,6} = -(a-5c) \quad (11.3.3)$$

N 行網路收斂的條件是最大的非零特徵值必須為負，亦即

$$\lambda_{5,6} = -(a-5c) < 0 \implies \frac{a}{c} > 5 \qquad (11.3.4)$$

除了依據特徵值的判斷，我們另外可以由六邊形的幾何特性以及（11.1.8）式，得到與（11.3.4）式相同的穩定條件。（11.1.8）式的計算需要輸入六邊形的對角線長度，由圖 11.2c 可以看到，六邊形有三條對角線，l_1、l_2 與 l_3，其中 $l_2 = l_3$。觀察圖 11.2c 中的三角形 AED，這是一個內角為 30-60-90 的直角三角形，其三邊長分別為 l_1、l_2 與 s_i，且具有 $2 : \sqrt{3} : 1$ 的比例關係，因此 $l_1 = 2s_1$，$l_2 = \sqrt{3}s_1$。將以上數據代入（11.1.8）式得到

$$\frac{a}{c} > \frac{1}{2}\sum_{k=1}^{3}\left(\frac{l_k}{s_1}\right)^2 = \frac{1}{2}\left(\left(\frac{2s_1}{s_1}\right)^2 + \left(\frac{\sqrt{3}s_1}{s_1}\right)^2 + \left(\frac{\sqrt{3}s_1}{s_1}\right)^2\right) = 5 \qquad (11.3.5)$$

此結果與（11.3.4）式完全相同，但中間的計算過程只用到六邊形的幾何關係，遠比特徵值的計算來得簡單，且更加直觀。尤其當 A 矩陣的特徵值無法表成 a 與 c 的顯函數時，我們無法得到類似（11.3.3）式與（11.3.4）式的表示式，但是此時（11.1.8）式的判斷式仍然可以使用，因為它只牽涉到正多邊形對角線長度的計算。

11.4 八行網路

在討論 N=7 之前，我們先討論 N=8 的情形，因為它的特徵值有解析的表示式，可藉以求出穩定的條件，並能與（11.1.8）式的幾何條件相互驗證。依據 N 小於 7 時的系統 A 矩陣的規律性，N=8 所對應的系統 A 矩陣可表示成

$$\mathbb{A}_8 = \begin{bmatrix} \delta_8 & a & -c & -c & -c & -c & -c & a \\ a & \delta_8 & a & -c & -c & -c & -c & -c \\ -c & a & \delta_8 & a & -c & -c & -c & -c \\ -c & -c & a & \delta_8 & a & -c & -c & -c \\ -c & -c & -c & a & \delta_8 & a & -c & -c \\ -c & -c & -c & -c & a & \delta_8 & a & -c \\ -c & -c & -c & -c & -c & a & \delta_8 & a \\ a & -c & -c & -c & -c & -c & a & \delta_8 \end{bmatrix}, \qquad \delta_8 = 5c - 2a \qquad (11.4.1)$$

其 8 個特徵值分別為

$$\lambda_1 = 0, \ \lambda_2 = -4(a-c), \qquad \lambda_{3,4} = -2(a-3c),$$

$$\lambda_{5,6} = -\left(2-\sqrt{2}\right)a + \left(6+\sqrt{2}\right)c, \qquad \lambda_{7,8} = -\left(2+\sqrt{2}\right)a + \left(6-\sqrt{2}\right)c \qquad （11.4.2）$$

其中在非零的特徵值中，$\lambda_{5,6}$ 的值最大。所以八行網路穩定的條件是 $\lambda_{5,6} < 0$，亦即

$$\lambda_{5,6} = -\left(2-\sqrt{2}\right)a + \left(6+\sqrt{2}\right)c < 0 \implies \frac{a}{c} > \frac{6+\sqrt{2}}{2-\sqrt{2}} = 7 + 4\sqrt{2} \qquad （11.4.3）$$

接著我們再以幾何條件（11.1.8）驗證（11.4.3）式的結果。（11.1.8）式需要計算正八邊形的對角線長度，圖 11.2e 顯示正八邊形有 5 條對角線 l_i，$i = 1, \cdots, 5$，其中 $l_1 > l_2 = l_3 > l_4 = l_5$。在圖 11.2e 中，三角形 AFE 是一直角三角形，θ_2 是正八邊形內角的一半，即 $\theta_2 = 3\pi/8$，$\theta_1 = \pi/2 - \theta_2 = \pi/8$，並且注意 θ_1 的三角函數值

$$\sin\frac{\pi}{8} = \frac{1}{\sqrt{4+2\sqrt{2}}}, \qquad \cos\frac{\pi}{8} = \frac{1+\sqrt{2}}{\sqrt{4+2\sqrt{2}}} \qquad （11.4.4）$$

在三角形 AFE 中，$s_1 = l_1 \sin\theta_1$，$l_2 = l_1 \cos\theta_1$，因此

$$l_1 = \frac{s_1}{\sin\theta_1} = s_1\sqrt{4+2\sqrt{2}}, \qquad l_2 = l_1 \cos\theta_1 = s_1\left(1+\sqrt{2}\right) \qquad （11.4.5）$$

另外在圖 11.2e 的三角形 AGC 中，$l_4 = l_5$，$\overline{GC} = \overline{AE} = l_1 =$ 八邊形外接圓的直徑，故 AGC 為等腰直角三角形：

$$l_4 = l_5 = \frac{l_1}{\sqrt{2}} = s_1\sqrt{2+\sqrt{2}} \qquad （11.4.6）$$

最後將（11.4.5）式與（11.4.6）式代入（11.1.8）式中，得到八行網路穩定的幾何條件為

$$\frac{a}{c} > \frac{1}{2}\sum_{k=1}^{5}\left(\frac{l_k}{s_1}\right)^2 = \frac{1}{2}\left[4+2\sqrt{2}+2\left(1+\sqrt{2}\right)^2+2\left(2+\sqrt{2}\right)\right] = 7+4\sqrt{2} \qquad （11.4.7）$$

此式與（11.4.3）式完全相同。這個結果再一次說明幾何穩定條件與特徵值所表示的動態穩定條件完全一致。

11.5 七行網路

對於 N＝7 及 N＝9 的情形，A_7 與 A_9 矩陣的特徵值無法表成 a 與 c 的顯函數，因此無法藉以推導出動態穩定條件的表示式，但幾何隱定條件仍然可以求得。考慮圖 11.2d，正七邊形有 4 條對角線，其中 $l_1 = l_2$，$l_3 = l_4$。因為正七邊形的每一內角為 $5\pi/7$，並不是特別角，其三角函數值不存在解析的表示式，因此其對角線的長度也只能用數值加以表示。在圖 11.2d 中的三角形 AGF 與三角形 AFE，使用正弦定律

$$\frac{s_1}{\sin\theta_2} = \frac{l_3}{\sin\theta_1}, \qquad \frac{l_3}{\sin\theta_4} = \frac{l_1}{\sin\theta_3} \tag{11.5.1}$$

其中 $\theta_1 = 5\pi/7$ 是正七邊形的內角，$\theta_2 = (\pi - \theta_1)/2 = \pi/7$，$\theta_3 = 5\pi/7 - \theta_2 = 4\pi/7$。$\theta_4$ 可以由四邊形 AGFE 求得。AGFE 是一個等腰梯形，而 θ_4 是其中一個底角，其值為

$$\theta_4 = \frac{1}{2}\big((4-2)\pi - 2\theta_1\big) = \frac{2}{7}\pi$$

其中 $(4-2)\pi$ 是用到 N 邊形內角和的公式 $(N-2)\pi$。將以上各個角度代入（11.5.1）式中，得到正七邊形的 2 個對角線長：

$$l_3 = \frac{\sin\theta_1}{\sin\theta_2}s_1 = \frac{\sin 5\pi/7}{\sin\pi/7}s_1 = \frac{\sin 2\pi/7}{\sin\pi/7}s_1 \tag{11.5.2a}$$

$$l_1 = \frac{\sin\theta_3}{\sin\theta_4}l_3 = \frac{\sin\theta_1}{\sin\theta_2}\frac{\sin\theta_3}{\sin\theta_4}s_1 = \frac{\sin 5\pi/7}{\sin\pi/7}\frac{\sin 4\pi/7}{\sin 2\pi/7}s_1 = \frac{\sin 3\pi/7}{\sin\pi/7}s_1 \tag{11.5.2b}$$

由（11.5.2）式可以證明關於正七邊形對角線的一個公式：二條對角線長度的倒數相加等於邊長的倒數。由（11.5.2）式可得

$$\frac{1}{l_1} + \frac{1}{l_3} = \frac{\sin\pi/7}{s_1}\left(\frac{1}{\sin(3\pi/7)} + \frac{1}{\sin(2\pi/7)}\right) = \frac{\sin\pi/7}{s_1}\left(\frac{\sin(2\pi/7) + \sin(3\pi/7)}{\sin(2\pi/7)\sin(3\pi/7)}\right) \tag{11.5.3}$$

再利用三角函數和差化積公式：

$$\sin\alpha + \sin\beta = 2\sin\frac{\alpha+\beta}{2}\cos\frac{\alpha-\beta}{2}$$

可以得到如下的運算結果

$$\sin\frac{2\pi}{7} + \sin\frac{3\pi}{7} = 2\sin\frac{5\pi}{14}\cos\frac{\pi}{14}$$

將上式代入（11.5.3）式化簡，得到正七邊形的對角線長與邊長的倒數關係

$$\frac{1}{l_1} + \frac{1}{l_3} = \frac{1}{s_1}\frac{\sin(5\pi/14)\cos(\pi/14)}{\sin(3\pi/7)\cos(\pi/7)} = \frac{1}{s_1} \tag{11.5.4}$$

其中用到正弦函數與餘弦函數的互換公式：$\sin(5\pi/14) = \cos(\pi/2 - 5\pi/14) = \cos(\pi/7)$，$\cos(\pi/14) = \sin(\pi/2 - \pi/14) = \sin(3\pi/7)$。

　　其次將所得到的 $l_1 = l_2$ 及 $l_3 = l_4$ 代入（11.1.8）式，得到七行網路穩定的幾何條件：

$$\frac{a}{c} > \frac{1}{2}\sum_{k=1}^{4}\left(\frac{l_k}{s_1}\right)^2 = \left(\frac{\sin 3\pi/7}{\sin\pi/7}\right)^2 + \left(\frac{\sin 2\pi/7}{\sin\pi/7}\right)^2 \approx 8.295897 \tag{11.5.5}$$

七行網路相對應的系統矩陣為

$$\mathbb{A}_7 = \begin{bmatrix} \delta_7 & a & -c & -c & -c & -c & a \\ a & \delta_7 & a & -c & -c & -c & -c \\ -c & a & \delta_7 & a & -c & -c & -c \\ -c & -c & a & \delta_7 & a & -c & -c \\ -c & -c & -c & a & \delta_7 & a & -c \\ -c & -c & -c & -c & a & \delta_7 & a \\ a & -c & -c & -c & -c & a & \delta_7 \end{bmatrix}, \qquad \delta_7 = 4c - 2a \qquad (11.5.6)$$

此矩陣的特徵值無法表成係數 a 與 c 的簡單函數，因此無法藉由特徵值小於零的條件得到 a 與 c 所要滿足的關係式。但是我們仍然可以透過特徵值的計算，檢驗（11.5.5）式的正確性。（11.5.5）式給出了保證七行網路穩定所需要的 a/c 的臨界值 $(a/c)_{cr} = 8.295897$。當 a/c 小於此臨界值時，系統為不穩定，此時系統矩陣必有正的特徵值；反之，當 a/c 大於此臨界值時，系統為穩定，此時系統矩陣的所有特徵值均位於左半平面。以下我們在緊鄰臨界值的二側分別選取 $(a/c)_1 = 8.295$，$(a/c)_2 = 8.296$，使得

$$(a/c)_1 < (a/c)_{cr} < (a/c)_2$$

先考慮 $(a/c)_1$ 所對應的系統矩陣，由於 $(a/c)_1$ 不滿足條件（11.5.5），但又很靠近，我們預測此時系統矩陣 A_7 的最大特徵值將位於右半平面，但是很靠近原點。實際選取 $a = 8.295$，$c = 1$，代入（11.5.6）式中，求得系統矩陣 $\mathbb{A}_7$ 的 7 個特徵值如下：

$$\lambda_1 = 0, \ \lambda_{2,3} = -28.339, \qquad \lambda_{4,5} = -15.727, \qquad \lambda_{6,7} = 0.00068$$

如所預測，這裡存在一個很靠近原點的正特徵值 $\lambda_{6,7}$。正是由於 $\lambda_{6,7}$ 的作用使得七行網路系統緩慢發散。

其次考慮 $(a/c)_2$ 所對應的特徵值，因為 $(a/c)_2$ 滿足條件（11.5.5），我們預測系統矩陣 $\mathbb{A}_7$ 的所有特徵值均將位於左半平面。實際選取 $a = 8.296$，$c = 1$，代入（11.5.6）式中，求得系統矩陣 $\mathbb{A}_7$ 的 7 個特徵值如下：

$$\lambda_1 = 0, \ \lambda_{2,3} = -28.343, \qquad \lambda_{4,5} = -15.729, \qquad \lambda_{6,7} = -0.000078$$

如所預測，系統矩陣 $\mathbb{A}_7$ 的所有特徵值均位於左半平面，原先微小正值的 $\lambda_{6,7}$，現在變成微小負值。此時系統雖然收斂，但收斂的速度很慢。進一步的測試發現，當 a/c 越來越靠近臨界值 $(a/c)_{cr}$ 時，特徵值 $\lambda_{6,7}$ 的值則越靠近零，此時系統的時間響應是既不發散，也不收斂，而呈現固定振幅的振盪。以上測試所描述的系統動態變化趨勢說明了（11.5.5）式確實為決定系統穩定的條件。最值得特別注意的是，（11.5.5）式的計算只牽涉到正七邊

形的對角線長度，然而它卻可以決定七行網路的穩定性，也就是能判斷系統矩陣是否存在正的特徵值。

11.6 九行網路

N = 9 的網路系統與 N = 7 的情形類似，其系統矩陣的特徵值無法表成 a 與 c 的顯函數，因此無法藉以推導出動態穩定條件的表示式，但幾何隱定條件仍然可以由（11.1.8）式求得。參見圖 11.2f，正九邊形有 6 條對角線，其中 $l_1 = l_2$，$l_3 = l_4$，$l_5 = l_6$。因為正九邊形的每一內角為 $7\pi/9$，並不是特別角，其三角函數值不存在解析的表示式，因此對角線的長度也只能用數值加以表示。在圖 11.2f 中，分別對三角形 AIH、AHG、AGF，使用正弦定律，可以得到如下關係：

$$\frac{s_1}{\sin \theta_2} = \frac{l_6}{\sin \theta_1}, \qquad \frac{l_6}{\sin \theta_4} = \frac{l_4}{\sin \theta_3}, \qquad \frac{l_4}{\sin \theta_6} = \frac{l_2}{\sin \theta_5} \qquad （11.6.1）$$

因此只要代入 $\theta_1 \sim \theta_6$ 的角度值，由以上三個關係式即可以求得三條對角線的長度。觀察圖 11.2f，在三角形 AIH 之中，$\theta_1 = 7\pi/9$ 為正九邊形的一個內角，$\theta_2 = (\pi - \theta_1)/2 = \pi/9$。在三角形 AHG 中，$\theta_3 =$ 正九邊形的內角 $- \theta_2 = 6\pi/9$。四邊形 AIHG 是一個等腰梯形，θ_4 是此等腰梯形的一個底角，故得

$$\theta_4 = \frac{1}{2}(2\pi - 2\theta_1) = \frac{2\pi}{9}$$

在三角形 AGF 中，$\theta_5 =$ 正九邊形的內角 $- \theta_4 = 5\pi/9$。θ_6 是五邊形 AIHGF 的一個底角，其值為

$$\theta_6 = \frac{1}{2}(3\pi - 3\theta_1) = \frac{3\pi}{9}$$

利用以上所得的 $\theta_1 \sim \theta_6$ 六個角度，正九邊形的三條對角線可求得如下：

$$l_6 = \frac{\sin \theta_1}{\sin \theta_2} s_1 = \frac{\sin(7\pi/9)}{\sin(\pi/9)} s_1 = \frac{\sin(2\pi/9)}{\sin(\pi/9)} s_1 \qquad （11.6.2）$$

$$l_4 = \frac{\sin \theta_3}{\sin \theta_4} l_6 = \frac{\sin \theta_3}{\sin \theta_4} \frac{\sin \theta_1}{\sin \theta_2} s_1 = \frac{\sin(6\pi/9)}{\sin(2\pi/9)} \frac{\sin(7\pi/9)}{\sin(\pi/9)} s_1 = \frac{\sin(3\pi/9)}{\sin(\pi/9)} s_1 \qquad （11.6.3）$$

$$l_2 = \frac{\sin \theta_5}{\sin \theta_6} l_4 = \frac{\sin \theta_5}{\sin \theta_6} \frac{\sin \theta_3}{\sin \theta_4} l_6 = \frac{\sin \theta_5}{\sin \theta_6} \frac{\sin \theta_3}{\sin \theta_4} \frac{\sin \theta_1}{\sin \theta_2} s_1$$

$$= \frac{\sin(5\pi/9)}{\sin(3\pi/9)} \frac{\sin(6\pi/9)}{\sin(2\pi/9)} \frac{\sin(7\pi/9)}{\sin(\pi/9)} s_1 = \frac{\sin(4\pi/9)}{\sin(\pi/9)} s_1 \qquad （11.6.4）$$

將上面所得到的對角線長代入（11.1.8）式中，並注意 $l_1 = l_2$，$l_3 = l_4$，$l_5 = l_6$，得到九行
網路穩定的幾何條件為

$$\frac{a}{c} > \frac{1}{2}\sum_{k=1}^{6}\left(\frac{l_k}{s_1}\right)^2 = \left(\frac{\sin(2\pi/9)}{\sin(\pi/9)}\right)^2 + \left(\frac{\sin(3\pi/9)}{\sin(\pi/9)}\right)^2 + \left(\frac{\sin(4\pi/9)}{\sin(\pi/9)}\right)^2 \approx 18.23442 \quad （11.6.5）$$

九行網路相對應的系統矩陣為

$$\mathbb{A}_9 = \begin{bmatrix} \delta_9 & a & -c & -c & -c & -c & -c & -c & a \\ a & \delta_9 & a & -c & -c & -c & -c & -c & -c \\ -c & a & \delta_9 & a & -c & -c & -c & -c & -c \\ -c & -c & a & \delta_9 & a & -c & -c & -c & -c \\ -c & -c & -c & a & \delta_9 & a & -c & -c & -c \\ -c & -c & -c & -c & a & \delta_9 & a & -c & -c \\ -c & -c & -c & -c & -c & a & \delta_9 & a & -c \\ -c & -c & -c & -c & -c & -c & a & \delta_9 & a \\ a & -c & -c & -c & -c & -c & -c & a & \delta_9 \end{bmatrix}, \qquad \delta_9 = 6c - 2a \quad （11.6.6）$$

此矩陣的特徵值無法表成係數 a 與 c 的簡單函數，因此無法藉由特徵值小於零的條件得到
a 與 c 所要滿足的關係式。但是我們仍然可以透過特徵值的計算，檢驗（11.6.5）式的正
確性。（11.6.5）式給出了保證七行網路穩定所需的 a/c 的臨界值 $(a/c)_{cr} = 18.23442$。
當 a/c 小於此臨界值時，系統為不穩定，此時系統矩陣必有正的特徵值；反之，當 a/c 大
於此臨界值時，系統為穩定，此時系統矩陣的所有特徵值均位於左半平面。以下我們在
緊鄰臨界值的二側分別選取 $(a/c)_1 = 18.234$，$(a/c)_2 = 18.235$，使得

$$(a/c)_1 < (a/c)_{cr} < (a/c)_2$$

先考慮 $(a/c)_1$ 所對應的系統矩陣，由於 $(a/c)_1$ 不滿足條件（11.6.5），但又很靠近，
我們預測此時系統矩陣 $\mathbb{A}_9$ 的最大特徵值將位於右半平面，但是很靠近原點。實際選取
$a = 18.234$，$c = 1$，代入（11.6.6）式中，求得系統矩陣 A_9 的 9 個特徵值如下：

$$\lambda_1 = 0,\ \lambda_{2,3} = -65.616, \qquad \lambda_{4,5} = -48.702, \qquad \lambda_{6,7} = -22.788, \qquad \lambda_{8,9} = 0.000198$$

如所預測，這裡存在一個很靠近原點的正特徵值 $\lambda_{8,9}$。正是由於 $\lambda_{8,9}$ 的作用使得九行網路
系統緩慢發散。

其次考慮 $(a/c)_2$ 所對應的特徵值，因為 $(a/c)_2$ 滿足條件（11.6.5），我們預測系統矩
陣 $\mathbb{A}_9$ 的所有特徵值均將位於左半平面。實際選取 $a = 18.235$，$c = 1$，代入（11.6.6）式
中，求得系統矩陣 $\mathbb{A}_9$ 的 9 個特徵值如下：

$$\lambda_1 = 0,\ \lambda_{2,3} = -65.620, \qquad \lambda_{4,5} = -48.705, \qquad \lambda_{6,7} = -22.790, \qquad \lambda_{8,9} = -0.00027$$

如所預測，系統矩陣 $\mathbf{A}_9$ 的所有特徵值均位於左半平面，原先微小正值的 $\lambda_{8,9}$，現在變成微小負值。此時系統雖然收斂，但收斂的速度很慢。進一步的測試發現，當 a/c 越來越靠近臨界值 $(a/c)_{cr}$ 時，特徵值 $\lambda_{8,9}$ 的值則越靠近零，此時系統的時間響應是既不發散，也不收斂，而呈現固定振幅的振盪。以上測試所描述的系統動態變化趨勢說明了（11.6.5）式確實為決定系統穩定的條件。

11.7 一般 N 行網路

如果要將（11.1.8）式中的穩定判斷式擴展到一般性的 N 行網路，我們需要有計算正 N 邊形對角線長度的一般化公式。從上一節關於正九邊形對角線長度的計算過程中，我們發現對角線 l_2、l_4、l_6 所對應的角度存在著等間隔的差距。這個現象說明對角線的長度變化其實具有規律性，本節將找出此規律性，並將之擴展到 N 行網路的情形。

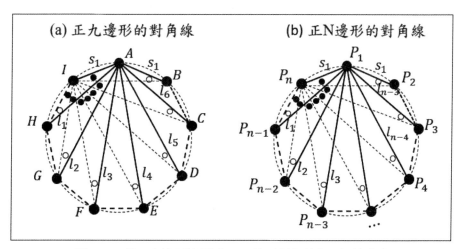

圖 11.3　從正九邊形擴展到正 N 邊形對角線的一般性求法

資料來源：作者繪製。

我們先以九行網路 $(N = 9)$ 為例，說明正九邊形對角線長度的規律性變化，接著再討論 N 行網路的擴展。首先我們將圖 11.2f 改畫成圖 11.3，其中六條對角線 $l_1 \sim l_6$ 已重新編號。我們觀察到每一條對角線都可以和邊 $\overline{IA}$ 形成一個三角形，總共可以形成六個三角形：AIH、AIG、AIF、AIE、AID、AIC。在這六個三角形之中，它們有一個相同的內角：

$$\angle IHA = \angle IGA = \angle IFA = \angle IEA = \angle IDA = \angle ICA = \pi/9 \qquad （11.7.1）$$

因為這六個角都是弧 $\widehat{IA}$ 所對應的圓周角（如空心圓所示），同時注意相同弧所對應的圓周角完全相等。因為 $\widehat{IA}$ 弧佔整個圓周的 $1/9$，因此 $\widehat{IA}$ 弧所對應的圓心角為 $2\pi/9$。又因為弧所對應的圓周角為其圓心角的一半，因此 $\widehat{IA}$ 弧所對應的圓周角為 $\pi/9$。

另外注意圖 11.3a 中的正九邊形的一個內角 $\angle HIA$，此內角被六條虛線平分成七等分（如黑色實心圓所示）：

$$\angle HIG = \angle GIF = \angle FIE = \angle EID = \angle DIC = \angle CIB = \angle BIA = \pi/9 \qquad （11.7.2）$$

因為這七個角是由七個等長圓弧：$\widehat{HG}$、$\widehat{GF}$、$\widehat{FE}$、$\widehat{ED}$、$\widehat{DC}$、$\widehat{CB}$、$\widehat{BA}$，在 I 點處所張開的圓周角。這七個圓弧的圓心角都是 $2\pi/9$，所以所張開的圓周角都是 $\pi/9$。

　　有了以上的預備知識，即可以進行對角線長度的計算。首先考慮對角線 l_1 所在的三角形 ΔAIH，在此三角形中，$\angle AIH = 7\pi/9$ 的對應邊是 l_1，$\angle IHA = \pi/9$ 的對應邊是 s_1，因此由正弦定律得

$$\frac{l_1}{\sin(7\pi/9)} = \frac{s_1}{\sin(\pi/9)} \implies \frac{l_1}{s_1} = \frac{\sin(7\pi/9)}{\sin(\pi/9)} \qquad （11.7.3）$$

其次考慮對角線 l_2 所在的三角形 ΔAIG，在此三角形中，$\angle AIG = 7\pi/9 - \pi/9 = 6\pi/9$，它的對應邊是 l_2，$\angle IGA = \pi/9$ 的對應邊是 s_1，因此由正弦定律得

$$\frac{l_2}{\sin(6\pi/9)} = \frac{s_1}{\sin(\pi/9)} \implies \frac{l_2}{s_1} = \frac{\sin(6\pi/9)}{\sin(\pi/9)} \qquad （11.7.4）$$

再考慮對角線 l_3 所在的三角形 ΔAIF，在此三角形中，$\angle AIF = 7\pi/9 - 2 \cdot \pi/9 = 5\pi/9$，它的對應邊是 l_3，$\angle IFA = \pi/9$ 的對應邊是 s_1，因此由正弦定律得

$$\frac{l_3}{\sin(5\pi/9)} = \frac{s_1}{\sin(\pi/9)} \implies \frac{l_3}{s_1} = \frac{\sin(5\pi/9)}{\sin(\pi/9)} \qquad （11.7.5）$$

依此類推，考慮最後一條對角線 l_6 所在的三角形 ΔAIC，在此三角形中，$\angle AIC = 7\pi/9 - 5 \cdot \pi/9 = 2\pi/9$，它的對應邊是 l_6，$\angle ICA = \pi/9$ 的對應邊是 s_1，因此由正弦定律得

$$\frac{l_6}{\sin(2\pi/9)} = \frac{s_1}{\sin(\pi/9)} \implies \frac{l_6}{s_1} = \frac{\sin(2\pi/9)}{\sin(\pi/9)} \qquad （11.7.6）$$

從以上結果可以觀察到對角線長度所具有的規律性，它們都可表示成二個正弦函數值的相除，而且所對應的角度呈現等差數列的關係，公差是 $\pi/9$。將以上所得到的六條對角線 $l_1 \sim l_6$ 代入（11.1.8）式中，得到

$$\frac{a}{c} > \frac{1}{2}\sum_{k=1}^{6}\left(\frac{l_k}{s_1}\right)^2 = \frac{1}{2}\sum_{k=2}^{7}\left(\frac{\sin(k\pi/9)}{\sin(\pi/9)}\right)^2 \tag{11.7.7}$$

在上式中，$\sin(7\pi/9) = \sin(2\pi/9)$，$\sin(6\pi/9) = \sin(3\pi/9)$，$\sin(5\pi/9) = \sin(4\pi/9)$，因此可進一步化簡成（11.6.5）式。

　　以上對於正九邊形對角線的討論可以容易擴展到一般的正 N 邊形。參見圖 11.3b，$P_1, P_2, \cdots, P_n$ 是正 N 邊形的 N 個頂點，每個頂點所張的內角 $(n-2)\pi/n$，且圖中每一個空心圓與實心圓所對應的角度皆為 π/n，因為它們都是相同長度的圓弧所對應的圓周角。現在以 P_1 為起點，連向其他頂點，共可得到 $n-3$ 條對角線 $l_1, l_2, \cdots, l_{n-3}$：

$$\overline{P_1 P_{n-1}} = l_1, \ \overline{P_1 P_{n-2}} = l_2, \ \overline{P_1 P_{n-3}} = l_3, \ \cdots, \ \overline{P_1 P_3} = l_{n-3}$$

仿照正九邊形的做法，在每一條對角線所屬的三角形中使用正弦定律，可依序得到 $n-3$ 條對角線長度的表示式如下：

$$\frac{l_1}{s_1} = \frac{\sin\left(\frac{n-2}{n}\pi\right)}{\sin(\pi/n)}, \ \frac{l_2}{s_1} = \frac{\sin\left(\frac{n-3}{n}\pi\right)}{\sin(\pi/n)}, \cdots, \ \frac{l_{n-3}}{s_1} = \frac{\sin\left(\frac{2}{n}\pi\right)}{\sin\left(\frac{\pi}{n}\right)} \tag{11.7.8}$$

這說明正 N 邊形的一系列對角線所對應的角度呈現等差數列的關係，公差是 π/n：

$$\frac{l_i}{s_1} = \frac{\sin\left(\frac{n-1-i}{n}\pi\right)}{\sin(\pi/n)}, \quad i = 1, 2, \cdots, n-3 \tag{11.7.9}$$

或依角度遞增的關係，將上式改寫成更簡潔的形式

$$\boxed{\frac{l_k}{s_1} = \frac{\sin(k\pi/n)}{\sin(\pi/n)}}, \quad k = 2, 3, \cdots, n-2 \tag{11.7.10}$$

注意上式中引數 k 的範圍，如果 k 值代入範圍之外的 1 或 $n-1$，我們將得到 $l_1 = l_{n-1} = s_1$，所以此時 l_1 及 l_{n-1} 已經不是對角線，而是正 N 邊形的二個邊，即圖 11.3b 中的 $\overline{P_1 P_2}$ 及 $\overline{P_1 P_n}$。將（11.7.10）式中的 $n-3$ 條對角線代入（11.1.8）式中，得到 N 行網路穩定的條件為

$$\boxed{\frac{a}{c} > \frac{1}{2}\sum_{k}\left(\frac{l_k}{s_1}\right)^2 = \frac{1}{2}\sum_{k=2}^{n-2}\frac{\sin^2(k\pi/n)}{\sin^2(\pi/n)}} \tag{11.7.11}$$

經由簡單的驗算可以驗證前面各節所得到的穩定條件其實都是（11.7.11）式的特例。

● $n = 4$：

$$\frac{a}{c} > \frac{1}{2}\left(\frac{\sin(2\pi/4)}{\sin(\pi/4)}\right)^2 = 1$$

- $n = 5$：

$$\frac{a}{c} > \frac{1}{2}\left[\left(\frac{\sin(2\pi/5)}{\sin(\pi/5)}\right)^2 + \left(\frac{\sin(3\pi/5)}{\sin(\pi/5)}\right)^2\right] = \left(\frac{\sin(2\pi/5)}{\sin(\pi/5)}\right)^2 = (2\cos(\pi/5))^2 = \left(\frac{1+\sqrt{5}}{2}\right)^2$$

- $n = 6$：

$$\frac{a}{c} > \frac{1}{2}\left[\left(\frac{\sin(2\pi/6)}{\sin(\pi/6)}\right)^2 + \left(\frac{\sin(3\pi/6)}{\sin(\pi/6)}\right)^2 + \left(\frac{\sin(4\pi/6)}{\sin(\pi/6)}\right)^2\right] = \frac{1}{2}\left[2\left(\frac{\sqrt{3}/2}{1/2}\right)^2 + 4\right] = 5$$

- $n = 8$：

$$\frac{a}{c} > \frac{1}{2}\left[\left(\frac{\sin(2\pi/8)}{\sin(\pi/8)}\right)^2 + \left(\frac{\sin(3\pi/8)}{\sin(\pi/8)}\right)^2 + \left(\frac{\sin(4\pi/8)}{\sin(\pi/8)}\right)^2 + \left(\frac{\sin(5\pi/8)}{\sin(\pi/8)}\right)^2 + \left(\frac{\sin(6\pi/8)}{\sin(\pi/8)}\right)^2\right]$$

$$= \left(\frac{\sin(2\pi/8)}{\sin(\pi/8)}\right)^2 + \left(\frac{\sin(3\pi/8)}{\sin(\pi/8)}\right)^2 + \frac{1}{2}\left(\frac{\sin(4\pi/8)}{\sin(\pi/8)}\right)^2$$

代入 $\pi/8$ 的三角函數值

$$\sin\frac{\pi}{8} = \frac{1}{\sqrt{4+2\sqrt{2}}}, \qquad \cos\frac{\pi}{8} = \frac{1+\sqrt{2}}{\sqrt{4+2\sqrt{2}}}$$

化簡得

$$\frac{a}{c} > \left[2+\sqrt{2} + \left(1+\sqrt{2}\right)^2 + 2 + \sqrt{2}\right] = 7 + 4\sqrt{2}$$

以上所得結果均與前面各節的結果相同。

（11.7.11）式雖然是一個通用公式，對於任意 N 行的網路均適用，但是當 N 值很大時，（11.7.11）式牽涉到正弦函數平方和的計算，仍需要一些數值計算的功夫。實際上（11.7.11）式還不是最簡潔的形式，我們可利用三角函數級數的性質加以化簡。首先利用倍角公式

$$\sin^2\left(\frac{k\pi}{n}\right) = \frac{1}{2}\left(1 - \cos\left(\frac{2k\pi}{n}\right)\right)$$

將之代入（11.7.11）式，將正弦函數的平方和轉換成餘弦函數的求和：

$$\frac{1}{2}\sum_{k=2}^{n-2}\frac{\sin^2(k\pi/n)}{\sin^2(\pi/n)} = \frac{1/4}{\sin^2(\pi/n)}\sum_{k=2}^{n-2}\left(1 - \cos\left(\frac{2k\pi}{n}\right)\right) \qquad （11.7.12）$$

其中餘弦函數的求和可運用以下的恆等式

$$\cos\left(1\cdot\frac{2\pi}{n}\right) + \cos\left(2\cdot\frac{2\pi}{n}\right) + \cdots + \cos\left(n\cdot\frac{2\pi}{n}\right) = \sum_{k=1}^{n}\cos\left(k\cdot\frac{2\pi}{n}\right) = 0 \quad （11.7.13）$$

這是因為等間隔分布於單位圓上的 n 個點，它們的向量和為零，所以不僅是 n 個餘弦函數相加為零，n 個正弦函數的相加也是為零。（11.7.13）式與（11.7.12）式的差別在於（11.7.13）式是 n 項相加的結果，而（11.7.12）式只有 $n-3$ 項相加。在（11.7.13）式

中，將多出來的 3 項移往右邊，即可得到（11.7.12）式所要的相加結果：

$$\sum_{k=2}^{n-2} \cos\left(k \cdot \frac{2\pi}{n}\right) = -\cos\left(\frac{2\pi}{n}\right) - \cos\left((n-1) \cdot \frac{2\pi}{n}\right) - \cos\left(n \cdot \frac{2\pi}{n}\right) = -1 - 2\cos\left(\frac{2\pi}{n}\right)$$

將上式的結果代入（11.7.12）式，化簡得到

$$\frac{1}{2}\sum_{k=2}^{n-2} \frac{\sin^2(k\pi/n)}{\sin^2(\pi/n)} = \frac{1/4}{\sin^2(\pi/n)}\left[n - 2 + 2\cos\left(\frac{2\pi}{n}\right)\right] = \frac{n}{4\sin^2(\pi/n)} - 1$$

最後將上式代入（11.7.11）式，得到 N 行網路穩定的最簡條件：

$$\boxed{\frac{a}{c} > \frac{n}{4}\csc^2\left(\frac{\pi}{n}\right) - 1, \ n \geq 4}$$ （11.7.14）

（11.7.14）式的右側即為的臨界值 $(a/c)_{cr}$，當 $a/c > (a/c)_{cr}$ 時，N 行網路為穩定。圖 11.4a 顯示穩定臨界值 $(a/c)_{cr}$ 隨 n 的變化而迅速增加，這是因為 n 值增加使得互相對抗（相剋）的代理人越來越多，亦即對角線的數目越來越多，但是互相合作（相生）的代理人卻永遠只有來自左右相鄰的二個代理人。因此為了要平衡逐漸增加的對抗（相剋）力量，相生係數 a 必須比相剋係數 c 大得越來越多。$(a/c)_{cr}$ 隨 n 增加的趨勢類似多項式函數的行為，這是因為當 n 很大時，$(a/c)_{cr}$ 可以很好地近似成 n 的三次多項式函數 $(a/c)_{app}$：

$$\left(\frac{a}{c}\right)_{cr} = \frac{n}{4}\csc^2\left(\frac{\pi}{n}\right) - 1 \approx \left(\frac{a}{c}\right)_{app} = \frac{n^3}{4\pi^2} + \frac{n}{12} - 1$$ （11.7.15）

圖 11.4b 顯示 $(a/c)_{cr}$ 與三次多項式 $(a/c)_{app}$ 之間的誤差隨著 n 值的增加而逐漸遞減到零。縱使對於 n 的最小值 $n = 4$ 而言，二者之間的誤差也是非常小，此時 $(a/c)_{cr} = 1$，而 $(a/c)_{app} = 0.9545$，誤差為 0.0455，如圖 11.4b 所示。所以對於 N 行網路的穩定條件而言，一個簡單又不失其精確度的判斷式為

$$\boxed{\frac{a}{c} > \frac{n^3}{4\pi^2} + \frac{n}{12} - 1, \ n \geq 4}$$ （11.7.16）

（11.7.14）式或（11.7.15）式為 N 行網路的穩定條件，可以保證 $x_i(t) \to 0$，$i = 1, 2, \cdots, n$，當 $t \to \infty$。在另一方面，N 行網路的穩定性也可以從系統矩陣的特徵值來判斷。當系統矩陣的特徵值都落在複數平面的左半面時，所對應的 N 行網路即為穩定。

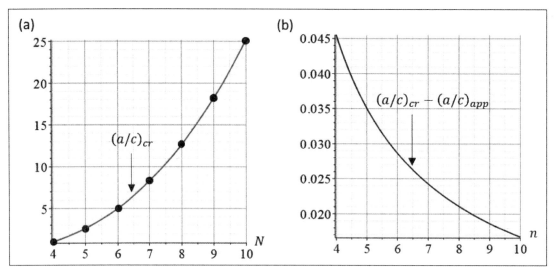

圖 11.4 （a）滿足穩定條件的生剋係數比值 $(a/c)_{cr}$ 隨 N 值的變化；（b）$(a/c)_{cr}$ 與三次多項式 $(a/c)_{app}$ 之間的近似誤差。
資料來源：作者繪製。

N 行網路所對應的系統矩陣可表示如下

$$
\mathbb{A}_n = \begin{bmatrix}
\delta_n & a & -c & -c & -c & \cdots & \cdots & -c & a \\
a & \delta_n & a & -c & -c & \cdots & \cdots & -c & -c \\
-c & a & \delta_n & a & -c & \cdots & & \vdots & \vdots \\
-c & -c & a & \delta_n & a & -c & \cdots & \vdots & \vdots \\
-c & -c & -c & a & \delta_n & a & -c & \vdots & \vdots \\
\vdots & \vdots & \vdots & -c & a & \delta_n & a & -c & -c \\
\vdots & \vdots & \vdots & \vdots & -c & a & \delta_n & a & -c \\
-c & -c & \cdots & \cdots & \cdots & -c & a & \delta_n & a \\
a & -c & \cdots & \cdots & \cdots & -c & -c & a & \delta_n
\end{bmatrix}, \qquad (11.7.17)
$$

其中 $\delta_n = (n-3)c - 2a$。系統矩陣 $\mathbb{A}_n$ 的特性是在它的任意直行或任意橫列之中，必含有 $(n-3)$ 個 $-c$、2 個 a 及 1 個 δ_n。這個特性使得 $\mathbb{A}_n$ 必具有一個特徵值在原點，不管 n 值是多少，而且其所對應的特徵向量的元素必全為 1。這個特性使得當系統穩定時，每一個 $x_i(t)$，$i = 1, 2, \cdots, n$，必收斂到相同的值，此即網路的共識值。但是系統矩陣 $\mathbb{A}_n$ 的穩定性需要檢測 $\mathbb{A}_n$ 所有非零的特徵值是否都位於左半平面。不同的 a、c 係數會產生不同的特徵值，其穩定性也不同。對（11.7.17）式的特徵值正負號檢驗，一次只能針對一組給定的 (a, c) 係數。(a, c) 平面上的一個點決定一個系統矩陣 $\mathbb{A}_n$，而 $\mathbb{A}_n$ 的特徵值決定了網路的穩定性。我們必須完成 (a, c) 平面上所有點的特徵值計算後，才能確定使得系統穩定

的 (a,c) 平面上的區域範圍。而這樣的大規模計算對於不同的 n 值又要重新進行一遍。反之，（11.7.14）式或（11.7.15）式的判斷式則無需任何特徵值的計算，且對於任意 n 值均可適用，是對 N 行網路穩定性的一個簡易通用判斷法則。

作為（11.7.14）式的再次確認，我們驗證 n = 10 的情形，此時的系統矩陣為

$$
\mathbb{A}_{10} = \begin{bmatrix}
\delta_{10} & a & -c & -c & -c & -c & -c & -c & -c & a \\
a & \delta_{10} & a & -c & -c & -c & -c & -c & -c & -c \\
-c & a & \delta_{10} & a & -c & -c & -c & -c & -c & -c \\
-c & -c & a & \delta_{10} & a & -c & -c & -c & -c & -c \\
-c & -c & -c & a & \delta_{10} & a & -c & -c & -c & -c \\
-c & -c & -c & -c & a & \delta_{10} & a & -c & -c & -c \\
-c & -c & -c & -c & -c & a & \delta_{10} & a & -c & -c \\
-c & -c & -c & -c & -c & -c & a & \delta_{10} & a & -c \\
-c & -c & -c & -c & -c & -c & -c & a & \delta_{10} & a \\
a & -c & -c & -c & -c & -c & -c & -c & a & \delta_{10}
\end{bmatrix}, \quad (11.7.18)
$$

其中 $\delta_{10} = 7c - 2a$。$\mathbb{A}_{10}$ 是允許特徵值具有解析表示式的最大矩陣，其 10 個特徵值可表示成 a、c 參數的函數：

$$
\lambda_1 = 0, \ \lambda_2 = -4a + 6c, \ \lambda_{3,4} = -\frac{5-\sqrt{5}}{2}a + \frac{15+\sqrt{5}}{2}c, \ \lambda_{5,6} = -\frac{5+\sqrt{5}}{2}a + \frac{15-\sqrt{5}}{2}c
$$

$$
\lambda_{7,8} = -\frac{3-\sqrt{5}}{2}a + \frac{17+\sqrt{5}}{2}c, \ \lambda_{9,10} = -\frac{3+\sqrt{5}}{2}a + \frac{17-\sqrt{5}}{2}c \quad (11.7.19)
$$

在非零的特徵值中，$\lambda_{7,8}$ 的值為最大，因此十行網路系統穩定的條件為 $\lambda_{7,8} < 0$：

$$
\lambda_{7,8} < 0 \ \Rightarrow \ \frac{a}{c} > \frac{17+\sqrt{5}}{3-\sqrt{5}} \quad (11.7.20)
$$

在另一方面，（11.7.14）式對 n = 10 給出的穩定條件為：

$$
\frac{a}{c} > \frac{n}{4}\csc^2\left(\frac{\pi}{n}\right) - 1 = \frac{10}{4}\frac{1}{\sin^2(\pi/10)} - 1
$$

代入 $\sin(\pi/10) = (\sqrt{5}-1)/4$，得到

$$
\frac{a}{c} > \frac{10}{4}\frac{1}{\sin^2(\pi/10)} - 1 = \frac{10}{4}\frac{16}{\left(\sqrt{5}-1\right)^2} - 1 = \frac{17+\sqrt{5}}{3-\sqrt{5}} \quad (11.7.21)
$$

此結果與由（11.7.20）式的特徵值計算結果完全相同。

附錄 A
五行與圖論

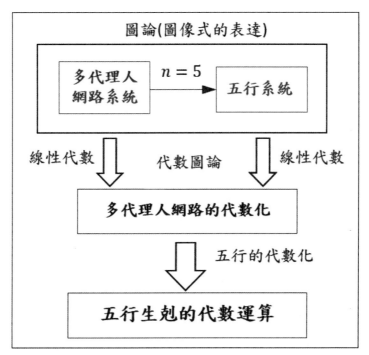

圖 A.0　五行網路與多代理人網路都具有圖像的表達方式，二者都是圖論所討論的對象。透過線性代數的引入，賦予了多代理人網路的代數運算功能。同樣地，五行的代數化也使得五行的生剋作用可用數字運算來加以表達。
資料來源：作者繪製。

　　五行思想在中國已流行數千年，但民國以來卻被歸類為五術的鄉野思想，難登學術的大雅之堂。五行學說之所以無法現代化與科學化，其主要的關鍵是五行思想停留在圖像式的直覺呈現，一直缺乏數學符號與數學運算的引入，使其無法與現代科學的發展建立起

關聯性。然而值得注意的是，數百年來西方數學發展出的眾多分支中，卻有一個數學分支專門探討圖像，稱為圖論。圖論所關心的重點不是物件的長度和位置，而是物件之間如何連接的問題，而此正是五行生剋的核心問題，如此看來傳統圖像式五行離現代數學卻又不遠。到 20 世紀中葉，圖論進一步與線性代數結合，形成所謂的代數圖論。代數圖論又為多代理人網路系統（multi-agent networks）的興起提供了必要的數學基礎。多代理人網路系統起源於對鳥類群體編隊運動機制的探討，研究結果主要應用於多機器人、多自駕車、多無人機的群體協調運動。這些由多個自主移動物體所組成的系統即稱為多代理人網路系統，而五行則是由五個代理人所組成的網路系統。五行的『行』字本來即有運動的含意，因此用五行來詮釋由五個自主行動代理人所組成的系統，不僅符合其原意，並且具備當代系統科學的意義。

五行系統內含有木、火、土、金、水五個代理人（亦即五個子系統），是由五個代理人所連結而成的網路系統，五行透過相生與相剋交互作用所形成的網路系統可視為是多代理人網路系統的一種特例。五行的相生作用在網路系統中稱為合作性的交互作用（cooperative interaction），也就是代理人之間的合作機制；而相剋作用則稱為對抗性的交互作用（antagonistic interaction），也就是代理人之間的競爭機制。西元 2000 年以後，國際學術界對多代理人網路系統的討論一開始僅限於合作性的網路系統，同時兼具合作性與對抗性交互作用的多代理人網路系統是直到最近幾年才被討論。相較之下，五行系統在數千年前就提出五個子系統之間既相生又相剋（既合作又對抗）的交互作用，因此我們可以說五行系統是多代理人網路系統的始祖。

傳統五行思想以圖像為內涵，是其無法進一步科學化的主要原因；然則五行系統以圖像的方式表達出五個代理人之間的相生與相剋交互作用，卻隱含了先進的數學原理 - 圖論（graph theory），而當代的多代理人網路系統的研究就是建立在圖論的基礎之上。五行網路與多代理人網路都具有圖像的表達方式，二者都是圖論所討論的對象。20 世紀圖論的發展透過線性代數的引入，賦予了多代理人網路的代數運算功能。圖論的代數化過程啟發了本書對於圖像式五行的研究，最終促成了代數五行的建立，使得五行的生剋作用可用數字運算加以表達。圖 A.0 顯示了五行、五代理人網路系統、圖論、線性代數四者之間的關係。

A.1 五行圖的基本元素

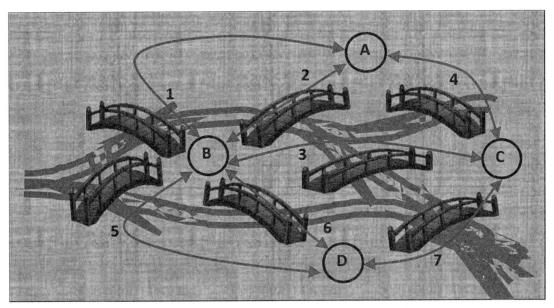

圖 A.1 尤拉（Euler）於 1736 年所提出的七座橋走法問題
資料來源：作者繪製。

　　圖論是一門探討物件之間如何關聯的學問，它用個別的點表示物件，而用邊連接標示物件與物件之間的關係。圖論最早起源於 1736 年 Euler 求解七座橋的走法問題，參見圖 A.1。河中有 B 與 C 二座小島，二座島之間有一條橋連接（編號 3），B 島與河的兩岸有四座橋連接（編號 1、2、5、6），C 島與河的兩岸也有二座橋連接（編號 4、7）。在此圖像中，共有四個點：A、B、C、D 以及連結此四個點的七個邊，Euler 所要求解的問題是：有否可能從 A、B、C、D 的其中一個點出發，不重覆地走完七個邊？從 1736 年到 1936 年之間的二百年，是圖論的春秋戰國時期，不同領域的學者以不同的名稱、不同的方法，探索著類似 Euler 七座橋的走法問題。一直到 1936 年，Konig 寫出圖論的第一本著作『有限與無限圖的理論』，正式宣告圖論這門學問的誕生，從此以後，各式各樣的圖論書籍如雨後春筍般地誕生。

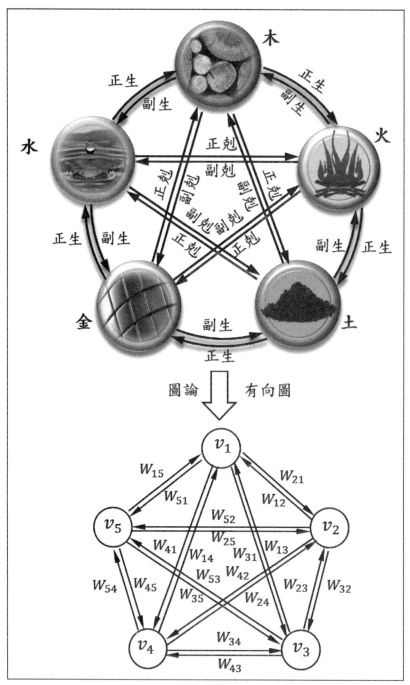

圖 A.2　五行象形圖與圖論中有向圖的對應。五行對應到正五邊形的五個頂點，每一個頂點與其他四個頂點之間皆有雙邊連結（但方向相反）。因此每個頂點有四個向外的邊，也有四個對內的邊，分別對應正／副生、反／副生、正／副剋、反／副剋四種交互作用。邊上的權重係數代表相生或相剋的強度。

資料來源：作者繪製。

　　圖論所研究的對象是點與邊的組合，因此圖論所關心的重點不是長度和位置，而是物件之間如何連接的問題。當初尤拉（Euler）將這種學問看做是一種特殊的幾何學，並稱之為位置的幾何學。後來這種不考慮距離只考慮結構的幾何學朝著兩種不同的模式發展，一種發展成了拓樸學，而另一種發展成了圖論。但圖論不同於拓樸的地方是，圖論所探討的幾何結構只包含點與邊這兩種單純的元素。

　　因為邊的產生是源自點與點之間的連結，所以點是圖論中最基本的元素。針對給定的一個有限集合，圖論所要探討的是集合裡的元素之間的各種關係。例如五行之間的相生、相剋關係；編隊飛行鳥群中，鳥與鳥之間的關係；不同城市之間的交通路線關係；產業聚落中不同公司之間的產品供應鏈關係；社群網路（如 Facebook、Line）內的社群人際關係。圖論（graph theory）是一個描述集合裡元素彼此間關係的數學分支。各種自然、工程或人文社群網路內的連結問題都可架構於圖論的模型上，而加以分析。在將圖論應用到五行的分析之前，我們先回顧圖論的一些基本定義並將之應用在五行圖的判讀上，參見圖 A.2。

● 圖（graph）的定義

　　一個圖 $G = (V, E)$ 包含二類組成元件：頂點（vertex）所成的集合 $V = \{v_1, v_2, \cdots, v_n\}$ 與邊（edge）所成的集合 E，$|V|$ 與 $|E|$ 分別表示頂點數與邊的總數。因五行有五個頂點，故 $V(G) = \{v_1, v_2, v_3, v_4, v_5\}$，$|V| = 5$。又因為五行圖的任意二個頂點之間皆有相連結，故可形成 $C_2^5 = 10$ 條連接線，又因每一條連接線有正反二個連結方向，對應到二個不同的邊，故五個頂點共可形成 20 個邊，亦即 $|E| = 20$，如圖 A.2 之下子圖所示。

● 關聯（incident）

　　邊集合 $E(G)$ 中的每個元素 e 是由一對相異的頂點所定義，表示成 $e = \{v_i, v_j\}$，我們稱頂點 v_i 和頂點 v_j 相鄰接（adjacent），並稱頂點 v_i 和 v_j 與邊 e 有關聯（incident）。

● 有向圖（directed graph, digraph）

　　如果兩個頂點 v_i 和 v_j 存在不對稱關係，例如 v_i 是買方，v_j 是賣方，則連接 v_i 和 v_j 的邊 $\{v_i, v_j\}$ 具有方向性，稱為有向邊，包含有向邊的圖稱為有向圖（directed graph，簡寫為 digraph，記做 $\mathcal{D}$）。為了與無向邊 $\{v_i, v_j\}$ 有所區別，吾人將有向邊記為 $e = \{v_i, v_j\}$，其中 v_i 是有向邊 e 的初始端，v_j 是終端，記做 $v_i \to v_j$。五行圖是一種有向圖，邊的指向不同，其作用也不同。例如考慮木與土的連線，從木指向土的方向來看

（木→土），代表木正剋土的作用；而從土指向木的方向來看（土→木），代表土副剋木的作用。因此五行的二個頂點之間，存在有二個相反方向的連結邊，邊的方向不同其作用也不同，故五行圖是一種有向圖，參考圖 A.2。

- 簡單圖（simple graph）

一個圖 $G = (V, E)$ 如果每個頂點與其自身不存在連接邊，也就是沒有自身迴路（loop），且圖中的任意二相鄰頂點皆僅有一邊相連，則此圖稱作簡單圖（simple graph）。一般五行圖的頂點不會與自身連接，故五行圖沒有自身迴路，然而五形圖的任意二個頂點之間不是單邊連結，所以不是簡單圖。具有自身迴路的五行圖發生於考慮自生作用的陰陽五行，參見 10.5 節的討論。

- 重圖（multi-graph）

兩點之間如果允許多條邊相連的情況，這樣的邊稱為重邊（multi-edge），也就是相同的元素可以出現在邊集合 $\mathbb{E}$ 之中，此時所對應的圖稱為重圖（multi-graph）。五形圖的任意二個頂點之間，均有二個相反方向的連結邊，因此五行圖是一種重圖而非簡單圖。

- 完全圖（complete graph）

在一個有 n 頂點的圖中，如果任意二點之間都有邊相連，則稱此圖為 $n -$ 完全圖（$n -$ complete graph），記做 K_n。依此定義，五行圖是 K_5 完全圖，因為每一行均與其他四行有連接，分別產生正／副生、反／副生、正／副剋、反／副剋四種作用。

- 頂點的度數（degree）

在一個圖 $G = (\mathbb{V}, \mathbb{E})$ 之中，頂點 v 的度數（degree）是指與此頂點相連的邊數，記做 $\deg_G(v)$。度數為奇數的頂點稱為奇點，度數為偶數的頂點則稱為偶點。度數為零的頂點稱為孤立點（isolated vertex），度數為 1 的頂點稱為葉（leaf）。因為五行圖的每一個頂點均與其他四個頂點有連接，且任意二個頂點之間均有二個邊相連，故與每個頂點相連接的邊有 8 個。接依此定義，五行圖的每個頂點的度數均是 8。

- 正則圖（regular graph）

一個圖中，最小與最大的度數分別記做 $\delta(G)$ 與 $\Delta(G)$。如果圖 G 中，每個頂點的度數皆相同：$\deg_G(v) = k$，則稱圖 G 是 $k -$ 正則的（$k -$ regular）。五行的每個頂點都有八個邊與其相連，故每個頂點的度數皆為 8，所以五行是 8-regular graph。

- 連通圖（connected graph）

在一個無向圖（undirected graph）中，若任意二頂點之間皆可以透過一系列的無向邊加

以連接起來，則稱此圖是連通的（connected graph）。

● 強連通圖（strongly connected graph）

在一個有向圖（directed graph，簡寫為 digraph，記做 $\mathcal{D}$）中，若任意二頂點之間皆可以透過一系列的有向邊加以連接起來，則稱此圖是強連通的（strongly connected graph）。五行的正／副生、反／副生、正／副剋、反／副剋四種作用都是有方向性的，所以五行圖是一種有向圖，而且任意二個頂點之間都可經由有向邊加以相連接，因此五行圖是具有強連通的有向圖。

● 無向圖頂點的度數（vortex-degree）

在一個無向圖 $\mathcal{G} = (V, E)$ 中，與一個頂點 v_i 相連的邊是沒有方向的，因此與頂點 v_i 相鄰的頂點有幾個，即可連成幾個邊。與頂點 v_i 相鄰的所有頂點所成的集合 $N(v_i)$ 稱為頂點 v_i 的鄰域（neighborhood），其數學的表示式為

$$N(v_i) = \left\{ v_j \in V \middle| \{v_i, v_j\} \in E(\mathcal{G}) \right\}$$

頂點 v_i 的度數 $d(v_i)$ 即是集合 $N(v_i)$ 的元素個數，也就是與頂點 v_i 相鄰的周邊頂點的個數。

● 有向圖頂點的出度（out-degree）與入度（in-degree）

在一個有向圖中，與一個頂點 v_i 相連的邊是有方向的，有些邊是向外連，有些邊則是向內連，因而產生有向圖二種頂點度數的定義。如果所有邊的權重均為 1 的話，則一個頂點 v_i 的入度（in-degree）是指連入該頂點的邊的數目，記做 $d_{in}(v_i)$。如果邊的權重不為 1 時，頂點 v_i 的入度等於連入頂點 v_i 的各邊權重的總合：

$$d_{in}(v_i) = \sum_{\{j|(v_j, v_i) \in E(\mathcal{D})\}} w_{ij} \qquad\qquad (\text{A.1.1})$$

其中 w_{ij} 是由頂點 v_j 連入頂點 v_i 的邊的權重（weight），其值大小代表 $v_j \to v_i$ 的連通強度。所以頂點 v_i 的入度是描述頂點 v_i 的周邊鄰點對頂點 v_i 的影響。相對地，頂點 v_i 的出度（out-degree）等於由頂點 v_i 連出去各邊的權重總合，記做 $d_{out}(v_i)$。

$$d_{out}(v_i) = \sum_{\{j|(v_i, v_j) \in E(\mathcal{D})\}} w_{ji} \qquad\qquad (\text{A.1.2})$$

其中 w_{ji} 是由頂點 v_i 連出到頂點 v_i 的邊的權重。所以頂點 v_i 的出度是描述頂點 v_i 對周邊鄰接頂點的影響。

參考圖 A.2 的下方子圖，五行圖的每個頂點均有 8 個邊與之相連，其中 4 個邊連向外，4 個邊連向內。故出度是連向外的四個邊的權重相加，入度是連向內的四個邊的權重相加。例如對頂點 v_1 而言，出度是 $w_{21} + w_{31} + w_{41} + w_{51}$，入度是 $w_{12} + w_{13} + w_{14} + w_{15}$。

A.2 五行圖的鄰接矩陣與關聯矩陣

一個有向圖 $\mathcal{D}$ 的鄰接矩陣（adjacency matrix）$A(\mathcal{D}) = [w_{ij}]$ 是一個 $n \times n$ 矩陣，其中 n 表示頂點的數目，元素 w_{ij} 表示頂點 v_j 連接到頂點 v_i 的邊的權重，第一個下標 i 代表有向邊的終端頂點，第二個下標 j 代表有向邊的起始頂點。當 $w_{ij} = 0$ 時，代表沒有從頂點 v_j 連接到頂點 v_i 的有向邊連結；反之，$w_{ij} \neq 0$ 代表連結存在，此時 w_{ij} 值的大小表示 $v_j \rightarrow v_i$ 的連通強度：

$$[A(\mathcal{D})]_{ij} = \begin{cases} w_{ij}, & \text{if } (v_i, v_j) \in E(\mathcal{D}) \\ 0, & \text{otherwise} \end{cases} \quad （\text{A.2.1}）$$

如果對於所有連結的邊，都取 $w_{ij} = 1$，即表示不區分各邊連結的強度大小。一個鄰接矩陣的元素如果不是 0，就是 1，其所對應的圖即是沒有權重的圖（unweighted graph）。當 $w_{ij} \neq w_{ji}$ 時，代表頂點 i 與表頂點 j 之間的連結具有方向性，顯示正反方向不同，其連結的強度也不同，因此所對應的圖為有向圖，而鄰接矩陣為非對稱矩陣。反之，當 $w_{ij} = w_{ji}$ 時，代表頂點 i 與頂點 j 之間的連結沒有方向性，正反方向都相同，此時所對應的圖即為無向圖，而鄰接矩陣為對稱矩陣。

對於五行系統及絕大部分的網路系統而言，$w_{ii} = 0$，亦即不存在頂點自身相連的迴圈。若將 $w_{ij} = 0$ 的可能性包含在內，（A.2.1）式可簡化為

$$[A(\mathcal{D})]_{ij} = w_{ij}, \ i, j = 1, 2, \cdots, n \quad （\text{A.2.2}）$$

檢視權重係數 w_{ij} 等於或不等於零，即可知頂點 i 與頂點 j 之間的是否存在連結。

在圖 A.3 的左側範例中，該有向圖 $\mathcal{D}$ 的鄰接矩陣可列出為

$$A(\mathcal{D}) = \begin{bmatrix} 0 & 0 & 0 & 0 & w_{15} \\ w_{21} & 0 & w_{23} & a_{24} & 0 \\ w_{31} & 0 & 0 & 0 & w_{35} \\ 0 & 0 & w_{43} & 0 & 0 \\ 0 & w_{52} & 0 & 0 & 0 \end{bmatrix} = \begin{bmatrix} 0 & 0 & 0 & 0 & 1 \\ 1 & 0 & 1 & 1 & 0 \\ 1 & 0 & 0 & 0 & 1 \\ 0 & 0 & 1 & 0 & 0 \\ 0 & 1 & 0 & 0 & 0 \end{bmatrix} \quad （\text{A.2.3}）$$

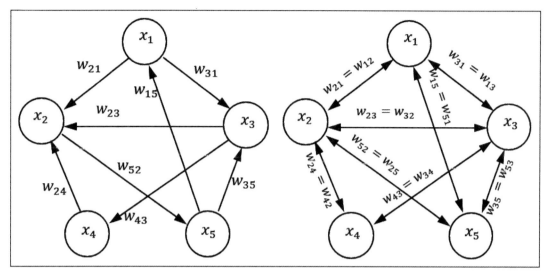

圖 A.3　有向圖（左）與無向圖（右）的鄰接矩陣計算範例

資料來源：作者繪製。

其中最右邊的矩陣是考慮沒有權重（unweighted）的情形，即所有的權重係數都令為 1。可以看到有向圖 $\mathcal{D}$ 的鄰接矩陣並不是對稱型矩陣，因為鄰接邊只有單方向的連結，相反方向則沒有連結。在圖 A.3 的右側範例是一無向圖 $\mathcal{G}$，所謂『無向』不是沒有方向，而是指沒有指定方向，即雙向均可連通，且雙向的權重相同，即 $w_{ij} = w_{ji}$。該無向圖的鄰接矩陣可列出為

$$A(\mathcal{G}) = \begin{bmatrix} 0 & w_{12} & w_{13} & 0 & w_{15} \\ w_{21} & 0 & w_{23} & w_{24} & w_{25} \\ w_{31} & w_{32} & 0 & w_{34} & w_{35} \\ 0 & w_{42} & w_{43} & 0 & 0 \\ w_{51} & w_{52} & w_{53} & 0 & 0 \end{bmatrix} = \begin{bmatrix} 0 & 1 & 1 & 0 & 1 \\ 1 & 0 & 1 & 1 & 1 \\ 1 & 1 & 0 & 1 & 1 \\ 0 & 1 & 1 & 0 & 0 \\ 1 & 1 & 1 & 0 & 0 \end{bmatrix} \quad （A.2.4）$$

由於 $w_{ij} = w_{ji}$，無向圖的鄰接矩陣必為對稱型矩陣。

　　五行圖具有五個頂點，因此其鄰接矩陣是一個矩陣 5×5，如下所示：

$$A = \begin{array}{c} \\ 木 \\ 火 \\ 土 \\ 金 \\ 水 \end{array} \begin{array}{ccccc} 木 & 火 & 土 & 金 & 水 \\ \begin{bmatrix} 0 & w_{12} & w_{13} & w_{14} & w_{15} \\ w_{21} & 0 & w_{23} & w_{24} & w_{25} \\ w_{31} & w_{32} & 0 & w_{34} & w_{35} \\ w_{41} & w_{42} & w_{43} & 0 & w_{45} \\ w_{51} & w_{52} & w_{53} & w_{54} & 0 \end{bmatrix} \end{array} \quad （A.2.5）$$

對角線上的元素為零，代表沒有頂點自身相連的迴路。鄰接矩陣不為零的元素 w_{ij} 共有 20 個，分別代表 20 個由頂點到頂點的有向邊。又因為 $w_{ij} \neq w_{ji}$，說明二個頂點之間的連結方向不同，其作用（權重）也不同。

　　保持圖形的結構不變，但改變頂點 x_i 的編號順序，此時鄰接矩陣雖然也隨之改變，但圖形的本質卻沒有改變，這個不變的本質反映在鄰接矩陣的特徵值不變性之上。假設圖 G 和 H 是定義於相同頂點集合的有向圖，但是頂點的排列順序不同。令 A_G 和 A_H 分別為圖 G 和圖 H 的鄰接矩陣，則必存在排列矩陣 P 滿足

$$P^T A_G P = A_H \qquad (A.2.6)$$

其中 P 的作用是對 A_G 的行重新排列，P^T 的作用是對 A_G 的列重新排列。（A.2.6）式說明當 A_G 的行與列都重新排列後，即得到 A_H，亦即 A_G 與 A_H 是相似矩陣。相似矩陣具有相同的矩陣譜，亦即 A_G 的特徵值所成的集合等於 A_H 的特徵值所成的集合。因此若圖 G 和 H 是同構，則它們所對應的鄰接矩陣必具有相同的矩陣譜，但其反命題不一定成立，即鄰接矩陣若具有相同的矩陣譜，它們所對應的圖不一定是同構。

　　關聯矩陣（incidence matrix）$D = [d_{ij}]$ 是一個 $n \times m$ 矩陣，其中 n 表示圖形的頂點數目，m 表示邊的數目。令 $G = (V, E)$ 為一個有向圖，其中 $V = \{v_1, v_2, \cdots, v_n\}$ 是頂點集合，$E = \{e_1, e_2, \cdots, e_m\}$ 是有向邊集合。考慮 G 的第 j 個邊 $e_j = (v_i, v_k)$，表示邊 e_j 的起始頂點是 v_i，終端頂點是 v_k，即 $v_i \xrightarrow{e_j} v_k$。關聯矩陣 $D(G) = [d_{ij}]$ 的第 j 行即是對應有向圖的第 j 個邊 e_j，因為該邊的起始頂點是 v_i，因此設定第 j 行的第 i 個元素 $d_{ij} = -1$；同時該邊的終端頂點是 v_k，因此設定第 j 行的第 k 個元素 $d_{kj} = +1$。

$$D(G) = [d_{ij}], \; d_{ij} = \begin{cases} -1, & \text{若} v_i \text{是邊} e_j \text{ 的起始頂點} \\ 1, & \text{若} v_i \text{是邊} e_j \text{ 的終端頂點} \\ 0, & \text{其他} \end{cases} \qquad (A.2.7)$$

也就是關聯矩陣的每一行代表圖的一個邊，此行元素為 -1 的位置代表所對應邊的起始點，而該行元素為 $+1$ 的位置代表邊的終端點。

　　關聯矩陣的行數等於所對應圖形的邊數，而其列數等於其頂點數，因此關聯矩陣通常不是方陣。圖 A.4a 顯示有六個邊 5 個頂點的一個單向圖，其相對應的關聯矩陣為

$$D(G) = \begin{matrix} & e_1 & e_2 & e_3 & e_4 & e_5 & e_6 \\ & \begin{bmatrix} -1 & 1 & -1 & 0 & 0 & 0 \\ 1 & 0 & 0 & -1 & 0 & 0 \\ 0 & -1 & 0 & 0 & 1 & 0 \\ 0 & 0 & 1 & 0 & 0 & 1 \\ 0 & 0 & 0 & 1 & -1 & -1 \end{bmatrix} \end{matrix} \qquad (A.2.8)$$

其中每一行中的 −1 元素所在的位置代表有向邊的起始頂點，而 1 元素所在的位置代表有向邊的終端頂點，因此第一行代表從頂點 1 到頂點 2 的有向邊，第二行代表從頂點 3 到頂點 1 的有向邊，依此類推。

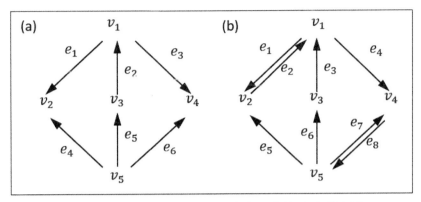

圖 A.4 關聯矩陣的二個範例：（a）單向圖（b）雙向圖

資料來源：作者繪製。

圖 A.4b 與圖 A.4a 類似，但在頂點 1，2 之間與頂點 4，5 之間具有雙向的連結，故圖 A.4b 具有 8 個邊。由於關聯矩陣的一行僅能代表一個方向的邊，因此圖 A.4b 所對應的關聯矩陣將有 8 行，如下所示：

$$D(\mathcal{G}) = \begin{array}{c} \\ v_1 \\ v_2 \\ v_3 \\ v_4 \\ v_5 \end{array} \begin{array}{cccccccc} e_1 & e_2 & e_3 & e_4 & e_5 & e_6 & e_7 & e_8 \\ \left[\begin{array}{cccccccc} -1 & 1 & 1 & -1 & 0 & 0 & 0 & 0 \\ 1 & -1 & 0 & 0 & -1 & 0 & 0 & 0 \\ 0 & 0 & -1 & 0 & 0 & 1 & 0 & 0 \\ 0 & 0 & 0 & 1 & 0 & 0 & 1 & -1 \\ 0 & 0 & 0 & 0 & 1 & -1 & -1 & 1 \end{array}\right] \end{array} \qquad （\text{A}.2.9）$$

可以看到第 1 行與第 2 行都對應到頂點 1 與頂點 2，但是正負號相反，代表邊的二個相反方向連結。同樣的情形，第 7 行與第 8 行都對應到頂點 4 與頂點 5，但也是代表二個相反方向的連結邊。

對於五行圖而言，因為有 20 個邊、5 個頂點，故其關聯矩陣有 5 列、20 行。相較之下，五行圖的鄰接矩陣只有 5 列、5 行，比關聯矩陣簡單許多。同時關聯矩陣的元素只能是 ±1 或 0，不能顯示權重的大小，這也是其不如鄰接矩陣方便的地方。鄰接矩陣適合於二個頂點之間的連結邊數至多有 2 個的情形，當連結邊數為 3 個或以上時，只能透過關聯矩陣來加以表達。

A.3 五行圖的拉普拉斯矩陣

（1）拉普拉斯矩陣的第一定義式

無向圖 $\mathcal{G}$ 的拉普拉斯（Laplacian）矩陣 $L(\mathcal{G})$ 有二種不同的定義方式，一個是透過鄰接矩陣，另一個是透過關聯矩陣，但二者所得結果相同。然而有向圖的拉普拉斯矩陣只能透過鄰接矩陣加以定義，沒有關聯矩陣的對應式。首先討論無向圖的拉普拉斯矩陣 $L(\mathcal{G})$ 的第一個定義式：

$$L(\mathcal{G}) = \Delta(\mathcal{G}) - A(\mathcal{G}) \tag{A.3.1}$$

其中 A 是前面定義過的鄰接矩陣：當其元素 $w_{ij} = 0$ 時，代表沒有從頂點 v_j 連接到頂點 v_i 的連結；反之，$w_{ij} = 1$ 代表連結存在。$\Delta(\mathcal{G})$ 是一個對角線矩陣，其對角線元素分別是每個頂點的度數：

$$\Delta(\mathcal{G}) = \begin{bmatrix} d(v_1) & 0 & \cdots & 0 \\ 0 & d(v_2) & \cdots & 0 \\ \vdots & \vdots & \ddots & \vdots \\ 0 & 0 & \cdots & d(v_n) \end{bmatrix} \tag{A.3.2}$$

下面將以圖 A.5a 的無向圖 $\mathcal{G}$ 為範例，計算其所對應的鄰接矩陣 A、度數矩陣 Δ 與拉普拉斯矩陣 L。Δ 的對角線元素分別代表每個頂點所連接的周邊頂點數，由圖 A.5a 可以觀察到，頂點 1 所連接的周邊頂點數為 3，頂點 2 所連接的周邊頂點數為 1，頂點 3 所連接的周邊頂點數為 2，頂點 4 所連接的周邊頂點數為 2，故得度數矩陣 Δ 為

$$\Delta(\mathcal{G}) = \begin{bmatrix} 3 & 0 & 0 & 0 \\ 0 & 1 & 0 & 0 \\ 0 & 0 & 2 & 0 \\ 0 & 0 & 0 & 2 \end{bmatrix} \tag{A.3.3}$$

其次建立鄰接矩陣 $A(\mathcal{G})$，其不等於零的元素 a_{ij} 代表圖 $\mathcal{G}$ 的頂點 i 與頂點 j 之間有連接。對於無向圖而言，每一個邊都是雙向連接的，也就是頂點 1 若連接到頂點 2，則頂點 2 也必連接到頂點 1。對於鄰接矩陣 A 而言，這相當於是 $a_{12} = a_{21} = 1$。觀察圖 A.5a，頂點之間有連接的部分計有 $1 \leftrightarrow 2$ 之間，$1 \leftrightarrow 4$ 之間、$1 \leftrightarrow 3$ 之間，$3 \leftrightarrow 4$ 之間，因此在鄰接矩陣 $A(\mathcal{G})$ 之中，不等於零的元素有 $a_{12} = a_{21} = 1$，$a_{14} = a_{41} = 1$，$a_{13} = a_{31} = 1$，$a_{34} = a_{43} = 1$，其他元素則均為零，如此所形成的鄰接矩陣 $A(\mathcal{G})$ 即為

$$A(\mathcal{G}) = \begin{bmatrix} 0 & 1 & 1 & 1 \\ 1 & 0 & 0 & 0 \\ 1 & 0 & 0 & 1 \\ 1 & 0 & 1 & 0 \end{bmatrix} \tag{A.3.4}$$

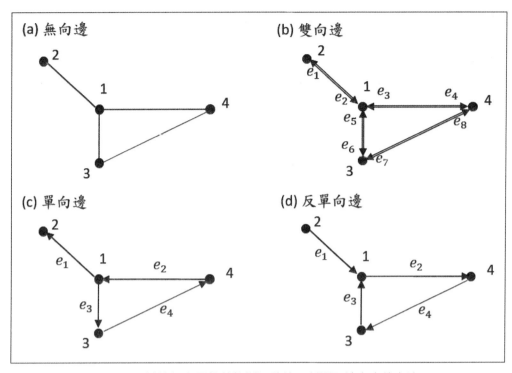

圖 A.5　計算無向圖拉普拉斯矩陣的四種選取邊方向的方法

資料來源：作者繪製。

最後再取 $\Delta(\mathcal{G})$ 與 $A(\mathcal{G})$ 之差，即得拉普拉斯矩陣 L 如下

$$L(\mathcal{G}) = \Delta(\mathcal{G}) - A(\mathcal{G}) = \begin{bmatrix} 3 & -1 & -1 & -1 \\ -1 & 1 & 0 & 0 \\ -1 & 0 & 2 & -1 \\ -1 & 0 & -1 & 2 \end{bmatrix} \qquad (\text{A.3.5})$$

由於是圖 A.5a 是無向圖，其所對應的鄰接矩陣 A 為對稱型，且拉普拉斯矩陣 L 也是對稱型，且每一列與每一行的和均為零。

（2）拉普拉斯矩陣的第二定義式

前面提到的拉普拉斯矩陣的第一定義式是透過鄰接矩陣 $A(\mathcal{G})$ 來定義，而鄰接矩陣所顯示的是頂點與頂點之間的關係。拉普拉斯矩陣的第二定義式則是透過關聯矩陣 $D(\mathcal{G})$ 來定義：

$$L(\mathcal{G}) = D(\mathcal{G})D^T(\mathcal{G}) \qquad (\text{A.3.6})$$

其中關聯矩陣 $D(\mathcal{G})$ 的定義如（A.2.7）式所示，它所顯示的是邊的訊息。關聯矩陣的建立

需要知道每個邊的指向，以下將以三種方式選取無向圖所對應邊的方向。

● 將無向邊視為雙向邊

　　對於無向圖而言，每一個邊都是雙向連接的，等同於雙邊結構。以圖 A.5a 為例，其等義的雙邊結構如圖 A.5b 所示，此圖有 4 個頂點形成 4 個連接邊，但由於每個邊都是雙方向連接，故共有 8 個不同取向的邊。所以關聯矩陣 $D(\mathcal{G})$ 是一個列 8 行的矩陣，它的 8 個行對應到圖 A.5b 的 8 個邊，每一行列出如下：

$$D(\mathcal{G}) = \begin{array}{c} \\ v_1 \\ v_2 \\ v_3 \\ v_4 \end{array} \begin{array}{cccccccc} e_1 & e_2 & e_3 & e_4 & e_5 & e_6 & e_7 & e_8 \end{array} \begin{bmatrix} -1 & 1 & 1 & -1 & 0 & 0 & 0 & 0 \\ 1 & -1 & 0 & 0 & 1 & -1 & 0 & 0 \\ 0 & 0 & 0 & 0 & -1 & 1 & 1 & -1 \\ 0 & 0 & -1 & 1 & 0 & 0 & -1 & 1 \end{bmatrix} \qquad (\text{A.3.7})$$

以第一行為例，其所對應的邊是 e_1，此邊是由頂點 v_1 指向頂點 v_2，所以在頂點 v_1 的位置上輸入元素 -1，而在頂點 v_2 的位置輸入元素 1，其他各行的設定依此類推。圖 A.5b 的雙向邊結構所得到的關聯矩陣 $D(\mathcal{G})$ 如（A.3.7）所示，其次檢查由（A.3.6）式所得到的結果是否會等於（A.3.5）式的拉普拉斯矩陣 $L(\mathcal{G})$：

$$D(\mathcal{G})D^T(\mathcal{G}) = \begin{bmatrix} -1 & 1 & 1 & -1 & 0 & 0 & 0 & 0 \\ 1 & -1 & 0 & 0 & 1 & -1 & 0 & 0 \\ 0 & 0 & 0 & 0 & -1 & 1 & 1 & -1 \\ 0 & 0 & -1 & 1 & 0 & 0 & -1 & 1 \end{bmatrix} \begin{bmatrix} -1 & 1 & 0 & 0 \\ 1 & -1 & 0 & 0 \\ 1 & 0 & 0 & -1 \\ -1 & 0 & 0 & 1 \\ 0 & 1 & -1 & 0 \\ 0 & -1 & 1 & 0 \\ 0 & 0 & 1 & -1 \\ 0 & 0 & -1 & 1 \end{bmatrix}$$

$$= \begin{bmatrix} 4 & -2 & 0 & -2 \\ -2 & 4 & -2 & 0 \\ 0 & -2 & 4 & -2 \\ -2 & 0 & -2 & 4 \end{bmatrix} \neq L(\mathcal{G}) = \begin{bmatrix} 3 & -1 & -1 & -1 \\ -1 & 1 & 0 & 0 \\ -1 & 0 & 2 & -1 \\ -1 & 0 & -1 & 2 \end{bmatrix} \qquad (\text{A.3.8})$$

這結果顯示以（A.3.7）式的關聯矩陣 $D(\mathcal{G})$ 所計算得到的 $D(\mathcal{G})D^T(\mathcal{G})$ 不等於拉普拉斯矩陣 $L(\mathcal{G})$。此結果說明在計算關聯矩陣 $D(\mathcal{G})$ 的過程中，不能將圖 A.5a 的無向邊視為如圖 A.5b 的雙向邊。

● 將無向邊視為單向邊

　　上面的結果說明關聯矩陣 $D(\mathcal{G})$ 不能用於處理雙向邊的問題。其次我們將圖 A.5a 的無向邊轉化為圖 A.5c 的單向邊結構，其中每一邊的方向都是任意取的。圖 A.5c 中有 4 個頂點 4 個邊，所對應的關聯矩陣 $D(\mathcal{G})$ 有 4 列 4 行，列出如下：

$$D(\mathcal{G}) = \begin{array}{c} \\ v_1 \\ v_2 \\ v_3 \\ v_4 \end{array} \overset{\begin{array}{cccc} e_1 & e_2 & e_3 & e_4 \end{array}}{\begin{bmatrix} -1 & 1 & -1 & 0 \\ 1 & 0 & 0 & 0 \\ 0 & 0 & 1 & -1 \\ 0 & -1 & 0 & 1 \end{bmatrix}} \qquad (\text{A.3.9})$$

並由此計算 $D(\mathcal{G})D^T(\mathcal{G})$ 得到

$$D(\mathcal{G})D^T(\mathcal{G}) = \begin{bmatrix} -1 & 1 & -1 & 0 \\ 1 & 0 & 0 & 0 \\ 0 & 0 & 1 & -1 \\ 0 & -1 & 0 & 1 \end{bmatrix}\begin{bmatrix} -1 & 1 & 0 & 0 \\ 1 & 0 & 0 & -1 \\ -1 & 0 & 1 & 0 \\ 0 & 0 & -1 & 1 \end{bmatrix} = \begin{bmatrix} 3 & -1 & -1 & -1 \\ -1 & 1 & 0 & 0 \\ -1 & 0 & 2 & -1 \\ -1 & 0 & -1 & 2 \end{bmatrix} = L(\mathcal{G})$$

此拉普拉斯矩陣 $L(\mathcal{G})$ 與用（A.3.5）式，經由鄰接矩陣 A 所得到的結果相同。這一結果說明在計算無向圖的關聯矩陣 $D(\mathcal{G})$ 時，無向圖的每一個邊可以任意指定順或反的其中一個方向，但不能二個方向同時指定。

● 將無向邊視為反單向邊

　　為了證實在計算無向圖的關聯矩陣 $D(\mathcal{G})$ 時，圖中每一個邊的方向可以任意指定，我們將圖 A.5c 中的每個邊的方向加以顛倒，而得到如圖 A.5d 的另一個單向圖。此時所對應的關聯矩陣 $D(\mathcal{G})$ 為

$$D(\mathcal{G}) = \begin{array}{c} \\ v_1 \\ v_2 \\ v_3 \\ v_4 \end{array} \overset{\begin{array}{cccc} e_1 & e_2 & e_3 & e_4 \end{array}}{\begin{bmatrix} 1 & -1 & 1 & 0 \\ -1 & 0 & 0 & 0 \\ 0 & 0 & -1 & 1 \\ 0 & 1 & 0 & -1 \end{bmatrix}} \qquad (\text{A.3.10})$$

並由此計算 $D(\mathcal{G})D^T(\mathcal{G})$ 得到

$$D(\mathcal{G})D^T(\mathcal{G}) = \begin{bmatrix} 1 & -1 & 1 & 0 \\ -1 & 0 & 0 & 0 \\ 0 & 0 & -1 & 1 \\ 0 & 1 & 0 & -1 \end{bmatrix}\begin{bmatrix} 1 & -1 & 0 & 0 \\ -1 & 0 & 0 & 1 \\ 1 & 0 & -1 & 0 \\ 0 & 0 & 1 & -1 \end{bmatrix} = \begin{bmatrix} 3 & -1 & -1 & -1 \\ -1 & 1 & 0 & 0 \\ -1 & 0 & 2 & -1 \\ -1 & 0 & -1 & 2 \end{bmatrix} = L(\mathcal{G})$$

此結果與用（A.3.5）式，經由鄰接矩陣 A 所得到的結果相同。這一結果再次證實在計算無向圖的關聯矩陣 $D(\mathcal{G})$ 時，圖中每一個邊的方向確實可以任意指定。

（3）有向圖的拉普拉斯矩陣

　　不像無向圖的拉普拉斯矩陣有二種不同的定義方式，有向圖的拉普拉斯矩陣只能透過鄰接矩陣加以定義，而沒有關聯矩陣的對應式。這是因為關聯矩陣對於邊的取向沒有分辨的能力。觀察圖 A.5c 與圖 A.5d，它們的邊取向不同，對應到二個不同的有向圖，但是它們所對應的關聯矩陣乘積 $D(\mathcal{G})D^T(\mathcal{G})$ 卻完全相同，亦即二個不同的有向圖，卻有完

全相同的拉普拉斯矩陣。圖 A.5c 與圖 A.5d 雖然可以透過它們的關聯矩陣求出拉普拉斯矩陣，但所得到的拉普拉斯矩陣實際上是無向圖 A.5a 的拉普拉斯矩陣，而非有向圖 A.5c 或有向圖 A.5d 的拉普拉斯矩陣。有向圖本身的拉普拉斯矩陣只能透過它們的鄰接矩陣加以求得。若用關聯矩陣求取有向圖的拉普拉斯矩陣，將得到錯誤的結果。

給定一個有向圖 $\mathcal{D}$，其拉普拉斯矩陣 $L(\mathcal{D})$ 只能透過鄰接矩陣加以定義，如（A.3.1）所示，再重述如下：

$$L(\mathcal{D}) = \Delta(\mathcal{D}) - A(\mathcal{D}) \tag{A.3.11}$$

其中的度數矩陣 $\Delta(\mathcal{D})$ 及鄰接矩陣 $A(\mathcal{D})$ 與無向圖中的定義略有不同。在無向圖中，頂點與頂點之間若有連接，一定是雙向連接，而且連接的強度必相同，亦即 $w_{ij} = w_{ji}$，因此鄰接矩陣 A 必為對稱矩陣。但對於有向圖 $\mathcal{D}$ 而言，頂點與頂點之間若有連接，可能是單向連接或是雙向連接；縱使是雙向連接，正向連接的強度與反向連接的強度也未必相同。因此對於有向圖而言，一般的情形是 $w_{ij} \neq w_{ji}$。有向圖鄰接矩陣 $A(\mathcal{D})$ 的定義如（A.2.2）所示，再重述如下：

$$[A(\mathcal{D})]_{ij} = w_{ij}, \quad i,j = 1, 2, \cdots, n \tag{A.3.12}$$

其中（v_i , v_j）是指由頂點 v_i 連到頂點 v_j 的邊，其連接強度（權重）為 w_{ji}；（v_j , v_i）是指由頂點連 v_j 到頂點 v_i 的邊，其連接強度（權重）為 w_{ij}。因此（v_i , v_j）與（v_j , v_i）雖然都是連接同樣的二個頂點，但是連接的方向不同，連接強度的也不同，所以是代表不同的邊。

在（A.3.11）式中，$\Delta(\mathcal{D})$ 是各頂點度數所形成的對角陣。對於有向圖 $\mathcal{D}$ 而言，某一頂點與周邊頂點的連接方式可分為向外連出及向內連入二種，因此產生出度（out-degree）與入度（in-degree）二種不同頂點度數的定義，如（A.1.1）式和（A.1.2）式所示，在這裡我們採用入度的定義：

$$d_{in}(v_i) = \sum_{\{j|(v_j, v_i) \in E(\mathcal{D})\}} w_{ij}, \quad i = 1, 2, \cdots, n \tag{A.3.13}$$

入度是考慮周邊頂點對頂點 v_i 的影響程度，所以（A.3.13）式是加總周邊頂點向內連接到頂點 v_i 的連接強度。如果令 $w_{ij} = 0$ 代表頂點 v_i 連到頂點 v_j 之間沒有連結，則（A.3.13）式可簡化為

$$d_{in}(v_i) = \sum_{j=1}^{n} w_{ij}, \quad i = 1, 2, \cdots, n \tag{A.3.14}$$

求出各個頂點的入度後，（A.3.11）式中的度數 $\Delta(\mathcal{D})$ 即可列出如下：

$$\Delta_{in}(\mathcal{D}) = \begin{bmatrix} d_{in}(v_1) & 0 & \cdots & 0 \\ 0 & d_{in}(v_2) & \cdots & 0 \\ \vdots & \vdots & \ddots & \vdots \\ 0 & 0 & \cdots & d_{in}(v_n) \end{bmatrix} = \begin{bmatrix} \sum_j w_{1j} & 0 & \cdots & 0 \\ 0 & \sum_j w_{2j} & \cdots & 0 \\ \vdots & \vdots & \ddots & \vdots \\ 0 & 0 & \cdots & \sum_j w_{nj} \end{bmatrix} \quad （A.3.15）$$

最後將（A.3.15）式的 $\Delta(\mathcal{D})$ 與（A.3.12）式的 $A(\mathcal{D})$ 代入（A.3.11）式，即得有向圖 $\mathcal{D}$ 的拉普拉斯矩陣 $L(\mathcal{D})$。

$$L(\mathcal{D}) = \Delta_{in}(\mathcal{D}) - A(\mathcal{D}) = \begin{bmatrix} \sum_j w_{1j} & -w_{12} & \cdots & -w_{1n} \\ -w_{21} & \sum_j w_{2j} & \cdots & -w_{2n} \\ \vdots & \vdots & \ddots & \vdots \\ -w_{n1} & -w_{n2} & \cdots & \sum_j w_{nj} \end{bmatrix} \quad （A.3.16）$$

　　下面將以圖 A.6 中的四個圖為範例，比較無向圖、雙向圖、單向圖三者的拉普拉斯矩陣 $L(\mathcal{D})$ 的不同。

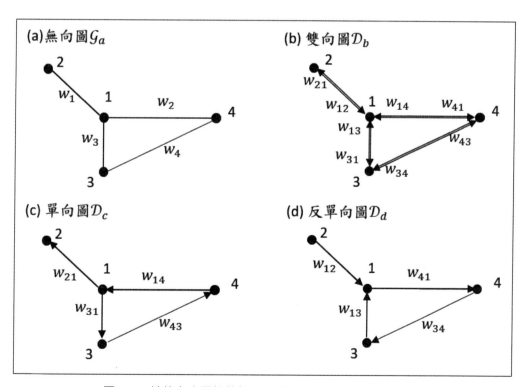

圖 A.6　計算有向圖拉普拉斯矩陣的四種選取邊權重的方法

資料來源：作者繪製。

● 無向圖 $\mathcal{G}_a$ 的拉普拉斯矩陣

　　無向圖 $\mathcal{G}_a$ 是雙向連接，且雙向的連接強度相同，如圖 A.6a 所示。根據（A.3.12）式，其鄰接矩陣 $A(\mathcal{G}_a)$ 可列出如下：

$$A(\mathcal{G}_a) = \begin{bmatrix} 0 & w_1 & w_3 & w_2 \\ w_1 & 0 & 0 & 0 \\ w_3 & 0 & 0 & w_4 \\ w_2 & 0 & w_4 & 0 \end{bmatrix} \qquad （A.3.17）$$

如所預料，$A(\mathcal{G}_a)$ 必須為對稱矩陣。其次依據（A.3.15）式，列出各頂點的入度矩陣，但因為無向圖的邊不考慮方向，不分別連入邊的權重或是連出邊的權重，只要是有連接的邊，都要加總其權重。在此定義下，得到無向圖 $\mathcal{G}_a$ 的度數矩陣為：

$$\Delta(\mathcal{G}_a) = \begin{bmatrix} w_1+w_2+w_3 & 0 & 0 & 0 \\ 0 & w_1 & 0 & 0 \\ 0 & 0 & w_3+w_4 & 0 \\ 0 & 0 & 0 & w_2+w_4 \end{bmatrix}$$

可以看到 $\Delta(\mathcal{G}_a)$ 的對角線元素等於鄰接矩陣 $A(\mathcal{G}_a)$ 的對應列元素的相加，以數學式來表示即成

$$\Delta(\mathcal{G}_a) = \mathrm{diag}(A(\mathcal{G}_a)\mathbf{1}) \qquad （A.3.18）$$

其中 $\mathbf{1}$ 表示所有元素均為 1 的行向量（vector of all ones）。最後求 $\Delta(\mathcal{G}_a)$ 與 $A(\mathcal{G}_a)$ 之間的差，即得到無向圖 $\mathcal{G}_a$ 的拉普拉斯矩陣如下：

$$L(\mathcal{G}_a) = \Delta(\mathcal{G}_a) - A(\mathcal{G}_a) = \begin{bmatrix} w_1+w_2+w_3 & -w_1 & -w_3 & -w_2 \\ -w_1 & w_1 & 0 & 0 \\ -w_3 & 0 & w_3+w_4 & -w_4 \\ -w_2 & 0 & -w_4 & w_2+w_4 \end{bmatrix} \qquad （A.3.19）$$

因為 $\mathcal{G}_a$ 是無向圖，它的拉普拉斯矩陣亦可由關聯矩陣的乘積 $D(\mathcal{G}_a)D^T(\mathcal{G}_a)$ 而獲得。但與前面不同的是，圖 A.6a 是具有權重的無向圖，此時拉普拉斯矩陣與關聯矩陣的關係須修改為

$$L(\mathcal{G}_a) = D(\mathcal{G}_a)WD^T(\mathcal{G}_a) \qquad （A.3.20）$$

其中 W 為由各邊的權重所組成對角矩陣：$W = \mathrm{diag}(w_1, w_2, w_3, w_4)$。$D(\mathcal{G}_a)$ 是圖 A.6a 的關聯矩陣，此矩陣已經在（A.3.9）式和（A.3.10）式中得到。因為無向圖的關聯矩陣與邊的取向無關，因此不管採用（A.3.9）式或（A.3.10）式，都會得到相同的拉普拉斯矩陣。現在以（A.3.9）式的 $D(\mathcal{G}_a)$ 為例，計算 $L(\mathcal{G}_a)$ 如下：

$$D(\mathcal{G}_a)WD^T(\mathcal{G}_a) = \begin{bmatrix} -1 & 1 & -1 & 0 \\ 1 & 0 & 0 & 0 \\ 0 & 0 & 1 & -1 \\ 0 & -1 & 0 & 1 \end{bmatrix}\begin{bmatrix} w_1 & 0 & 0 & 0 \\ 0 & w_2 & 0 & 0 \\ 0 & 0 & w_3 & 0 \\ 0 & 0 & 0 & w_4 \end{bmatrix}\begin{bmatrix} -1 & 1 & 0 & 0 \\ 1 & 0 & 0 & -1 \\ -1 & 0 & 1 & 0 \\ 0 & 0 & -1 & 1 \end{bmatrix}$$

$$= \begin{bmatrix} -1 & 1 & -1 & 0 \\ 1 & 0 & 0 & 0 \\ 0 & 0 & 1 & -1 \\ 0 & -1 & 0 & 1 \end{bmatrix}\begin{bmatrix} -w_1 & w_1 & 0 & 0 \\ w_2 & 0 & 0 & -w_2 \\ -w_3 & 0 & w_3 & 0 \\ 0 & 0 & -w_4 & w_4 \end{bmatrix}$$

$$= \begin{bmatrix} w_1+w_2+w_3 & -w_1 & -w_3 & -w_2 \\ -w_1 & w_1 & 0 & 0 \\ -w_3 & 0 & w_3+w_4 & -w_4 \\ -w_2 & 0 & -w_4 & w_2+w_4 \end{bmatrix} = L(\mathcal{G}_a) \qquad （A.3.21）$$

此結果與用定義式 $L(\mathcal{G}_a) = \Delta(\mathcal{G}_a) - A(\mathcal{G}_a)$ 所得到的 $L(\mathcal{G}_a)$ 相同，參見（A.3.19）式。同理，若以（A.3.10）式表示 $D(\mathcal{G}_a)$，其結果也相同：

$$D(\mathcal{G}_a)WD^T(\mathcal{G}_a) = \begin{bmatrix} 1 & -1 & 1 & 0 \\ -1 & 0 & 0 & 0 \\ 0 & 0 & -1 & 1 \\ 0 & 1 & 0 & -1 \end{bmatrix}\begin{bmatrix} w_1 & 0 & 0 & 0 \\ 0 & w_2 & 0 & 0 \\ 0 & 0 & w_3 & 0 \\ 0 & 0 & 0 & w_4 \end{bmatrix}\begin{bmatrix} 1 & -1 & 0 & 0 \\ -1 & 0 & 0 & 1 \\ 1 & 0 & -1 & 0 \\ 0 & 0 & 1 & -1 \end{bmatrix}$$

$$= \begin{bmatrix} 1 & -1 & 1 & 0 \\ -1 & 0 & 0 & 0 \\ 0 & 0 & -1 & 1 \\ 0 & 1 & 0 & -1 \end{bmatrix}\begin{bmatrix} w_1 & -w_1 & 0 & 0 \\ -w_2 & 0 & 0 & w_2 \\ w_3 & 0 & -w_3 & 0 \\ 0 & 0 & w_4 & -w_4 \end{bmatrix}$$

$$= \begin{bmatrix} w_1+w_2+w_3 & -w_1 & -w_3 & -w_2 \\ -w_1 & w_1 & 0 & 0 \\ -w_3 & 0 & w_3+w_4 & -w_4 \\ -w_2 & 0 & -w_4 & w_2+w_4 \end{bmatrix} = L(\mathcal{G}_a) \qquad （A.3.22）$$

以上我們針對具有權重的無向圖 $\mathcal{G}_a$，以二種不同的定義式計算其拉普拉斯矩陣 $L(\mathcal{G}_a)$，獲致完全相同的結果。

● 雙向圖 $\mathcal{D}_b$ 的拉普拉斯矩陣

雙向圖的特徵是圖的每個邊都具有正反二個方向的連接，而且正反方向的權重不同，即 $w_{ij} \neq w_{ji}$。倘若各邊正反方向的權重都相同，此時邊的連結方向即無法區別，雙向邊變成無向圖，雙向圖於是化簡成了無向圖，所以無向圖實際上是雙向圖的一種特例。以下我們先考慮雙向圖 $\mathcal{D}_b$ 的拉普拉斯矩陣，然後再說明於特殊情形 $w_{ij} = w_{ji}$ 之下，雙向圖 $\mathcal{D}_b$ 的拉普拉斯矩陣即化成前面已得到的無向圖 $\mathcal{G}_a$ 的拉普拉斯矩陣。

參考圖 A.6b 的雙向圖 $\mathcal{D}_b$，根據（A.3.12）式，其鄰接矩陣 $A(\mathcal{D}_b)$ 可列出如下：

$$A(\mathcal{D}_b) = \begin{bmatrix} 0 & w_{12} & w_{13} & w_{14} \\ w_{21} & 0 & 0 & 0 \\ w_{31} & 0 & 0 & w_{34} \\ w_{41} & 0 & w_{43} & 0 \end{bmatrix} \qquad （A.3.23）$$

由於相反方向的權重不同，$w_{ij} \neq w_{ji}$，使得鄰接矩陣 $A(\mathcal{D}_b)$ 並非對稱型矩陣。其次依據 （A.3.14）式和（A.3.15）式，列出雙向圖 $\mathcal{D}_b$ 的頂點入度（in-degree）矩陣，

$$\Delta_{in}(\mathcal{D}_b) = \begin{bmatrix} w_{12}+w_{13}+w_{14} & 0 & 0 & 0 \\ 0 & w_{21} & 0 & 0 \\ 0 & 0 & w_{31}+w_{34} & 0 \\ 0 & 0 & 0 & w_{41}+w_{43} \end{bmatrix} \qquad （A.3.24）$$

可以看到 $\Delta_{in}(\mathcal{D}_b)$ 的對角線元素等於鄰接矩陣 $A(\mathcal{D}_b)$ 的對應列元素的相加。最後求取 $\Delta_{in}(\mathcal{D}_b)$ 與 $A(\mathcal{D}_b)$ 之間的差，即得到雙向圖 $\mathcal{D}_b$ 的拉普拉斯矩陣如下：

$$L(\mathcal{D}_b) = \Delta_{in}(\mathcal{D}_b) - A(\mathcal{D}_b) = \begin{bmatrix} w_{12}+w_{13}+w_{14} & -w_{12} & -w_{13} & -w_{14} \\ -w_{21} & w_{21} & 0 & 0 \\ -w_{31} & 0 & w_{31}+w_{34} & -w_{34} \\ -w_{41} & 0 & -w_{43} & w_{41}+w_{43} \end{bmatrix} \qquad （A.3.25）$$

現在比對圖 A.6a 的無向圖 $\mathcal{G}_a$ 與 A.6b 的雙向圖 $\mathcal{D}_b$，並將雙向圖 $\mathcal{D}_b$ 各邊的權重設成相等：

$$w_{12}=w_{21}=w_1,\ w_{14}=w_{41}=w_2,\ w_{13}=w_{31}=w_3,\ w_{43}=w_{34}=w_4,$$

在此情況下，圖 A.6a 與圖 A.6b 變成完全一樣，此時（A.3.25）式化簡成

$$L(\mathcal{D}_b) = \begin{bmatrix} w_1+w_2+w_3 & -w_1 & -w_3 & -w_2 \\ -w_1 & w_1 & 0 & 0 \\ -w_3 & 0 & w_3+w_4 & -w_4 \\ -w_2 & 0 & -w_4 & w_2+w_4 \end{bmatrix} = L(\mathcal{G}_a) \qquad （A.3.26）$$

上式和（A.3.21）式完全一致，此結果說明當雙向圖 $\mathcal{D}_b$ 各邊的權重一樣時，雙向圖 $\mathcal{D}_b$ 的 拉普拉斯矩陣即化簡成無向圖 $\mathcal{G}_a$ 的拉普拉斯矩陣 $L(\mathcal{G}_a)$。

● 單向圖 $\mathcal{D}_c$ 的拉普拉斯矩陣

參考圖 A.6c 的單向圖 $\mathcal{D}_c$，根據（A.3.12）式的定義，圖 $\mathcal{D}_c$ 的鄰接矩陣可列出如下：

$$A(\mathcal{D}_c) = \begin{bmatrix} 0 & 0 & 0 & w_{14} \\ w_{21} & 0 & 0 & 0 \\ w_{31} & 0 & 0 & 0 \\ 0 & 0 & w_{43} & 0 \end{bmatrix} \qquad （A.3.27）$$

單向圖 $\mathcal{D}_c$ 的各頂點入度值（in-degree）是鄰接矩陣 $A(\mathcal{D}_c)$ 各列元素的相加：

$$\Delta_{in}(\mathcal{D}_c) = \begin{bmatrix} w_{14} & 0 & 0 & 0 \\ 0 & w_{21} & 0 & 0 \\ 0 & 0 & w_{31} & 0 \\ 0 & 0 & 0 & w_{43} \end{bmatrix} \qquad （A.3.28）$$

上面二式相減得到單向圖 $\mathcal{D}_c$ 的拉普拉斯矩陣

$$L(\mathcal{D}_c) = \Delta_{in}(\mathcal{D}_c) - A(\mathcal{D}_c) = \begin{bmatrix} w_{14} & 0 & 0 & -w_{14} \\ -w_{21} & w_{21} & 0 & 0 \\ -w_{31} & 0 & w_{31} & 0 \\ 0 & 0 & -w_{43} & w_{43} \end{bmatrix} \qquad （A.3.29）$$

● 單向圖 $\mathcal{D}_d$ 的拉普拉斯矩陣

類似單向圖 $\mathcal{D}_c$ 的求法，單向圖 $\mathcal{D}_d$ 的鄰接矩陣 $A(\mathcal{D}_d)$ 與頂點入度矩陣 $\Delta_{in}(\mathcal{D}_d)$ 可分別求出如下：

$$A(\mathcal{D}_d) = \begin{bmatrix} 0 & w_{12} & w_{13} & 0 \\ 0 & 0 & 0 & 0 \\ 0 & 0 & 0 & w_{34} \\ w_{41} & 0 & 0 & 0 \end{bmatrix}, \Delta_{in}(\mathcal{D}_c) = \begin{bmatrix} w_{12}+w_{13} & 0 & 0 & 0 \\ 0 & 0 & 0 & 0 \\ 0 & 0 & w_{34} & 0 \\ 0 & 0 & 0 & w_{41} \end{bmatrix}$$

上面二式相減得到單向圖 $\mathcal{D}_d$ 的拉普拉斯矩陣

$$L(\mathcal{D}_d) = \Delta_{in}(\mathcal{D}_d) - A(\mathcal{D}_d) = \begin{bmatrix} w_{12}+w_{13} & -w_{12} & -w_{13} & 0 \\ 0 & 0 & 0 & 0 \\ 0 & 0 & w_{34} & 0 \\ -w_{41} & 0 & 0 & w_{41} \end{bmatrix} \qquad （A.3.30）$$

觀察圖 A.6c 的單向圖 $\mathcal{D}_c$ 與 A.6d 的單向圖 $\mathcal{D}_d$，若將此二圖合併，可發現其結果為雙向圖 $\mathcal{D}_b$。所以若將此二圖的拉普拉斯矩陣相加，即（A.3.29）式與（A.3.30）式的相加，其結果也正是雙向圖 $\mathcal{D}_b$ 的拉普拉斯矩陣，如（A.3.25）式所示。

（4）五行圖的拉普拉斯矩陣

五行圖是一種具有 5 個頂點 20 個邊的雙向圖，其中每個邊都具有正反二個方向的連接，而且正反方向的權重不同。

參見圖 A.7，五行圖各邊上的權重即是相生或相剋的強度，其中相鄰二個頂點的連接邊是相生的關係，權重是 a 或 b，邊的一個方向是正（反）生，邊的另一個方向是副生。五行圖中相間隔二個頂點的連接邊（亦即對角線）是相剋的關係，權重是 $-c$ 或 $-d$，邊的一個方向是正（反）剋，邊的另一個方向是副剋。五行圖是一種有向圖，而有向圖 $\mathcal{D}$ 的拉普拉斯矩陣為 $L(\mathcal{D}) = \Delta_{in}(\mathcal{D}) - A(\mathcal{D})$，根據圖 A.7，頂點入度數矩陣 $\Delta_{in}(\mathcal{D})$ 可求得如下：

$$\Delta_{in}(\mathcal{D}) = \begin{bmatrix} d_{in}(v_1) & 0 & \cdots & 0 \\ 0 & d_{in}(v_2) & \cdots & 0 \\ \vdots & \vdots & \ddots & \vdots \\ 0 & 0 & \cdots & d_{in}(v_n) \end{bmatrix} = \begin{bmatrix} -\delta_5 & 0 & 0 & 0 & 0 \\ 0 & -\delta_5 & 0 & 0 & 0 \\ 0 & 0 & -\delta_5 & 0 & 0 \\ 0 & 0 & 0 & -\delta_5 & 0 \\ 0 & 0 & 0 & a & -\delta_5 \end{bmatrix}$$

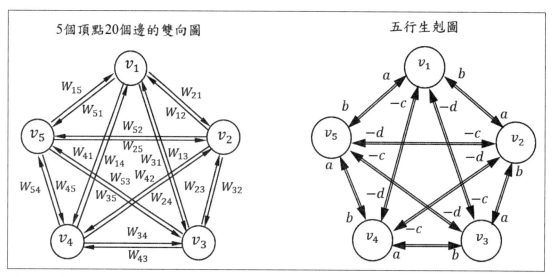

圖 A.7 五行圖是具有 5 個頂點 20 個邊的雙向圖，五行圖的相鄰邊上的權重是相生係數 a 和 b，對角線上的權重是相剋係數 $-c$ 和 $-d$。

資料來源：作者繪製。

從圖 A.7 可以觀察到進入每一個頂點的權重和都等於 $-\delta_5 = a + b - c - d$。

鄰接矩陣的定義為 $[A(\mathcal{D})]_{ij} = w_{ij}$，其中 w_{ij} 是由頂點 v_j 連到頂點 v_i 的邊的權重。五行圖的鄰接矩陣可由圖 A.7 讀取得到如下：

$$A(\mathcal{D}) = \begin{bmatrix} 0 & w_{12} & w_{13} & w_{14} & w_{15} \\ w_{21} & 0 & w_{23} & w_{24} & w_{25} \\ w_{31} & w_{32} & 0 & w_{34} & w_{35} \\ w_{41} & w_{42} & w_{43} & 0 & w_{45} \\ w_{51} & w_{52} & w_{53} & w_{54} & 0 \end{bmatrix} = \begin{bmatrix} 0 & b & -d & -c & a \\ a & 0 & b & -d & -c \\ -c & a & 0 & b & -d \\ -d & -c & a & 0 & b \\ b & -d & -c & a & 0 \end{bmatrix}$$

最後由 $L(\mathcal{D}) = \Delta_{in}(\mathcal{D}) - A(\mathcal{D})$，得到五行圖的拉普拉斯矩陣為

$$L(\mathcal{D}) = \Delta_{in}(\mathcal{D}) - A(\mathcal{D}) = \begin{bmatrix} -\delta_5 & -b & d & c & -a \\ -a & -\delta_5 & -b & d & c \\ c & -a & -\delta_5 & -b & d \\ d & c & -a & -\delta_5 & -b \\ b- & d & c & -a & -\delta_5 \end{bmatrix} \quad （A.3.31）$$

與（7.2.18）式的五行矩陣 $\mathbb{A}_5$ 比較，五行圖的拉普拉斯矩陣 $L(\mathcal{D})$ 剛好與五行矩陣 $\mathbb{A}_5$ 相差一個負號，即 $L(\mathcal{D}) = -\mathbb{A}_5$。因此（7.2.18）式又可改寫成

$$\dot{\mathbf{X}}_5 = \mathbb{A}_5 \mathbf{X}_5 = -L(\mathcal{D})\mathbf{X}_5 \quad （A.3.32）$$

A.4 五行圖的穩定性

（1）無向圖的拉普拉斯矩陣的半正定性

給定一個無向圖 $\mathcal{G}$，我們已經介紹了如何建立其拉普拉斯矩陣 $L(\mathcal{G})$，而拉普拉斯矩陣 $L(\mathcal{G})$ 又進一步決定了無向圖 $\mathcal{G}$ 所對應的網路系統動態的穩定性

$$\dot{\mathbf{X}}_n = -L(\mathcal{G})\mathbf{X}_n \qquad （A.4.1）$$

其關係可歸納如下：

$$無向圖\mathcal{G} \rightarrow 拉普拉斯矩陣 L(\mathcal{G}) \rightarrow 網路系統動態$$

以上的關係解釋了為何五行理論富含動態平衡的哲學思學，這正是因為五行圖代表含有五個代理人的網路系統，而五行圖的拉普拉斯矩陣完全決定了該網路系統的動態平衡特性。也就是五行圖的幾何結構蘊含著系統內部動態平衡的特性。（A.4.1）式所代表的動態被稱為 Laplace 動態，而 Laplace 動態若要為穩定，拉普拉斯矩陣 $L(\mathcal{G})$ 的特徵值必須大於或等於零，亦即 $L(\mathcal{G})$ 必須為半正定（positive semidefinite）。對於一個無向圖 $\mathcal{G}$ 而言，$L(\mathcal{G})$ 的半正定性會自動滿足，進而保證了 Laplace 動態的穩定性，此將說明如下。

考慮無向圖 $\mathcal{G}$，其各邊正反方向的權重相等，亦即 $w_{ij} = w_{ji} \geq 0$。無向圖 $\mathcal{G}$ 所對應的拉普拉斯矩陣 $L(\mathcal{G})$ 有二種等義的定義式，二者都可以用來證明 $L(\mathcal{G}) \geq 0$。先利用（A.3.1）式的第一定義式：$L(\mathcal{G}) = \Delta(\mathcal{G}) - A(\mathcal{G})$ 進行證明，其中 $[A(\mathcal{D})]_{ij} = w_{ij}$。另外根據（A.3.14）式的定義，對角陣 $\Delta(\mathcal{G})$ 的第 i 個元素 d_i 是鄰接矩陣 $A(\mathcal{G})$ 第 i 列元素的總和，亦即

$$d_i = \sum_{j=1}^{n} w_{ij} \qquad （A.4.2）$$

上式允許 $w_{ij} = 0$，代表頂點 i 與頂點 j 之間沒有連接。要證明 $L(\mathcal{G}) \geq 0$，相當於要證明 Laplace 函數 $L(\mathbf{X}_n) = \mathbf{X}_n^T L(\mathcal{G})\mathbf{X}_n \geq 0$，其中 $\mathbf{X}_n = [x_1, x_2, \cdots, x_n]^T$。代入 $L(\mathcal{G}) = \Delta(\mathcal{G}) - A(\mathcal{G})$，並使用上面關於 $\Delta(\mathcal{G})$ 與 $A(\mathcal{G})$ 的定義式，將 Laplace 函數 $L(x)$ 依次化簡如下：

$$\mathbf{X}_n^T L(\mathcal{G})\mathbf{X}_n = \mathbf{X}_n^T \Delta(\mathcal{G})\mathbf{X}_n - \mathbf{X}_n^T A(\mathcal{G})\mathbf{X}_n = \sum_{i=1}^{n} d_i x_i^2 - \sum_{i=1}^{n}\sum_{j=1}^{n} w_{ij} x_i x_j$$

$$= \frac{1}{2}\left(\sum_{i=1}^{n} d_i x_i^2 - 2\sum_{i=1}^{n}\sum_{j=1}^{n} w_{ij} x_i x_j + \sum_{j=1}^{n} d_j x_j^2 \right)$$

再代入（A.4.2）式中 d_i 的定義，上式續化簡成

$$\mathbf{X}_n^T L(\mathcal{G})\mathbf{X}_n = \frac{1}{2}\left(\sum_{i=1}^{n}\sum_{j=1}^{n}w_{ij}x_i^2 - 2\sum_{i=1}^{n}\sum_{j=1}^{n}w_{ij}x_ix_j + \sum_{j=1}^{n}\sum_{i=1}^{n}w_{ji}x_j^2\right)$$

再利用對稱性 $w_{ij} = w_{ji}$，並將 x_i 及 x_j 配成完全平方式，得到最後結果

$$L(\mathbf{X}_n) = \mathbf{X}_n^T L(\mathcal{G})\mathbf{X}_n = \frac{1}{2}\sum_{i=1}^{n}w_{ij}\sum_{j=1}^{n}\left(x_i - x_j\right)^2 \geq 0 \qquad （A.4.3）$$

上式成立的先決條件是 $w_{ij} = w_{ji} \geq 0$，也就是圖形必須是沒有方向性，且權重 w_{ij} 必須為非負。

對於無向圖 $\mathcal{G}$，拉普拉斯矩陣 $L(\mathcal{G})$ 存在有第二種表示式，如（A.3.20）式所示，

$$L(\mathcal{G}) = D(\mathcal{G})WD^T(\mathcal{G}) \geq 0,\ w_{ij} \geq 0 \qquad （A.4.4）$$

其中 W 是由各邊權重 w_{ij} 所組成的對角陣。因此只要 $w_{ij} \geq 0$，對於任意關聯矩陣 $D(\mathcal{G})$，恆有 $L(\mathcal{G}) = D(\mathcal{G})WD^T(\mathcal{G}) \geq 0$。

不管是根據拉普拉斯矩陣 $L(\mathcal{G})$ 的第一定義式或第二定義式，只要權重係數滿足 $w_{ij} = w_{ji} \geq 0$，皆可證明 $L(\mathcal{G}) \geq 0$。權重係數大於或等於零的圖形，其所對應的多代理人系統具有合作（cooperative interaction）的特性，在五行系統中稱為『相生』。對於合作型的系統，因為具有 $L \geq 0$ 的特性，其動態方程式 $\dot{\mathbf{X}}_n = -L(\mathcal{G})\mathbf{X}_n$ 具有非正的特徵值，從而保證了系統的收斂性。

然而在五行系統中，五行圖具有方向性，這使得 $w_{ij} \neq w_{ji}$，而且權重係數 w_{ij} 不一定全部為正。權重係數為負的頂點之間具有對抗、競爭的作用（antagonistic interaction），在五行系統中稱為『相剋』。五行系統同時具有相生與相剋的作用，因此權重係數 w_{ij} 有些為正、有些為負，這使得拉普拉斯矩陣 L 不一定恆為正定。一個重要的問題便是在何種條件下，五行系統的 Laplace 動態方程式（A.3.31）具有收斂的特性。

（2）無向圖的 Laplace 動態穩定性

在 Laplace 動態方程式（A.4.1）中，拉普拉斯矩陣 L 的半正定條件 $L(\mathcal{G}) \geq 0$ 並不能完全保證系統的穩定性，問題出在條件 $L(\mathcal{G}) \geq 0$ 包含二種可能情形。第一種可能情形是 $L(\mathcal{G}) > 0$，這代表 $-L(\mathcal{G})$ 的特徵值全部為負值，此時系統必為穩定。第二種可能情形是 $L(\mathcal{G}) = 0$，此時拉普拉斯矩陣 $L(\mathcal{G})$ 具有 $\lambda = 0$ 的特徵值。在此情況下的系統穩定性決定

於特徵值 $\lambda = 0$ 的重根數（multiplicity）。如果 $\lambda = 0$ 沒有重根，則可證明系統為穩定；反之，如果 $\lambda = 0$ 的重根數大於或等於 2，將可能導致系統的不穩定。

設 λ 為拉普拉斯矩陣 $L(\mathcal{G})$ 的特徵值，其所對應的特徵向量為 $\mathbf{v}$，則有

$$L(\mathcal{G})\mathbf{v} = \lambda\mathbf{v} \tag{A.4.5}$$

由於無向圖的拉普拉斯矩陣 $L(\mathcal{G})$ 為對稱矩陣，它的特徵值全部為實數。如果 $L(\mathcal{G})$ 具有特徵值 $\lambda = 0$，則上式化成

$$L(\mathcal{G})\mathbf{v} = 0 \tag{A.4.6}$$

所有滿足上式的向量 v 所成的集合稱為 $L(\mathcal{G})$ 的零空間（null space），記做 $\mathcal{N}(L(\mathcal{G}))$。不論是無向圖或有向圖，滿足（A.4.6）式的向量 $\mathbf{v}$ 一定存在，這是因為拉普拉斯矩陣 $L(\mathcal{G})$ 的特殊結構所造成。使用（A.3.16）式中的 $L(\mathcal{G})$ 表示式，我們可以得到如下的關係式：

$$L(\mathcal{G})\mathbf{1} = \begin{bmatrix} \sum_j w_{1j} & -w_{12} & \cdots & -w_{1n} \\ -w_{21} & \sum_j w_{2j} & \cdots & -w_{2n} \\ \vdots & \vdots & \ddots & \vdots \\ -w_{n1} & -w_{n2} & \cdots & \sum_j w_{nj} \end{bmatrix}\begin{bmatrix} 1 \\ 1 \\ \vdots \\ 1 \end{bmatrix} = 0 \tag{A.4.7}$$

其中 $\mathbf{1} = [1\ 1\ \cdots\ 1]^T$ 是所有元素均為 1 的行向量 $\mathbf{v} = c\mathbf{1}$。比較（A.4.6）式與（A.4.7）式可以發現，滿足（A.4.6）式的特徵向量可選成

$$\mathbf{v} = c\mathbf{1} \tag{A.4.8}$$

亦即 $c\mathbf{1} \in \mathcal{N}(L(\mathcal{G}))$。使得特徵值 $\lambda = 0$ 沒有重根的條件是向量 $\mathbf{v}$ 必須為（A.4.6）式的唯一解，不存在與 $\mathbf{v} = c\mathbf{1}$ 線性獨立的另一向量 $\mathbf{u}$，滿足 $L(\mathcal{G})u = 0$。此條件相當於要求

$$\mathcal{N}(L(\mathcal{G})) = \text{span}\{\mathbf{1}\} \tag{A.4.9}$$

也就是 $L(\mathcal{G})$ 的零空間只包含向量 $\mathbf{1}$ 這個獨立向量。既有文獻已經證明，對於連通圖（connected graph）而言，亦即圖中任意二頂點之間皆可以透過一系列的無向邊加以連接起來，（A.4.9）式一定滿足。在連通的條件下，$L(\mathcal{G})$ 的 n 個特徵向量由小排到大，可以表示成

$$0 = \lambda_1(\mathcal{G}) < \lambda_2(\mathcal{G}) \leq \cdots \leq \lambda_n(\mathcal{G}) \tag{A.4.10}$$

其中注意第二個特徵值 $\lambda_2(\mathcal{G}) > 0$，代表只有一個特徵值 $\lambda_1(\mathcal{G}) = 0$，亦即特徵值 $\lambda = 0$ 沒有重根。

由以上的分析，我們可以得到如下結論：對於任意連通圖（且所有邊的權重均為正），Laplace 動態方程式（A.4.1）必為穩定且收斂到平衡狀態。此時系統所收斂的平衡點可由特徵值 $\lambda_1(\mathcal{G}) = 0$ 所對應的特徵向量所唯一決定。

（3）有向圖的 Laplace 動態穩定性

有向圖的拉普拉斯矩陣 $L(\mathcal{D})$ 與無向圖的拉普拉斯矩陣 $L(\mathcal{G})$ 具有類似的表示式（A.3.11），唯一的差別是 $L(\mathcal{D})$ 不再具有對稱性，亦即權重係數 $w_{ij} \neq w_{ji}$。由於缺少對稱性，這使得 $L(\mathcal{D}) \leq 0$ 的證明無法採用類似前面證明 $L(\mathcal{G}) \leq 0$ 的方法。不像 $L(\mathcal{G})$ 的特徵值一定為實數，$L(\mathcal{D})$ 由於不是對稱矩陣，其特徵值一般是落在複數平面上，而非實數軸上。將（A.3.16）式中的 $L(\mathcal{D})$ 代入 Laplace 方程式（A.4.1）中得到

$$\dot{\mathbf{X}}_n = -L(\mathcal{D})\mathbf{X}_n = -\begin{bmatrix} \sum_j w_{1j} & -w_{12} & \cdots & -w_{1n} \\ -w_{21} & \sum_j w_{2j} & \cdots & -w_{2n} \\ \vdots & \vdots & \ddots & \vdots \\ -w_{n1} & -w_{n2} & \cdots & \sum_j w_{nj} \end{bmatrix}\begin{bmatrix} x_1 \\ x_2 \\ \vdots \\ x_n \end{bmatrix} \quad (A.4.11)$$

這是一線性系統，而線性系統穩定的必要條件是 $-L(\mathcal{D})$ 的特徵值要落在複數平面的左半邊，亦即 $L(\mathcal{D})$ 的特徵值要落在複數平面的右半邊。對於任意給定的權重係數 w_{ij}，$L(\mathcal{D})$ 的特徵值無法事先得知，所以我們無法根據特徵值的實際落點來判斷系統是否為穩定性。幸好由於（A.4.11）式中 $L(\mathcal{D})$ 的特殊結構，讓我們有可能在未知權重係數 w_{ij} 的情形下，預先判斷出 $L(\mathcal{D})$ 的特徵值可能的落點範圍。這個特徵值範圍的判斷是基於以下重要的定理：

● Geršgorin Disk Theorem

對於任意的 $n \times n$ 實數矩陣 $\mathbf{M} = [m_{ij}]$，它的所有特徵值必定落在以下範圍之內：

$$\bigcup_{i=1}^{n}\left\{ z \in \mathbb{C} \;\middle|\; |z - m_{ii}| \leq \sum_{j=1,\cdots,n\,;\,j\neq i} |m_{ij}| \right\} \quad (A.4.12)$$

（A.4.12）式所表示的範圍是複數平面上 n 個圓的聯集。現在將這個定理應用到拉普拉斯矩陣 $L(\mathcal{D})$ 之中，比較（A.4.11）式與（A.4.12）式，得到 M 矩陣元素 m_{ij} 與 w_{ij} 拉普拉斯

矩陣元素之間的關係為

$$m_{ii} = \sum_{j=1}^{n} w_{ij}, \qquad m_{ij} = -w_{ij}, \ i \neq j \qquad （A.4.13）$$

其中 M 矩陣的對角線元素 m_{ii} 即為（A.4.12）式中各圓的圓心位置，而各圓的半徑大小為

$$r_l = \sum_{j=1,\cdots,n \ ; \ j \neq i} |m_{ij}| = \sum_{j=1,\cdots,n \ ; \ j \neq i} w_{ij} = \sum_{j=1}^{n} w_{ij} = m_{ii} \qquad （A.4.14）$$

其中用到條件 $w_{ij} \geq 0$ 及 $w_{ij} = 0$，這是因為有向圖 $\mathcal{D}$ 的各頂點不存在自我連接的迴圈。半徑 r_i 其實就是（A.1）式所定義的頂點 v_i 的入度 $d_{in}(v_i)$，也就是所有連入頂點 v_i 的邊的權重總和。（A.4.14）式顯示每個圓的圓心相對於虛軸的位置 m_{ii} 都剛好等於該圓的半徑 r_i，這相當於每個圓的左側都剛好與虛軸相切於原點，如圖 A.8 所示。從此圖可以看到 n 個圓的聯集範圍即是其中最大圓所圍的區域。

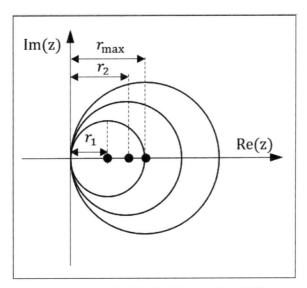

圖 A.8　$L(\mathcal{D})$ 的特徵值落點範圍由最大圓所決定
資料來源：作者繪製。

　　因此若令最大圓的半徑為

$$r_{max} = \max_i r_i = \max_i \sum_{j=1}^{n} w_{ij} = \max_i d_{in}(v_i) \qquad （A.4.15）$$

則 $L(\mathcal{D})$ 的所有特徵值將落在此最大圓所圍的範圍之內：

$$\{z \in \mathbb{C} \,|\, |z - r_{\max}| \le r_{\max}\} \tag{A.4.16}$$

如圖 A.8 所示，此最大圓的範圍全部落在複數平面的右半面，所以 $-L(\mathcal{D})$ 的所有特徵值將落在複數平面的左半面。因此對於任意權重係數 $w_{ij} \ge 0$，有向圖 $\mathcal{D}$ 所對應的 Laplace 動態自動具備穩定平衡的必要條件，但所有特徵值落在左半平面還不是系統穩定的充分條件。從圖 A.8 可以看到，最大圓的範圍包含原點在內，這說明 $-L(\mathcal{D})$ 可能具有 $\lambda = 0$ 的特徵值，而如果 $\lambda = 0$ 的重根數大於或等於 2 時，將可能導致系統的不穩定。因此保證系統穩定的充分必要條件除了所有特徵值落在左半平面之外，還必須加上特徵值 $\lambda = 0$ 不能有重根的條件。而後面的這個條件可以證明等義於要求有向圖 $\mathcal{D}$ 為強連通（strongly connected graph），亦即任意二頂點之間皆可以透過一系列的有向邊加以連接起來。

（4）五行圖 Laplace 動態穩定性

五行的正（反）生、副生、正（反）剋、副剋四種作用都是有方向性的，所以五行圖是一種有向圖，而且任意二個頂點之間都可經由有向邊加以相連接，因此五行圖是具有強連通的有向圖。具有強連通的有向圖原都是穩定的，但有一個先決條件，即所有的權重係數必須為正。由於五行圖的功能兼具相生（合作）和相剋（對抗），權重係數有些正、有些負，縱然五行圖具有強連通的特性，仍不能確保在所有的情況下都能穩定。五行圖所對應的動態方程式為 $\dot{\mathbf{X}}_5 = -L(\mathcal{D})\mathbf{X}_5$，其中拉普拉斯矩陣 $L(\mathcal{D})$ 已於（A.3.31）式求得：

$$\dot{\mathbf{X}}_5 = -L(\mathcal{D})\mathbf{X}_5 \Rightarrow \begin{bmatrix} \dot{x}_1 \\ \dot{x}_2 \\ \dot{x}_3 \\ \dot{x}_4 \\ \dot{x}_5 \end{bmatrix} = -\begin{bmatrix} -\delta_5 & -b & d & c & -a \\ -a & -\delta_5 & -b & d & c \\ c & -a & -\delta_5 & -b & d \\ d & c & -a & -\delta_5 & -b \\ -b & d & c & -a & -\delta_5 \end{bmatrix}\begin{bmatrix} x_1 \\ x_2 \\ x_3 \\ x_4 \\ x_5 \end{bmatrix} \tag{A.4.17}$$

$$= \begin{bmatrix} \delta_5 & b & -d & -c & a \\ a & \delta_5 & b & -d & -c \\ -c & a & \delta_5 & b & -d \\ -d & -c & a & \delta_5 & b \\ b & -d & -c & a & \delta_5 \end{bmatrix}\begin{bmatrix} x_1 \\ x_2 \\ x_3 \\ x_4 \\ x_5 \end{bmatrix} = \mathbb{A}_5\mathbf{X}_5 \tag{A.4.18}$$

我們比較上式與（7.2.18）式，發現由線性代數所推導得到的五行矩陣 $\mathbb{A}_5$ 與由圖論所得到的拉普拉斯矩陣 $L(\mathcal{D})$ 之間剛好只差一個負號，亦即

$$\boxed{\dot{\mathbf{X}}_5 = -L(\mathcal{D})\mathbf{X}_5} \iff \boxed{\dot{\mathbf{X}}_5 = \mathbb{A}_5\mathbf{X}_5} \tag{A.4.19}$$

因此拉普拉斯矩陣 $L(\mathcal{D})$ 的特徵值與五行矩陣 $\mathbb{A}_5$ 的特徵值之間也只差一個負號，例如若要求 $L(\mathcal{D})$ 的特徵值落在複數平面的右半平面，相當於要求 $\mathbb{A}_5$ 的特徵值則全部落在左半平面。因為五行圖的權重有些為正（相生係數），有些為負（相剋係數），前面提到的 Geršgorin Disk Theorem 已不能適用，所以無法保證 $L(\mathcal{D})$ 的特徵值一定都在右半平面（相當於 $\mathbb{A}_5$ 的特徵值在左半平面）。關於這一點，我們在 7.5 節的討論中已經透過線性代數證實 $\mathbb{A}_5$ 的特徵值會隨生剋強度的比值 a_+/c_+ 而變化，不一定落在複數平面的左半平面。

五行矩陣 $\mathbb{A}_5 = -L(\mathcal{D})$ 的五個特徵值除了 $\lambda_1 = 0$ 為固定者外，其餘四個特徵值會隨生剋強度的比值 a_+/c_+ 而變化，進而產生如下 4 個不同的穩定與不穩度區域（參考圖 A.9）：

（1）$\dfrac{a_+}{c_+} = \dfrac{a+b}{c+d} > \dfrac{\beta}{\alpha}$

β/α 稱為 a_+/c_+ 的第一臨界值，其中 $\alpha = (5 - \sqrt{5})/2$，$\beta = (5 + \sqrt{5})/2$。參考（7.3.16）式及（7.3.17）式，當 a_+/c_+ 大於第一臨界值 β/α 時，二組共軛複數根的實部均為負值，此時除了 $\lambda_1 = 0$，其他四個特徵值落在複數平面的左半邊，如圖 A.9a 所示。特徵值的位置決定了代理人的數量隨時間變化的函數，其關係如（7.5.4）式所表達，再重述如下：

$$x_i(t) = \mathcal{A}_i + \mathcal{B}_i e^{\sigma_{2,3}t} \sin(\omega_{2,3}t + \theta_i) + \mathcal{C}_i e^{\sigma_{4,5}t} \sin(\omega_{4,5}t + \phi_i),\ i = A, B, \cdots, E \quad (A.4.20)$$

現在因 $\sigma_{2,3} < 0$ 且 $\sigma_{4,5} < 0$，故有 $e^{\sigma_{2,3}t} \to 0$，$e^{\sigma_{4,5}t} \to 0$。因此當 $t \to \infty$ 時，（A.4.20）式化成 $x_i(t) \to \mathcal{A}_i$，代表此時的五行網路為穩定，且代理人的數量收斂到某一定值，此定值即為五行的共識值。

（2）$\dfrac{a_+}{c_+} = \dfrac{\beta}{\alpha}$

當 a_+/c_+ 剛好等於第一臨界值 β/α 時，由（7.3.16）式及（7.3.17）式得到 $\sigma_{2,3} = 0$ 且 $\sigma_{4,5} < 0$，故有 $e^{\sigma_{2,3}t} = 1$，$e^{\sigma_{4,5}t} \to 0$。因此當 $t \to \infty$ 時，（A.4.20）式化成

$$x_i(t) = \mathcal{A}_i + \mathcal{B}_i \sin(\omega_{2,3}t + \theta_i),\ i = A, B, \cdots, E \quad (A.4.21)$$

此時的 $x_i(t)$ 呈現正弦波的震盪，振幅為 $\mathcal{B}_i$，頻率為 $\omega_{2,3}$，平均值為 $\mathcal{A}_i$。

（3）$\dfrac{\alpha}{\beta} < \dfrac{a_+}{c_+} < \dfrac{\beta}{\alpha}$

α/β 稱為 a_+/c_+ 比值的第二臨界值，當 a_+/c_+ 介於第一與第二臨界值的中間時，$\sigma_{2,3} > 0$ 且 $\sigma_{4,5} < 0$，故有 $e^{\sigma_{2,3}t} \to \infty$，$e^{\sigma_{4,5}t} \to 0$。因此當 $t \to \infty$ 時，（A.4.20）式的

$x_i(t)$ 趨近於無窮大，說明在此情形下的五行系統為發散。

（4）$\dfrac{a_+}{c_+} < \dfrac{\alpha}{\beta}$

當 a_+/c_+ 的比值進一步小於第二臨界值時，$\sigma_{2,3} > 0$ 且 $\sigma_{4,5} > 0$，故有 $e^{\sigma_{2,3}t} \to \infty$，$e^{\sigma_{4,5}t} \to \infty$。因此當 $t \to \infty$ 時，（A.4.20）式的 $x_i(t)$ 趨近於無窮大，說明在此情形下的五行系統為發散。由於此情形所對應的特徵值比情形（3）更往複數平面的右半部移動（參見圖 A.9d），其網路發散的速度比情形（3）更快。

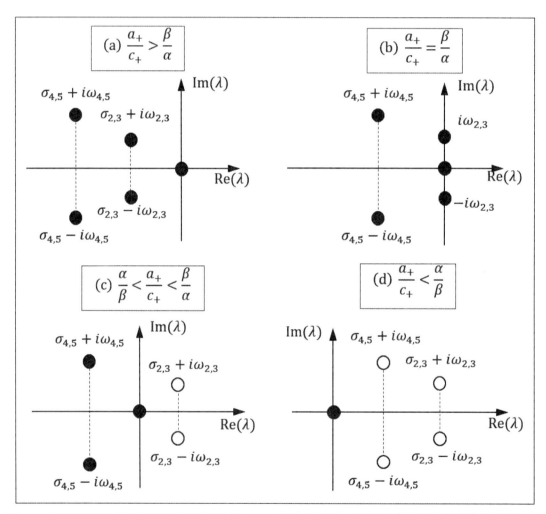

圖 A.9　五行矩陣的特徵值隨生剋強度比值 a_+/c_+ 的變化情形，實心圈代表穩定特徵值的位置，空心圈代表不穩定特徵值的位置。當相生對相剋的比值 a_+/c_+ 逐漸變小，特徵值往右邊移動；當比值 a_+/c_+ 小於第一臨界值 β/α 時，五行矩陣的二個特徵值由負轉正，相對應的五行網路從穩定變成不穩定。

資料來源：作者繪製。

　　歸納以上四種情形，我們觀察到五行網路在相生與相剋的同時作用下，確實會有不穩定的情況發生。相較之下，全相生網路（權重係數 w_{ij} 全部為正值的網路）則一定為穩定。決定五行網路穩定度的唯一指標是生剋強度的比值 a_+/c_+。a_+/c_+ 是相生強度 $a + b$ 與相剋強度 $c + d$ 的比值，此比值越大，表示代理人之間合作的強度越大於對抗的強度，五行網路的穩定度愈高。當比值 a_+/c_+ 逐漸變小，五行網路的穩定度也隨之下降；當小到第一臨界值 β/α 以下，五行網路甚至變成不穩定。圖 A.9 顯示五行矩陣的特徵值隨生剋強度比值 a_+/c_+ 變化的情形。從該圖我們觀察到，當相生對相剋的比值 a_+/c_+ 逐漸變小時，五行矩陣的特徵值由複數平面的左邊逐漸往右邊移動。當 a_+/c_+ 小於第一臨界值 β/α 時，有二個特徵值已出現在複數平面的右邊，此時相對應的五行網路從穩定變成不穩定。當比值 a_+/c_+ 進一步小於第二臨界值 α/β 時，五個特徵值中除了 $\lambda_1 = 0$ 為固定者外，其餘四個特徵值均出現在右邊，此時五行網路的不穩定度更高，發散的速度越快。

附錄 B
五行與黃金比例（英文讀本）

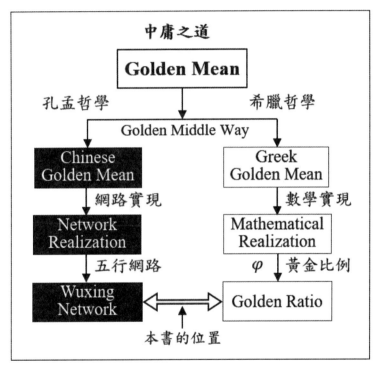

圖 B.0　中庸之道（Golden Mean）分別在孔孟哲學與希臘哲學中的實現。五行網路透過相生與相剋作用的相互制約實現了孔孟哲學的中庸之道；黃金比例（golden ratio）的另一個英文名稱就叫 Golden Mean（中庸之道），這代表數學的黃金比例在希臘哲學中的地位就是中庸之道的化身。本書建立了五行網路與黃金比例之間的橋樑，進而將東、西方的中庸之道結合在一起。
資料來源：作者繪製。

　　五行是中國古文明的產物，而黃金比例（golden ratio）是希臘古文明的產物，二者的文化淵源截然不同，但彼此卻緊密地連結在一起。黃金比例 φ 最直接的幾何定義就是正

五邊形中，對角線與邊長的比值，亦即 $\varphi = (1 + \sqrt{5})/2 \approx 1.618$。表面上由五行網路聯想到黃金比例似乎是很自然的事情，因為五行的排列剛好形成一個正五邊形。但是五行網路並不是靜態的幾何圖樣，而是一個隨時間變化的動態系統。五行彼此之間由於受到相生與相剋的作用，呈現出此消彼漲的動態行為。黃金比例的靜態幾何意義和五行生剋的動態行為有何關聯性呢？這個問題千百年來或許有人關注過，但問題的答案一直從缺。本書的第六章以五代理人網路原理為五行學說建立數學模型，從此模型中我們發現了黃金比例在五行生剋中所扮演的角色，原來黃金比例就是相生強度與相剋強度的最佳比例（參見圖 6.7）。在五行網路中，若相剋強度太大，將導致五行互相遠離的發散狀態；反之若相生強度太大，將導致五行合而為一的收斂狀態。當相生強度與相剋強度的比值剛好等於黃金比例時，五行網路呈現和諧平衡的狀態，既不發散也不收斂。

我們可以說五行網路透過相生與相剋強度的黃金比例實現了不偏不倚的中庸之道。黃金比例的英文翻譯有二種，在數學上它被翻譯成 golden ratio，在哲學上它被翻譯成 Golden Mean，而 Golden Mean 指的正是中庸之道。因此數學的黃金比例（golden ratio）在希臘哲學中的地位就是中庸之道（Golden Mean）的化身。五行網路以具體的網路運作實現了孔孟哲學的中庸之道，在另一方面，黃金比例以數學呈現了希臘哲學的中庸之道，這正解釋了為何我們會在五行網路中發現黃金比例，原來它們有著共同的源頭：中庸之道（參見圖 B.0）。

本附錄即是以「在五行網路中發現黃金比例」為主題所寫的一篇英文論文，發表在英國 *Nature* 期刊的子期刊 *Scientific Reports*。該文的內容主要取自第六章與第九章的精華，可視為本書的英文精簡讀本，因此重新加以編輯後，放在附錄 B 供讀者中英對照閱讀。

Scientific Reports **13**, 18581 (2023). https://doi.org/10.1038/s41598-023-46071-6

Discovering Golden Ratio in the World's First Five-Agent Network in Ancient China

Ciann-Dong Yang

Department of Aeronautics and Astronautics,

National Cheng Kung University, Taiwan

cdyang@mail.ncku.edu.tw

The world's first five-agent network, also called Wuxing network in ancient China, had been fully established in the second century BC. Surprisingly, the key to cracking the operation of Wuxing network is the golden ratio, the world's most astonishing number originating from ancient Greece. Wuxing network is composed of five agents located on the vertices of a pentagon such that adjacent agents cooperate with each other, while spaced-apart agents oppose each other. Although it was proposed more than 2,000 years ago, it is still an unparalleled network operation protocol. This article reveals the role of the golden ratio in the balance and stability of Wuxing network, and demonstrates how to detect the golden ratio experimentally in Wuxing electronic circuits and in Wuxing formation flight of drones.

B.1 Introduction

Wuxing Network[1,2,3] and the golden ratio[4,5] each originated independently from the early days of Chinese and Greek civilizations. So far they have diverse applications in their respective fields, but the relationship between them is unknown to the world. The main reason is that Wuxing network has always lacked a rigorous mathematical model to describe its operation, so that its relationship with the golden ratio has never been discovered. In this article, we use

---

1   Fung, Y. L. *A History of Chinese Philosophy* (Derk Bodde, 1983).

2   Needham, J. *Science and Civilization in China* (Cambridge University Press, 1954).

3   Zai, D. J. *Taoism and Science: Cosmology, Evolution, Morality, Health and more*, (Ultravisum, 2015).

4   Livio, M. *The Golden Ratio: The Story of Phi, the World's Most Astonishing Number*, (Broadway Books, 2002).

5   Dunlap, R. A. *The Golden Ratio and Fibonacci Numbers*, (World Scientific Publishing, 1997).

the multi-agent network theory to establish a mathematical model describing the operation of Wuxing network. From this model, we find that since the emergence of Wuxing network, the golden ratio has been hidden in it, controlling its balance and stability. Practical methods to detect the golden ratio in Wuxing network are proposed in terms of electronic circuits and formation flight of drones. More significantly, through the geometric meaning of the golden ratio, we can extend the ancient five-agent Wuxing network to obtain a general N-agent network and the accompanying general golden ratio.

Wuxing network is a natural philosophical thought in ancient China1-3,[6]. It matured in the second century BC to unify the laws of nature and human body with worldwide applications to seemingly disparate fields such as dynastic transitions[7], geomancy[8], astrology[9], traditional Chinese medicine[10], painting[11], music[12], military strategy[13], and martial arts[14]. The system described by Wuxing network contains five elements, which are represented pictographically by five natural substances: wood, fire, earth, metal, and water, located on the vertices of a pentagon as shown in Fig. B1. Due to this pictographic correspondence, Wuxing network is often misunderstood as a classification of natural matter, similar to the Four Elements doctrine of early Greek philosophy[15]. In fact, the original concept of Wuxing philosophy is to express the inter-conversion between five components or units in a system through the analogy with the five natural substances. In other words, Wuxing network is concerned with the growth and

---

[6]   Hou, L. X. The true means and development of Five Elements theory, *Journal of Yunnan University of Traditional Chinese Medicine* **32**, 53-58 (2009).

[7]   Needham, J. *The Shorter Science and Civilization in China*, an abridgement by Colin A. Ronan (Cambridge University Press, 1978).

[8]   Matthews, M. R. *History, Philosophy and Science Teaching: New Perspectives* (Springer, 2017).

[9]   Ho, P. Y. *Chinese Mathematical Astrology: Reaching out to the Stars* (Routledge, 2013).

[10]   Maciocia, G. *The Foundations of Chinese Medicine* (Elsevier, 2005).

[11]   Li, L. The philosophical thoughts of the five elements and the expression techniques of Chinese painting. Advances in Social Science, Education and Humanities Research **310**, 403-407 (2019).

[12]   Li, N. The Influence of Yin-Yang and Five Elements theory on music of Han dynasty, *Journal of Baoji University of Arts and Sciences* **35**, 125-128 (2015).

[13]   Giles, L. *The Art of War by Sun Tzu* - Special Edition (Special Edition Books, 2007).

[14]   Li, X. Y. & Fei, F. Z. A field study on the integration of traditional Wushu into university Wushu education - An experimental analysis on the Five Elements Jiu-Jitsu teaching of South Shaolin, *Chinese Wushu Research* **7**, 63-67 (2018).

[15]   Lambridis, H. *Empedocles: a philosophical investigation* (University of Alabama Press, 1976).

decline between the five components, rather than the physical entities represented by the five components.

Wuxing network has long been widely used in different systems, whose size and attributes vary widely. In these systems, the five elements in Wuxing pictograph no longer refer to five specific substances, but are abstracted into five characteristics, five phases, or five trends of the system. These different connotations of Wuxing philosophy have evolved into a variety of different agents representing the five elements. Wuxing network has the most typical agents in history in three broad categories. The agents in the sky are the five planets of Jupiter, Mars, Saturn, Venus, and Mercury; the agents on the ground are the five seasons of spring, summer, long summer, autumn, and winter; the agents in the human body are the five organs of liver, heart, spleen, lung and kidney. It is based on the interactions among these three categories of agents of Wuxing network that traditional Chinese medicine explains the causes of human diseases and proposes the methods of medical treatment.

The operation of Wuxing pictograph depends on the mutual interaction between the agents, regardless of the physical entities represented by the agents. From the classification of modern science, Wuxing pictograph actually represents a multi-agent network[16,17], in which the number of agents is five. The agent nature of Wuxing network allows it to transcend the limitations of the physical systems and to apply to completely unrelated fields. Wuxing network proposed the world's first network operation protocol that adjacent agents cooperate with each other (mutual generating), while spaced-apart agents compete against each other (mutual overcoming), as shown in Fig. B1. Wuxing operation protocol is not created by one person at one time and one place. Its creation is the evolution result of a long history that began in the Western Zhou Dynasty (1046-771 BC). A complete description of Wuxing operation protocol appeared for the first time in the book: Luxuriant Dew of the Spring and Autumn Annals, edited by Dong Zhongshu (192-104 BC, a Han dynasty Chinese philosopher, politician, and writer).

---

[16]　Mesbahi. M. & Egerstedt, M. *Graph-Theoretic Methods in Multi-Agent Networks* (Princeton University Press, 2010).

[17]　Wooldridge, M. *An Introduction to Multi-Agent Systems*, (John Wiley & Sons, 2002).

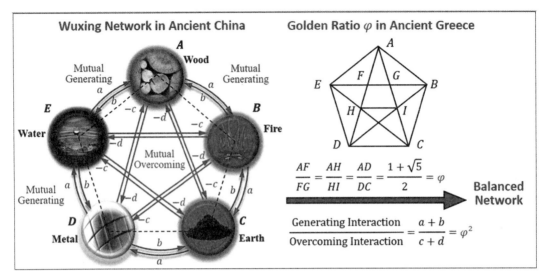

Fig. B1 Both Wuxing network and the golden ratio are related to the regular pentagon. The golden ratio φ refers to the ratio of the diagonal length to the side length in a regular pentagon. In Wuxing network, agents connected by the sides of the pentagon cooperate with each other (mutual generating with weights a and b), while agents connected diagonally oppose each other (mutual overcoming with weights $-c$ and $-d$). It is discovered that the generating and overcoming interactions are balanced if the ratio $(a + b)/(c + d)$ is equal to the squared golden ratio φ^2.

The Wuxing philosophy advocates that Wuxing network with mixed cooperative and antagonistic interactions can reach the state of harmony, in which two opposing interactions are balanced. This subject is particularly important in the current situation of limited global resources. The operation of Wuxing network shows us how to achieve a harmonic relationship between resource cooperation and competition. In the past two thousand years, many Chinese philosophers employed Wuxing network consisting of agents with different nature to demonstrate the spirit of harmony. However, due to the lack of a mathematical model that can correctly describe the operation of Wuxing network, the balance and harmony of Wuxing network remains only a philosophical point of view. In view of the scientific demand for traditional Chinese medicine, whose essential logic is based on Wuxing philosophy, a few

Chinese literatures[18,19,20] have established preliminary mathematical models for Wuxing network. Without the consideration of modern multi-agent network theory and graph theory6, the mathematical models established so far are unable to manifest the main features of Wuxing Network.

B.2 Results

The First Encounter with the Golden Ratio in Wuxing Network. What makes us curious is why Wuxing network and the golden ratio derived from different Eastern and Western cultural thoughts are related? The first reason that comes to mind is, perhaps because they are all related to regular pentagons. As shown in Fig. B1, the golden ratio refers to the ratio of the diagonal length to the side length of a regular pentagon. On the other hand, the positions of the five agents of Wuxing network can also be connected to form a regular pentagon. However, this apparent reason did not fully respond to our curiosity, because what Wuxing network describes is not a static geometric pattern, but a dynamic process. We must further explore the possible role of the golden ratio from the dynamic behavior of Wuxing network.

The operation of Wuxing network obeys the rule that the neighboring agents cooperate with each other (mutual generating), while the spaced-apart agents compete with each other (mutual overcoming). Cooperative interaction reduces the difference between agents, while antagonistic interaction expands the difference between agents. So when the interactions of cooperation and antagonism occur at the same time, is the difference between the five agents smaller or larger? It is in the process of analyzing this problem that we first discovered the vague shadow of the golden ratio in Wuxing network. In order to quantify the interaction, we let $a > 0$ and $b > 0$ be the cooperative weights, and their sum $a + b$ represents the intensity of the cooperative interaction, as shown in Fig. B1. Similarly, we let $-c < 0$ and $-d < 0$ be the antagonistic

18　Li, X. W., Wang, Y. M., Liu, X. & Zhang, Y. The summarization on the quantitative models of five elements, *Biomedical Engineering and Clinical Medicine* **16**, 411-414 (2012).

19　Yu, Z. F. The mathematical model about traditional Chinese medical science, *Journal of Mathematical Medicine* **20**, 747-750 (2007).

20　Zhuang, Y. L., Li, S. & Li, Y. D. Simulation based on cybernetics for the system of Four Seasons and Five Organs in traditional Chinese medicine, *Journal of System Simulation* **15**, 922-924 (2003).

weights, and their magnitude sum $c + d$ represents the intensity of the antagonistic interaction.

A very intuitive inference is that when the cooperative intensity $a + b$ is equal to the antagonistic intensity $c + d$, Wuxing network should be in a balanced state, that is, the difference between the five agents is neither increased nor decreased. However, the computation results show that this intuitive inference is wrong. The actual situation is that when $a + b = c + d$, the difference between the five agents will become larger and larger over time. In other words, in this case, the antagonistic effect is still stronger than the cooperative effect. Obviously, the cooperative intensity $a + b$ must be greater than the antagonistic intensity $c + d$ for Wuxing network to reach a balanced state. Therefore, we gradually increase the intensity ratio $(a + b)/(c + d)$ from 1 and monitor the dynamic response of Wuxing network to search for a balanced state. Sure enough, when $(a + b)/(c + d)$ increases to a critical value approximately equal to 2.618, Wuxing network reaches the expected balanced state. If this threshold is further exceeded, Wuxing network will assume a state of consensus, that is, the difference between the five agents will decrease to zero over time. This is our first encounter with the golden ratio in the operation of Wuxing network, as described in Fig. B1. Later in the theoretical verification, we learned that this critical value of 2.618 turned out to be an approximation of the squared golden ratio φ^2.

The theoretical evidence of the golden ratio in Wuxing network. The critical ratio $(a + b)/(c + d) = 2.618$ forms the watershed of the dynamic response of Wuxing network. This particular number 2.618 arouses our interest in further investigation of Wuxing network. The agent nature of Wuxing network allows us to replace the five natural substances with five abstract agents, represented by five symbols A, B, C, D, E, as long as their interactions follow the Wuxing network's operation protocol. Different from the existing multi-agent networks, the agents in Wuxing network cannot be divided into groups such that two agents belonging to the same group are friends with cooperative interaction and two agents belonging to different groups are enemies with antagonistic interaction. Existing discussions on multi-agent networks, such as balance, stability, consensus, and control, etc., are aimed at cooperative networks[21,22], bipartite networks[23,24,25,26], or multi-party networks[27], which all cannot be applied directly to Wuxing network.

Fortunately, the special structure of Wuxing network allows us to analyze its dynamic behavior in an analytical way. Let the quantitative indices of the five agents be represented respectively by x_A, x_B, x_C, x_D, and x_E. The interchanges between x_i under the influence of the cooperative and antagonistic interactions can be described by a linear equation $\dot{X} = \mathbb{A}_5 X$, with $X = [x_A, x_B, x_C, x_D, x_E]^T$. The system matrix $\mathbb{A}_5$, which can be expressed in terms of the cooperative weights a and b, and the antagonistic weights $-c$ and $-d$, determines the dynamic behavior of Wuxing network. The stability of Wuxing network depends on whether the real part of the dominant eigenvalue of $\mathbb{A}_5$, $\mathrm{Re}(\lambda_{\mathrm{domi}}(\mathbb{A}_5))$, is positive or negative. The boundary of stability is formed by the condition: $\mathrm{Re}(\lambda_{\mathrm{domi}}(\mathbb{A}_5))=0$, from which the constraint imposed on the intensity ratio can be found analytically as:

$$\boxed{\frac{a+b}{c+d} = \varphi^2} \tag{B.2.1}$$

Here we formally encounter the golden ratio $\varphi = (1 + \sqrt{5})/2$ in Wuxing network. The squared golden ratio $\varphi^2 = 1 + \varphi \approx 2.618$ is just the critical value we found previously in the numerical analysis of Wuxing network.

[21]　Lin, Z., Broucke, M. & Francis, B. Local control strategies for groups of mobile autonomous agents, *IEEE Transactions on Automatic Control* **49**, 622-629 (2004).

[22]　Ren, W., Beard, R. & Atkins, E. Information consensus in multivehicle cooperative control, *IEEE Control Syst.* **27**, 71-82 (2007).

[23]　Altafini, C. Consensus problems on networks with antagonistic interactions, *IEEE Transaction on Automatic Control* **58**, 935-946 (2013).

[24]　Meng, Z.-Y., Shi, G.-D., Johansson, K. H., Cao, M. & Hong, Y.-G. Behaviors of networks with antagonistic interactions and switching topologies, *Automatica* **73**, 110-116 (2016).

[25]　Guo, X., Lu, J.-Q., Alsaedi, A. & Alsaadi, F. E. Bipartite consensus for multi-agent systems with antagonistic interactions and communication delays, *Physica A* **495**, 488-497 (2018).

[26]　Hou, B., Chen, Y., Liu, G.-B., Sun, F.-C. & Li, H.-B. Bipartite opinion forming: Towards consensus over coopetition networks, *Physics Letters A* **379**, 3001-3007 (2015).

[27]　Zou, W.-L. & Li, G. Formation behaviors of networks with antagonistic interactions of agents, *International Journal of Distributed Sensor Networks* **13**, 1-8 (2017).

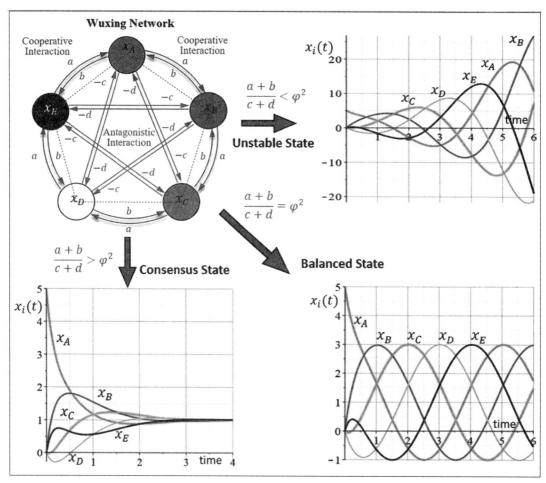

Fig. B2 Three dynamic states of Wuxing network corresponding to three regions of the intensity ratio. When the intensity ratio $(a + b)/(c + d)$ is less than φ^2, Wuxing network exhibits unstable dynamic behavior. When the intensity ratio is equal to φ^2, Wuxing network reaches a balanced state, where $x_i(t)$ presents a harmonic oscillation. When the intensity ratio is greater than φ^2, Wuxing network enters a consensus state, where $x_i(t)$ converges to the same value.

Depending on the intensity ratio $(a + b)/(c + d)$, Wuxing network presents three different dynamic behaviors, as shown in Fig. B2. When the intensity ratio is lower than φ^2, Wuxing network is unstable with divergent $x_i(t)$. When the intensity ratio is equal to φ^2, Wuxing network is balanced such that $x_i(t)$ neither diverges nor converges, but presents harmonic oscillation. When the intensity ratio is greater than φ^2, Wuxing network enters the state of consensus, where $x_i(t)$ converges to the same value. Equation (1) provides the theoretical evidence that the golden ratio is an inseparable part of Wuxing network. However, this evidence has never been discovered during the historic development of Wuxing network.

Detecting Golden Ratio in Wuxing Electronic Circuit. The existence of the golden ratio in Wuxing network can be detected experimentally by realizing Wuxing network in terms of electronic circuits. The resulting Wuxing circuit has five nodes arranged in such a manner that the adjacent nodes are connected by positive resistance R_a to exhibit cooperative interaction with weights $a = b = R_a^{-1} > 0$, while the spaced-apart nodes are connected by negative resistances $-R_c$ and $-R_d$ to exhibit antagonistic interaction with weights $-c = -R_c^{-1} < 0$ and $-d = -R_d^{-1} < 0$, as shown in Fig. B3.

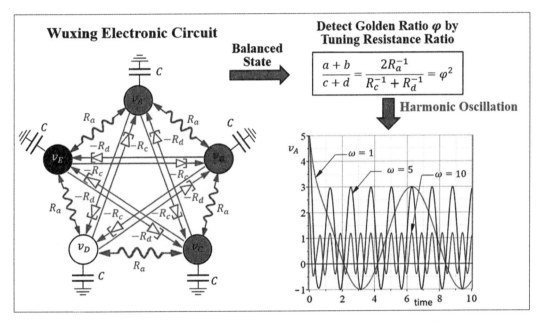

Fig. B3 Detecting Golden Ratio in Wuxing Electronic Circuit. The negative resistances $-R_c < 0$ and $-R_d < 0$ of two resonant tunneling diodes are used to implement the antagonistic interaction in Wuxing network, while the normal resistor $R_a > 0$ implements the cooperative interaction. The golden ratio can be detected experimentally by tuning the value of $(a + b)/(c + d) = 2R_a^{-1}/(R_c^{-1} + R_d^{-1})$ until the node's voltage exhibits harmonic oscillation. The tuned point of $2R_a^{-1}/(R_c^{-1} + R_d^{-1})$ then gives the squared golden ratio φ^2.

Negative resistance is also called negative differential resistance[28], which refers to the characteristic that the voltage of some circuits or electronic components decreases when the current in a certain range increases. In general, when the current increases, the voltage also increases, but the negative resistance exhibits the opposite of the normal resistance. At present, there is no single electronic component that can exhibit negative resistance in all working ranges. However, some diodes, such as resonant tunneling diode[29], have negative resistance in a specific working range. The red component symbol in Fig. B3 represents the resonant tunneling diode operating in the region with negative resistance.

Wuxing circuit shown in Fig. B3 is a modern realization of Wuxing network in Fig. B2, and the dynamic behaviors of the letter can be synthesized practically by the electronic signals of the former. The analogy between Fig. B2 and Fig. B3 provides us an experimental method to detect the golden ratio by tuning the resistance ratio $(a + b)/(c + d) = 2R_a^{-1}/(R_c^{-1} + R_d^{-1})$ until the node's voltage exhibits harmonic oscillation. The tuned point of $2R_a^{-1}/(R_c^{-1} + R_d^{-1})$ then exactly gives the squared golden ratio φ^2. When operating at the tuned point, Wuxing electronic circuit behaves like a harmonic oscillator, whose oscillation frequency can be freely specified by adjusting the relative magnitude of R_c to R_d.

Detecting Golden Ratio in Wuxing-Formation Flight. The autonomous agents of Wuxing network could be five drones, five self-driving cars or five intelligent robots, as long as the agent's behavior can comply with the operation protocol of Wuxing network. Fig. B4 realizes the operation of Wuxing network by the formation flight of five drones. The flight network consisting five drones implements the hybrid interactions of Wuxing network through five automatic control units with sensing, computing and driving capabilities.

Different from the current formation flight for which all the drones are friends[30,31], Wuxing

28 Ulansky, V., Raza, A. & Oun, H. Electronic circuit with controllable negative differential resistance and its applications, *Electronics* **8**, 409 (2019).

29 Diebold, S., Nakai, S., Nishio, K., Kim, J., Tsuruda, K., Mukai, T., Fujita, M. & Nagatsuma, T. Modeling and simulation of terahertz resonant tunneling diode-based circuits, *IEEE Transactions on TeraHertz Science and Technology* **6**, 716-723 (2016).

30 Giulietti, F., Pollini, L. & Innocenti, M. Autonomous formation flight, *IEEE Control Systems* **20**, 34-44 (2000).

31 Ren, W. Consensus strategies for cooperative control of vehicle formations, *IET Control Theory and Applications* **1**, 505-512 (2007).

formation flight has an extraordinary property that the adjacent drones with cooperative interaction are friends and they tend to fly together, while the spaced-apart drones with antagonistic interaction are enemies and they tend to fly apart. From the viewpoint of feedback control theory[32], the cooperative interaction in Wuxing network is equivalent to negative feedback control with gains a and b (blue loops in Fig. B4), and the antagonistic interaction is equivalent to positive feedback control with gains c and d (red loops in Fig. B4). Positive feedback increases the coordination error between the drones, while negative feedback reduces the coordination error. Therefore, the ancient Wuxing network raises a challenge to the modern control theory about how to ensure the system's stability if negative feedback and positive feedback coexist within the system. However, Wuxing network had already solved this control problem by itself with the help of its intrinsic partner: the golden ratio.

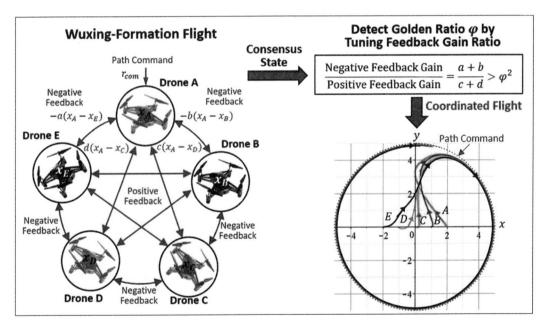

Fig. B4 Detecting Golden Ratio in Wuxing-Formation Flight. The five drones play the role of autonomous agents in Wuxing network in such a way that adjacent drones form a negative feedback loop (blue lines), while space-apart drones form a positive feedback loop (red lines). The coordinated flight of the five drones requires that the ratio of the negative feedback gain to the positive feedback gain must be greater than the squared golden ratio.

---

[32]　Ogata, K. *Modern control engineering* (Pearson, 2010).

In order to achieve the formation flight, the five drones have to reach the state of consensus, where the coordination error between them converges to zero. The analogy between Fig. B2 and Fig. B4 indicates that the state of consensus is attained by requiring that the ratio of the negative feedback gain $a + b$ to the positive feedback gain $c + d$ must be greater than the squared golden ratio φ^2. The right part of Fig. B4 shows that drone A receives a circular path command and leads the other drones to flight coordinately along the path command, once the condition of consensus $(a + b)/(c + d) > \varphi^2$ is satisfied. Hence, φ^2 is the critical value of the feedback-gain ratio $(a + b)/(c + d)$, below which the five drones fly apart and above which the five drones fly coordinately.

General Wuxing Network and General Golden Ratio. The ancient Wuxing network only had five agents. This limitation made it difficult to be applied to modern networks. With the clue given by the golden ratio, we can extend Wuxing network to a network with N elements (N agents) without changing its operation protocol. As shown in Fig. B5, the N agents to be considered are arranged on a circle at equal intervals to form a regular N-sided polygon. The relationship between two agents is defined to be adjacent, if their connection line is a side of the polygon, and is defined to be spaced apart, if their connection line is a diagonal of the polygon. In the network with N=3, the three agents are all adjacent to each other, and there is no antagonistic relationship. Therefore, for the N-element network to have both cooperative and antagonistic relationships, the minimum value of N is four, as shown in Fig. B5.

In the N-element Wuxing network, the only agents adjacent to a certain agent P_1 are its left and right agents, which have cooperative interactions with agent P_1. The remaining N−3 agents are all separated from agent P_1, and have antagonistic interactions with agent P_1. When N increases, the number of cooperative interactions with agent P_1 remains unchanged at 2, but the number of antagonistic interactions is getting larger. Therefore, in order to maintain the balance of the network, the cooperative intensity $a + b$ must be more and more greater than the antagonistic intensity $c + d$, as the number of agent increases. The special structure of Wuxing network with N=5 gives us a clue to determine the balance condition of the N-element network by using a simple geometric rule. To simplify the analysis, we assume that the action and reaction between two agents are equal in magnitude, i.e., $a = b$ and $c = d$. This simplification does not lose its generality, because the balance of Wuxing network depends on the values of $a + b$ and $c + d$, rather than their individual values.

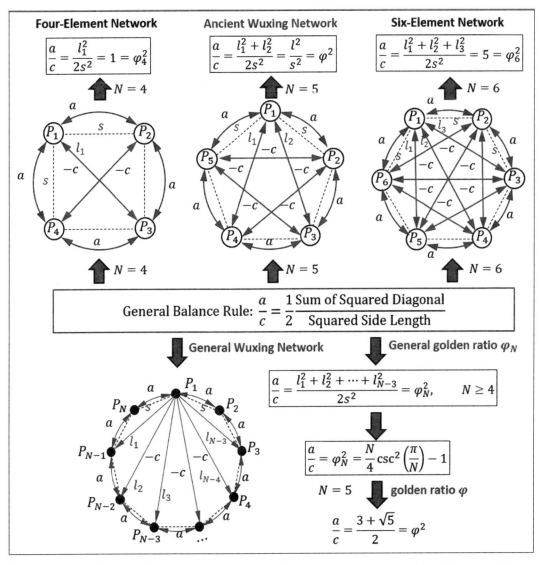

Fig. B5 General Wuxing Network and General Golden Ratio. The agents of the N-element Wuxing network locate on the vertices of a regular N-sided polygon. The cooperative agents are connected by the sides of the polygon with weight a, while the antagonistic agents are connected by the diagonals of the polygon with weight $-c$. The general balance rule is given by $a/c = \varphi_N^2$, where φ_N is the general golden ratio defined for the N-element Wuxing network. When $N = 5$, the general rule reduces to $a/c = \varphi^2$, as already shown in Fig. B2.

The clue comes from the geometric meaning of the golden ratio $\varphi = l/s$, where l is the diagonal length and s is the side length of a regular pentagon. The balance condition of the five-element Wuxing network, $(a + b)/(c + d) = \varphi^2 = l^2/s^2$, now can be rewritten as $2as^2 = 2cl^2$. We recall that in the five-element Wuxing network, the diagonal l is weighted by c to denote the antagonistic intensity and the side length s is weighted by a to denote the cooperative intensity. Therefore, the condition $2as^2 = 2cl^2$ can be interpreted as the balance between the total cooperative intensity and the total antagonistic intensity. For the N-element Wuxing network, there are still two sides with length connecting to a certain element P_1, but there are $N-3$ diagonals, with length l_1, l_2, $\cdots$, l_{N-3}, connecting to P_1, as shown in Fig. B5. Therefore, the extension of the balance condition $2as^2 = 2cl^2$ to the N-element Wuxing network becomes $2as^2 = c(l_1^2 + l_2^2 + \cdots + l_{N-3}^2)$, which can be restated as the following general rule:

$$\frac{a}{c} = \frac{\overline{P_3P_1}^2 + \overline{P_4P_1}^2 + \cdots + \overline{P_{N-1}P_1}^2}{\overline{P_2P_1}^2 + \overline{P_NP_1}^2} = \frac{l_{N-3}^2 + l_{N-4}^2 + \cdots + l_1^2}{2s^2} = \varphi_N^2 \tag{B.2.2}$$

This equality can be shown to be equivalent to the stability condition: $\text{Re}(\lambda_{\text{domi}}(\mathbb{A}_N)) = 0$, where $\mathbb{A}_N$ is the system matrix of the N-element Wuxing network. The number φ_N in Eq. (B.2.2) is the general golden ratio defined for the N-element Wuxing network, which has an analytical expression $\varphi_N^2 = (N/4)\csc^2(\pi/N) - 1$. When $N=5$, φ_N becomes the golden ration φ and Eq. (B.2.2) reduces to Eq. (B.2.1). If φ is replaced by φ_N, the results in Fig. B2 to Fig. B4 can all be applied to the N-element Wuxing network.

B.3 Discussion

Wuxing network embodies the golden mean of Chinese culture through the balance between cooperative and competitive interactions. The golden mean, which appeared both in the Confucian philosophy and Aristotelian philosophy, is the desirable middle between two extremes, one of excess and the other of deficiency. When the antagonistic interaction is greater than the cooperative interaction, Wuxing network diverges into disorder. Conversely, when the cooperative interaction is greater than the antagonistic interaction, Wuxing network converges into consensus. The golden mean of Wuxing network is to maintain the balance of the two interactions, so that the network achieves a balanced state that is neither divergent nor convergent. In this article, we used the language of multi-agent network theory to express how Wuxing network presents the golden mean between the two extremes. We found that the condition required by Wuxing network to achieve the philosophical golden mean is given by the mathematical golden mean, i.e., the golden ratio $\varphi = (1 + \sqrt{5})/2$, which is recognized as the most astonishing number in the world[4]. The time when the golden ratio appeared in ancient Greek is roughly the time when Wuxing network appeared in ancient Chinese. Both have been widely used in many different fields for more than two thousand years. With the bridge established in this paper, the irrelevant developments of the golden ratio and Wuxing network in different fields will hopefully be integrated.

Since Wuxing philosophy is the foundation of traditional Chinese medicine, the main application of the mathematical model established in this article for the Wuxing network is in traditional Chinese medicine to make it expressible in the language of modern science. As for the engineering field, Wuxing network is helpful for analyzing the balance and stability of the engineering networks when there are both cooperative and antagonistic relationships in the network structure.

From the perspective of modern multi-agent network systems, the ancient Wuxing network naturally has many limitations. This is because the time and space background when it was proposed is completely different from now. Three potential limitations within the Wuxing network are as follows:

- The special network structure of Wuxing network: Wuxing network requires that adjacent agents must have a cooperative relationship, while spaced-apart agents must have an antagonistic relationship. This special structure of Wuxing network is derived from the unique traditional Chinese culture, and its characteristics are not shared by ordinary networks.
- Wuxing network is a simplified form of five-agent network: A general five-agent network has twenty weights, but Wuxing network has only four weights a, b, c, d, corresponding to generating action, generating reaction, overcoming action, and overcoming reaction,

respectively. Only in this simplified form can we see the relationship between the golden ratio and the Wuxing network. However, this relationship does not exist in the general five-agent network.

- Wuxing network only allows five agents: The number of agents in Wuxing network is five, which is a counting unit originating from ancient China. This unique number of agents now becomes a limitation on the application of Wuxing network. The final part of this article has extended the five-agent Wuxing network to the N-agent Wuxing network; however, the latter is still not a general N-agent network, because it possesses the inherent property of Wuxing network that adjacent agents cooperate mutually, while spaced-apart agents compete mutually.

In the possible follow-up research on Wuxing network, how to maintain its unique cultural connotation while taking into account its application in modern science has become the first topic we must face.

B.4 Methods

Modeling Wuxing Network as a Weighted Graph. The operation of Wuxing pictograph can be summarized into the following three principles:

(a) Two Agents' relative position determines the attribute of their relationship. Whether the relationship is cooperative or antagonistic is not determined by the physical property of the agents, but by their relative positions in the network, as regulated by Wuxing operation protocol: adjacent agents generate each other, while spaced-apart agents overcome each other.

(b) Action is always accompanied by reaction. Generating action and overcoming action cannot be carried out freely, but must pay the price, which is their accompanying reactions. Generating action and its accompanying reaction constitute the cooperative interaction, while overcoming action and its reaction constitute the antagonistic interaction, as shown in Fig. B6b.

(c) Two agents' relative magnitude determines the direction and intensity of their interactions. The directions of the generating action and the overcoming action cannot be prescribed in advance, but are spontaneously determined by the relative magnitude of the agents.

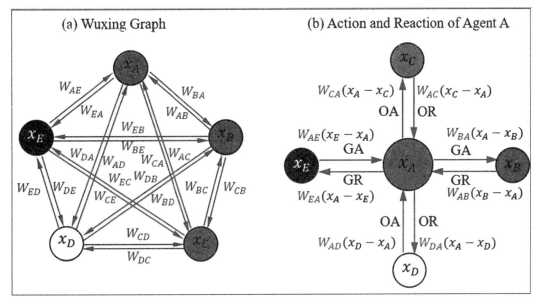

Fig. B6 The Wuxing graph and the interactions between agent A and the other four agents. (a) Wuxing network can be represented as a weighted graph with 5 vertices and 20 edges, where the edge pointing from agent j to agent i is weighted by W_{ij}. The blue lines denote the generating interaction between adjacent agents with weight $W_{ij} > 0$, while the red lines denote the overcoming interaction between spaced-apart agents with weight $W_{ij} < 0$. (b) The four edges connected inward to agent A represent, respectively, generating action (GA), generating reaction (GR), overcoming action (OA), and overcoming reaction (OR), which are applied to agent A by the other four agents. The four edges connected outward from agent A represent the four effects imposed by Agent A on the other four agents.

The first operation principle allows us to replace the five natural substances with five abstract agents, represented by five symbols A, B, C, D, E, as long as their interactions follow the Wuxing operation protocol. The second operation principle implies that the interactions between the agents are two-way effects, containing the forward actions and the accompanying reactions. The third operation principle tells us how to determine the direction and intensity of the interaction in an algebraic way. Assuming that the quantitative indices of five abstract agents are represented, respectively, by x_A, x_B, x_C, x_D, and x_E, then the sign of $x_i - x_j$ automatically determines whether the direction of the action is $i \to j$ or $j \to i$. Meanwhile, the magnitude of $x_j - x_i$ weighted by W_{ij} determines the intensity of the interaction, where $W_{ij} > 0$, if the interaction is cooperative, and $W_{ij} < 0$, if the interaction is antagonistic.

According to the above three operation principles of Wuxing network, we can define Wuxing graph as following. Wuxing graph is a weighted graph $\mathcal{G} = (V, E)$ having five vertices $V = \{x_A, x_B, x_C, x_D, x_E\}$ arranged in a pentagon with 20 edges, i.e., $|E| = 20$. The edge $E_{j \to i}$ is weighted by W_{ij}, which is positive if $E_{j \to i}$ is a side of the pentagon, and is negative if $E_{j \to i}$ is a diagonal of the pentagon, as shown in Fig. B6a.

For each vertex of Wuxing graph, there are 8 edges connected to it, of which four edges are connected outward and four edges are connected inward. In other words, the degree of each vertex of Wuxing graph is 8, with in-degree and out-degree both equal to 4. At each moment, the quantitative index x_i for each agent is simultaneously influenced by the indices of the other four agents, so the indices of the five agents actually change from time to time, i.e. is a function of time, denoted by $x_i(t)$.

Table B1 The generating (cooperative) actions and overcoming (antagonistic) actions and their reactions applied to each agent in Wuxing network.

Agent	Generating action (GA)	Generating reaction (GR)	Overcoming action (OA)	Overcoming reaction (OR)
A	$E \to A$	$B \to A$	$D \to A$	$C \to A$
	$W_{AE}(x_E - x_A)$	$W_{AB}(x_B - x_A)$	$W_{AD}(x_D - x_A)$	$W_{AC}(x_C - x_A)$
B	$A \to B$	$C \to B$	$E \to B$	$D \to B$
	$W_{BA}(x_A - x_B)$	$W_{BC}(x_C - x_B)$	$W_{BE}(x_E - x_B)$	$W_{BD}(x_D - x_B)$
C	$B \to C$	$D \to C$	$A \to C$	$E \to C$
	$W_{CB}(x_B - x_C)$	$W_{CD}(x_D - x_C)$	$W_{CA}(x_A - x_C)$	$W_{CE}(x_E - x_C)$
D	$C \to D$	$E \to D$	$B \to D$	$A \to D$
	$W_{DC}(x_C - x_D)$	$W_{DE}(x_E - x_D)$	$W_{DB}(x_B - x_D)$	$W_{DA}(x_A - x_D)$
E	$D \to E$	$A \to E$	$C \to E$	$B \to E$
	$W_{ED}(x_D - x_E)$	$W_{EA}(x_A - x_E)$	$W_{EC}(x_C - x_E)$	$W_{EB}(x_B - x_E)$

Like agent A in Fig. B6b, each agent of Wuxing network is subject to four effects: generating action (GA), generating reaction (GR), overcoming action (OA), and overcoming reaction (OR), coming from the other four agents, respectively; meanwhile, each agent in turn applies actions or reactions to the other four agents, as summarized in Table B1. Adding the four effects in each row of the table, we obtain the time change rate of each agent as follows:

$$\dot{x}_i = \sum_{j \neq i} W_{ij}\big(x_j(t) - x_i(t)\big), \; i = A, B, C, D, E. \tag{B.4.1}$$

Since the type of interactions in Wuxing network depends on the relative positions of the agents, it has nothing to do with their absolute positions, and no agent is in a particularly dominant position. Wuxing graph shown in Fig. B6a reveals the fact that rotating the graph clockwise or counterclockwise does not change the operation of Wuxing network. In other words, the interaction of Wuxing graph is of rotation invariance. With this kind of rotation invariance, there are only four differences between the 20 weights in Eq. (B.4.1):

- GA weights: $W_{AE} = W_{BA} = W_{CB} = W_{DC} = W_{ED} = a > 0$.
- GR weights: $W_{EA} = W_{AB} = W_{BC} = W_{CD} = W_{DE} = b > 0$.
- OA Weights: $W_{CA} = W_{EC} = W_{BE} = W_{DB} = W_{AD} = -c < 0$.
- OR Weighs: $W_{AC} = W_{CE} = W_{EB} = W_{BD} = W_{DA} = -d < 0$.

In Wuxing network, all the GA weights are equal to a and all the GR weights are all equal to b, and they are collectively called cooperative weights, as shown by the blue lines in Fig. B6a. On the other hand, all the OA weights are equal to $-c$ and all the OR weights are all equal to $-d$, and they are collectively called antagonistic weights, as shown by the red lines in Fig. B6a. In this way the impact of the 20 weights in Eq. (B.4.1) can be simplified into an analysis of the four representative weights, $a, b, c,$ and d, denoting the intensities of GA, GR, OA, and OR, respectively. With the four representative weights, Eq. (B.4.1) is reduced to the following form

$$\dot{x}_A = a(x_E - x_A) + b(x_B - x_A) - c(x_D - x_A) - d(x_C - x_A), \tag{B.4.2a}$$

$$\dot{x}_B = a(x_A - x_B) + b(x_C - x_B) - c(x_E - x_B) - d(x_D - x_B), \tag{B.4.2b}$$

$$\dot{x}_C = a(x_B - x_C) + b(x_D - x_C) - c(x_A - x_C) - d(x_E - x_C), \tag{B.4.2c}$$

$$\dot{x}_D = a(x_C - x_D) + b(x_E - x_D) - c(x_B - x_D) - d(x_A - x_D), \tag{B.4.2d}$$

$$\dot{x}_E = a(x_D - x_E) + b(x_A - x_E) - c(x_C - x_E) - d(x_B - x_E). \tag{B.4.2e}$$

which can be recast into a matrix form as

$$\begin{bmatrix} \dot{x}_A \\ \dot{x}_B \\ \dot{x}_C \\ \dot{x}_D \\ \dot{x}_E \end{bmatrix} = \begin{bmatrix} \sigma & b & -d & -c & a \\ a & \sigma & b & -d & -c \\ -c & a & \sigma & b & -d \\ -d & -c & a & \sigma & b \\ b & -d & -c & a & \sigma \end{bmatrix} \begin{bmatrix} x_A \\ x_B \\ x_C \\ x_D \\ x_E \end{bmatrix} \Rightarrow \dot{X} = \mathbb{A}_5 X = -L(\mathcal{G})X, \quad \text{(B.4.3)}$$

where $\sigma = -(a + b - c - d)$ is the negative sum of the four weights. It can be seen that the system matrix $\mathbb{A}_5$ is just the negative Laplacian matrix $L(\mathcal{G})$ of Wuxing graph. Solving the five simultaneous differential equations in Eq. (B.4.3) provides us with the time evolution of the quantitative index $x_i(t)$ of the five agents.

The role of Golden Ratio in Wuxing Network. There are three states existing in Wuxing network, i.e., the state of consensus, the state of balance, and the state of instability. Of significance is that which of the states will happen depends on the golden ratio $\varphi = (1 + \sqrt{5})/2$. Different weights in Eq. (B.4.2) lead to different system matrices $\mathbb{A}_5$ in Eq. (B.4.3), and result in different network's dynamic behaviors. In order to know the dynamic behaviors of the weighted Wuxing network under different settings of weights, eigenvalues of the system matrix $\mathbb{A}_5$ must be evaluated first. The eigenvalues of $\mathbb{A}_5$ are defined as the roots of the characteristic polynomial of $\mathbb{A}_5$:

$$\det(\lambda I - \mathbb{A}_5) = \lambda(\lambda - \lambda_2)(\lambda - \lambda_3)(\lambda - \lambda_4)(\lambda - \lambda_5) = 0. \quad \text{(B.4.4)}$$

The special structure of the matrix $\mathbb{A}_5$ manifests that it has a zero eigenvalue $\lambda_1 = 0$ and two pairs of complex conjugate eigenvalues, which can be expressed as explicit functions of the four weights, $a, b, c,$ and d as

$$\boxed{\lambda_{2,3} = -\frac{1}{2}[\alpha(a + b) - \beta(c + d)] \pm \frac{1}{2}[\sqrt{\beta}(a - b) - \sqrt{\alpha}(c - d)]i} \quad \text{(B.4.5a)}$$

$$\boxed{\lambda_{4,5} = -\frac{1}{2}[\beta(a + b) - \alpha(c + d)] \pm \frac{1}{2}[\sqrt{\alpha}(a - b) + \sqrt{\beta}(c - d)]i} \quad \text{(B.4.5b)}$$

where $i = \sqrt{-1}$ is the imaginary number, and the two constants α and β are defined as

$$\alpha = \frac{5 - \sqrt{5}}{2}, \qquad \beta = \frac{5 + \sqrt{5}}{2}. \quad \text{(B.4.6)}$$

Eq. (B.4.5) gives a one-to-one relationship between the four non-zero eigenvalues and the four weights. It can be seen that the four weights determine the eigenvalues of the system matrix $\mathbb{A}_5$ in a group of a and b and a group of c and d. More precisely, $a_+ = a + b$ and $c_+ = c + d$ constitute the real parts of the eigenvalues and determine the converging speed of the network, while $a_- = a - b$ and $c_- = c - d$ constitute the imaginary parts of the eigenvalues and determine the oscillation frequency of the network. We recall that the weights a and b correspond to the cooperative interaction between adjacent agents, while c and d correspond to the antagonistic interaction between spaced-apart agents. Therefore, the eigenvalues of the system matrix $\mathbb{A}_5$ is determined by two types of relationships: the relationship between adjacent agents and the relationship between spaced-apart agents. Thus the discovered eigen-structure of the system matrix $\mathbb{A}_5$ is consistent with the ancient Wuxing philosophy, which divides the relationship between the five elements into adjacent and spaced-apart dichotomy.

From the linear system theory, the stability of the weighted Wuxing network requires that the real part of the non-zero eigenvalues of $\mathbb{A}_5$ must be negative. This requirement gives a lower bound on the weight ratio $(a + b)/(c + d)$ in terms of the golden ratio. From Eq. (B.4.5), we find that the real part of $\lambda_{2,3}$ is greater than the real part of $\lambda_{4,5}$ by noting

$$\mathrm{Re}(\lambda_{2,3}) - \mathrm{Re}(\lambda_{4,5}) = \frac{1}{2}(\beta - \alpha)(a + b + c + d) > 0, \qquad (B.4.7)$$

where $\beta - \alpha = \sqrt{5}$ and the four parameters $a, b, c,$ and d and are all positive. Therefore, the requirement that the real parts of the non-zero eigenvalues must be negative is equivalent to $\mathrm{Re}(\lambda_{2,3}) < 0$, i.e.,

$$-\frac{1}{2}[\alpha(a + b) - \beta(c + d)] < 0 \implies \frac{a_+}{c_+} = \frac{a + b}{c + d} > \frac{\beta}{\alpha} = \varphi^2. \qquad (B.4.8)$$

where $\beta/\alpha = (3 + \sqrt{5})/2$ is just equal to the squared golden ratio φ^2, which gives the lower bound on the ration a_+/c_+ to guarantee the stability of the weighted Wuxing network.

It is worth noting that the golden ratio is exactly the ratio between the diagonal length and the side length of a regular pentagon. This relationship provides a valuable clue that allows us to extend the five-element Wuxing network to a generalized Wuxing network with N-element.

The solutions $x_i(t)$, $i = A, B, \cdots, E$, to Eq. (B.4.3) can be expressed in terms of $\lambda_{2,3} = \sigma_{2,3} \pm \omega_{2,3}i$ and $\lambda_{4,5} = \sigma_{4,5} \pm \omega_{4,5}i$ as

$$x_i(t) = C_i + A_i e^{\sigma_{2,3}t} \sin(\omega_{2,3}t + \theta_i) + B_i e^{\sigma_{4,5}t} \sin(\omega_{4,5}t + \phi_i), \qquad (B.4.9)$$

where the C_i constant originates from the stationary mode $e^{\lambda_1 t}$ with $\lambda_1 = 0$, and A_i, B_i, θ_i, ϕ_i are constants determined from the initial conditions of $x_i(0)$. As $t \to \infty$, the agent's quantitative index $x_i(t)$ in Eq. (B.4.9) approaches three different states, depending on the relative magnitude of a_+/c_+ to φ^2.

(a) The unstable state: $a_+/c_+ < \varphi^2$

In case of $a_+/c_+ < \varphi^2$, we have $\sigma_{2,3} > 0$, which implies $e^{\sigma_{2,3} t} \to \infty$, as $t \to \infty$. Therefore, Eq. (B.4.9) shows that all $x_i(t)$ diverge to infinity, i.e., $x_i(t) \to \infty$, as $t \to \infty$.

(b) The balanced state: $a_+/c_+ = \varphi^2$

The critical condition $a_+/c_+ = \varphi^2$ is the boundary between the state of consensus and the state of instability. We note that $a_+/c_+ = (a + b)/(c + d)$ represents the ratio between the sum of cooperative weights and the sum of antagonistic weights. In case of $a_+/c_+ > \varphi^2$, the cooperative interaction in Wuxing network is larger than the antagonistic interaction, causing the network to converge to the state of consensus. In case of $a_+/c_+ < \varphi^2$, the antagonistic interaction is larger and causes the network to diverge. When the equality $a_+/c_+ = \varphi^2$ is established, the cooperative interaction and the antagonistic interaction are balanced. Under this condition, Wuxing network neither converges nor diverges, but exhibits a behavior with harmonic oscillation. Substituting $a_+/c_+ = \varphi^2$ into Eq. (B.4.5), we obtain $\sigma_{2,3} = 0$ and $\sigma_{4,5} < 0$, which is then used in Eq. (B.4.9) to yield

$$\lim_{t \to \infty} x_i(t) = C_i + A_i \sin(\omega_{2,3} t + \theta_i), \ \ i = A, B, \cdots, E. \tag{B.4.10}$$

This is just a harmonic wave with mean C_i, amplitude A_i, frequency $\omega_{2,3}$, and phase θ_i.

(c) The consensus state: $a_+/c_+ > \varphi^2$

In case of $a_+/c_+ > \varphi^2$, we have $\sigma_{4,5} < \sigma_{2,3} < 0$, which implies $e^{\sigma_{2,3} t} \to 0$ and $e^{\sigma_{4,5} t} \to 0$, as $t \to \infty$. Hence, from Eq. (B.4.9) we have

$$\lim_{t \to \infty} x_i(t) = C_i, \ i = A, B, \cdots, E, \tag{B.4.11}$$

where C_i is the steady-state value of $x_i(t)$.

From the above analysis, we find that the balance of the two opposite interactions in Wuxing network does not occur at $a_+/c_+ = 1$, but at $a_+/c_+ = \varphi^2$. Why must the ratio of a_+ to c_+ be exactly equal to φ^2 in order to maintain the balance of Wuxing network? The answer is that the direction of the cooperative interaction weighted by a_+ is along the side of a regular pentagon, while the direction of the antagonistic interaction weighted by c_+ is along its diagonal. The reason for $a_+/c_+ = \varphi^2$ becomes obvious, if we notice that the golden ratio φ is just the ratio of the diagonal to the side of a regular pentagon.

Detecting Golden Ratio in Wuxing Electronic Circuits

A straightforward realization of Wuxing network is given by electronic circuits, where the quantitative indices $x_i(t)$ correspond to the voltages of five nodes, the cooperative weights a and b between adjacent agents corresponds to the positive resistances R_a and R_b, and the antagonistic weights $-c$ and $-d$ between spaced-apart agents corresponds to the negative resistances $-R_c$ and $-R_d$, as shown in Fig. B3. The voltages of the five nodes are represented, respectively, by v_A, v_B, v_C, v_D, and v_E. The capacitances at the five nodes are all set to C, and the charges stored in the capacitors are denoted by Q_A, Q_B, Q_C, Q_D, and Q_E. According to the law of conservation of charge, the change rate of the charge for each node can be expressed as follows:

$$\dot{Q}_A = C\dot{v}_A = \frac{v_E - v_A}{R_a} + \frac{v_B - v_A}{R_a} + \frac{v_D - v_A}{-R_c} + \frac{v_C - v_A}{-R_d}, \tag{B.4.12a}$$

$$\dot{Q}_B = C\dot{v}_B = \frac{v_A - v_B}{R_a} + \frac{v_C - v_B}{R_a} + \frac{v_E - v_B}{-R_c} + \frac{v_D - v_B}{-R_d}, \tag{B.4.12b}$$

$$\dot{Q}_C = C\dot{v}_C = \frac{v_B - v_C}{R_a} + \frac{v_D - v_C}{R_a} + \frac{v_A - v_C}{-R_c} + \frac{v_E - v_C}{-R_d}, \tag{B.4.12c}$$

$$\dot{Q}_D = C\dot{v}_D = \frac{v_C - v_D}{R_a} + \frac{v_E - v_D}{R_a} + \frac{v_B - v_D}{-R_c} + \frac{v_A - v_D}{-R_d}, \tag{B.4.12d}$$

$$\dot{Q}_E = C\dot{v}_E = \frac{v_D - v_E}{R_a} + \frac{v_A - v_E}{R_a} + \frac{v_C - v_E}{-R_c} + \frac{v_B - v_E}{-R_d}, \tag{B.4.12e}$$

where $R_a > 0$ is the resistance of a normal resistor and $-R_c < 0$ and $-R_d < 0$ are the resistances of two resonant tunneling diodes operating in the range of negative resistance. By redefining the above parameters as

$$(CR_a)^{-1} = a > 0, \ -(CR_c)^{-1} = -c < 0, \ -(CR_d)^{-1} = -d < 0. \tag{B.4.13}$$

Eq. (B.4.12) can be recast into a familiar form:

$$\dot{v}_A = a(v_E - v_A) + a(v_B - v_A) - c(v_D - v_A) - d(v_C - v_A), \tag{B.4.14a}$$

$$\dot{v}_B = a(v_A - v_B) + a(v_C - v_B) - c(v_E - v_B) - d(v_D - v_B), \qquad \text{(B.4.14b)}$$

$$\dot{v}_C = a(v_B - v_C) + a(v_D - v_C) - c(v_A - v_C) - d(v_E - v_C), \qquad \text{(B.4.14c)}$$

$$\dot{v}_D = a(v_C - v_D) + a(v_E - v_D) - c(v_B - v_D) - d(v_A - v_D), \qquad \text{(B.4.14d)}$$

$$\dot{v}_E = a(v_D - v_E) + a(v_A - v_E) - c(v_C - v_E) - d(v_B - v_E). \qquad \text{(B.4.14e)}$$

Comparing Eq. (B.4.14) with Eq. (B.4.2), we can see that the circuit equation (B.4.14) is just the mathematical model for Wuxing network with $a = b$. The five eigenvalues of the system matrix associated with Eq. (B.4.14) can be found from Eq. (B.4.5) with $a = b$ as $\lambda_1 = 0$ and

$$\lambda_{2,3} = \sigma_{2,3} \pm \omega_{2,3}i = -\frac{1}{2}[2\alpha a - \beta(c+d)] \pm \frac{\sqrt{\alpha}}{2}(c-d)i, \qquad \text{(B.4.15a)}$$

$$\lambda_{4,5} = \sigma_{4,5} \pm \omega_{4,5}i = -\frac{1}{2}[2\beta a - \alpha(c+d)] \pm \frac{\sqrt{\beta}}{2}(c-d)i. \qquad \text{(B.4.15b)}$$

The main application of Wuxing circuit is to work as an oscillating circuit to generate harmonic waves of various frequencies. The condition for the harmonic oscillation of Wuxing circuit is $\sigma_{2,3} = 0$, that is

$$\frac{2a}{c+d} = \frac{2R_a^{-1}}{R_c^{-1} + R_d^{-1}} = \frac{\beta}{\alpha} = \varphi^2. \qquad \text{(B.4.16)}$$

Under this condition, we have $\sigma_{2,3} = 0$ and $\sigma_{4,5} < 0$, and Wuxing network enters the balanced state as described by Eq. (B.4.10) with the oscillation frequency given by

$$\omega_{2,3} = \frac{\sqrt{\alpha}}{2}(c-d). \qquad \text{(B.4.17)}$$

Therefore, the squared golden ratio φ^2 can be detected experimentally by tuning the resistance ratio $2a/(c+d) = 2R_a^{-1}/(R_c^{-1} + R_d^{-1})$ until Wuxing circuit exhibits a harmonic oscillation, and the tuned point is φ^2. If a harmonic wave of frequency $\omega_{2,3}^*$ is to be generated, we only need to substitute $\omega_{2,3}^*$ into Eq. (B.4.17) and solve together with the harmonic condition (B.4.16) to get the required constants c and d, i.e., the required negative resistances of two resonant tunneling diodes. Then the resulting Wuxing circuit oscillates with the prescribed frequency $\omega_{2,3}^*$. Fig. B3 shows that Wuxing circuit generates harmonic waves with assigned frequencies $\omega = 1$, 5, and 10, by choosing the values of c and d through Eq. (B.4.16) and Eq. (B.4.17) with $a = 1$.

Detecting Golden Ratio in Wuxing Formation Flight. In order to produce the hybrid interaction required by Wuxing network, each drone in Fig. B4 is equipped with a sensor, an on-board computer, and an actuator. Referring to the control block diagram of drone A in Fig. B7, the sensor, which is an inertial navigation system integrated with a GPS receiver, is used to measure the current position of the drone A; the onboard computer calculates the control signal based on the position errors between drone A and the other four drones; the actuator (motor) receives the control signal to change the rotating speed of the blades to adjust the attitude and flight speed of the drone in order to achieve the coordinated flight with other drones. The agent played by drone A with sensing, computing and driving functions is an automatic control unit. The flight network composed of five drones implements the hybrid interactions of Wuxing network through five automatic control units.

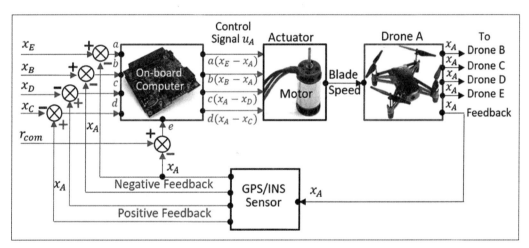

Fig. B7 The control block diagram of the formation flight based on Wuxing network. To implement the operation protocol of Wuxing network, each drone is equipped with a sensor, an on-board computer, and an actuator. The blue lines represent the negative feedback loop produced by the cooperative interaction with feedback gain a and b, and the red lines represent the positive feedback loop produced by the antagonistic interaction with feedback gain c and d. Negative feedback makes the five drones fly in formation, while positive feedback tends to disintegrate the formation flight. Whether the drones fly coordinately or fly apart depends on the relative magnitude of $(a + b)/(c + d)$ to the squared golden ratio φ^2.

From the point of view of feedback control theory, the cooperative interaction in Wuxing network is equivalent to negative feedback (blue loops in Fig. B7), and the antagonistic interaction is equivalent to positive feedback (red loops). Referring to Fig. B7, after the position

x_A of drone A is measured by the sensing element, it is compared with x_E and x_B in a negative feedback manner (i.e. with $-x_A$) to generate the control signals $a(x_E - x_A)$ and $b(x_B - x_A)$. At the same time, the position x_A of drone A is also compared with x_D and x_C in a positive feedback manner (i.e. with $+x_A$) to generate the control signals $c(x_A - x_D)$ and $d(x_A - x_C)$. In addition to the above four feedback control signals, drone A receives an input command r_{com} from the ground command center, which is the path command it wants to track. Combining the above five items, we get the control signal u_A of drone A as:

$$\dot{x}_A = u_A = a(x_E - x_A) + b(x_B - x_A) + c(x_A - x_D) + d(x_A - x_C) + w(r_{com} - x_A). \quad \text{(B.4.18)}$$

The last term of u_A is called the tracking error, which is the error between the position of drone A and the path command r_{com} to be tracked. The control signals for the other drones can be derived by the same way and the combination of the five control signals gives

$$\begin{bmatrix} \dot{x}_A \\ \dot{x}_B \\ \dot{x}_C \\ \dot{x}_D \\ \dot{x}_E \end{bmatrix} = \begin{bmatrix} u_A \\ u_B \\ u_C \\ u_D \\ u_E \end{bmatrix} = -\begin{bmatrix} e_{AE} & e_{AB} \\ e_{BA} & e_{BC} \\ e_{CB} & e_{CD} \\ e_{DC} & e_{DE} \\ e_{ED} & e_{EA} \end{bmatrix} \begin{bmatrix} a \\ b \end{bmatrix} + \begin{bmatrix} e_{AE} & e_{AE} \\ e_{BA} & e_{AE} \\ e_{CB} & e_{AE} \\ e_{DC} & e_{AE} \\ e_{ED} & e_{AE} \end{bmatrix} \begin{bmatrix} c \\ d \end{bmatrix} + \begin{bmatrix} e_{com} \\ 0 \\ 0 \\ 0 \\ 0 \end{bmatrix} = u_- + u_+ + u_{com}, \quad \text{(B.4.19)}$$

where $e_{ij} = x_i - x_j$ is the coordination error between drone i and drone j, $e_{com} = r_{com} - x_A$ is the command tracking error, and u_- and u_+ correspond to negative and positive feedback signals. Except for the command signal u_{com}, Eq. (B.4.19) is identical to Eq. (B.4.2) with $e_{ij} = x_i - x_j$. The positive feedback control u_+ tends to enlarge the coordination error e_{ij} and makes the five drones depart from each other. The appearance of the positive feedback control u_+ indicates that Wuxing formation flight combines friendly and enemy drones, which is different from the current formation flight for which all the drones are friendly30, 31. Therefore, formation flight based on Wuxing network is far more difficult to realize than the existing formation flight. Nevertheless, the convergence of Wuxing network under the condition $(a + b)/(c + d) > \varphi^2$ ensures that Wuxing formation flight mission can be achieved.

The analogy between Eq. (B.4.19) and Eq. (B.4.2) indicates that the formation flight with $e_{ij} \to 0$, i.e., the state of consensus, is attained by requiring that the ratio of the negative feedback gain $a + b$ to the positive feedback gain $c + d$ must be greater than the squared golden ratio φ^2. Hence, the squared golden ratio φ^2 is the critical value of the feedback-gain ratio $(a + b)/(c + d)$, below which the five drones fly apart, and above which the five drones fly coordinately. By tuning the feedback gain ratio continuously and monitoring the dynamic responses of the drones, we therefore can detect φ^2 as the critical value of feedback gain ratio.

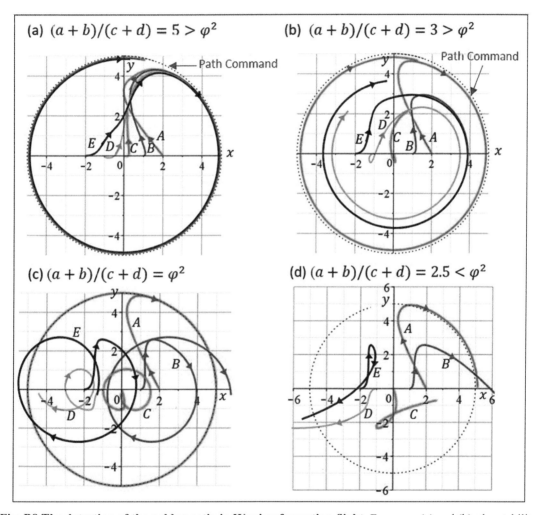

Fig. B8 The detection of the golden ratio in Wuxing formation flight. For cases (a) and (b), the stability condition $(a + b)/(c + d) > \varphi^2$ is satisfied, and all the five drones converge to the consensus state given by the circular path command $r_{com} = (5\sin(0.2t), 5\cos(0.2t))$. Because the speed of convergence depends on the relative magnitude of $(a + b)/(c + d)$ to φ^2, the converging speed of case (a) to the target trajectory is faster than that of case (b). Case (c) occurs in the critical situation, in which the trajectory of the drones neither diverges nor converges to the target trajectory, but each exhibits periodic oscillations. By tuning the value of $(a + b)/(c + d)$ until the critical situation occurs, the tuned value is just the squared golden ratio φ^2. Case (d) corresponds to an unstable situation in which the drones fly separately, causing the formation flight to disintegrate.

Three flight patterns can be identified in Fig. B8 according to the value of $(a+b)/(c+d)$. Cases (a) and (b), which satisfy the stability condition $(a+b)/(c+d) > \varphi^2$, exhibit the formation flight that all the five drones converge to the state of consensus specified by the circular path command $r_{com} = (5\sin(0.2t), 5\cos(0.2t))$. The converging speed of case (a) is faster than that of case (b), because a larger feedback-gain ratio $(a+b)/(c+d)$ is used in the flight control for case (a). Case (c) adopts a feedback-gain ratio exactly equal to φ^2 and yields a critical flight scenario, in which the trajectory of the drones neither diverges nor converges to the target trajectory, but each exhibits periodic oscillations. Case (d) adopts a feedback-gain ratio smaller than φ^2 and produces an unstable flight pattern in which the drones fly separately to disintegrate the formation flight.

In Fig. B8, we observe that the trajectories of different drones may intersect. However, the intersection of trajectories does not mean that the drones collided together. This is because the two drones arrived at the trajectory intersection point at different times. When one drone reaches the trajectory intersection point, the other drone may not have arrived yet, or may have already left, so the two drones will not collide. The relative magnitude of the feedback-gain ratio $(a+b)/(c+d)$ to φ^2 determines which of the three flight patterns to occur. This relation allows us to determine φ^2 by tuning the feedback-gain ratio $(a+b)/(c+d)$ until the critical flight scenario appears, and then the tuned value is just the squared golden ration φ^2.

General Wuxing Network and General Golden Ratio. The limitation of applying Wuxing Network to modern network is that the network can only allow five agents (five elements). We can extend Wuxing network to a network with N elements without changing its operation protocol. Just like Wuxing network is accompanied by the golden ratio φ, the general N-element Wuxing network is accompanied by a general golden ratio φ_N. Referring to Fig. B5, the N agents of the general Wuxing network are arranged on a circle at equal intervals to form an N-sided regular polygon. The relationship between two agents is said to be adjacent, if their connection line is a side of the polygon, and is said to be spaced apart, if their connection line is a diagonal of the polygon.

According to the above definition of the general Wuxing network, the only agents adjacent to a certain agent are its left and right agents, which have cooperative interactions with agent P_1.

The remaining N−3 agents are all separated from agent P_1, which have antagonistic interactions with agent P_1. To simplify the stability analysis, we assume that the interactions between two agents are equal in both directions, which means that action is equal to reaction in magnitude, i.e., $a = b$ and $c = d$. This simplification does not lose its generality, because from Eq. (B.4.8), we can see that the stability of Wuxing network depends on the values of $a + b$ and $c + d$, rather than their individual values.

Among the N-element networks, Wuxing network with N=5 is the most special, because for any agent in this network, its relationships with the other four agents happen to be two cooperative relationships and two antagonistic relationships. This seems to be the most feasible structure to achieve network balance. Except for N=5, the number of cooperative relationships is not equal to the number of antagonistic relationships in the N-element networks. In the network with N=3, the three agents are all adjacent to each other, and there is no antagonistic relationship. Therefore, for the N-element network to have both cooperative and antagonistic relationships, the minimum value of N is four, as shown in Fig. B5.

Similar to the derivation process of the system matrix in Eq. (B.4.3), the system matrix corresponding to the N-element network can be expressed as follows:

$$\mathbb{A}_N = \begin{bmatrix} \delta_N & a & -c & -c & -c & \cdots & \cdots & -c & a \\ a & \delta_N & a & -c & -c & \cdots & \cdots & -c & -c \\ -c & a & \delta_N & a & -c & \cdots & \cdots & \vdots & \vdots \\ -c & -c & a & \delta_N & a & -c & \cdots & \vdots & \vdots \\ -c & -c & -c & a & \delta_N & a & -c & \vdots & \vdots \\ \vdots & \vdots & \vdots & -c & a & \delta_N & a & -c & -c \\ \vdots & \vdots & \vdots & \vdots & -c & a & \delta_N & a & -c \\ -c & -c & \cdots & \cdots & \cdots & -c & a & \delta_N & a \\ a & -c & \cdots & \cdots & \cdots & -c & -c & a & \delta_N \end{bmatrix}, \qquad (B.4.20)$$

where $\delta_N = (N - 3)c - 2a$. When $N=5$, $\mathbb{A}_N$ reduces to the system matrix of Wuxing network given by Eq. (B.4.3) with $a = b$ and $c = d$.

The system matrix $\mathbb{A}_N$ contains N−3 elements of $-c$, 2 elements of a, and 1 element of δ_N in any vertical column and horizontal row of it. This feature ensures that $\mathbb{A}_N$ has a zero eigenvalue with the corresponding eigenvector having elements all equal to 1. Consequently, when the N-element network is stable, the quantities of its N agents, denoted by $x_i(t)$, $i = 1, 2, \cdots N$, all converge to the same value, which is the state of consensus of the N-element network. However, the system matrix $\mathbb{A}_N$ given by Eq. (B.4.20) is not always stable for arbitrary a and c. Judging the stability of the system matrix $\mathbb{A}_N$, we need to check whether all the non-zero eigenvalues of are located in the left half plane. When N gets larger, the judgment of this condition will be more difficult. Fortunately, the special structure of Wuxing network with N=5 gives us a clue to determine the stability of the N-element network by using a simple geometric rule.

This clue comes from the geometric meaning of the golden ratio φ. The stability condition of Wuxing network is given by $a/c > \varphi^2$, where the golden ratio φ is just the ratio of the diagonal length l to the side length s of a regular pentagon, i.e., $\varphi = l/s$. Hence, the stability condition (B.4.8) of Wuxing network with $a = b$ and $c = d$ turns out to be

$$as^2 > cl^2. \tag{B.4.21}$$

We recall that in Wuxing network, the diagonal l is weighted by c to denote the intensity of antagonistic interaction between spaced-apart agents and the side length s is weighted by a to denote the intensity of cooperative interaction between adjacent agents. It is better to rewrite Eq. (B.4.21) as $2as^2 > 2cl^2$ by noting that there are two diagonals and two sides connected to each vertex of the regular pentagon in Fig. B5. Therefore, the stability condition $2as^2 > 2cl^2$ can be interpreted as the requirement that the total intensity of cooperative interaction must be greater than the total intensity of the antagonistic interaction. For a N-element network with N≠5, we note that the number of diagonals connected to each agent is N−3 and the number of sides connected to each agent is always two. Applying the above definition of total intensity to an N-sided polygon, we can generalize the stability condition $2as^2 > 2cl^2$ to the N-element network as

$$2as^2 > c\sum_{k=1}^{N-3} l_k^2 \implies \boxed{\frac{a}{c} > \frac{1}{2}\sum_{k=1}^{N-3}\left(\frac{l_k}{s}\right)^2 = \varphi_N^2} \tag{B.4.22}$$

where l_k, $k = 1, 2, \cdots, N-3$, are the lengths of diagonals connecting to a vertex of the N-sided polygon. Letting $N=5$ in Eq. (B.4.22), and noting $l_1 = l_2 = l$ for the pentagon in Fig. B5, we recover the stability condition $a/c > l^2/s^2 = \varphi^2$ for Wuxing network. The quantity φ_N defined in Eq. (B.4.22) provides a general definition of golden ratio, which extends the geometric meaning of the golden ratio from regular pentagon to N-sided regular polygon. By expressing the diagonal length l_k in terms of the side length s of a N-sided regular polygon, a simple formula for the general golden ratio φ_N can be derived as

$$\varphi_N^2 = \frac{N}{4}\csc^2\left(\frac{\pi}{N}\right) - 1 \qquad (B.4.23)$$

The verification of the stability condition (B.4.22) and the derivation of the formula (B.4.23) are given in the section B.5 supplementary information.

B.5 Supplementary Information

The historic evolution of Wuxing network. People have long been misled by the common Wuxing pictograph, thinking that Wuxing network is composed of generating cycle and overcoming cycle with fixed sequence, i.e.,

- Generating cycle: wood → fire → earth → metal → water → wood → ...
- Overcoming cycle: wood → earth → water → fire → metal → wood → ...

Almost all scientific criticisms of Wuxing philosophy originate from these two fixed-direction cycles. For example, from the generating cycle: earth → metal → water →..., we get the relation that earth generates metal. But on the other hand, from the overcoming cycle: earth → water → fire → metal → ... , we get the opposite relation that earth overcomes metal. This paradoxical result stems from the failure to consider the necessary conditions for the occurrence of generating and overcoming actions. In this regard, Mozi (470-391 BC, a Chinese philosopher during the Hundred Schools of Thought period) already pointed out that the overcoming sequence in Wuxing network does not happen naturally, but must be accompanied by appropriate conditions. Mozi's statement means that in the event of agent A overcoming agent C, it only occurs if the quantity of A is greater than the quantity of C. Similar to Mozi's opinion, Sun Tzu's *Art of War*[13] mentions that which of the five elements is the object to be overcome is not permanent. Besides Mozi and Sun Tzu, many other philosophers in different dynasties, especially Chinese medicine practitioners[33], proposed amendments to the operation of Wuxing pictograph. Eventually, the Wuxing pictograph was evolved into the multi-agent Wuxing network, wherein the five natural elements were abstracted into five agents, and the unidirectional generating and overcoming cycles were replaced by the bidirectional cooperative and antagonistic interactions between the agents.

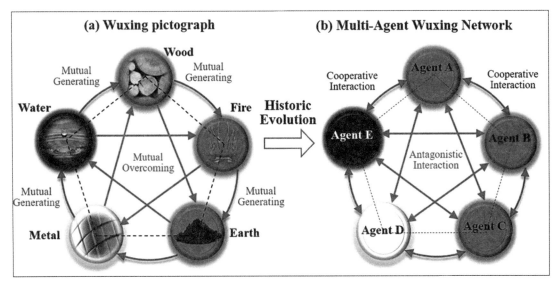

Fig. B9 The historic evolution from Wuxing pictograph to multi-agent Wuxing network. (a) Wuxing pictograph in ancient China contains five natural elements, wood, fire, earth, metal, and water, located on the five vertices of a regular pentagon. The five elements in the figure are highlighted by their representative colors: cyan, red, yellow, white, and black. The inter-conversion between the elements obeys the operation principle that the adjacent elements form a generating cycle: wood → fire → earth → metal → water → wood →..., while the spaced-apart elements form an overcoming sequence: wood → earth → water → fire → metal → wood →... (b) Through the revision and improvement of many generations of ancient Chinese philosophers, Wuxing pictograph had been evolved into multi-agent Wuxing network, in which the five natural elements had been abstracted into five agents, and the unidirectional generating and overcoming cycles had been replaced by the bidirectional cooperative and antagonistic interactions between the agents.

Modeling Wuxing Network as a Weighted Graph. We use agent A as an example to explain how the change of $x_A(t)$ is affected by the actions and reactions applied to A by the

33   Zhang, Z. Q. & Ren, J. X. Exploration of the scientific connotation of the Five Elements doctrine, *Chinese Journal of Basic Medicine in Traditional Chinese Medicine* **13**, 243-248(2007).

other four agents according to the three operation principles of Wuxing network.

- Agent A $\leftrightarrow$ agent E: Agent A and agent E are adjacent (Fig. B6a) so that they generate each other according to the first operation principle. If $x_E > x_A$, agent E generates agent A and causes x_A to increase. This is the generating action (GA) applied to A by E, and according to the third operation principle, the change rate of x_A can be expressed as $W_{AE}(x_E - x_A) > 0$, where $W_{AE} > 0$ is the weight of GA. According to the second operation principle, in the meantime there is a generating reaction (GR) applied to E by A, which produces a change rate of x_E as $W_{EA}(x_A - x_E) < 0$, where $W_{EA} > 0$ is the weight of GR. On the other hand, if $x_A > x_E$, the above directions of GA and GR are converse, accordingly.

- Agent A $\leftrightarrow$ agent B: Agent A and agent B are also adjacent and generate each other. The GA and GR between A and B yield the change rates $W_{AB}(x_B - x_A)$ and $W_{BA}(x_A - x_B)$ for x_A and x_B, respectively.

- Agent A $\leftrightarrow$ agent D: Agent A and agent D are spaced apart and thus overcome each other. If $x_D > x_A$, agent D overcomes agent A and causes x_A to decrease. This is the overcoming action (OA) applied to A by D, giving a negative change rate of A as $W_{AD}(x_D - x_A) < 0$, where $W_{AD} < 0$ is the weight of OA. The overcoming reaction (OR) applied to D by A contributes a positive change rate $W_{DA}(x_A - x_D) > 0$ to x_D by noting $W_{DA} < 0$ and $x_D > x_A$. It appears that when agent D overcomes agent A, it increases its own quantity x_D by decreasing the quantity of agent A. On the other hand, if $x_D < x_A$, the above directions of OA and OR are converse, accordingly.

- Agent A $\leftrightarrow$ agent C: Agent A and agent C are spaced apart and thus overcome each other. The overcoming action applied to C by A contributes a change rate $W_{CA}(x_A - x_C)$ to x_C with $W_{CA} < 0$, and the overcoming reaction from C to A contributes a change rate $W_{AC}(x_C - x_A)$ to agent A with $W_{AC} < 0$.

Although the generating (cooperative) and overcoming (antagonistic) interactions between two agents both increase the amount of one agent and decrease the amount of the other agent, the two interactions have opposite effects on the network system. The role of a cooperative interaction causes the agent with larger quantity to decrease its amount, and the agent with smaller quantity to increase its amount so that the quantity gap between the two agents can be reduced. Conversely, the role of an antagonistic interaction causes the agent with larger quantity to increase its amount, and the agent with smaller quantity to decrease its amount so that the quantity gap between the two agents is widened. Therefore, the cooperative interaction tends to promote the balance of the network, while the antagonistic interaction tends to destroy the balance of the network. If all the interactions of a network are cooperative, it is balanced automatically. When there are more and more antagonistic interactions within the network, the network will tend to be unbalanced.

Wuxing Network with five elements has a remarkable property that its cooperative and antagonistic interactions are evenly matched in such a way that each agent is subject to two cooperative interactions from the adjacent agents and two antagonistic interactions from the spaced-apart agents. This symmetry in Wuxing network disappears, if we consider a N-element network with .

Like agent A in Fig. B6b, each agent of Wuxing network is subject to four effects: GA, GR, OA, and OR, coming from the other four agents, respectively; meanwhile, each agent in turn applies actions or reactions to the other four agents, as summarized in Table B1. Adding the four effects in each row of the table, we obtain the time change rate of each agent as follows:

$$\dot{x}_A = W_{AE}(x_E - x_A) + W_{AB}(x_B - x_A) + W_{AD}(x_D - x_A) + W_{AC}(x_C - x_A), \quad \text{(B.5.1a)}$$

$$\dot{x}_B = W_{BA}(x_A - x_B) + W_{BC}(x_C - x_B) + W_{BE}(x_E - x_B) + W_{BD}(x_D - x_B), \quad \text{(B.5.1b)}$$

$$\dot{x}_C = W_{CB}(x_B - x_C) + W_{CD}(x_D - x_C) + W_{CA}(x_A - x_C) + W_{CE}(x_E - x_C), \quad \text{(B.5.1c)}$$

$$\dot{x}_D = W_{DC}(x_C - x_D) + W_{DE}(x_E - x_D) + W_{DB}(x_B - x_D) + W_{DA}(x_A - x_D), \quad \text{(B.5.1d)}$$

$$\dot{x}_E = W_{ED}(x_D - x_E) + W_{EA}(x_A - x_E) + W_{EC}(x_C - x_E) + W_{EB}(x_B - x_E). \quad \text{(B.5.1e)}$$

Although Eq. (B.5.1) is derived from the operation protocol of Wuxing network, it is actually a general mathematical model for multi-agent network systems. With different settings of the weights W_{ij}, we can get different network structures. (A) If $W_{ij} > 0$ for the sides of the pentagon, and $W_{ij} < 0$ for the diagonals of the pentagon, Eq. (B.5.1) represents the model of Wuxing network considered here. (B) If all W_{ij}'s are set to be positive, Eq. (B.5.1) becomes the most discussed cooperative network in the literature. (C) If all W_{ij}'s are set to be ± 1, Eq. (B.5.1) represents the signed social network, where the positive sign denotes the connection between friends and the negative sign denotes the connection between enemies. (D) If some W_{ij}'s are set to zero, Eq. (B.5.1) serves as a model for non-complete graphs that has no connection from element j to element i.

Conservation and Consensus of Wuxing Network. Wuxing Network has two inherent characteristics. First, its total quantity (total resources) is conserved under the cooperative and antagonistic interactions, and second, its operation tends to allocate the total resources evenly to each agent, that is, the five agents eventually converge to a state of consensus. In other words, the function of Wuxing network is to strike a balance between cooperation and competition when total resources are fixed. The conservation law is a direct result derived from Eq. (B.4.3). By adding the five equations in Eq. (B.4.3), and noting that the result of adding all the elements of each column in the system matrix $\mathbb{A}$ is zero, we get the following result

$$\frac{d}{dt}(x_A + x_B + x_C + x_D + x_E) = 0, \tag{B.5.2}$$

which indicates that the summation $x_A(t) + x_B(t) + x_C(t) + x_D(t) + x_E(t)$ is a constant independent of time.

When the stability condition (B.4.8) is satisfied, Wuxing network converges to a steady state $X_s = [C_A, C_B, C_C, C_D, C_E]^T$ as shown in Eq. (B.4.11), whose existence is guaranteed by the stationary mode $e^{\lambda_1 t}$ with $\lambda_1 = 0$. The eigenvector V_1 corresponding to the eigenvalue $\lambda_1 = 0$ satisfies the relation $\mathbb{A}V_1 = \lambda_1 V_1 = 0$. On the other hand, a steady-state solution X_s to Eq. (B.4.3) must satisfy the relation $\dot{X}_s = \mathbb{A}X_s = 0$. The above two relations show that the steady-state solution X_s and the eigenvector V_1 satisfy the same equation. Hence, the existence of X_s is guaranteed by the existence of V_1. An explicit expansion of $\mathbb{A}X_s = \mathbb{A}V_1 = 0$ with $X_s = [C_A, C_B, C_C, C_D, C_E]^T$ leads to the following form

$$\mathbb{A}X_s = \begin{bmatrix} \sigma & b & -d & -c & a \\ a & \sigma & b & -d & -c \\ -c & a & \sigma & b & -d \\ -d & -c & a & \sigma & b \\ b & -d & -c & a & \sigma \end{bmatrix} \begin{bmatrix} C_A \\ C_B \\ C_C \\ C_D \\ C_E \end{bmatrix} = 0, \tag{B.5.3}$$

whose solution can be found readily as $X_s = \gamma[1,1,1,1,1]^T$ with γ being a constant to be determined. Because all the elements in X_s are equal to γ, we have

$$X_s = [C_A, C_B, C_C, C_D, C_E]^T = [x_A(\infty), x_B(\infty), x_C(\infty), x_D(\infty), x_E(\infty)]^T$$
$$= \gamma[1,1,1,1,1]^T, \qquad (B.5.4)$$

which indicates that all the agents converge to the state of consensus γ.

The most noteworthy thing is that the consensus γ achieved by Wuxing network has nothing to do with the four weights, and can be determined in advance without the need to solve the differential equations (B.4.3). Applying the conservation law (B.5.2) to the initial and steady-state conditions of the network, we have

$$x_A(\infty) + x_B(\infty) + x_C(\infty) + x_D(\infty) + x_E(\infty)$$
$$= x_A(0) + x_B(0) + x_C(0) + x_D(0) + x_E(0). \qquad (B.5.5)$$

The combination of the conservation law (B.5.5) with the consensus condition (B.5.4) gives the consensus of Wuxing network as

$$\boxed{\gamma = \big(x_A(0) + x_B(0) + x_C(0) + x_D(0) + x_E(0)\big)/5} \qquad (B.5.6)$$

This result shows that according to its operation protocol, Wuxing network can drive the five agents to the consensus γ, which is always equal to the average of their initial values, regardless of the settings of the weights. From the viewpoint of resource allocation, Wuxing network operating in the state of consensus tends to allocate its total resources evenly to the five agents.

The conservation law of Wuxing network is demonstrated numerically in terms of the stacked area chart as shown in Fig. B10, where the initial conditions are set to $x_A(0) = 5$ and $x_B(0) = x_C(0) = x_D(0) = x_E(0) = 0$ with weights $a_+ = 9/2$, $a_- = 1$, $c_+ = -1$ and $c_- = 1/2$. The time evolution of the quantitative indices $x_i(t)$ solved from Eq. (B.4.3) shows that at each moment, the sum of $x_i(t)$ is always equal to 5, which is the total quantity evaluated at the initial condition. Also shown in Fig. B10 is the state of consensus achieved by Wuxing network. It can be seen that all the agents eventually converge to the same value $x_i = 1$, which is exactly the result of distributing the total quantity evenly to each agent.

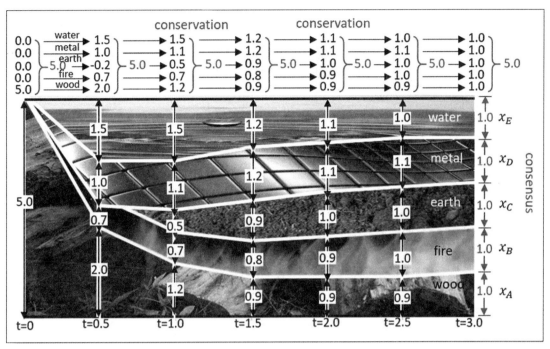

Fig. B10 The stacked area chart showing the conservation (horizontal direction) and consensus (vertical direction) in Wuxing network. The displayed value of $x_i(t)$ is solved from Eq. (B.4.3) with initial conditions $x_A(0) = 5$, $x_B(0) = x_C(0) = x_D(0) = x_E(0) = 0$ and with weights $a + b = 9/2$, $a - b = 1$, $c + d = 1$ and $c - d = -1/2$. The conservation property shows that the total quantity of $x_i(t)$ is equal to 5 at any moment. The consensus property shows that operation of Wuxing network tends to allocate the total quantity evenly to the five agents.

From the viewpoint of resource allocation, Wuxing network operating in the state of consensus tends to allocate its total resources evenly to the five agents. Fig. B11 illustrates the allocation process of Wuxing network starting from the initial condition $x_A(0) = 5$, $x_B(0) = x_C(0) = x_D(0) = x_E(0) = 0$, and eventually approaching the state of consensus $x_A(\infty) = x_B(\infty) = x_C(\infty) = x_D(\infty) = x_E(\infty) = 1$.

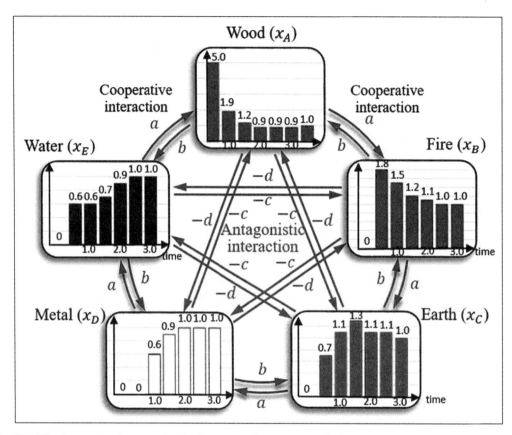

Fig. B11 Wuxing network operating in the state of consensus. The bar graphs is obtained by solving Eq. (B.4.3) with the same conditions used in Fig. B10 to demonstrate the time evolution of Wuxing network, which starts from the initial condition $x_A(0) = 5$, $x_B(0) = x_C(0) = x_D(0) = x_E(0) = 0$, and eventually arrives at the state of consensus $x_A(\infty) = x_B(\infty) = x_C(\infty) = x_D(\infty) = x_E(\infty) = 1$. The results indicates that Wuxing network operating in the state of consensus has an internal mechanism of allocating the total resources evenly to each agent.

The Derivation of General Golden Ratio. The role of the general golden ratio φ_N in the general Wuxing network is just the role of φ in Wuxing network. If we replace φ by φ_N, all the previous results derived for Wuxing network can be extended directly to the general Wuxing network. For a four-element network (see Fig. B5), there is only one diagonal connecting to the vertex P_1, and its length is $l_1 = \sqrt{2}s$. Substituting $N=4$ and $l_1 = \sqrt{2}s$ into Eq. (B.4.22), we obtain $a/c > 1$, which is the stability condition for the four-element network. This condition can be confirmed by the eigenvalues of the system matrix $\mathbb{A}_4$ in Eq. (B.4.20) with $N=4$:

$$\lambda_1 = 0, \qquad \lambda_2 = -4a, \qquad \lambda_{3,4} = -2a + 2c. \tag{B.5.7}$$

Network's stability requires that the largest non-zero eigenvalue must be negative, i.e., $\lambda_{3,4} = -2a + 2c < 0$, which gives the same result $a/c > 1$ as derived from Eq. (B.4.22).

For a six-element network, there are three diagonals connecting to the vertex P_1, the lengths of which are $l_2 = 2s, l_1 = l_3 = \sqrt{3}s$. Using these data in Eq. (B.4.22) yields

$$\frac{a}{c} > \frac{1}{2}\sum_{k=1}^{3}\left(\frac{l_k}{s}\right)^2 = \frac{1}{2}\left(\left(\frac{2s}{s}\right)^2 + \left(\frac{\sqrt{3}s}{s}\right)^2 + \left(\frac{\sqrt{3}s}{s}\right)^2\right) = 5. \tag{B.5.8}$$

This is the stability condition for the six-element network. This condition can be confirmed by the eigenvalues of the system matrix $\mathbb{A}_6$ in Eq. (B.4.20) with $N=6$:

$$\lambda_1 = 0, \ \lambda_2 = -2(2a - c), \ \lambda_{3,4} = -3(a - c), \ \lambda_{5,6} = -(a - 5c). \tag{B.5.9}$$

The largest non-zero eigenvalue is $\lambda_{5,6}$ and the stability condition $\lambda_{5,6} < 0$ gives $a > 5c$, the same as Eq. (B.5.8).

For an eight-element network, there are five diagonals connecting to the vertex P_1, the lengths of which are

$$l_3 = s\sqrt{4 + 2\sqrt{2}} \quad l_2 = l_4 = s\left(1 + \sqrt{2}\right), \ l_1 = l_5 = s\sqrt{2 + \sqrt{2}}. \tag{B.5.10}$$

Using these data in Eq. (B.4.22) yields

$$\frac{a}{c} > \frac{1}{2}\sum_{k=1}^{5}\left(\frac{l_k}{s_1}\right)^2 = \frac{1}{2}\left[4 + 2\sqrt{2} + 2\left(1 + \sqrt{2}\right)^2 + 2(2 + \sqrt{2})\right] = 7 + 4\sqrt{2}. \tag{B.5.11}$$

This is the stability condition for the eight-element network. This condition again can be confirmed by the eigenvalues of the system matrix $\mathbb{A}_8$ in Eq. (B.4.20):

$$\lambda_1 = 0, \ \lambda_2 = -4(a - c), \qquad \lambda_{3,4} = -2(a - 3c),$$
$$\lambda_{5,6} = -\left(2 - \sqrt{2}\right)a + \left(6 + \sqrt{2}\right)c, \qquad \lambda_{7,8} = -\left(2 + \sqrt{2}\right)a + \left(6 - \sqrt{2}\right)c. \tag{B.5.12}$$

The largest non-zero eigenvalue is $\lambda_{7,8}$ and the stability condition $\lambda_{7,8} < 0$ gives

$$\lambda_{7,8} = -\left(2 - \sqrt{2}\right)a + \left(6 + \sqrt{2}\right)c < 0 \implies \frac{a}{c} > \frac{6 + \sqrt{2}}{2 - \sqrt{2}} = 7 + 4\sqrt{2}, \tag{B.5.13}$$

which is identical to Eq. (B.5.11) obtained from the geometrical condition (B.4.22).

The geometric inequality provided by Eq. (B.4.22) allows us to quickly judge the stability of the N-element network without computing the eigenvalues of the system matrix $\mathbb{A}_N$. But when the value of N is large, calculating the sum of squares of all diagonals is still a troublesome task. There is a very simple formula for computing φ_N^2, in which the stability condition of the N-element network can be judged directly by the value of N, and there is no need to calculate the diagonals of the N-sided polygon.

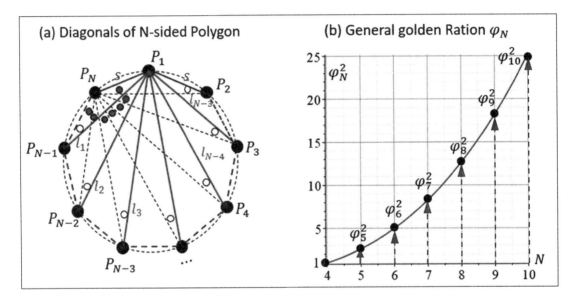

Fig. B12 The N-sided polygon and the related general golden ratio φ_N. (a) There are $N-3$ diagonals, l_1, l_2, $\cdots$, l_{N-3}, with antagonistic connecting to vertex P_1 of the N-sided polygon, but only two sides with cooperative connecting to P_1. As N increases, the number of antagonistic connections increases, but the number of cooperative connections remains at two. (b) The general golden ratio defined as $\varphi_N^2 = (l_1^2 + l_2^2 + \cdots + l_{N-3}^2)/(2s^2)$ is plotted as a function of N, where φ_5 is the conventional golden ratio. The balance condition for the N-element Wuxing network is given by $a/c = \varphi_N^2$, showing that the ratio of the cooperative weight a to the antagonistic weight c must increase with N to balance the increasing antagonistic interaction contributed by the increasing number of diagonals connecting to P_1.

Referring to Fig. B12a, $P_1, P_2, \cdots, P_N$, are the N vertices of a regular N polygon, and the internal angle of each vertex is $(N-2)\pi/N$. The angles indicated by the small red and white circles in Fig. B12a are all equal to π/N, because they are the circumference angles corresponding to arcs of the same length. Now we take P_1 as the starting point and connect it to other vertices to form a total of $N-3$ diagonals, $l_1, l_2, \cdots, l_{N-3}$. Applying the Law of Sines sequentially to the triangles containing the side of P_1P_N and the diagonal l_i, we get the following ratios

$$\boxed{\frac{l_i}{s} = \frac{\sin\big((N-1-i)\pi/N\big)}{\sin(\pi/N)}}, \qquad i = 1, 2, \cdots, N-3. \tag{B.5.14}$$

Substituting the above $N-3$ diagonals l_i into Eq. (B.4.22), the condition for the stability of the N-element network becomes

$$\frac{a}{c} > \varphi_N^2 = \frac{1}{2}\sum_{k=2}^{N-2}\frac{\sin^2(k\pi/N)}{\sin^2(\pi/N)} = \frac{1/4}{\sin^2(\pi/N)}\sum_{k=2}^{N-2}\left(1-\cos\left(\frac{2k\pi}{N}\right)\right). \tag{B.5.15}$$

To sum the above cosine functions, we note the following identity

$$\sum_{k=1}^{N}\cos\left(k\cdot\frac{2\pi}{N}\right) = 0. \tag{B.5.16}$$

Using this identity in Eq. (B.5.15), we obtain the main result

$$\frac{a}{c} > \varphi_N^2 = \frac{1/4}{\sin^2(\pi/N)}\left[N-2+2\cos\left(\frac{2\pi}{N}\right)\right] = \frac{N}{4}\csc^2\left(\frac{\pi}{N}\right) - 1. \tag{B.5.17}$$

Similar to the five-element Wuxing network, we can show that if $a/c > \varphi_N^2$, the N-element network is stable and reaches the state of consensus as $t \to \infty$; if $a/c = \varphi_N^2$, the N-element network is balanced and exhibits harmonic oscillation, and if $a/c < \varphi_N^2$, the N-element network is unstable. For the case of $N=5$ corresponding to Wuxing network, we have $\varphi_N^2 = \varphi^2$, and Eq. (B.5.17) recovers Eq. (B.4.8) with $a = b$ and $c = d$. All the other special cases of N considered above can be reconfirmed by the simple rule given by Eq. (B.5.17). With increasing N, the number of agents connecting diagonally to P_1 increases, but there are always only two agents, i.e., P_2 and P_N, that are adjacent to P_1. Therefore, in order to balance the increasing antagonistic interaction, the ratio of the cooperative weight a to the antagonistic weight c must increase with increasing N, as required by Eq. (B.5.17).

In Fig. B12b, the increasing trend of φ_N^2 with is similar to the behavior of a polynomial function. This is because when N is large, φ_N^2 can be well approximated by a cubic polynomial function of N as:

$$\varphi_N^2 = \frac{N}{4}\csc^2\left(\frac{\pi}{N}\right) - 1 \approx \frac{N^3}{4\pi^2} + \frac{N}{12} - 1, \quad N \geq 4. \tag{B.5.18}$$

Even for the minimum value of N, i.e., $N=4$, the largest error between the two expressions is only 4.55%. Eq. (B.5.18) provides a simple polynomial formula to determine the ratio a/c required to ensure the stability for any N-element Wuxing network.

五行生剋的網路原理與代數運算

著　　者｜楊憲東

發 行 人　蘇慧貞

發 行 所　財團法人成大研究發展基金會

出 版 者　成大出版社

總 編 輯　徐珊惠

地　　址　70101台南市東區大學路1號

電　　話　886-6-2082330

傳　　真　886-6-2089303

網　　址　http://ccmc.web2.ncku.edu.tw

排　　版　弘道實業有限公司

印　　製　方振添印刷有限公司

初版一刷　2024年3月

定　　價　900元

I S B N　9786269810482

政府出版品展售處

- 國家書店松江門市

  10485台北市松江路209號1樓

  886-2-25180207

- 五南文化廣場台中總店

  40354台中市西區台灣大道二段85號

  886-4-22260330

尊重著作權・請合法使用
本書如有破損、缺頁或倒裝，請寄回更換

國家圖書館出版品預行編目（CIP）資料

五行生剋的網路原理與代數運算 / 楊憲東著 .
– 初版 . – 臺南市：成大出版社出版：財團法
人成大研究發展基金會發行 , 2024.03
　　面；　公分
　　ISBN　978-626-98104-8-2（平裝）

1.CST: 五行

291.2　　　　　　　　　　　　113003019